海洋公益性行业科研专项研究成果

海洋特别保护区保护利用调控技术研究与实践

韩庚辰　杨新梅　主编

海洋出版社

2017年·北京

图书在版编目（CIP）数据

海洋特别保护区保护利用调控技术研究与实践 / 韩庚辰，杨新梅主编. — 北京：海洋出版社，2017.5
ISBN 978-7-5027-9792-8

Ⅰ. ①海… Ⅱ. ①韩… ②杨… Ⅲ. ①海洋－自然保护区－研究－中国 Ⅳ. ①X36

中国版本图书馆CIP数据核字(2017)第110128号

责任编辑：张 荣
责任印制：赵麟苏

海洋出版社 出版发行
http://www.oceanpress.com.cn
北京市海淀区大慧寺路 8 号 邮编：100081
北京朝阳印刷厂有限责任公司印刷 新华书店经销
2017年6月第1版 2017年6月第1次印刷
开本：889 mm × 1194 mm 1 / 16 印张：31.25
字数：820千字 定价：185.00元
发行部：62132549 邮购部：68038093 总编室：62114335
海洋版图书印、装错误可随时退换

《海洋特别保护区保护利用调控技术研究与实践》

编写人员

主　编：韩庚辰　杨新梅

编　者（按姓氏笔画为序）：

马志远　王小波　王在峰　王润洁　王　静　丛丕福　曲丽梅
朱旭宇　任玉水　刘国宁　刘佰琼　刘　娟　刘　晴　刘晶晶
江志兵　寿　鹿　杜　萍　李　飞　李利红　李　欣　杨义菊
杨新梅　吴诗桐　汪　晨　张华国　张守本　张　志　张振冬
陈一宁　苗丽娟　林金兰　林新珍　郑秭浓　郑森林　孟　昆
赵玉岩　赵迎东　赵　林　赵晓杰　赵晴晴　俞炜炜　袁秀堂
隽云昌　徐文健　徐晓群　徐　敏　高　瑜　黄晓龙　黄　浩
曹建亭　阎吉顺　梁　斌　韩庚辰　曾江宁　廖一波

Preface 前 言

全球海洋表面积约占地球表面积的71%，具有广阔的空间资源和极为丰富的矿产资源、生物资源，与全球变化和人类的生存、发展息息相关。尤其是在世界性的人口急剧膨胀、陆地资源日见匮乏、环境日益恶化的今天，海洋对人类的发展更具有特殊重要的意义。

我国是一个海洋大国，按《联合国海洋法公约》的规定，我国管辖海域面积约300×10^4 km^2，约占陆地国土面积的1/3。岸线漫长、海域辽阔、岛屿众多、生态脆弱是我国的基本海情，因此海洋生态系统健康的维护和功能的合理利用也就成为当今海洋保护和开发的焦点问题。随着我国社会经济的飞速发展，海洋生态将承受着越来越大的压力，保护和开发的矛盾日益加剧，如果不及时采取有效的措施，保护海洋生态、协调海洋保护与开发的关系，海洋生态系统为我国实施可持续发展战略提供基础服务功能的优势将会受到严重削弱，直接影响到沿海地区社会经济和海洋经济的可持续发展。

为了有效保护典型海洋生态系统、海洋生物多样性和珍奇海洋自然遗迹，近30年来，我国海洋保护区事业不断得以发展，逐步构建起包括海洋自然保护区和海洋特别保护区两大类别的海洋保护区体系。《中华人民共和国海洋环境保护法》第二十三条规定："凡具有特殊地理条件、生态系统、生物与非生物资源及海洋开发利用特殊需要的区域，可以建立海洋特别保护区，采取有效的保护措施和科学的开发方式进行特殊的管理。"海洋特别保护区旨在根据海洋生态客观规律和社会经济可持续发展的需要，建立以生态保护为基础、生态保护与资源开发利用相互协调的新型海洋生态保护模式，建立协调的保护与利用关系，做到"在保护中开发，在开发中保护"，实现真正保护海洋生态的目的。海洋特别保护区的发展对保护海洋生态、合理利用海洋资源、协调保护与利用的关系发挥了重要的功能和作用。海洋特别保护区作为海洋生态保护的重要手段之一，兼顾了生态保护与资源利用的双重作用，可较好地缓解保护与利用的冲突，对于维护生态平衡、改善生态状况、实现人与自然和谐、促进社会经济发展具有十分重要的意义。

依据《中华人民共和国海洋环境保护法》的有关规定及国务院赋予的职责，国家及沿海地方各级海洋行政主管部门积极推进海洋特别保护区的建设管理，海洋特别保护区建设管理工作取得了较为显著的成果。2005年3月，国家海洋局批准建立了我国第一个国家级海洋特别保护区——浙江乐清市西门岛国家级海洋特别保护区，这不仅拉开我国海洋特别保护区建设发展的序幕，也标志着我国海洋保护区体系建设进入了一个新的发展时期。经过短短的几年时间，我国海洋特别保护区得到快速发展，海洋特别保护区面积和分布范围不断扩大，类型不断增加，在海洋生态保护中所起的作用不断加大。截至2014年底，我国已批准建立了52处国家级海洋特别保护区（其中有3处国家级海洋特别保护区分别加挂国家级海洋公园的牌子），保护面积达58×10^4 hm^2余，涵盖了海洋特殊地理条件保护区、海洋生态保护区、海洋公园和海洋资源保护区4种类型。目前，沿海11个省、自治区、直辖市中已有8个省份建立了国家级海洋特别保护区，渤海、黄海、东海和南海近岸海域均分布有国家级海洋特别保护区，保护内容涉及典型海洋生态系统、海洋生物多样性、海洋自然遗迹及生物与非生物海洋资源等。

在海洋特别保护区建设发展的同时，相关专业技术人员开展了有关海洋特别保护区的技术方法研究，目前在海洋特别保护区分类分级、选划论证及功能分区等有关技术方面已经取得了相应的研究成果，并为海洋特别保护区建设与管理所应用。然而由于海洋特别保护区发展历程较短，涉及的自然及社会经济影响因素复杂，围绕着海洋特别保护区建设管理的技术方法体系尚未建立，尤其是在海洋特别保护区协调保护与利用关系等方面缺少相应的技术支撑体系，不能很好地适应海洋特别保护区功能发挥的技术需求。为此，国家海洋环境监测中心联合国家海洋局第二海洋研究所、国家海洋局第三海洋研究所、南京师范大学、潍坊市海洋环境监测中心站开展海洋特别保护区保护利用调控技术研究，获得海洋公益性行业科研专项的支持，通过本项目的研究，探索海洋特别保护区保护与利用所需的技术与方法，为建立完善的海洋特别保护区保护利用调控技术方法提供支撑，为丰富海洋特别保护区建设管理技术体系提供基础，更好地满足于海洋特别保护区建设管理的需求，从而有效地发挥海洋特别保护区在海洋生态保护中的重要作用，落实生态文明建设重任。为了提高研究成果的应用价值，根据海洋特别保护区所处地理位置、生态环境及主要保护对象或保护目标的特点，选择了山东昌邑国家级海洋生态特别保护区、江苏海州湾海湾生态与自然遗迹国家级海洋特别保护区和浙江乐清西门岛国家级海洋特别保护区作为本项目研究的示范区，以突出研究成果的实践性。

本书依托海洋公益性行业科研专项“海洋特别保护区保护利用调控技术及应用示范”（200905011）的资助，针对我国海洋特别保护区建设管理现状及发展需求，借鉴国内外相关领域研究理论与技术，开展了海洋特别保护区功能区综合评价、功能区变化趋势分析、生态恢复适宜性评估、资源利用容量评估、生态服务功能价值及生态补偿评估、保护与利用活动强度调控等方法与指标体系等项的研究，取得了相应的研究成果，这些技术方法与指标体系在3个示范保护区得以较好应用，并为其他海洋特别保护区的建设管理提供参考。

本书从我国海洋生态环境状况分析入手，分析了海洋特别保护区建设管理现状，针对海洋特别保护区发展需要，提出了海洋特别保护区保护与利用调控技术方法，可为海洋特别保护区建设管理提供一定参考。全书分12章。第1章我国海洋生态环境特点，阐述了我国海洋生态环境基本特点。第2章典型海洋生态系统、海洋生物多样性及珍贵海洋遗迹，阐述了我国滨海湿地、红树林、珊瑚礁、海岛、海湾、入海河口、海草床、上升流等典型海洋生态系统，海洋生物多样性和具有独特价值的海洋自然遗迹特点及分布特征。第3章我国海洋生态环境面临的挑战，阐述了我国海洋经济发展、沿海地区开发战略的规划与实施及我国海洋生态环境承受的巨大压力。第4章海洋特别保护区建设与管理现状，阐述了我国海洋特别保护区建设管理发展状况。第5章国际海洋保护区保护与利用管理经验，阐述了IUCN、美国、加拿大等国际组织及发达国家在海洋保护区建设管理概念及保护与利用方面的经验。第6章海洋特别保护区生态保护监测，阐述了海洋特别保护区生态保护监测基本思路、主要内容，介绍了山东昌邑国家级海洋生态特别保护区的生态环境及主要保护对象的监测情况。第7章海洋特别保护区生态环境变化趋势分析，阐述了3S技术在海洋特别保护区生态环境、主要保护对象变化趋势研究中的应用，介绍了浙江乐清西门岛国家级海洋特别保护区的生态环境及主要保护对象的变化趋势分析情况。第8章海洋特别保护区生态恢复适宜性评估及区划。第9章海洋特别保护区保护与利用综合评价，阐述了海洋特别保护区保护与利用综合评价方法及指标体系，介绍了该方法在山东昌邑、江苏海州湾海湾生态与自然遗迹和浙江乐清西门岛国家级海洋特别保护区的应用。第10章海洋特别保护区资源利用容量评估，阐述了海洋特别保护区资源利用容量评估方法，介绍了该方法在山东昌邑、江苏海州湾海湾生态与自然遗迹和浙江乐清西门岛国家级海洋特别保护区的应用。第11章海洋特别保护区生态服务功能价值评估及生态补偿，阐述了海洋特别保护区的生态服务功能价值评估和生态补偿技术研究情况，介绍了江苏海州湾生态与自然遗迹，山东昌邑、浙江乐清西门岛国家级海洋特别保护区和厦门海洋公园应用案例。第12章海洋特别保护区保护与利用强度调控模型，阐述了海洋特别保护区生态环境保护与资源合理利用调控模型研究情况，介绍了研究成果在江苏海州湾生态与自然遗迹，浙江乐清西门岛和山东昌邑国家级海洋特别保护区的应用实例分析。

各章编写人员如下：

第1章　韩庚辰、杨新梅、梁　斌、丛丕福、曲丽梅、林新珍；

第2章　杨新梅、韩庚辰、梁　斌、丛丕福、曲丽梅、袁秀堂、张振冬、刘　娟；

第3章　梁　斌、杨新梅、苗丽娟；

第4章　杨新梅、丛丕福、梁　斌、林新珍、韩庚辰；

第5章　林新珍、韩庚辰、杨新梅、丛丕福、梁　斌；

第6章　曹建亭、隽云昌、李　欣、张守本、张　志、赵晓杰、刘国宁、任玉水、赵迎东；

第7章　王小波、曾江宁、寿　鹿、徐晓群、廖一波、刘晶晶、江志兵、杜　萍、朱旭宇、高　瑜、张华国、李利红、杨义菊、陈一宁；

第8章　徐　敏、王在峰、刘　晴、李　飞、刘佰琼、王　静、赵　林、王润洁、徐文健、黄晓龙、孟　昆、汪　晨；

第9章　杨新梅、苗丽娟、韩庚辰、曲丽梅、丛丕福；

第10章　梁　斌、袁秀堂、张振冬；

第11章　郑森林、俞炜炜、黄　浩、马志远、郑秭浓、林金兰；

第12章　丛丕福、曲丽梅。

部分图件编绘　赵玉岩、赵晴晴、阎吉顺、吴诗桐。

海洋特别保护区涵盖了自然环境和社会经济两大范畴，涉及专业多，由于作者知识水平有限，难免疏漏，不妥之处敬请广大读者批评指正。

编　者

2014年2月26日

Contents 目录

第1章　我国海洋生态环境特点……1

1.1 海岸……2

1.1.1 基岩海岸……2

1.1.2 沙砾质海岸……4

1.1.3 淤泥质海岸……5

1.1.4 红树林海岸……6

1.1.5 珊瑚礁海岸……7

1.2 气候……8

1.2.1 温带……9

1.2.2 亚热带……9

1.2.3 热带……10

1.3 入海河流……11

1.3.1 入海河流分布……11

1.3.2 径流量、输沙量的变化……11

1.4 海洋水文……13

1.4.1 潮汐……13

1.4.2 海流……14

1.4.3 波浪……18

1.4.4 海冰……20

1.5 海岛……22

1.6 海洋环境质量状况……24

1.6.1 21世纪前10年全国海洋环境质量概况……24

1.6.2 2011年全国海洋环境质量概况……24

第2章 典型海洋生态系统、海洋生物多样性及珍贵海洋自然遗迹……28

2.1 典型海洋生态系统……28
2.1.1 滨海湿地生态系统……28
2.1.2 红树林生态系统……32
2.1.3 珊瑚礁生态系统……37
2.1.4 海草床生态系统……54
2.1.5 海岛生态系统……58
2.1.6 海湾生态系统……59
2.1.7 河口生态系统……60
2.1.8 上升流生态系统……61
2.2 我国海洋生物多样性……61
2.2.1 我国海洋生物物种多样性现状……61
2.2.2 我国海洋生物物种特点……62
2.2.3 珍稀濒危物种……62
2.2.4 滨海湿地鸟类……65
2.3 珍贵海洋自然遗迹……70
2.3.1 海蚀地貌景观……70
2.3.2 海积地貌景观……73

第3章 我国海洋生态环境面临的挑战……75

3.1 海洋经济发展概况……75
3.2 沿海地区开发战略规划与实施……77
3.2.1 滨海新城和临海工业园区快速发展……77
3.2.2 港口成为沿海地区发展的重要依托……79
3.2.3 重化工业成为部分沿海省份的支柱产业……80
3.3 我国海洋生态环境承受的巨大压力……81
3.3.1 人口要素不断向东部沿海地区集聚……81
3.3.2 沿海土地资源紧缺，围填海强度加大……81
3.3.3 陆源污染物排海数量过多，大量污染物进入海洋环境……82

3.3.4 近岸水域污染趋势加重 83
3.3.5 海岸带生态系统脆弱程度加大 84
3.3.6 海湾、河口生态系统处于不健康或亚健康状态 85
3.3.7 生态灾害严重，生态风险增加 86

第4章 海洋特别保护区建设与管理现状 90

4.1 海洋特别保护区基本性质 90
4.1.1 基本概念的界定 90
4.1.2 选划原则 90
4.1.3 分类与分级 91
4.1.4 海洋特别保护区选划 92
4.1.5 主要任务 93
4.2 海洋特别保护区保护管理的基本要求 94
4.2.1 海洋特别保护区功能分区 94
4.2.2 基本保护要求 95
4.2.3 资源利用管理要求 95
4.2.4 资源利用的生态环境保护要求 97
4.3 海洋特别保护区主要管理制度与技术标准 100
4.3.1 各级海洋行政管理部门的建章立制 100
4.3.2 相关技术标准体系建设 100
4.3.3 主要管理运行制度 101
4.4 海洋特别保护区发展概况 102

第5章 国际海洋保护区保护与利用管理经验 106

5.1 国际海洋保护区分类 106
5.1.1 世界自然保护联盟 106
5.1.2 美国 107
5.1.3 加拿大 111
5.1.4 澳大利亚 114
5.1.5 日本 114

5.1.6 韩国 115
5.2 国外主要相关保护区管理状况简介......116
5.2.1 美国国家海洋避难所 116
5.2.2 国家海洋避难所系统监测 117
5.2.3 美国佛罗里达群岛国家海洋保护区 128
5.2.4 大堡礁海洋公园 131

第6章 海洋特别保护区生态保护监测 136

6.1 海洋特别保护区生态保护监测技术概述......136
6.1.1 生态监测的定义与基本任务 136
6.1.2 生态监测的特点 136
6.1.3 生态监测指标的分类与选择原则 137
6.1.4 海洋特别保护区生态监测的主要目标与基本思路 138
6.2 山东昌邑海洋生态海洋特别保护区概况......140
6.2.1 自然环境概况 141
6.2.2 资源概况 142
6.2.3 保护区管理概况 145
6.3 保护区生态保护监测内容与要求......146
6.3.1 沉积物及潮间带生物监测 147
6.3.2 柽柳林生态监测 148
6.4 监测与评价......149
6.4.1 主要保护对象或保护目标 149
6.4.2 沉积物背景要素 149
6.4.3 沉积物质量 149
6.4.4 潮间带底栖生物 151
6.4.5 柽柳林生态 152
6.5 柽柳林生态系统变化趋势分析......152
6.5.1 动植物种类 152
6.5.2 植被 153
6.5.3 生物多样性特征 155
6.5.4 保护区自然湿地植被的演化 158

第7章　海洋特别保护区生态环境变化趋势分析……160

7.1　西门岛国家级海洋特别保护区自然环境与资源特征……161
7.1.1　自然环境概况……161
7.1.2　资源特征……164
7.2　保护区保护利用与管理现状……170
7.2.1　西门岛社会经济概况……170
7.2.2　海岛保护与开发利用现状……171
7.2.3　保护区管理现状评价……179
7.2.4　保护区在保护与利用方面存在的问题……182
7.3　保护区海域环境质量现状及其变化趋势分析……183
7.3.1　污染源……183
7.3.2　海域环境要素变化状况……184
7.3.3　海域环境质量评价……188
7.3.4　海洋生物……191
7.4　主要保护对象现状及其变化趋势分析……223
7.4.1　滨海湿地……223
7.4.2　红树林……224
7.4.3　海洋生物资源……225
7.4.4　湿地鸟类……227
7.5　保护区功能区景观不同年代变化趋势分析……232
7.5.1　红树林重点保护区……233
7.5.2　西门岛适度利用区……236
7.5.3　南涂适度利用区……239
7.5.4　生态与资源恢复区……243
7.6　人为与自然相互作用下的功能区变化趋势……245
7.6.1　红树林移植……245
7.6.2　互花米草与红树林的相互作用……248
7.6.3　环境事件对功能区的影响……252
7.7　保护区资源利用协调性分析……254
7.7.1　资源利用……254

7.7.2 资源利用与保护区协调发展的途径与方法 254
7.7.3 资源利用与保护区协调发展的有效模式 255

第8章 海洋特别保护区生态恢复适宜性评估及区划 257

8.1 海洋特别保护区生态系统健康评价 257
8.1.1 生态系统健康评价基本原理 257
8.1.2 生态系统分区 259
8.1.3 评价指标筛选 260
8.1.4 评价模型 261
8.1.5 评价指标体系构建 264
8.2 保护对象脆弱性评价 282
8.2.1 保护对象脆弱性内涵及评价指标筛选 282
8.2.2 评价模型 282
8.2.3 指标体系构建 283
8.3 生态恢复区划及适宜性评价 291
8.3.1 区划类型和生态恢复目的 291
8.3.2 区划方法与分类标准 292
8.3.3 区划类型代码 293
8.3.4 生态恢复区划及适宜性评价 293
8.4 江苏海州湾海湾生态系统与自然遗迹国家级海洋特别保护区生态恢复适宜性评估与区划 294
8.4.1 保护区概况 294
8.4.2 保护区自然环境特点 294
8.4.3 海域主要自然资源 296
8.4.4 保护区生态和资源特点 299
8.4.5 保护区功能分区 301
8.4.6 保护区生态环境保护目标 306
8.5 海洋生态环境质量 307
8.5.1 海水环境质量评价 308
8.5.2 沉积物质量评价 309
8.5.3 海洋生物现状 309

8.6 生态系统健康评价……319
8.6.1 岛陆生态系统健康评价……320
8.6.2 潮间带生态系统健康评价……320
8.6.3 浅海生态系统健康评价……325
8.6.4 生态系统健康综合评价……327
8.7 保护对象脆弱性评价……329
8.7.1 秦山岛……329
8.7.2 竹岛……330
8.7.3 龙王河口沙嘴……330
8.7.4 连岛北部岸线及海域……331
8.8 生态恢复区划及适宜性评价……332
8.8.1 生态恢复区划……332
8.8.2 生态恢复适宜性评价……334
8.9 其他应用案例……335
8.9.1 山东昌邑国家级海洋生态特别保护区……335
8.9.2 浙江乐清西门岛国家级海洋特别保护区生态恢复区划……340

第9章 海洋特别保护区保护与利用综合评价……346

9.1 评价指标体系的构建……346
9.1.1 海洋特别保护区保护与利用评价复杂性分析……346
9.1.2 海洋特别保护区保护与利用综合评价指标体系的构建原则……347
9.1.3 评价指标体系的建立……347
9.2 评价方法与模型的建立……352
9.3 各指标评价方法……352
9.3.1 主要保护对象（或保护目标）变化趋势评价……352
9.3.2 生态环境状况评价……353
9.3.3 海洋资源利用适度性评价……355
9.4 海洋特别保护区功能区综合评价方法……356
9.4.1 评价方法……356
9.4.2 评价结果分级……356
9.5 海洋特别保护区功能区综合评价……357

9.5.1 山东昌邑海洋生态国家级特别保护区 ……357
9.5.2 江苏连云港海州湾海湾生态与自然遗迹国家级海洋特别保护区 ……358
9.5.3 浙江乐清市西门岛海洋特别保护区 ……358

第10章 海洋特别保护区资源利用容量评估 ……360

10.1 海洋特别保护区资源利用容量评估方法体系 ……360
10.1.1 海洋特别保护区资源利用容量评估原则 ……360
10.1.2 海洋特别保护区港口资源利用容量评估方法 ……361
10.1.3 海洋特别保护区养殖资源利用容量评估方法 ……362
10.1.4 海洋特别保护区旅游资源利用容量评估方法 ……363
10.2 示范区港口资源利用容量评估 ……364
10.2.1 海州湾示范区 ……364
10.2.2 西门岛示范区 ……365
10.2.3 示范区港口资源利用容量评估结果分析 ……366
10.3 示范区养殖资源利用容量评估 ……366
10.3.1 海州湾养殖资源分析 ……366
10.3.2 局部食物耗尽模型构建 ……367
10.3.3 模型计算参数的获得 ……369
10.3.4 海州湾示范区养殖容量评估结果 ……372
10.3.5 示范区养殖资源利用容量评估结果分析 ……373
10.4 示范区旅游资源利用容量评估 ……373
10.4.1 单位规模指标的确定 ……373
10.4.2 昌邑柽柳林示范区旅游资源利用容量计算 ……374
10.4.3 西门岛旅游资源利用容量评估 ……374
10.4.4 海州湾旅游资源利用容量评估 ……375
10.4.5 示范区旅游资源利用容量评估结果分析 ……377
10.5 示范区资源利用容量综合评估 ……377
10.5.1 示范区资源利用容量综合评估 ……377
10.5.2 示范区资源开发利用对策建议 ……379

第11章 海洋特别保护区生态服务功能价值评估及生态补偿

第11章 海洋特别保护区生态服务功能价值评估及生态补偿……381

11.1 海洋特别保护区生态服务功能识别……382
11.1.1 海洋特别保护区分类与主导功能定位……383
11.1.2 海洋特别保护区生态服务功能来源……385
11.1.3 海洋特别保护区主导生态服务功能判别……386
11.1.4 国家级海洋特别保护区生态系统服务功能识别……389
11.1.5 地方级海洋特别保护区生态系统服务功能识别……392
11.2 GIS支持下的海洋特别保护区生态服务功能价值评估方法……394
11.2.1 海洋特别保护区价值分类……395
11.2.2 海洋特别保护区生态系统服务价值量化指标……396
11.2.3 海洋特别保护区生态系统服务价值量化方法……398
11.2.4 基于GIS的海洋特别保护区生态系统服务价值评估……402
11.3 海洋特别保护区价值评估案例研究与示范应用……404
11.3.1 江苏海州湾海湾生态系统与自然遗迹国家级海洋特别保护区……404
11.3.2 山东昌邑国家级海洋生态特别保护区……412
11.3.3 浙江乐清市西门岛海洋特别保护区……417
11.4 海洋特别保护区生态补偿技术研究基础……423
11.4.1 国内外海洋生态补偿研究进展……423
11.4.2 海洋特别保护区生态补偿研究思路……425
11.4.3 海洋特别保护区生态损害补偿原则与逻辑框架……426
11.5 海洋特别保护区生态损害识别与评估……427
11.5.1 海洋特别保护区生态损害补偿识别……427
11.5.2 海洋特别保护区生态补偿门槛的界定……431
11.5.3 海洋特别保护区生态损害评估程序与方法……431
11.6 海洋特别保护区生态补偿机制……432
11.6.1 海洋特别保护区生态补偿主体与客体……432
11.6.2 海洋特别保护区生态补偿途径……433
11.6.3 海洋特别保护区生态补偿标准确定……433

11.6.4 海洋特别保护区受损生态系统的修复……438
11.7 海洋特别保护区生态补偿案例研究……441
11.7.1 山东昌邑国家级海洋生态特别保护区……441
11.7.2 江苏海州湾海湾生态与自然遗迹国家级海洋特别保护区……442
11.7.3 浙江乐清市西门岛国家级海洋特别保护区……443
11.7.4 厦门海洋公园生态损害补偿……446

第12章 海洋特别保护区保护与利用强度调控模型……449

12.1 基于EwE模型的海洋特别保护区评价……449
12.1.1 EwE模型研究意义……449
12.1.2 方法原理……450
12.1.3 功能组划分及参数获取……453
12.1.4 参数设定与获取……455
12.1.5 模型调试……455
12.1.6 结果分析……455
12.2 基于PSR模型的海洋特别保护区调控技术研究……460
12.2.1 海洋特别保护区调控管理目标……460
12.2.2 调控响应方案设计……460
12.2.3 海洋特别保护区PSR模型研究……460
12.2.4 基于PSR模型的海洋特别保护区生态系统评价分析……463
12.2.5 数据处理……464
12.2.6 PSR模型在示范区中的应用……464

参考文献……475

第1章 我国海洋生态环境特点

01

我国是海洋大国，根据《联合国海洋法公约》及我国的主张，我国管辖海域总面积约 $300\times10^4\,km^2$，包括渤海、黄海、东海和南海4个海区（图1-1），其中领海面积 $38\times10^4km^2$，海域跨越温带、亚热带和热带3个气候带，我国海岸线漫长、海域辽阔、生态环境复杂。

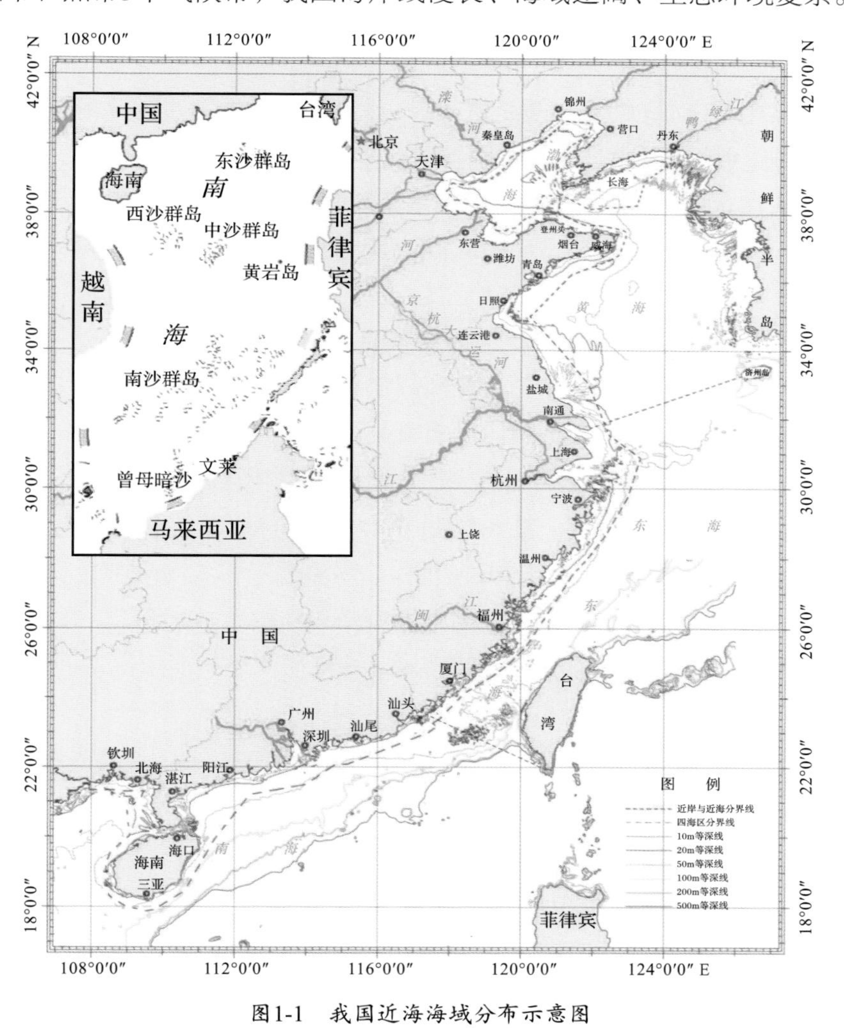

图1-1　我国近海海域分布示意图

按照我国自然地理分区原则，渤海海域范围为山东半岛的蓬莱角与辽东半岛的老铁山岬连线以西海域，是深入我国大陆的一个近封闭型的内海，面积约 $7.7\times10^4\,km^2$；沿岸地区包括河北省、天津市、山东省及辽宁省。

黄海海域北面与渤海相连，南面由长江口北侧至济州岛连线与东海相接，为一近似南北向的半封闭陆架浅海，面积约38×10^4 km^2；沿岸地区包括辽宁省、山东省和江苏省。

东海北面与黄海相接，南界由福建省诏安铁炉港至台湾省鹅鸾鼻岛连线与南海分界，面积约77×10^4 km^2；沿岸西侧包括上海市、浙江省、福建省和台湾省。

南海是中国四海区中面积和水深最大的海区，北濒我国华南大陆，南界加里曼丹岛北漾，东临菲律宾群岛，西接中南半岛，总面积约350×10^4 km^2。南海大陆岸线北起铁炉港，南到广西壮族自治区的北仑河口以及海南岛附近海域，沿岸地区包括广东省、广西壮族自治区、海南省以及香港特别行政区和澳门特别行政区。

沿海地方各级人民政府所辖的近岸海域①总面积约31×10^4 km^2。其中，渤海近岸海域面积约3.5×10^4 km^2，黄、东、南海近岸海域面积分别为8.2×10^4 km^2、8.4×10^4 km^2、10.9×10^4 km^2。

1.1 海岸

海岸是陆地与海洋相互交汇的地带，也是岩石圈、大气圈、水圈和生物圈相互作用、相互影响的地带，是海洋生态环境的重要组分。我国的大陆海岸线北起中国与朝鲜交界的鸭绿江口，南至中国与越南交界的北仑河口，全长18 000多千米，沿岸由北向南涉及的省份分别有辽宁省、河北省、天津市、山东省、江苏省、上海市、浙江省、福建省、广东省、广西壮族自治区、海南省、香港特别行政区、澳门特别行政区和台湾省。

我国现今海岸形成于全新世，受新华夏构造体系的控制，我国大陆岸线在平面上呈“S”形，总体走向呈北东—西南向。由于全球性海平面变化和局部新构造运动，引发我国海岸有过多次进退，使得我国海岸类型及地貌的复杂多样。目前我国尚无有关海岸分类的统一标准，按照不同的分类方法把我国海岸划分出不同分类体系，按形态、成因、物质组成和发育阶段的分类原则，共划分为5大类：基岩岸、沙砾质岸、淤泥质岸、珊瑚礁岸、红树林岸（《中国海洋志》编纂委员会，2003）；以形态成因为划分原则，我国海岸可分为3类，即山地丘陵海岸、平原海岸和生物海岸（《中国海岸带地貌》编写组，1995）；以动力作用为划分原则，可分为海蚀海岸和堆积海岸，等等。本书采用的是以形态、成因、物质组成和发育阶段的分类体系，即，基岩岸、沙砾质岸、淤泥质岸、珊瑚礁岸和红树林岸的海岸划分体系。

1.1.1 基岩海岸

1.1.1.1 基岩海岸的特征

基岩海岸由岩石所组成，一般具有以下几个特征。

（1）岸线曲折，岬湾相间，岬角突出，两岬之间往往形成深入陆地的港湾，沉积物来自邻近岬角

① 近岸海域：根据《中华人民共和国海洋环境保护法》的规定，本报告中的“近岸海域”指沿海地方各级人民政府所辖沿岸海域范围，是以我国领海基线向外延伸12n mile为界线、向陆一侧的全部海域；对于没有确定领海基线的渤海和北黄海海域，以海洋功能区划范围为近岸海域范围。

和海底岸坡。

（2）地形反差较大，水下岸坡较陡，岸滩宽度较窄，水深较大，许多岸段5～10m等深线逼近岸边，地形和沉积物横向变化显著。

（3）海岸营力以波浪为主，某些岸段受潮流影响。

（4）地质构造和岩性对海岸轮廓、海蚀与海积形态影响明显。

（5）海蚀地貌发育，形态各异，高度不一，多发育有海蚀崖、海蚀平台、海蚀洞、海蚀柱等。

1.1.1.2 基岩海岸的分布

基岩海岸北起辽宁的大洋河口，南至广西的北仑河口，主要分布在辽东半岛、山东半岛、浙江、福建、广东、广西、海南、台湾以及众多沿海岛屿。这些海岸的基本特点是众多的基岩岬角凸出于海洋之中，使海岸形成大小不等、封闭程度不一的海湾，海崖陡立，崖前有宽度不一的岩滩（海蚀平台），基岩岬角和海崖不断遭到侵蚀、后退，海拔高度10～40m，而在海湾处则往往形成不同规模的堆积体（图1-2）。海岸轮廓和地貌特征受控于构造和岩性，在广东和广西还发育有不少溺谷海岸。我国基岩海岸长约5 000km，占我国大陆海岸线总长度的1/4以上。辽宁基岩海岸主要分布在辽东半岛南端和长山群岛，以成山头至黄龙尾最为发育。山东半岛基岩海岸多见于半岛东部与东南部，以石岛、成山头、烟台岬、青岛沿岸为主。浙江基岩岸段主要在镇海角以南至虎头鼻之间的岸段。福建基岩海岸遍及南镇、东冲、黄岐、大祉、平海、崇武、围头、流谷、六鳌、古雷及宫口诸半岛以及东山岛、南日岛、平潭岛，此外尚见于闽江口以北、晋江泸屿等地。广东基岩海岸分布地区为大亚湾、大鹏湾、南澳岛、广海湾、镇海湾岸段。广西基岩海岸主要分布在大风江口以西至珍珠港岸段及涠洲岛等地。海南省基岩海岸集中在万宁大花角至三亚市梅联岸段。台湾基岩海岸分布在东部和北部海岸及金门岛等地。

基岸海岸的另一种类型为断层海岸，规模较大的断层海岸分布在台湾岛东岸。该海岸呈NNE走向，高耸陡峭的山体直插入海，形成了陡峭的断崖，水下岸坡陡急，海蚀平台狭窄，崖麓有散落的重力堆积的巨石，岸线平直（图1-3）。在我国其他基岩海岸上，也都发育有规模不大的断层海岸，如胶州湾内的红岛东北部海岸就有一段断层海岸。

图1-2　大连棒棰岛基岩海岸

图1-3　台湾东海岸断层海岸
http://tw.people.com.cn（人民网——台湾频道）（摄影 肖红）

1.1.2　沙砾质海岸

1.1.2.1　沙砾质海岸的特征

沙砾质海岸一般具有以下几个特征。

（1）组成物质以沙砾为主，其来源分别有中、小河流供沙、海岸侵蚀供沙及陆架供沙。

（2）海滩与水下岸坡的坡度较大，宽度较窄。

（3）海岸营力以波浪为主。

（4）堆积地貌多样，常有水下沙堤、岸坝、离岸坝以及沙坝—潟湖体系。

（5）季风与风暴潮对堆积地貌改造作用明显。

1.1.2.2　沙砾质海岸的分布

我国沙砾质海岸约占全国大陆岸线的25.6%（李培英，2007），主要分布在辽宁、河北、山东、浙江、福建、广东、广西、海南及台湾。辽宁黄龙尾至盖平角、小凌河口以西发育有较好的沙砾岸（图1-4）。碧流河、清云河、旅顺老虎尾、凤鸣岛等地发育有沙嘴。连岛坝见于大连小平岛、锦州大笔架山、营口仙人岛、大连黄龙尾及瓦房店太平岛。河北沙砾质海岸主要分布在北戴河至滦河岸段，沙砾质海岸长近50 km，低潮线附近有水下沙坝发育，昌黎沿海则分布着典型的海岸风成沙丘，沿岸沙丘带长达20 km，宽1～3 km，沙丘高约30 m，堪称海岸沙丘典型。山东沙砾质海岸主要分布在烟台、日照、威海和青岛，一般为连岛坝、沙嘴和海滩，如山东龙口的屺姆岛连岛坝长达10 km、宽2 km，芝罘岛连岛坝长3 km，此外还有荣成的诸岛连岛坝、镆铘岛连岛坝等；长岛的月亮湾发育有砾石滩。浙江沙砾质岸主要分布在大陆和岛屿局部湾顶，有砾石滩、沙砾滩、沙滩、砾石坝、沙坝等。浙江岛屿沙砾质海岸线总长逾70 km，分布在嵊泗、岱山、普陀、象山、临海、洞头、平阳、苍南诸县（区）岛屿的东面、东北面和东南面海洋动力较强处,或北面衅角凹湾内。福建沙砾质岸分布在闽江口以南的闽江口、平海湾、泉州湾、围头湾等开阔海湾内，主要呈岸坝、沙坝、沙嘴、海滩等形态，以沙嘴分布较广。广东沙砾质岸见于大亚湾以东、漠阳江口以西岸段，湾内海滩多呈对数螺线形岸线，如海门湾、甲子湾、红海湾等，其部分岸段沙坝潟湖海岸发育，如粤东的海门港至碣石港之间沿岸发育一系列沙坝潟湖。广西沙砾质岸的岸坝与海滩组合，分布在江平巫头、大风江两侧等。海南岛海岸线长1 680 km，其中砂质海岸主要分布在东北部、东部和西部，东北部由海口市的新海至文昌县的木栏头，东部由木栏头至万宁县的乐南村，西部由儋县的白马井至乐东县莺歌海，以及莺歌海至九所一带（黄少敏等，2003）。海南的铺前外湾、龙湾、乌场湾及三亚湾的沙砾质海滩呈对数螺线形岸线，岛东北部的湖心岛至鹿马岭沿岸发育有海岸风成沙丘，沙丘长宽度超过数百米，高15～30 m，最高可达50 m（吴正等，1987）。台湾沙砾质岸分布于西海岸台地与平原的外侧。

图1-4　辽宁绥中砂质海岸

1.1.3　淤泥质海岸

1.1.3.1　淤泥质海岸的特征

（1）组成物质为黏土、粉砂质黏土、黏土质粉砂及细粉砂等细粒物质，粒径ϕ为6～9 mm，滩坡坡度多小于1/1 000，季节性冲淤变化明显。

（2）受潮、浪的共同作用，常以潮流为主。

（3）潮滩宽平，地貌比较单调，从陆向海具有明显的分带性。

1.1.3.2　淤泥质海岸的分布

由于入海河流输沙作用，大部分泥沙在河口及河口以外适当的地方沉积，从而形成了广泛发育的淤泥质海岸。根据淤泥质海岸的物质组成、形态和成因，又可分为平原粉砂淤泥质海岸、河口湾淤泥质海岸和港湾淤泥质海岸3种类型。

1）*平原粉砂淤泥质海岸*

平原粉砂淤泥质海岸主要分布在大江大河冲积平原之外侧，即，辽河、双台子河、海河、黄河和长江等河口附近，如辽东湾顶、渤海湾沿岸、莱州湾沿岸、苏北沿岸等（图1-5）。该类海岸除上述共同特点外，还有以下3个特点：①海岸线绵长，一般在100km以上，如滦河口至黄河口的华北平原海岸长达220km左右，江苏连云港至长江口岸线超过450km，辽东湾营口—锦州海岸线长度也在160km以上；②海岸背依宽阔平原，如辽河平原，华北平原，苏北平原等；③海岸的蚀淤变化在很大程度上取决于河流输沙的变化。

图1-5 河北淤泥质海岸

2）河口湾淤泥质海岸

河口湾淤泥质海岸主要发育在钱塘江口和珠江口等典型的河口湾及杭州湾，该类海岸在河口湾两侧发育有规模不等的潮滩，且滩面平缓开阔。

3）港湾型淤泥质海岸

辽东半岛东南岸、浙江海岸及福建闽江口以北海岸，岸线曲折，海湾众多，有较大封闭性，湾内动力较弱，受湾内或邻近来沙影响，形成粉砂淤泥质海岸。

1.1.4 红树林海岸

红树是生长在热带和亚热带海岸滩涂的乔木和灌木，多属红树科，因去树皮后木呈红色，可提取染料，故名红树，红树林海岸则是在潮间带生长着红树林的海岸，以热带和亚热带地区的淤泥质海岸发育最好（图1-6）。红树林海岸分布于海南、广西、广东、福建、香港、澳门、台湾等地区，其中以广西山口和北仑河、海南清澜港，广东湛江、福建福鼎、台湾台北等地沿岸发育较好。我国红树林自然分布北界为福建省的福鼎县（27°20′ N），人工引种的北界为浙江省乐清湾（28°25′ N）。

图1-6 红树林海岸

由于红树林是生长在潮滩上的，通常在淤泥质海岸发育最好，因河口海湾为低能环境，滩地含有机质较高，故红树林发育甚好，同时促进泥质沉积，故红树林与淤泥质海岸相伴而生。红树林海岸具有明显的分带性，由海向陆依次出现水下岸坡上部带、白滩带、滩地红树林带、半红树林带及陆生植物带。

1.1.5 珊瑚礁海岸

由珊瑚礁构成的海岸称为珊瑚礁海岸。我国的珊瑚礁海岸主要分布于南海诸岛、台湾、澎湖以及广东、广西和海南沿岸（图1-7）。我国的造礁珊瑚属印度洋—太平洋区系，共有造礁珊瑚25科45属，近200种（《中国海洋志》编纂委员会，2003）。由于珊瑚生长要求有很高的条件，故其分布范围有限。

1.1.5.1 滩、礁、洲、岛

根据珊瑚礁礁面的水深情况，可将南海诸岛的珊瑚礁划分为如下几类。

1）暗滩（含暗沙）

位于水深10～30 m。底座由原生礁、薄覆珊瑚、贝壳及藻类沙砾屑构成，其上珊瑚丛生，水深较浅者（10～20 m）称陪沙，如曾母暗沙。丘状暗滩水深21～30 m。

图1-7 西沙群岛珊瑚礁
（http://pec.people.com.cn人民网）

2）暗礁

礁体水深一般小于7m，低潮时部分出露，如西沙群岛的北礁及南沙群岛的海安礁等。

3）灰沙洲

礁坪上碳酸盐类松散堆积体露出海面，特大高潮或台风时可能被淹没。

4）灰沙岛

随着灰沙洲的扩大，堆积体高于海面，形成灰沙岛。南沙群岛和东沙群岛均发育有此类岛屿。

5）礁岩岛

灰沙岛经碳酸盐矿物充填胶结形成礁岩岛，原生礁的出露也可形成礁岩岛。前者如西沙群岛中的石岛和石屿，后者如黄岩岛。

1.1.5.2 珊瑚礁类型

珊瑚礁按成因可分为岸礁、离岸礁、环礁、台礁、隆起礁和潟礁6种类型。

1）岸礁（裙礁）

沿海岸依托基岩发育，礁坪由原生礁构成，其上覆松散沉积物为碳酸盐与陆源碎屑的混合沉积。主要分布在海南和台湾等地沿岸。

2）离岸礁

在内陆架浅海区孤立发育，礁体与陆地之间形成海峡，海峡水深在10 m左右。离岸礁多见于海南岛西北岸的儋州的邻昌岛和洋浦的大铲岛（又称磷枪石岛）和澎湖列岛等地。

3）环礁

呈环形或马蹄形围绕潟湖发育而成，环礁按其发育指数分为开放型、半开放型、准封闭型、封闭型和台礁化型5种。若干小型环礁可以组成一个有统一礁座的大环礁，也称群礁，群礁内部为深水潟湖。群礁面积较大，如郑和群礁的面积约1 000 km^2。

4）台礁

礁体耸立于海洋中，无潟湖的礁体，亦称为塔礁，如西沙群岛的中建岛。

5）隆起礁

随地壳上升而高出海面的礁体。在台湾南部的恒春半岛、台湾东部的火烧岛、西沙的石岛等均有分布。

6）溺礁

随地壳沉降而沉溺于造礁珊瑚繁衍深度以下的礁体，如南海的中南暗沙和宽法暗沙等。

当代全球变化研究发现：珊瑚礁在全球碳循环过程中起着重要作用。由于人类活动和全球气候变暖，珊瑚礁遭到了严重破坏。

1.2 气候

中国海域纵跨温带、亚热带和热带3个气候带，沿海地区属季风气候区，受海洋和陆地的影响，夏季海上多东南风，沿岸高温多雨；冬季海上多东北风，气温较低。沿海各地的气候差异较大，总的来说，自北向南，年平均气温和降水量均呈现逐渐增高的趋势（表1-1）（《海岸带气候调查报告》编写组，1992）。

表1-1　中国海的主要气候要素

要　素		温带	亚热带		热带
			北—中亚热带（北亚热带）	南亚热带	
气温（℃）	年均	8.9 ~ 14.3	14.0 ~ 19.6	19.8 ~ 22.6	22.2 ~ 25.5
	最高	35.3 ~ 43.7	33.1 ~ 39.9	36.2 ~ 38.7	35.4 ~ 38.8
	最低	−28.0 ~ −11.9	−12.7 ~ −1.2	−1.4 ~ 3.8	−1.4 ~ 6.2
年均降水量（mm）		577.8 ~ 1 019.1	947.8 ~ 1 694.6	1 010.9 ~ 2 884.3	993.3 ~ 2 324.1
年降水日数（d）		63.0 ~ 103.0	114.0 ~ 172.0	105.2 ~ 180.0	87.4 ~ 161.8
年蒸发量（mm）		1 220.9 ~ 2 430.4	1 146.4 ~ 1 455.2	1 477.6 ~ 2 100.7	1 802.0 ~ 2 596.8
年均相对湿度（%）		62 ~ 75	77 ~ 85	77 ~ 82	79 ~ 85
年均风速（m/s）		3.0 ~ 67	1.6 ~ 4.1	1.8 ~ 6.9	2.6 ~ 5.0
年均大风日数（d）		7.1 ~ 124.5	3.2 ~ 33.3	4.3 ~ 102.9	4.3 ~ 40.6

1.2.1 温带

我国海域的温带部分北起辽宁省的鸭绿江口，南至江苏总灌渠。本气候带的年均气温在8.5℃（丹东）至14.2℃（西连岛）；极端最高气温34.3℃（丹东）至43.7℃（埕口）；极端最低气温−28.0℃（丹东）至−11.9℃（西连岛）；最高气温除少数地段出现在7月外，多出现在8月；最低气温以1月为最低。气温的年较差25.6～33.5℃（龙口）。

年均降水量在577.8 mm（长岛）至1 019.1 mm（丹东）。除丹东地区外，降水量由北向南逐渐增多，陆上多雨、海岛少雨。降水量以6—9月为最多，平均占全年降水量的74%；其余8个月仅占26%。降水量的年际变化也很大，以青岛为例，最大年降水量达1 227.6 mm（1975年），最小降水量仅有263.8 mm（1981年），最多年是最少年的4.65倍。

蒸发量在1 220.9～2 430.4 mm，蒸发量最小的地区是降水量最多的丹东，而蒸发量最大的地区则是降水量最小的埕口。

我国海岸带地区地处东北亚季风区，风向的季节变化十分明显。夏季，在印度低压和太平洋副热带高压的影响下，盛行偏南风；冬季，受大陆蒙古高压控制，盛行偏北风；春、秋季节则属过渡时期。平均风速在3.0 m/s（秦皇岛）至6.7 m/s（成山头）。总的来讲，黄海沿岸的平均风速比渤海沿岸大，一年之中以春季风速为最大，夏季最小。由于寒潮和台风的影响，本区时有大风出现，例如青岛8509号台风时最大风速达28 m/s，瞬时大风风速达35.6 m/s。

1.2.2 亚热带

亚热带又可进一步划分为北—中亚热带和南亚热带。

1.2.2.1 北—中亚热带

北—中亚热带北起江苏总灌渠，南至闽江口。年平均气温14.0℃（大丰）至19.6℃（福州）。气温从北向南逐渐增高，海上气温低于陆域。极端最低气温为−10.6℃（杭州湾）至−2.4℃（三沙湾），极端最高气温为33.1℃（下大陈）至39.9℃（杭州）。

本气候带的降水量为947.8 mm（嵊泗）至1 694.6 mm（温州），年内变化呈双峰型，即两个雨季和两个相对干季。第一个雨季为3—5月的春雨和6—7月的梅雨，春雨降水量占年降水量的25%～30%，梅雨占年降水量的17%～19%，梅雨是本区降水的一大特征。第二个雨季为秋雨，主要出现在8—9月，降水量占全年的13%左右。第一干季出现在7月，此月少系统性降水，偶有台风雨和局部雷阵雨；第二个干季出现在10月至翌年2月，这5个月降水量在30.7mm左右。

年均蒸发量在1 146.4 mm（宁波）至1 455.2 mm（福州），是我国海岸带内蒸发量最小地区。相对湿度在77%（福州）至85%（下大陈）之间，相对湿度年内变化不大。

本气候带内风具有明显季节变化，冬季，受蒙古高压影响，以北风为主，东北风次之；夏季，受到副热带高压作用，盛行东南风，西南风次之。春、秋季为转风季节，其中春季以东—东北风较多，秋季则北风较多。年均风速在6 m/s（福鼎）～8.1 m/s（下大陈）。很明显，海岛上年均风速远大于大陆沿海。

主要灾害性天气为热带气旋和寒潮。进入本区及邻近警戒区的气旋为年均3.7个，最多年份6个，最少1个，主要出现在7—9月，台风登陆时瞬时最大风速达53 m/s（三沙）。寒潮对本区的影响南北不一，杭州年均3.4次、温州1.6次、三沙1.2次，呈自北向南减少之势，出现最频繁的月份为11月至翌年1月。

1.2.2.2 南亚热带

南亚热带北起闽江口，向南经广东（不含雷州半岛）、向西至广西的北仑河口。本气候带内年均气温在19.5℃（平潭）至22.5℃（北海），气温由北而南逐渐升高，海岛稍低，陆域偏高。极端高温为36.2℃（南澳）至38.7℃（深圳），极端低温为-1.8℃（钦州）至3.8℃（东山）。气温年较差较小，且由北向南逐渐减小（17.5～12.9℃）。

年降水量在1 010. 9（崇武）至2 884.3 mm（东兴）。就降水量分布而言，广东汕头以西的降水量都在1 500 mm以上，而福建海岸带多在1 300 mm以下。本气候带降水多集中夏季，一般占全年50%～60%；冬季降水量最少，仅占全年的4%～6%。降水量年际间变化较大，一般情况下，降水量最大年是最小年的2～3倍，个别年份可达3倍以上。例如，潮阳站，最多年降水量为2 740.3 mm（1983年），最少为812.6 mm（1963年），前者为后者的3 .4倍。

年蒸发量在1 477.6（东兴）至2 100.7 mm（东山），相对湿度在77%（厦门）至82%（东兴和汕头），是我国海岸带内相对湿度较大的地带。

年均风速为1.8 m/s（东兴）至7.7 m/s（东山），一般在3.0 m/s左右。平均风速在10月至翌年3月较大，4—9月较小。

本气候带内受热带气旋影响较大。据1949—1980年资料统计，登陆热带气旋次数在福建年均1.8个、广东6.7个、广西0.5个；影响本区的热带气旋次数为福建7.9个、广东12.7个、广西4.1个。5—11月均为热带气旋影响期，而7—8月则是热带气旋集中登陆期。台风登陆时最大风速可达40 m/s以上，例如1979年8月2日7908号台风在广东碣石登陆时，极大风速曾达61 m/s，最大风速达24.0m/s的台风出现过16次，且台风过程往往伴有大暴雨和特大暴雨。

1.2.3 热带

热带分布在雷州半岛、海南岛及南海诸岛。本气候带的年均气温22.2（白龙尾）至25.5℃（三亚），南北温差仅3℃多。最高气温出现在7月，为28.1（阳江）至28.8℃（涠洲）；最低出现在1月，为14.2（白龙尾）至18.7℃（万宁）。极端最高气温在35.4（东方）至38.9℃（海口）；极端最低气温在-1.4（阳江）至6.2℃（万宁）。

年降水量993.3 mm（东方）至2 324.1 mm（白龙尾），主要出现在5—10月，最大月为7—9月，11月至翌年4月为干季，其中1月降水量最少，仅占全年的10%左右。降水量的年际变化较大，例如万宁最大降水量为3 533.7 mm（1972年），最少降水量为834.9 mm（1977年），前者为后者的4.2倍。本气候带的年蒸发量在1 802.0 mm（湛江）至2 596.8 mm（东方），相对湿度在79%（三亚）至85%（海口），是全国海岸带中相对湿度较大的区域。

本气候带风向虽较复杂，但冬季以东北风为主，夏季以南、东南、西南风为主，春秋为过渡季节。年均风速为2.6m/s（万宁）至5.0 m/s（涠洲），其他多数在2.3～3.5 m/s。大风主要由热带气旋引起。据1949—1980年资料统计，登陆和影响海南岸段的热带气旋共275个，平均每年8.6个；其中登陆的有79个，平均每年2.5个。据1956—1989年资料统计，在此登陆的热带气旋中，中心风力达6级以上的59个、8～11级的有26个、风力不小于12级的有9个，热带气旋过境时，常有30m/s以上大风并伴随有大到暴雨，易引起风暴潮。

1.3 入海河流

1.3.1 入海河流分布

注入我国海域的河流数量较多，而且其陆地流域面积广，所携带和溶解的物质种类与数量也非常大，我国入海河流有大小1 500多条，入海河流流域面积占总流域面积的44.9%，入海径流量占全国河川径流量的69.8%（中国地理学会海洋地理专业委员会，1996），其中河流长度不小于100 km的河流近百条，对海岸过程影响较大的河流有10余条（表1-2），流域面积广、径流大的河流主要有长江、黄河、钱塘江、珠江等，流入渤海的河流主要有黄河、辽河、滦河和海河，流入黄海的河流主要有鸭绿江、淮河，流入东海的河流主要有长江、闽江和钱塘江，流入南海的河流主要有珠江、韩江等。全国主要河流每年入海水量在14 878.81 × 10^8 m^3，输沙量17.05 × 10^8 t（《中国海湾志》编纂委员会，1991—1995）。

入海河流在与海岸的交界处往往形成一定规模的入海河口，如辽河口、双台河口、滦河口、黄河口、长江口、钱塘江口、珠江口等。

表1-2　中国海岸带入海河流的主要特征

河流名称	河流长度（km）	流域面积（km^2）	径流量（× 10^8 m^3/a）			输沙量（× 10^4 t/a）			资料年限
			平均	最多	最少	平均	最多	最少	
鸭绿江	790	61 889	290.92	466.84	158.75	263.1	657.5	11.93	1958—1985
辽河	1 396	219 000	100.65			3 290.26			1935—1984
滦河	887	44 900	45.63	127.8	15.3	2 010	8 790	11.9	1929—1984
海河	1 036	211 038	21.1			11.9	32.2	0	1960—1979
黄河	5 464	752 000	319.38	937.10	91.5	104 900	210 000	24 200	1950—1990
灌河	74.5	640	15.00	80.0	2.76	70			
长江	6 300	1 800 000	9240	13 592	5 172	48 600	67 800	34 100	
钱塘江	605	49 900	386.4	695.6	225.5	658.7	1 060	213	
椒江	197.7	6 519	66.6			123.4	427.0	32	
瓯江	388.0	17 859	196.0	332.0	110.0	266.5			
闽江	2 872	60 992	620	903	304	745.28	1 999.28	271.99	1950—1986
九龙江	263	13 600	148	288	99.6	307	647	<100	1950—1979
韩江	470	30 112	252	478	112	760	1 750	319	1951—1983
珠江	2 214	450 700	3 124	3 846	2 677	8 340	16 145	1749	1975—1984
南流江	287	9 439	53.13	80.2	16.94	118	213	32.3	1954—1985
合计			14 878.81			170 464.1			

资料来源：中国海湾志编纂委员会，1991—1995。

1.3.2 径流量、输沙量的变化

我国各河的径流量和输沙量年内分配极不均匀。表1-3和表1-4分别是我国主要河流的径流量和输沙量的各月分配表。此表显示，各河的径流量和输沙量主要集中在几个月中，如注入渤海河流的径流量主要集中在7—10月，诸河径流量占全年的61.4% ~ 82.4%；注入东海的河流由于受梅雨的影响，则集中在3—6月（钱塘江）或4—7月，径流量约占60%。长江集中在6—9月，径流量占全年的51%（《中国海岸带和海涂资源综合调查成果》编纂委员会，1991）。

入海泥沙量年内分布也显示出不均的特点（表1-4）。鸭绿江8月的入海泥沙占全年的58.9%；海河8月的入海泥沙占全年的75.2%；滦河7、8两月输沙量占全年的88.3%；黄河集中在7—10月，其中以8月为最多，占全年的31%。其他各河均有类似情形，只是输沙量最大月份不同而已。

表1-3　主要河流径流量年内分配

河流	月径流量/年径流量（%）												连续4个月最大值之和/全年总量（%）
	1	2	3	4	5	6	7	8	9	10	11	12	
鸭绿江	6.7	6.0	6.7	6.4	7.2	8.1*	11.8*	17.6*	9.4*	6.8	6.4	6.8	46.9
辽河	0.5	0.3	2.4	5.3	5.2	7.4*	17.6*	32.4*	16.4*	7.2	3.9	1.4	73.8
滦河	1.8	2.1	2.9	3.6	2.7	4.6	22.2*	34.3*	12.5*	6.4*	4.3	2.6	75.4
海河	2.4	1.9	1.5	0.6	0.1	0.8	11.9*	32.4*	25.5*	12.6*	6.6	3.7	82.4
黄河	3.2	2.7	4.8	5.1	4.8	4.1	11.4*	17.7*	16.6*	15.7*	9.1	4.8	61.4
淮河	2.5	3.5	4.1	5.3	8.0	7.3	20.6*	20.7*	13.5*	7.4*	4.0	3.1	62.2
长江	3.0	3.2	4.3	6.7	10.3	12.0*	14.2*	12.9*	11.9*	10.2	7.1	4.2	51.0
钱塘江	3.4	6.9	21.0*	11.6*	17.8*	21.1*	9.3	4.8	5.3	3.5	3.1	2.7	61.0
瓯江	2.3	5.3	8.2	11.9*	17.6*	22.3*	8.6*	6.9	9.4	3.5	2.0	2.0	60.4
闽江	3.0	4.1	7.3	11.5*	18.3*	22.7*	10.8*	6.7	5.6	4.1	3.0	2.9	63.3
韩江	3.0	3.2	4.8	8.5	13.2*	21.1*	11.5*	11.1*	10.3	6.1	4.0	3.2	56.9
珠江	2.5	2.4	3.0	6.6	12.4*	17.5*	17.0*	15.4*	10.1	5.9	4.3	3.1	62.3

注：*为连续4个月最大值。

表1-4　主要河流输沙量及其年内分配

河流	年输沙量（$\times 10^4$t）	月输沙量/年输沙量（%）											
		1	2	3	4	5	6	7	8	9	10	11	12
鸭绿江	114	1.0	1.0	1.0	1.2	1.9	9.8	16.1	58. 9	5.4	1.7	1.0	1.0
辽河	899	0	0	1.0	2.6	6.6	9.4	28.9	35.1	10.0	4.3	1.9	0.2
滦河	2 010	0.1	0.1	0.2	0.4	0.5	3.4	43.3	45.0	5.4	1.1	0.4	0.1
海河	1.8	0	0	0	0	0	0	16.4	75.2	8.4	0	0	0
黄河	105 800	0.35	0.39	1.87	2.37	2.12	2.02	15.16	31.0	23.8	14.4	5.4	1.12
长江	46 800	0.7	0.7	1.2	3.9	9.0	11.0	21.7	18.8	16.2	10.6	4.5	1.7
钱塘江	437	0.5	4.1	3.6	17.2	32.0	24.4	3.5	4.2	8.2	1.6	0.2	0.5
瓯江	267	0.2	3.2	2.4	10.3	14.5	30.0	4.7	16.1	16.7	1.3	0.2	0.4
闽江	829	0.5	1.8	4.8	10.1	24.8	38.3	10.6	4.0	3.2	1.2	0.3	0.4
韩江	727	0.45	1.58	3.51	9.51	20.1	26.0	9.0	12.5	12.05	4.09	0.81	0.4
珠江	8 662	0.16	0.20	0.49	4.26	12.5	21.1	28.8	20.3	8.18	2.86	1.01	0.18

1.4 海洋水文

近海海洋水文要素，特别是动力要素，既是海岸带过程最为活跃的要素，也是海洋生态过程的基本条件。依据《中国海岸带水文》（中国海岸带水文编写组，1995），近海主要海洋水文要素及特征如下。

1.4.1 潮汐

潮汐不仅改变近海海域水位的高低，而且还不断地改变着海域海洋动力场的性质和作用范围。

1.4.1.1 潮汐类型

我国沿海潮汐性质比较复杂，各海区存在正规半日潮、不正规半日潮、正规全日潮和不正规全日潮4种类型，所不同的只是各种类型所占主次不同而已（《中国海岸带和海涂资源综合调查成果》编纂委员会，1991）。

渤海以正规半日潮为主，其他3种类型也都存在。莱州湾、渤海湾和辽东湾沿岸皆为不正规半日潮，秦皇岛及其以东部分海域和黄河口神仙沟南局部海域为正规全日潮，黄河口两侧则为不正规全日潮。

黄海以正规半日潮为主。除威海至成山角、靖海角以及连云港外海为不正规半日潮外，其余均为正规半日潮。

东海沿岸潮汐类型比较单一。长江口至闽江口沿岸，基本上为正规半日潮，仅宁波与舟山之间部分海域为不正规半日潮。闽江口以南的台湾海峡潮汐类型有二：以福建浮头湾—马公—台湾湖口一线为界，以北属正规半日潮，以南属不正规半日潮。

南海沿岸以不正规半日潮和不正规全日潮为主，正规全日潮也占有一定范围。汕头至海门，珠江口至雷州半岛东岸，海南岛东北部，东沙、南沙、西沙各岛均为不正规半日潮，雷州半岛南段和广西沿海为正规全日潮。

1.4.1.2 潮差

各海域潮差差异明显，总的趋势是东海最大，黄、渤海次之，南海最小。

渤海沿岸平均潮差0.70～2.71 m。无潮点附近的秦皇岛和黄河三角洲的神仙沟最小，分别为0.5 m和0.2 m左右，而辽东湾顶附近的营口、渤海湾顶附近的塘沽都大于2.50 m。

黄海沿岸平均潮差0.79～3.71 m。在辽东半岛，自旅顺向鸭绿江口逐渐加大。在山东半岛，自烟台到成山角逐渐减少为最小（0.75 m）；自成山角向南逐渐增大，到连云港达3.37 m。自连云港往南，到射阳河口减小为2.59 m。自射阳河口往南又逐渐增大，到吕四达3.83 m，其间小洋口实测最大潮差达9.28 m。黄河沿岸有两个低潮差区（成山角、射阳河口），与黄河口和废黄河口两个无潮点有关。

东海潮差较大，平均潮差为1.65～5.54 m。长江口约2.50 m，杭州湾最大，平均4.0 m以上，湾顶澉浦达5.54 m，最大潮差达8.93 m。浙江东南沿海的宁波1.65 m，向南逐渐增大，温州3.92 m。福建三都澳最大达8.54 m，向北、向南均逐渐减少，厦门3.98 m，东山2.30 m。福建沿海中、北两段是我国4.0 m以上的大潮差区。

南海平均潮差为0.73～2.48 m。广东岸段汕尾0.98 m，向西增大，湛江2.16 m。广西北部湾白龙尾2.22 m，向东增大，石头埠2.45 m。海南岛东都潮差小，清澜0.75 m；西部较大，八所1.49 m；西北部最大，新盈1.89 m。

除小洋口和澉浦外，我国沿海最大潮差8 m以上的区域，还有浙江乐清湾漩门港（8.43 m）和福建三都澳（8.54 m）。最大 潮差多是由当地沿海地形所致。

因与天体运动和径流有关，各海区的潮差呈现季节性变化特征。夏季潮差大，冬季潮差小。最大月与最小月平均潮差的变幅，黄、渤海0.20 m，东海0.20～0.40 m，个别达0.80 m（澉浦），南海0.60 m。

1.4.1.3 风暴潮

台风和寒潮是诱发风暴潮的两种主要因素。南海台风盛行，故成因以台风为主；渤海、北黄海常遭寒潮大风侵袭，故以寒潮为主；南黄海、东海两者兼而有之，但以台风为主。由于成因不同，地理条件有别，各海区的风暴潮特征也不一样。

1）渤海和北黄海风暴潮特征

引发渤海和北黄海风暴潮的主要因素是寒潮大风，这类寒潮天气形势有两种，即气压分布为北高南低型和冷高压型。前者多发生于春、秋季，偏东大风导致渤海湾和莱州湾沿岸增水；后者多发生于冬季、早春，东北偏东大风使黄河口区增水，因时间短，增水小于0.2 m。此外，台风也可引起渤海和北黄海风暴潮，其大小取决于台风的强弱和路径。台风主要路径有三：一是在山东登陆，青岛以南沿海有0.1 m左右的增水；二是在辽东半岛登陆，对山东半岛南岸和辽东半岛沿海影响大，如1985年9号台风使大连、营口分别增水1.14 m和1.47 m；三是台风穿过山东半岛，进入渤海并在西岸登陆，对辽东湾、渤海湾影响大，如1972年3号台风使营口、葫芦岛等地实测潮位达到或接近历史最高水位。

2）南黄海和东海风暴潮特征

台风对南黄海和东海袭击频繁，据不完全统计，江苏沿海1971—1981年间较大的台风暴潮13次，平均每年1次以上；沪、浙沿海1949—1979年间，平均每年受台风影响6～7次，形成历史高潮位的有5612号、7413号和8114号3次台风；福建沿海1956—1981年间受台风袭击和影响170次，平均每年6.8次，形成增水的有142次，平均每年5.7次。地处台湾海峡北端的长乐、连江沿岸，是增水的多发区，马尾港最突出；1956—1980年实测台风增水超过1.0 m的有37次，超过2.0 m的有3次，最大增水达2.52 m。

3）南海风暴潮特征

南海受台风袭击和影响最严重的主要有汕头、珠江口、雷州半岛东部、海南岛东北部和广西5个岸段。汕头岸段1949年以来发生多次台风暴潮，6903号和7808号两次台风，使饶平至广州一带最高潮位达3.0 m，灾害严重。珠江口岸段，1848—1949年间，遭台风暴潮60多次；1940—1980年间，在广东沿海登陆的193次台风中有40次在珠江口登陆，潮位均超过当地警戒水位0.60～1.00 m；8309号台风使珠江口出现百年一遇的特大风暴潮位，达2.63 m。珠海、番禺、中山、东莞等地区海堤溃决，广州沿江马路浸水，损失严重。雷州半岛东岸受8 007号台风使海口站潮位高达2.48 m，海口、琼山和文昌收到严重损失。广西岸段1949—1984年间有80次台风袭击，8609号强台风，使北海站增水1.0 m，冲垮海堤300 km，毁坏房屋2 300间，淹没农田1.4×10^4 km²。

1.4.2 海流

1.4.2.1 潮流

与沿海区潮汐相应，各个海区的潮流也复杂多变。潮流性质、运动形态。潮流历时和流速等均有明显的地区性。

1）*潮流性质*

我国近岸海域以半日潮流为主，但不同海域具有明显差别，其中南海的潮流性质比较复杂。

渤海、北黄海沿岸海域的潮流性质呈相间分布。辽东半岛以庄河—石城岛一线为界，向东至鸭绿江口为正规半日潮流，半日潮流向东逐渐增强；向西至渤海海峡为不正规半日潮流。渤海内3个海湾均为正规半日潮流；渤海中部、龙口至成山角则为不正规半日潮流，其间威海等一些海域为正规日潮流。

南黄海和东海近岸海域潮流性质比较单一，除个别水深较大海域为不正规半日潮流外，匀属正规半日潮流。沿岸水深较浅，浅水分潮效应明显，这种潮流区属不正规浅海半日潮流。

南海近岸海域潮流性质比较复杂，从汕头经珠江口到湛江，除粤东红海湾为不正规日潮流外，均为不正规半日潮流。琼州海峡西端和海南岛及西南部为正规潮流，而琼州海峡东端、海南岛东部与西北部、雷州半岛西岸和广西沿海，则以不正规日潮流为主，仅局部海域为不正规半日潮流。

2）*潮流的运动形态*

潮流运动主要有旋转流和往复流两种形态。沿岸海域以往复流为主，主要分潮流椭圆率小于0.2。往复流的主流向，在湾口、河口区一般与口门呈正交，平直海岸处与岸线平行。在水深较大的开阔海域，如辽东半岛、连云港、长江口拦门沙以外海域等为旋转流。我国位于北半球，旋转流的旋转方向为顺时针，由于地形等影响，个别海域潮流呈逆时针方向，如辽东半岛、烟台至威海、鲁南、苏北、浙南、闽北等沿岸水域。

3）*潮流历时和流速*

我国近岸海域潮流历时和流速分布比较复杂。一般来说，开阔海域的涨、落潮流历时相差不大，流速也较小；河口区受径流影响，涨潮流历时比落潮流历时短，流速较大；而海峡水道常是强潮流区。我国近岸潮流历时和流速分布见表1-5（中国海岸带和海涂资源综合调查成果编纂委员会，1991）。

表1-5　潮流历时和流速

岸段	涨潮流历时	落潮流历时	涨潮历时/落潮历时	涨潮最大流速（cm/s）	落潮最大流速（cm/s）	涨潮最大流速/落潮最大流速
辽宁北黄海	5时36分	6时51分	0.82	56～62	26～46	2.15～1.35
辽东湾	5时36分	7时12分	0.78	82	94	0.87
	6时42分	6时10分	1.09	78	64	1.22
渤海湾	5时12分	6时30分	0.80	88	65	1.35
	5时35分	6时15分	0.89	83	60	1.38
山东沿岸	6时15分	6时50分	0.91	71	60	1.16
	6时42分	5时54分	1.14	65	70	0.93
长江口外	6时02分	6时22分	0.95	101	103	0.98
				152	147	1.03
杭州湾口	6时13分	6时24分	0.97	227	219	1.03
				222	260	0.98
乐清湾	6时40分	5时42分	1.17	87	124	0.70
	7时00分	5时12分	1.35	90	135	0.67

续表1-5

岸段	涨潮流历时	落潮流历时	涨潮历时/落潮历时	涨潮最大流速（cm/s）	落潮最大流速（cm/s）	涨潮最大流速/落潮最大流速
瓯江口	5时54分	6时30分	0.91	160	168	0.95
	5时52分	6时42分	0.85	140	110	1.27
粤东	6时54分	5时30分	1.25	55	72	0.76
珠江口	5时46分	6时48分	0.77	77	82	0.94
粤西	5时46分	6时24分	0.86	81	59	1.37
琼州海峡	15时00分	9时48分	1.53	150	250	0.60
海南岛东部	13时36分	11时12分	1.13	41	49	0.84
海南岛西部	11时42分	13时06分	0.89	95	70	1.36
广西沿岸	14时46分	10时02分	1.27	63	77	0.81

辽东半岛东部潮流历时落潮大于涨潮，流速涨潮大于落潮，而西部沿岸海域恰好相反。黄河口潮流历时和流速均落潮大于涨潮。渤海湾和山东沿岸潮流历时涨潮小于落潮，流速则涨潮大于落潮。北黄海和渤海的强潮流区位在鸭绿江口、老铁山水道、黄河口、成山头外、渤海湾口和莱州湾口等，最大流速超过120 cm/s，老铁山水道实测流速达350 cm/s。秦皇岛和海河口沿岸为相对的弱流区，流速小于50 cm/s，个别观测点流速小于20 cm/s。莱州湾外及射阳河口以北，潮流历时涨潮略短于落潮，流速相差不大，最大约100 cm/s。射阳河口以南、辐射沙洲强流区实测最大流速达400 cm/s。长江口和杭州湾也是强潮流区，长江口流速达260 cm/s，杭州湾流速达300 cm/s。闽、浙沿岸港湾潮流与潮差分布一致，如福建兴化湾平均潮差大于5 m，湾内最大流速达139 cm/s，而闽南端沃角站平均潮差1.65 m，南澳岛附近海域最大流速为37 cm/s。南海潮流的历时和流速分布比较复杂。粤东、琼州岛和广西沿岸历时涨潮大于落潮，流速则涨潮小于落潮；而粤西、珠江口、海南岛西部则相反。南海的强潮流区位于琼州海峡和海南岛西部沿岸，最大流速可达200～250 cm/s，珠江口、雷州半岛东西两岸流速达150 cm/s。南海的弱潮流区位于海南岛东南沿海，流速在25 cm/s以下。

1.4.2.2 海流

影响我国近岸海域的海流主要有中国沿岸流、台湾暖流及黑潮（苏纪兰等，2005）。

1）中国沿岸流

中国沿岸流由渤海沿岸流、辽南沿岸流、黄海沿岸流、浙闽沿岸流及南海沿岸流组成。

（1）渤海沿岸流

渤海沿岸流由两部分组成，即辽东沿岸流和鲁北沿岸流。前者由辽河低盐水组成，10月至翌年4月期间，它沿辽东湾东岸南下，到了6—7月，辽河口的均匀低盐水转向沿西岸南下，8月最盛，几乎可延伸到渤海湾。后者是自黄河口经莱州湾向东流动的低盐水，终年如此。

（2）辽南沿岸流

辽南沿岸流主要是鸭绿江的冲淡水，沿着辽东半岛海岸流向渤海海峡北部。在夏季，由于鸭绿江径流量在全年中最大，因此它的流动强度也较大，流速接近0.2 kn。在冬季，由于受强劲的东北风影响，长山列岛附近的流速仍然接近0.2 kn。

（3）黄海沿岸流

黄海沿岸流是一支终年沿山东和江苏沿岸向南流动的冲淡水。它起自渤海湾，沿着山东北岸流动，绕过成山角后会大致沿着40～50 m等深线以浅向南和西南方向流动，至长江口以北转向东南。其中一部分加入黄海暖流，另一部分越过长江口以北浅滩进入东海，其前锋冬季时刻达长江口附近。受地形和大陆径流的影响，黄海沿岸流有较大的区域性变化。山东半岛北岸，沿岸流的流幅较宽，夏季时宽达50 km余。在成山角附近流幅变窄，流速增大。越过成山角后，由于地势平坦，流幅加宽，流速剧减。但自海州湾向南，由于海湾附近的沿岸水加入以及地形的原因流幅变窄，流速又渐增，在34°N以南可达0.4 km以上。

苏北沿岸的海流是黄海沿岸流的一部分。在冬季，苏北沿岸低盐水主要是随黄海沿岸流流向东南，小部分在长江口以北与东海沿岸流相接。在夏季，苏北沿岸水一部分随黄海沿岸流流向东南，另一部分随东海沿岸流的主流流向东北，两部分海流相会于长江口东北浅滩附近。

（4）浙闽沿岸流

主要分布在长江口以南的浙、闽近岸。该沿岸流起源于长江及钱塘江的冲淡水，冬季沿岸南下，沿途还有瓯江和闽江等的径流加入，进入台湾海峡，可影响到南海北端沿岸。浙、闽沿岸流冬季流幅较窄，流向稳定，流速可达0.5kn以上，强于北上的台湾暖流。在夏季，偏南风盛行，东海沿岸流沿岸向北流动，台湾海峡中的沿岸水流速较大，但向北流出海峡后，速度有所减小。沿程不断有径流加入，至杭州湾外后与长江冲淡水汇合，形成一支势力较强的低盐水，自长江口外向东北流动。

（5）南海沿岸流

珠江口以东的广东沿岸流基本特点也随季风而变。秋、冬季东北季风盛行时，沿岸流向西南流动，流幅很窄，在粤东仅局限于离岸18～27 km的范围内。春、夏季西南风盛行，沿岸流自广州湾起流向东北。夏季沿岸流强于冬季，表层最大流速为1 kn，流幅明显增宽，约为140 km。珠江冲淡水夏季会在香港附近向东南偏东方向以舌状扩展，有时可达118°E。

北部湾北部及西部的沿岸流也随风向而改变，东北季风时其流向分别偏西偏南，流速较小；西南季风时其流向分别偏东及偏北，流速较大。

2）黑潮

黑潮是沿着北太平洋西部边缘向北流动的一支强西边界海流，它因水色深蓝似黑色而得名。相对于所流经的海域来说，它具有高温、低盐的特征。黑潮起源于菲律宾东南，是北赤道流的一个向北分支的延伸。主流沿巴士海峡东侧北上，经台湾东岸苏澳至那国岛之间进入东海，然后沿东海陆架边缘与陆坡毗连区域流向东北，至奄美大岛以西约29°N，128°E附近折向东，经吐噶喇和大隅海峡离开东海返回太平洋，并沿日本南岸东流。

黑潮在东海的途径终年比较稳定，它相当于100 m或200 m层上的温度水平梯度最大的地带。可以用100 m层上的20℃等温线来表征。

黑潮以流速强、流幅窄和宽度大而著称，在吕宋岛附近海域的最大流速有2 kn，在巴士海峡和台湾以东，其流速为3 kn以上。进入东海后，流速有所减小，通常为1～2 kn。

3）台湾暖流

台湾暖流是东海诸多水文特征现象的直接参与者。该支暖流终年存在，即使是在冬季偏北风相当强的时候，在表层以下以0.5 kn的北向速度。台湾暖流的上层水近岸部分来自台湾海峡，其他部分的上层水及下层水则来自台湾东北黑潮水的入侵。沿着50～100 m等深线向北流动的台湾暖流部分，沿程与沿岸水混合，至济州岛以南海域进入黄海，成为黄海暖流的部分来源。在100～200 m等深线之间北上的台湾暖流水，则沿程与陆架水混合，成为对马暖流的水源。在东海其他部分。台湾暖流的流速无论在冬、夏一般都较台湾以北海区小，约为0.2 kn。流向基本上沿等深线，部分水体进入南海，其他直接进入朝鲜海峡向日本海。夏季济州岛西南海域还存在一个冷锅，它的气旋环流场由黄海暖流、黄海沿岸流和台湾暖流所构成。

1.4.3 波浪

1.4.3.1 波浪类型

根据生成原因和传播方式，海浪可分为风浪、涌浪和混合浪。用涌浪和风浪出现频率之比表示波形特征，我国沿海波型分布如表1-6所示（《中国海岸带和海涂资源综合调查成果》编纂委员会，1991）。可见，黄、渤海除成山角至石臼所涌浪频率大于风浪外，其他岸段风浪频率大，其中葫芦岛、塘沽、连云港等处频率大1倍以上。东海以风浪为主，杭州湾、长江口等处风浪频率大于涌浪，杭州湾以南两者频率相近。南海则风浪频率远大于涌浪。

表1-6　沿海波型分布

站名	涌浪频率/风浪频率	站名	涌浪频率/风浪频率
大鹿岛	0.6	平潭	0.85
老虎滩	1.0	崇武	0.90
葫芦岛	0.4	表角	0.55
塘沽	0.3	遮浪	0.30
小麦岛	1.7	硇洲岛	0.25
石臼港	1.4	东方	0.48
连云港	0.4	莺歌海	0.47
引水船	0.5	北海	0.10
南鹿	0.97	白龙尾	0.34

1.4.3.2 波向

波向用常浪向和强浪向表征。常浪向指出现频率最多的波向，我国沿海常浪向见表1-7（中国海岸带和海涂资源综合调查成果编纂委员会，1991）。辽东湾常浪向为SW，北黄海辽东沿岸自辽东半岛到是石臼所为S。苏、沪、浙、闽、粤沿岸为SE和NE。广西沿岸为NE和SW。海南岛西部受地形影响为SW。

强浪向指出现最大波高的方向。北黄海沿岸为SE，葫芦岛以北到辽东湾东部为N和NNE，塘沽为SW，山东半岛北部和渤海海峡为NNE和NW。山东半岛东南沿岸为NNE和NE，连云港和吕四分别为NE和N。长江口引水船和杭州湾滩浒分别为E和NEE，杭州湾以南的浙东南和福建为SE。广东为SSE—

SE，广西为SE。海南岛北岸为N—NE，南岸为SWW—NNW，南岸为SEE—SSW，东岸为NE。

表1-7　沿海波浪站各方向海浪出现频率

站名	方位																
	N	NNE	NE	ENE	E	ESE	SE	SSE	S	SSW	SW	WSW	W	WNW	NW	NNW	C
大鹿岛	7	2	1	1	4	5	14	28	12	4	4	2	1		1	7	7
葫芦岛	2	3	5	4	4	5	5	4	14	29	12	1	1	1	2	1	7
秦皇岛	1	1	1	3	7	6	6	5	15	10	4	3	2	1			
塘沽	4	3	7	9	7	5	5	3	3	4	4	2	1	1	1	4	
成山角	6	1	8	1	1	1	2	3	9	4	1			1	1	1	
石臼港	5	5	5	5	11	8	10	6	8	3	2	1	2	1	1	2	25
连云港	7	9	9	4	20	3	1						14	2	2	2	28
引水船	9	10	8	6	5	7	8	9	5	4	2	1	1	3	3	7	6
嵊山	8	5	11	8	6	5	6	7	8	4	3	2	2	4	4	10	
南麂	8	16	12	4	20	25	6	1	1	4	3	1					
平潭	1	18	18		1	40	3	1	3	8	7						
崇武		19	18	6	1	3	24	10	6	10	2						
表角	1	1	3	7	37	19	15	4	1								
遮浪	2	3	5	13	19	32	6	2	3	3	11	2	1				
硇洲岛	1	4	8	19	14	12	20	10	6	1	1	1					3
东方	11	12	8						5	17	13	6	3	2	8	12	4
莺歌海	3				1	5	16	13	16	9	7	4	4	6	7	9	1
北海	13	16	8	2	2	2	4	1	1	3	8	11	3	1	1	1	23
白龙尾	1	24	14	3	5	6	10	4	11	8	3						9

1.4.3.3　波高

近岸海域的波高分布如表1-8所示，可用平均波高和最大波高来表征。

1）平均波高

黄、渤海平均波高较小，除北隍城站大于1.0 m外，均在0.5 m左右。东海为强浪区，除滩浒站为0.4 m外，都大于1.0 m；广西较小，仅0.5 m；海南岛沿海在0.5～0.7 m之间。

2）最大波高

黄、渤海最大波高在3～9 m之间，北黄海沿岸和辽东湾为4～5 m，渤海湾3 m左右，海峡处较大，常在8.0 m以上，北隍城站为8.6 m，是黄、渤海区的最大值，山东半岛北岸较大，为7.0～8.0 m，成山角以南海岸段，为3～5 m。东海最大，超过10.0 m的测站有嵊山（17.0 m，目测），南麂（10.0 m），北礵（15.0 m）和平潭（16.0 m）。南海、广东也较大，南澳至硇州岛为6.5～9.0 m，遮浪站达9.0 m，广西较小，为2.0～4.0 m；海南岛沿海以莺歌海站最大，达9.0 m，白沙门最小，仅2.4 m，其他为5.0 m左右。

表1-8 我国近岸海域波高和波周期

站名	平均波高（m）	最大波高（m）	平均波周期（s）	站名	平均波高（m）	最大波高（m）	平均波周期（s）
大鹿岛	0.5	4.0	2.4	南麂	1.0	10.0	5.0
老虎滩	0.4	8.0	3.2	北礵	1.5	15.0	5.5
葫芦岛	0.5	4.6	2.8	平潭	1.1	16.0	4.8
北隍城	1.1	8.6	3.8	流合	1.2	6.9	3.8
屺姆岛	0.6	7.2	2.6	云澳	1.0	6.5	3.7
成山角	0.3	8.0	2.6	遮浪	1.1	9.0	3.6
小麦岛	0.6	6.1	3.0	硇洲岛	0.9	8.1	3.5
石臼所	0.5	3.5	3.0	白沙门	0.5	2.4	3.4
连云港	0.6	5.0	3.8	莺歌海	0.7	9.0	3.2
吕四	0.3	2.8	2.6	东方	0.7	4.8	3.6
饮水船	0.9	6.2	3.4	榆林	0.5	4.6	3.1
嵊山	1.1	17.0	4.8	北海	0.3	2.0	2.3
滩浒	0.4	4.0	2.9	白龙尾	0.5	4.1	3.1

1.4.3.4 波周期

沿岸平均波周期分布如表1-8所示，在2.3～5.5 s之间。其地理分布与波高分布相似，即东海最大，南海次之，黄、渤海较小（中国海岸带和海涂资源综合调查成果编纂委员会，1991）。

由表1-8可见，黄、渤海除北隍城平均波周期达3.8 s外，均小于3.0 s。东海除个别岸段（滩浒和吕四）外，平均波周期均大于3.5 s，而强浪向的平均周期大于5.5 s，如北礵站东南偏南向为6.1 s，平潭东北向为5.7 s，南麂东南偏东向为5.7 s，嵊山东南为5.5 s。此外，在嵊山曾观测到波周期为19.8 s的大浪，南麂的最大波周期为14.8 s。南海平均波周期在3.0～3.8 s之间，由东向西逐渐减小，北海站最小，仅2.3 s。

1.4.4 海冰

1.4.4.1 冰期

我国近岸海域的海冰仅分布于渤海和黄海北部，冰期一般为3～4个月，其中辽东湾冰期最长，黄海北部和渤海湾依次次之，莱州湾冰期最短。根据1963—1978年15个冬季观测资料统计结果，各海区的初冰日、终冰日均有所不同，因此各海区冰期亦不尽相同，其中，鲅鱼圈的冰期最长，小长山和龙口最短冰日数最少，出现无冰期（表1-9）（《中国海洋志》编纂委员会，2003）。

各海区的盛冰期也各不相同，通常，辽东湾盛冰期出现于1月上旬到3月上旬，持续约2个月；黄海北部盛冰期从1月中旬到2月中、下旬，持续约1个半月；渤海湾盛冰期从1月上旬到2月中旬约1个月；

莱州湾盛冰期最短，在1～2月之间，不足1个月。

表1-9　黄海北部和渤海的初冰日、终冰日和冰期

海区	测站	初冰日（日/月）		终冰日（日/月）		冰期（d）	
		平均日期	最早—最晚	平均日期	最早—最晚	平均天数	最长—最短
黄海北部	大鹿岛	28/11	9/11—18/12	19/3	8/3—4/4	112	147—95
	小长山	3/12	8/12—	27/2	—9/3	56	64—0
辽东湾	长兴岛	31/12	11/12—26/1	18/3	6/3—5/4	79	112—40
	鲅鱼圈	17/11	3/11—1/12	24/3	10/3—7/4	129	149—114
	葫芦岛	1/12	17/11—18/12	16/3	6/3—30/3	107	124—82
	秦皇岛	26/11	10/11—13/12	10/3	1/3—24/3	105	124—85
渤海湾	塘沽	20/12	8/1—22/1	22/2	16/1—4/4	63	109—34
莱州湾	龙口	27/12	7/12—	27/2	—17/3	62	97—0

1.4.4.2　海冰分布

渤海海冰一般从11月中旬至12月初由北开始出现冰冻，海冰覆盖面向南逐渐扩展。翌年2月下旬至3月中旬，由南向北逐渐消失，冰期一般超过3个月。盛冰期，渤海和黄海北部沿岸固定冰的宽度多在0.2～2 km之间，个别河口和浅海区可达510 km。冰情严重期间，渤海和黄海北部沿岸固定冰宽度一般在距岸1 km范围内，渤海北部及南部某些浅滩区固定冰宽度可达5～15 km，河口附近及滩涂区域的堆积冰高度一般为2～3 m，在固定冰以外有大量的浮冰，浮冰范围一般在距岸20～40 km内。浮冰类别多为冰皮、碎冰、薄冰、厚冰，冰块大小不一，并有堆积现象。这些冰随风、流而漂移，形成“流冰”近岸处流冰方向较复杂，一般多与海岸走向相似，速度一般为1 kn左右。

渤海和黄海北部在特别严寒的冬季则出现极为严重的冰情，据历史资料记载，1936年1—2月、1947年1—2月和1969年，渤海曾发生3次特别严重的冰情。其中，1969年2月中旬到3月中旬的一个月时间内，渤海发生了20世纪有记载以来的特大冰封，除老铁山水道和猴矶水道外，整个渤海海面几乎全被海冰覆盖；渤海西岸成为渤海冰情最严重的区域，海面多被两层以上的厚冰所覆盖，冰厚一般为50～70 cm，最大可达100 cm；堆积高度一般为1～2 m，最高可达4 m。此外，在2010年1月中下旬，渤海海冰遇到近30年同期最严重冰情，辽东湾2月上旬浮冰范围从1月31日的52 n mile迅速发展到2月13日的108 n mile，最大单层冰厚达50 cm余（表1-10，图1-8）（国家海洋局，2010）。

表1-10　2009—2010年度冬季渤海及黄海北部浮冰范围和冰厚

海区	浮冰离岸最大距离（n mile）	一般冰厚（cm）	最大冰厚（cm）
辽东湾	108	20～30	55
渤海湾	30	10～20	30
莱州湾	46	10～20	30
黄海北部	32	10～20	40

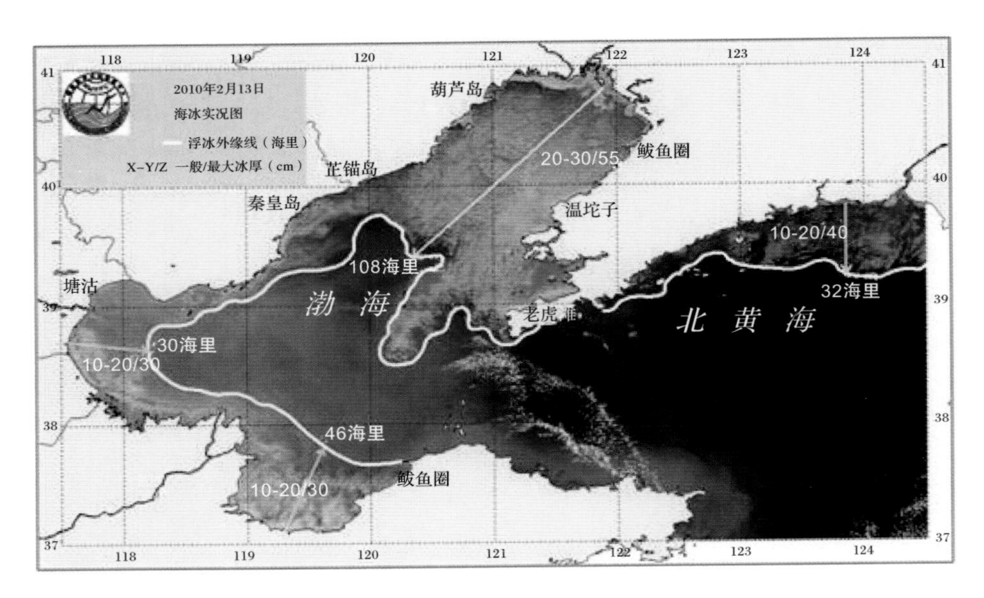

图1-8 2010年2月13日海冰实况

1.5 海岛

我国海岛位处太平洋和欧亚大陆之间的过渡带，海陆两种截然不同的物质体系相互作用。我国海域岛屿众多，是世界上海岛最多的国家之一，面积大于500 m^2的海岛就有6 500多个，岛屿总面积约8×10^4 km^2余，约占我国陆地面积的8.3%，岛屿岸线长14 000 km。全国有居民海岛573个，无居民海岛近万个。我国海岛分布范围南北跨越38个纬度，东西跨越17个经度，最北端海岛是辽宁省锦州市的小石山礁，最东端海岛是台湾省宜兰县的赤尾屿，最西端的海岛是广西东兴市的独墩，最南端的岛群是海南省南沙群岛的曾母暗沙。大部分海岛分布在沿岸海域，距离大陆岸线小于10 km的海岛，占海岛总数的66%以上；距离大陆岸线大于100 km的远岸岛，约占5%。海岛多呈链状或群状分布，从北到南分布有11个群岛，即，长山群岛、庙岛群岛、舟山群岛、南日群岛、钓鱼岛群岛、万山群岛、川山群岛、东沙群岛、西沙群岛、中沙群岛和南沙群岛，其中辽宁、山东、浙江、福建各分布有1个群岛，广东和海南分别分布有3个群岛。群岛内往往包含若干个列岛，我国共有40多个列岛，如辽宁的石城列岛、外长山列岛、里长山列岛，浙江的嵊泗列岛、韭山列岛、台州列岛，福建的马祖列岛、白犬列岛，广东的担杆列岛、台山列岛、南澎列岛、高栏列岛，海南的七洲列岛和台湾的澎湖列岛等。

以海岛的物质组成为划分原则，我国的海岛可分为基岩岛、沙泥岛和珊瑚岛三大类（杨文鹤，2000）。从海岛类型来看，基岩岛为主要类型，约占全国海岛总数的93%；沙泥岛次之，占4%左右，主要分布在渤海和长江等一些大河河口；珊瑚岛数量较少，占2.5%，主要分布在台湾海峡以南海区。从各海区的海岛分布来看，东海最多，约占66%；南海次之，约占25%；黄、渤海最少，仅约占9%。从各省（市、区）海岛分布来看，浙江海岛数量最多，约占全国海岛总数的37%；其次是福建，约占21%；往下依次为广东、广西、海南、山东、辽宁、香港、台湾、河北、江苏、上海、澳门和天津。

基岩岛是由固结的岩石组成的岛屿，我国基岩岛屿约占全国海岛总数的93%，基岩岛分布很广，除河北、天津无基岩岛外，沿海其他各省、自治区、直辖市均有分布，其中浙江最多。基岩岛海拔高度一般较高（图1-9）。

图1-9　辽宁海王九岛远景

沙泥岛是由沙、粉砂和黏土等碎屑物质经过长期堆积作用形成的岛屿。此类海岛一般分布在河口区，地势平坦，岛屿面积一般较小，但有的沙泥岛面积也很大，如崇明岛。沙泥岛数量占全国海岛总数的6%左右，沙泥岛的数量以河北最多，山东次之，最少为天津。河北和天津的岛屿均分布在滦河口、大青河口、蓟运河、漳卫新河等河口外。上海处在长江口，泥沙来源较丰富，沙泥岛数量占全市海岛总数的62%，其中崇明岛面积为1 040 km^2余，是世界上最大的河口冲积岛和最大沙岛。

珊瑚岛是由海洋中造礁珊瑚钙质遗骸和石灰藻类生物遗骸堆积形成的岛屿，它的基底往往是海底火山或岩石基底。西沙群岛、中沙群岛、东沙群岛、南沙群岛和澎湖列岛都是在海底火上发育而成的珊瑚岛。由于珊瑚虫的生长、发育要求温暖的水域，故珊瑚岛只分布在30°N和30°S之间的热带和亚热带海域。我国的珊瑚岛仅分布在海南、台湾和广东三省，其数量约占全国海岛总数的1.6%。珊瑚岛一般地势低平，多珊瑚砂，面积均不大（图1-10）。

图1-10　鸟瞰西沙群岛珊瑚岛
（http://pec.people.com.cn人民网）

1.6 海洋环境质量状况

21世纪以来，我国海洋环境质量状况总体维持在较好水平，为我国沿海社会经济和海洋经济的可持续发展奠定了良好的基础。

1.6.1 21世纪前10年全国海洋环境质量概况

2000—2009年，约94%以上我国管辖海域的海水水质符合一类海水水质标准，劣四类水质海域面积在$2.5\times10^4\sim3.3\times10^4\,km^2$之间波动，平均约为$2.9\times10^4\,km^2$，与20世纪末的$4\times10^4\,km^2$相比已明显下降。但近年来，我国近海海水中的无机氮、活性磷酸盐和石油类等污染物含量都呈现出较明显的升高趋势：4大海区中，南海近海海水中的无机氮和多种重金属的含量明显升高，海水水质总体呈下降趋势，其他海区没有明显变化；近岸各重点海域中，辽东湾、珠江口和北部湾海域的海水水质总体呈下降趋势，杭州湾和海南岛南部近岸海域的海水水质有一定程度的改善，其他近岸重点海域则没有明显的变化。

近岸海域沉积物质量状况总体良好并保持基本稳定，局部海域沉积物质量受到重金属和石油类等的影响。其中，辽东湾、青岛近岸、杭州湾、舟山群岛和闽江口及邻近海域沉积物中的汞含量呈下降趋势，辽东湾、北戴河和珠江口等近岸海域沉积物中的镉含量呈现下降或者显著下降趋势；天津、黄河口及邻近海域、青岛和厦门近岸海域沉积物中的石油类含量呈上升趋势，辽东湾、莱州湾和北部湾近岸沉积物中的石油类含量呈现显著上升的趋势。

近岸海域贝类普遍受到石油烃、铅、镉、砷和滴滴涕的污染，部分站位受到总汞、六六六的污染。全国近岸海域贝类体内石油烃的平均含量呈现明显上升趋势，铅、砷、镉、总汞等重金属污染呈减轻趋势。其中，东海和渤海近岸海域贝类受到石油烃的污染最严重，污染严重区域分布较广，主要为长江口、浙江近岸、福建近岸、渤海湾、秦皇岛近岸、辽东湾和大连近岸。东海近岸海域同时也是贝类体内铅污染最严重的海域，莱州湾、大连湾、烟台—威海近岸和连云港近岸海域贝类体内的铅污染也较为严重。贝类体内镉和砷污染严重的区域主要分布在浙江近岸海域、福建近岸海域、珠江口近岸海域。贝类体内滴滴涕的污染有一定程度的减轻，但近年来浙江近岸海域贝类体内的滴滴涕含量居高不下。

1.6.2 2011年全国海洋环境质量概况

根据国家海洋局发布的《2011年中国海洋环境状况公报》（国家海洋局，2011），2011年，我国海洋环境状况总体维持在较好水平。符合一类海水水质标准的海域面积约占我国管辖海域面积的95%，海洋沉积物质量良好，浮游生物和底栖生物的生物多样性及群落结构基本稳定。海水浴场、滨海旅游度假区等旅游休闲娱乐区水质总体良好。海水增养殖区环境质量基本满足养殖活动要求。但是，我国近岸海域环境问题仍然突出，主要表现在陆源排污压力巨大，近岸海域污染严重，赤潮灾害多发，局部区域海水入侵、土壤盐渍化、海岸侵蚀等灾害严重，以及海洋溢油等突发性事件的环境风险加剧等。

1.6.2.1 海水环境状况

全海域海水中无机氮、活性磷酸盐、石油类和化学需氧量等指标的综合评价结果显示，我国管辖海域海水环境状况总体较好，但近岸海域海水污染依然严重。

符合一类海水水质标准的海域面积约占我国管辖海域面积的95%，符合二类、三类和四类海水水质标准的海域面积分别为47 840 km²、34 310 km²和18 340 km²，劣于四类海水水质标准的海域面积为43 800 km²，比上年略有下降。四个海区中，渤海和黄海的四类海水水质海域面积分别增加了990 km²和3 010 km²，东海和南海的四类海水水质海域面积分别减少了3 110 km²和5 120 km²。主要污染区域分布在黄海北部近岸、辽东湾、渤海湾、江苏沿岸、长江口、杭州湾、浙江北部近岸、珠江口等海域（图1-11）。近岸海域主要污染物质是无机氮、活性磷酸盐和石油类，这些污染物劣于四类海水水质标准的海域主要分布在黄海北部、辽东湾、渤海湾、江苏、长江口、杭州湾、浙江北部、珠江口等近岸海域。

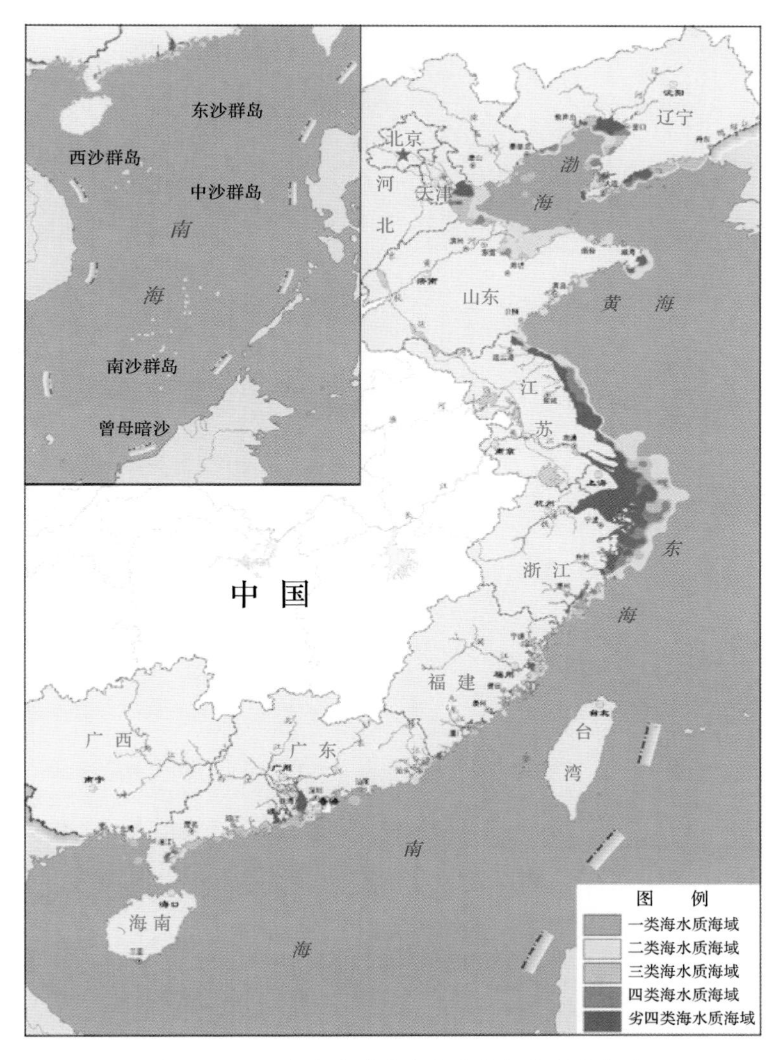

图1-11　2011年全海域海水水质等级分布示意图

海水中无机氮和活性磷酸盐含量超标导致了近岸局部海域的富营养化，呈富营养化状态①的海

① 富营养化状态依据富营养化指数（E）计算结果确定。该指数计算公式为E=化学需氧量×无机氮×活性磷酸盐×106/4 500，其中$E\geqslant 1$为富营养化，$1\leqslant E\leqslant 3$为轻度富营养化，$3<E\leqslant 9$为中度富营养化，$E>9$为重度富营养化。

域面积约7.4×10^4 km²，其中重度、中度和轻度富营养化海域面积分别为21 860 km²、20 640 km²和31 800 km²。重度富营养化海域主要集中在大连旅顺近岸、辽东湾、渤海湾、江苏沿岸、长江口、杭州湾和珠江口等区域（图1-12）。

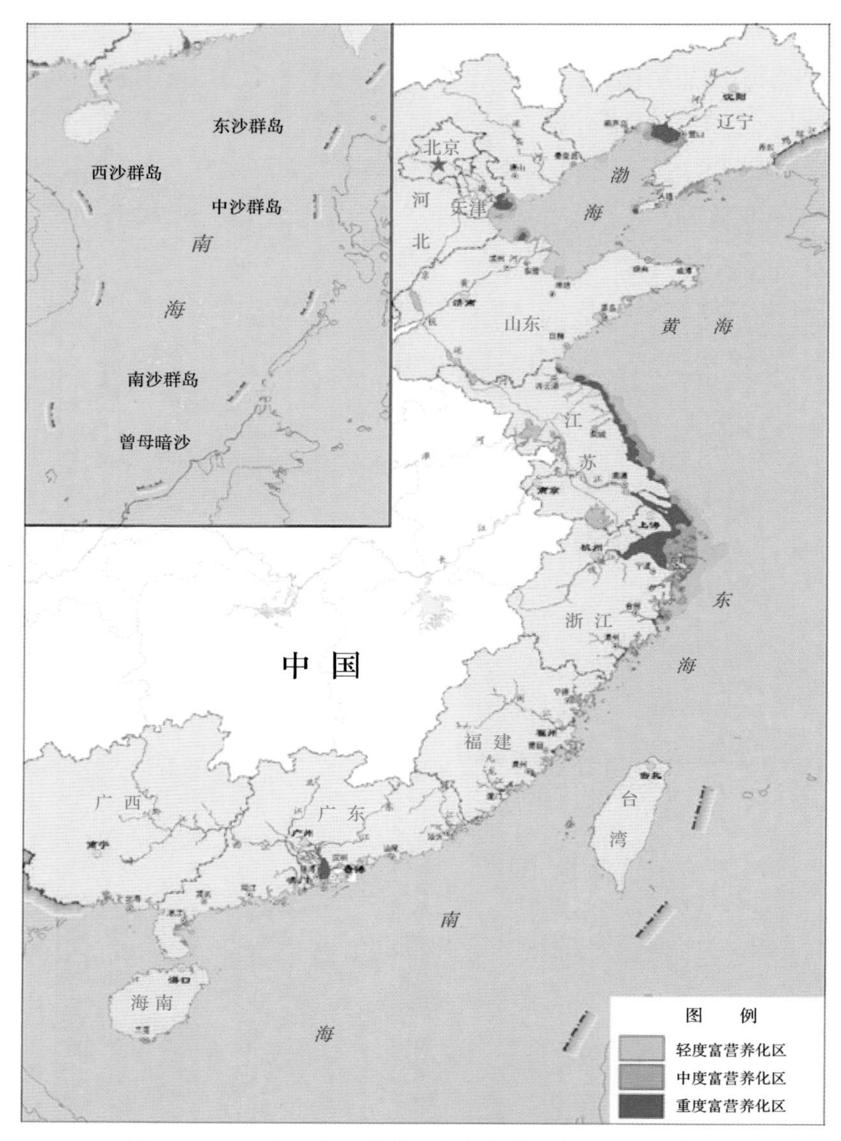

图1-12 2011年，我国近岸海域海水富营养化状况示意图

全海域发现赤潮55次，累计面积6 076 km²，比上年减少4 816 km²。

1.6.2.2 海洋沉积物环境状况

2011年，我国近岸海域沉积物综合质量状况总体良好，铜和铬含量符合国家一类海洋沉积物质量标准的站位比例为83%，其余指标符合一类海洋沉积物质量标准的站位比例均在94%以上（图1-13）。近岸以外海域沉积物质量状况良好，仅个别站位铅和铜含量超一类海洋沉积物质量标准。

全国重点海域沉积物质量综合评价结果显示，黄海北部近岸和珠江口海域沉积物综合质量一般，其他重点海域的综合质量均为良好。其中，黄海北部近岸沉积物中主要超标要素为镉、铜和

铬，大连湾沉积物中石油类和镉污染严重；珠江口海域沉积物中主要超标要素为铜、锌和铅，局部海域沉积物中石油类污染严重。辽东湾沉积物中主要超标要素为汞，营口局部海域沉积物中汞污染严重；东海中、南部近岸的浙江温州和福建宁德局部海域沉积物中的主要超标要素为铬。

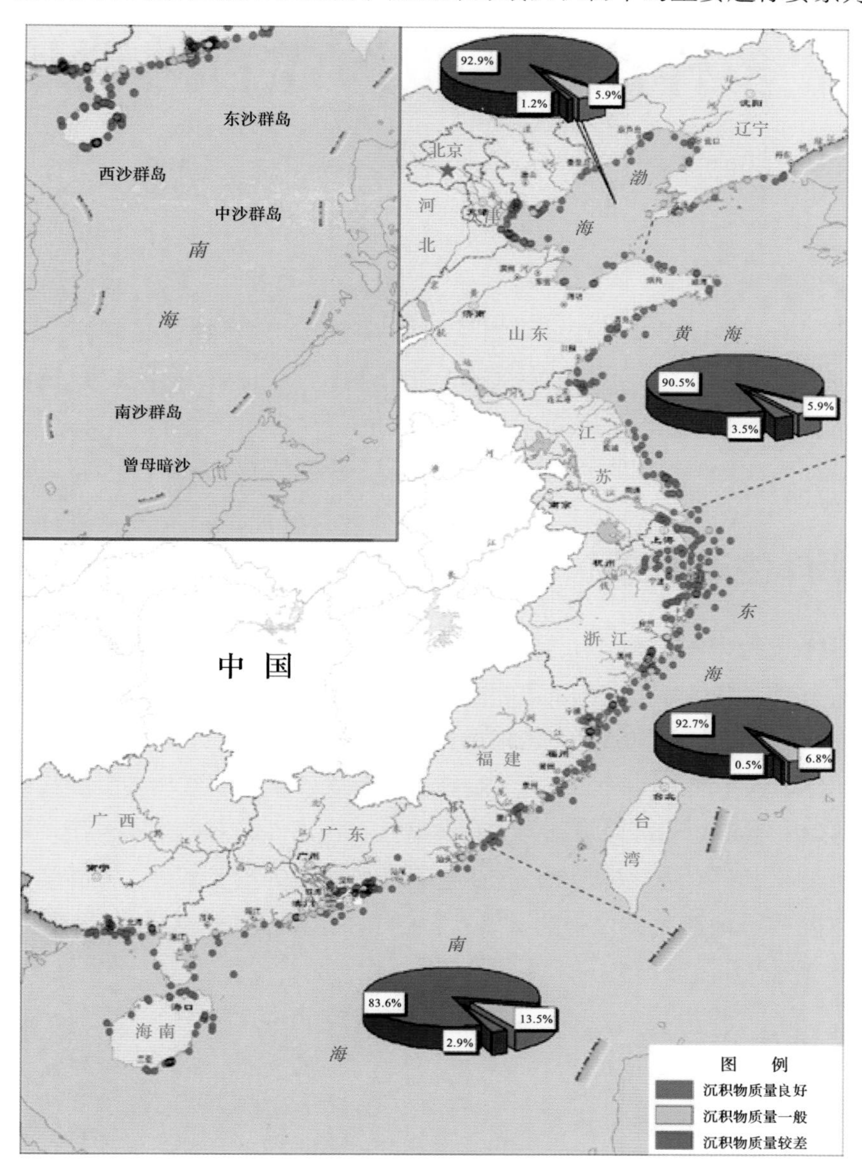

图1-13　2011年我国近岸海域沉积物质量状况示意图

1.6.2.3　入海排污口的排污状况

2011年3月、5月、8月和10月入海排污口达标排放的比率分别为51%、49%、53%和54%。全年入海排污口的达标排放次数占监测总次数的52%，与2010年相比提高了6%。不同类型入海排污口中，工业类和其他类排污口达标排放次数比率高于排污河和市政类排污口。入海排污口排放的主要污染物是总磷、COD_{Cr}、悬浮物和氨氮，其单要素达标率依次为71%、81%、83%和91%；污水中砷和铜、铅、锌、六价铬等重金属达标率均在96%以上。

02 第2章 典型海洋生态系统、海洋生物多样性及珍贵海洋自然遗迹

我国海域辽阔、地理条件多样，由此孕育了典型独特的滨海湿地、红树林、珊瑚礁、海岛、海湾、入海河口、海草床、上升流等海洋生态系统，养育了两万余种海洋生物，分布有古海岸、古森林等具有独特价值的海洋自然遗迹，正是拥有这些典型的海洋生态系统、丰富的海洋生物多样性和珍贵的海洋自然遗迹，为海洋保护区的建立和发展提供了不可多得的基础条件。

2.1 典型海洋生态系统

全球海洋是一个大的生态系统，由于所处的区域、环境因素及生物群落的不同，海洋生态系统可以划分出不同的类型。由于海洋生态系统的研究工作开展的较晚，目前对海洋生态系统类型的划分尚没有建立统一的分类体系，不同的研究者根据各自研究目标，采用不同的海洋生态系统分类。《中华人民共和国海洋环境保护法》（以下简称《海洋环境保护法》）将红树林、珊瑚礁、滨海湿地、海岛、海湾、入海河口、重要渔业水域明确为具有典型性、代表性的海洋生态系统，本书提及的典型海洋生态系统以《海洋环境保护法》对典型海洋生态系统的分类为主要基础，同时结合环境因素、生物群落的特殊意义以及我国海洋生态保护的实践，主要包括滨海湿地、红树林、珊瑚礁、海草床、海岛、海湾、入海河口及上升流等类型。

2.1.1 滨海湿地生态系统

森林、海洋、湿地是全球三大生态系统，目前世界上对湿地的定义有50多种，广义的湿地定义如《国际湿地公约》所表述：天然的、人工的、永久的或暂时的沼泽地、泥炭地、静止的或流动的淡水、半咸水及咸水水体包括水深不超过6 m的海域，也就是说江河、湖泊、沼泽、滩涂、水库和水深不超过6 m的海域都属于湿地范畴。在实际研究中，按照不同的地理特点、特有属性及生态功能，湿地又具体划分为不同类型。滨海湿地是湿地的一个重要组成部分，是陆地生态系统和海洋生态系统的交错过渡地带，同时滨海湿地也是全球气候变化的缓冲区，具有调节气候、净化环境、维持生物多样性、促淤造陆、消浪护岸、防灾减灾、涵养水源等重要的生态功能。按照地理位置、动力条件等因素，滨海湿地是指低潮线以上到高潮线之间的区域，包括潮上带和潮间带。潮上带是位于平均高潮位与特大潮或风暴潮时海浪所能作用的陆上最远处之间的地带；潮间带介于平均大潮高、低潮位之的海水活动地带，高潮时被海水淹没、低潮时出露（《海洋大辞典》编辑委员会，1998）。按照物质组成等因素划分，滨海湿地分为岩石性海岸、潮间砂石、潮间淤泥、盐沼及河口三角洲等类型。虽然也有把红树

林、珊瑚礁、海岛等也划分在滨海湿地的范畴之内的情况（陆健健，1996），但由于其具有特殊的地理因素、生物组成和生态循环过程，故将其作为典型生态系统的类型将在后面的章节进行单独阐述。

2.1.1.1 滨海湿地生态系统基本特征

总体上来看，滨海湿地生态系统环境特征主要体现在以下3个方面。

（1）周期性被海水覆盖。

（2）岩石性海岸、潮间砂石、潮间淤泥湿地底质为岩石、砾石、砂、粉砂、淤泥；其中，岩石性海岸湿地底质75%以上为岩石，潮间砂石湿地底质75%以上为砂、砾石等粗砾物质，潮间淤泥湿地底质75%以上为粉砂、淤泥等细粒物质，植被盖度小于30%（牟晓杰等，2015）。

（3）盐沼湿地土壤多为滨海盐土，含盐量0.7%～1.5%，植被盖度大于等于30%，主要植物群系有碱蓬（*Suaeda glarca*）群系、盐地碱蓬（*Suaeda salsa*）、南方碱蓬（*Suaeda australis*）群系、辽宁碱蓬（*Suaeda liaotungensis*）群系、海三棱藨草（*Scirpus mariqueter*）群系、盐角草（*Salicornia europaea*）群系、獐毛（*Aeluropus sinensis*）群系、短叶茳芏（*Cyperus malaccensis*）群系、海滨藜（*Atriplex maximowicziana*）群系、大米草（*Spartina anglica*）群系、互花米草（*Spartina alterniflora*）群系、盐地鼠尾粟（*Sporobolus virginicus*）群系、柽柳（*Tamarix chinensis*）群系、白刺（*Nitraria* SP.）群系（牟晓杰等，2015）。

2.1.1.2 滨海湿地生态系统分布

1）盐沼湿地

盐沼湿地是我国分布较广的滨海湿地类型，主要分布在长江口以北地区。随着米草等草本植物在南方滨海地区的蔓延，长江口以南的盐沼湿地分布面积有所增加。盐沼湿地中的芦苇群落是我国滨海湿地分布广泛的草本盐沼类型，最为典型的属辽河三角洲和黄河三角洲湿地。

辽河三角洲湿地位处辽东湾北部的辽河、双台河和大凌河入海口，以苇田、沼泽和光滩为主，湿地植物以草本植物为主，有芦苇（*Phragmites australis*）、香蒲（*Typha orientalis*）、牛鞭草（*Hemarthria altissima*）、水木贼（*Equisetum fluviatile*）、慈菇（*Sagittaria trifolia var.sinensis*）、三棱草（*Pinellia ternata*）、水蒿（*Artemisia atrovirens*）和野大豆（*Glycine soja*）等，其中野大豆属国家二级保护的濒危物种。湿地内芦苇分布面积约670 km^2，仅次于多瑙河三角洲的苇田，是亚洲面积最大、世界面积第二大的苇田分布区。辽河三角洲内还分布有我国北方滨海湿地的重要的群落—翅碱蓬群落，双台河口的翅碱蓬群落的面积约20 km^2，形成特殊的“红海滩”景观（图2-1）。湿地内野生动物近700种，其中，鸟类有200余种，是东亚至澳大利亚水禽迁徙路线上的中转站、目的地。在众多的鸟类中有：国家一级保护鸟类丹顶鹤（*Grus japononsis*）、白鹤（*Grus leucogeranus*）、白鹳（*Ciconia ciconia*）、黑鹳（*Ciconia nigra*）；国家二级保护鸟类大天鹅（*Cygnus cygnus*）、灰鹤（*Grus grus*）、白额雁（*Anser albifrons*）等；濒危物种有黑嘴鸥（*Larus saundersi*）、斑背大尾莺（*Megalurus pryeri*）、震旦鸦雀（*Paradoxornis heudei*）、灰瓣蹼鹬（*Phalaropus fulicarius*）。

黄河三角洲湿地位于渤海莱州湾的黄河入海口处，由黄河夹带大量泥沙至入海口沉积而成，湿地面积4 500 km^2，被称为“共和国最年轻的土地”。黄河三角洲湿地有植物近400种，主要物种有碱蓬、芦苇、野大豆等（图2-2）。有野生动物1 500余种。该湿地是东北亚和环西太平洋鸟类迁徙的重要“中转站”和越冬、栖息、繁殖地，已发现有270种鸟类在此栖息、繁衍，其中国家一级重点保护的鸟类有丹顶鹤、白头鹤（*Grus monacha*）、白鹳、大鸨（*Otis tarda*）、中华秋沙鸭（*Mergus squanstus*）、白尾海雕（*Haliaeetus albicilla*）、金雕（*Aquila chrysaetos*）7种，国家二级重点保护鸟类有大天鹅、灰鹤、白枕鹤（*Grus vipio*）等34种。

图2-1　辽河三角洲的红海滩

图2-2　黄河三角洲湿地

2）潮间砂石海滩

潮间砂石海滩生态系统发育在砂质海岸，辽东湾西岸的兴城至滦河口、渤海南岸、浙江、福建、广西和海南等地均有分布，其沙生植被是此类生态系统的典型特征。海岸沙生植被受所处地域大气候的影响，具有一定地域性。杭州湾以北海岸沙生植被多为草本和灌丛沙生植被，乔木林则在杭州湾以南的省份较常见（李信贤等，2005；吴征镒，1991）。

杭州湾以北的草本植物群落主要有砂钻苔草（*Carex lasiocarpa*）群落、矮生苔草（*Carex pumila*）群落、砂引草（*Messerschmidia sibirica*）群落、刺蓬（*Cornulaca alaschanica*）群落、滨旋花（*Calystegia soldanella*）群落等；伴生草本植物有海边香豌豆（*Lathyrus maritimus*）、沙蓬

（*Agriopbyllum arenarium*）和达乌里胡枝子（*Leapedezu davurica*）等（图2-3）。杭州湾以南则以偏热带性的植物群落为主，如厚藤（*Ipomoea pes-caprae*）群落、白茅（*Imperata cylindrical*）群落、仙人掌（*Opuntia stricta var. dillenii*）群落、沟叶结缕草（*Zoysia matrella*）群落、铺地黍（*Panicum repens*）群落等；伴生草本植物还有狗尾草（*Setaria viridis*）、马唐（*Digitaria sanguinalis*）、转转草（*Funbmstylus spathacea*）和砂地蟛蜞菊（*Wedelia prostrata*）等（黄培祐，1983；刘昉勋等，1986；李信贤等，2005；辽宁省海岸带办公室，1989）。

图2-3　辽宁绥中砂质海岸沙生植物

据调查统计，组成山东海岸沙生植被的种子植物有68种（包括变种），分属于22科55属。其中较大的科有禾本科13属15种、菊科7属8种、黎科6属7种、豆科6属6种，其余18科各有1～3种。常见的植被类型有4～5个，群落中主要优势植物有10多种，较为常见的群落有砂钻苔草群落、肾叶打碗花（*Calystegia soldanella*）群落、砂引草群落、单叶蔓荆（*Vitex trifolia*）群落等（徐德成，1992）。

组成浙江海岛沙生植被的维管植物计290种（含种下分类单位,下同），隶属72科204属。其中野生者271种、隶属67科191属。在271种野生维管植物中，仅34种草本、7种灌木、3种乔木可成为群落的优势种。分布广泛的有矮生苔草、砂钻苔草、单叶蔓荆和狗牙根（*Cynodon daetylon*）等。在可成为群落优势种的植物中，有滨海植物17种，常见的有单叶蔓荆、滨旋花、矮生苔草、砂钻苔草、绢毛飘拂草（*Fimbristylis seri-cea*）、大穗结缕草（*Zoysia maerostachya*）、珊瑚菜（*Giehnia littoralis*）、卤地菊（*Wedelia pr-ostrata*）和铺地黍（*Panicum repens*）等。由此可见，滨海植物在主海岛沙生植被中占据十分重要的地位（陈征海等，1999）。

3）潮间淤泥海滩

潮间淤泥海滩生态系统主要分布于鸭绿江口至大洋河口、渤海和江苏沿岸等地，以江苏沿岸淤泥质海滩最有代表性（图2-4）。江苏沿岸淤泥质海滩主要由长江三角洲和旧黄河三角洲的一部分构成，面积约为1.49×10^6 hm^2，是全国最大的连续分布的淤泥质潮间带生态系统（王敬华等，2011），主要分布在江苏沿海的连云港、盐城和南通3个地区，其中以盐城地区较为典型。该区域生物多样性丰富，湿地植被由陆向海有明显的过渡性，可分为苇草带、盐蒿带、无植被带（光滩带）和米草带，植被带每年向海扩展300～500 m，主要植物种有芦苇、苔草（*Carex tristachya*）和盐角草、碱蓬、大米草、川蔓藻（*Ruppiaceae*）、狐尾藻（*Myriophyllum verticillatum*）等群落，优势种为芦苇、互花米草和碱蓬等（邱虎等，2010）。该湿地动物资源主要有鸟类、浮游动物、鱼类、底栖动物等，各类动物约1 665种，其中特有物种43种，以鱼类为主；濒危物种有62种，其中鸟类达46种，被列为国家一级重点保护的野生动物有丹顶鹤、白头鹤、白鹤、白鹳、黑鹳、中华秋沙鸭、遗鸥（*Larus relictus*）、大鸨、白尾海雕、白鲟（*Psephuyrus gla*）等12种；国家二级重点保护的野生动物有大天鹅、黑脸琵鹭（*Platalea minor*）、白枕鹤、灰鹤等65种（刘青松等，2003）。

图2-4　潮间淤泥海滩

2.1.2　红树林生态系统

红树林是热带、亚热带淤泥质海岸特有的植物，红树林群落与其所在的生境相互联系、相互作用构成了红树林生态系统。红树林生态系统处于海洋与陆地的动态交界面—潮间带，周期性受到海水浸淹，因此素有“海底森林”之美称（图2-5）。我国红树林分布区位于世界红树林分布区的北缘，对研究世界红树林的起源、分布和演化等有特殊的价值（曾江宁，2013）。

图2-5　红树林生态系统

2.1.2.1 红树林生态系统特征

1）环境要素

红树林生境位于河口港湾淤泥深厚的潮滩上，滩面广阔而平坦，基质土壤颗粒细、无结构，通常是半流体而不坚固，含水量高、缺乏氧气，土壤呈还原状态，具沼泽化特征；土壤含盐量高（一般在10以上），具盐渍化特征；土壤pH值低，在3.5～7.5之间，通常在5以下，呈较强的酸性；土壤含有丰富的植物残体和有机质，有机质含量大多数在2.5%以上，甚至高达10%，平均为4.48%。由于厌氧分解而产生大量的硫化氢，土壤带有特殊的臭味。此外，红树林淤泥中也含有大量的钙质，包括软体动物死亡后的碎壳和潮汐带来的石灰物质（林鹏，1999）。

2）敏感性

由于红树林地处海陆交界处，是一个非常脆弱的生态系统。人类活动、海平面变化和全球变暖等因素都可能对红树林生态系统产生影响。另一原因是组成红树林群落的植物种类很少，群落结构非常简单，导致种群遗传多样性水平较低，对环境变化的适应能力有限，因此红树林生态系统较其他森林生态系统更加脆弱。

3）生产力

红树林生态系统的生产者除了红树本身外，还包括海洋底栖藻类、海草和浮游植物。红树林区光照条件好，很多有机碎屑在沉积物中分解、再生出无机营养盐供红树根系吸收。据估计，红树林沼泽对沿岸水域的净生产输出在350～500g/（$m^2 \cdot a$）（以碳计）,比近岸平均初级生产力高。这些输出物质通过碎屑食物链对沿岸海洋能流和物质循环有重要意义。

红树林是海湾河口生态系统中净初级生产力最高的生态系统，陆地森林凋落物约占净初级生产力不超过25%，而红树林群落以凋落物的方式将40%左右的净初级生产力返还林地。红树林区的高温、高湿、干湿交替的环境条件及潮水的反复冲击，使得其凋落物分解的速率很高，其凋落物半分解期比热带雨林还要短（曾江宁，2013）。

4）食物网结构

红树林生态系统的食物网类型是基于有机碎屑的食物网，即为碎屑食物网。红树林植物富含单宁，其叶片“可食性”不高，直接啃食的比例不到10%，绝大部分由泥中或水中的微生物将枯枝落叶分解。分解后的有机碎屑被食底泥动物所摄食，这些生物又被更高层的消费者，如鱼类和鸟类所摄食，而未被摄食的碎屑则向下渗透至土壤的无氧层，继续被厌氧菌所分解。除了供应生长在红树林内的生物外，这些有机碎屑也会随着潮水被带到附近的海域，吸引鱼、虾、贝、蟹前来觅食。而这些生活在红树林内的底栖生物，则成为候鸟重要的食物来源。

2.1.2.2 红树林生物多样性及其分布

红树林内的植物种类较贫乏，大多数红树林外貌整齐，内部结构单一，缺乏草本层和由藓类植物构成的地被层以及由附生植物及藤本植物构成的层间结构，这与陆地森林丰富的物种、复杂的结构层次相差甚远。而与其他潮间带生态系统相比，红树林湿地中的生物种类相对丰富。

中国现有真红树植物24种、半红树植物12种（表2-1、表2-2）（王文卿等，2007），分布于海南、广东、广西，福建和台湾等省、自治区，除属红树科外，还有属楝科、大戟科、紫金牛科、爵床科等一些植物，其中海南红树林物种最多，包括了我国红树林植物的所有物种。

表2-1 中国真红树植物的种类及其分布

科 名	种 名	海南	广东	广西	台湾	香港	澳门	福建	浙江
卤蕨科 *Acrostichaceac*	卤蕨 *Acrostichum aureum*	●	●	●	●	●	●	☆	
	尖叶卤蕨*A. Speciosum*	●							
楝科*Mdliaceae*	木果楝 *Xylocarpus granatum*	●							
大戟科 *Euphorbiaceae*	海漆*Excoecaria ggallocha*	●	●	●	●	●		☆	
海桑科 *Sonneratiaceae*	杯萼海桑*sonneratia alba*	●							
	海桑 *S.caseolaris*	●	○						
	海南海桑 *S.hainanensisko*	●							
	卵叶海桑 *S.ovata*	●							
	拟海桑 *S.paracaseolaris*	●							
红树科 *Rhizophoraccae*	木榄 *Bruguiera gymnorrhiza*	●	●	●	☆	●		●	
	海莲 *B.sexangula*	●						○	
	尖瓣海莲 *B.s.Var.rhynochopetala*	●						○	
	角果木 *Ceriops tagal*	●	☆	☆	☆				
	秋茄 *Kandelia obovata*	●	●	●	●	●	●	●	○
	红树 *Rhizophora apiculata*	●							
	红海榄 *R.sytlosa*	●	●	●	●	☆		○	
使君子科 *Combretaceae*	红榄李 *Lumnutera littorea*	●							
	榄李 *L.Racemosa*	●	●	●	●	●		○	
紫金牛科 *Myrsinaceae*	桐花树 *Aegiceras corniculatum*	●	●	●		●	●	●	
马鞭草科 *Verbenaceae*	白骨壤 *Avicennia marina*	●	●	●	●	●	●	●	
爵床科 *Acanthaceae*	小花老鼠簕 *Acanthus ebracteatus*	●	●	●	●	●	●	●	
	老鼠簕*A.Ilicifolius*	●	●	●		●	●	●	
茜草科 *Rubiaceae*	瓶花木 *Scyphiphora hydrophyllacea*	●							
棕榈科*Palmae*	水椰 *Nypa fruticans*	●							
	种类合计※	24	11	11	8	9	5	7	0

注：※仅统计天然分布种类（包括已经灭绝者）；☆表示灭绝，●表示天然分布，○表示引种成功。（资料来源：王文卿和王瑁，2007）。

表2-2 中国半红树植物的种类及其分布

科　名	种　名	海南	广东	广西	台湾	香港	澳门	福建	浙江
	莲叶桐 *Hernadia nvmphiifolia*	●							
豆科 *Leguminosae*	水黄皮 *Pongamia pinnata*	●	●	●	●	●			
锦葵科 *Malvaceae*	黄槿 *Hibiscus tiliaceus*	●	●	●	●	●		●	
	杨叶肖槿 *Thespesia populnea*	●	●	●	●	●		○	
梧桐科 *Sterculiaceae*	银叶树 *Heritiera littoralis*	●	●	●	●	●		○	
前屈叶科 *Lythraceae*	水芫花 *Pemphis acidula*	●			●				
玉蕊科 *Barringtoniaceae*	玉蕊 *Barringtonia racemosa*	●			●			○	
夹竹桃科 *Apocynaceae*	海芒果 *Cebera manghas*	●	●	●	●	●	●	○	
马鞭草科 *Verbenaceae*	苦郎树 *Clerodendrum inerme*	●	●	●	●	●	●	●	
紫薇科 *Bignoniaceae*	钝叶臭黄荆 *Premna obtusifolia*	●	●	●	●				
	海滨猫尾木 *Dolichandrone spathacea*	●	●						
菊科 *Compositae*	阔苞菊 *Pluchea indica*	●	●	●	●	●	●	●	
	种类合计 ※	12	9	8	10	7	3	3	0

注：※仅统计天然分布种类（包括已经灭绝者）；●表示天然分布，○表示引种成功。（资料来源：王文卿和王瑁，2007）。

2.1.2.3 红树林分布面积

我国的红树林自然分布介于海南的榆林港（18°09′N）至福建福鼎的沙埕湾（27°20′N）之间，人工种植红树林则向北延至28°25′N的浙江乐清市西门岛，红树林资源总面积为82 757.2 hm^2、郁闭度在0.2以上的红树林面积为22 024.9 hm^2（不包括港澳台地区）①，其中，广东、广西、海南的红树林面积较多。

广东红树林多分布于湛江、深圳和珠海等地，总面积9 084.0 hm^2，约占全国红树林面积的40%，是拥有红树林面积最多的省份。广东红树林优势种为秋茄、白骨壤、桐花树、木榄、红海榄等。广西的红树林主要分布在英罗湾、丹兜海、铁山港、钦州湾、北仑河口、珍珠湾等地，总面积8 374.9 hm^2，面积仅次于广东，以白骨壤、桐花树、红海榄、秋茄和木榄为主，其中英罗湾的红海榄植株高达9 m，胸径达20～25 cm，是大陆沿海红树林保存最好的地段。海南红树植物种类丰富、类型多样，是我国红树林植物的分布中心，全省红树林面积3 930.3 hm^2，主要分布在东北部的东寨港、清澜港和南部的三亚港及西部的新英港等，其中，东寨港和清澜港是海南最大的红树林分布区。福建的红树林主要分布

① http://www.gdf.gov.cn广东林业，中国红树林资源总面积超过8.2×10^4 hm^2。

在云霄漳江口、九龙江口及宁德地区的一些港湾如沙埕湾，总面积260 hm^2（林益明，林鹏，1999），以秋茄、桐花树、白骨壤为主。香港的红树林主要分布在深圳湾米埔、大埔汀角、西贡和大屿山岛等地，总面积380 hm^2，以秋茄、桐花树、白骨壤最为常见。澳门红树林主要分布在氹仔跑马场外侧、氹仔与路环之间的大桥西侧等地的海滩上，总面积1 hm^2，主要是桐花树、白骨壤和老鼠簕。台湾的红树林主要分布在台北淡水河口、新竹红毛港至仙脚石海岸，总面积278 hm^2，以秋茄、白骨壤为主（图2-6）。浙江没有天然红树林分布，只有人工引种的秋茄，分布在乐清湾的西门岛（图2-7），1957年引种的老红树林面积0.2 hm^2，近年来人工种植的红树林面积超过60 hm^2。

图2-6　台湾淡水河口红树林

图2-7　浙江乐清西门岛1957年引种的秋茄

过度砍伐、池塘养殖、围填海等海洋开发活动导致我国红树林面积锐减，我国红树林的面积在20世纪50年代为4×10^4 hm^2，90年代约为1.5×10^4 hm^2，减少了65%（赵焕庭等，1999）。50年代，仅雷州半岛的红树林面积就有14 000 hm^2，但因砍伐、围垦、修建虾塘等，到1985年仅剩不足6 000 hm^2。广西曾有红树林面积22 300 hm^2，现在仅存8 000 hm^2余。在过去的50年里，海南失去了60%以上的红树林，其中以三亚市红树林面积减少最多，消失面积达94%[①]。

2.1.2.4　红树林分布特点

我国国红树林分布具有以下几个特点。

（1）种类由南到北逐渐减少。红树植物的种类分布随纬度的升高和平均温度的下降而减少（表2-3）。海南红树林种类最多，我国所有的真红树植物和半红树植物都可以在海南找到，且许多种类仅在海南有分布，而广东、广西真红树植物分别只有11种，福建7种，浙江只有人工引种1种。这表明气候条件是决定红树林自然分布的主要因素。

（2）以灌木为主。我国绝大部分红树林为低矮的灌木林，而世界红树林分布中心的某些种类树高可达30～40 m。由于我国处于热带北缘，平均温度较低，加上人为反复破坏，因而在树的高度上不如赤道附近的国家。随着纬度的提高，红树植物矮化现象明显，我国高度超过10 m的红树林均分布于海南省，其面积仅占全国红树林总面积的0.2%、广西98.8%的红树林高不超过4 m。

（3）人为干扰严重。现存红树林中，绝大部分为次生林，只有约8%的红树林基本处于原始状态，超过九成的红树林受到不同程度的人为干扰，其中，1/3的红树林为受人为干扰极大的残次林，超

① 海南省海洋与渔业厅. 海南海情. 2010.

过80%的红树林被堤坝与陆岸隔开（曾江宁，2013）。

表2-3　中国红树植物种类与纬度及年均温度的关系

地点	种类	纬度（N）	温度（℃）
海南文昌	23	19°	24.0
广东湛江	11	20°	23.0
广西山口	9	21°	23.4
广东深圳	7	22°	22.5
福建云霄	7	24°	21.2
福建泉州	3	25°	20.4
福建福鼎	1	27°	18.5

2.1.3　珊瑚礁生态系统

珊瑚礁广泛分布于热带或亚热带海域，整个珊瑚礁由生物作用产生碳酸钙沉积而成，是海洋环境中一种独特的生态系统。珊瑚虫（主要是石珊瑚目*Scleractina*的珊瑚虫）以及其他腔肠动物的少数种类对石灰岩基质的形成起了重要作用，当珊瑚虫死亡之后，它们的骨骼积聚起来，其后代又在这些骨骼上繁殖，如此，逐年积累，形成珊瑚礁。除了珊瑚虫外，含钙的红藻特别是石灰红藻属（*Porolithom*）和绿藻的仙掌藻属（*Halimeda*）对造礁也起了重要作用。所以珊瑚礁实际上是珊瑚—藻礁。此外，一些软体动物（如各种砗磲）对碳酸钙沉积也起了相当大的作用。全球约110个国家拥有珊瑚礁资源，其总面积约占全球海洋面积的0.11%～0.15%（Smith，1978；Copper，1994），已记录的礁栖生物却占到全球海洋生物总数的30%（Reaka-Kudla，1997）。在澳大利亚的大堡礁，造礁珊瑚有350种，海洋鱼类有1 500～2 000种，软体动物超过4 000种（Spalding，2001）。珊瑚礁以其惊人的生物多样性和极高的初级生产力，被人们视为“蓝色沙漠”中的绿洲，对于调节和优化热带或亚热带海洋环境具有重要意义。

2.1.3.1　珊瑚礁生态系统的环境特点

造礁珊瑚对水温、盐度、水深和光照等自然环境条件都有比较严格的要求。

1）水温

造礁珊瑚在平均水温约为23～27℃的水域中生长最为旺盛，在低于18℃的水域只能生活，而不能成礁。澎湖列岛曾出现13℃的“低温”，使绝大多数的珊瑚“冻死”。如果水温高于30℃，也超出了珊瑚的适温范围。因此，珊瑚礁通常只分布在低纬度的热带及邻近海域。此外，在有强大暖流经过的海域，例如我国的钓鱼岛和日本的琉球群岛，虽纬度较高,但也有珊瑚礁存在。与此相反，在属于热带的非洲和南美洲西岸海域，由于低温上升流的存在，则没有珊瑚礁。

2）光照、海水透明度和盐度

光线的强弱、海水透明度和盐度也会影响珊瑚礁的分布。在造礁珊瑚的体内,生有大量的虫黄藻，该藻需要充足的光线进行光合作用。它一边制造养料，一边为造礁珊瑚清除代谢废物并提供氧气。高透明度和清澈的高盐度海水，可加速上述的光合过程。因此，造礁珊瑚一般在水深10～20 m处生长最为旺盛，水深超过50～60 m则停止造礁。有资料表明，盐度大约为34的海区最适宜造礁珊瑚的生存，所以在河口区和陆地径流较大输入的海区并无珊瑚礁生态系统的存在。

3）水动力条件

一般波浪和海流有利于造礁珊瑚的生长，如果波浪过大则会折断珊瑚的躯干和肢体，或将生长珊瑚的砾石翻动，使珊瑚体被碾碎或反扣砾石下，或被碎屑物覆盖而死亡。潮汐限制了其生长空间的上限，而且具有特殊温盐结构的上升流经常出现的地方对珊瑚的生长一般也有良好的影响（安晓华，2003）。

4）基底

珊瑚在海底营固着生活，坚硬的基底有利于珊瑚生长与成礁，地形特征有时对珊瑚礁体发育有很大影响。一般来说，大洋中的平顶海山、海底火山、大陆架的边缘堤以及构造隆起等海底的坚硬地形有利于珊瑚礁的形成。

2.1.3.2 中国珊瑚礁分布

我国珊瑚礁属于印度—太平洋区系，珊瑚礁海岸大致从台湾海峡南部开始，一直分布到南海。但是真正完全由珊瑚及其他造礁生物所形成的珊瑚岛（atoll）出现在16°N附近的西沙群岛。我国珊瑚礁有岸礁和环礁两大类。岸礁主要分布于广东雷州半岛西南海岸、广西涠洲岛与斜阳岛、海南岛和台湾岛。环礁广泛分布于南海诸岛，形成数百座通常命名为岛、沙洲、暗礁、暗沙、暗滩的珊瑚礁岛礁滩地貌体（曾江宁，2013）。

1）华南大陆沿岸

华南大陆沿岸西部岸段的岸礁面积约有44.6 km^2（王春生，2012）。其中，雷州半岛灯楼角岬角东西两侧珊瑚礁长约10 km、宽约100～300 m，厚度数米（图2-8）。北部湾的涠洲岛周围海岸珊瑚礁周长21 km、礁坪宽500～1 100 m，礁缘延至水深11 m处。

图2-8 徐闻珊瑚礁群
（资料来源http://www.gzagri.gov.cn广东农业信息网，陈北跑摄）

2）海南岛

海南岛珊瑚礁的类型以岸礁为主，此外还有少数岛礁和潟湖岸礁等，主要分布在东岸的文昌至琼海、南岸的三亚和西岸的东方及儋州（图2-9）。海南岛珊瑚礁岸线总长约200 km，即占海南岛及其离岛岸线的13%，海南岛东岸和南岸，礁体发育规模大。东岸万泉河口以北的琼海、文昌沿岸珊瑚连续分布长达20 km余，垂直岸线从水下到水上平均宽度达4 km。南岸鹿回头东西两侧海岸中珊瑚礁发育良好（吕炳全等，1984）。

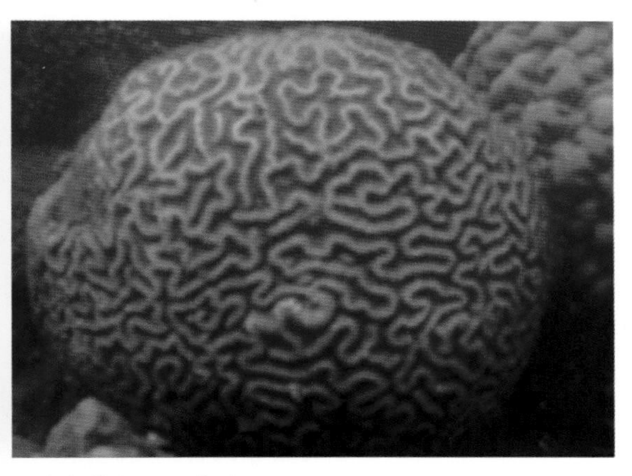

图2-9 海南三亚国家级珊瑚礁自然保护区内的珊瑚
左图：球牡丹珊瑚 右图：菌状合叶珊瑚
（资料来源：http://www.sycoral.com.cn海南三亚国家级珊瑚礁自然保护区管理处）

3）台湾岛

台湾岛岸礁主要分布于南、东、北岸线和离岛岸线。南岸恒春半岛岸礁规模最大（图2-10），长约100 km，礁坪宽度由几米至250 m（赵焕庭，1998）。台湾岛北端的富贵角和麟山鼻也分布有岸礁。澎湖列岛、台湾岛北岸外的彭佳屿、棉花屿和花瓶屿，东岸外的龟山岛、绿岛（火烧岛）、兰屿、小半屿、两岸外的七星岩、琉球屿等大部分离岛均有岸礁分布。此外，恒春半岛分布有高达300 m的更新世和全新世珊瑚礁隆起台地（王鑫，1997）。

图2-10 台湾恒春半岛高位珊瑚礁

4）南海诸岛

南海诸岛除了西沙群岛的高尖石小岛有岸礁外，其余全部为珊瑚岛礁。根据粗略估算，南海诸岛珊瑚礁总面积约3×10^4 km²余。东沙群岛岛礁集中在东沙环礁，另外还有一些暗沙。该环礁面积粗算约为387 km²。中沙群岛主体是中沙环礁，属沉溺的大环礁，面积8 540 km²，礁环上断续分布着20座暗沙或暗滩，中沙群岛唯一的干出礁为黄岩岛（民主礁），礁顶包括潟湖面积约130 km²。西沙群岛珊瑚礁面积为1 836.4 km²（王丽荣等，2014），南沙群岛的岛礁初步统计低潮干出环礁43座、沉溺环礁21座、低潮干出台礁8座，其中51座干出礁的礁顶面积为2 904.3 km²，另外32处水深200 m浅的礁顶面积为23 155 km²，合计26 059 km²，面积最大的为礼乐滩，面积约9 400 km²（赵焕庭，1998）。

此外，福建东山及珠江口万山群岛海域亦分布有部分造礁石珊瑚（李秀保等，2010；黄晖等，2012年）。

2.1.3.3 珊瑚礁生态系统生物多样性

珊瑚礁生态系统作为热带海洋最突出、最具有代表性的生态系统，拥有惊人的生物多样性和极高的初级生产力，珊瑚礁生态系统中生活有数千种石珊瑚、海绵类、多毛类、瓣鳃类、马蹄螺类、贝壳类、海龟、甲壳动物、海胆、海星、海参、珊瑚藻和鱼类等，构成了一个生物多样性极高的顶级生物群落，被称为海洋中的热带雨林（朱瑾，2008）。中国南海珊瑚礁生态系统已记录的物种数为5 613种（王丽荣等，2014），主要包括鱼类、虾蟹类、软体动物、棘皮动物和藻类等。

1）珊瑚生物

中国南海造礁石珊瑚以枝状鹿角珊瑚为主，其次是块状珊瑚，如滨珊瑚等。迄今为止已记录的南海周边地区和南海诸岛造礁石珊瑚有21科56属295种，其中，鹿角珊瑚属*Acropora*最多、达50种，广泛分布于西沙、南沙和东沙群岛海域，以及台湾、海南、广东和广西近海（表2-4）（王春生等，2012）。南沙群岛造礁石珊瑚分布的种类最多、有50余属200种左右，约占印度—西太平洋区造礁石珊瑚物种数的1/3；其次为西沙群岛、有38属127种；海南岛有34属110种。此外，中国南海石珊瑚目中，还有非造礁石珊瑚7科24属49种。

表2-4 我国各区域造礁石珊瑚种类

区域	造礁石珊瑚物种数量
广东、广西沿岸	21属45种
福建东山	8属8种
香港水域	21属49种
台湾水域	58属230种
海南岛沿岸	34属110种
西沙群岛	38属127种
东沙群岛	34属101种
太平岛	56属163种
黄岩岛	19属46种
南沙群岛	50余属200种左右

资料来源：王春生等，2012。

由于造礁石珊瑚对水温的要求各不相同，其地理分布各有特点。如：杯形珊瑚科*Pocilloporidae*的柱状珊瑚*Stylopora*和排孔珊瑚*Seriatopora*只分布在南海诸岛和台湾省；杯形珊瑚属*Pocillopora*也只分布到海南岛，仅一水之隔的雷州半岛沿岸就没有分布。

珊瑚根据消化腔分枝数不同分为六放珊瑚和八放珊瑚2个亚纲，八放珊瑚中的柳珊瑚、软珊瑚种类较多，其中，柳珊瑚有7科28属75种，另外已发现但尚未收录的有4种（表2-5）；软珊瑚有6科23属113种（表2-6），另外已发现但尚未收录的有33种（傅秀梅等，2009）。

表2-5　中国柳珊瑚物种与分布

物种	分布
花柳珊瑚科 [花头珊瑚科]*Anthothelidae*	
棕色棒柳珊瑚 *Semperina brunnea* Nutting	香港
中国管茎珊瑚 *Solenocaulon chinense* Kukenthal	台湾
冷柳珊瑚 *Iciligorgia* sp.	厦门湾铗海角
软柳珊瑚科 *Subergorgiidae*	
红枝软柳珊瑚 *Subergorgia kollikeri* Wright et Studer	香港、海南
网扇软柳珊瑚 *S.mollis* Nutting	台湾南湾
粉灰软柳珊瑚 *S.ornata* Thomsonet Simpson	海南
网状软柳珊瑚 *S.reticulata*（Ellis et Solander）	香港、海南临高角、广东沿岸
红扇软柳珊瑚 *S.rubra* Thomson et Hendersen	台湾南湾
侧扁软柳珊瑚 *S.suberosa*（Pallas）	广东沿岸、海南
海底柏科（扁珊瑚科）Melitodidae	
美丽柏柳珊瑚 *Acabaria* Formosa Nutting	海南
菲律宾柏柳珊瑚 *A.philippinensis*（Wright et Studer）	金门
简海底柏 *Melitodes modesta* Nutting	福建诏安
赭色海底柏 *M.ocracea*（Linnaeus）	海南
鳞海底柏 *M.squarnata* Nutting	海南
橙火炬珊瑚 *Mopsella aurantia*　（Esper）	台湾南湾
黄叠叶柳珊瑚 *M.rubeola*（Wright et Studer）	海南
棘柳珊瑚科 *Acanthogorgiidae*	
全裸柳珊瑚 *Acalycigorgia inermis*（Hedlung）	香港、台湾、厦门湾、东山湾
刺棘柳珊瑚 *Acanthogorgia arma ta* Verrill	厦门
粗糙棘柳珊瑚 *A.aspera* Pourtalis	厦门
尖棘柳珊瑚 *A.muriata* Verrill	东山澳角
粗疣棘柳珊瑚 *A.vegae* Aurivillius	广东沿岸、香港
花柳珊瑚 *Anthogorgia* sp.	大门湾铗海角
块花柳珊瑚 *A.bocki* Aurivillius	香港
小尖柳珊瑚 *Muricella* sp.	福建东山
类尖柳珊瑚科 *Paramuriceidae*	
猩红刺柳珊瑚 *Echinogorgia coccinea*　（Stimpson）	广东沿岸、香港
花刺柳珊瑚 *E.flora* Nutting	广东沿岸、东山、香港
枝条刺柳珊瑚 *E.lami* Stiasny	广东沿岸、香港
疏枝刺柳珊瑚 *E.pseudosassapo* Kölliker	台湾海峡、广东沿岸、香港
枝网刺柳珊瑚 *E.sassapo reticulate*（Esper）	香港、海南、广东沿岸

续表 2-5

物种	分布
桔色刺柳珊瑚 *E.aurantiaca*（Valenciennes）	广东沿岸、金门珠山
楞刺柳珊瑚 *E.mertoni* Kůkenthal	广东沿岸
组刺柳珊瑚 *E.complexa* Nutting	厦门港
印马刺尖柳珊瑚 *Echinomuricea indomalaccensis* Ridley	香港，福建厦门、东山
直针小尖柳珊瑚 *Muricella abnormalis* Nutting	广东沿岸、香港
弯曲小尖柳珊瑚 *M.flexuosa*（Verrill）	广东沿岸、香港
深紫红珊瑚 *M.grandis* Nutting	台湾南湾
红小尖柳珊瑚 *M.rubra* Thomson	厦门
扁小尖柳珊瑚 *M.sibogae*（Nutting）	广东沿岸、香港
中华小尖柳珊瑚 *M.sinensis*（Verrill）	广东沿岸、香港
紧绒柳珊瑚 *Villogorgia compressa* Hiles	广东沿岸、香港
缠结绒柳珊瑚 *V.intricata*（Gray）	广东沿岸
长小月柳珊瑚 *Menella praelonga*（Ridley）	广东沿岸、香港
红小月柳珊瑚 *M.rubescens* Nutting	香港
针小月柳珊瑚 *M.spinifera* Kůkenthal	广东沿岸
疣小月柳珊瑚 *M.verrucosa* Brundin	广东沿岸
丛柳珊瑚科 *Plexauridae*	
橙钝角珊瑚 *Berbyce indica* Thomson	台湾南湾
刺柳珊瑚 *Echinogorgia* sp.	台湾南湾
花刺柳珊瑚 *E.flora* Nutting	台湾南湾
枝网刺柳珊瑚 *E.sassapo reticulata*（Esper）	福建厦门、东山
刺网柳珊瑚 *E.furfuracea*	福建厦门、东山
浅白丛柳珊瑚 *Euplexaura albida* Kůkenthal	福建福鼎台山、连江、定海
狭细丛柳珊瑚 *E.attenuata*（Nutting）	福建霞浦、惠安、厦门
弯真丛柳珊瑚 *E.curvata* Kůkenthal	广东沿岸、香港
直真丛柳珊瑚 *E.erecta* Kůkenthal	广东沿岸、香港
壮真丛柳珊瑚 *E.robusta* Kůkenthal	香港
桂山厚丛柳珊瑚 *Hicksonella guishanensis* Zou	青岛、温州、厦门、珠江口
厚丛柳珊瑚 *H.princeps* Nutting	广东沿岸、香港
灌丛柳珊瑚 *Rumphella antipathies* Nutting	台湾南湾
弱柳珊瑚 *Leptogorgia* sp.	福建厦门、东山
鞭柳珊瑚科 [鞭珊瑚科]*Ellisellidae*	
梳柳珊瑚 *Ctenocella pectinata*（PalLas）	广东沿岸、海南
细鞭柳珊瑚 *Ellisella gracilis*（Wright et Studer）	广东沿岸
滑鞭柳珊瑚 *E.laevis*（Verrill）	广东沿岸、香港

续表 2-5

物种	分布
丝鞭珊瑚 *E.maculata* Studer	台湾南湾
强韧鞭珊瑚 *E.robusta* Simpson	台湾、南沙
粗枝竹节柳珊瑚 *Isis hippuris* Linnaeus	台湾、中沙
细枝竹节柳珊瑚 *I.minorbrac* Hyblasta Zou et Huang	南沙
网枝竹节柳珊瑚 *I.reticulata* Nutting	西沙
脆灯芯柳珊瑚 *Junceella fragilis*（Ridley）	广东沿岸、海南
蕾灯芯柳珊瑚 *J.gemmacea*（Valenciennes）	广东沿岸
灯芯柳珊瑚 *J.juncea*（Pallas）	海南
总状灯芯柳珊瑚 *J.racemosa* Wright et Studer	广东沿岸
鳞灯芯柳珊瑚 *J.squamata* Toeplitz	台湾、广东沿岸、海南
黄如灯芯柳珊瑚 *Scirpearia erythraea* Kùkenthal	香港、海南
细如灯芯柳珊瑚 *S.gracilis*（Wright et Studer）	广东沿岸
网伞疣珊瑚 *Verrucella umbraculum* （Ellis et Solander）	台湾南湾

注：在中国南海发现但《中国海洋生物种类与分布》尚未收录的柳珊瑚物种有：*Briareum excavatum*，*Plexaureides praelonga*，*Virgularia juncea*，*Monipora ramose*。

表2-6　中国软珊瑚物种与分布

物种	分布
软珊瑚科 *Alcyoniidae*	
细薄软珊瑚 *Alcy gracillimum* Kùkenthal	南沙南部
柔软冠形软珊瑚 *A.molle* Thomson et Dean	台湾南湾
厚实冠形软珊瑚 *A.rotundum* Thomson et Dean	台湾南湾
条状短指身珊瑚 *Sinularia capillosa* Tixier-Durivault	海南亚龙湾
精致短指软珊瑚 *S.compressa* Tixier-Durivault	中沙黄岩岛
肥大短指软珊瑚 *S.corpulenta* Li	海南龙湾
瘤状短指软珊瑚 *S.granosa* Tixier-Durivault	海南亚龙湾
外旋短指软珊瑚 *S.inexplicita* Tixier-Durivault	中沙、南沙
畸形短指软珊瑚 *S.monstrosa* Li	海南亚龙湾
乳突短指软珊瑚 *S.papillosa* Li	海南亚龙湾
小棒短指软珊瑚 *S.microclavata* Tixier-Durivault	海南
矮小短指软珊瑚 *S.nanolobata* Verseveldt	南沙仙宾礁
分枝短指软珊瑚 *S.partia* Tixier-Durivault	海南亚龙湾
多型短指软珊瑚 *S.polydactyla*（Ehren-berg）	海南亚龙湾

续表 2-6

物种	分布
普勒短指软珊瑚 *S.prattae* Verseveldt	南沙、曾母暗沙
叉状短指软珊瑚 *S.ramulosa* Tixier-Durivault	海南龙湾
肾状短指软珊瑚 *S.renei* Tixier-Durivault	海南龙湾
纤状短指软珊瑚 *S.fibrillosa* Li	海南龙湾
柔弱短指软珊瑚 *S.tenella* Li	海南龙湾
栎树短指软珊瑚 *S.quarciformis*（Pratt）	南沙南部
厚针短足软珊瑚 *Cladiella pachyclados*（Klunzinger）	台湾
球形短足软珊瑚 *C.sphaerophora*（Ehrenberg）	台湾
辐状叶形软珊瑚 *Lobophytum altum* Tixier-Durivault	东沙、台湾南湾
有角豆荚软珊瑚 *L.angulatum* Tixier-Durivault	西沙中建岛
畸形豆荚软珊瑚 *L.anomalum* Li	西沙盘石屿
喀里多豆荚软珊瑚 *L.caledonense* Tixier-Durivault	南沙海口礁
冠针豆荚软珊瑚 *L.caputospiculatum* Li	西沙赵述岛
戚氏豆荚软珊瑚 *L.chevalieri* Tixier-Durivault	西沙赵述岛
紧密豆荚软珊瑚 *L.compactum* Tixier-Durivault	西沙，南沙
厚指豆荚软珊瑚 *L.crassodigitum* Li	西沙中建岛
厚针豆荚软珊瑚 *L.crassospiculatum* Moser	西沙
鸡冠豆荚软珊瑚 *L.cristaglli* Marenzeller	南沙仙娥礁
扁指豆荚软珊瑚 *L.delectum* Tixier-Durivault	西沙盘石屿
小齿豆荚软珊瑚 *L.denticulatum* Tixier-Durivault	广东大鹏湾
短矮豆荚软珊瑚 *L.depressum* Tixier-Durivault	广东大鹏湾
加氏豆荚软珊瑚 *L.gazellae* Moser	西沙赵述岛
粗糙豆荚软珊瑚 *L.hirsutum* Tixier-Durivault	西沙，南沙
特异豆荚软珊瑚 *L.irregulare* Tixier-Durivault	西沙赵述岛
长针豆荚软珊瑚 *L.longispiculatum* Li	西沙华光礁
微针豆荚软珊瑚 *L.microspiculatum* Tixier-Durivault	南沙仙娥礁
椭圆豆荚软珊瑚 *L.oblongum* Tixier-Durivault	西沙珊瑚岛
寡疣豆荚软珊瑚 *L.oligoverrucum* Li	西沙盘石屿
疏指豆荚软珊瑚 *L.pauciflorum*（Ehrenberg）	西沙
美丽豆荚软珊瑚 *L.pulchellum* Tixier-Durivault	西沙盘石屿

续表 2-6

物种	分布
矮脚豆荚软珊瑚 *L.pygmapedium* Li	西沙东岛
伦氏豆荚软珊瑚 *L.ransoni* Tixier-Durivault	西沙盘石屿
沙氏豆荚软珊瑚 *L.salvati* Tixier-Durivault	西沙赵述岛
科氏豆荚软珊瑚 *L.schoedei* Moser	西沙中建岛
尖指豆荚软珊瑚 *L.spicodigitum* Li	西沙赵述岛
密实豆荚软珊瑚 *L.spissum* Tixier-Durivault	西沙
凤雅豆荚软珊瑚 *L.venustum* Tixier-Durivault	广东大鹏湾
多疣豆荚软珊瑚 *L.verrucosum* Li	西沙华光礁
锐角肉质软珊瑚 *Sarcophyton acutangulum*（Marenzeller）	西沙鸭公岛
菌状肉质软珊瑚 *S.boletiforme* Tixier-Durivault	南沙南部
角棘肉质软珊瑚 *S.cornispiculatum* Verseveldt	台湾南湾
微厚肉质软珊瑚 *S.crassocaule* Moser	中沙、南沙
杯形肉质软珊瑚 *S.ehrenbergi* Von Marenzeller	台湾南湾
华丽肉质软珊瑚 *S.elegans* Moser	西沙鸭公岛
分叉肉质软珊瑚 *S.furcatum* Li	西沙中建岛
乳白肉质软珊瑚 *S.glaucum*（Quoy et Gaimard）	海南亚龙湾
漏斗肉质软珊瑚 *S.infundibuforme* Tixier-Durivault	西沙永兴岛
皱褶肉质软珊瑚 *S.latum*（Dana）	中沙黄岩岛
软肉质软珊瑚 *S.molle* Tixier-Durivault	南沙
星形肉质软珊瑚 *S.stellatum* Kukenthal	台湾
圆盘肉质软珊瑚 *S.trocheliophrum* Marenzeller	台湾、中沙、南沙
佛手短足软珊瑚 *Cladiella humesi* Verseveldt	广东、南沙
圆裂短足软珊瑚 *C.krempfi* Hickson	海南亚龙湾
马岛短足软珊瑚 *C.madagascarensis* Tixier-Durivault	广东大鹏湾
细微短足软珊瑚 *C.subtilis* Tixier-Durivault	广东、南沙
棘软珊瑚科 [穗珊瑚科]*Nephtheidae*	
覆瓦菜花软珊瑚 *Capnella imbricate* Quoy et Gaimard	南沙半月礁
菲律宾菜花软珊瑚 *C.philippinensis* Light	南沙美济礁
波伦鳞花软珊瑚 *Lemnalia bournei* Roxas	南沙半月礁
细长编笠软珊瑚 *Morchellana elongate*（Henderson）	南沙曾母暗沙

续表 2-6

物种	分布
多佛编笠软珊瑚 *M.dollfusi* Tixier-Durivault	南沙曾母暗沙
美丽编笠软珊瑚 *M.pulchella*（Utinomi）	南沙曾母暗沙
红编笠软珊瑚 *M.rubra*（May）[D.rubra]	台湾海峡
直立柔荑软珊瑚 *Nephthea erecta* Kȕkenthal	南沙曾母暗沙
甘蓝柔荑软珊瑚 *N.brassica* Kȕkenthal	南沙
拟态柔荑软珊瑚 *N.simulata* Verseveldt	南沙南部
粒状柔荑软珊瑚 *N.capnelliformis* Thomson et Dean	南沙仙宾礁
白穗软珊瑚 *N.chabroli* Audouin	台湾（南湾、绿岛）
丘疹硬棘软珊瑚 *Scleronephthya pustulosa* Wright et Studer	香港大鹏湾
微型硬棘软珊瑚 *S.corymbosa* Verseveldt et Cohen	香港大鹏湾
穗球多棘软珊瑚 *Spongodes hadzii* Tixier-Durivault et Prevorsek	海南亚龙湾
绣球多棘软珊瑚 *S.studeri* Ridlety	香港大鹏湾
孔氏棘穗软珊瑚 *S.kluzingeri*（Studer）	台湾南湾
密针多棘软珊瑚 *S.spinifera* Holm	香港大鹏湾
巨多棘软珊瑚 *S.gigantea* Verrill[Dendronephya gigantea]	东山、香港
顾氏多棘软珊瑚 *S.guggenheimi*（Roxas） [D.guggenheimi]	惠安
小粒散枝软珊瑚 *Roxasia cervicornis* Wright et Studer	海南、南沙
象牙拟鳞花软珊瑚 *Paralemnaliaeburnea* Kȕkenthal	南沙仁爱礁
茎拟鳞花软珊瑚 *P.thyrsoides*（Ehrenberg）	台湾、南沙
小型硬荑软珊瑚 *Stereonephthya pumilia* Li	南海东北部
无则硬荑软珊瑚 *S.inordinata* Tixier Durivault	南沙信义礁
红花硬荑软珊瑚 *S.rubiflora* Utinomi	南沙南部
美丽伞花软珊瑚 *Umbellulifera* Formosa Li	南海北部湾
欧氏伞花软珊瑚 *U.oreni* Verseveldt	南沙南部
条纹伞花软珊瑚 *U.striata*（Thomson et Henderson）	南沙南部
巢软珊瑚科 *Nidaliidae*	
筒管软珊瑚 *Siphonogorgia cylindrata* Kȕkenthal	南沙南部
细管软珊瑚 *S.gracilis*（Herrison）	南沙南部
可变管软珊瑚 *S.variabilis*（Hickson）	南沙南部
菊软珊瑚科 *Viguieriotidae*	
弱柱软珊瑚 *Studeriotes spinosa* Thomson et Dean	南沙曾母暗沙、南沙南部

续表 2-6

物种	分布
残柱软珊瑚 *S.debilis* Thomson et Dean	南沙南部
星形软珊瑚科 *Asterospiculariidae*	
星形软珊瑚 *Asterospicularia laurae* Utinomi	台湾南湾
异软珊瑚科（伞软珊瑚科）*Xeniidae*	
叶异花软珊瑚 *Xenia blumi* May	台湾绿岛
分离异花软珊瑚 *X.carssa* Schenk	台湾绿岛
细长异花软珊瑚 *X.elongata* Dana	南沙仙宾礁
穗状异花软珊瑚 *X.spicata* Li	中沙黄岩岛
伞形异花软珊瑚 *X.umbellata* Lamarck	台湾绿岛
台湾轮软珊瑚 *Anthelia forlmosana* Utinomi	台湾（南湾、绿岛）
根生叶羽软珊瑚 *Cespitularia stolonifera* Gohar	台湾
泰尼叶羽软珊瑚 *C.taeniata* May	台湾绿岛
伊氏异伞软珊瑚 *Heteroxenia elisabethae* Kolliker	台湾

注：在中国南海发现但《中国海洋生物种类与分布》尚未收录的软珊瑚物种有：*Alcyonium patagonicum*，*Cladiella densa*，*C.similis*，*Lobophytum arboretum*，*L.crassum*，*L.michaelae*，*Sarcophyton solidum*，*Sinularia conferta*，*S.dissecta*，*S.fibrilla*，*S.flexibilis*，*S.foeta*，*S.gibberosa*，*S.inelegans*，*S.leptoclados*，*S.lochmodes*，*S.numerosa*，*S.parva*，*S.scabra*，*Clavularia viridis*，*Dendronephthya gigantean*，*Lemnalia cerlicorni*，*Nephthea armata*，*N.bayeri*，*N.crassic*，*N.ereta*，*N.pacifica*，*N.tiexieral verseveldt*，*Paralemnalia thyrsoides*，*Cespitularia hypotentaculata*，*Xenia florida*，*X.puerto-galerae*，*Spongodes* sp.

2）珊瑚礁鱼类

珊瑚礁生态系统不仅生存有大量的珊瑚，而且也为鱼类提供了良好的生存环境，在已知的海洋鱼类中有10%以珊瑚礁为家（朱瑾，2008）。以东沙群岛为例，东沙群岛海域共记录鱼类403种类，其中软骨鱼类为3目3科6属7种，硬骨鱼类为15目65科167属396种（史赞荣等，2009）。根据2003年5月的调查结果，西沙群岛主要岛礁采集鱼类标本3 623尾，隶属10目31科146种（表2-7、表2-8）（王雪辉等，2011）。

表2-7 西沙群岛主要岛礁鱼类组成

岛礁	目	科	种
北礁	6	20	45
东岛	7	22	50
华光礁	6	20	48
金银岛	3	18	51
浪花礁	4	19	63
永兴岛	5	19	50
玉琢礁	7	24	74
合计	10	31	146

表2-8　西沙群岛主要岛礁鱼类物种

目	科	种
六鳃鲨目 Hexanchiformes	六鳃鲨科 *Hexanchidae*	灰六鳃鲨 *Hexanchus griseus*
真鲨目 Carcharhiniformes	真鲨科 *Carcharhinidae*	尖头斜齿鲨 *Scoliodon sorrakowah*
		侧条真鲨 *Carcharhinus pleurotaenia*
灯笼鱼目 Myctophiformes	狗母鱼科 *Synodidae*	花斑狗母鱼 *Synodus jaculum*
鳗鲡目 Anguilliformes	海鳝科 *Muraenidae*	异纹裸胸鳝 *Gymnothorax richardsoni*
		白斑裸胸鳝 *G. leucostingmus*
		花斑裸胸鳝 *G. pictus*
金眼鲷目 Beryciformes	鳂科 *Holocentridae*	骨鳂 *Ostichthys sheni*
		少鳞骨鳂 *O. kaianus*
	灯眼鱼科 *Anomalopidae*	白边锯鳞鳂 *Myripristis murdjan*
		纵带锯鳞鳂 *M. vittata*
		白纹棘鳞鳂 *Sargocentron diadema*
		尾斑棘鳞鳂 *S. caudimaculatus*
		尖吻棘鳞鳂 *S. spiniferum*
		条长颏鳂 *Flammeo sammara*
		斑尾鳂 *Adioryx caudimaculatus*
		赤鳂 *A. tiere*
		黄纹鳂 *A. furcatus*
		棘鳂 *A. spinifer*
		红双棘鳂 *Dispinus ruber*
刺鱼目 Gasterosteiformes	烟管鱼科 *Fistulariidae*	鳞烟管鱼 *Fistularia petimba*
鲻形目 Mugiliformes	魣科 *Sphyraenidae*	大眼魣 *Sphyraena forsteri*
		大魣 *S. barracuda*
鲈形目 Perciformes	鮨科 *Serranidae*	鳃棘鲈 *Plectropomus leopardus*
		线点鳃棘鲈 *P. oligacanthus*
		豹纹九棘鲈 *Cephalopholis leopardus*
		尾纹九棘鲈 *C. urodelus*
		白线光腭鲈 *Anyperodon leucogrammicus*
		蜂巢石斑鱼 *Epinephelus merra*
		黑边石斑鱼 *E. fasciatus*

续表 2-8

目	科	种
鲈形目 Perciformes	大眼鲷科 *Priacanthidae*	金目大眼鲷 *P. hamrur*
	方头鱼科 *Branchiostegidae*	侧条弱棘鱼 *Malacanthus latovittatus*
	鲹科 *Carangidae*	星点鲹 *Carangoides stellatus*
		散鲹 *C. sansun*
		长体圆鲹 *Decapterus macrosoma*
		脂眼凹肩鲹 *Selar crumenophthalmus*
	笛鲷科 *Lutjanidae*	红钻鱼 *Etelis carbunculus*
		细鳞紫鱼 *Pristipomoides microlepis*
		黄尾紫鱼 *P. auricilla*
		黄线紫鱼 *P. multidens*
		绿短臂鱼 *Aprion virescens*
		叉尾鲷 *A. furcatus*
		若梅鲷 *Paracaesio xanthurus*
		灰若梅鲷 *P. sordidus*
		四带笛鲷 *Lutjanus kasmira*
		五带笛鲷 *L. spilurus*
		千年笛鲷 *L. sebae*
		双带梅鲷 *Caesio diagramma*
		褐梅鲷 *C. coerulaureus*
		新月梅鲷 *C. lunaris*
	裸颊鲷科 *Lethrinidae*	短吻裸颊鲷 *Lethrinus ornatus*
		丽鳍裸颊鲷 *L. kalloperus*
		纵带裸颊鲷 *L. leutjanus*
		杂色裸颊鲷 *L. variegatus*
		星斑裸颊鲷 *L. nebulosus*
	松鲷科 *Lobotidae*	松鲷 *Lobotes surinamensis*
	锥齿鲷科 *Pentapodidae*	金带齿颌鲷 *Gnathodentex aurolineatus*
		灰裸顶鲷 *Gymnocranius griseus*
	眶棘鲈科 *Scolopsidae*	条纹眶棘鲈 *Scolopsis taeniopterus*
	石鲈科 *Pomadasyidae*	条纹胡椒鲷 *Plectorhynchus lineatus*
		斜纹胡椒鲷 *P. goldmanni*

续表 2-8

目	科	种
鲈形目 Perciformes	羊鱼科 *Mullidae*	三带副绯鲤 *Parupeneus trifasciatus*
		条斑副绯鲤 *P. barberinus*
		二带副绯鲤 *P. bifasciatus*
		侧斑副绯鲤 *P. heptacanthus*
		头带副绯鲤 *P. chryserdros*
		纵条副绯鲤 *P. fraterculus*
		黑斑副绯鲤 *P. pleurostigma*
		金带拟羊鱼 *Mulloidichthys surifIamma*
	单鳍鱼科 *Pempheridae*	黑边单鳍鱼 *Pempheris oualensis*
	蝴蝶鱼科 *Chaetodontidae*	镊口鱼 *Forcipiger longirostris*
		四带马夫鱼 *Heniochus singularius*
		三带马夫鱼 *H. permutatus*
		马夫鱼 *H. acuminatus*
		霞蝶鱼 *Hemitaurichthys zoster*
		双条蝴蝶鱼 *Chaetodon bennetti*
		点带蝴蝶鱼 *C. guttatissimus*
		魏氏蝴蝶鱼 *C. vagabundus*
		项斑蝴蝶鱼 *C. adiergastos*
		羽纹蝴蝶鱼 *C. strigangulus*
		密点蝴蝶鱼 *C. citrinellus*
		蓝斑蝴蝶鱼 *C. plebeius*
		橙带蝴蝶鱼 *C. ornatissimus*
		川纹蝴蝶鱼 *C. trifascialis*
		单斑蝴蝶鱼 *C. unimaculatus*
		斑带蝴蝶鱼 *C. punctatofasciatus*
	隆头鱼科 *Labridae*	尖头普提鱼 *Bodianus oxycephalus*
		普提鱼 *B. bilunulatus*
		尾斑阿南鱼 *Anampses melanurus*
		黑鳍厚唇鱼 *Hemigymnus melapterus*
		横带粗唇鱼 *H. fasciatus*
		胸斑海猪鱼 *Halichoeres melanochir*
		云斑海猪鱼 *H. nigrescens*

续表 2-8

目	科	种
鲈形目 Perciformes		方斑海猪鱼 *H. centiquadrus*
		狭带细鳞盔鱼 *Hologymnosus semidiscus*
		花尾连鳍鱼 *Novaculichthys taeniourus*
		伸口鱼 *Epibulus insidiator*
		横带唇鱼 *Cheilinus fasciatus*
		红唇鱼 C. rhodochrous
	鹦嘴鱼科 *Scaridae*	凹尾绚鹦嘴鱼 *Calotomus spinidens*
		二色大鹦嘴鱼 *Bolbometopon bicolor*
		棕吻鹦嘴鱼 *Scarus psittacus*
		新月鹦嘴鱼 *S. lunula*
		五带鹦嘴鱼 *S. venosus*
		条腹鹦嘴鱼 *S. aeruginosus*
		带纹鹦嘴鱼 *S. fasciatus*
		长头鹦嘴鱼 *S. longiceps*
		弧带鹦嘴鱼 *S. dimidiatus*
		灰鹦嘴鱼 *S. sordidus*
		黄鞍鹦嘴鱼 *S. oviceps*
		截尾鹦嘴鱼 *S. rivulatus*
		蓝颊鹦嘴鱼 *S. janthochir*
		绿唇鹦嘴鱼 *S. forsteri*
		绿牙鹦嘴鱼 *S. chlorodon*
		三色鹦嘴鱼 *S. tricolor*
		青点鹦嘴鱼 *S. ghobban*
		黑斑鹦嘴鱼 *S. globiceps*
	雀鲷科 *Pomacentridae*	三斑宅泥鱼 *Dascyllus trimaculatus*
		金豆娘鱼 *Abudefduf aureus*
		弧带豆娘鱼 *A. dickii*
	蓝子鱼科 *Siganidae*	狐蓝子鱼 *Siganus vulpinus*
		褐蓝子鱼 *S. fuscescens*
		带蓝子鱼 *S. virgatus*
		点蓝子鱼 *S. guttatus*
	镰鱼科 *Zanclidae*	镰鱼 *Zanclus cornutus*

续表 2-8

目	科	种
鲈形目 Perciformes	刺尾鱼科 *Acanthuridae*	黄高鳍刺尾鱼 *Zebrasoma flavescens*
		橙斑刺尾鱼 *Acanthurus olivaceus*
		灰额刺尾鱼 *A. glaucopareius*
		双斑刺尾鱼 *A. nigrofuscus*
		双板盾尾鱼 *Prionurus scalprus*
		单板盾尾鱼 *Axinurus thynnoides*
		剑角鼻鱼 *Naso herrei*
		短吻鼻鱼 *N. brevirostris*
		丝尾鼻鱼 *N. vlamingi*
		颊纹双板盾尾鱼 *Callicanthus lituratus*
		小齿双板盾尾鱼 *C. hexacanthus*
	蛇鲭科 *Gempylidae*	棘鳞蛇鲭 *Ruvettus tydemani*
		黑鳍蛇鲭 *Thyrsitoides marleyi*
		短蛇鲭 *Rexea prometheoides*
	鲅科 *Cybiidae*	双线鲅 *Grammatorcynus bicarinatus*
鲉形目 Scorpaeniformes	鲉科 *Scorpaenidae*	斑鳍鲉 *Scorpaena neglecta*
		须拟鲉 *Scorpaenopsis cirrhosa*
		翱翔蓑鲉 *Pterois volitans*
鲀形目 Tetraodontiformes	鳞鲀科 *Balistidae*	褐副鳞鲀 *Pseudobalistes fuscus*
		黑边角鳞鲀 *Melischthys vidua*
		宽尾鳞鲀 *Abalistes stellatus*

海南岛珊瑚礁鱼类调查结果表明，海南岛珊瑚礁鱼类共有59属93种，其中，鱼类种类较多是亚龙湾，其次是蜈支洲等。优势种主要有灰边宅泥鱼、五带豆娘鱼、网纹宅泥鱼、弧带豆娘鱼、褐篮子鱼、粗体天竺鱼、三带蝴蝶鱼、八带蝴蝶鱼、三斑宅泥鱼、倒盖鳞鱼等。[①]

2.1.3.4　珊瑚礁生态功能

珊瑚礁多样的生物和环境构成复杂的生态系统，具有重要的生态功能。珊瑚礁生态系统具有资源和物理结构功能、生物功能、生物地球化学功能、信息功能和社会文化功能等（Moberg，1999）重要的地球生命支撑系统之一。

1）造礁与消波护岸

造礁生物参与形成礁体，珊瑚礁不断堆积成岛礁和陆地，为人们繁衍生息提供了新的生存空间。珊瑚礁为其他礁栖生物提供复杂的三维立体生活环境，可抵御外部严酷的物理因素，如破坏性风浪的

① 海南省海洋与渔业厅. 海南海情. 2010.

作用和海平面的变化，为栖息其内的生物群落保持较稳定的生存环境。滨海的珊瑚礁对波浪具有消能作用，形成护岸的天然屏障，具有防浪护岸效应（防海浪和风暴潮流），为海草床、红树林以及人类提供安全的生境。珊瑚礁犹如自然的防波堤一般，有70%～90%的海浪冲击力量被珊瑚礁吸收或减弱，而珊瑚礁本身具有自我修补的能力，死掉的珊瑚被海浪分解成细砂，取代海滩上被海潮冲走的砂质。

2）维持珊瑚礁生态系统和生物多样性

珊瑚礁生物群落是海洋环境中种类最丰富、多样性程度最高的生物群落，几乎所有海洋生物的门类都有代表生活在珊瑚礁中各种复杂的栖息空间，珊瑚礁构造中的众多孔洞和裂隙为习性相异的生物提供了各种生境，为之创造了栖居、藏身、繁育、索饵的有利条件。所有这些，对海洋生物多样性和生物生产力都有重大影响。如超过1/4的海洋鱼类种类栖息在珊瑚礁区，构成生物资源的富集地。珊瑚礁生态系统可以在低水平的营养供应上产生极高的生产量，其效率达到了海洋生态系统发展的上限。南海珊瑚礁生态系统初级生产力（每平方米的生物生产力）是周围热带海洋的50～100倍，其净生产力可达4 000 $g/(m^2{\cdot}a)$，珊瑚礁植物和共生群落的自养生产量为5～20 $g/(m^2{\cdot}d)$，而贫养和中等营养的热带大洋中的初级浮游植物生物量仅有0.05～0.3$g/(m^2{\cdot}d)$。珊瑚礁生物通过参与各项生态过程而形成各种特定的功能群（造礁生物、生产者、消费者和分解者），共同完成重要的生态功能（Moberg，1999），这些生态类群的相互作用对珊瑚礁生态系统内生境维持（作为众多生物繁殖和生存场所）、生物多样性和基因库维持、生态系统过程和功能的调节与恢复均具有重要作用。此外，在生态系统间，通过“可移动链条”的生物支持，珊瑚礁生态系统还向远洋食物网输出有机物和浮游生物。

3）提供生物资源和材料

珊瑚礁在维持海洋渔业资源方面起着至关重要的作用。健康的珊瑚礁系统每年渔业产量达35 t/km^2，全球约10%的渔业产量源于珊瑚礁地区，在印度—太平洋等国家则可高达25%（赵美霞等，2006）为人类所需蛋白质的重要来源。海南岛沿岸鱼类生命周期中与珊瑚礁有联系的达569种（周祖光，2004），沿岸一些重要渔场约50%的鱼类在其生命周期中的部分时间是依赖珊瑚礁而生存的。一些具有重要经济价值的动植物，如石斑鱼、麒麟菜、鲍鱼、江珧、珍珠母贝、海参、龙虾以及其他无脊椎动物等都来自珊瑚礁区。珊瑚礁生物还是海洋药物的重要原材料，如珊瑚骨骼在医学上可用于骨骼移植、牙齿和面部改造等；许多海藻、海绵、珊瑚、海葵、软体动物等体内含有高效抗癌、抗菌的化学物质，有广阔的药物开发潜力。珊瑚礁生物还可用作工农业和建筑材料，如海藻（麒麟菜等）可用来提取琼脂、角叉胶等工业原料或用作肥料。珊瑚生物还可用作装饰（如珠母贝、珊瑚等）、观赏（珍贵贝类、珊瑚和观赏性鱼）等。此外，珊瑚礁还可提供不可再生性资源，如珊瑚体本身含碳酸钙95%以上，是工业上冶炼有色金属不可缺少的良好溶剂，珊瑚块和珊瑚砂还可用作建筑材料（生产水泥、石灰）、饲料添加剂等。

4）促进碳循环

珊瑚礁生态系统的物质循环主要有C、N、P和Si四种元素的生物地球化学循环，包括固氮、CO_2和Ca的储存与控制、废物清洁（转化、解毒和分解人类产生的废物）等过程，由珊瑚礁生物参与的生物化学过程和营养物质循环对于维持和促进全球碳循环有重要作用。珊瑚虫对地球上大气中的碳循环扮演重要的角色，可将CO_2转变为碳酸钙骨骼，有助于降低地球大气中的CO_2含量，从而减轻温室效应，降低大气温度。同时，这种生物化学过程也维持了全球钙平衡，每年由珊瑚礁沉淀输送到海洋中的钙约有1.2×10^{13} mol。此外，造礁珊瑚特别是滨珊瑚可用来重建热带表层古海水温度等。

2.1.4 海草床生态系统

海草是一类海洋大型底栖单子叶植物，通常生长于热带和温带近岸海域或河口区水域的淤泥质或砂质沉积物上，大面积连片分布的海草称为海草床。海草床是地球生物圈中最富有生产力、服务功能价值最高的的浅海生态系统之一。海草通常在接近潮下带最为茂盛，最密的地方每平方米可达4 000株（曾江宁，2013）。

2.1.4.1 海草床生态系统的特点

1）改善水质环境

在海草床生态系统中，海草群落是第一生产者，具有高的生产力，它是许多动物的一种直接食物来源，同时也是许多动植物的重要栖息地和隐蔽场。海草从海水和表层沉积物中吸收养分的效率很高，是控制浅水水质的关键植物。海草生长所必需的营养盐主要来源于水体和沉积物中有机物质的分解，海草碎屑是海草床中可以再利用的营养物质的主要有机来源，海草床中的有机物质循环可以通过有机物质的快速降解来完成。海草床中存储的营养盐可以在0.3～6d内迅速转化,在龟草（*T. testudinum*）床内，溶解性无机氮在水体和沉积物中的转化时间少于2d。研究表明，海草贡献了全球海洋中有机碳的12%（韩秋影等，2008）。此外，海草的根和根状茎生长在沉积物中，具有稳定的沉积物的作用，同时海草叶片可以“捕获”海水中的悬浮物，从而改善海水的透明度。

2）生物多样性丰富

生活于海草床的生物种类很多，硅藻和绿藻等附生植物以及原生动物、线虫、水螅、苔藓虫等附生动物可以在海草叶片上，腹足类软体动物、等足类、端足类和猛水蚤类则直接与附着生物有关，还有许多鱼类幼鱼可暂时停留在这种环境中。

3）生物量高

海草的生物量随纬度而变化。在温带海区，平均生物量接近500g/m^2（干重），热带海区平均生物量则超过800g/m^2（干重）。生产力也有纬度差异，温带海草的生产力约为120～600g/(m^2·a)（以碳计），而热带海草净初级生产力可高达1 000 g/(m^2·a)（以碳计），可见海草床的生产力是很高的（曾江宁，2013）。

2.1.4.2 中国海草物种多样性

我国的海草有22种（表2-9），隶属于4科10属（表2-10），缺少全球6科海草中的角果藻科和波喜荡科。其中，大叶藻属种类最多（5种）、喜盐草属次之（4种）、川蔓藻属有3种、虾海藻属、丝粉藻属和二药藻属各2种，针叶藻属、泰来藻属、海菖蒲属和全楔草属各1种（郑凤英等，2013）。

表2-9 中国海草物种

序号	海草物种名	分布的区域											
		海南	广东	广西	香港	台湾	山东	河北	辽宁	江苏	浙江	福建	天津
1	丝粉藻 *Cymodocea rotundata*	●	●			●							
2	齿叶丝粉藻 *C.serrulata*	●				●							
3	二药藻 *Halodule uninervis*	●	●	●		●							

续表 2-9

序号	海草物种名	分布的区域											
		海南	广东	广西	香港	台湾	山东	河北	辽宁	江苏	浙江	福建	天津
4	羽叶二药藻 *H.pinifolia*	●	●	●		●							
5	针叶藻 *Syringodium isoetifolium*	●	●*	●*		●							
6	全楔藻 *Thalassodendron ciliatum*	●*	●*			●							
7	海菖蒲 *Enlalus acoroides*	●											
8	泰来藻 *Thalassia hemprichii*	●	●			●							
9	喜盐草 *Halophila ovalis*	●	●	●	●	●							
10	小喜盐草 *H.minor*	●		●	●								
11	毛叶喜盐草 *H.decipiens*	●*				●							
12	贝克喜盐草 *H.beccarii*	●	●	●	●	●							
13	矮大叶藻 *Zosera japonica*	●	●	●	●	●	●	●	●*			●*	
14	丛生大叶藻 *Z.caespetosa*						●	●	●				
15	宽叶大叶藻 *Z.asiatica*								●*				
16	具茎大叶藻 *Z.caulescens*								●*				
17	大叶藻 *Z.marina*						●	●	●				
18	黑纤维虾海藻 *Phyllospadix japonicus*						●	●	●*				
19	红纤维虾海藻 *P.iwatensis*						●	●	●*				
20	川蔓藻 *Ruppia maritima*	●	●	●	●	●				●	●	●	●
21	长梗川蔓藻 *R.cirrhosa*		●				●	●	●	●	●	●	
22	宽叶川蔓藻 *R.megacarpa*						●			●			

注：*历史上有记录，但21世纪调查未发现。

表2-10　中国及全球海草科属组成

科	属	属内中国种数（属内全球种数）
丝粉藻科*Cymodoceaceae*	根枝草属*Amphibolis**	0（2）
	丝粉藻属*Cymodocea*	2（4）
	二药藻属*Halodule*	2（7）
	针叶藻属*Syringodium*	1（2）
	全楔草属*Thalassodendron*	1（2）

续表 2-10

科	属	属内中国种数（属内全球种数）
水鳖科*Hydrocharitaceae*	海菖蒲属*Enhalus*	1（1）
	泰来藻属*Thalassia*	1（2）
	喜盐草属*Halophila*	4（17）
波喜荡科*Posidoniaceae**	波喜荡属*Posidonia**	0（8）
大叶藻科*Zosteraceae*	虾海藻属*Phyllospadix*	2（5）
	大叶藻属*Zostera*	5（14）
川蔓藻科*Ruppiaceae*	川蔓藻属*Ruppia*	3（6）
角果藻科*Zannichelliaceae**	*Lepilaena**	0（2）

注：*中国无此科或此属。

2.1.4.3 中国海草的分布

1）海草物种分布

我国海草从温带海域到热带海域均有分布，基于我国海草分布的海域特点， 可将我国海草分布区划分为两个大区：中国南海海草分布区和中国黄渤海海草分布区。南海海草分布区包括海南、广西、广东、香港、台湾和福建沿海；黄渤海海草分布区包括山东、河北、天津和辽宁沿海。这两个海草分布区分别属于印度洋—太平洋热带海草分布区和北太平洋温带海草分布区。江苏和浙江两省沿岸仅有川蔓藻属种类，不在上述两个海草分布区内（郑凤英等，2013）。

南海海草分布区有海草9属15种，其中海南海域种类最多（14种），台湾次之（12种），广东、广西、香港和福建分别有11种、8种、5种和3种。在这些种类中以喜盐草（*Halophila ovalis*）分布范围最广，海南、广东、广西、台湾和香港均有分布，是中国亚热带海草群落的优势种，仅在广东和广西两省、自治区的总分布面积就超过1 700 hm^2（范航清等，2011）；泰来藻在海南和台湾沿海分布最为广泛；海菖蒲为海南独有。

黄渤海海草分布区分布有3属9种，其中大叶藻、丛生大叶藻、红纤维虾海藻和黑纤维虾海藻在辽宁、河北和山东三省沿海均有分布，而具茎大叶藻和宽叶大叶藻只分布于辽宁沿海，可见，大叶藻分布最广，也是多数海草场的优势种；天津只报道有川蔓藻。

2）海草分布面积

中国现有海草场的总面积约为8 765.1 hm^2，分布在海南、广西、广东、香港、台湾、福建、山东、河北和辽宁9个省区，南海区海草场在数量和面积上均明显大于黄渤海区（图2-11）。需要指出的是，除广西外，其他8省区均有一些目前尚未开展再调查的海草分布点，面积有待确定（郑凤英，2013）。

（1）海南海草场。海南是中国海草场分布面积最大的省份，面积合计5 634.2 hm^2，占全国海草总面积的64%，且主要集中于东部沿岸，如文昌（3 259.2 hm^2）、琼海（1 596 hm^2）、陵水（574 hm^2）、三亚（164 hm^2），多数以泰来藻为优势种，但陵水县新村港和黎安港以海菖蒲为优势种，西部沿岸仅有零星分布。

（2）广东海草场。面积合计975 hm^2，占全国海草总面积的11%，主要分布于湛江市流沙湾、潮州市饶平柘林湾、湛江市东海岛、珠海市唐家湾、台山市上川岛和惠东县考洲洋，其中以湛江市流沙湾（900 hm^2）面积最大，其余均小于50 hm^2，多以喜盐草为优势种，但湛江市东海岛和珠海市唐家湾以贝克喜盐草为优势种，而台山市上川岛则以矮大叶藻为优势种。

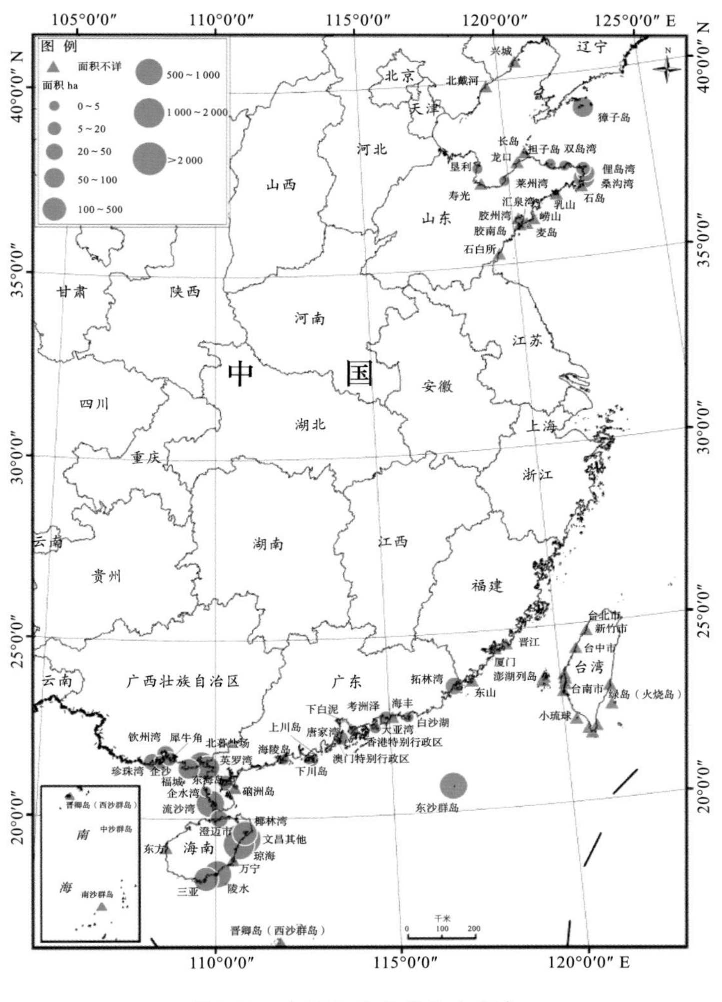

图2-11　中国主要海草场分布点
（郑凤英等，2013）

（3）广西海草场。面积合计942.2 hm^2，占全国海草总面积的10%。按海草场面积从大到小排列依次为北海市的铁山港沙背、铁山港北暮、山口乌坭、铁山港下龙尾、铁山港川江、防城港市交东、北海市沙田山寮、钦州市纸宝岭、北海市丹兜海，其中前5个分布点面积较大，分别为283.1 hm^2、170.1 hm^2、94.1 hm^2、79.1 hm^{2}和73.3 hm^2，均以喜盐草为优势种。广西防城港市交东和北海市沙田山寮以矮大叶藻为优势种，钦州市纸宝岭、北海市丹兜海则以贝克喜盐草为优势种。

（4）台湾海草场。主要分布在本岛西部、南部与各离岛的浅海环境中。台湾岛以南的东沙岛拥有台湾地区最大的海草场，面积约820 hm^2，以泰来藻为优势种；恒春半岛（如海口、万里桐、大光和南湾）也有近1 hm^{2}的海草场，也以泰来藻为优势种；其他主要的分布点位于澎湖列岛、绿岛、小琉球以及台湾本岛的台中市高美、新竹市香山、嘉义市白水湖、台南市七股和台东市小港等地。

（5）香港海草场。主要分布于下白泥、荔枝窝、散头、阴澳等地。其中位于新界西北部（元朗流浮山）的下白泥海草场是香港最大的海草场，以贝克喜盐草为优势种，面积为4 hm^2；位于新界大埔区沙头角的荔枝窝海草场是香港面积最大的矮大叶藻生长地。

（6）山东海草场。现有的初步调查显示，面积不足300 hm^2，主要分布在荣成市，其中以月湖（也称天鹅湖）最大，约为191 hm^2，桑沟湾和俚岛湾的面积分别为60 hm^2和30 hm^2；威海市区的双岛湾分布有5 hm^2的海草场。此4处为黄渤海海草研究的主要基地。此外，在烟台市区、东营垦利县、莱州市莱州湾、青岛市区也有海草零星分布。山东海草场主要有两大类：以大叶藻为优势种的大叶藻属海草场和以红纤维虾海藻为优势种的虾海藻属海草场，两者分别见于泥沙底质和岩石硬质底质浅水海域，目前调查发现前者居多。

（7）辽宁海草场。仅在长海县的獐子岛和海洋岛海域发现海草场，面积共约100 hm^2，以大叶藻为绝对优势种。

（8）其他区域。河北、天津、福建、江苏与浙江海域仅有海草标本采集信息，无海草面积分布的记录（den Hartog，Yang，1990；于硕，2010）。

2.1.4.4 海草的生态功能

韩秋影等（2008）对海草的生态功能加以总结，认为海草具有净化水质、护堤减灾、为多种生物提供栖息地等功能。

1）净化水质

海草可以调节水体中的悬浮物、DO、叶绿素、重金属和营养盐。Lewis等对美国佛罗里达州13处海草床的水质、沉积物和海草个体组织的研究表明，有海草区域的沉积物比没有海草区域的沉积物富集的重金属浓度高，说明海草具有富集重金属的功能。大洋聚伞藻（*P. oceanica*）被证明是很好的重金属生物指示因子，大洋聚伞藻比贝类具有更好的生物储存能力。海草还可以通过地上和地下组织吸收无机营养盐。

2）护堤减灾

海草被证明能降低来自于波浪和水流的能量，从而可以防止海岸侵蚀。海草还可以改变沉积物的沉积速率，主要通过在生长季提高沉积物中的淤泥量，一年生海草对沉积速率的影响取决于海草遮蔽的密度。海草还可以通过根和茎增加沉积物的沉降速率，对沉积物起到稳定作用。Bos等研究发现：鳗草（*eelgrass*）能通过在自身生长过程中增加沉积物中淤泥的量改变自身的生存环境。

3）为多种生物提供栖息地

海草床结构的复杂性决定了其重要的栖息地功能，主要包括决定深海群落的组成，增加海草床区域物种丰度和生物多样性等。海草床生态系统具有相对复杂的物理结构，能为重要的商业鱼类提供食物来源和育苗场所，海草床可以为幼苗提供庇护场所已经被科学家广泛的接受。海草也为临近区域的盐沼、贝类、珊瑚礁和红树林的很多物种提供重要的育苗场所。海草能提供关键生物栖息地，为儒艮（*Dugong*）、长须鲸、贝类和海鸟等提供营养基础。研究表明，上百种的浮游植物和深海洄游种靠海草床维持生存，一些草食动物直接以海草为食，使得海草床中的C通过微生物过程和颗粒有机碎屑进入浅海和河口食物网。

2.1.5 海岛生态系统

海岛生态系统是由岛屿地理区域内的要素及其周边环境组成的生态系统，包括岛陆、潮间带及周围海域，其组成分为“岛屿无机环境”、“岛屿生物群落”两部分。其中，海岛无机环境是一个海岛生态系统的基础，该环境的好坏直接决定着岛屿生态系统的复杂程度和其中生物群落的丰富度；海岛生物群落则反作用于海岛无机环境，生物群落在海岛生态系统中既在适应环境，也在改变着周围环境的面貌，各种基础物质将岛屿生物群落与无机环境紧联系在一起。海岛生态系统相对复杂，除了无机环境，在海岛生物群落中既有岛陆生物群落、又有潮间带生物群落，还有周围海域生物群落许多海岛陆生物群落的物种与邻近大陆具有很好的继承性。

2.1.5.1 海岛生态系统分布

我国海岛生态系统从北到南均有分布，其内容详见本书第1章“海岛”部分。

2.1.5.2 海岛生态系统特点

由于所处气候带、海岛物质组成及邻近海陆域等因素的不同，我国海岛生态系统的特点各有差异，但总体来说，海岛生态系统普遍具有以下几个特点。

1）生态系统相对独立

海岛被海水包围，相对孤立地处于海洋之中，岛陆及其周围的海域构成了一个完整的生态系统，因此海岛生态系统兼备了海、陆两类生态系统的特征；由于较少与外界生态系统之间的交流，海岛生态系统逐渐形成进自己独特的地貌、地质条件和生物群落；加之地理的隔离、风沙的作用和海岛土壤的贫瘠，岛陆植被在物种分布、物种形态和群落结构方面一般与临近的大陆又有所不同。

2）生态脆弱

海岛生态系统单元小，特殊的地域结构使其抵御外界干扰能力较差，一般更具脆弱性，一旦遭受破坏，则很难恢复，甚至根本不可能恢复。

3）承载力低

海岛面积狭小，地域结构简单，资源有限，生物多样性偏低，生态结构相对简单，导致海岛生态系统的稳定性差，环境容量和环境承载力有限。

4）生物多样性偏小

海岛上的物种数量一般少于同等面积的陆地，但因其相对封闭的环境，使得一些特有种的种群数量相对多于陆地。

2.1.6 海湾生态系统

海湾是由两个相对分开的岬角之间的水域。所初步统计，我国的海湾面积在10 km^{2}以上的海湾约有150个，面积在5 km^{2}以上的海湾有200多个（宁修仁等，2005）。海湾生态系统是由近岸陆地围成的半封闭水域环境与生物群落组成的统一的自然整体。

由于海湾中的海水可以与毗邻海洋自由沟通，海湾又往往接纳入海径流输入的淡水和其他陆源物质，因而海湾水系复杂，受陆地和人类活动的影响显著。

我国沿海拥有许多优良的海湾，大的海湾有辽东湾、渤海湾、莱州湾、海州湾，其次有辽宁的大连湾、山东的胶州湾、上海浙江的杭州湾、广东的大亚湾、大鹏湾、海陵湾、雷州湾，广西的廉州湾、大风江口、钦州湾，海南的陵水湾、三亚湾等。有时，在大的海湾背景条件下，又嵌套着小海湾，如辽东湾内的金州湾、止锚湾等。

2.1.7 河口生态系统

目前，国际上普遍使用Pritchard在1967年对入海河口所下的定义，即：河口是一个半封闭的海岸水体，它与外海自由相通，河口中的海水由于来自陆地径流的淡水，明显被冲淡。可见，河口区域咸淡水的进退和交混以及入海泥沙的沉积是决定河口生态的主要条件（曾江宁，2013）。河口水体中水动力、沉积、化学及生物作用等特点与非河口海域相比具有显著的不同，并形成河口区特有的生物群落。河口生态系统是融淡水生态系统、海水生态系统、咸淡水混合生态系统、潮滩湿地生态系统、河口岛屿和沙洲湿地生态系统为一体的复杂系统（陆健健，2003）。较大的河口一般形成河口三角洲等，往往又具有盐沼或芦苇湿地生态系统特征。

2.1.7.1 河口生态系统特点

1）淡咸水交汇，盐度变化大

河口区域由于受河流和潮汐的共同作用，淡、咸水交替影响，随着河流水量和潮汐的变化，淡、咸水之间形成较明显的界面，并在河口区域形成特殊的河口环流，海水锋面在河口区也呈现规律性的进退。河口生境的一个重要特点是盐度低于外海，且呈周期性和季节性变化。受潮汐作用，退潮时，淡水径流量较大，控制河口区域，盐度较低；涨潮时，海水控制河口区域，盐度较高。河口区域盐度的季节性变化与降水有关，在热带和亚热带海区，通常低盐出现在春、夏的雨季，高盐出现在秋、冬的旱季；而温带海区，受由于融冰、融雪及降雨的影响，低盐可能出现在冬春季或夏季。

2）入海泥沙量大、有机物质多

由于入海径流中挟带大量泥沙，河口水域悬浮物含量一般偏高，高浓度悬浮物遇到海水发生絮凝作用，沉积于河口区域，形成拦门沙、心滩、沙洲、沙岛、沙嘴、沙脊、边滩等特有的河口沉积地貌。河口区的沉积物基本以泥、粉砂等细颗粒物质成分为主。来自于陆地的淡水携带大量的碎屑及氮、磷、硅等有机和无机营养物质，形成河口区特有营养物质循环。因此，河口沉积物的又一个特点是富含有机质，这些物质可作为河口生物的重要食物来源。

3）生物多样性较高，种类组成复杂

河口区域汇集了由河流与海洋进入河口区域的生物物种，是溯河性、降海性洄游鱼类及其他经济动物的主要通道或短暂停留地，往往形成重要生物的栖息、洄游、索饵、繁衍的理想场所。河口区生物包括了淡水种、淡咸水种和海水种，其生物种类组成较为复杂，河口生物多样性指数随潮汐涨落及季节的变化而出现明显的变化。河口区域广盐性、广温性和耐低氧性是河口生物的重要生态特征，生活在河口区的动物多是广盐性种类，例如，鲻鱼在全世界的河湾中都有发现，泥蚶、牡蛎和蟹等主要经济种类都是营河口湾生活的。

2.1.7.2 入海河口生态系统的分布

入海河口生态系统分布于河流入海口处（入海河流具体分布见本书第1章“入海河流”部分），我国从北到南入海河口主要有：鸭绿江口、辽河口、双台河口、滦河口、海河口、黄河口、长江口、钱塘江口、瓯江口、闽江口、珠江口、北仑河口等。就河口生态类型而言，长江口以北的河口基本以广布和温带物种为主，长江口以南以亚热带、热带物种为主。

2.1.8 上升流生态系统

上升流是因表层流体的水平辐散，导致表层以下的海水铅直上升以补充的流动（《海洋大辞典》编委会，1998）。上升流生态系统是由于海洋水团剧烈活动海域，水团的涌升，带动深层富含营养物质水上升至表层，并不断混合，因而是海洋生物重要汇集区。尽管这种流动速度仅为$10^{-5} \sim 10^{-2}$ cm/s，是相当小的，但它在整个海洋的总环流中是一个不可缺少的组成部分，特别重要的是，它能引起下层水和上层水的交换，从而对海洋生物资源和气候产生非常明显的影响（胡敦欣等，1980）。

有关研究人员的研究结果表明，上升流生态系统具有低温、高盐，营养物质丰富、初级生产力高，生物多样性丰富等特点（黄荣祥，1989；陈金泉，1982；赵保仁等，2001；蔡尚湛，2011；韦钦胜等，2011）。

我国近海上升流生态系统主要分布于渤海中部、黄海冷水团区、山东半岛近海、长江口、浙江近海、闽南沿海、台湾浅滩南部、粤东沿海和海南东南部等区域。如在台湾浅滩南部，几乎终年存在一个东西走向的低温、高盐、高密的窄长带，其鱼卵、仔稚鱼密度较高，一般终年均形成台湾浅滩南部中心渔场。

2.2 我国海洋生物多样性

2.2.1 我国海洋生物物种多样性现状

经过70多年的调查研究成果，已在我国管辖海域记录了2万余种生物，分别隶属5界44门（《中国海洋志》编纂委员会，2003）。其中，动物界记录的种类最多，达1 2797种；原核生物界最少，仅有229种。

动物界记录的种类包括了24个门，其中，超过2 500种的有脊索动物、节肢动物和软体动物3个门，超过100种的有腔肠动物、环节动物、扁形动物、苔藓动物、棘皮动物、尾索动物、线虫动物和海绵动物8个门。

植物界记录了6个门，包括海藻和维管束植物两大类，海藻的3个门记录约800种，维管束植物的3个门记录400多种，真正的海洋维管束植物仅有40种红树植物和13种海草，其他种是海滩的盐碱植物或海岸植物。

因对真菌界的海洋物种研究不多，仅对渤海水体的酵母和香港腐木的真菌有过研究，故尚不能反映中国海真菌的概况。

原生动物界记录了7个门近5 000种，其中海洋单细胞藻类物种的研究比较充分，特别是硅藻门的研究最深入，记录的种类最多、约有1 400种，基本上能反映不同生境以及个体大小的物种全貌。甲藻门主要的有毒赤潮生物，已记录有250多种。肉足鞭毛虫门的有孔虫、放射虫的研究比较深入，尤其是有孔虫，已经记录了新生代以来至现代的物种2 600多种。

原核生物界的4个门中，除蓝菌（藻）门记录的约130种（二界分类归在植物界海藻中）外，其他门的分类尚不深入，远不能反映实际存在的物种的原貌。

2.2.2 我国海洋生物物种特点

根据《中国海洋志》的记载，我国海洋生物物种具有以下几个特点。

2.2.2.1 特有门类多

我国海洋生物的一些门类如栉水母、动吻动物、曳鳃动物、螠虫动物、腕足动物、帚虫动物、毛颚动物、棘皮动物、半索动物和尾索动物等12个门就是海洋生境特有的，在淡水或陆地生境种找不到相应的门类。这个结果与世界海洋动物门的情况相一致，世界海洋有28个动物门，其中13个是海洋特有的。在陆地、海洋、淡水三种生境的共有门中，门以下一级的分类阶元中，也有一些是海洋生境特有的。如腔肠动物的珊瑚纲，软体动物的多板纲、掘足纲和头足纲，节肢动物的肢口纲、海蜘蛛纲，脊索动物门的头索动物亚门等。

2.2.2.2 物种数比淡水多、比陆地少

除海洋特有的动物门外，在海洋与淡水共有的门中，海洋的物种一般也都比淡水多得多（包括海绵动物门水螅母纲，环节动物门软体动物腹足纲和双壳纲，节肢动物甲壳纲以及脊索动物鱼纲）。例如，中国已经记录3 802种鱼，海洋就占3 014种，淡水仅752种，两种生境共有的18种。中国海洋桡足类523种，淡水仅206种。红藻、褐藻和绿藻虽然海洋和淡水都有，但海洋种占绝大多数。

2.2.2.3 物种数由北往南递增

我国记录的海洋物种有些仅分布在一个海区，有些则分布在两个海区或者遍布中国各海。目前，在黄海共记录1 140种、东海4 167种、南海5 613种，显示出由北向南海洋物种数增高的特征。中国海既是许多印度—西太平洋热带海洋生物的北界，又是一些北太平洋暖温种和少数冷水种分布的南界。如已记录的195种造礁珊瑚，可分布到东海西岸的仅27种，且都不能成礁，成礁珊瑚的北界是海南和台湾南岸。再如北太平洋的冷温种太平洋鲱和鳕鱼，冬季可以在北黄海形成渔区，但往南没有分布到东海；北方南蛇尾（*Ophiura sarsi*）、枯瘦突眼蟹（*Oregonia gracilis*）等冷温种底栖生物，也仅分布在北黄海冷水团控制的深水区。

2.2.2.4 物种以暖水种居多

我国记录的海洋物种以暖水种（热带种和亚热带种）的数量居多，此外，也有一些广分布种和暖温种，以及少数冷温种。黑潮携带着许多高温、高盐的热带海域暖水种，使其扩散到我国东海和南黄海，对东海和南黄海生物区系的构成显著的影响。例如热带戈斯藻（*Asterolampra marylandica*）、钩梨甲藻（*Pyrocystis hamulus*）、三角多面水母（*Abyla trigona*）、琴形箭虫（*Sagitta lyra*）和贞女刺萤（*Spinoecia parthenoda*）等热带浮游生物，除了分布在热带、南亚热带海域外，在东海和南黄海也有出现，成为黑潮的指标种。

2.2.3 珍稀濒危物种

根据世界自然保护联盟（IUCN）编制的世界自然保护联盟濒危物种红色名录（IUCN Red List of Threatened Species），涉及我国海洋珍稀濒危物种有135种列入其中。《濒危野生动植物种国际贸易公约》（Convention on International Trade in Endangered Species of Wild Fauna and Flora）（华盛顿公约（CITES））针对贸易活动的影响，列出了有灭绝危险的物种（附录Ⅰ）、可能存在灭绝危险（附录

Ⅱ）和限制开发利用的三类物种名录，其中附录Ⅰ的有28种、附录Ⅱ的有89种涉及我国的海洋物种。我国政府十分重视对珍稀濒危物种的保护，国务院于1988年12月发布了《国家重点保护野生动物名录》，1999年8月国务院发布了国家重点保护野生植物名录（第一批）。在我国的国家重点保护野生动物名录中，根据物种的濒危程度划分为一级和二级。根据我国国家重点保护野生动植物名录，涉及的主要海洋珍稀濒危动物种（包括以海洋生态系统为栖息地的鸟类）有90种、属一级保护的物种有20种。除此之外，还有一些受保护的地方特有种等。我国近岸海域主要海洋珍稀濒危动物物种主要有中华白海豚、江豚、儒艮、海龟类、斑海豹、中华鲟、文昌鱼、大珠母贝、库氏砗磲、鹦鹉螺和鲎等。

2.2.3.1 中华白海豚（*Sousa chinensis*）

又称印度太平洋驼背豚，国家一级保护动物，是一种沿岸河口定居性的小型齿鲸类，隶属哺乳纲、鲸目、海豚科、白海豚属，是世界上85种鲸类之一（周开亚，2004）。中华白海豚属暖水性种，喜在亚热带河口咸淡水交汇水域栖息，分布于西太平洋和印度洋，在澳大利亚北部、印度尼西亚、加里曼丹、马来西亚、马六甲海峡、泰国湾、斯里兰卡及南海沿岸国家均有分布。在我国，中华白海豚主要分布于北起长江口、南至广东、广西近岸（陈涛等，1999；贾晓平等，2000；黄宗国，2000）。据最近几十年有关调查资料，中华白海豚在我国分布比较集中的区域有3个，分别是福建厦门的九龙江口、广东的珠江口和广西的钦州湾。广东汕头的南澳岛以及湛江的东海岛域也各有一个群体分布。浙江沿岸有关中华白海豚的记录最少，具体观察报告只有 1 例，即1995年发现乐清搁浅 1 头，除此以外浙江近岸海区没有生活的中华白海豚目击记录（曾江宁，2013）。

2.2.3.2 江豚（*Neophocaena phocaenoides*）

国家二级保护动物，为沿岸定居性的小型齿鲸类，隶属鼠豚科，江豚属，与中华白海豚一样，常年栖息于沿岸水域，广泛分布于印度洋、太平洋温带至热带的沿岸水域及部分江河之中。我国沿海从北到南、长江及其一些支流都有分布，一般认为我国水域的江豚分为3个亚种，即南海江豚、长江江豚和黄海江豚（Zhou et al.，1995；周开亚，2004）。分布于南海海域的属于南海江豚，长江江豚分布于东海、长江及其支流，黄海江豚分布于黄海、渤海海域。目前，该物种的种群数量呈减少趋势。

2.2.3.3 儒艮（*Dugong dugong*）

享有“美人鱼”之称，属国家一级保护动物，隶属哺乳纲、海牛目、儒艮科，主要生活于西太平洋与印度洋沿岸有丰富海草生长的海域，在我国主要分布于广西、广东和台湾沿海。目前，该物种在我国的数量极少。

2.2.3.4 海龟

海洋龟类的总称，隶属爬行纲、龟鳖目，我国海域分布的主要有绿海龟（*Chelonia mydas*）、棱皮海龟（*Dermochelys coriacea*）、玳瑁（*Eretmochelys imbrcata*）、太平洋丽龟（*Lepidocheelys olivacea*）和蠵龟（*Caretta caretta*）等，以绿海龟的数量最多和最常见，均为国家二级保护动物。海龟在我国分布于南海、东海和黄海，但在我国的产卵场仅分布于南海。目前西沙群岛、南沙群岛一些无居民海岛尚存部分海龟产卵繁殖场地，大陆沿岸已知只有广东省惠东县港口镇海龟湾产卵场。每年洄游到西沙群岛和南沙群岛海域的海龟有14 000～40 000只，洄游到南海北部沿海（含广东省、海南省东沙群岛海域）有2 300～5 500只，洄游到北部湾海域的仅有500～800只（王亚民，1993）。

2.2.3.5 斑海豹（*Phoca largha*）

国家二级重点保护动物，隶属哺乳纲、鳍脚目、海豹科，分布于温带、寒温带沿岸海域，主要生活于西北太平洋的楚科奇海、白令海、鄂霍次克海、日本海和我国的黄海北部、渤海，具洄游的繁殖习性，是唯一在中国繁殖的鳍足类种类。斑海豹于每年的11月经辽东半岛南部海域进入辽东湾繁殖、翌年的5月经辽东半岛南部海域北上至北太平洋海域。渤海辽东湾结冰区是世界上斑海豹8个繁育区中最南的一个，主要位于40°00′N，120°50′E至40°40′N，121°10′—121°50′E之间的浮冰区内。斑海豹在渤海沿岸主要有3处栖息地，分别是辽宁盘锦双台子河口、辽宁虎平岛水域和山东庙岛群岛。经历过长期猎捕，特别是对当年生幼兽的过度捕杀，严重破坏了种群的延续能力，致使资源量一度呈现减少趋势。经过20多年的保护，资源曾有所恢复。但近年偷猎现象比较严重，给本种的生存造成极大威胁，估计目前种群数量已不足千头（王丕烈等，2008）。例如，在双台子河口栖息地，1983年有100～200头斑海豹上岸休息，1986年有80～90头，1987年有80余头，1988年尚有60余头，而1989年不足30头，2003年为105头，而2004年则为40头，2005年日发现数最多为85头，2006年日发现数最多则为140头（韩家波等，2005；王丕烈等，2008）。在虎平岛栖息地，大多数经停此处的斑海豹群体较小，约在30头以内，且每一批群体在此停留的时间都不长（马志强等，2007），2005年4月最多发现54头，2006年4月最多发现67头（王丕烈等，2008）。

2.2.3.6 中华鲟（*Aclpenser Sinensis*）

又称鳇鱼，国家一级保护动物，隶属鱼纲、鲟形目、鲟科，是典型的江海洄游性鱼类，也是我国特产鱼类，鲟类最早出现于距今2亿3千万年前的早三叠世，其化石出现在距今1亿4千万年前的中生代白晋纪地层内，因此是地球上存活的最古老的脊椎动物之一，被认为是鱼类的共同祖先，享有“国宝活化石”之称、“水中大熊猫”之誉。历史上中华鲟的分布范围较广，近代在我国沿岸北起黄海北部海洋岛，南抵海南岛万宁县近海以及长江、珠江、闽江、瓯江、钱塘江和黄河均有分布。中华鲟沿长江上溯进入鄱阳湖、赣江、洞庭湖、湘江及澧水等；延珠江上溯可达广西浔江、黔江，延钱塘江上溯到达衢江（庄平等，2009）。目前，该物种仅存在于长江和中国沿海。中华鲟在近海栖息，溯河洄游到长江上游产卵场繁殖，葛洲坝水利枢纽修建后，仅在坝下江段形成一新的产卵场。目前长江成为中华鲟唯一的栖息地和繁殖洄游通道，长江口也是中华鲟幼鱼重要的索饵场。

2.2.3.7 文昌鱼（*Branchiotoma beicheri*）

国家二级保护动物，隶属脊索动物门、头索动物亚门、文昌鱼纲、文昌鱼目、文昌鱼科，其分类地位介于无脊椎动物和脊椎动物之间，是从低级无脊椎动物进化到高等脊椎动物的中间过渡的动物，也是脊椎动物祖先的模型，素有活化石之称。文昌鱼分布在热带、亚热带和温带8～16m的砂质海域底层，目前，我国秦皇岛、烟台、青岛和厦门等地附近海域均有发现，其中，以秦皇岛昌黎和厦门附近海域的种群数量较多。根据文昌鱼的生物学特征，我国文昌鱼又分为青岛文昌鱼和白氏文昌鱼，其中，秦皇岛、青岛等地附近海域的文昌鱼为青岛文昌鱼，厦门等地附近海域的文昌鱼为白氏文昌鱼。

2.2.3.8 大珠母贝（*Pinctada maxima*）

又称白蝶贝，国家二级保护动物，隶属瓣鳃纲、异柱目、珍珠贝科，是珍珠贝中最大的一种，也是南海特有的珍珠贝种类。大珠母贝为热带、亚热带物种，主要分布于印度洋和南太平洋沿海，

在我国分布于海南岛、西沙群岛、雷州半岛沿岸海域（江海声等，2006），海南临高海域尚有少量的分布。广东雷州半岛西部海域的白蝶贝资源保护较好，有调查结果表明，在该海域白蝶贝出现频率为60%，多数站位栖息密度在1.0～2.0 ind./m²，最高为4.0ind./m²；生物量最高位4 200.00 g/m²，出现站位的平均生物量为2 005.38 g/m²（曾江宁，2013）。

2.2.3.9　库氏砗磲（*Tridacna cookiana*）

国家一级保护动物，隶属软体动物双壳类、真瓣鳃纲、砗磲科，因其肋间沟很深，像车轮碾出的辙印，所以在古代又被称为“车渠”。库氏砗磲体长可超过2 m，重200 kg以上，有“贝类之王”之称。该物种是高盐度狭盐性贝类，喜栖息于低潮线附近的珊瑚礁间，主要分布于南太平洋和印度洋的热带浅水区，我国的海南岛、东沙群岛、南沙群岛及西沙群岛均有出产。①

2.2.3.10　鹦鹉螺（*Nautilus pompiplius*）

国家一级保护动物，隶属四鳃目、鹦鹉螺科。鹦鹉螺的贝壳外表光滑，灰白色，后方间杂着许多橙红色的波纹状；其构造也颇具特色，左右对称，沿一个平面作背腹旋转，呈螺旋形。鹦鹉螺主要分布于西南太平洋热带海区，世界上仅残存4种，②我国发现有1种。我国的西沙群岛、海南岛南部、台湾均有分布。鹦鹉螺现有的种类虽然不多，但其化石的种类多达2 500种，鹦鹉螺化石也称“菊石”，该类物种已有上亿年的生活史，素有“活化石”之称，这些在古生代高度繁荣的种群，构成了重要的地层指标，在地层、环境变迁及动物进化等方具有很高的研究价值。

2.2.4　滨海湿地鸟类

《国际湿地公约》第一条第二款对水鸟（水禽）的定义为：“生态上依赖湿地的鸟类”，主要包括潜鸟目（潜鸟）、鹈形目（鹈鹕、鸬鹚、鲣鸟）、鹳形目（鹭、鹳类、火烈鸟等）、雁形目（雨雁、天鹅、雁类、鸭类）、鹤形目（鹤类、秧鸡）、鸥形目所有种、鸻形目所有种，后又加进了鹰形目和隼形目。其中，鸻鹬类、雁鸭类、鹤类、鹳类、鸥类和鹭类是中国滨海湿地水鸟的主要种类。此外，尚有一些海洋鸟类（别洛波利斯基等，1991），如短尾信天翁（*Phoebastria albatrus*）、白额鹱（*Calonectris leucomelas*）、白腹军舰鸟（*Fregata andrewsi*）和红脚鲣鸟（*Sula sula*）等，后者在海洋中游荡，西沙群岛东岛的白避霜花（*Guittarcla speciosa*）、橙花破布木（*Cordia subcordata*）森林中，就栖息大量的红脚鲣鱼和褐鲣鸟（*Sula leucogaster*），2002年在泉州湾也获红脚鲣鸟的活体（黄宗国，2004）。

海岸、潮间带、海岛、海域等特殊的生态环境和丰富的生物为大量的鸟类提供了优良的迁徙、栖息、觅食、繁衍场所，这也使得我国大部分海岸线正处于东亚—澳大利西亚水鸟迁徙路线（East Asian—Australasian Flyway）上，成为候鸟南来北往的驿站、觅食地、越冬地或繁殖地，我国滨海湿地的候鸟通常在9—11月期间南下越冬、3—6月期间北上繁殖。

我国的每年春季，数以百万计的鸻鹬类从澳大利亚、新西兰等越冬地起飞，沿东南亚、中国东部海岸线向北迁飞，一直到俄罗斯远东等北极圈内的繁殖地进行繁殖，然后在秋季原路返回10 000 km越冬地，鸭绿江口、双台河口、黄河口、盐城、崇明东滩等滨海湿地成为鸟类迁徙路线上重要的中转站、越

① Http://www.zmnh.com, 浙江自然博物馆。

② http://www.china.com.cn,中国网，2007年4月3日。

冬栖息地和繁殖地，被誉为“鸟类国际机场”。有关研究成果显示，中国已记录有23科216种水鸟（陆健健，1994），以鸭类、鹬鸻类、鸥类和鹭类为水鸟的主要类群，其中不乏国家一级、二级保护鸟类。

2.2.4.1 渤海沿岸

渤海沿岸分布着辽河、双台河、黄河等多条河流的入海口，湿地分布范围较大，成为鸟类重要的栖息地，沿海滩涂湿地记录的鸟类有266种（高玮，1998）。

据多年统计查明，辽东湾双台河口湿地在东亚—澳大利亚候鸟迁徙路线上起着重要中转站的作用，该区域分布的280余种鸟类中，以涉禽和游禽为主的水禽就有119种，近百万只，其中，国家一级保护鸟类9种、二级保护鸟类36种、《中日候鸟保护协定》规定的保护鸟类147种、《中澳候鸟保护协定》规定的保护鸟类50种。每年在该区内停歇的丹顶鹤数量800余只，占全球野生种群总数的45%（图2-12）；东方白鹳（*Ciconia boyciana*）1 000余只，占全球野生种群数的40%；白鹤500余只，占全球野生种群数的20%。同时，区内还栖息着一大批足以引起注意的濒危脆弱的种群，如黑嘴鸥（图2-13）、黑脸琵鹭、白琵鹭（*Platalea leucorodia*）等。[①]

图2-12　双台河口国家级自然保护区内的丹顶鹤
（图片来源辽宁双台河口国家级自然保护区网站）

图2-13　双台河口国家级自然保护区内的黑嘴鸥
（图片来源：辽宁双台河口国家级自然保护区网站）

1985—1991年在秦皇岛北戴河记录的405种鸟中，有候鸟369种、留鸟36种，国家重点保护的鸟类68种；记录白鹤652只，占世界已报道的40%；白鹳3 729只，是世界已知数的2.7倍；鹊鹞（*Circus melanoleucos*）14 700只和遗鸥7只。北戴河的候鸟迁徙时间为3月下旬至5月下旬以及9月上旬至11月中旬（许维枢，1992）。

天津古海岸与湿地国家级海洋自然保护区发现有鸟类16目39科182种，其中包括白鹤等国家一级保护鸟类11种，大天鹅等国家二级保护鸟类20多种，世界濒危鸟类红皮书中的濒危鸟类6种，亚太地区具有特殊意义适徙鸟类名录中的鸟类5种。其七里海湿地属我国东部乃至东亚至澳大利亚候鸟迁徙路线中的必经之路和重要驿站。经过多年的保护，吸引了东方白鹳、白尾鹞（*Circus cyaneus*）、普通鵟（*Buteo buteo*）、大雁、野鸭、鱼鹰（*Psephuyrus gla*）、白鹭（*Egretta*）等大量鸟类在湿地内停留，

① http://zrbhq.panjin.gov.cn，辽宁双台河口国家级自然保护区。

而且鸟类数量比往年增长了10%～20%。[①]

黄河三角洲湿地记录有鸟类298种，其中国家一级重点保护的鸟类有白鹤、丹顶鹤、大鸨等10种，二级重点保护的鸟类有大天鹅、小天鹅（*Cygnus columbianus*）、疣鼻天鹅（*Cygnus olor*）、灰鹤、白枕鹤、黑脸琵鹭等49种，分别占中国鸟类总种数的22%、21%和23%。每年迁徙路过该湿地的鸟类有600万只，有43种鸟类超过全球或其迁徙路线上总数量的1%。在全球8条候鸟迁徙路线中，黄河三角洲湿地横跨两条，是东北亚内陆和环西太平洋地区鸟类重要的迁徙中转站、停歇地、繁殖地和越冬地，在国际鸟类保护中位置优越；湿地内除国家一级、二级重点保护级别外，在《中国物种红色名录》中，列入濒危等级6种，易危13种，稀有7种。《濒危野生动植物种国际贸易公约》附录Ⅰ共11种，附录Ⅱ共36种。《世界自然保护联盟》中濒危2种，易危6种，稀有4种。世界上有15种鹤，亚洲和中国有9种鹤，该湿地内有7种。东方白鹳（图2-14）在中国的繁殖种群为70～80对，2011年当地有32对繁殖成功，成为中国东方白鹳之乡。卷羽鹈鹕（*Pelecanus crispus*）有58只在此停歇，是其重要的迁徙中转站。湿地还是中国仅有的两个丹顶鹤越冬地之一，中国三大黑嘴鸥繁殖地之一等。[②]

图2-14 黄河三角洲国家级自然保护区内的东方白鹳
（图片来源黄河三角洲国家级自然保护区官方网站）

2.2.4.2 黄海沿岸

黄海沿海位处温带、又接近亚热带最北边缘，因而鸟类群落具南北过渡特征，长期调查结果表明，黄海沿岸记录452种及42亚种。其中水鸟178种、冬候鸟106种、夏候鸟102种、留鸟86种、旅鸟183种、迷鸟14种、繁殖鸟166种。游禽的数量最多（188只/hm^2），占总数的65.6%。涉禽2.2万只，占总数的3.5%。各种生境中，其种数和只数都以沿海滩涂、岛屿及港湾和潮沟最多。优势种（3只/hm^2）24种，其中，11种是水鸟：普通燕鸥（*Sterna hirundo*）、红嘴鸥（*Larus ridibundus*）、苍鹭（*Ardea*

① http://www.shidi.org，湿地中国。

② http://www.zghhk.cn，黄河三角洲国家级自然保护区。

cinerea）、草鹭（*Ardea purpurea*）、白骨顶（*Fulica atra*）、小䴙鹈（*Tachybaptus ruficollis*）、燕鸻（*Glareola maldivarum*）、铁嘴沙鸻（*Charadrius leschenaultii*）、环颈鸻（*Charadrius alexandrinus*）、红胸滨鹬（*Calidris ruficollis*）、绿头鸭（*Anas platyrhynchos*）：有46种是国家级保护的，其中，一级保护的有角䴙䴘（*Podiepesruficollis*）、短尾信天翁、斑嘴鹈鹕（*Campylorhynchus gularis*）、白腹军舰鸟、白鹳、黑鹳、朱鹮（*Nipponia nippon*）、彩鹮（*Plegadis falcinellus*）、黑鹮（*Pseudibis papillosa*）、中华秋沙鸭、白肩雕（*Aquila heliaca*）、游隼（*Falco peregrinus*）、玉带海雕（*Haliaeetus leucoryphus*）、白尾海雕、白头鹤、丹顶鹤、白枕鹤、白鹤（施泽荣，1992）。

江苏盐城滨海湿内记录有鸟类381种，其中，国家一级重点保护的野生动物有丹顶鹤、白头鹤、白鹤、东方白鹳、黑鹳、中华秋沙鸭、大鸨、白肩雕、白尾海雕等；国家二级重点保护的鸟类有黑脸琵鹭和大天鹅等。该湿地是世界上最大的丹顶鹤越冬地，每年在此越冬的丹顶鹤有1 200多只，约占世界丹顶鹤总数（1 600只）的80%～90%，有"丹顶鹤第二故乡"之称。该湿地还是连接不同生物界区鸟类的重要环节，是东北亚与澳大利亚候鸟迁徙的重要停歇地，也是水禽重要的越冬地，每年春秋有近300万只岸鸟迁飞经过湿地，有20多万只水禽在保护区越冬（图2-15）。[①]

图2-15　江苏盐城湿地越冬的丹顶鹤
（资料来源：江苏盐城湿地珍禽国家级自然保护区官网）

2.2.4.3　东海沿岸

上海已记录299种及亚种鸟，其中有水鸟118种、留鸟39种及亚种、夏候鸟36种及亚种、冬候鸟90种及亚种、旅鸟127种及亚种，其他5种。仅上海崇明就有鸟类214种，其中繁殖鸟67种、越冬鸟84种近10万只、夏候鸟31种、旅鸟85种，数量在200万只以上。每年在崇明越冬的小天鹅3个种群的总数约3 500只。鹬鸻类春、秋季迁徙过境，每年数量约200万只。有国家一级保护的鸟类7种、二级保护的鸟类9种（上海市野生动物保护管理站，1996）。

上海崇明东滩鸟类国家级自然保护区作为过境候鸟迁徙路线上的重要停歇地、越冬候鸟的重要栖息地，每年均有近100万只次迁徙水鸟在保护区栖息或过境。经历年调查，崇明东滩记录的鸟类有290种，其中鹤类、鹭类、雁鸭类、鸻鹬类和鸥类是主要水鸟类群。目前已观察到的国家重点保护的

① http://www.shidi.org，湿地中国。

一级和二级鸟类共39种，占崇明东滩鸟类群落组成的15.06%，其中列入国家一级保护的鸟类4种，分别为东方白鹳、黑鹳、白尾海雕和白头鹤；列入国家二级保护的鸟类35种，如黑脸琵鹭、小青脚鹬（*Tringa guttifer*）、小天鹅、鸳鸯等。列入《中国濒危动物红皮书》的鸟类有20种。除此之外，保护区还记录中日候鸟及其栖息地保护协定的物种156种，中澳候鸟保护协定的物种54种。这些物种资源属于濒危鸟类就占鸟类总数的15%，有的则极其稀有（如黑脸琵鹭，种群数量极少，全球仅1 500余只），大部分为洲际迁徙候鸟（图2-16）。[①]

图2-16　崇明东滩鸟类国家级自然保护区内的黑脸琵鹭
（图片来源上海崇明东滩鸟类国家级自然保护区官方网站）

福建省红树林区鸟类资源共记录190种，占福建省鸟类种数的35.0%，其中雀形目鸟类占42.11%，非雀形目鸟类占57.89%，非雀形目鸟类以涉禽（56.4%）和游禽（20.9%）为主，涉禽中以鸻鹬类和鹭科种类为主，游禽中以鸥类和鸭科鸟类为主（陈小麟，2011）。

陈小麟等（2002）记录厦门的湿地鸟类，162种，其中水鸟85种；漳江口红树林保护区，鸟类154种。金门记录鸟类255种，包括信天翁（*Diomedeidae*）、等一些海洋鸟类。每年3—6月繁殖期，有白鹭、夜鹭（*Nycticorax nycticorax*）、池鹭（*Ardeola bacchus*）和牛背鹭（*Bubulcus ibis*）2万～3万只。鹈鹕（*Pelecanus*）是厦门的冬候鸟，作者2000—2002年连续观察3年，每年12月中旬都有少量的鹈鹕出现。1月达数量高峰，3月中旬多数离去。

2.2.4.4　南海沿岸

常弘等（1998）根据多次野外调查和文献综合，报道广东沿海鸟类的记录（表2-11），其中，国家一级保护的白鹤1种，二级保护的鸟类18种。冬候鸟或旅鸟101种、夏候鸟26种、留鸟74种。优势种有：绿鹭（*Butorides striatus*）、池鹭、白鹭、夜鹭、绿翅鸭（*Anas crecca*）、斑嘴鸭（*Anas poecilorhyncha*）、白胸苦恶鸟（*Amaurornis phoenicurus*）、白骨顶、白腰杓鹬（*Numenius arquata*）、扇尾沙锥（*Gallinago gallinago*）、暗绿绣眼鸟（*Zosterops japonicus*）、树麻雀（*Passer montanus*）。

深圳福田的湿地鸟类也进行过多方面研究，记录的鸟类189种：其中冬候鸟88种、夏候鸟11种、留鸟58种、旅鸟30种（王勇军等，1998）。其中水鸟103种。在深圳湾越冬的水鸟有3万只以上。国家一

① http://www.zghhk.cn，黄河三角洲国家级自然保护区。

级保护白鹳和白肩雕2种；国家二级保护鹈鹕（*Pelecanus*）、海鸬鹚（*Phalacrocorax Pelagicus*）、岩鹭（*Egretta sacra*）、黄嘴白鹭（*Egretta eulophotes*）、白琵鹭、黑脸琵鹭、白鹳等21种。每年11月至翌年3月（3 770～5 320只）数量最多、5—9月（460～890只）数量最少。种数3—4月（126～135种）最多、6—8月（44～65种）最少。在福田滩涂觅食的针尾鸭（*Anas acuta*）群数量曾达4 100只、琵嘴鸭（*Anas clypeata*）2 000多只。1991—1992年冬季红嘴鸥竟超过8 000只。

香港的鸟类研究较为详细，最具代表性的米埔红树林鸟类超过323种（王伯荪等，2002），其中，黑面琵鹭、小青脚鹬和黑嘴鸥3种鸟的数量分别占全球总数的30%、4%和1%；有18种是IUCN易危或接近受威胁的鸟；有东方白鹳、黑鹳、白肩雕、黑嘴鸥和遗鸥5种国家级保护的鸟类和9种国家二级保护的鸟类；74种水鸟在此越冬［世界自然（香港）基金会，2003］。

广西记录500种及亚种的鸟，其中有92种水鸟（韦振逸等，1996）。广西山口国家级红树林生态自然保护区位于亚洲大陆东北部与中印半岛、南洋群岛及澳洲之间的候鸟迁飞的一条重要通道上。每年迁徙季节，大量候鸟在保护区内停歇或作短期居留。保护区目前已知的鸟类有118种，分别隶属于16目32科。其中，水鸟有52种，占总数的49.05%。保护区鸟类中，国家二级保护动物有白琵鹭、黑脸琵鹭、凤头鹰（*Accipiter trivirgatus*）、松鹊鹰（*A. virgatus*）、雀鹰（*A. nisus*）、鸢（*Milvus korschun*）、灰脸鵟鹰（*Butastur indicus*）、燕隼（*Falco subbuteo*）、红脚隼（*F. vespertinus*）、红隼（*F. tinnunculus*）、小鸦鹃（*Centropus toulou*）、斑头鸺鹠（*Glaucidium cuculoides*）、红脚鸮（*Otus scops*）共13种。[①]

2.3 珍贵海洋自然遗迹

在漫长的地质历史时期中，受波浪、潮流、风等动力因素的作用，海岸发生侵蚀或泥沙物质堆积，经大自然的鬼斧神工的塑造，我国的海岸留下了千奇百态的自然景观，详细地记载了沧海桑田的变迁过程，海岸曲折、绝壁峥嵘、怪石林立、礁屿殊丽、沙滩绵延给人们带来的美的享受。

2.3.1 海蚀地貌景观

我国基岩海岸由于岩石矿物成分与结构的差异导致其软、硬度有所不同，经千万年的风吹浪打、潮至汐退，使基岩海岸形成了极其独特的海蚀地貌，大陆及海岛海岸分布了众多的海蚀崖、海蚀洞、海蚀平台、海蚀柱等地貌景观，海岸幽洞曲径、怪石嶙峋、姿态万千、栩栩如生。这些海蚀地貌景观记录着地球沧海桑田的变化历史，对研究地壳运动、气候变迁、海平面变化、海水动力作用等具有十分重要的价值，有些海蚀地貌景观已成为国内外著名的地质科学研究场所和旅游景点。如辽宁大连的金石滩、绥中的碣石，山东烟台芝罘岛，浙江嵊泗列岛、马鞍列岛、渔山列岛，福建平潭、广东南澳和海南三亚等。

2.3.1.1 大连金石滩

大连金石滩约6 km的海岸，分布着距今8亿～6亿年的震旦纪、寒武纪沉积岩，经大自然的雕塑，留下了“石猴观海”“恐龙探海”“大鹏展翅”“贝多芬头像”“刺猬觅食”“蟹将出洞”等形态各

① 广西山口国家级红树林生态自然保护区管理处、广红树林研究中心. 广西山口国家级红树林生态自然保护区总体规划. 2011.

异的海蚀洞、海蚀柱等自然景观，大大小小的海蚀景观自西向东一字排开，被国际地质学界誉为“凝固的动物世界”，世界地质学界称之为“海上石林”“神力雕塑公园”“天然地质陈列馆”（图2-17）。

图2-17　大连金石滩“恐龙探海”海蚀地貌景观

2.3.1.2　辽宁绥中碣石

碣石为辽宁绥中县西南海域中的一组海蚀柱，又因民间流传“孟姜女千里寻夫在此跳海”的传说，而被称为“姜女坟”。碣石由多座礁石组成，左侧一石直立于海中，高近20 m，右侧两石高约10 m，呈东西向排列，站在海岸不同地点向碣石望去，该岛礁会显示出不同的数量，变换出不同的景象（图2-18）。该礁石周围近百米的范围内水下怪石嶙峋，素有龙宫之称。秦始皇曾在毗邻大陆海岸修建行宫群，一代枭雄曹操曾留下“东临碣石，以观沧海”、伟人毛泽东书就“东临碣石有遗篇”的壮丽诗篇。

图2-18　辽宁绥中“碣石”海蚀地貌景观

2.3.1.3　浙江嵊泗列岛

浙江嵊泗列岛的嵊山岛东侧长达1 000余米的岸线，蜿蜒曲折，从海面拔地而起，如刀劈斧剁，高度均在60～70 m之间，最高处可达80 m以上，整个山体线条简洁，形如刀削斧劈，极其壮观，形成著名的“东崖绝壁”（图2-19）。

图2-19　浙江嵊泗列岛的东崖绝壁
（图片来源浙江省嵊泗县政府官方网站http://www.shengsi.gov.cn，陈根信摄）

2.3.1.4　福建平潭

福建平潭县素有“千礁百屿”之称，全县有大小岛屿126座、岩礁648座。在漫长的岁月中，历经海浪、潮水的冲刷，造就了多姿多彩的海蚀地貌景观，其主岛海坛岛又被专家们誉为海蚀地貌博物馆。在海潭岛西北约500m的海面，有一圆盘状大礁石，礁石上矗立着一高一矮座花岗岩海蚀柱，东望如碑，南看似瓜，西视像帆，北见则似小巫见大巫，这就是著名的牌洋，又称为“半洋石帆”或“双帆石”，是中国最大的一对花岗岩海蚀柱（图2-20）。

图2-20　福建平潭“双帆石”海蚀地貌景观

2.3.2 海积地貌景观

近岸物质在波浪、潮流和风的搬运下沉积形成了海积地貌，一般包括沙（砾）滩、连岛沙（砾石）坝、沙嘴、潟湖、沙（砾）堤、水下沙堤等，尤其是沙（砾）滩因具有岸线平直、砂质松软、滩缓波平、海水清澈等优点，一般多辟为海水浴场，成为人们休闲、运动、憩息的良好场所；此外，有些沙（砾）坝因形态奇特，也形成了较为著名的景观。我国海岸从北到南，分布着众多的优质沙（砾）滩（堤），如辽宁金石滩、锦州、绥中，河北昌黎，山东招远、海阳、青岛、日照，福建厦门、广东阳江等。

2.3.2.1 锦州大笔架山连岛砾石堤

大笔架山为锦州南部海域中的一个小岛，该岛与北侧大陆海岸之间分布着一条天然形成的砾石堤，俗称“天桥”，该砾石堤成为与连接大陆的天然通道，堤长约1.8 km（图2-21）。随着潮水的涨落时隐时现，堪称奇景。涨潮时海水从堤的两侧翻滚而来，“天桥”渐渐地被海水所覆盖，直至完全被海水所淹没；退潮时，海水从堤的两侧慢慢退去，“天桥”好似蛟龙渐渐浮出水面，直至完全显露出来，通往大笔架山，行人可沿该砾石堤登上大笔架山岛。

图2-21 辽宁锦州大笔架山连岛砾石堤

2.3.2.2 山东长岛月牙湾长滩

山东长岛月牙湾长滩位于北长山岛最北端，自然形成长约2 000 m、宽50 m余的月牙状彩色砾石滩，滩上砾石多呈圆形或椭圆形，磨圆度高，色彩斑斓，晶莹剔透，如碎玉珠玑镶嵌一般，又被称为“球石世界”（图2-22）。

2.3.2.3 广东阳江海陵岛

该岛十里银滩滩长约5km，平均宽度约200m，岸上砂质雪白纯净，细腻柔软，在阳光下呈金色、在月光下呈银色，可供人们日光浴和追逐嬉戏。海中波缓浪轻,碧水清澈，能见度深达12m（图

2-23）。据有关专家考证，其沙滩在砂质、颜色、沙滩长度、退潮后宽度、坡度、污染程度等综合指标方面，很少有能与之媲美的沙滩，是得天独厚的南国海滨旅游胜地（林媚珍，1995）。

图2-22　山东长岛月牙湾砾石滩

图2-23　广东阳江海陵岛十里银滩
（图片来源：广东阳江政府官方网站http://www.yangjiang.gov.cn）

第3章 我国海洋生态环境面临的挑战

3.1 海洋经济发展概况

我国是一个海洋大国，海洋经济在国民经济总体构成占有重要的比例，尤其是改革开放30多年来，海洋经济的发展更是取得了令人瞩目的成就。“九五”期间，沿海地区主要海洋产业总产值累计达到1.7万亿元，比“八五”时期翻了一番半，年均增长16.2%，高于同期国民经济增长速度。进入21世纪以来，海洋经济持续保持高于同期国民经济的增长速度，海洋经济总量再创新高。

2000年主要海洋产业增加值为2 297亿元，占全国国内生产总值的2.6%，占沿海11个省（自治区、直辖市）国内生产总值的4.2%。海水养殖、海洋油气、滨海旅游、海洋医药、海水利用等新兴海洋产业发展迅速。我国海洋渔业和盐业产量连续多年保持世界第一，造船业世界第三，商船拥有量世界第五，港口数量及货物吞吐能力、滨海旅游业收入居世界前列（国家海洋局，2001）。

2005年各主要海洋产业保持稳定增长态势，滨海旅游业、海洋渔业、海洋交通运输业作为海洋支柱产业，占主要海洋产业的比重近3/4，其中滨海旅游业位居各主要海洋产业之首。新兴海洋产业发展迅速，海洋电力业、海水综合利用业等新兴海洋产业在海洋经济中的地位逐步提高（图3-1）（国家海洋局，2006）。

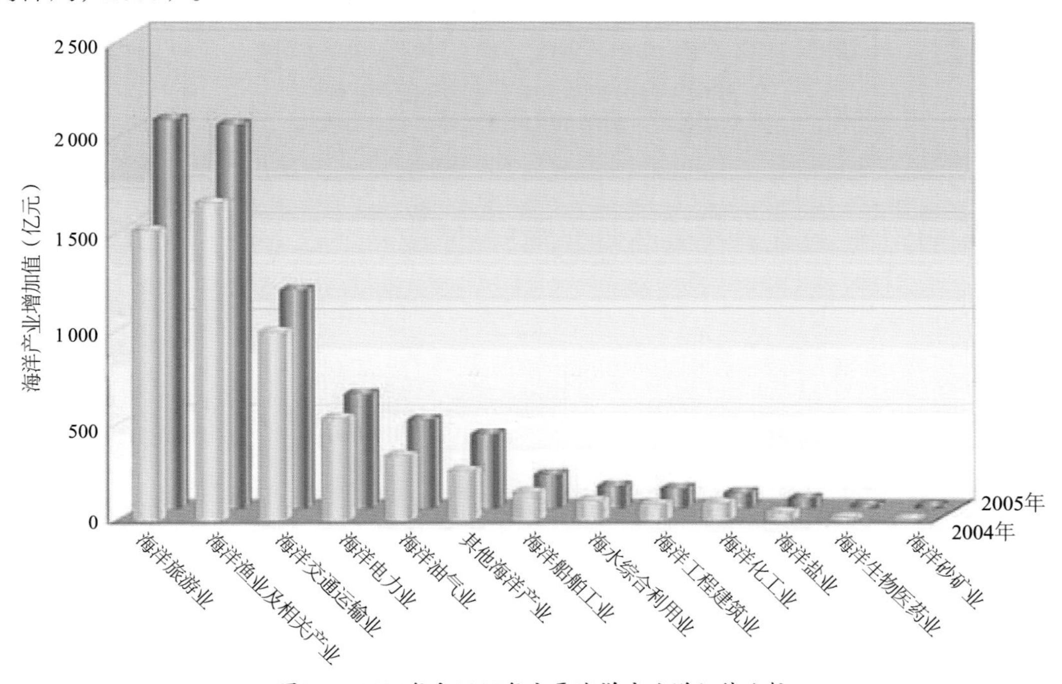

图3-1　2004年和2005年主要海洋产业增加值比较
（数据来源：2005年中国海洋经济统计公报）

滨海旅游业。沿海地区积极开发突出海洋生态和海洋文化特色的国内旅游市场，提升滨海旅游业的整体服务水平，2005年滨海旅游收入5 052亿元，占全国主要海洋产业总产值的29.7%；增加值2 031亿元，比上年增长32.4%。全年滨海国内旅游收入3 887亿元，比上年增加1 391亿元。

海洋渔业。沿海地区积极发展远洋渔业、大力加强海洋水产品加工业，促进了海洋渔业及相关产业稳定发展，全年实现总产值4 402亿元，占全国主要海洋产业总产值的25.9%；增加值2 011亿元，比上年增长20.0%。山东省海洋渔业及相关产业产值占全国海洋渔业及相关产业产值的26.5%，继续位居全国首位。

海洋交通运输业。沿海港口吞吐能力不断增强，营运收入达2 940亿元，占全国主要海洋产业总产值的12.6%，增加值1 145亿元，比上年增长5.0%，完成港口吞吐量49×10^8 t。全年港口新扩建泊位129个，新增吞吐能力2×10^8 t。截至2005年底，上海港吞吐量达到4×10^8 t，跃居世界第一大港。

根据2010年中国海洋经济统计公报（国家海洋局，2010），2010年全国海洋生产总值38 439亿元，比上年增长12.8%。海洋生产总值占国内生产总值的9.7%。其中，海洋产业增加值22 370亿元，海洋相关产业增加值16 069亿元；海洋第一产业增加值2 067亿元，第二产业增加值18 114亿元,第三产业增加值18 258亿元。海洋经济三次产业结构比重为5∶47∶48。2001—2010年间，海洋第三产业在海洋总产值中所占比重逐年增加（图3-2）。

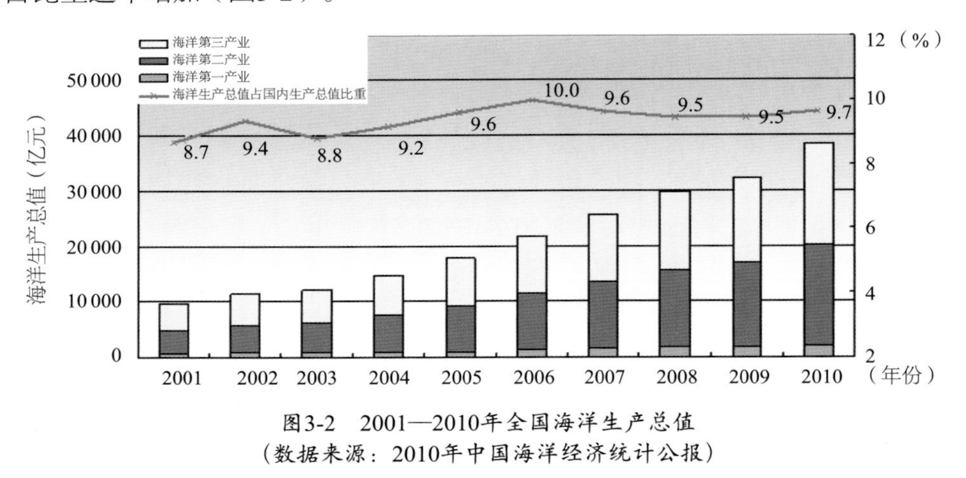

图3-2　2001—2010年全国海洋生产总值
（数据来源：2010年中国海洋经济统计公报）

2010年在所统计的12个主要海洋产业中，滨海旅游业、海洋交通运输业和海洋渔业增长幅度分别为31.2%、24.6%和18.1%，位居主要海洋产业的前三位（图3-3）。

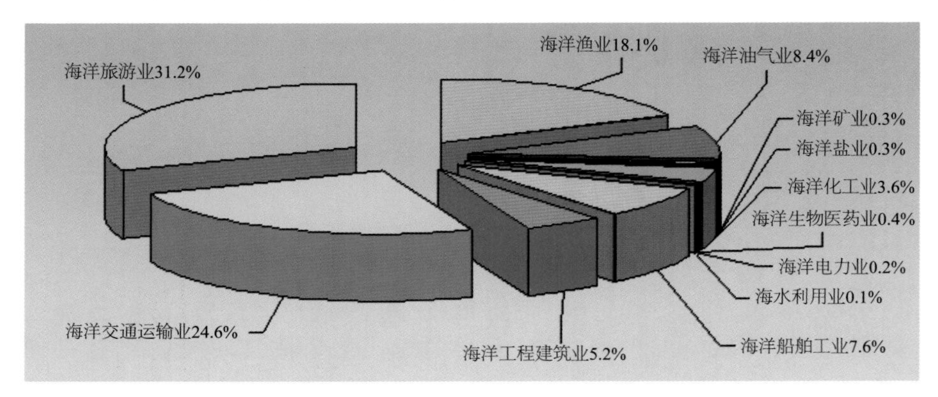

图3-3　2010年主要海洋产业增加值构成
（数据来源：2010年中国海洋经济统计公报）

滨海旅游业。沿海地区依托特色旅游资源，发展多样化旅游产品，滨海旅游业保持平稳增长。全年实现增加值4 838亿元，比上年增长7.9%。

海洋交通运输业。随着国际贸易形势趋好和航运价格恢复性增长，海洋交通运输业迅速回暖。我国海洋交通运输业全年实现增加值3 816亿元，比上年增长16.7%。

海洋渔业。全国海洋渔业保持平缓增长，海水养殖产量稳步提高。全年实现增加值2 813亿元，比上年增长4.4%。

3.2 沿海地区开发战略规划与实施

为了实现地区产业的规模效应和产业集群效应，沿海地区逐渐形成了全国性的沿海开发地带，国务院相继批准了辽宁的“五点一线”、河北沿海地区发展规划、天津滨海新区、黄河三角洲高效生态经济区发展规划、山东半岛蓝色经济区发展规划、江苏沿海地区发展规划、长江三角洲地区区域规划、浙江舟山群岛新区发展规划、海峡西岸经济区发展规划、广西北部湾经济发展规划、海南国际旅游岛建设发展规划，随着这些沿海地区经济发展规划上升为国家战略的实施，沿海地区由北至南形成了连绵的沿海经济带，各个沿海经济带之间紧密相连，构成了一个全国性的经济发展体系。

3.2.1 滨海新城和临海工业园区快速发展

在全国沿海地级市（区）中，已有38个市（区）规划或者在建滨海新城（表3-1），如天津的滨海新区范围内构建“一轴、一带、三城区”的城市空间结构。“一轴”即沿海和京津塘高速公路的城市发展主轴；“一带”即东部滨海城市发展带；“三城区”即滨海新区核心区、汉沽新城和大港新城（图3-4）。这些滨海新城的建设使得城区和临海工业园区不断向海推进。

表3-1 沿海城市的临海工业园区和滨海新城建设

沿海地区	主要沿海城市	临海工业园区	滨海新城（区）
辽宁沿海经济带	丹东市	已建	未规划
	大连市	已建	规划
	营口市	已建	规划
	锦州市	已建	规划
	盘锦市	已建	未规划
	葫芦岛	已建	未规划
京津冀都市圈	秦皇岛	已建	在建
	唐山市	已建	规划
	沧州市	已建	规划
	天津市	已建	在建

续表3-1

沿海地区	主要沿海城市	临海工业园区	滨海新城（区）
山东半岛沿海经济带	滨州市	未建	未规划
	东营市	已建	规划
	潍坊市	已建	规划
	烟台市	已建	规划
	威海市	已建	规划
	青岛市	已建	规划
	日照市	已建	未规划
江苏沿海经济带	连云港	已建	在建
	南通市	已建	未规划
	盐城市	已建	规划
“长三角”沿海经济带	南汇区	已建	在建
	奉贤区	未建	规划
	金山区	已建	规划
	嘉兴市	已建	在建
	舟山市	已建	未规划
	宁波市	已建	在建
	台州市	已建	规划
	温州市	已建	规划
福建海峡西岸沿海经济带	宁德市	已建	规划
	福州市	已建	规划
	莆田市	已建	规划
	泉州市	已建	规划
	厦门市	已建	规划
	漳州市	已建	规划
“珠三角”沿海经济带	潮州市	已建	未规划
	汕头市	已建	规划
	揭阳市	未建	规划
	汕尾市	未建	规划
	惠州市	已建	规划
	深圳市	已建	规划
	珠海市	已建	规划
	江门市	已建	规划
	阳江市	未建	未规划
	茂名市	已建	未规划
	湛江市	已建	规划
广西北部湾经济带	北海市	已建	规划
	防城	已建	规划
	钦州市	已建	规划

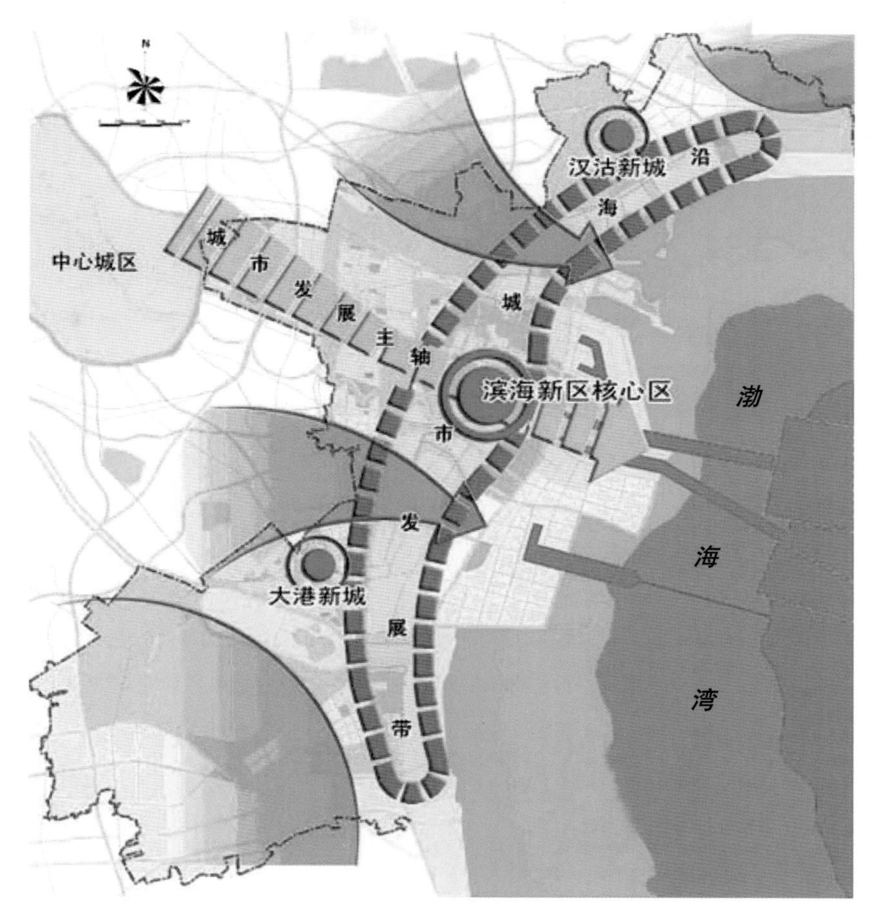

图3-4　天津滨海新区的一轴、一带、三城区的空间结构

3.2.2　港口成为沿海地区发展的重要依托

临海工业的发展显然离不开它的交通运输优势，因此，以港口为依托是沿海地区工业园区发展的主要特点。从全国各个沿海城市看，每个城市都有不同规模的港口。根据区域经济“增长极”理论以及“区域梯度开发”模式的内涵，沿海经济区域均是将临港地区（特别是港口）培育成该区域经济发展的“增长极”。通过对港口的梯度开发，逐步实现港口功能全面完善，使“增长极”彰显“隆起”作用，带动区域经济和谐发展。作为港口建设的重要组成部分，临港工业自然成为区域经济发展“增长极”的“极点”。从全国范围看，各地区形成了具有本地特色的临港工业带。如在天津，以塘沽临港工业为基地、炼化为龙头，石油化工、海洋化工、精细化工、造船为主导产业，以高新技术产业为拓展方向的“海上化工新城”项目正在实施；在广东，以“惠州—广州—珠海—茂名—湛江”临港开发区为载体的“沿海石化产业带”正在形成；在宁波，以石化、钢铁、汽车、能源、造纸等资金和技术密集型工业快速发展，已经形成了绵延20 km余的临港工业带，带动了宁波产业结构向高技术、重型化方向的转型。

同时，以钢铁、石油化工、农副产品加工等为重点的工业，也出现向沿海港口城市转移的趋势。这种产业区位的调整，首先是由于内陆矿产资源的枯竭及从国际市场获取原料来源的需要；其次是为了更靠近市场；再次是依托港口建设可以大大降低运输成本，符合重化工产业布局的一般规律。我国第一批对外开放城市全部和第二批对外开放部分城市为港口城市，各个港口城市基本上都依托港口发展了一定规模的经济开发区。从世界发达国家的工业发展历程看，临港工业由于依托着港口资源，能够将港口码头纳入工业生产线的组成部分，最大限度地节约生产成本，增强企业竞争力，所以，临港工业成为海岸地区发展重化工业的主要形式和成功之路，对国民经济的发展起到积极的推动作用。在这新一轮的发展浪潮中，我国很多港口城市特别是沿海港口城市政府都提出了“工业立市、以港兴市、建设现代化新兴港口工业城市”的发展战略。利用港口的优势条件，在国际市场上，实行大进大出的发展战略，建立临港性工业体系，是我国许多港口城市发展的一条重要途径。

3.2.3 重化工业成为部分沿海省份的支柱产业

石化工业是我国重化工业的重要组成部分，也是我国工业化进程中的重要推动力量。在我国沿海地区石化工业已经形成一定的规模，在全国7个石化基地中就有5个分布于沿海地区，它们分别是辽中南石化基地，京津冀石化基地，山东石化基地，沪宁杭石化基地和闽粤桂沿海石化基地（图3-5），加上小型的石化项目，沿海地区石化工业从北至南呈现一字排开的格局。

沿海地区石化工业统计的四个行业工业总产值均占到全国同行业工业总产值的60%以上，沿海石化产业的总产值占到全国石化产业总产值的73.56%。石油加工、炼焦及核燃料加工业集中在辽宁、山东、和广东，江苏和上海；化学原料及化学制品制造业集中在江苏浙江和广东；化学纤维制造业集中在江苏和浙江，而且两省占沿海地区比重的75.92%；山东省是橡胶制品业大省，占到近30%的比重；塑料制品业集中在广东、浙江、江苏和山东，占据了75%的份额；从省份间石化产业产值看，广东、浙江、江苏、辽宁和上海都是石化大省。

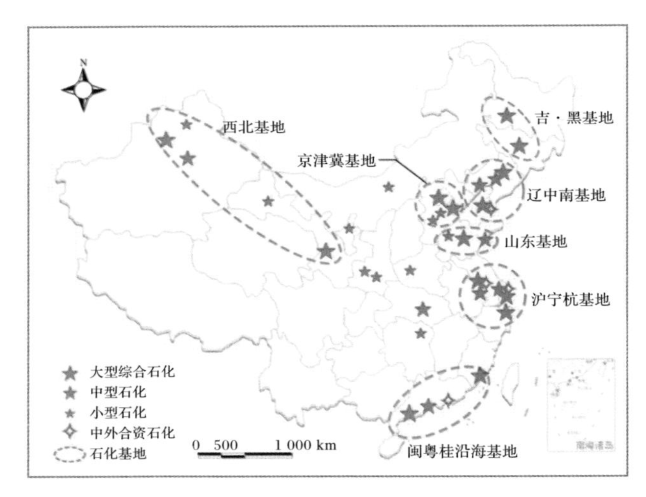

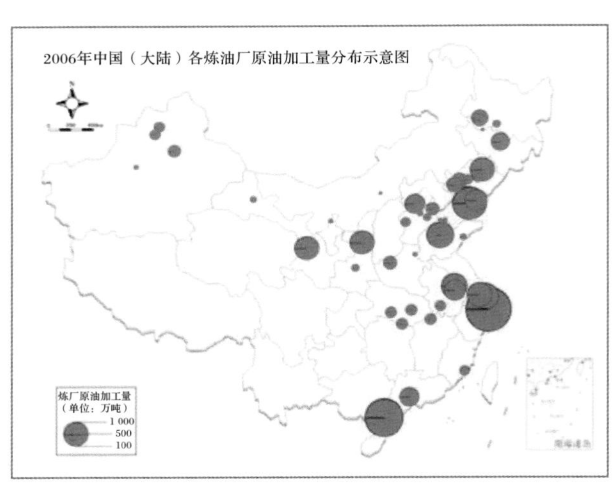

图3-5 我国七大石化基地和主要原油加工能力分布

数据来源：根据《中国石油化工集团公司年鉴》、《中国石油天然气集团公司年鉴》整理

从沿海地区整体看，沿海各省市石化工业产值为44 396.13亿元，占全部工业总产值284 818.8亿元的15.59%。从三大区域看，环渤海地区、“长三角”地区和“珠三角”地区的石化工业产值的比例分别37.96%、41.5%和21.54%。可见，石化工业产值在沿海各省份工业产值中均占有较大比重，特别是“长三角”地区的石化工业产值非常高。

随着长江三角洲、珠江三角洲、环渤海地区进入工业发展的中、后期，对钢铁、石化产品的消费增长迅速，重化工业成为当地的主导产业，石化工业蓬勃发展，“长三角”“珠三角”以及环渤海地区正成为我国石化工业的重点集聚区。

3.3 我国海洋生态环境承受的巨大压力

近几十年来，沿海经济飞速发展，人口的激增、城市规模及临港工业规模的不断扩大，给海洋生态环境带来了巨大的压力。

3.3.1 人口要素不断向东部沿海地区集聚

沿海地区是我国人口相对密集的地区（选择东部沿海有代表性的省市的人口密度与全国人口密度作比较），由图3-6可以看出人口密度最大的是上海市。1980年全国的人口密度仅为103人/km^2，而1980年上海市人口密度为1 862人/km^2，是北京、天津的3倍，是全国人口密度的18倍；而后随着时间的推移，上海市的人口密度与全国的以及沿海各省市的人口密度的差异越来越大，到2008年人口密度最大的3个直辖市分别是上海市、北京市和天津市，上海市的人口密度达到了2 978人/km^2，北京市的人口密度为1 008人/km^2，天津市的人口密度为822人/km^2，而全国平均人口密度为138人/km^2，上海、北京和天津的人口密度分别是全国人口密度的21倍、7倍和6倍；由于经济发展水平和一些地域条件的限制，广西和海南的人口密度与全国的差别不大。

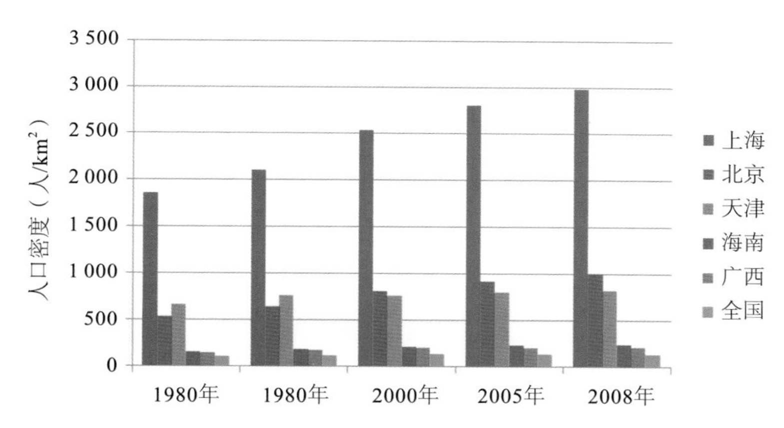

图3-6 沿海各省、区（直辖市）的人口密度与全国的人口密度的对比

注：人口密度=地区常住人口/地区土地面积

据统计数据显示，2000—2005年间全国流动人口的数量逐年递增，由2000年的5 510万人增加到2005年的10 730万人，年均增长率达18.9%。人口流入规模居前五位的省份均位于东部沿海地区，流出省份则大多在中西部地区。2000年东部省份流入人口4 255万人，占全国流动人口的77.22%；2005年东部省份流入人口8 385万人，占全国流动人口的78.15%。

3.3.2 沿海土地资源紧缺，围填海强度加大

由于沿海地区的发展是双向性驱使的，即向海外扩张产业项目以及向内陆腹地延伸，在这个过程中，形成了一个承接这两个方向生产要素的枢纽——滨海新城。它作为沿海经济带的承载主体，正在以不同形式在许多沿海城市进行发展。从土地的集约利用角度，滨海新城将分散的土地适当的集中起来，加强了中心城区的职能，提高了土地的利用效率，但同时，它又保持了一种适度分散的模式，实现了空间的弹性拓展。

随着沿海地区进入了新一轮的开发高潮，我国进入大规模、多层次、全方位的开发和利用海洋的阶段，港口建设和大型钢铁企业、石化企业、冶炼企业、加工企业等向海岸转移，沿海地区面临空前的开发建设用地需求压力，围填海规模逐年增大。2008年全国新增围填海总面积为3.36×10^4 hm^2，其中养殖等围海占83.1%，港口、码头建设填海占16.9%。在沿海省、自治区、直辖市中，江苏省新增围填海总量最大，其次是辽宁和浙江，围填海总面积分别为8 172.7 hm^2、7 860.1 hm^2和6 039.5 hm^2。天津、河北、江苏、山东、上海围填海强度指数均大于1，分别达到3.2、3.0、2.4、1.4和1.3，围填海开发强度大。2001—2008年，除广东、广西和海南外，沿海省、市年均新增围填海面积均明显高于20世纪90年代，福建、天津、江苏和河北分别增加了8.8倍、5.5倍、1.7倍和1.1倍。

受围填海等海岸带开发活动的影响，全国自然岸线的比例缩减，人工岸线比例增加，2008年全国人工岸线的比例已达到56.5%，其中，江苏、上海、天津的岸线人工化程度较高，人工岸线比例分别达到92.8%、90.2%和83.4%，导致了一些重要的滨海湿地生境永久性丧失。

3.3.3 陆源污染物排海数量过多，大量污染物进入海洋环境

随着沿海城市化建设脚步的加快、社会经济的飞速发展，陆源排污量日趋增加，且增幅越来越大，沿海地区排放的工业和生活污水将大量污染物携带入海，给近岸海域环境造成巨大压力。2010年中国海洋环境状况公报显示，2010年，经由全国66条主要河流入海的污染物量分别为：化学需氧量（COD_{Cr}）$1\,653\times10^4$ t，氨氮（以氮计）60.7×10^4 t，总磷（以磷计）29.2×10^4 t，石油类8.5×10^4 t，重金属4.2×10^4 t（其中铜4 159 t、铅2 812 t、锌34 318 t、镉191 t、汞77 t），砷4 226 t。其中，长江入海径流量比上年增大25%，所携带的COD_{Cr}、氨氮和总磷等污染物入海量分别增加了59%、290%和26%（表3-2）。

表3-2 2010年部分河流携带入海的污染物量　　单位：t

河流名称	化学需氧量（COD_{Cr}）	氨氮（以氮计）	总磷（以磷计）	石油类	重金属	砷
长江	10 783 668	405 098	214 411	52 638	31 064	2 636
钱塘江	992 427	30 115	11 453	2 445	801	38
珠江	632 016	45 007	21 801	14 045	2 934	926
闽江	614 807	19 674	4 658	1 341	725	95
黄河	549 032	12 492	1 587	5 849	692	30
椒江	205 377	6 502	665	412	227	14
甬江	121 345	9 150	889	706	69	3
南流江	111 779	814	2 695	406	184	12
小清河	113 367	252	128	500	655	5
防城江	91 677	479	—	96	51	4
钦江	45 045	1 531	2 565	121	116	3
敖江	42 453	342	246	206	51	0.7
射阳河	40 106	1 490	183	—	128	5
大风江	37 546	744	1 160	111	75	2

续表3-2

河流名称	化学需氧量（COD_{Cr}）	氨氮（以氮计）	总磷（以磷计）	石油类	重金属	砷
深圳河	34 215	4 192	371	60	60	1
木兰溪	21 153	2 176	1 561	29	228	5
晋江	15 320	736	331	114	84	2
双台子河	13 444	415	2 128	217	72	12
霍童溪	12 010	147	34	31	41	3
龙江	8 050	1 117	242	9.1	22	0.2
大沽河	5 413	116	19	33	7.6	0.3
碧流河	1 228	9	1	2	0.1	0.1
小计	14 491 478	542 598	267 128	79 371	38 287	3 797
比上年增加	33%	155%	38%	54%	28%	7%

注："—"表示无数据。数据来源：2010年中国海洋环境状况公报。

2010年对472个入海排污口4个月份的监测结果显示，入海排污口达标排放次数占全年监测总次数的比例为46%，其中，有129个排污口全年4次监测均超标排污。入海排污口排放的主要污染物是总磷、COD_{Cr}、悬浮物和氨氮（国家海洋局，2011）。

近几年来，排海污水中，多环芳烃、有机氯农药、多氯联苯类等持久性有机污染物以及铊、铍、锑等剧毒类重金属被检出，难降解有机物（PCBs、PAHs等）污染和热污染等新型污染物对海洋生态环境的影响将更加持久，危害更为深远，对海洋渔业、滨海旅游等海洋产业造成巨大的经济损失。

3.3.4 近岸水域污染趋势加重

2002—2013年《中国海洋环境质量公报》及《中国海洋环境状况公报》显示，海水中主要污染物是无机氮、磷酸盐和石油类。10余年间，我国海域符合一类海水水质标准的海域面积占我国管辖海域面积的比例保持在94%～95%，符合二类海水水质标准的海域面积呈下降趋势、由2002年的11.1×10^4 km^{2}减少到2013年的4.7×10^4 km^2，劣于四类海水水质标准的海域面积由2002年的2.6×10^4 km^{2}增加到2013年的4.4×10^4 km^2（图3-7）。严重污染海域主要分布辽东湾、渤海湾、莱州湾、长江口、杭州湾、珠江口和部分大中城市近岸水域（图3-8）（国家海洋局，2002—2013）。

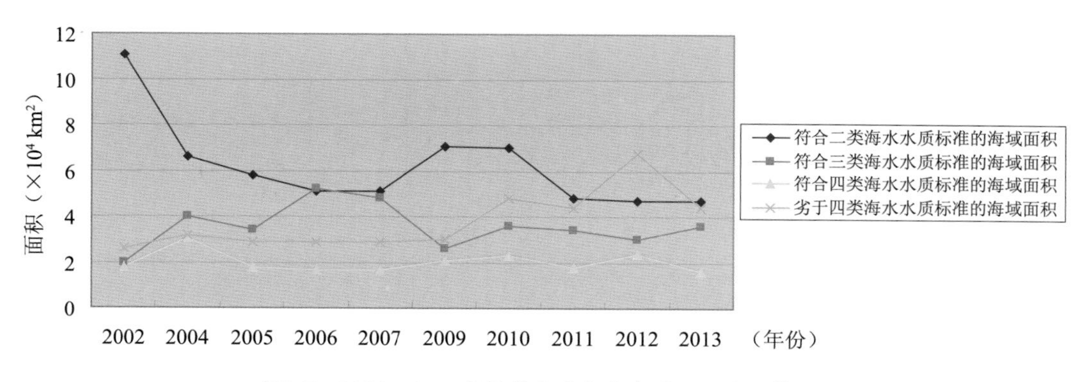

图3-7 2001—2013年近岸海域各类水质面积变化趋势

海水中无机氮和活性磷酸盐含量超标导致了近岸局部海域的富营养化。2013年夏季，呈富营养化状态的海域面积约6.5×10^4 km^2，较上年减少3.3×10^4 km^2，其中重度、中度和轻度富营养化海域面积分别为18 000、16 810和29 980 km^2。重度富营养化海域主要集中在辽东湾、长江口、杭州湾、珠江口的近岸区域（图3-9）。

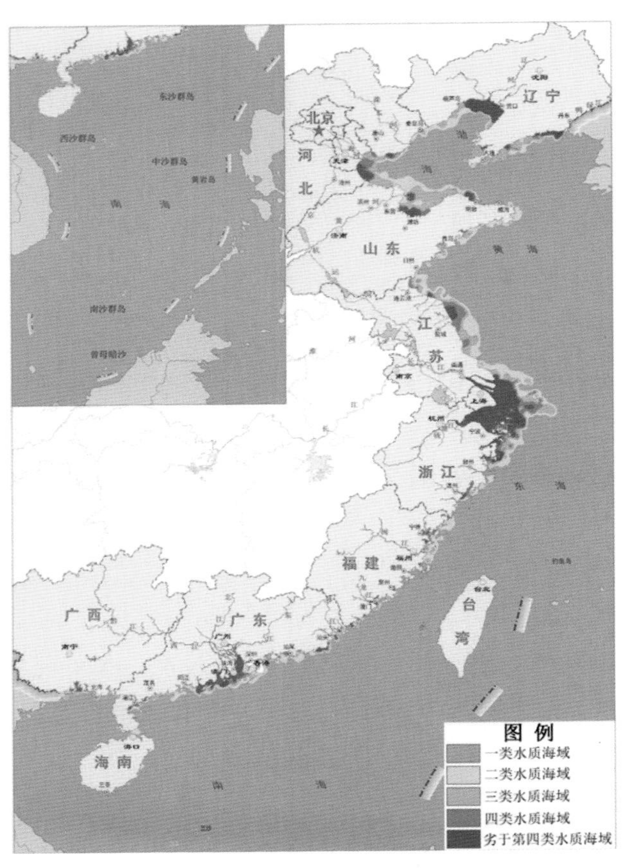

图3-8　2013年夏季我国管辖海域水质等级分布示意图

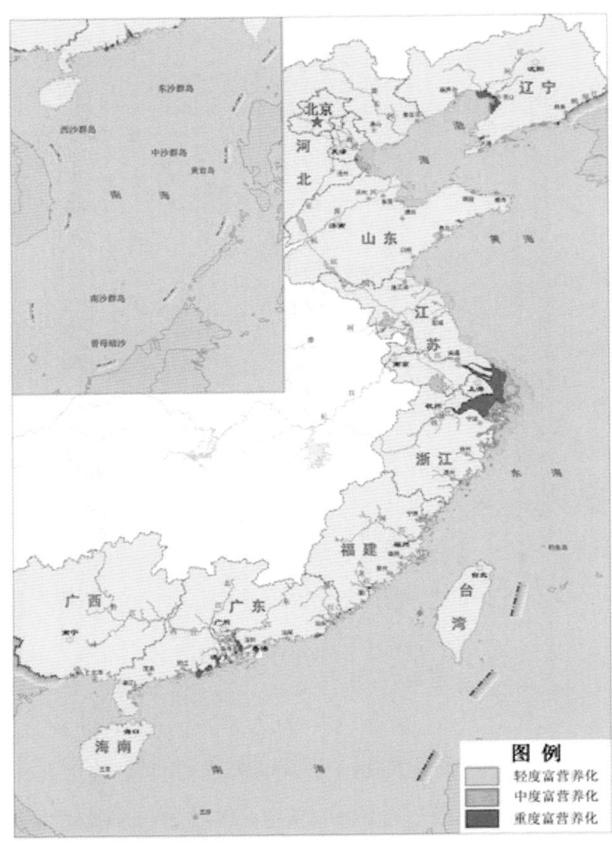

图3-9　2013年夏季我国近岸海域海水富营养化状况示意图

3.3.5　海岸带生态系统脆弱程度加大

海岸带是陆域生态系统和海洋生态系统之间的过渡地带，也是我国开发活动最为集中、经济活动最为活跃的地带。受岸线自然属性的制约和海岸带地质灾害及陆源排污、围填海等影响，我国海岸带生态系统十分脆弱。

依据岸线自然属性及围填海、海岸带人口密度、外来物种入侵状况、排污口污染物排放状况等指标对岸线脆弱性的评价结果显示，2009年我国脆弱岸线总长度达14 344 km，占岸线总长度的76.5%。其中，高脆弱岸段占19.1%，中脆弱岸线占30.8%，低脆弱岸线占26.7%，杭州湾以北绝大部分岸段处于海岸带高脆弱区和中脆弱区（表3-3）。围填海、陆源污染、海岸侵蚀、外来物种互花米草入侵等是导致海岸带生态脆弱的主要原因。其中，围填海导致的海岸带自然生境的丧失和改变是近年来海岸带生态脆弱的主导原因。

表3-3 海岸带生态脆弱性评价结果

海区	高脆弱岸段		中脆弱岸段		低脆弱岸段		合计	
	岸线长 (km)	比例 (%)	岸线长 (km)	比例 (%)	岸线长(km)	比例 (%)	岸线长 (km)	比例 (%)
渤海	1 525	8.1	729	3.9	857	4.6	3 111	16.6
黄海	1 394	7.4	1 306	7.0	576	3.1	3 276	17.5
东海	582	3.1	1 257	6.7	1 228	6.5	3 067	16.3
南海	81	0.4	2 470	13.2	2 339	12.5	4 890	26.1
合计	3 582	19.1	5 762	30.8	5 000	26.7	14 344	76.5

3.3.6 海湾、河口生态系统处于不健康或亚健康状态

卫星遥感监测结果表明，1991—2008年全国20个重点海湾的水域面积均出现不同程度的缩减，缩减的比例为0.3%～20.7%，其中锦州湾、胶州湾、复州湾、雷州湾最为严重，面积分别缩减了20.7%、15.8%、12.5%和9.3%。

各海湾普遍存在的生态问题是富营养化、湿地生境丧失、生物群落的波动范围超出多年平均范围、渔业资源衰退等。部分海湾还受到重金属、油类的污染，大亚湾受到核电站温排水热污染，乐清湾外来物种护花米草的分布范围进一步扩大。

河口生态系统的主要问题是富营养化、重金属及油类污染，湿地减少、生物群落改变和渔业资源衰退等，此外，黄河、滦河由于入海水量及输沙的减少引起了河口生态系统的变化。

20世纪80年代以来，我国滨海湿地退化十分严重。退化的主要原因是围填海和陆源污染，主要表现是各类自然湿地的面积急剧缩减，湿地环境污染严重。根据围填海的规模分析，我国目前各类滨海湿地减少的总面积最少达到$133.6\times10^4\ hm^2$。

20世纪50年代初期，我国东南沿海的红树林面积约$5\times10^4\ hm^2$，20世纪90年代末仅剩$1.5\times10^4\ hm^2$左右，减少65%。从20世纪50年代至90年代，海南红树林面积减少了52%、广西减少了43%、广东减少了82%、福建减少了50%。近年来，由于国家加强了对红树林的保护与建设工作，红树林的总面积达到$2.27\times10^4\ hm^2$，红树林分布面积有所恢复。监测表明，广西山口及北仑河口红树林生态系统处于健康状态，红树林分布区总面积保持不变，红树林群落基本稳定。

根据《中国海洋生态问题调查报告》结果，1987年，盘锦芦苇湿地面积为60 425.1 hm^2，至1990年面积为46 700.2 hm^2，3年间减少了22.7%；至1995年面积为34 479.7 hm^2，8年间减少了42.9%；至2000年面积为24 754.3 hm^2，13年间减少了59.0%；至2002年面积23 968.5 hm^2，15年间减少了60.3%。其他主要分布区的芦苇湿地面积因围垦及围塘养殖等开发活动也遭受了严重的破坏。我国海草床的分布面积缩减得更为严重，目前在辽宁、河北、山东等地难以找到海草分布区，仅在海南的高隆湾、龙湾港、新村港、黎安港和长玘港，广西的北海等尚有成片的海草分布。现存的海草分布区仍然受到渔业、养殖业、海洋工程、非法捕捞、旅游业等的威胁。目前海藻床湿地的变化还不清楚，但港口等海岸工程的建设对辽东半岛藻类的分布区产生了一定的影响。

2004年以来的监测结果表明，大陆沿岸珊瑚礁主要分布区广东徐闻和大亚湾珊瑚礁出现了明显的退化现象。因网箱养殖、底播增殖养殖规模的迅速扩大，以及填海造地等海岸工程建设等导致的海水中悬浮物含量增加、珊瑚表面沉积物沉降速率增加、水体透明度降低。徐闻灯楼角至水尾角沿

岸活珊瑚礁的盖度显著下降，并且适应低光照环境的角孔珊瑚和软珊瑚数量明显增加，活珊瑚群落结构发生变化，珊瑚礁的退化非常明显。大亚湾因受核电温排水、海水养殖及陆源排污的影响，珊瑚礁退化更为严重。

2008年西沙群岛的永兴岛、石岛、西沙洲、赵述岛、北岛5个主要珊瑚礁分布的区域活珊瑚礁的平均盖度仅为16.8%，6个月内的平均死亡率为2.1%，1～2年内的近期死亡率达到27.5%。2007年以来珊瑚礁退化非常严重，上述5个区域均出现不同程度的退化，其中退化最严重的区域是西沙洲、北岛和赵述岛，活珊瑚的盖度仅为1.8%、2.3%和2.5%。导致珊瑚礁退化的主要原因是炸鱼、毒鱼等破坏性捕鱼方式仍然存在，对珊瑚礁产生了直接的破坏；2006年以来珊瑚礁敌害生物长棘海星（*Acanthaster planci*）数量剧增；叶状蔷薇珊瑚（*Montipora foliosa*）出现发黑现象，2005年以来造礁石珊瑚发病率平均为1.19%。

2013年，我国河口、海湾、滩涂湿地、珊瑚礁、红树林和海草床等典型海洋生态系统中，处于健康、亚健康和不健康状态的海洋生态系统分别占23%、67%和10%（图3-10）。

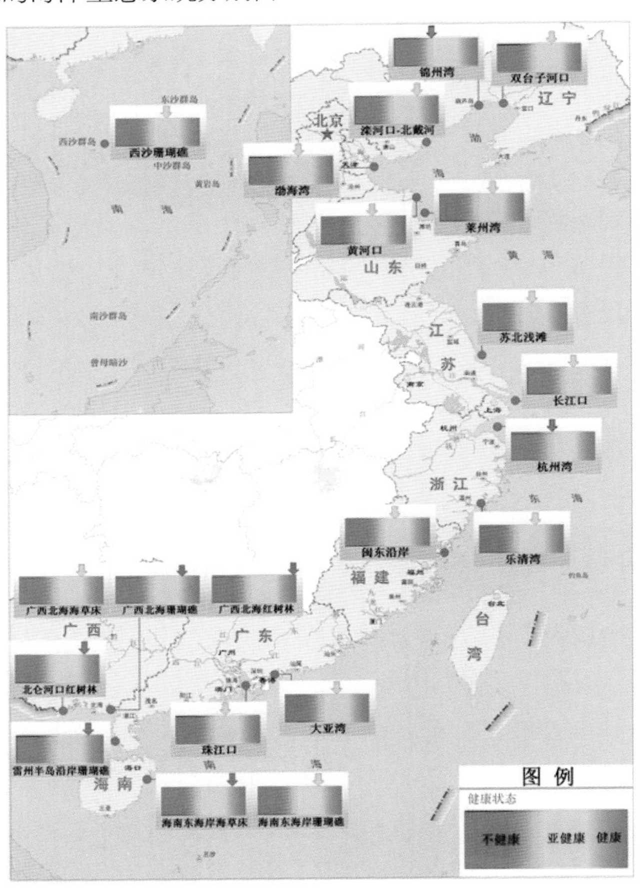

图3-10　2013年近岸典型海洋生态系统健康状况
（图片来源：2013年中国海洋环境状况公报）

3.3.7　生态灾害严重，生态风险增加

我国海岸带地质灾害主要包括海岸侵蚀和海水入侵。多年的监测结果显示，我国海岸侵蚀灾害十分普遍，海岸侵蚀主要发生在地质岩性相对脆弱的岸段，受到海平面上升和频繁风暴潮等自然因素的影响以及海滩和海底采砂、上游泥沙拦截使得入海泥沙量的减少和海岸工程修建等人类活动的影响，

海岸侵蚀速率增加。我国海岸侵蚀灾害严重的区域包括辽宁省营口市盖州—鲅鱼圈岸段、辽宁省葫芦岛市绥中岸段、秦皇岛岸段、山东省龙口至烟台岸段、江苏省连云港至射阳河口岸段、上海市崇明东滩岸段、广东省雷州市赤坎村岸段、海南省海口市新海乡新海村和长流镇镇海村岸段。2003年以来年均侵蚀速度大的岸段为上海市崇明东滩岸段、江苏省连云港至射阳河口岸段、山东省龙口至烟台岸段、海南省海口市镇海村岸段，年侵蚀速率分别为24.1 m、15.0 m、4.5 m和4.0 m。我国海岸侵蚀较重的岸段分布见图3-11。

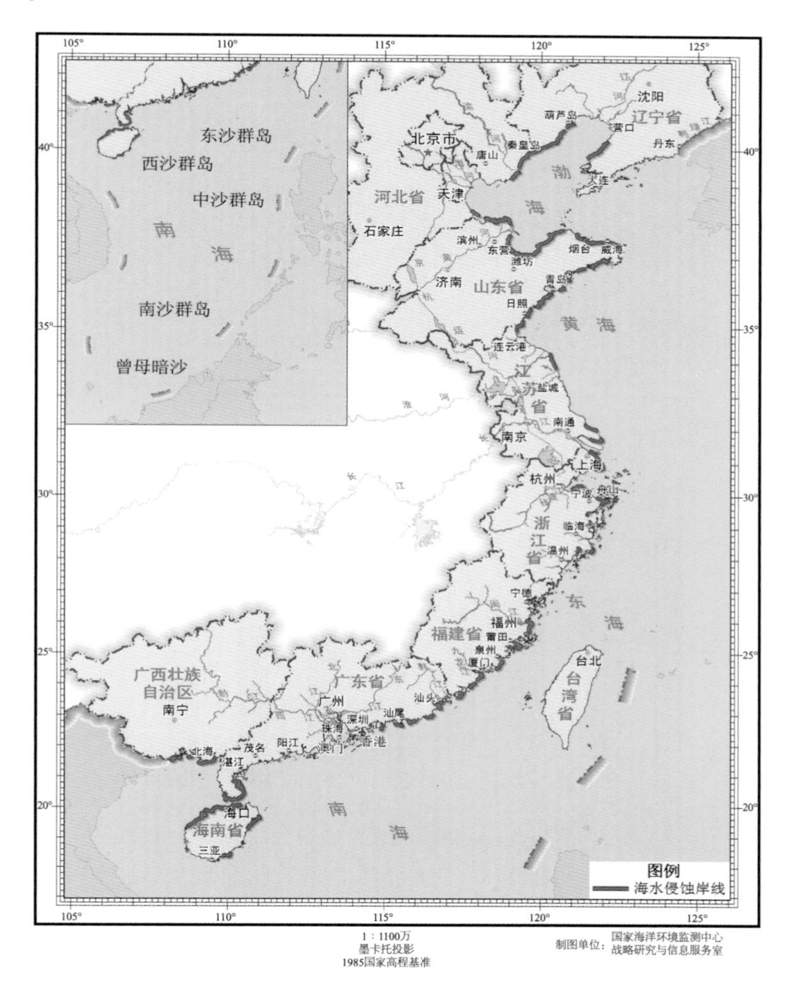

图3-11　全国主要海岸侵蚀岸段分布

海水入侵灾害分布区域主要在渤海沿岸，海水入侵范围大，氯离子（Cl^-）含量和矿化度高，海水入侵严重地区主要分布在辽宁营口、盘锦、锦州和葫芦岛，河北秦皇岛、唐山、黄骅沿岸，山东滨州、莱州湾沿岸。辽东湾、滨州和莱州湾平原地区，重度入侵（Cl^-含量大于1 000 mg/L）一般在距岸10 km左右，轻度入侵（Cl^-含量在250～1 000 mg/L之间）一般距岸20～30 km左右（图3-12）。

受近岸海域富营养化等多种因素的影响，我国近岸海域赤潮灾害的频繁发生。2005—2013年累计发生赤潮636次，仅在2011年和2013年赤潮发生的次数低于60次（图3-13）；赤潮发生面积共有115 367 km^2，仅2013年赤潮面积少于5 000 km^2（图3-14）。赤潮的多发区主要集中在东海海域。赤潮的发生不仅对所在海域生态环境产生了严重的威胁，也对当地渔业生产及滨海旅游等开发活动产生严重影响。

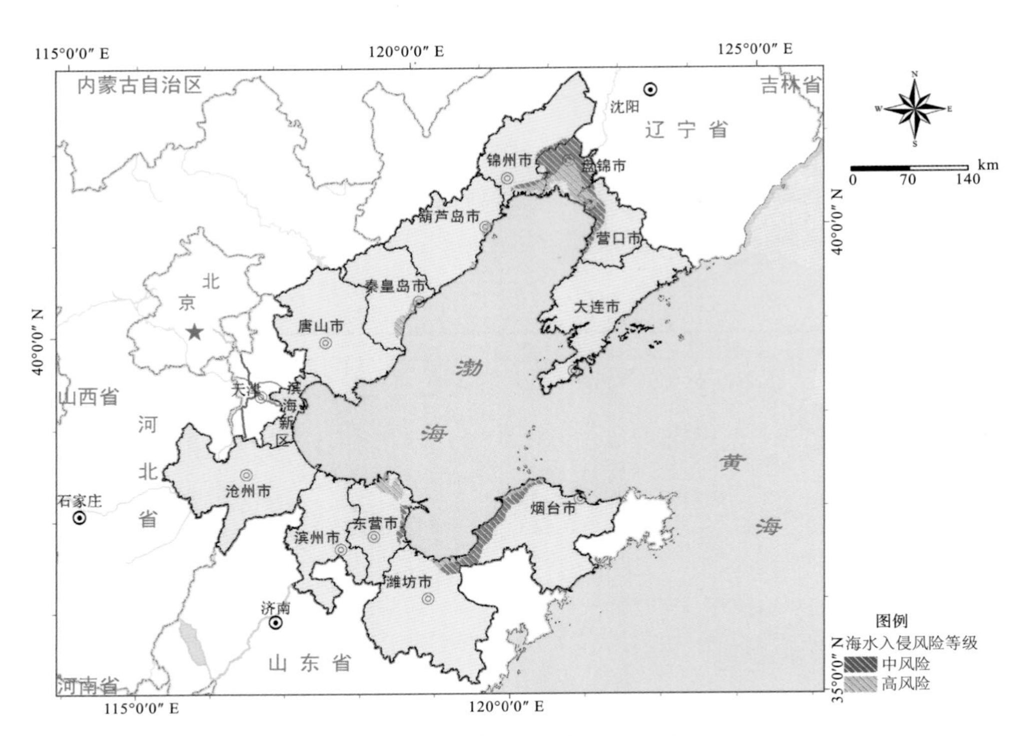

图3-12 渤海沿岸海水入侵灾害风险分布

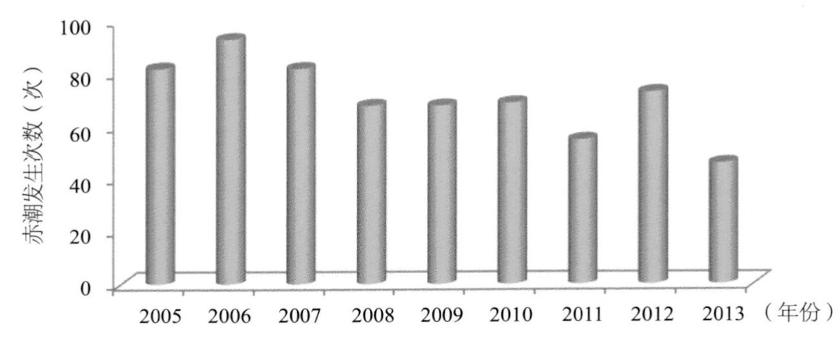

图3-13 我国海域发生赤潮的次数

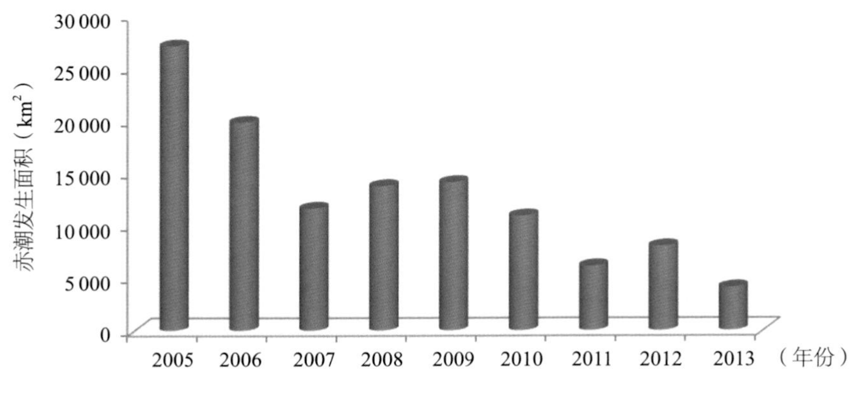

图3-14 我国海域发生赤潮的面积

随着我国战略石油储备、海上石油运输及海洋石油开发规模的迅速扩大，海洋溢油事故的风险进一步加大。据统计1973—2006年，我国沿海共发生大小船舶溢油事故2 635起，其中溢油50 t以上的重大船舶溢油事故共69起，总溢油量37 077 t，平均每年发生两起，平均每起污染事故溢油量537 t，船舶溢油事故频发。近年来还相继发生了大连新港和山东蓬莱19-3油田重大溢油事故，对海洋生态环境造成了严重损害。2010年7月16日，中石油大连新港石油储备库输油管道发生爆炸，大量原油泄漏入海，导致大连湾、大窑湾和小窑湾等局部海域受到严重污染，对周边10余个海水浴场、滨海旅游风景区和海洋保护区等敏感海洋功能区产生影响。2011年6月4日和6月17日，蓬莱19-3油田相继发生两起溢油事故，导致大量原油和油基泥浆入海，对渤海海洋生态环境造成严重的污染损害。蓬莱19-3油田溢油事故属于海底溢油，溢油持续时间长，大量石油类污染物进入水体和沉积物，造成蓬莱19-3油田周边及其西北部海域的海水环境和沉积物受到污染。河北省秦皇岛、唐山和辽宁省绥中的部分岸滩发现来自蓬莱19-3油田的油污。受溢油事故影响，污染海域的浮游生物种类和多样性降低，海洋生物幼虫幼体及鱼卵仔稚鱼受到损害，底栖生物体内石油烃含量明显升高，海洋生物栖息环境遭到破坏。溢油事故造成蓬莱19-3油田周边及其西北部海域海水受到污染，超一类海水水质标准的海域面积约6 200 km^2，其中870 km^2海域海水受到严重污染，石油类含量劣于第四类海水水质标准。海水中石油类含量最高为1 280 μg/L，超背景值53倍。渤海范围内的海洋保护区、海水增养殖区及滨海旅游景区等生态敏感区受到不同程度的影响。

04

第4章 海洋特别保护区建设与管理现状

4.1 海洋特别保护区基本性质

4.1.1 基本概念的界定

《中华人民共和国海洋环境保护法》第二十三条明确规定："凡具有特殊地理条件、生态系统、生物与非生物资源及海洋开发利用特殊需要的区域，可以建立海洋特别保护区，采取有效的保护措施和科学的开发方式进行特殊管理。"

根据法律的规定，海洋特别保护区是指具有特殊地理条件、生态系统、生物与非生物资源及满足海洋资源利用特殊要求，需要采取有效保护措施和科学利用方式予以特殊管理的区域。

海洋特别保护区实行海洋保护与利用并重，坚持科学、合理利用海洋资源的方针及生态效益、经济效益、社会效益和资源效益相统一的基本原则，通过统筹协调，有效保护海洋生态环境，科学开发海洋资源，维护海洋权益。建立海洋特别保护区就是要保护特定区域的海洋生态系统、资源和权益，维护海洋生态服务功能，构建海洋生态保护与开发的协调关系，保障海洋资源与环境可持续利用，促进海洋经济健康发展，实现人与自然的和谐相处。

4.1.2 选划原则

4.1.2.1 生态保护与经济发展兼顾性原则

海洋特别保护区的建立既要突出海洋生态保护的主题，也要突出科学、合理开发利用区内资源的主题，力求"在保护中开发，在开发中保护"，通过调整区内的开发利用方式，最大限度地减轻人类活动对生态环境的影响，以达到保护生态功能的目的。

4.1.2.2 资源开发利用协调性原则

特别保护区内资源开发利用协调性一般表现在两个方面：一方面要强调不同资源开发利用之间的协调，海洋资源具有多宜性，一定的空间范围内往往包含了多种资源开发利用形式，海洋特别保护区的建设就是要使区内的各种开发利用活动在不违反海洋功能区划的前提下，尽量避免一种资源开发利用对毗邻资源的利用影响，减少排他性；另一方面还要强调单一资源开发利用自身的协调，按照海洋生态功能的承载能力，合理安排强度，避免自身污染、过度开发的不良行为，从而保证资源利用的持续性，避免资源的急剧衰退乃至枯竭。

4.1.2.3 综合效益统一性原则

海洋特别保护区强调在维持海洋、海岸、海岛生态系统健康、安全、完整的前提下，进行的适

度开发利用活动，这种模式有利于发挥生态与资源的最佳综合效益。通过海洋特别保护区的保护与管理，不仅取得资源效益、环境效益和社会效益，而且要取得较好的经济效益，使环境资源的保护为海洋经济健康、持续发展提供稳定的资源储备，避免出现过于偏重资源、环境效益而限制当地生产、生活的需求；同时也避免出现因过度开发，而使海洋生态环境和资源遭受破坏，使资源得到长久、持续的开发利用海洋资源。通过特别保护区的有效保护，更好地满足当地群众的生产生活需求，实现最佳的资源效益、环境效益、社会效益和经济效益。

4.1.2.4 与相关区划规划一致性原则

海洋特别保护区的建设以《中华人民共和国海洋环境保护法》为依据，其建设应当符合国家相关法律法规，按照《全国海洋经济发展规划纲要》《全国海洋功能区划》和《全国海洋环境保护规划纲要》及国家、地方相关规划、区划等，合理选划，科学布局，各级海洋特别保护区内开发利用活动应符合海洋功能区划。

4.1.3 分类与分级

4.1.3.1 分类

根据海洋特别保护区的地理区位、资源环境状况、海洋开发利用现状和社会经济发展的需要，海洋特别保护区可以分为海洋特殊地理条件保护区、海洋生态保护区、海洋资源保护区和海洋公园4种类型。

1）海洋特殊地理条件保护区

在具有重要海洋权益价值、特殊海洋水文动力条件的海域和海岛建立海洋特地理条件保护区。主要包括下列区域。

（1）对我国领海、内水、专属经济区的确定具有独特作用的海岛。

（2）具有特殊军事用途的区域。

（3）易灭失的海岛。

（4）维持海洋水文动力条件稳定的特殊区域。

2）海洋生态保护区

为保护海洋生物多样性和生态系统服务功能，在珍稀濒危物种自然分布区、典型生态系统集中分布区及其他生态敏感脆弱区或生态修复区建立海洋生态保护区。主要包括下列区域。

（1）珍稀濒危物种分布区。

（2）珊瑚礁、红树林、海草床、滨海湿地等典型生态系统集中分布区。

（3）海洋生态敏感区或脆弱区。

（4）生态修复与恢复区。

3）海洋资源保护区

为促进海洋资源可持续利用，在重要海洋生物资源、矿产资源、油气资源及海洋能等资源开发预留区域、海洋生态产业区及各类海洋资源开发协调区建立海洋资源保护区。主要包括下列区域。

（1）具有石油天然气、新型能源、稀有金属等国家重大战略资源分布区。

（2）重要渔业资源海洋矿产分布区。

4）海洋公园

为保护海洋生态与历史文化价值，发挥其生态旅游功能，在特殊海洋生态景观、历史文化遗迹、独特地质地貌景观及其周边海域建立海洋公园，主要包括下列区域。

（1）重要历史遗迹分布区。

（2）独特地质地貌景观分布区。

（3）特殊海洋景观分布区。

4.1.3.2 分级

海洋特别保护区实行分级管理，根据海洋特别保护区地理位置、生态保护与资源可持续利用重要性等程度，分为国家级和地方级。具有重大海洋生态保护、生态旅游、重要资源开发价值、涉及维护国家海洋权益的海洋特别保护区列为国家级海洋特别保护区。除此以外的海洋特别保护区列为地方级海洋特别保护区。具体分级条件列于表4-1。

表4-1 海洋特别保护区分级条件

海洋特别保护区类别	海洋特别保护区级别	
	国家级	地方级
特殊地理条件保护区（Ⅰ）	对我国领海、内水、专属经济区的确定具有独特作用的海岛；具有重要战略和海洋权益价值的区域	易灭失的海岛；维持海洋水文动力条件稳地的特殊区域
海洋生态保护区（Ⅱ）	珍稀濒危物种分布区；珊瑚礁、红树林、海草床、滨海湿地等典型生态系统集中分布区	海洋生物多样性丰富的区域；海洋生态敏感区或脆弱区
海洋资源保护区（Ⅲ）	石油天然气、新型能源、稀有金属等国家重大战略资源分布区	重要渔业资源、旅游资源及海洋矿产分布区
海洋公园（Ⅳ）	重要历史遗迹、独特地质地貌和特殊海洋景观分布区	具有一定美学价值和生态功能的生态修复与建设区域

4.1.4 海洋特别保护区选划

海洋特别保护区的选划不仅是建立海洋特别保护区的基础性工作，也是一项专业性很强的工作，其工作的实施应按照选划条件，通过调查、评价与分析，提出科学的、合理的选划方案。

4.1.4.1 选划条件

在《中华人民共和国海洋环境保护法》第二十三条中对选划条件给出法律的范围，即：①特殊地理条件；②生态系统；③生物与非生物资源；④海洋开发利用特殊需要。

依据《中华人民共和国海洋环境保护法》第二十三条的规定，结合我国海洋生态特点、海洋生态保护与资源开发利用需求，选划条件在原则上包括以下几个方面。

（1）海洋生态系统敏感脆弱和具有重要生态服务功能的区域。

（2）生态脆弱易灭失的海岛。

（3）领海基点等涉及国家海洋权益或具有重要战略意义的区域。

（4）具有特定保护和生态旅游价值的海洋自然、历史、文化遗迹分布区域。

（5）海洋资源和生态环境亟待恢复、修复和整治后仍可发挥服务功能的区域。

（6）潜在开发或对未来海洋产业发展具有预留意义的区域。

（7）其他需要予以特别保护的区域。

4.1.4.2 基础调查

根据选划条件确定基础调查的范围，基础调查不仅是为特别保护区保护价值评价与分析提供了重要的依据，也是为保护区积累重要的基础背景资料，为保护区的管理保留本底依据和比照对象。

基础调查的内容一般有自然环境、自然资源及开发利用、社会经济背景状况等项内容。由于保护目的的不同，自然环境调查的要素也会有所侧重，调查的内容主要有地理位置及海域基本状况（包括地理位置、海岸线长度、海域及滩涂面积、岛屿数量等）、气候与气象、入海河流、地质地貌、海洋水文、海水化学、海洋生物、典型生态系统和主要自然灾害。

自然资源的调查主要针对资源类型、分布、数量、质量、开发利用历史与现状等内容而进行，资源类型一般涉及海洋生物资源、滨海旅游资源、浅海滩涂资源、港口航运资源、矿产资源和其他资源等，在调查的基础上，分析总结海洋资源开发利用中存在的问题。

社会经济状况的调查内容主要有地区社会经济概况（包括行政单元构成、人口数量与密度、经济概况）、基础建设、产业结构与布局和社会经济发展规划等。

4.1.4.3 分析与评价

在调查的基础上，对比选划条件，对自然环境和自然资源状况进行评价，评价内容主要包括污染源、海洋环境质量、海洋生态环境现状、典型海洋生态系统状况等，通过对海洋生态脆弱性与生态功能的重要性、环境条件、资源条件、社会经济条件、保护与资源利用存在的问题等项指标分析建区条件，定量或定性评价保护价值。

4.1.4.4 选划方案的确定

在建区条件及保护价值分析评价的基础上，筛选具有保护价值的海岸（陆域）、海域、海岛、物种、自然及人文景观等客体，将其明确为主要保护对象或保护目标。依据保护价值的重要性程度，确定保护区级别。根据保护的需要，科学合理地确定保护区的范围，保护区范围应涵盖主要保护对象或保护目标，有利于保持海岸、海域或海岛等生态系统的基本完整，有利于生态功能的有效发挥，与周边其他海洋资源开发利用活动不存在明显的矛盾，便于保护区的日常监管及相关措施的落实。此外，根据保护区建立后的管理需要，提出相应的管理措施。

4.1.5 主要任务

4.1.5.1 保护特定生态环境和海域资源

保护特定海域生态环境、维护其海洋生态系统健康是海洋特别保护区的首要任务，有效保护，维护自然的海洋生态功能，提高海洋生物多样性，缓解非再生资源的衰退，提高可再生资源的存量，使海洋生态系统保持健康水平。通过在保护区内实施各种生态环境与资源管理措施，防止、减少和控制海洋生态环境与自然资源的遭受各种不合理开发活动造成的破坏。

4.1.5.2 维护国家海洋权益

通过对海岛生态、地质地貌的保护，维持海岛海岸、地形等自然条件的完整性，使领海基点免受破坏，从而达到维护国家海洋权益的目的。

4.1.5.3 恢复、修复脆弱生态功能

采取有效措施，恢复海岸地形地貌、水动力条件等。通过人工方式，扩大湿地、红树林等生态系统的范围。通过实施生态旅游、生态养殖等技术，并建设海洋资源循环利用、海洋生态环境恢复整治、海洋生物多样性保护等海洋生态工程，促进已受到损害的海洋生态功能尽快得以恢复。控制各种污染源，实施污染物排海总控制，进行海洋环境污染防治，降低海域富营养化程度，防止生态环境进一步恶化。

4.1.5.4 提供海洋生态文明建设示范

利用严格的资源与环境管理方法，结合科学的规划与宏观调控手段，以海域空间的合理调配实现对海洋资源的合理配置和最佳的综合效益，对保护区内的海洋产业进行调整，积极扶持高新技术产业发展，促进海洋知识创新、促进各类资源可持续利用技术和清洁生产技术的广泛应用，逐步建立符合海洋开发实际的“资源节约型”和“环境友好型”的可持续发展的海洋经济体系。采用先进、健康、实用的资源开发技术，实施生态养殖、生态旅游、生态开采，改变落后的生产、生活方式，不断提高资源开发效率。同时，在实施绿色开发技术的活动中，总结经验，加以推广，对毗邻区域的海洋开发提供示范。

4.1.5.5 建立可持续开发利用的协调机制

在保护区整体范围内从海洋综合开发效益出发，以可持续发展为宗旨，统筹兼顾各行业的海洋综合开发规划和整治规划进行规划，优化配置、科学利用、协调发展。根据海洋生态系统的承载能力，有序安排各种开发活动，合理规划养殖容量、捕捞容量、旅游容量、开采容量等，通过开发容量调控各种开发活动的强度，减少海洋开发对资源的损害，保护资源利用的可持续性。

4.1.5.6 实行保护、预留及谨慎开发策略

对于某些海域或海洋资源，目前尚不具备进行规模开发的能力，如潮汐、波浪等海洋新能源，或有关新兴小规模的海洋产业等；以及某些特殊敏感脆弱海域，如海岸侵蚀区域等，都可以在特别保护区内实行预留或谨慎开发策略。

4.2 海洋特别保护区保护管理的基本要求

4.2.1 海洋特别保护区功能分区

海洋特别保护区内由于生态环境、资源分布等具有空间异质性的特点，为了有的放矢地落实相关管理措施，应根据生态保护、资源可持续开发利用和国家海洋权益维护空间分布特征、具体要求等，划分出不同的区域，明确每个区域的功能。根据海洋特别保护区管理与保护需求，按照①以自然属性为主兼顾社会属性的原则；②有利于促进海洋经济和社会发展原则；③有利于资源可持续利用原则；④国家主权权益和国防安全优先原则，其功能区一般可划分为重点保护区、适度利用区、生态与资源恢复区、预留区和其他功能区。

4.2.1.1 重点保护区

重点保护区主要包括领海基点、军事等涉及国家海洋权益和国防安全的区域，以珍稀濒危海洋生物物种、经济生物物种及其栖息地以及具有一定代表性、典型性和特殊保护价值的自然景观、自然生态系统和历史遗迹作为主要保护对象的区域。

4.2.1.2 适度利用区

适度利用区指根据自然属性和开发现状，可供人类适度利用的海域或海岛区域。适度利用是指开发项目不以破坏海域或海岛的地质地貌、生态环境和资源特征为前提。

4.2.1.3 生态与资源恢复区

生态与资源恢复区指生境比较脆弱或遭受破坏的生态与其他海洋资源需要通过有效措施得以恢复、修复的区域，包括红树林、珊瑚礁、滨海湿地、人工鱼礁、增殖放流区等。

4.2.1.4 预留区

除重点保护区、适度利用区和生态与资源恢复功能区外的其他未利用区域或目前不具备开发条件的区域可作为预留区。该类区域内应提出今后可能的保护或利用方向。

4.2.2 基本保护要求

海洋特别保护区基本保护要求主要包括以下几个方面。

（1）严格保护典型海洋生态系统分布区、自然景观、历史遗迹、珍稀濒危海洋生物物种及重要海洋生物的洄游通道、产卵场、索饵场、越冬场、栖息地等各类重要海洋生态区域。

任何单位和个人不得擅自改变海洋特别保护区内海岸、海底地形地貌及其他自然生态环境条件；确需改变的，应当经科学论证后，报有批准权的海洋行政主管部门批准。

（2）严格限制将外来物种引入海洋特别保护区；确需引入的，由海洋特别保护区管理机构组织论证后，报物种主管部门批准，物种主管部门在批准前应当征求同级海洋行政主管部门的意见。

（3）任何单位和个人不得破坏海洋特别保护区内领海基点等海洋权益保护标志和设施。经依法批准，在海洋特别保护区内从事保护、恢复和资源利用等活动，不得影响领海基点的安全。

（4）禁止在海洋特别保护区内进行狩猎、采拾鸟卵，砍伐红树林、采挖珊瑚和破坏珊瑚礁，炸鱼、毒鱼、电鱼，直接向海域排放污染物，擅自采集、加工、销售野生动植物及矿物质制品，移动、污损和破坏海洋特别保护区设施。

4.2.3 资源利用管理要求

4.2.3.1 资源利用的主要类型

根据海洋特别保护区生态环境及资源特点，经有审批权的部门批准后可以适度开展生态养殖业、人工繁育海洋生物物种、生态旅游业、休闲渔业、无害化科学试验、海洋教育宣传活动、其他经依法批准的开发利用活动等。

4.2.3.2 建设项目管理

海洋特别保护区内严格控制各类建设项目或开发活动，符合海洋特别保护区总体规划的重点建设项目，须经保护区管理机构同意后，按照相关法律法规的要求进行海洋工程环境影响评价和海域使用论证。海洋工程环境影响报告和海域使用论证报告应当设专章编写生态环境保护、生态修复恢复和生态补偿赔偿方案及具体措施。

4.2.3.3 采矿挖砂等活动管理

严格限制在海洋特别保护区内实施采石、挖砂、围垦滩涂、围海、填海等严重影响海洋生态的利用活动。确需实施上述活动的，应当进行科学论证，并按照有关法律法规的规定报批。

4.2.3.4 养殖活动管理

应当按照养殖容量从事海水养殖业，合理控制养殖规模，推广健康的养殖技术，合理投饵、施肥，养殖用药应当符合国家和地方有关农药、兽药安全使用的规定和标准，防止养殖自身产生的污染。

4.2.3.5 旅游活动管理

应当科学确定旅游区的游客容量，合理控制游客流量，加强自然景观和旅游景点的保护。禁止超过允许容量接纳游客和在没有安全保障的区域开展游览活动。

在海洋公园组织参观、旅游活动的，必须按照经批准的方案进行，并加强管理；进入海洋特别保护区参观、旅游的单位和个人，应当服从海洋公园管理机构的管理。

禁止开设与海洋公园保护目标不一致的参观、旅游项目。

4.2.3.6 影视活动管理

进入海洋特别保护区拍摄影视片、采集标本的单位或个人，应当严格遵守国家有关规定，经海洋特别保护区管理机构同意并报负责批准建立该保护区的海洋行政主管部门备案。

4.2.3.7 宣传教育活动管理

海洋公园内可以建设管护、宣教和旅游配套设施，设施建设必须按照总体规划实施，并与景观相协调，不得污染环境、破坏生态。重点保护区、重要景观及景点分布区，除必要的保护和附属设施外，不得建设宾馆、招待所、疗养院和其他工程设施。

4.2.3.8 科研活动管理

海洋特别保护区可以作为海洋生态保护和资源可持续利用的科研、教学和实验基地。在海洋特别保护区内从事科研、教学及其相关活动，建设实验基地的人员，不得破坏海洋生态系统。

4.2.3.9 经营活动管理

海洋特别保护区内的经营性开发利用活动，可以依照有关法律法规和海洋特别保护区管理制度及总体规划，由海洋特别保护区管理机构实施，也可以在海洋特别保护区管理机构监管下，采用公开招标方式授权企业经营。授权企业经营的，海洋特别保护区管理机构应当与企业签订特许经营协议，实行资源有偿使用制度，有偿使用收入应当专门用于海洋特别保护区的保护和管理以及对有关权利人损失的补偿。

4.2.3.10 突发事件管理

在海洋特别保护区内发生事故和突发性事件对保护区造成污染和损害的单位和个人必须及时采

取处理措施，减少或消除对海洋特别保护区生态与资源的影响，并对所破坏的海洋景观给予恢复。

4.2.4 资源利用的生态环境保护要求

《中华人民共和国海域使用管理法》规定“国家实行海洋功能区域制度。海域使用必须符合海洋功能区划。”国务院批准实施的《全国海洋功能区划（2011—2020）》中将海洋特别保护区确定为海洋功能区的一种类型（表4-2），因此海洋特别保护区的生态保护与资源利用应当符合海洋功能区的管理要求。

表4-2 海洋功能区类型划分

一级类	二级类	一级类	二级类
1农渔业区	1.1农业围垦区	4矿产与能源区	4.1油气区
	1.2养殖区		4.2固体矿产区
	1.3增殖区		4.3盐田区
	1.4捕捞区		4.4可再生能源区
	1.5水产种质资源保护区	5旅游休闲娱乐区	5.1风景旅游区
	1.6渔业基础设施区		5.2文体休闲娱乐区
2港口航运区	2.1港口区	6海洋保护区	6.1海洋自然保护区
	2.2航道区		6.2海洋特别保护区
	2.3锚地区	7特殊利用区	7.1军事区
3工业与城镇用海区	3.1工业用海区		7.2其他特殊利用区
	3.2城镇用海区	8保留区	8.1保留区

从目前海洋特别保护区海域资源利用的类型来看，主要涉及农渔业区、港口航运区、矿产与能源区、旅游休闲度假区、特殊利用区和保留区等六大类功能区，《全国海洋功能区（2011—2020）》对包括上述六大类海洋功能区在内各类海洋功能区的生态环境保护提出了明确的要求（表4-3），农渔业区等六大类海洋功能区管理要求如下。

4.2.4.1 农渔业区

农渔业区是指适于拓展农业发展空间和开发海洋生物资源，可供农业围垦，渔港和育苗场等渔业基础设施建设，海水增养殖和捕捞生产，以及重要渔业品种养护的海域，包括农业围垦区、渔业基础设施区、养殖区、增殖区、捕捞区和水产种质资源保护区。

农业围垦要控制规模和用途，严格按照围填海计划和自然淤涨情况科学安排用海。渔港及远洋基地建设应合理布局，节约集约利用岸线和海域空间。确保传统养殖用海稳定，支持集约化海水养殖和现代化海洋牧场发展。加强海洋水产种质资源保护，严格控制重要水产种质资源产卵场、索饵场、越冬场及洄游通道内各类用海活动，禁止建闸、筑坝以及妨碍鱼类洄游的其他活动。防治海水养殖污染，防范外来物种侵害，保持海洋生态系统结构与功能的稳定。农业围垦区、渔业基础设施区、养殖区、增殖区执行不劣于二类海水水质标准，渔港区执行不劣于现状的海水水质标准，捕捞区、水产种质资源保护区执行不劣于一类海水水质标准。

表4-3　海洋功能区环境保护要求

一级类	二级类	海水水质质量（引用标准：GB3097-1997）	海洋沉积物质量（引用标准：GB18668-2002）	海洋生物质量（引用标准：GB18421-2001）	生态环境
1 农渔业区	1.1农业围垦区	不劣于二类			不应造成外来物种侵害，防止养殖自身污染和水体富营养化，维持海洋生物资源可持续利用，保持海洋生态系统结构和功能的稳定，不应造成滨海湿地和红树林等栖息地的破坏
	1.2养殖区	不劣于二类	不劣于一类	不劣于一类	
	1.3增殖区	不劣于二类	不劣于一类	不劣于一类	
	1.4捕捞区	不劣于一类	不劣于一类	不劣于一类	
	1.5水产种质资源保护区	不劣于一类	不劣于一类	不劣于一类	
	1.6渔业基础设施区	不劣于二类（其中渔港区执行不劣于现状海水水质标准）	不劣于二类	不劣于二类	应减少对海洋水动力环境、岸滩及海底地形地貌的影响，防止海岸侵蚀，不应对毗邻海洋生态敏感区、亚敏感区产生影响
2 港口航运区	2.1港口区	不劣于四类	不劣于三类	不劣于三类	
	2.2航道区	不劣于三类	不劣于二类	不劣于二类	
	2.3锚地区	不劣于三类	不劣于二类	不劣于二类	
3 工业与城镇用海区	3.1工业用海区	不劣于三类	不劣于二类	不劣于二类	应减少对海洋水动力环境、岸滩及海底地形地貌的影响，防止海岸侵蚀，避免工业和城镇用海对毗邻海洋生态敏感区、亚敏感区产生影响
	3.2城镇用海区	不劣于三类	不劣于二类	不劣于二类	
4 矿产与能源区	4.1油气区	不劣于现状水平	不劣于现状水平	不劣于现状水平	应减少对海洋水动力环境产生影响，防止海岛、岸滩及海底地形地貌发生改变，不应对毗邻海洋生态敏感区、亚敏感区产生影响
	4.2固体矿产区	不劣于四类	不劣于三类	不劣于三类	
	4.3盐田区	不劣于二类	不劣于一类	不劣于一类	
	4.4可再生能源区	不劣于二类	不劣于一类	不劣于一类	
5 旅游休闲娱乐区	5.1风景旅游区	不劣于二类	不劣于二类	不劣于二类	不应破坏自然景观，严格控制占用海岸线、沙滩和沿海防护林的建设项目和人工设施，妥善处理生活垃圾，不应对毗邻海洋生态敏感区、亚敏感区产生影响
	5.2文体休闲娱乐区	不劣于二类	不劣于一类	不劣于一类	
6 海洋保护区	6.1海洋自然保护区	不劣于一类	不劣于一类	不劣于一类	维持、恢复、改善海洋生态环境和生物多样性，保护自然景观
	6.2海洋特别保护区	使用功能水质要求	使用功能沉积物质量要求	使用功能生物质量要求	
7 特殊利用区	7.1军事区				防止对海洋水动力环境条件改变，避免对海岛、岸滩及海底地形地貌的影响，防止海岸侵蚀，避免对毗邻海洋生态敏感区、亚敏感区产生影响
	7.2其他特殊利用区				
8 保留区	8.1保留区	不劣于现状水平	不劣于现状水平	不劣于现状水平	维持现状

4.2.4.2 港口航运区

港口航运区是指适于开发利用港口航运资源，可供港口、航道和锚地建设的海域，包括港口区、航道区和锚地区。

深化港口岸线资源整合，优化港口布局，合理控制港口建设规模和节奏，重点安排全国沿海主要港口的用海。堆场、码头等港口基础设施及临港配套设施建设用围填海应集约高效利用岸线和海域空间。维护沿海主要港口、航运水道和锚地水域功能，保障航运安全。港口的岸线利用、集疏运体系等要与临港城市的城市总体规划做好衔接。港口建设应减少对海洋水动力环境、岸滩及海底地形地貌的影响，防止海岸侵蚀。港口区执行不劣于四类海水水质标准。航道、锚地和邻近水生野生动植物保护区、水产种质资源保护区等海洋生态敏感区的港口区执行不劣于现状海水水质标准。

4.2.4.3 矿产与能源区

矿产与能源区是指适于开发利用矿产资源与海上能源，可供油气和固体矿产等勘探、开采作业以及盐田和可再生能源等开发利用的海域，包括油气区、固体矿产区、盐田区和可再生能源区。

禁止在海洋保护区、侵蚀岸段、防护林带毗邻海域开采海砂等固体矿产资源，防止海砂开采破坏重要水产种质资源产卵场、索饵场和越冬场。严格执行海洋油气勘探、开采中的环境管理要求，防范海上溢油等海洋环境突发污染事件。油气区执行不劣于现状海水水质标准，固体矿产区执行不劣于四类海水水质标准，盐田区和可再生能源区执行不劣于二类海水水质标准。

4.2.4.4 旅游休闲娱乐区

旅游休闲娱乐区是指适于开发利用滨海和海上旅游资源，可供旅游景区开发和海上文体娱乐活动场所建设的海域。包括风景旅游区和文体休闲娱乐区。

旅游休闲娱乐区开发建设要合理控制规模，优化空间布局，有序利用海岸线、海湾、海岛等重要旅游资源；严格落实生态环境保护措施，保护海岸自然景观和沙滩资源，避免旅游活动对海洋生态环境造成影响。保障现有城市生活用海和旅游休闲娱乐区用海，禁止非公益性设施占用公共旅游资源。开展城镇周边海域海岸带整治修复，形成新的旅游休闲娱乐区。旅游休闲娱乐区执行不劣于二类海水水质标准。

4.2.4.5 特殊利用区

特殊利用区是指供其他特殊用途排他使用的海域。包括用于海底管线铺设、路桥建设、污水达标排放、倾倒等的特殊利用区。

在海底管线、跨海路桥和隧道用海范围内严禁建设其他永久性建筑物，从事各类海上活动必须保护好海底管线、道路桥梁和海底隧道。合理选划一批海洋倾倒区，重点保证国家大中型港口、河口航道建设和维护的疏浚物倾倒需要。对于污水达标排放和倾倒用海，要加强监测、监视和检查，防止对周边功能区环境质量产生影响。

4.2.4.6 保留区

保留区是指为保留海域后备空间资源，专门划定的在区划期限内限制开发的海域。保留区主要包括由于经济社会因素暂时尚未开发利用或不宜明确基本功能的海域，限于科技手段等因素目前难以利用或不能利用的海域，以及从长远发展角度应当予以保留的海域。

保留区应加强管理，严禁随意开发。确需改变海域自然属性进行开发利用的，应首先修改省级海洋功能区划，调整保留区的功能，并按程序报批。保留区执行不劣于现状海水水质标准。

4.3 海洋特别保护区主要管理制度与技术标准

4.3.1 各级海洋行政管理部门的建章立制

依照《中华人民共和国海洋环境保护法》第二十三条的要求，国家海洋行政主管部门积极推进海洋特别保护区法制建设，抓紧制定相关的管理政策。国家海洋行政主管部门于2005年10月出台了《海洋特别保护区管理暂行办法》（国海发〔2005〕24号）;2010年8月，国家海洋局总结了几年来海洋特别保护区建设管理实践经验，进一步完善了海洋特别保护区管理制度，在对《海洋特别保护区管理暂行办法》进行了补充和完善的基础上，出台了《海洋特别保护区管理办法》（国海发〔2010〕21号），与此同时，以同一个文件号还出台了《国家级海洋特别保护区评审委员会工作规则》和《国家级海洋公园评审标准》，这3个文件相互配套，成为目前关于海洋特别保护区最高层次的专项管理文件。《无居民海岛保护与利用管理规定》要求采取建立海岛特别保护区方式保护无居民海岛。

此外，辽宁、山东、江苏、浙江、福建和海南等省份相继出台了海洋环境保护管理办法或条例，强调应根据海洋生态保护的需要，积极选划建立海洋特别保护区。

浙江省人民政府办公厅于2006年5月16日发布的《浙江省海洋特别保护区管理暂行办法》，作为第一部地方性海洋特别保护区专项管理文件，对浙江省海洋特别保护区建设与管理提出了明确的要求。

除了积极建章立制，辽宁、天津、福建、广东等省份的海洋环境保护规划中，对海洋特别保护区发展提出了明确的发展目标，并安排专项行动加强海洋特别保护区建设和管理。

在海洋特别保护区建设起步阶段，国家海洋局根据当时海洋特别保护区建设管理需求，于2005年发布实施了《海洋特别保护区管理暂行办法》。经过几年的实践，海洋特别保护区建设管理经验不断得以丰富，沿海地区建立海洋特别保护区的呼声日渐高涨，海洋生态保护和海洋生态文明建设对海洋特别保护区提出了更高的要求，因此需要在新的形势下，认真总结海洋特别保护区建设管理经验及所面临的问题，完善海洋特别保护区管理制度，更好地推进海洋特别保护区建设管理工作。2010年，国家海洋局在《海洋特别保护区管理暂行办法》的基础上，进一步丰富了海洋特别保护区管理制度的内容，出台了《海洋特别保护区管理办法》，同时还下发了《国家级海洋特别保护区评审委员会工作规则》《国家级海洋公园评审标准》等配套文件，使得相关管理制度内容更加完善。《海洋特别保护区管理办法》等相关文件的出台，对加强海洋特别保护区生态系统及其功能的保护和恢复，科学合理利用海洋资源，促进海洋经济与社会的可持续发展具有重要的意义。

4.3.2 相关技术标准体系建设

海洋特别保护区建设和管理具有很强的技术性，通过技术标准约束相关技术环节的实施，对保障海洋特别保护区事业稳步发展是非常必要的，因此，国家海洋行政主管部门在不断完善其管理制度的同时，也十分注重相关技术标准体系的建设，组织有关技术单位开展相关技术标准的研究与编制，国家标准《海洋特别保护区选划论证技术导则》（GB/T25054—2010）已批准发布实施，国家海洋局批准发布了《海洋特别保护分类分级标准（HY/T 117—2010）》和《海洋特别保护区功能分区和总体规划编制技术导则（HY/T 118—2010）》两项海洋行业标准。涉及海洋特别保护区的技术标准体系不断得以完善。

4.3.3 主要管理运行制度

4.3.3.1 管理机构及其职责

已经批准建立的海洋特别保护区所在地的县级以上人民政府应当加强对海洋特别保护区的管理，建立管理机构。必要时可以在海洋特别保护区管理机构内设立中国海监机构，履行海洋执法职责，并接受中国海监上级机构的管理和指导。

海洋特别保护区管理机构的主要职责包括：

（1）贯彻落实国家及地方有关海洋生态保护和资源开发利用的法律法规与方针政策；

（2）制定实施海洋特别保护区管理制度；

（3）制订实施海洋特别保护区总体规划和年度工作计划，并采取有针对性的管理措施；

（4）组织建设海洋特别保护区管护、监测、科研、旅游及宣传教育设施；

（5）组织开展海洋特别保护区日常巡护管理；

（6）组织制订海洋特别保护区生态补偿方案、生态保护与恢复规划、计划，落实生态补偿、生态保护和恢复措施；

（7）组织实施和协调海洋特别保护区保护、利用和权益维护等各项活动；

（8）组织管理海洋特别保护区内的生态旅游活动；

（9）组织开展海洋特别保护区监测、监视、评价、科学研究活动；

（10）组织开展海洋特别保护区宣传、教育、培训及国际合作交流等活动；

（11）建立海洋特别保护区资源环境及管理信息档案；

（12）发布海洋特别保护区相关信息；

（13）其他应当由海洋特别保护区管理机构履行的职责。

4.3.3.2 协调机制

沿海县级以上人民政府海洋行政主管部门负责组织建立由政府有关部门及利益相关者组成的海洋特别保护区协调机制，负责协调解决保护区管理机构职责以外的各类涉海活动；审议保护区内的执法巡护方案、重大生态保护项目、生态旅游及其他资源开发活动方案和涉及社区公众利益的重大事件。

4.3.3.3 总体规划

海洋特别保护区建立后应当组织编制完成海洋特别保护区总体规划，明确未来10年左右的时间内海洋特别保护区保护管理指导思想、目标，提出保护管理、基础设施能力、资源合理利用、科研监测、生态修复、宣传教育及社区共管等方面的重点项目内容，以指导海洋特别保护区内的保护与利用活动。

4.3.3.4 生态补偿机制

经依法批准在海洋特别保护区内实施开发利用活动者应当制订并落实生态恢复方案或生态补偿措施，区内外排污及围填海等活动造成海洋特别保护区生态环境受损的应当支付生态补偿金。

4.3.3.5 监测与评估

海洋特别保护区管理机构应当根据有关技术标准，定期组织实施保护区内的社会经济状况、资源开发利用现状调查和生态环境监测、监视和评价工作。

海洋特别保护区实行管理评估制度，海洋行政主管部门应当对海洋特别保护区进行监督检查，组织开展海洋特别保护区建设和管理评估。

4.3.3.6 社区共管

海洋特别保护区管理机构应当组织区内的单位和个人参加海洋特别保护区的建设和管理，吸收当地社区居民参与海洋特别保护区的共管共护，共同制订区内的合作项目计划、社区发展计划、总体规划和管理计划。

4.4 海洋特别保护区发展概况

海洋特别保护区的建设工作始于2002年。2002年5月，福建省宁德市人民政府批准建立了我国第一个地方级海洋特别保护区——福建宁德海洋生态特别保护区。2005年3月，国家海洋行政主管部门批准建立了首个国家级海洋特别保护区——浙江乐清市西门岛海洋特别保护区，标志着我国海洋特别保护区建设与管理进入一个新的时期。虽然我国的海洋特别保护区建设与管理工作起步较晚，但在国家和沿海地方各级地方政府和海洋行政主管部门的努力下，海洋特别保护区的选划建设得到较快发展，截至2014年底，我国共建有52处国家级海洋特别保护区，其中，国家级海洋特别保护区25处、国家级海洋公园27处；总面积581 632.81 hm^2，其中，国家级海洋特别保护区面积326 533.16 hm^2、国家级海洋公园面积255 099.65 hm^2（表4-4，图4-1）。从国家级海洋特别保护区在沿海省份分布情况来看，山东省建立的国家级海洋特别保护区无论是数量还是面积均居于首位（表4-5）。国家级海洋特别保护区在四大海区分布显示，黄海国家级海洋特别保护区数量最多，为22处；渤海国家级海洋特别保护区面积最大，为223 557.6 hm^2（表4-6，图4-2）。

表4-4 国家级海洋特别保护区名录

序号	所在省份	名 称	面积(hm^2)	批准时间
1	辽宁	辽宁锦州大笔架山国家级海洋特别保护区	3 240	2009年12月
2		大连长山群岛国家级海洋公园	51 939.01	2014年3月
3		大连金石滩国家级海洋公园	11 000	2014年3月
4		盘锦鸳鸯沟国家级海洋公园	6 124.73	2014年3月
5		觉华岛国家级海洋公园	10 249	2014年3月
6		辽宁绥中碣石国家级海洋公园	14 634	2014年3月
7	天津	天津大神堂牡蛎礁国家级海洋特别保护区	3 400	2012年12月
8	山东	山东昌邑国家级海洋生态特别保护区	2 929.28	2007年10月
9		山东东营黄河口生态国家级海洋特别保护区	92 600	2008年12月
10		山东东营利津底栖鱼类生态国家级海洋特别保护区	9 403.57	2008年12月
11		山东东营河口浅海贝类生态国家级海洋特别保护区	39 623	2008年12月

续表4-4

序号	所在省份	名 称	面积(hm^2)	批准时间
12	山东	山东东营莱州湾蛏类生态国家级海洋特别保护区	21 024	2009年2月
13		山东东营广饶沙蚕类生态国家级海洋特别保护区	8 281.76	2009年2月
14		山东文登海洋生态国家级海洋特别保护区	518.77	2009年5月
15		山东龙口黄水河口海洋生态国家级海洋特别保护区	2 168.89	2009年8月
16		山东威海刘公岛海洋生态国家级海洋特别保护区	1 187.79	2009年8月
17		山东烟台芝罘岛群国家级海洋特别保护区	526.51	2010年4月
18		烟台牟平沙质海岸国家级海洋特别保护区	1 465.2	2011年5月
19		山东莱阳五龙河口滨海湿地国家级海洋特别保护区	1 219.1	2011年5月
20		山东海阳万米海滩海洋资源国家级海洋特别保护区	1 513.47	2011年5月
21		威海小石岛国家级海洋特别保护区	2 832	2011年5月
22		山东刘公岛国家级海洋公园	3 828	2011年5月
23		山东乳山市塔岛湾海洋生态国家级海洋特别保护区	1 097	2011年5月
24		山东日照国家级海洋公园	27 327	2011年5月
25		山东莱州浅滩海洋生态国家级海洋特别保护区	7 179.4	2012年12月
26		长岛国家级海洋公园	1 126.47	2012年12月
27		山东蓬莱登州浅滩国家级海洋生态特别保护区	1 871.42	2012年12月
28		威海大乳山国家级海洋公园	3 412.56	2012年12月
29		招远砂质黄金海岸国家级海洋公园	2 699.94	2014年3月
30		蓬莱国家级海洋公园	6 829.87	2014年3月
31		烟台山国家级海洋公园	1 247.99	2014年3月
32		威海海西头国家级海洋公园	1 274.33	2014年3月
33		青岛西海岸国家级海洋公园	45 855.35	2014年3月
34	江苏	江苏海门市蛎岈山牡蛎礁海洋特别保护区（加挂国家级海洋公园牌子）	3 687	2006年10月（2012年12月加挂国家级海洋公园牌子）
35		江苏海州湾海湾生态与自然遗迹国家级海洋特别保护区（加挂国家级海洋公园牌子）	49 000	2008年1月（2011年5月加挂国家级海洋公园牌子）
36		江苏小洋口国家级海洋公园	4 700.29	2012年12月
37	浙江	浙江乐清市西门岛海洋特别保护区	3 080	2005年3月
38		浙江嵊泗马鞍列岛海洋特别保护区	54 900	2005年6月
39		浙江普陀中街山列岛海洋特别保护区	8 085	2006年10月
40		浙江渔山列岛国家级海洋生态特别保护区（加挂国家级海洋公园牌子）	5 700	2008年8月（2012年12月加挂国家级海洋公园牌子）
41		洞头国家级海洋公园	31 104.09	2012年12月

续表4-4

序号	所在省份	名 称	面积(hm²)	批准时间
42	福建	厦门国家级海洋公园	2 487	2011年5月
43		福瑶列岛国家级海洋公园	6 783	2012年12月
44		长乐国家级海洋公园	2 598	2012年12月
45		湄洲岛国家级海洋公园	6 911	2012年12月
46		城洲岛国家级海洋公园	225.2	2013年1月
47	广东	广东海陵岛国家级海洋公园	1 937	2011年5月
48		广东特呈岛国家级海洋公园	1 893.2	2011年5月
49		广东雷州乌石国家级海洋公园	1 671	2012年12月
50		广东南澳青澳湾国家级海洋公园	1 246	2014年3月
51	广西	广西钦州茅尾海国家级海洋公园	3 482.7	2011年5月
52		广西涠洲岛珊瑚礁国家级海洋公园	2 512.92	2012年12月
		合计	581 632.81	

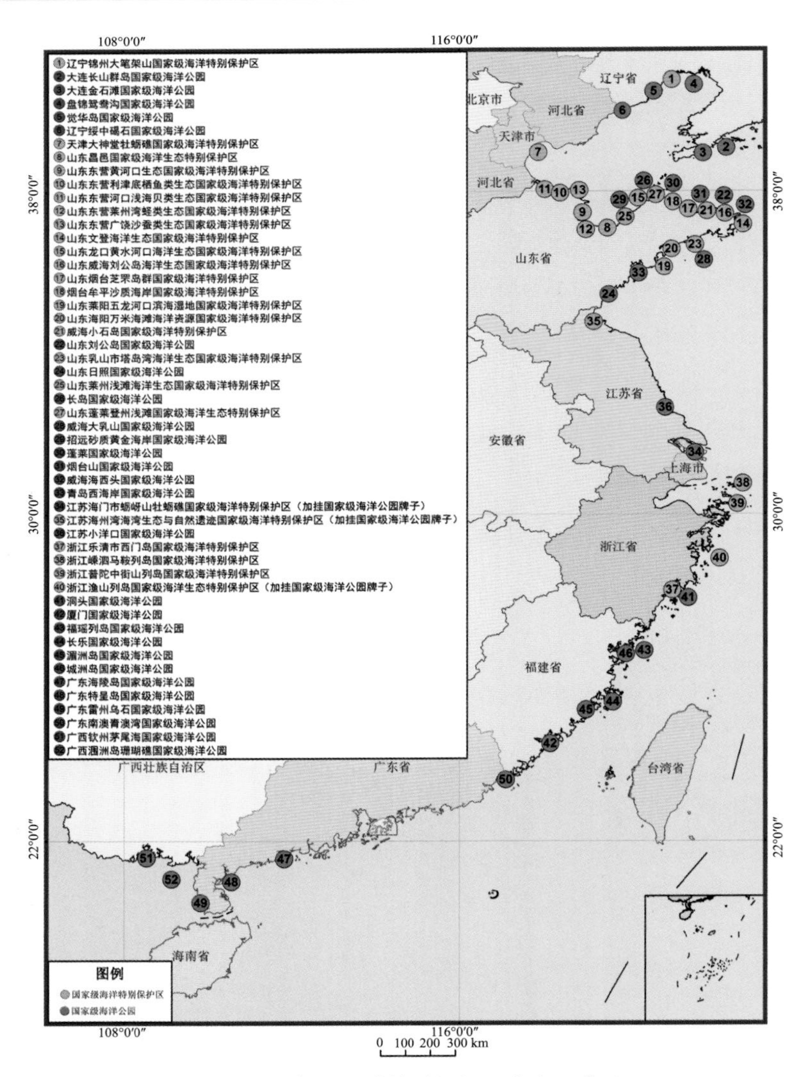

图4-1　国家级海洋特别保护区分布示意图

表4-5　国家级海洋特别保护区在沿海省份的分布

序号	省份	国家级海洋特别保护区	
		数量（处）	面积（hm^2）
1	辽宁	6	97 186.74
2	天津	1	3 400
3	山东	26	289 042.67
4	江苏	3	57 387.29
5	浙江	5	102 869.09
6	福建	5	19 004.2
7	广东	4	6 747.2
8	广西	2	5 995.62
	全国	52	581 632.81

表4-6　国家级海洋特别保护区在四大海区的分布

序号	省份	国家级海洋特别保护区	
		数量（处）	面积（hm^2）
1	渤海	14	223 557.6
2	黄海	22	223 459.1
3	东海	10	121 873.29
4	南海	6	12 742.82
	全国	52	581 632.81

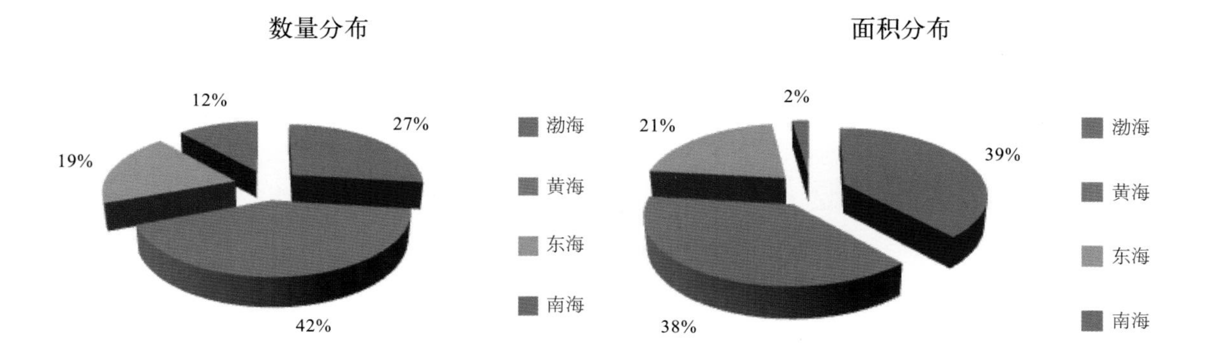

图4-2　国家级海洋特别保护区在四大海区的分布

05 第5章 国际海洋保护区保护与利用管理经验

随着海洋开发活动强度的增大，引发了一系列的资源环境问题，反过来又制约了社会经济的发展。海洋环境污染日趋严重，海洋资源存量急剧下降，海洋生态多样性锐减等已经引起国际社会和沿海国家的普遍关注，保护海洋、走可持续发展道路已成为各沿海国家共同追求的目标。许多沿海国家在发展经济的同时，还积极采取相应的措施和手段，加强海洋保护区的建设和管理，并不断扩大海洋保护的内涵，以达到海洋环境资源可持续利用的目的。

许多沿海国家为加强海洋自然环境和资源的保护，尤其是为了拯救特有、珍稀和濒危的海洋生物物种，保护典型海洋生态环境，合理协调海洋资源利用与保护的矛盾，选择了包括主要保护对象在内的具有代表性的海洋环境加以特殊保护和管理，采取切实可行的保护措施，建成相当数量的海洋保护区。据2003年联合国对全球保护区数量的统计的，全球已建保护区10万余处，所占面积是$18.80 \times 10^4 km^2$。

5.1 国际海洋保护区分类

目前各国海洋保护区的名称可谓是五花八门，如国家公园、海洋公园、海洋保护区、海滨、海岸、河口或沼泽保护区、自然保护区、海洋自然保护区、禁猎区、生物保护区、生物站或野生生物保护区、研究区、保留地或娱乐区等。不论名称如何，这些海洋保护区主要分布在沿岸、河口、岛屿、开阔海域、珊瑚礁、海草床及历史上有重要意义的船只失事区等。自1872年美国建立世界上第一个自然保护区——黄石国家公园以来，世界各种类型保护区的建设已经过100多年的发展历程。然而，国际上对保护区类型的划分至今一直未能统一。

尽管海洋保护区名称各有不同，但主要目的都是保护各国海洋自然和文化资源，对维持生态可持续性起到了积极的作用，同时为本国民众提供了良好的教育、娱乐和旅游机会。

5.1.1 世界自然保护联盟

创建于1948年的世界自然保护联盟（The World Conservation Union，IUCN）一直致力于自然保护，包括对保护区分类及定义的研究。为解决保护区类型划分问题，IUCN于1972年成立了国家公园与保护区委员会(Commission on National Parks and Protected Areas, CNPPA)，通过该委员会，IUCN为保护区的分类提供指导已有30多年，并几经修订，不断加以完善，于1994年发布了《保护区管理类型指南》（Guidelines for Protected Area Management）。根据IUCN1994年的保护区分类体系，保护区分为严格的自然保护区（又分成严格自然保护区和未经破坏的原野保护区两个亚类）、国家公园、自然遗迹、栖息地／物种管理区、陆地及海洋景观保护区（保护景观区）和资源管理保护区6种类型（表5-1）。在全球已建的保护区中，有超过50%以上的保护区按照IUCN的管理分类系统来分类的。

表5-1　IUCN保护区的分类体系（1994年）

序 号		类 型	主要管理目标
Ⅰ	Ⅰa	严格的自然保护区	科学研究
	Ⅰb	未经破坏的原野保护区	荒野的保护
Ⅱ		国家公园	生态系统的保护与娱乐
Ⅲ		自然遗迹	特殊自然特征的保护
Ⅳ		栖息地/物种管理区	通过管理的干预达到保护的目的
Ⅴ		陆地/海洋景观保护区	陆地景观/海洋景观的保护与娱乐
Ⅵ		资源管理保护区	自然生态系统的持续利用

尽管IUCN给出了保护区的分类体系，但世界各国海洋保护区的分类体系仍未能统一。

5.1.2　美国

美国在国家层面通过海洋保护区来体现保护、科学研究、教育及休闲娱乐的功能，与海洋保护区体系有关的法律是1972年通过的《国家海洋避难所法》和《海岸带管理法》，与国家公园体系有关的法律是1916年通过的《国家公园管理局组织法》，与国家野生生物庇护区有关的法律是1966年通过的《国家野生生物庇护区系统管理法》，与荒野保持体系有关的法律是1964年通过的《荒野法》。

按照国际流行的关于保护区的定义，美国的保护区大致包括国家海洋保护区、国家公园、国家野生生物庇护所和荒野保持4个体系。每一个体系中往往包括多种类型的保护区。美国的海洋保护区（Marine Protected Area）是一个统称的概念，包括国家海洋避难所（National Marine Sanctuary）、国家河口研究保护区（National Estuarine Research Reserves）、国家公园（National Parks）、渔业管理区（Fishery Management Zones）、国家海滨（National Seashores）、国家纪念地（National Monuments）、关键生境（Critical Habits）、国家野生生物庇护区（National Wildlife Refuges）、州立保存区（State Conservation Areas）、州立保留地（State Reserve）等。

2000年5月26日，时任美国总统克林顿颁布了关于国家海洋保护区的13158号行政令，指令商务部和内政部以及其他的联邦机构建立并扩展海洋保护区国家系统，目的是推进对国家重要自然及文化海洋资源的保护与可持续利用。

至2009年4月，美国海洋保护区国家系统共建有225个海洋保护区，涵盖面积183 000 $mile^2$（1 $mile^2$=2.59 km^2），占美国0～220 n mile水域面积的10%。系统中54%的场所由联邦机构管理，而41%的则由州机构管理，其余由联邦/州合作伙伴或领地管理。

美国的保护区建立初期实行封闭式管理，不允许任何开发活动，当地民众意见很大。经多方协商后改为由保护区管理机构向资源利用者发放许可证来限制船只数量、限制航行路线和捕获量，并通过采取控制排污、游客数量、休闲娱乐方式等措施，以达到资源与环境保护的目的。

5.1.2.1　国家海洋避难所系统

1）法律依据及计划

由于越来越意识到近岸水域的价值，美国国会于1972年颁布了《国家海洋保护、研究和避难所法》（National Marine Protection, Research and Sanctuaries Act），简称《国家海洋避难所法》。该法授权商务部部长将某些海域建立为国家海洋避难所（National Marine Sancuaries），并将国家海洋避难所的定义明确为“由于其保护、娱乐、生态、历史、科学、文化、考古、教育或美学价值、所包含的生物资源群落、其资源或人类使用价值而具有特殊的国家意义的海洋环境区域”。

国家海洋与大气局根据《海洋避难所法》制订了“国家海洋避难所计划（National Marine Sanctuary Program）”，保护区处（Sanctuaries and Reserves Division）按照该计划负责全国海洋避难所系统的监督管理和信息交流。

2）国家海洋避难所的建设

自1972年以来，美国国家海洋与大气局相继建立了13个国家海洋避难所。这些国家海洋避难所包括了深海公园、近岸珊瑚礁、鲸鱼迁徙路径、深海峡谷以及水下考古地址。它们大小不一，从美属萨摩亚的0.25 mile^{2}的法格泰勒（Fagatele）湾到加利佛尼亚的5 300 mile^{2}的蒙特利湾（世界上最大的海洋保护区之一）。这些保护区保护了近18 000 mile^{2}的海洋水域和生境，这一面积相当于佛蒙特州和新罕布什尔州面积的总和。另外，国家海洋避难所计划正在进行建立西北夏威夷群岛珊瑚礁生态保留区为第14个国家海洋避难所的立项工作。

蒙特利湾国家海洋避难所是美国13个海洋保护区中最大的一个，涉及中加利佛尼亚5 300 mile^{2}余的生境，分布着崎岖的岩石海岸、茂盛的巨藻林和北美最深的水下峡谷。该保护区包含了多样的生物群落，不仅包括了细小的浮游生物，还包括了巨大的蓝鲸，具有丰富的海洋生物多样性。该保护区现已成为国家海洋研究和教育计划的中心。

此外，位于旧金山的西部和北部的法拉龙斯（Farallones）湾国家海洋避难所，沿加利佛尼亚海岸分布，其边界包括海岸线至平均高潮线，为公众保护一些易受影响的潟湖、河口、海湾和海滩。保护区内分布有多种经济鱼类、海洋哺乳动物及鸟类的产卵场和育幼场。法拉龙斯岛屿是美国比邻区繁殖鸟类密度最大的聚居地。

5.1.2.2 国家河口研究保护区系统

1）法律依据及计划

1972年颁布的《海岸带管理法》（Coastal Zone Management Act）要求在美国建立一个代表不同生物地理区域的河口网络系统，即国家河口研究保护区系统（National Estuarine Research Reserve System）。在这一系统内，保护区的科学家和其他研究人员可以进行生态研究，为海岸带管理者及当地决策者的管理提供服务。

国家河口研究保护区系统计划（National Estuarine Research Reserve System programs）管理的重点包括了解现有的资源资产及人类活动对其产生的影响。这涉及一系列的活动，包括土地的获得、为栖息地制图、生态修复、资源目录（数据库）、生态监测、流域管理计划、濒危物种保护、用火燃烧管理、娱乐管理、区域计划、政策制定及其他。

2）国家河口研究保护区系统的建设

国家海洋与大气局根据《海岸带管理法》制定了国家河口研究保护区系统（National Estuarine Research Reserve System Regulations），并为国家河口研究保护区定义为“适合于长期研究的典型河口生态系统的任何区域，可以包括河口的重要陆地和水域部分，及其构成一定范围自然单元的邻近过度区域和高地，保留的这一区域可作为天然的现场实验室，为区域内生态关系提供长期的研究、教育和

宣传机会。”

至今国家河口研究保护区系统已建成一个以长期的管理、研究和教育为目的的遍布美国的26个河口区域（来自陆地的淡水和源自海洋的盐水混合的区域）的网络，涉及海湾、海峡、湿地、水湾、潟湖和泥沼等多种生态系统。河口保护区系统内的各个站点保护了面积超过100万英亩（1英亩=0.4 hm^2）的水域和陆地，大小从阿拉斯加365 000英亩的卡奇马克（Kachemak）湾到俄亥俄州伊利县571英亩的老妇人河（Old Woman Creek）。这些区域为野生动物提供必要的栖息地，为学生、教师和公众提供教育机会，并为科学家提供了活体实验室。

在国家河口研究所保护区系统中，最为典型的是鲁克利湾国家河口研究保护区和切萨比克湾国家河口研究保护区。

鲁克利湾国家河口研究保护区（Rookery Bay National Estuarine Research Reserve）是1978年根据《海岸带管理法》建立的，位于那不勒斯市和马尔科岛之间，保护区核心区面积1.25万英亩，包括水面、红树林湿地以及陆上的松树林和橡树林，再加上保护区所管理的水生生物保留区，总面积达到11.2万英亩。保护区内共有12种生境，其中海洋性生境包括咸水沼泽生境、红树林生境、海滨、有植被分布的海底生境、无植被分布的海底生境和开阔水域。该保护区位于美国最重要的红树林分布区，因此在生态上代表着基本原始的红树林河口生态系统。

切萨比克湾国家河口研究保护区（Chesapeake Bay National Estuarine Research Reserve）位于美国新英格兰地区，是美国面积最大的河口区，流域面积64 000 $mile^2$，流域周围居民1 500万人。切萨比克湾在印第安语中的意思是“大贝湾”，说明这里盛产各种贝类。切萨比克湾依然盛产牡蛎、螃蟹，为各种水生生物提供了自然生境。从20世纪20年代到70年代，牡蛎的年捕捞量都在$2\,700 \times 10^4$ lb左右。但在20世纪80年代以后，由于过度捕捞、病虫害和生境丧失等原因，牡蛎产量锐减。

切萨比克湾最重要的资源是生境。1992—1994年，每年平均有2 800只天鹅、30万只大雁和65万只鸭子在这里越冬，是美国秃鹫和大鸨的重要栖息地。切萨比克湾的潮间带是许多经济鱼类的产卵场和育幼场，重要的鱼类品种包括鲈鱼、褐菖鲉和鲱鱼等。冬季，许多海洋鱼类，都进入切萨比克湾摄食。该湾还分布有13种海草，历史上海草分布面积高达20万英亩，1983年降低到3.8万英亩，1993年恢复到7.3万英亩。

3）国家河口研究保护区系统管理

国家海洋与大气局的国家海洋服务局下属的海洋和海岸带资源管理办公室（OCRM）负责管理国家河口研究保护区系统，由于在美国0～3 n mile的海域属州政府管辖，因此该办公室也与各沿海州存在密切的合作关系。国家海洋与大气局同沿岸各州的合作者共同确定优先项目并制订全系统的计划。另外，国家海洋与大气局为其提供支持，并在国家层面上进行协调。各州合作者在各自的保护区内进行与地方相关的和具有重要国家意义的项目，并为资源保护和计划的执行提供日常管理，国家河口的健康状况则是通过全系统监测项目来连续监测。研究生研究奖学金计划为学生在国家河口研究保护区工作提供了机会。另外，保护区系统的海岸带培训计划为海岸带决策者提供了帮助其作出明智管理决策的手段。

国家河口研究保护区系统的管理为系统内26个保护区的自然资源提供长期的保护，并为沿岸社区提供可靠的管理模式。管理对每个保护区来说都起到功能性的作用，涉及研究、监测、教育、政策及资源管理行动的实施。许多保护区有管理协调人，与其他人员一起工作成为一支综合的队伍。因为保护区内的资源经常受到邻近水域和陆上流域人类活动的影响，所以保护区的管理包括了与保护区外的其他利益相关者的密切合作。

由于不同的州有其不同的合作组织结构，而且每个保护区都有其独特的资源和面临的问题，所以每个保护区的管理活动都有所不同。跨系统的计划为国家、区域和地方层面上的管理活动提供领导、协调、技术支持和一致性。

5.1.2.3 国家公园系统

1）法律依据

国家公园管理局是美国内政部的一个下属局，其任务是保全国家公园系统内的自然和文化资源（景观、自然和历史物品以及野生生物）不受到损害，可以让子孙后代享用。国家公园管理局与其合作者共同合作将自然和文化资源保护与户外娱乐的利益扩展至本国乃至全世界。

国家公园管理局是根据1916年颁布的《国家公园管理局组织法》（National Park Service Organic Act，1916）建立的，旨在促进和管理国家公园、纪念物以及保留区等的利用且资源不受损害。

2）国家公园系统的建设

在国家公园系统中最具代表性的是黄石公园，黄石公园是根据1872年3月1日尤利塞斯·格兰特签署的法案建立的第一个国家公园。

从黄石公园建立至今，国家公园管理局已经建成了遍布美国各地的国家公园系统。该系统包含了388个区域，占地超过8 400万英亩，这些区域分布在美国各个州（除了特拉华州）、哥伦比亚特区、美属萨摩亚群岛、关岛、波多黎各以及维尔京群岛，其中至少有97个国家公园包含有沿海和淡水岸线。这些区域包括国家公园（national parks）、纪念物（monuments）、战场（battlefields）、军事公园（military parks）、历史公园（historical park）、历史遗迹（historic sites）、海滨（seashores）、湖滨（lakeshores）、娱乐区（recreation areas）、风景河流及小径（scenic rivers and trails）、白宫（The White House）。国会根据1916年的《国家公园管理组织法》，于1970年宣布系统内所有的单位在国家系统内都有同等的合法地位。

比斯坎湾国家公园（Biscayne Bay National Park）位于佛罗里达半岛的东南角，历史上是印第安人的居住区。1968年初建时是作为国家纪念物。1980年经扩建，面积达到18.15万英亩，其中95%为海域，包括20英里的大陆红树林岸线、清澈的海水、45个翡翠般的岛屿、五彩缤纷的珊瑚礁，海域中分布有大量的海龟、鲨鱼、旗鱼、海豚和佛罗里达海牛等海洋哺乳类动物。公园内开展的活动包括游艇、划独木舟、钓鱼、帆船、游泳、滑水、潜水、潜水箱或者透明底舱船观看珊瑚礁、岛屿上野炊和宿营等，年游客数量达到50万人次。1980年6月28日经时任美国总统卡特签署，国会把该区易名为国家公园，目标是保护陆地和水下生物的宝贵组合体、保护亚热带景观、开展休闲和旅游活动。

3）国家公园系统的管理

国家公园系统雇佣了近两万名不同的专业人员——永久的、临时的和季节性的。他们每年受到12.5万名志愿者的支持，这些志愿者每年奉献400多万个小时，相当于为公园系统的职工基数增加了约2 058人，创造价值约7 200万美元。一些合作协会在公园的商店提供与公园相关的零售物品来提高教育和宣传的经验。共有65个合作协会，每年为国家公园管理局提供2 600万美元的捐款。赞助团体是公园的非营利性合作者，约有150个赞助团体支持着160个公园，每年提供近5 000万美元的支持。

5.1.2.4 国家野生生物庇护所系统

1）法律依据

美国鱼类与野生生物管理局（The U.S. Fish and Wildlife Service）是美国内政部的一个下属机构。其任务是与其他部门一起合作为美国人民的利益保全、保护并增加鱼类、野生生物及其生境。该局根据《鱼类和野生生物协调法》（Fish And Wildlife Coordination Act，1934）和《国家野生生物庇护所系统管理法》（National Wildlife Refuge System Administration Act，1966）等法规建立并管理国家野生生物庇护所系统。该管理局还执行《联邦野生生物法》（Federal Wildlife Laws），保护濒危物种、管理迁徙鸟类、恢复国家的渔业、保护和恢复野生生物生境。

2）国家野生生物庇护所系统的建设

至今该管理局管理着1亿英亩的国家野生生物庇护所系统，这个系统包含了544个国家野生生物庇护所以及数以千计的小型湿地和其他的特别管理区。在渔业计划下还有66个国家鱼类孵卵所（National Fish Hatcheries）、64个渔业资源办公室（Fishery Resource Offices）和78个生态服务站（Ecological Services Field Stations）。

该管理局在遍布全美的各个机构雇佣了近7 500人，是一个分散型的机构，总部设在华盛顿，设有7个地区办公室和近700个现场站位（野外工作站）。

5.1.3 加拿大

加拿大海域广阔，拥有一些世界上最富饶的渔场，近岸地区大量丰富的海洋生态系统对加拿大历史和经济发展起着重要的作用。因此，充分保护海洋环境，合理利用海洋，保证海洋的可持续开发已成为加拿大的重要国家战略决策。

加拿大保护区分为三大体系：国家海洋保护区体系、野生生物保护区体系及国家公园体系。国家海洋保护区体系是根据《海洋法》来建立的，野生生物保护区体系主要是依据《野生生物法》而设立的，国家公园体系则是按照《国家公园法》建立起来的。在管理体制上，加拿大与美国类似，也属多部门分工负责制。国家海洋保护区体系是由负责国家海洋事务的加拿大渔业与海洋部负责，野生生物保护区体系由隶属于加拿大环境部的野生生物署负责，国家公园体系由隶属于加拿大遗产部的国家公园署负责。

5.1.3.1 海洋保护区立法概况

加拿大对海洋保护区的规定体现在许多法规中，《海洋法》《沙格奈河-圣劳伦斯海洋公园法》《环境保护法》和《海洋保存区法》均涉及海洋保护区的内容。下面就主要的几个直接针对海洋保护区的法规作个简单的介绍。

1）《海洋法》

《海洋法》（Canadian Oceans Act），于1997年1月开始实施，其目的是确保加拿大海洋及海洋资源能够得到保护。《海洋法》为渔业与海洋部部长赋予了协调建立并实施海洋保护区国家系统的领导任务，建立并管理海洋保护区国家系统的职责由渔业与海洋部（海洋保护区，Marine Protected Areas）、遗产部（国家海洋保存区，National Marine Conservation Areas）及环境部（国家野生生物区、迁徙鸟类避难所和海洋野生生物区National Wildlife Areas, Migratory Bird Sanctuaries and Marine Wildlife Areas）共同享有。

2）《沙格奈河—圣劳伦斯海洋公园法》

1997年12月，加拿大为建立沙格奈河—圣劳伦斯海洋公园，通过了《沙格奈河—圣劳伦斯海洋公园法》（Saguenay-St. Lawrence Marine Park Act），此法要求“加拿大和魁北克省的政府部门要认识到保护环境对当代人和后代子孙的必要性，以及把动植物和一些特殊的自然资源保护起来作为沙格奈河和圣劳伦斯河口代表性的一部分的必要性”。该法还在导言中强调加拿大议会和魁北克省的立法机构必须在各自的权限范围内制定法律以实现沙格奈河-圣劳伦斯海洋公园的建立和管理。

3）《国家海洋保存区法》

加拿大议会于2002年6月13日通过了一项新的立法《国家海洋保存区法》（Canada National Marine Conservation Areas Act），这项立法为创建和管理海洋保护区提供了新的、广泛的权限，大大推进了加拿大海洋保存区系统的建设。立法强调了“保护自然的、能自我调节的海洋生态系统对于维持生态系统多样性的重要性”，“在保护和管理海洋环境的过程中，加拿大政府要贯彻‘预防原则’，当存在环境损害威胁的时候，缺乏科学确定性不能作为推迟实施预防措施的理由”。该法第8条规定“加拿大遗产部部长负责海洋保存区的经营、管理和管辖，并且根据法律不受其他内阁成员的任命”。此外该法还规定了遗产部部长在海洋保存区事宜方面“应咨询相关的联邦部长或省级部长及行政机构、受影响的沿海地区、土著组织、地方政府和依照土地权属协议建立的团体或其他人员及团体组织”，共同合作来保护和综合管理海洋保存区。

5.1.3.2 海洋保护区定义

根据《加拿大海洋法》第35（1）节，加拿大海洋保护区定义为：海洋保护区是构成加拿大国家水域（即加拿大领海或专属经济区）一部分的、因下列一个或多个理由建立的、进行特殊保护的海洋区域：

（1）保全并保护商业和非商业性渔业资源，包括海洋哺乳动物及其生境；

（2）保全并保护濒危或受威胁的海洋物种及其生境；

（3）保全并保护独特的生境；

（4）保全并保护具有较高生物多样性或生物生产力的海洋区域。

（5）为完成部长（渔业与海洋部）的训令有必要保全并保护的任何其他海洋资源或生境。

5.1.3.3 海洋保护区国家系统

《加拿大海洋法》第35（2）节为渔业与海洋部在建立海洋保护区国家系统中的领导地位作出了明确规定：

为了综合管理的目的，渔业与海洋部部长将代表加拿大政府领导并协调海洋保护区国家系统的建立与实施。

加拿大渔业与海洋部（Department of Fisheries and Oceans）、国家公园署（Department of Parks）、环境部（Department of Environment）（加拿大野生生物署Canadian Wildlife Service）都负有在海洋环境中建立保护区的职责。因为《海洋法》指定渔业与海洋部部长为负责海洋的联邦领导权威人士，渔业与海洋部将结合三个部门的所有计划，领导海洋保护区国家系统的建立。

各联邦机构涉及海洋保护区国家系统的计划有：渔业与海洋部的海洋保护区计划、遗产部国家公园署的海洋保全区计划、环境部野生生物署的迁徙鸟类避难所计划、国家野生生物区计划和海洋野生生物区计划。

不同的联邦海洋保护区计划有一个共同的目标：促进保全并保护海洋生物资源及其生境。通过协调不同联邦机构的政策、计划和预期的保护区站位，加拿大的河口、近岸和海洋水域的健康和完整性将得到更好的维持。

每个参与海洋保护区的联邦政府都要继续实施现有的海洋保护区计划，并为实现海洋保护区国家系统制定联邦战略，战略将解决下列问题：

（1）建立综合的海洋保护区系统的模式；

（2）将各部门的计划连接起来；

（3）创建计划和管理这一系统的合作机制。

海洋保护区系统的建立将依靠各种计划以及很多人的参与，并为社区团体、个人、利益相关者、土著居民和政府提供合作的机会，共同建立、合作管理重要的海洋野生生物生境。

5.1.3.4 海洋保护区计划

加拿大《海洋法》为渔业与海洋部明确了3个保全和保护海洋的补充计划，其中之一就是海洋保护区计划（Marine Protected Areas program）：领导并协调海洋保护区国家系统的制定和实施，包括因海洋法中详细说明的理由而建立的进行特殊保护的区域。

加拿大的海洋生态系统极其广大并及具多样性，支持着很多不同的活动，因此，《海洋法》框架下的海洋保护区必须满足不同司法背景下的一系列需要。所以，海洋保护区计划采用灵活的方式设计并管理这些区域，建立并管理海洋保护区国家框架（National Framework for Establishing and Managing Marine Protected Areas）为全国的海洋保护区提供总体方法，关于海洋环境及其资源保全、保护和利用的具体计划将由渔业与海洋部的地区办公室来制定并实施。

各个海洋保护区管理计划（management plan）的制定要由地方资源使用者、利益相关者和对其有影响的部门的参与。他们将对下列问题提出具体的建议，如：职责、资金安排、司法协调、功能区划、保护标准、法规、准许的活动、执法、监测与研究及公众意识。海洋保护区每个都不尽相同，有些可能是严格的“不可获取区”，而有些可能是可持续的管理区。这种灵活的方式是为了满足海洋保护区一系列保全和保护要求的需要。

为了确保海洋保护区成为保护海洋生态系统健康和功能综合计划的一部分，其制定和建立应在综合管理计划的框架之内。这样的计划应根据环境和社会经济效益考虑每个区域的保护。

1）目标

依照《加拿大海洋法》，通过海洋保护区系统以保全并保护海洋生态系统的生态完整性、物种及其生境。

2）目的

加拿大实施海洋保护区计划的目的在于：

（1）主动地保全并保护每个海洋保护区的生态完整性；

（2）通过提供与建区目的协调一致的使用致力于近岸社区的社会和经济可持续性；

（3）进一步知晓并了解海洋生态系统。

5.1.3.5 海洋保护区运作的准则

在实施海洋保护区计划过程中，渔业与海洋部将：

（1）坚持海洋保护区计划确定的目标和目的；

（2）以公正、透明的方式建立保护区；

（3）在决策时采用可持续发展、综合管理和预防为主的原则；

（4）将决策建立在现有的科学信息和传统的生态知识基础上；

（5）采用生态系统的方式来计划、建立并管理海洋保护区。这将包括跨行政区域和组织的协调以及认识到海洋生态系统与陆地之间的相互作用；

（6）在计划和建立保护区时要有对其感兴趣和有影响的部门的积极参与，依赖任何可能的现有计划以及体制或社区结构；

（7）在管理海洋保护区时促进不同合作者的使用；

（8）在与建区目的相关的常规基础上评价海洋保护区的设计、管理及有效性。

5.1.3.6 海洋保护区国家框架

根据《加拿大海洋法》，加拿大渔业与海洋部于1999年3月发布了建立和管理海洋保护区国家框架（National Framework for Establishing and Managing Marine Protected Areas），该框架介绍了渔业与海洋部在加拿大全国建立和管理海洋保护区将采取的总体方法，海洋保护区计划的具体实施将在海洋与渔业部的各个地区层面上来完成。因此，各地区将制定实施国家框架的具体指南以适应当地海洋保全和保护的需要。地区指南将与国家框架一致，并将提供海洋保护区建立和管理过程中各个方面的详尽指南。

5.1.4 澳大利亚

澳大利亚的保护区名称繁多，种类齐全，主要划分有世界遗产地、具有国际重要性的湿地、生物圈保护区、联邦保护区和保存区等类的保护区，其中联邦保护区是核心。按照IUCN1994年发布的保护区分类标准，澳大利亚保护区涵盖了所有6种类型，包括类型I的两个亚类。

澳大利亚将海洋保护区的定义为："海洋保护区是一个海域地区特别指定为保护和维持生物多样性、自然及其相关联的文化资源、经由法律和其他有效的方法来管理的区域"。海洋公园、自然保留区和其他海洋保护区包括：珊瑚、海草床、沉船区域、考古场所、潮汐潟湖、泥滩、盐沼湿地、红树林、岩石平台、沿岸或沿海水下区域和较深的海床区域。

在过去几十年中，澳大利亚颁布并实施了一系列与海洋保护区发展相关的国家海洋政策和海洋保护区行动计划。1975年颁布了《大堡礁海洋公园法》，以后又相继颁布了《澳大利亚海洋政策》（1998）、《建立国家级有代表性海洋保护区系统（NRSMPA）的准则》（1998）、《国家级有代表性海洋保护区系统（NRSMPA）战略行动规划》（1999）。

目前该国有大约303个分散的海洋保护区，其包含的面积大约有42×10^4 km^2。澳大利亚大部分海洋保护区的设置，是以多用途为目标，并不是以生物多样性的保存或渔业管理为唯一目的，如澳大利亚的大堡礁海洋公园（The Great Barrier Reef Marine Park），允许进行商业渔业或休闲渔业、观光及休闲活动等。

5.1.5 日本

日本的海洋保护区主要包括：自然保全区（Nature Conservation Areas）、自然公园（Nature

Parks）、海洋公园（Marine Parks）、野生生物保护区（Wildlife Protection Areas）、自然生境保全区（Natural Habitat Conservation Areas）。自然公园由环境省自然保全局国家公园处依据1957年的《自然公园法》建立。现有3种类型的国家公园：其中国家公园（National Parks）一般面积较大，面积不小于300 km^2，由环境省负责认定和管理，准国家公园（Quasi Parks）面积处在国家公园和府公园（Prefectural Parks）之间，不小于100 km^2，由环境省负责认定，地方政府管理。

1934年，日本建立了第一个国家公园，目前国家公园系统包括了28个国家公园、55个准国家公园和308个府公园，总面积已达5.4×10^4 km^2，占全日本陆地总面积的14.2%。国家公园是日本各地主要的旅游目的地，每年的游客数量高达数亿人次。

1970年，日本设立了海洋公园，用来保全美丽的水下景观，主要目的是教育和游憩。在得到环保机构和地方政府批准的前提下，可以在海洋公园内开展各种活动，包括商业捕捞和旅游。日本的海洋公园面积都很小，平均只有41.7 hm^2。最大的冲绳座间味岛（Zamami）海洋公园面积有233 hm^2，最小的田岛（Tajima）半岛海洋公园只有3.6 hm^2。海洋公园周边1 000 m的陆地和海域被列为缓冲区。大多数情况下，海洋公园中有停车场、游客中心、野餐区、天然小径；海中有栈桥、玻璃钢航道和水下观察设施。 目前，日本已在国家公园系统内建立了63个小型的海洋公园。其中32个在国家公园内、31个在亚国家公园内，海洋公园总面积达到25.5 km^2。

5.1.6 韩国

韩国的海洋保护区主要类型有国家公园（National Park）、自然保全区（Nature preserve）和自然生态系统保护区（Natural Ecological System Protected Areas）。

国家公园由韩国国家公园管理局依据1995年的《自然公园法》负责认定和管理，其目的是保全韩国的自然环境和自然美景，推动公众的可持续利用，有助于增强公众健康、休闲和娱乐。韩国现已建成20个国家公园，总面积6 579 km^2，占韩国陆地总面积的6.6%。其中有4个海上国家公园，包括闲丽海上国家公园、边山半岛国家公园、多岛海海上国家公园和泰安海岸国家公园，海域总面积达2 681 km^2。相对于严格保护的国家公园，海上国家公园的利用限制相对宽松。韩国国家公园系统主要通过保护自然景观价值来推动旅游业的发展，其作用与日本类似，自然保护作用较弱，但旅游业发达。

自然保全区（Nature Preserve）由韩国文化和信息部负责认定和管理，主要目的是保护历史遗迹、风景区和自然纪念地。其中，自然纪念地包括独特的动物及其生境，具有特殊自然属性的岛屿和自然生境。现有的5个自然保全区中，只有1个有海域成分，即木浦外海的红岛海洋保全区。政府为了保护红岛的自然景观，1965年将红岛一带指定为天然保护区，后又于1981年成立多岛海海上公园并对其进行保护。根据该保全区的管理要求，区内一块石头一棵草也不能随意摘采移动，若有违反将处以严惩。

自然生态系统保护区（Natural Ecological System Protected Areas）由韩国建设部根据《野生动物保护法》进行认定和管理。现已建立3个自然生态系统保护区，其中有1个包含海域成分，即釜山附近的洛东江口候鸟保护区。

此外，韩国农业部林业局还根据《野生动物保护法》认定和建立了8个野生生物保护区（Wildlife Refuges），总面积2.5 km^2；478个野生生物禁猎区（Wildlife Sanctuary），总面积1 095.8 km^2；65个野生生物特别禁猎区，总面积1 979 hm^2，其中包括部分海域面积。

5.2 国外主要相关保护区管理状况简介

当前，海洋环境污染、海洋资源存量急剧下降、海洋生态多样性锐减等已经引起国际社会和沿海国家的普遍关注，保护海洋、走可持续发展道路已成为各沿海国家共同追求的目标。一些国家不断探索协调海洋保护与开发关系的有效措施和方法，并积累了成功的经验，为我国海洋特别保护区的建设和发展提供了较好的借鉴。

5.2.1 美国国家海洋避难所

5.2.1.1 管理概况

国家海洋与大气局根据《国家海洋避难所法》制定了“国家海洋避难所计划（National Marine Sanctuary Program，NMSP）”，保护区处按照该计划负责全国海洋避难所系统的监督管理和信息交流。该计划确定的管理目标为：

（1）通过全面的、协调的、因地制宜的自然保护和管理促进自然的保护；

（2）支持、促进和协调海洋自然资源的科学研究和监测，改善国家海洋避难所的管理决策；

（3）通过公共讲解和休闲计划，提高公众对海洋环境的意识、理解和明智利用；

（4）在与资源保护的基本目标和其他政府部门政策相兼容的条件下，促进海洋区域的多种利用。

NMSP管理着从面积小于1 $mile^2$到5 000 $mile^2$多的近岸海域和开阔海域。受保护的生境包括多岩海岸、巨藻林、珊瑚礁、海草床、河口生境、硬质和软质底部生境以及鲸鱼的迁徙路径，有些还包含文化遗产。NMSP的任务是作为国家海洋保护区的托管者以保存、保护并提高这些海洋生态系统的生物多样性、生态完整性及文化遗产。然而，虽然资源保护是这一计划的主要目的，但只要与计划的目的一致，对海洋环境的多种使用都是允许的。

避难所管理者和职员掌握着多种保护资源的手段，大多数的避难所都有限制诸如采集、破坏性的捕捞技术、污染物的排放以及对文化遗产的掠夺等活动的规章制度，很多避难所与其他机构有正式的协议，或者有现场的执法人员。避难所也指导或参加许多教育和宣传活动以提高公众的环境保护意识，还进行或推动以各种重要问题为导向的研究，为决策提供信息。

除了极少数例外情况，几乎所有避难所资源采取的保护措施都涉及管理人类活动，其目的是抵御对自然生态系统的直接干预，策略性地设置航道以将其影响减到最少，安置锚系浮标以减少抛锚对敏感底栖生境带来的破坏，禁止某些捕捞技术破坏重要生境，制定溢油应急计划以提供最有效的响应措施。因此，与避难所资源相关的执法、教育、研究和监测具有很强的实用性。

要完成NMSP任务最根本的是要确立一个严格的、客观的并具有应用性的科学原理，并将其以一致的方式应用于实践，以了解生态系统的结构与功能、评价环境状况，并实施有效的、可持续且适应的管理战略。NMSP运用以其任务为导向、多学科的保护方法，了解、保护、评价、监测、维持并恢复其管理下的文化和自然资源。这一方法对更好地了解自然系统的基本属性以及控制对这些系统造成的威胁作出的决策起着重要作用。

授予NMSP权利的法律是1972年的《国家海洋保护、研究与避难所法》（Marine Protection, Research and Sanctuaries Act of 1972），在这一法律的最初文本中并没有包含研究与监测的明确条款，但在后来的包括2000年的修正案中对避难所管理的很多方面作出了修订，包括条款“……支持、促进并协调对这些海洋区域的资源进行科学研究、长期的监测”。

2000年修订的《国家海洋保护、研究与避难所法》指示NMSP还应将重点放在与整个避难所相关的重点问题上，这意味着在整个系统的保护计划方面需要更大的一致性。也就是要关注整个生态系统而忽略各避难所的界线，因此避难所之间的连通性是避难所科学管理的焦点。监测计划也需要考虑不只是单个避难所的优先问题，还要考虑区域的及国家层面上的重要问题。因此，NMSP将提高其能力，解决近岸水域中日益增长的多样化的使用，并尽力在影响避难所资源之前就防止那些问题的发生。

5.2.1.2 主要管理制度

为完成《国家海洋保护、研究与避难所法》赋予的职责，保护避难所内的资源，实施保护区管理计划，国家海洋与大气局为国家海洋避难所系统制定了国家海洋避难所计划条例（National Marine Sanctuary Program Regulations），这些规章包括适合于整个保护区系统的通用制度，如法规禁止某些特殊的活动，制定了一系列允许某些活动或只适合某个保护区特有的规章和许可制度。

法律法规是美国建立和管理海洋保护区的重要保障，也是最重要的、最有效的管理手段之一。按照《国家海洋保护、研究与避难所法》的要求，所有的国家海洋避难所都要因地制宜地制订各自特有的管理计划（management plan），这些计划要有明确的规章、边界、资源保护、监测、研究和教育计划以指导保护区的管理活动，详细说明保护区如何养护、保护并提高生物和文化资源的具体措施。《国家海洋保护、研究与避难所法》还明确规定任何一个国家海洋避难所每5年（最长为5年），要对管理计划进行复审（Management Plan Review），采用以社区为基础的程序，对管理计划实施的有效性进行评估，针对评估结果和保护区实际情况，调整和修改管理计划和有关法规，以便更好地实现该避难所的管理目标，从而达到良好的保护效果。

5.2.2 国家海洋避难所系统监测

5.2.2.1 管理行动的需要

一个避难所的调整、咨询、科学、教育、宣传和执法活动是根据该避难所的管理计划来进行的，现有的管理计划是运用一个模型来制定的（图5-1），这个模型要求用已确定预期结果的管理行动对受到的威胁作出响应，成功或失败基本通过监测实施措施来进行评价。

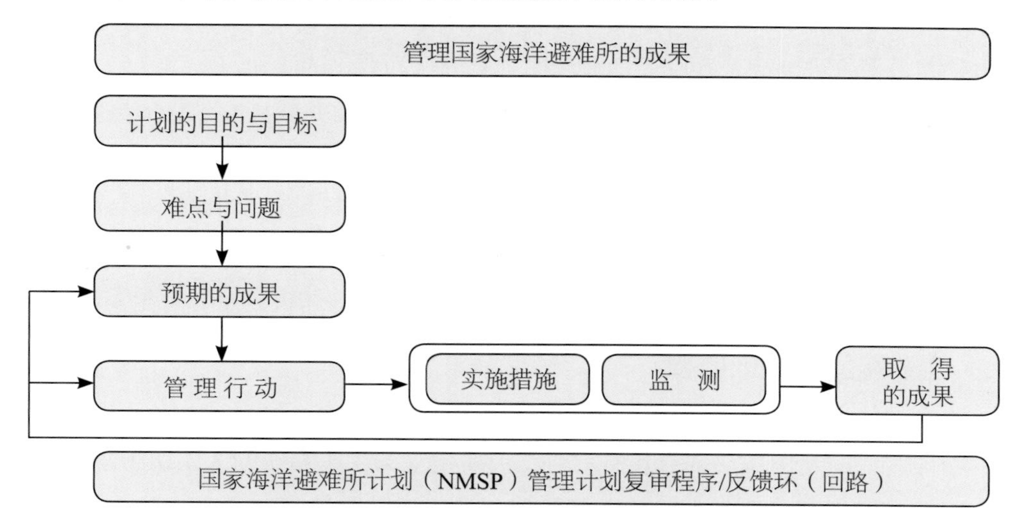

图5-1 解决海洋避难所中特殊难点与问题过程中的关键步骤
（注意在这一过程中监测对评价实施措施以及提供反馈信息的重要作用，而这些信息可能影响管理行动）

5.2.2.2 国家海洋避难所监测计划的意义

对于单个避难所监测的设计应与此模型一致，尤其要与识别和解决优先信息需要以选择适当的指示物来评价管理行动的有效性相关的方面更要一致，监测的实施措施也将确定制定、执行和报告各重要阶段。

过去，避难所的监测主要以单个避难所为基础来进行，独立制定适合于解决某些优先信息需要的监测计划，而不是针对所有避难所的所有优先信息需要。大部分工作以选择“关键资源”为目的，只有极少的避难所采取措施监测横跨物理、生态和化学各方面较广的范围。有时，单个避难所监测的设计成以解决特殊问题为目的，例如船舶搁浅、溢油、电缆安装、碳氢化合物的开发所产生的影响，或在某些区域禁止某些用途而获得某些益处。

每个避难所对环境监测都有各自关注的问题和要求。然而，对于位于美国毗邻区主要近岸生物地理区域、夏威夷、美属萨摩亚的避难所来说，他们对这些区域内的资源保护和管理计划都有长期的承诺。因此，避难所能并应该对评价国家近岸资源的保护工作的有效性起着重要的作用。以这些和其他方式，避难所强有力地支持着国家海洋保护区（National Marine Protected Area，MPA)计划的目的，并应看作此计划的主要部分。

避难所在不同的程度上也对以全国范围为基础的近岸环境质量评价起着重要作用。实际上，海洋避难所位于沿美国海岸9个综合海洋观测系统（Integrated Ocean Observing System，IOOS）区域中的8个（图5-2），这使其成为该系统的重要组成部分。避难所在固定的站位以实时或近实时的连续测量能力使其成为支持区域性实施的IOOS计划的理想站位。避难所和IOOS也有共有的目的，包括改进探测与预报海洋现象、促进对海洋的安全利用、有效地管理海洋资源、保存并恢复健康的海洋生态系统的能力。

无论是在制订地方性的监测计划，还是制订对国家重要的海洋保护问题具有广泛适用性的监测计划时，海洋避难所都将作为重要研究计划能够安全进行、协调的基地，这个现有的基础结构同样也以基线和长期数据的方式支持着这些监测计划的制订。因此，一个全系统的监测计划应努力呈现一个支持地方的、区域的以及国家的海洋资源监测工作的模型。

NMSP的这个构思合理、又能恰当执行的全系统监测计划（System-Wide Monitoring Program，SWiM）将提高该计划在公众眼中的可信度，并将避难所确立为可持续地、有目的地观测自然系统的遗产地，最重要的是将改进影响公众对近岸环境的态度和行为变化的工作。

目前，海洋避难所系统在提供更大尺度信息方面仍存在一定的局限性，另外，还没有很好了解避难所间、避难所与其他近岸水域间的关系。因而，各避难所间还不能进行充分的比较，也不能客观地确定某个避难所是否代表更广范围的区域生境，或避难所间是怎样相互影响的。因此，必须制定以各避难所为基础的监测计划，以优先需要为目标，各避难所的目标是不同的，要认识到与其他更大尺度的和以各种重点问题为基础的计划的相互作用、互为利益的必要性和机会是非常重要的。

5.2.2.3 全系统监测计划概要

全系统监测计划的主要目的是确保数据与信息的及时流动，这些信息是为负责管理并保护海洋与海岸带资源的管理者，以及使用、依靠及研究避难所所包含的生态系统的人员服务的，这样，将使各避难所制订出有效的以生态系统为基础的监测计划，计划的目的是解决管理信息需要。SWiM提供的设计程序能以一致的方法应用于多种空间尺度、多种资源类型，同时也提供一种评价被保护资源的现状、趋势及影响这些资源的活动的报告策略。最后，SWiM将综合来自各合作伙伴的监测信息，以促进其效用、提高地方工作、将其应用于更广泛的问题与尺度，并推广至多个避难所、区域及国家尺度上的研究与监测活动。

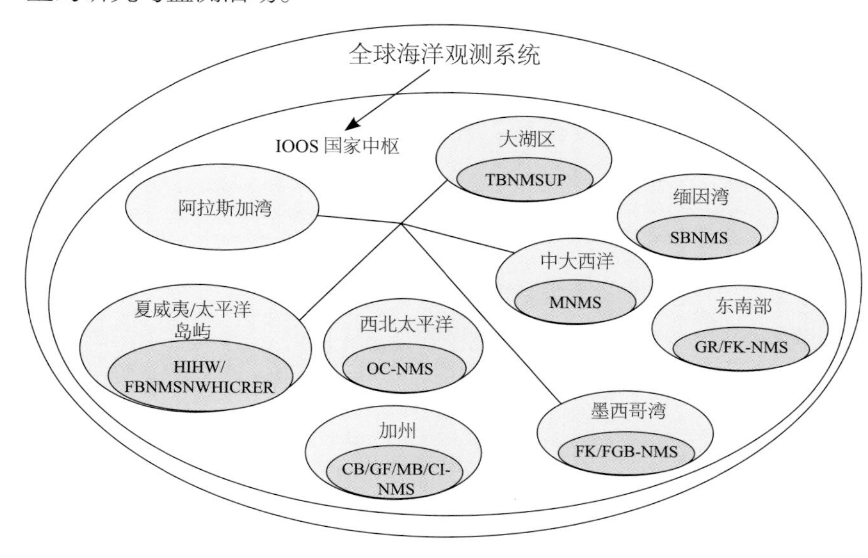

NMS-National Marine Sanctuary：国家海洋避难所；HIHW-Hawaiian Island Humpback Whale：夏威夷群岛脊背鲸；NWHICRER-Northwestern Hawaiian Islands Coral Reef Ecosystem Reserve：西北夏威夷群岛珊瑚礁生态系统保护区；FB-Fagatele Bay：法格泰勒湾；OC-Olympic Coast：奥林匹克海岸；CB-Cordell Bank：考代尔沙洲；GF-Gulf of the Farallones：法拉龙斯湾；MB-Monterey Bay：蒙特利湾；CI-Channel Islands：海峡群岛；TBNMSUP-Thunder Bay NMS and Underwater Preserve：桑得湾国家海洋避难所和水下保护区M-Monitor：Monitor号军舰（美国内战时的一艘沉没军舰）；FK-Florida Keys：佛罗里达群岛；FGB-Flower Garden Banks：花园沙洲；SB-Stellwagen Bank：斯得尔威根沙洲；GR-Gray's Reef：格雷礁。

图5-2 综合海洋观测系统(IOOS)的区域结构是全球海洋观测系统的一部分

SWiM首先阐述的是适合于地方（避难所）层面的监测，追踪自然资源的现状和趋势及人类使用（允许的和禁止的）情况，因为人类活动影响水、生境及生物资源质量，其重点是对管理非常重要的信息，这些信息对其他地方的、区域的及国家的监测计划有一定的作用，同时也能得益于那些地方的、区域的及国家的监测计划。因此，SWiM也将是国家综合海洋观测系统（Nation's Integrated Ocean Observing System，IOOS）的一个重要组成部分，并对实现美国海洋保护区网络确定的目标具有深远的意义。

5.2.2.4 SWiM的主要特征

SWiM具有三个主要特征：第一，其基础是一个能应用于任何海洋避难所的生态系统框架，此框架作为监测计划和信息报告设计的基础；第二，SWiM的设计步骤能应用于制定或改进一个避难所、一组避难所；或自然资源的特殊类型（如海洋哺乳动物），或重点问题（如海洋保护的有效性）的监测计划；第三，SWiM提供了一个非常灵活的报告策略，报告资源在多种尺度（单个避难所、避难所网络、整个避难所系统）上的现状和趋势。

5.2.2.5 监测的设计程序阶段

监测的设计程序有以下三个阶段。

第一阶段是“要求”阶段，根据一个避难所的管理目标提出基于现有资源受到的威胁的特殊问题。另外，应考虑14个“系统问题”。这些问题可应用于所有的避难所，通常与水、生境及生物资源的质量有关，而水、生境及生物资源是所有以保护自然资源为目的的海洋避难所共同的生态系统三大组成部分。一旦提出了适当的问题，专家们将识别出优先的威胁及对那些威胁最可能的环境响应。这一阶段的结果是一个“要求矩阵”，列出优先资源以及必须为每一种资源作出的明确评价。

要求矩阵是第二阶段“规程”阶段的起始点。避难所职员和挑选的专家将考虑现有计划的时间和空间方面的问题，也要考虑解决问题的实际能力，这是资源管理者要求的。选择适当的采样规程、考虑现场的能力、优先选择的关键变量、采样与统计要求以及先导工作所需的花费，先导工作对获得避难所的某些信息如期望的密度、多样性及时空变化的可能是必要的。然后提出实施方案，确定采样密度、期望的探测能力、合作伙伴、时间表、重要事件及经费。

第三阶段是“观测”阶段，涉及现场采样、分析和报告编写。为管理者编写的阶段性报告要提供被保护资源现状的详细信息，在某些情况下，要提供有关特殊管理行动结果的详细信息。另外，合作计划和信息管理将提供更大尺度上的区域和国家报告。然后，来自各尺度的反馈意见将提供给决策者，以指导政策的制定。

5.2.2.6 生态系统监测

每个以保护自然资源为目的而建立的海洋避难所各有其特性，使得每个海洋避难所都是独一无二的，这也影响并决定了其生态系统功能的方式，这是从一般意义上来说的。但是，所有避难所的生态系统结构与功能都有相似性，并受相似因素的影响，这些相似的因素又以可比较的方式相互影响着。而且，影响海洋避难所结构与功能的人类活动在很多方面也是相似的。

图5-3中的生态系统框架，描述了一个概括性的海洋生态系统内各要素的相互关系。该框架显示了海洋避难所间普遍存在的三个主要的生态系统要素——水、生境、生物资源（尽管大气也可能被认为是生态系统的要素，SWiM以海洋环境为重点，因此认为大气是影响避难所状况的一种驱动力和根源，而不是一个单独的要素）。每个要素的所有方面都必须监测以识别出是否背离了可接受的状况。一般地，水质监测是追踪由自然驱动力和某些人类活动类型指示物引起的变化。对生境和生物资源的评价不仅要求评价资源的数量和质量，也要评价资源的产量与损失的某些方面。也必须选择性地追踪某些人类活动的影响，可以通过将活动本身的水平进行量化，也可以追踪其结果（如非本地种的出现）。

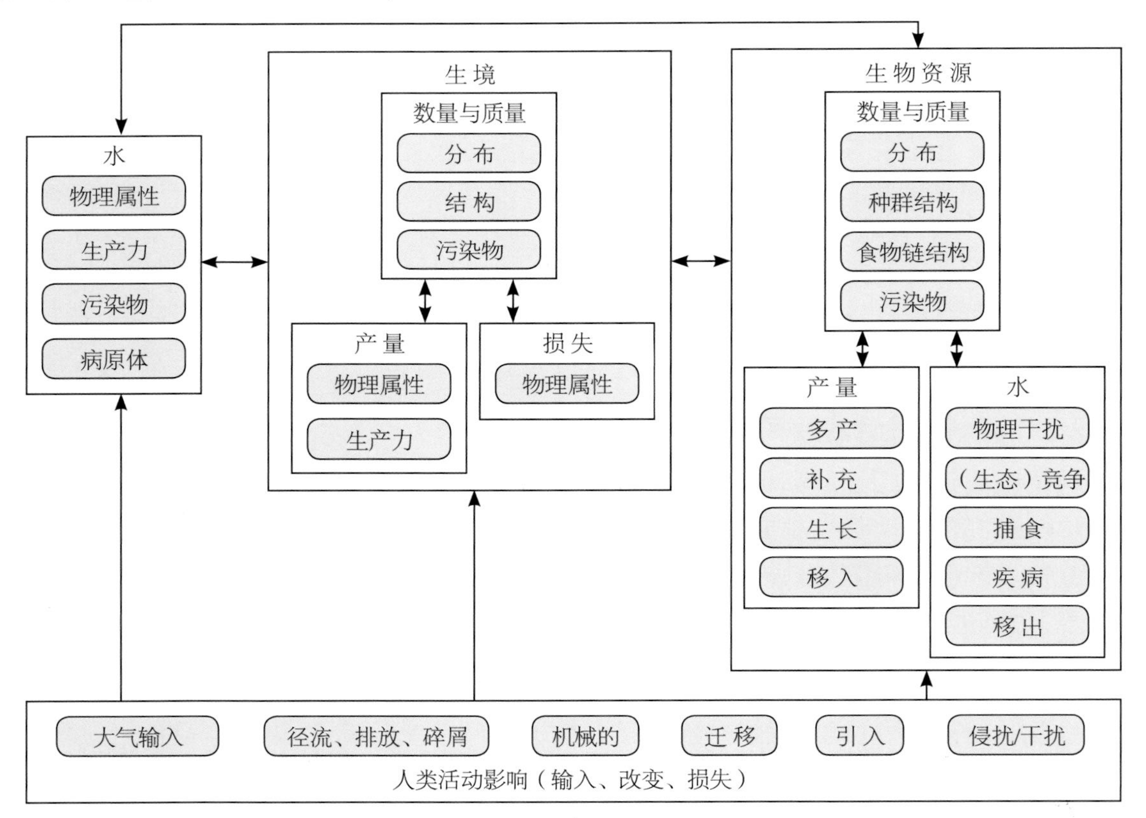

图5-3 生态系统框架

5.2.2.7　系统问题

假设一个普通的海洋生态系统框架能应用于所有的避难所，接下来的是，所有的避难所都可能提出很多问题。下列问题是根据上面提到的概括性的生态系统框架和国家海洋避难所计划（NMSP）的任务提炼出来的，可广泛地应用于整个海洋避难所系统。任何一个海洋避难所在地方尺度上可能会提出更多特殊的问题，但是，各自在制订监测计划的过程中都应考虑这14个系统问题（表5-2）。

表5-2　14个系统问题

生态系统要素	序号	问　题
Water 水	1	Are specific or multiple stressors, including changing oceanographic and atmospheric conditions, affecting water quality? 是否有包括不断变化的海洋学和大气状况的特殊的或多个压力因子影响水质?
	2	What is the eutrophic condition of sanctuary waters and how is it changing? 避难所水域的富营养状况怎样？是如何变化的?
	3	Do sanctuary waters pose risks to human health? 避难所水域对人类健康构成威胁吗?
	4	What are the levels of human activities that may influence water quality and how are they changing? 可能影响水质的人类活动程度怎样？是如何变化的?
Habitats 生境	5	What is the distribution of major habitat types and how is it changing? 主要生境类型的分布怎样？是如何变化的?
	6	What is the physiological condition of biologically-structured habitats and how is it changing? 基于生物学结构的生境的生理学状况怎样？是如何变化的?
	7	What are the contaminant concentrations in sanctuary habitats and how are they changing? 避难所生境的污染物浓度怎样？是任何变化的?
	8	What are the levels of human activities that may influence habitat quality and how are they changing? 可能影响生境质量的人类活动程度怎样？是如何变化的?
Living Resources 生物资源	9	What is the status of biodiversity and how is it changing? 生物多样性的现状怎样？是如何变化的?
	10	What is the status of extracted species and how is it changing? 可获取的物种的现状怎样？是如何变化的?
	11	What is the status of non-indigenous species and how is it changing? 非本地物种的现状怎样？是如何变化的?
	12	What is the status of key species and how is it changing? 关键物种的现状怎样？是如何变化的?
	13	What is the condition or health of key resources and how is it changing? 关键资源的状况或健康怎样？是如何变化的?
	14	What are the levels of human activities that may influence living resource quality and how are they changing? 可能影响生物资源质量的人类活动怎样？是如何变化的?

5.2.2.8 设计程序

图5-4描述了该设计程序，用这一程序制订的监测计划能追踪国家海洋避难所计划（NMSP）中海洋生态系统的状况。此程序包含有“要求”、“规程”和“观测”三个阶段。

1）“要求”阶段

“要求”阶段要求对各避难所的管理目标要有清楚的了解。基于优先资源受到的现有的或预期的威胁，或者特定的管理行动，提出特定的问题。优先问题一旦提出就要纳入上面阐述的14个较为宽泛的、系统层面问题的范围内。这样，系统问题将作为以各避难所为基础的监测数据的报告种类。

对于任何一个避难所来说，识别重点问题、问题及威胁并区分其优先次序的最好方法是利用当地和区域资源管理者、最熟悉本生态系统及其面临的问题的委托人的知识。支持性文件可包括避难所管理计划，其包括避难所目标、已计划的行动、支持管理计划复审的文件、科学及教育计划和概要。也有许多相关的产生于国家层面的文件，包括全系统科学需要评价报告、政策综述及新行动计划。对于网络和区域尺度上的监测，或对于特定问题或资源来说，可以从众多的资料中识别出需要的信息和问题，包括避难所文件、会议记录、研讨会总结报告和专家咨询意见。

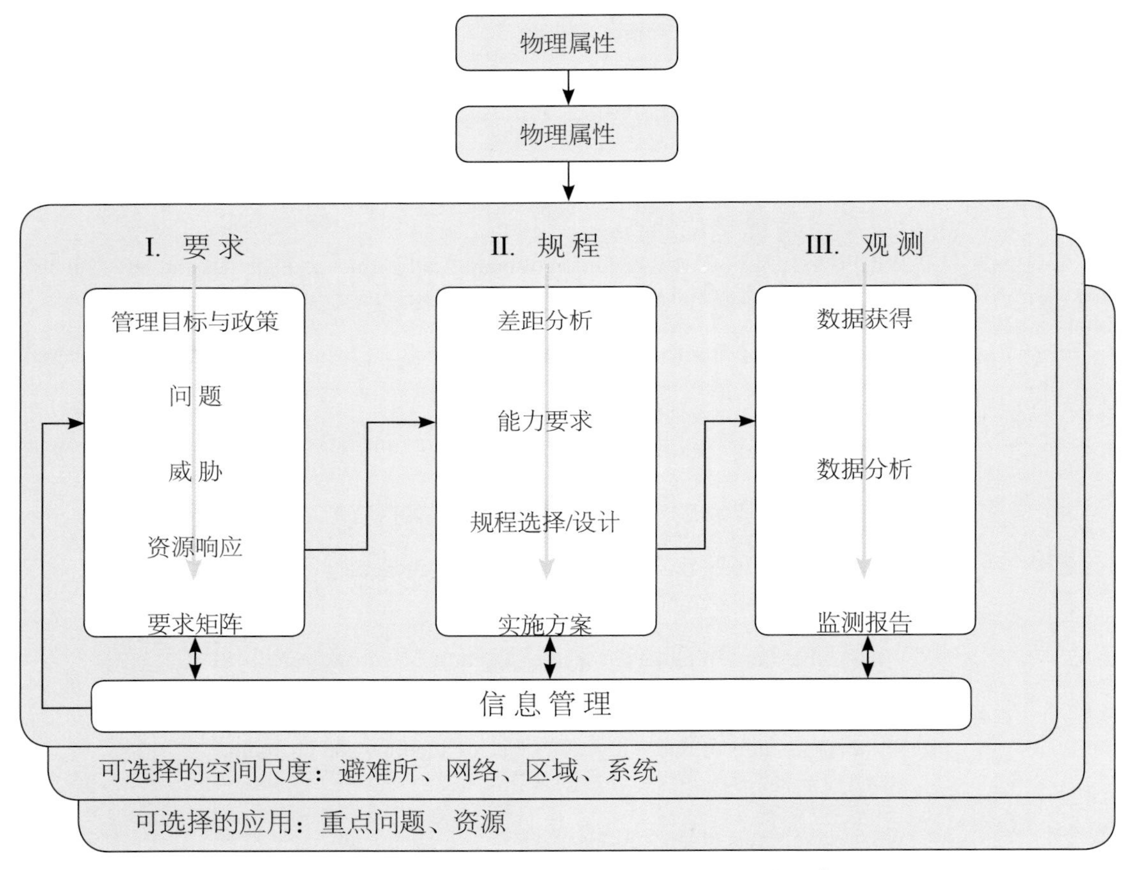

图5-4 国家海洋避难所计划的系统监测设计程序示意图
（该示意图显示了用于制订监测计划的关键阶段和步骤，计划的制订时选择适当的空间尺度，并将监测信息反馈给资源管理者及政策制定者）

如何具体地解决问题，各避难所之间都大不相同，主要是由于有关的压力、威胁和潜在响应各避难所的自然、时间和空间尺度各不相同。在运作方面，这一设计阶段将包括先在论坛上提出优先问题，这一论坛包括避难所管理人员、重要顾问及研究人员，以及经挑选的在管理和/或保护科学方面有区域的和国家水平专业技术的人员。对于每一个问题，工作组应识别出与问题密切相关的现有的或预期的自然或人为的威胁、潜在受这些威胁影响的资源，以及最可能被观察到的潜在响应，应该会出现某些结果。例如，有关捕捞珊瑚礁鱼类数量的问题可能需要了解与商业及娱乐捕捞、捕食与被捕食之间的关系，和/或特殊的疾病造成的威胁。潜在响应的变量包括减少的丰度、整个集合体中营养结构的变化，或疾病影响范围的变化。表5-3所示为与三个主要资源种类潜在相关的一些其他的指示物。在所有的避难所中，不同的单项或多项措施可能被认为适合于追踪某些特殊的响应。在一个珊瑚礁生态系统，一种“藻类”可能就是追踪珊瑚顶冠的一种关键物种；在另一个避难所，巨藻顶冠可能就是对生物资源环境的一种更适当的措施；对水质来说，在一个避难所可能选择与浑浊度有关的措施来追踪优先威胁，而在另一个避难所可能监测的是一组有机污染物和金属。

表5-3　经常用来评价水、生境及生物资源状况的变量

类 别		常见的测量要素（Common Measures）
水	现状与趋势	温度（Temperature） 盐度（Salinity） 溶解氧（Dissolved Oxygen） 海流（Currents） 营养盐（Nutrients） 浊度/水透明度（Turbidity/water clarity） 初级生产/有害藻华（Primary Production/HABs） 有机污染物（Organic contaminants） 重金属（Heavy metals）
	人类活动	点源排放（Point source discharge） 非点源污染（Non-point source pollution） 土地使用方式/程度（Land use patterns/levels） 船舶交通程度/类型（Vessel traffic levels/types） 开发活动（Development activities）
生 境	现状与趋势	沉积物污染物（Sediment contaminants） 结构/分布（Structure/distribution） 源于生物方面的问题（Biogenic aspects） 风暴频率/强度/影响（Storm freq./intensity/impacts） 气候事件（Climatic events） 季节性（Seasonality）
	人类活动	机械干扰（Mechanical disturbance） 获取程度（Extraction levels） 碎片累计（Debris accumulation）
生物资源	现状与趋势	生物多样性测量（Biodiversity measures） 关键物种测量（Key species measures） 可获取物种的测量（Extracted species measures） 非本地物种（Non-indigenous species） 重要速率（繁殖、补充、死亡）[Vital rates（e.g. reproduction, recruitment, mortality）]
	人类活动	获取模式与速度（Extraction modes and rates） 入侵机制（Invasion mechanisms） 干扰程度（Level of disturbance）

将这些信息进行汇编会形成一个“要求矩阵”，“包含优先资源和必须测量的要素问题，予以确定其现状和怎样随时间而变化的变量的目录”。

“要求矩阵”的概念与国家公园管理局在制订自然资源监测计划时运用的方法类似，所列资源可以包括几方面，自然的如水、大气、生境；或生态环境如物种或其他分类学标准。变量可能包括自然属性的（如温度、浊度、颗粒尺寸特征）、统计学的（如存在/不存在率，丰度和分布的现状和趋势）状况数据（如生长和死亡率，产卵力）。在可能的范围内，在时间和空间尺度上需要的采样也在矩阵中可以确定。要求矩阵由监测计划设计第一阶段的最终产品组成。

2）“规程”阶段

设计程序的第二阶段包括提供必需的数据流的所有必要的步骤。先确定必要的混合平台，现场的和远距离采样的传动装置，符合数据的要求的测量规程。组织一个包括在生态研究和监测方面富有经验的专家工作组是最有效的，召开一个或更多的设计研讨会将是完成这一阶段所必需的。

从“要求矩阵”开始，工作组必须确定哪些变量已经用想要采用的方式进行了评价，哪些没有被评价。这种评价要求对资源管理者的测定需求要有清楚的了解，这决定了时间及空间尺度上的采样要求。较高标准的确定性或自信地测定较小尺度上变化的能力要求更加密集的采样。确定是否已经进行了足够的采样可能要求对现有数据的统计能力进行分析，然后就可以推荐出采样密度的变化。

采样设计将根据每个避难所的信息需求继续变化。但是，一般来说，建议采集一系列不同的生态学指示物以支持对状态“迹象重要性”的评估。另外，有一个连续的目的就是要使所有的数据在多站点、区域和国家报告框架下的监测计划中可比对。可比性对于保证数据与区域观测计划如已经计划好的IOOS的衔接是至关重要的。

这一阶段的结果是一系列实施方案。方案将概述选择的变量和在不同经费资助情况下的规程、参与计划的合作者的作用与职责、数据收集、分析和报告的时间表。方案可以包括对监测3个层次的要求：①一个只利用现有资源的计划；②一个能改进现有计划的监测计划，使监测能实现在第一阶段确定的最重要的目标，解决在第一阶段确定的最重要的问题；③一个实施与所有的优先资源有关的规程及变量的较广泛的计划。

3）“观测”阶段

监测的第三阶段包括数据收集、处理、形成报告，使其有利于继续保护并管理资源，结果将产生有关在相应的时间和空间尺度上优先资源和人类活动的现状与趋势的阶段性报告。这些结果必须以一种能非常清楚地传达管理目标正在实现的方式来表述。信息需要必须精确、及时并且是受保护的。

各避难所层面上的监测一般要求较高水平的细节，因为这些信息用来支持避难所的日常管理决策，决策以各避难所特有的活动为重点。在较大的空间尺度上，包括整个避难所系统层面，资源和背景都大不相同，没有必要形成非常详尽的报告，结论必须更具概括性。

数据与报告将会有不同的读者目标，各避难所报告主要是为避难所的职员、其他地方管理者、与避难所有关的学术界的合作者、顾问委员会和工作组之用。他们主要地将影响当地的管理决策、监测、研究、教育、宣传和执法计划。特定站点的数据也将被适当的近岸观测网络所利用。报告将由参与各避难所计划的牵头合作者编制，也包括避难所的职员、政府机构和学术界的合作者，和/或签约者，报告将详细阐述与所有相关问题和变量有关的新发现。

网络或区域报告将适合于在更大空间尺度上运作的管理当局，包括州政府代表，其他联邦机构和非政府组织，许多科学家和教育工作者也能利用这样的信息。

有关国家海洋避难所计划（NMSP）中资源的现状和趋势的国家报告将综合更小尺度上产生的报告中的信息，由于各避难所的自然资源大不相同，其特征不得不减少。所有避难所都能解决的问题相对很少，这些问题一般要与各避难所的问题进行广泛的比较。然而，从国家尺度上提出的问题的答案为国家海洋避难所计划（NMSP）如何较好地保护了有价值的海洋资源提供了证明。这种类型的报告的读者对象应是国家机构（如：国家海洋与大气局，国家公园管理局，美国地质勘测局、环境保护局）、支持组织和国会监督委员会及国会议员。

对于那些以对避难所资源只是一般感兴趣的读者为目标的总结性报告，将制作一系列符号来表述。这些符号是对在国家近岸状况报告（National Coastal Condition Report， EPA，2001）中所采用的符号改进得到的，有相似之处。如每个符号都代表了拟提出的三大报告类别（水、生境及生物资源）中14个“系统问题”中的一个问题，要求避难所职员总结与每个问题有关的发现。根据对那些数据表明的意思的判断，每个问题的符号都制成彩色代码（红、黄或绿）以象征现状（分别是好、一般或差）。每个符号也将有三种方向中的一种，向上指的三角形意指变好的趋势，向下指的三角形意指变坏的状态，正方形意指无趋势存在，或者没有足够的数据可利用以确定是否有趋势存在。有些三角形的颜色可能有层次，表示其状态明显地从一种现状类别向另一种变化（如从好到一般）（图5-5）。

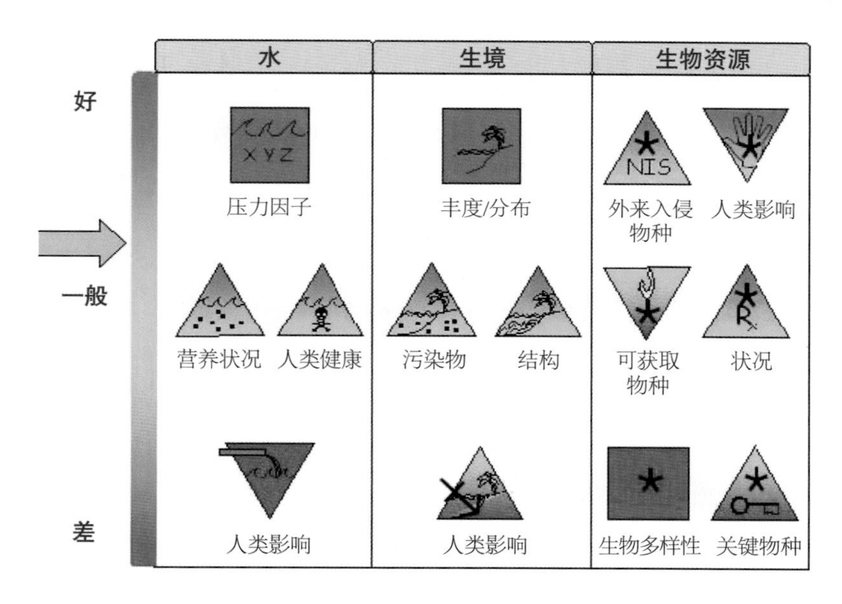

图5-5 国家海洋避难所计划（NMSP）中14个问题的现状和趋势的评价符号
（任何一个符号都可以被重新着色或重新绘制以恰当地显示现状与趋势）

5.2.2.9 信息管理

一个有效的信息管理系统对于一种全系统监测方法的成功是必不可少的。在其他方面，由参与的合作伙伴建立数据传输及报告的适当通道，确保数据的质量、安全性及可达性，促进统计和非统计分析。信息管理系统必须能容纳历史数据，也能容纳调查者在不同的协议、不同的尺度下、使用不同的平台获得的信息，还必须促进信息的综合，这些信息将报告从单个避难所到整个系统所选择的空间尺度下的结果。必须建立追踪程序，并保证数据的质量并及时输入报告中，并确保遵守数据获得、处理、服务和报告的规程以及元数据的应用标准，以使数据间能相互比较。应保证信息系统具有多功能性以便能处理不同数据集，并能长期使用这些数据集。

综合海洋观测系统（IOOS）数据管理与传输（DMAC）指导委员会制定了一个战略，即综合跨越学科、机构、时间尺度和地理区域海洋数据流。这是IOOS三个子系统中的一个，其他两个是观测子系统（Observing Subsystem）和模型与分析子系统（Modeling and Analysis Subsystem）。数据管理与传输（DMAC）指导委员会呼吁建立一个数据传输系统，包括标准、规程、设备和软件。它将支持元数据、数据的搜索、可视性、传输、处理及储存。实际上所有的这些需要都将应用到SWiM中，很多标准和性能可能直接被采用。将有必要进行大量的协调，以保证对所需要的数据流的相互使用，并将复制减少到最低限度。

5.2.2.10 实施战略

正如上面已经提到的，在国家海洋避难所系统内已经进行了大量的监测，SWiM的实施计划将建立在现有的力量之上，如果必要将调整活动，增加一致性计划设计、信息处理、在适当的尺度上形成报告的能力。关键活动将包括：①组织研讨会；②与关键合作者以及NOAA内外的计划的协调，以加强现场采样和信息管理的运作能力；③确立计划的复审能力。上述每个环节都受到以单个避难所、避难所网络、整个避难所系统为重点的活动的支持。

5.2.2.11 组织研讨会

国家海洋避难所计划（NMSP）职员将安排组织各避难所的研讨会，使其与各避难所每5年启动一次的管理计划复审工作相一致。这一活动不仅有助于各避难所的监测计划，而且对整个科学计划的制订与落实都是极为有利的。

组织研讨会也会将重点放在某些特殊资源上。如一个有关西海岸海洋哺乳动物和海鸟监测的研讨会，涉及这一区域的5个海洋避难所。在格雷礁（Gray’s Reef）召开的鱼类普查研讨会的目的是改进对那些优先资源的监测规程。这两种情况的结果都将有助于促进各避难所间追踪这些自然资源的一致性。

西海岸的3个避难所——蒙特利湾、法拉龙斯湾（Gulf of the Farallones）、考代尔沙洲（Cordell Bank）正在进行管理计划的联合复审。其中一个建议是为这3个避难所网络设计一个监测计划，如果这个建议获得同意，那么这里提出的设计程序将在这些避难所得到应用。

设计程序也将应用于与避难所管理有关的特殊问题。如制订一个监测计划以解决并追踪被机械损坏的珊瑚礁的修复问题，取决于损坏及修复工作的严重性及属性，将启动特殊类型的监测。该工作将为支持诉讼案件的解决提供费用预算，预算采用与设计程序一体化的技术。在区域研讨会上，资源管理者、生态研究及监测专家将考虑区域信息需要，并对制定网络监测计划提出建议。以各专题为基础的研讨会将着重于特殊的主题范围，例如水质、渔业海洋保留区或其他，目的在于确定信息需要、最适当的指示物以及解决这些问题的规程。

5.2.2.12 合作与协调

在SWiM的实施过程中，要使众多的合作机会正式化，首先要充分利用国家海洋避难所计划（NMSP）内外NOAA的投资与技术。另外，我们将加强现有的战略伙伴关系并发展新的伙伴关系，以建立与现有监测计划与活动的关系及联合，以促进计划的制订、数据的获得、管理及分发。

NOAA的一些关键伙伴关系可能包括国家近岸海洋科学中心（National Centers for Coastal Ocean Science）、国家数据浮标中心（National Data Buoy Center）、国家环境卫星、数据与信息管理局

（National Environmental Satellite, Data and Information Service）、国家海洋渔业管理局（National Marine Fisheries Service）以及国家河口研究自然保护区（National Estuarine Research Reserves）。其他联邦机构，特别是环境保护局（Environmental Protection Agency）、国家公园管理局（National Park Service）、矿物管理局（Minerals Management Service）、美国鱼类与野生生物管理局（U.S. Fish and Wildlife Service）和美国地质勘测局（U.S. Geological Survey）在监测计划的制订与支持中也起着重要的作用。与其他计划的协调也非常重要，如美国海洋与区域协会实施的IOOS计划、国家近岸评价计划（National Coastal Assessment Program）、环境保护局的环境监测与评价计划（EPA's Environmental Monitoring and Assessment Program）及海洋生物普查计划（Census of Marine Life）。

在地方层面上的合作已经很活跃，需要继续并加强。一些计划如南佛罗里达生态系统修复特别工作组（South Florida Ecosystem Restoration Task Force）、德克萨斯自动浮标系统（Texas Automated Buoy System）、南加利福尼亚近岸水研究项目（Southern California Coastal Water Research Project）、近岸海洋学科间合作研究伙伴关系（ Partnership for Interdisciplinary Studies of Coastal Oceans）、加利福尼亚海洋学渔业合作调查（ California Cooperative Oceanographic Fisheries Investigation）、佐治亚州近岸分析合作伙伴关系（ Georgia Coastal Analysis Partnership）、皮吉特海峡环境监测计划（Puget Sound Ambient Monitoring Program）以及美国长期生态研究（US Long-Term Ecological Research，LTER）网络都已经有合作，这些合作可能会促进海洋避难所的监测工作。另外，还有几个由避难所（如海岸监测计划Beach Watch and SEALS）、着重于珊瑚礁评价的独立组织（全球珊瑚礁监测网络Global Coral Reef Monitoring Network）以及鱼类普查计划（珊瑚礁环境教育基金Reef Environmental Education Foundation）支持的几个志愿者计划，这样的计划可能被要求在SWiM框架内实施一些适当的监测。

国家海洋避难所计划（NMSP）最近与国家河口研究自然保护区计划（National Estuarine Research Reserve Program）和史密斯索尼亚（Smithsonian）环境研究中心（Smithsonian Environmental Research Center）合作启动了一个监测计划，着重于美国西海岸避难所和自然保护区的外来物种监测。NOAA和国家鱼类和野生生物基金会（National Fish and Wildlife Foundation）为此提供资金，目前该计划正在进行中。

格雷礁（Gray's Reef）国家海洋避难所与国家数据浮标中心（National Data Buoy Center）合作建立浮标系统，以提供监测该避难所的水质状况所需的传感器。新的设计将能进行气象与海洋学测量及外部传感器的信息输入，所有的这些信息将实时传输到岸上。如果可能，类似的系统将安装在其他避难所，以便在水质评价方面有更大的一致性。

国家海洋避难所计划（NMSP）也与环境保护局在两个与SWiM有关的重要活动方面有合作。2003年，环境保护局的环境与监测计划（EPA's Environmental Monitoring and Assessment Program，EMAP)沿美国西海岸进行一个采样航次，在150个站点采集底栖和水柱样品，1/3的样品是在海洋避难所内采集的。其结果将提供避难所内外环境状况的第一次稳健统计学比较（robust comparison）。环境保护局与NOAA以及其他联邦机构也在更新国家近岸状况报告（National Coastal Condition Report），NMSP计划向其提供了一份SWiM的简要介绍和某个避难所的一份初步报告。

NMSP计划将继续与许多非政府组织协调，以促进支持SWiM的工作。珊瑚礁环境教育基金会（Reef Environmental Education Foundation，REEF）采用标准的方法、在以保护自然资源为目的的11个避难所中的8个进行鱼类普查。他们也与NMSP计划合作修订规程以便更好地解决鱼类群落动力学问题。

也许制定SWiM的最具挑战性的方面将是建立一个强大的信息管理系统。实际上计划的所有方面都需要有效的信息管理，计划的活动、数据的获得、转换、追踪、分析和报告的形成必须以一种综合的方式，考虑到所有空间和时间尺度的评价。例如，各避难所的特殊信息需要在各避难所间比较，共同形成报告已记录网络现状或特殊问题或资源的现状。为完成这些，数据集与报告规程的一致性是非常必要的。另外，必须考虑与数据设计与可达性及元数据有关的联邦要求。

建立必要的信息管理能力将要求内部能力与战略伙伴关系的联合。国家海洋避难所计划（NMSP）正与国家海洋学数据中心（National Oceanographic Data Center，NODC）在信息管理方面进行合作，支持避难所综合监测网络（Sanctuary Integrated Monitoring Network，SIMoN），这是一项正在进行的工作，目的是协调蒙特利湾国家海洋避难所和加利福尼亚中部区域的区域监测。协调活动与需求评价、数据采集、政策执行以及促进数据获取、处理与分发有关。SIMoN的初步网站（www.mbnms-simon.org）于2003年10月开通，包含了生境信息、交互式地图、图表、实时数据以及现有监测项目的更新数据。希望这一先导工作开发的能力能应用到其他避难所，以支持网络与系统监测。

在更大的尺度上，支持IOOS的数据管理和传输计划（Data Management and Communications Plan）正在制订中。这对协调SWiM和 DMAC的工作非常重要，以确保数据质量，促进数据的可达性与共享。NOAA在开发信息管理能力方面的其他关键合作伙伴可能包括近岸服务中心与国家近岸数据开发中心（Coastal Services Center and the National Coastal Data Development Center，NODC）的一部分。对一些现有的计划如珊瑚礁信息系统（Coral Information System，CORIS）以及近岸监测（Coast Watch）可能为此计划的需要提供一些服务。

一个监测计划的可靠性取决于设计质量和结果的效用，NMSP计划将注意用这些措施对SWiM进行阶段性复审。将定期召开复审小组会议以提供专家评价与指导。由资源管理者及监测专家组成的复审小组具有广泛的地域代表性，在物理、生物和化学等科学技术方面具有平衡性，又具有将科学应用于资源管理的经验。该小组可能对这样的计划要素如设计程序或报告体系提出修改建议，或建议建立合作伙伴关系以促进SWiM。他们的建议主要应建立在保证以下需要的基础上：①结论保持科学的可辨性；②信息对管理者来说是易接近的并且是有用的。也将从一些选择的对象如避难所顾问委员会、各避难所建立的研究小组及为某些相关的计划（如SIMoN）工作的监测小组那里收集一些分散的评论及复审建议。

SWiM是国家海洋避难所计划保护科学工作的重要组成部分，将与其他定性与研究活动一起为更好地理解健康的生态系统是由什么组成的、采取什么样的措施保持这种健康提供信息。但是全面实现SWiM的目标将要求有建立在海洋避难所内现有的监测基础上的重点工作，与一些补充的海洋保护区网络合作，并与其他海洋观测计划的资源和能力进行联合。新的现场采样、新的技术和新的合作伙伴关系必须共同使美国在近岸生态系统的科学、保护和修复方面处于领先地位，并确保我们珍贵的海洋环境遗产的安全。

5.2.3 美国佛罗里达群岛国家海洋保护区

5.2.3.1 佛罗里达群岛国家海洋保护区概况

佛罗里达群岛是北美唯一、世界第三长的珊瑚堡礁，向海绵延6 mile。群岛由1 700个岛屿组成，

从东北向西南呈弧形蜿蜒220 mile。由于认识到珊瑚礁生态系统的重要性，美国于1990年建立了佛罗里达群岛国家海洋保护区（Florida Keys National Marine Sanctuary），保护区范围包括向群岛两侧延伸的2 800 n $mile^2$，2001年又增加至2 900 n $mile^2$，将托尔图加斯生态保留区（the Tortugas Ecological Reserve）纳入保护区。这些珊瑚礁为多种海洋生物种群提供了栖息地和食物，使该保护区包含了北美最具生物多样性的水下生物群落。同时，丰富的海洋生态系统也包括了边缘红树林、海草床、硬质底部生物群落和岸礁，支持着对佛罗里达经济至关重要的商业捕捞和旅游业。该保护区还保护了从殖民地前到现代海运史上沉船的最后一块栖息地。尽管本保护区作为国际海洋保护和资源保护工作的一个典范，但营养盐的流入、污染、船只搁浅和珊瑚白化日益威胁着珊瑚礁的生存。

5.2.3.2 佛罗里达群岛国家海洋保护区的管理

佛罗里达群岛同时包含州和联邦水域，保护区管理机构需要与州政府和其他有关部门密切配合，实际上保护区管理机构的一部分人员就来自佛罗里达州政府。

美国的海洋保护区没有统一划分严格的核心区、缓冲区和实验区，也不进行功能区划，海洋功能区划对美国来说是一个新概念，尽管在陆地上已经运用了好多年。每个保护区都根据各自的实际情况，因地制宜地制订适合本保护区的管理计划。佛罗里达群岛国家海洋保护区是目前唯一进行了海洋功能区划的海洋保护区，但进行区划的部分也只占保护区面积的2%。功能区划的主要目的是减少商业和休闲渔业的影响以保护浅水珊瑚礁生境，从而使珊瑚礁在很多方面得到改善。保护区内98%的区域没有进行区划，管理的重点主要是通过改善水质来达到保护生境的目的。

佛罗里达群岛国家海洋保护区的功能区划主要是设立了一些“不可获取区”，世界自然保护联盟将“不可获取区”定义为：

一个完全（或季节性地）免于所有的将产生影响的资源消耗或不消耗的人类使用的区域（有些允许科学/研究活动的例外）。也被称为“保留地”或“完全保护区”。

5.2.3.3 佛罗里达群岛国家海洋保护区的功能分区

佛罗里达群岛国家海洋保护区内分有不可获取区、野生生物管理区和现有管理区。

1）不可获取区

不可获取区主要有三种，即：

（1）生态保留区（Ecological Reserves，ERs），它们旨在为海洋生物的补充和遗传保护提供自然的产卵场、育幼场和永久栖息地，并保护所有，尤其是没被渔业管理条例保护的栖息地和物种。区内共有2个，主要包含一些较大的、邻近的多样化的生境。

（2）避难所保护区（Sanctuary Preservation Areas，SPAS），着重保护较浅的被频繁使用的珊瑚礁群，在这些地方，使用者之间的冲突和集中的旅游活动导致资源的退化。它们的建立旨在提高再生资源的再生产能力、保护那些对维持并保护重要海洋物种非常重要的区域以及减少那些存在使用者冲突的高度使用的区域。区内共有18个。

（3）特殊用途区（Special-use Areas），留作科学研究和教育目的、恢复、监测之用，或建立一些限制或限定某些活动的区域。这些区域将对敏感生境的影响减到最小并减少使用者的冲突。区内共有4个。

在这些区域内的“不可获取”意指不能捕鱼、捕龙虾、拾贝和不能用任何手段移动或获取任何海洋生物。这些区域都用圆形的黄色浮标作标记。

2）野生生物管理区

野生生物管理区（Wildlife Management Areas，WMAs）建区的目的是将对野生生物尤其是敏感野生生物种群及其生境的干扰减至最小，以确保对它们的保护和保存，与保护区建立时的目标以及其他管理保护区内野生生物资源的适用法律相一致。区内共有27个。

3）现有的管理区

现有的管理区（Existing Management Areas，EMAs），在建立国家海洋避难所之前由NOAA和其他机构建立的。这些区域描述了现有的管辖权，包括罗伊基岛（Looe Key）和基拉戈岛（ Key Largo）两个管理区、大白鹭（the Great White Heron） 和基维斯特岛（Key West）两个国家野生生物庇护所以及所有的州立公园（State Parks）和水生保护区（Aquatic Preserves）。

5.2.3.4 佛罗里达群岛国家海洋保护区不同功能区内的规章制度

1）生态保留区和避难所保护区的规章

除某些例外，以下活动在生态保留区和避难所保护区被禁止：

（1）排放任何物质除了冷却水或允许在区内航行的船发动机的废物；

（2）用任何方式捕鱼；移动、收获或占有任何海洋生物；

（3）触摸活的或死的珊瑚或在其上面站立；

（4）在活的或死的珊瑚或任何附着其上的生物上面抛锚；

（5）当锚系浮标可用时抛锚；

（6）有佛罗里达国家海洋保护区（FKNMS）的许可证，在避难所保护区（SPAs）用鱼饵垂钓是允许的。

2）托尔图加斯（Tortugas South ER）南生态保留区的附加规章

装载渔具的船只如果保持连续航行时才能进入（潜水和带通气管潜水都是禁止的）。

3）托尔图加斯（Tortugas South ER）北生态保留区的附加规章

（1）在使用或停止使用锚系浮标时要求有进入许可证。

（2）总长或累积总长超过100 ft[①]的船只禁止锚系。

（3）当装载渔具的船只保持连续航行时不需要进入许可证。

4）特殊用途区的规章

没有佛罗里达国家海洋保护区的许可证不能进入或进行任何活动。

5）野生生物管理区

在这些区域对公众进入的限制包括只能慢速行进、不能吵醒野生动物、没有缓冲区、不能启动发动机和有限的封闭区。

6）其他相关规章

除了某些例外，下面的活动在保护区内都是禁止的：

（1）移动、损害或占有珊瑚或活的珊瑚礁；

（2）排放或沉降垃圾或其他污染物；

①ft：英尺为非法计量单位，1ft＝0.304 8 m。

（3）疏浚、钻探或其他改变海床或在海底放置或遗弃任何结构物；

（4）操作船只的方式撞击或损害了珊瑚、海草或附着在海底的稳定的其他生物或因螺旋桨划伤；

（5）当能看见底部时，在水深小于40 ft的水域将船抛锚在活珊瑚上。在硬质底部抛锚是允许的；

（6）除了在官方划定的航道，运行船只不能吵醒居住在海岸线、固定船只或标识珊瑚礁的航海辅助标志110 yd（1 yd = 0.914 4 m）之内的居民；

（7）船只运行速度超过4 kn或在插有“潜水者下”旗帜100 yd之内；

（8）没插潜水旗帜潜水或带通气管潜水；

（9）运行船舶的方式会危及生命、海洋生物或财产；

（10）释放外地种；

（11）破坏或移动标志物、锚系浮标、科研设备、边界浮标；

（12）移动、消除、损害或占有历史资源；

（13）获取或占有受保护的野生生物；

（14）使用或占有受保护的野生生物；

（15）使用或占有爆炸物或带电装置；

（16）收获、占有任何海洋物种或将其带上岸，除非佛罗里达渔业和野生生物保护委员会的规章允许。

5.2.4 大堡礁海洋公园

5.2.4.1 大堡礁的自然概况

澳大利亚地处南半球，是世界上最平坦的大陆，土地面积770×10^4 km²，是世界第六大国家，也是世界上唯一拥有整个洲的国家。澳大利亚大陆是一个独立的大岛，海岸线长36 735 km，由延绵不尽的海沙堆积而成。位于澳大利亚东北部的大堡礁是世界上最大的珊瑚礁区，是世界七大自然景观之一，也是澳大利亚人最引以为自豪的天然景观。

大堡礁位于太平洋珊瑚海西部，北面从托雷斯海峡起，向南直到弗雷泽岛附近，沿澳大利亚东北海岸线绵延2 000 km余，总面积达8×10^4 km²。北部排列呈链状，宽16～20 km；南部散布面宽达240 km。

大堡礁水域共约有大小岛屿600多个，其中以绿岛、丹客岛、磁石岛、海伦岛、哈米顿岛、琳德曼岛、蜥蜴岛、芬瑟岛等较为有名。这些各具特色的岛屿现都已开辟为旅游区。

大堡礁由350多种绚丽多彩的珊瑚组成，造型千姿百态，堡礁大部分没入水中，低潮时略露礁顶。从上空俯瞰，礁岛宛如一颗颗碧绿的翡翠，熠熠生辉，而若隐若现的礁顶如艳丽花朵，在碧波万顷的大海上怒放。

在大堡礁群中，色彩斑斓的珊瑚礁有红色的、粉色的、绿色的、紫色的、黄色的，其形态有鹿角形、灵芝形、荷叶形、海草形，构成一幅千姿百态的海底景观。在这里生活着大约1 500种热带海洋生物，有海蜇、管虫、海绵、海胆、海葵、海龟，以及蝴蝶鱼、天使鱼、鹦鹉鱼等各种热带观赏鱼。

大堡礁属热带气候，主要受南半球气流控制，海藻是大堡礁形成的主要因素。除土著人以外，白澳大利亚人也散居在附近岛屿，当地旅游业十分发达，并成为重要的经济来源。

1975年颁布的《大堡礁海洋公园法》（Great Barrier Reef Marine Park Act 1975），制定了建立、管

理、保护和发展海洋公园的法律规章，海洋公园的面积涵盖了大堡礁98.5%的区域范围，1981年整个区域被划定在世界遗产名录中。

世界遗产委员会对大堡礁所作的评价如下：大堡礁位于澳大利亚东北岸，是一处延绵2 000 km的地段，这里景色迷人、险峻莫测，水流异常复杂，生存着400余种不同类型的珊瑚礁，其中有世界上最大的珊瑚礁，鱼类1 500种，软体动物达4 000余种，聚集的鸟类242种，有着得天独厚的科学研究条件，这里还是某些濒临灭绝的动物物种（如人鱼和巨型绿龟）的栖息地。

从古至今，大堡礁，特别是它的北部区域，对居住在西北岸土著人和托雷斯岛屿居民的文化产生了重要的影响，海洋公园的建立不仅对保护当地文化起到重要作用，而且与当地土著居民的生活息息相关。此外，还有供人观赏的石画艺术馆和30多处著名的历史遗址，最早可追溯到1791年。由于大堡礁地势险恶，因此周围建有大量的航标灯塔，有的已成为著名的历史遗址，而有的经过加固至今仍在发挥着作用。

5.2.4.2 大堡礁海洋公园的管理现状

1）管理机构

大保礁海洋公园由大堡礁海洋公园管理局负责管理，该管理局（The Great Barrier Reef Marine Park Authority，GBRMPA）是根据《1975大堡礁海洋公园法》建立的法定的联邦权威机构，负责海洋公园全面的计划和管理，并直接向澳大利亚联邦环境与遗产部（Environment and Heritage Department）部长报告。

该管理局的目的是："通过管理并扩展大堡礁海洋公园提供对大堡礁永恒的保护、明智利用、了解和享受。"

该管理局下设理事会（GBRMPA Board），由1名全职的执行主席和3名兼职成员组成，兼职成员中有1名是代表邻近地区土著居民利益的，另外1名是代表昆士兰州政府的。

联邦政府和昆士兰州政府根据1979年签订的协议，有一套合作管理大堡礁的综合方式。这一协议也确定了建立大堡礁部长委员会（Great Barrier Reef Ministerial Council），分别由来自环境与遗产部和旅游部的2名部长组成。

该管理局的职员主要来自汤斯维尔市（Townsville，澳东北部港市），而该机构主要是构筑在以4个重要议题为重点的特殊目标上的：①水质和近岸开发；②渔业；③旅游与娱乐；④保存、生物多样性及世界遗产。

大堡礁海洋公园实施以现场为基础的日常管理（day-to-day management，DDM），这是一种联合的管理模式，即由联邦政府资助、主要由昆士兰的相关机构按照管理局批准的计划和指南来进行管理。日常管理活动包括执法、监视、监测和教育，同时也管理邻近的昆士兰海洋公园和岛屿国家公园。参与日常管理的主要昆士兰机构是昆士兰环境保护局。协助管理海洋公园的其他机构包括联邦政府机构和昆士兰州政府机构。

（1）联邦政府机构

参与海洋公园管理的联邦政府机构主要有：①海岸观测局（Coastwatch）；②海关舰队（Customs National Marine Unit）；③澳大利亚海上安全管理局（Australian Maritime Safety Authority-AMSA）；④国防部（Department of Defence）和⑤环境与遗产部（Environment and Heritage Australia）。

（2）昆士兰州政府机构

参与海洋公园管理的昆士兰政府机构主要有：①昆士兰划船与渔业巡逻队（Queensland Boating & Fisheries Patrol，QBFP）；②昆士兰水上警察局（Queensland Water Police，QWP）；③昆士兰渔业管理局（Queensland Fisheries Service，QFS）；④昆士兰运输局（Queensland Department of Transport，QDoT）。

大堡礁于1981年被命名为大堡礁世界遗产地，如今，大堡礁海洋公园的面积占大堡礁世界遗产地的99.25%，其中有隶属昆士兰管辖的岛屿（大部分是国家公园）、昆士兰州属水域和内水（许多是州立海洋公园）、港口和城市中心周围的较小区域。

2）法律依据

联邦政府于1994年颁布了“大堡礁世界遗产地25年战略计划”（25-Year Strategic Plan for the Great Barrier Reef World Heritage Area），管理大堡礁世界遗产地的法律条例主要是《1999年环境保护与生物多样性保存法》（Environment Protection and Biodiversity Conservation Act 1999）。

管理大堡礁海洋公园的法律，除了《1975年大堡礁海洋公园法》外，还有《1983年大堡礁海洋公园管理条例》《1993年大堡礁海洋公园环境管理许可证收费法》以及《1993年大堡礁海洋公园环境管理普通收费法》等。

3）管理分区

自从1983年大堡礁海洋公园宣布第一个区域以来，其范围在不断扩大。从1989年至1998年，北部区（Far Northern Section）、凯恩斯区（Cairns Section）、中心区（Central Section）、麦凯/南回归线区（Mackay/Capricorn Section）相继成为海洋公园的一部分，1998年古摩乌加布迪区（Gumoo Woojabuddee Section）又被宣布为海洋公园的一个区，2000—2001年有28个近岸区域也被吸纳进海洋公园。

澳大利亚第S119号政府公告于2004年4月21日宣布了2003大堡礁分区计划确定的大堡礁联合区（Amalgamated Great Barrier Reef Section，AGBR Section）。AGBR联合区占大堡礁区域的99%以上，为了行政管理的目的，又将联合区分成4个管理区：①北部（Far Northern） 管理区；②凯恩斯/库克镇（Cairns/Cooktown ）管理区；③汤斯维尔/降灵岛（Townswille/Whitsunday）管理区；④麦凯/南回归线（Mackay/Capricorn） 管理区。

尽管这4个管理区的设定没有法律效力，它们接近于以前的4个主要区域（Far Northern，Cairns，Central，Mackay/Capricorn Sections），但为海洋公园的区域化管理提供了基础。

5.2.4.3 2003大堡礁分区计划（Great Barrier Reef Marine Park Zoning Plan 2003）

区划是用于管理大堡礁海洋公园内各种影响和活动的主要管理手段之一，因其出色的区划管理模式，被世界自然保护联盟（IUCN）树立为世界海洋保护区区划的典范。但随着海洋公园面积的不断扩大，原有的区划功能已经不能适应实际情况，因此，大堡礁海洋公园管理局制定并颁布了《2003年大堡礁分区计划》（Great Barrier Reef Marine Park Zoning Plan 2003），首先划定了新的行政管理区域，并在此基础上进行了更加细致的功能区划。

1）《2003年大堡礁分区计划》的主要内容

《2003年大堡礁分区计划》分为以下5部分。

第1部分为“序言（Preliminary）”，概述了每一部分的内容。

第2部分为“功能区（Zones）”，明确了各个功能区的边界，阐明了各功能区的目的，陈述了各个区域在无许可证情况下进入和利用的目的，以及只有在大堡礁公园管理局颁发的许可证情况下才能进入和利用的目的。一般利用区（General Use Zone）提供了最广泛的活动范围，而保存区（Preservation Zone）是最严格的保护区，联邦岛屿区（Commonwealth Islands zone）提供了进入和利用联邦岛屿平均低潮线以上区域的机会。第2部分的实施要遵守第3、第4、第5部分中的条款，而第3、第4、第5部分提供的在功能区内利用或进入的条款有重叠的部分，那也是整个分区计划整体的一部分。

第3部分为“偏僻自然区（Remote Natural Area）”，明确了要建立偏僻自然区（Remote Natural Area）以确保该区域的自然与未开发属性得到认识和管理。这一部分的条款主要涉及娱乐与旅游的利用或适意性，偏僻自然区也旨在免除结构物和永久性锚系设施的影响，并限制某些活动如疏浚及损害性处置。

第4部分为“指定区（Designated Areas）”，阐明了要在功能区内建立3种指定区的目的，即航行区（Shipping Areas）、特殊管理区（Special Management Areas）、渔业实验区（Fisheries Experimental Areas）。

第5部分为“其他利用或进入的目的（Additional purposes for use or entry）”，本部分提供了除第2、第3、第4部分中规定的条款外利用或进入功能区的其他目的，如以安全、紧急状况、环境监测、导航设备、国防军事行动、政府调查，土著居民或托雷斯海峡岛民的习惯或传统为目的进入。

2）功能分区

为了有效地保护大堡礁海洋公园的自然资源，AGBR联合区又被分成8个功能区：①一般利用区（General Use Zone）；②生境保护区（Habitat Protection Zone）；③公园保护区（Conservation Park Zone）；④缓冲区（Buffer Zone）；⑤科学研究区（Scientific Research Zone）；⑥海洋国家公园区（Marine National Park Zone）；⑦保存区（Preservation Zone）；⑧联邦岛屿区（Commonwealth Islands Zone）。

3）各功能区的主要目的

《2003年大堡礁分区计划》明确规定了各功能区的目的。

（1）一般利用区

该功能区在提供合理利用机会的同时,对大堡礁海洋公园的某些区域提供保护。

（2）生境保护区

该功能区的主要目的在于：①通过对敏感生境的保护与管理，通常要免除潜在破坏活动带来的影响，为大堡礁海洋公园的某些区域提供保护；②遵从①款中提到的目标，提供合理利用的机会。

（3）公园保护区

①为大堡礁海洋公园的某些区域提供保护。

②遵从①款中提到的目标，提供合理利用和享受的机会，包括限制获取性利用。

（4）缓冲区

①通常以免除获取性活动的方式为大堡礁海洋公园的某些区域的自然完整性及其价值提供保护。

②遵从①款中提到的目标，提供下列机会：（a）在相对没受到干扰的区域进行某些活动，包括展示大堡礁海洋公园的价值的活动；（b）拖捕浮游物种（pelagic species）。

（5）科学研究区

①通常以免除获取性活动的方式为大堡礁海洋公园的某些区域的自然完整性及其价值提供保护。

②遵从①款中提到的目标，提供在相对没受到干扰的区域进行科学研究的机会。

（6）海洋国家公园区

①通常以免除获取性活动的方式为大堡礁海洋公园的某些区域的自然完整性及其价值提供保护；②遵从①款中提到的目标，提供在相对没受到干扰的区域进行某些活动的机会，包括展示大堡礁海洋公园的价值的活动。

（7）保存区

通常以不受人类活动影响的方式保存大堡礁海洋公园某些区域的自然完整性及其价值。

（8）联邦岛屿区

①为大堡礁海洋公园高于低水位线的某些区域提供保护。

②由联邦政府提供利用这些区域的机会。

③为遵从①款中提到的目标，提供与该区域价值一致的设施和利用机会。

（9）偏僻自然区

①确保这些区域保持不被结构物或设施改变的状态。

②提供安静地欣赏和享受这些区域的机会。

（10）航行区

该区主要为船舶航行采取的措施。

（11）特别管理区

为了保护或管理的目的，限制对大堡礁海洋公园的某些特定区域的进入或利用，包括但不局限于下列目的：①保护物种；②保护自然资源；③保护文化资源或遗产；④公众欣赏；⑤公共安全；⑥因紧急状况而需立即采取管理措施； ⑦对邻近某些根据昆士兰或联邦法律限制或禁止的区域的大堡礁海洋公园区域限制进入或利用。

例如：指定某些区域的理由可能包括因是海龟和鸟类的筑巢地而进行季节性关闭、保护鱼类的产卵地、害虫或外地种的爆发，或公共安全问题。

（12）渔业实验区

在大堡礁海洋公园内提供特殊的管理区域用以科学研究捕捞对海洋公园内生物资源和生态系统的影响。

06 第6章 海洋特别保护区生态保护监测

海洋特别保护区作为新型海洋生态保护手段，在海洋生态保护和海洋生态建设方面逐步发挥着重要的作用。但是，由于海洋特别保护区发展历程较短，保护区的保护与管理工作亟待大量有效的监测资料提供科技支撑。目前，针对海洋特别保护区监测指标体系的研究，在国内尚无先例。同时，由于海洋特别保护区推行“在保护中开发、在开发中保护”的方针，即强调以海洋生态保护为前提，在保护的基础上，根据其海洋生态服务功能特征，允许适度利用区内资源，从而达到保护与利用的和谐统一、促进海洋经济健康发展、实现人与自然和谐相处的目的。因此，海洋特别保护区生态监测也就不同于一般的环境监测。

6.1 海洋特别保护区生态保护监测技术概述

6.1.1 生态监测的定义与基本任务

6.1.1.1 生态监测的定义

生态监测（Ecological Monitoring）是以生态学原理为理论基础，运用可比的和较成熟的方法，在时间和空间上对特定区域范围内生态系统和生态系统组合体的类型、结构和功能及其组合要素进行系统地测定，为评价和预测人类活动对生态系统的影响，为合理利用资源、改善生态环境提供决策依据（姜必亮，2003）。

6.1.1.2 生态监测的基本任务

生态监测的基本任务是在特定的时间及空间范围内，采用物理、化学、生物、遥感、统计等适当的方法，获取生态系统相关要素现状的监测数据，通过监测数据的积累，分析生态系统的变化规律和发展趋势，研究生态系统存在的问题，为保护生态环境、维护生态系统平衡、合理利用自然资源提供技术依据和相应的对策。

6.1.2 生态监测的特点

由于生态监测涉及自然和社会等多个方面，形成了特点突出的监测体系，李玉英等（2005）认为生态监测具有综合性、长期性、复杂性、分散性的特点。

1）综合性

生态系统包含了自然的和社会经济多方面的因素，生态监测具有多学科内容交叉的特点。同时由于生态系统的复杂性、多样性以及区域的差异性，却未能形成统一的衡量标准。因此，目前尚难以开

展常规的生态监测与评价。

2）长期性

自然界中生态过程的变化十分缓慢，而且生态系统具有自我调控功能，短期监测往往不能说明问题。长期生态监测可能得到一些重要的和意想不到的发现，如北美酸雨的发现就是一个例子。

3）复杂性

生态系统本身是一个庞大的复杂的动态系统，生态监测中要区分自然生态因素（如洪水、干旱和火灾）和人为干扰（污染物质的排放、资源的开发利用等）这两种因素的作用十分困难，加之人类目前对生态过程的认识是逐步积累、深入的，这就使得生态监测不可能是一项简单的工作。

4）分散性

生态监测站点的选取往往相隔较远，监测网的分散性很大。同时由于生态过程的缓慢性，生态监测的时间跨度也很大，所以通常采取周期性的间断监测。

6.1.3 生态监测指标的分类与选择原则

对于环境监测，目前单纯的理化指标和生物指标的监测势必存在其局限性，而生态监测由于其综合性，可以弥补理化指标和单纯生物指标监测的不足。生态监测指标体系的设计与优劣，关系到生态监测本身能否揭示生态环境质量的现状、变化和趋势。

6.1.3.1 生态监测指标分类

张建辉等（1996）根据生态监测的目的及作用，对生态监测指标进行了分类，认为生态监测指标可分为反映生态系统条件状况的条件指标和环境压力指标，其中条件指标又可分为反映指标、暴露指标和生境指标。

1）反映指标

反映指标是关于生态系统中生物在各个层次上（如生物个体、种群、群落及生态系统）组合状况的环境特征的指标。如植物群落的组合状况、水生生态系统的营养状况指数等指标。

2）暴露指标

暴露指标是关于反映生态系统中物理的、化学的和生物的压力大小的环境特征指标。如营养物的聚集、肌体中污染物的积累及生物毒性反映指标等。

3）生境指标

生境指标是生态系统中在外来环境压力状态下，能满足生态系统中层次生物（个体、种群、群落及生态系统）正常生活和循环的各种物理、化学和生物状况的指标。如湿地的水文特征、植被类型和范围等指标。

4）压力指标

压力指标是关于自然过程、灾害或人类活动等影响生态系统发生变化的指标。如土地利用、地质活动等指标。

6.1.3.2 生态监测指标选取原则

生态监测指标的选择与确定是进行生态监测的前提，其选取的优劣直接关系到生态监测自身能否揭示生态系统的现状、变化和发展趋势。因此生态监测指标的选择一方面要充分考虑生态系统的功能及不同生态类型间相互作用的关系；另一方面，社会、经济发展程度不同的地区，对环境质量和价值的要求和评价也不一样。生态监测指标体系是一个庞大的系统，在可作为监测指标的众多要素中，科学性、实用性、代表性、可行性尤为重要。因此，选择与确定生态监测指标体系应遵循以下原则（马天等，2003）。

（1）代表性。确定的指标体系应能反映生态系统的主要特征，表征主要的生态环境问题。

（2）敏感性。要确定那些对特定环境敏感的生态因子，并以结构和功能指标为主，以此反映生态过程的变化。

（3）综合性。要真实反映生态系统质量问题，需要多种指标体系。

（4）可行性。指标体系的确定要因地制宜，同时要便于操作，并尽量和生态环境考核指标挂钩。

（5）简易化。从大量影响生态系统变化的因子中选取易监测、针对性强、能说明问题的指标进行研究。

（6）可比性。不同监测站点间同类型生态系统监测应按统一的指标体系进行。

（7）灵活性。对同种监测类型的生态系统，在不同地区应用时指标体系根据实际应作相应调整。

（8）经济性。尽可能以最少的费用获得必要的生态系统信息。

（9）阶段性。根据现有的水平和能力，先考虑优先监测指标，条件具备时，逐步加以补充完善，已确定的指标体系也可分阶段实施。

（10）协调性。很多生态问题已是全球性问题，所确定的指标体系尽量与国际接轨，以便国际间的技术交流与合作。

6.1.4　海洋特别保护区生态监测的主要目标与基本思路

6.1.4.1　海洋特别保护区生态监测的主要目标

海洋特别保护区是一个复杂的生态系统，自然的、社会经济的多种因素都会对海洋特别保护区生态环境、主要保护对象或保护目标产生影响，及时掌握海洋特别保护区生态环境、主要保护对象或保护目标动态变化信息，及时采取相应的保护与管理对策，对加强保护区保护和资源可持续利用具有十分重要的意义。我国在海洋生态环境监测领域开展了大量的监测工作，积累了丰富的经验，为海洋特别保护区监测工作的开展提供了坚实的基础和指导，海洋特别保护区则应根据自然生态环境的特点和工作需求，研究设计适合保护区的监测指标、监测频率、站位布设等，积累保护区生态环境变化信息，为评价保护区生态环境现状、预测保护区生态系统变化趋势提供基础依据，为强化保护区保护与管理提供技术支撑。我国海洋特别保护区划分有4种类型，每类保护区因所处的地理环境不同又具有各自的特征，因此建立海洋特别保护区监测技术体系是一项非常复杂的工作。本研究以山东昌邑海洋生态特别保护区为对象，结合该保护区的实际情况，研究海洋特别保护区监测指标及监测方法，以期为其他海洋特别保护区监测提供借鉴示范。

6.1.4.2　海洋特别保护区生态监测的基本思路

对于海洋特别保护区的生态监测，应首先建立在对保护对象分布状况、变化情况、生境要素及其他能体现保护区特色指标监测的基础上。监测工作开始之前，要通过大量基础资料收集与细致的现场走访调查等方式，全面获取保护区自然环境与保护区周边社会经济背景状况，评估保护区当前存在的问题，分析造成问题的原因以及问题存在的程度，为确定监测目标提供依据。首先，针对保护区各功能区不同保护对象和管理目标，分别开展重点监测，明确林区敏感因子和各功能区保护对象面临的主要生态问题，为保护区管理政策的制定及保护措施的开展提供科学依据，同时也是检验保护区管理政策与措施正确性和有效性的重要途径。其次，建立能够支持目标、且易于被检验的监测手段，确定监测周期，评价监测结果，以利于全面、客观分析影响保护区生态环境、保护对象或保护目标变化趋势，综合分析其对保护区资源环境的影响，为保护区有效管理提供科学数据和决策依据。

6.1.4.3 海洋特别保护区生态监测的主要内容

海洋特别保护区生态监测是对保护区生态环境状况、主要保护对象或保护目标、资源利用、周边地区社会经济状况等项指标实施的工作，工作中一般采用现场观测、调查、卫星遥感、资料收集等技术手段，保护区管理的基础性工作，在海洋特别保护区及邻近海域常规环境监测调查的基础上，采用动态监视监测等技术手段，建立并完善长期有效的保护区监测指标体系，是评估保护区保护对象生长情况与发展趋势的基础，是制定保护区管理政策的依据。

针对海洋特别保护区各功能区保护目标及特点，选取敏感性高、反映准确的监测指标，建立监测指标体系，设计符合海洋特别保护区可持续发展的调控响应方案，根据保护区评价结果和调控方案，结合当地政府的发展规划，从管理层面提出海洋特别保护区调控保障措施，为管理政策制定提供科学依据。为政府相关职能部门提出海洋特别保护区保护和合理开发利用的对策和建议具有重要的现实意义，同时也是对目前海洋特别保护区监测工作的完善和有益补充。

通过3年时间的保护区及邻近海域监测模式研究与优化，对保护区各功能区保护对象监测指标和邻近海域监测指标进行了比选，监测指标体系详见表6-1。通过调查和监测获取的保护区周边地区自然环境和人为影响因素等指标，叠加至特别保护区监测结论中，检验保护区监测方法和结论的是否正确，分析保护区生态系统状况发展变化的重要因素，为保护区有效管理提供科学数据和决策依据。

表6-1 海洋特别保护区监测指标体系一览表

监测类型	监测指标	监测方法
自然环境监测	保护区位置与面积、地理概况、功能区划分、地质地貌、海洋水文、主要灾害、生态环境质量、生物生态状况等	资料收集与现场调查
社会环境调查	社会经济背景、资源开发利用类型及数量、资源利用程度及开发历史	资料收集与现场调查
保护区管理调查	保护区保护与管理措施	座谈
各功能区保护对象及生境本底值调查	各功能区柽柳林面积变化情况（包括每年柽柳林区恢复情况、柽柳死亡情况、生长状况等），自然灾害、外来物种及病虫害对保护对象的影响，保护区内动植物种类、植被情况、土壤环境状况、生物多样性特征及自然湿地植被的演化情况	3S技术的不同年代变化趋势分析技术、实地踏访
保护区邻近海域环境监测	海水水温、透明度、溶解氧、化学需氧量、盐度、pH、营养盐、油类、叶绿素a等监测项目；沉积物粒度、硫化物、有机碳、石油类监测；浮游植物、浮游动物、底栖生物和潮间带生物的种类组成与数量、生物量、密度等	依据《海洋监测规范》标准进行海水水质、沉积物及生物质量项目化验分析

续表6-1

监测类型	监测指标	监测方法
保护区污染源及邻近海域海水自净能力监测	排污河流入海口水质监测（包括常规监测项目及该排污河流特征污染物）、排污河流入海口5km范围内海域污染物入海跟踪监测	依据《陆源入海排污口及邻近海域监测技术规程》、《海洋监测规范》等标准进行污染源及邻近海域污染项目化验分析

6.2 山东昌邑海洋生态海洋特别保护区概况

山东昌邑海洋生态特别保护区，位于昌邑市防潮坝以北，东起国防大学盐场西防潮坝，西至堤河，南至海岸线，北至增养殖区，东西长5 000m ，南北长7 000m ，面积为2 929.28 hm²，中心坐标为37°06′15″N，119°22′00″E，区域位置见图6-1。区内自海向陆分别为潮间带裸露滩涂湿地、潮上带盐土光滩湿地、潮上带咸水沼泽湿地、淡水沼泽湿地等湿地类型。保护区南侧淤泥肥沃、适宜柽柳生长，分布有面积达2 070 hm²生长茂盛的天然柽柳，其规模在全国罕见，是目前我国大陆海岸发育最好、连片最大、结构典型、保存最好的天然柽柳林分布区。北部边缘处于潮间带地区，以滩涂为主。西侧紧邻潍坊市一条排污河流堤河，北侧与海水增养殖区相邻。保护区内大部分处于潮上带地区，仅在天文大潮时海水才能部分覆盖柽柳林。柽柳林内生物资源十分丰富，湿地生态自然景观优美，是众多鸟类、爬行类、哺乳类、两栖类及无脊椎动物栖息繁殖的家园。2007年10月，国家海洋局批准建立了山东昌邑海洋生态特别保护区。该保护区的建立，对保护我国北方柽柳林海岸，维护莱州湾南岸海岸生态系统、保护海洋生物多样性，应对气候变化，增加生物资源，净化空气，防风固沙，保护防潮大堤安全，防止海岸侵蚀，改善脆弱的莱州湾生态系统，促进地区海洋资源可持续利用和社会经济协调发展等方面发挥了重要的作用。

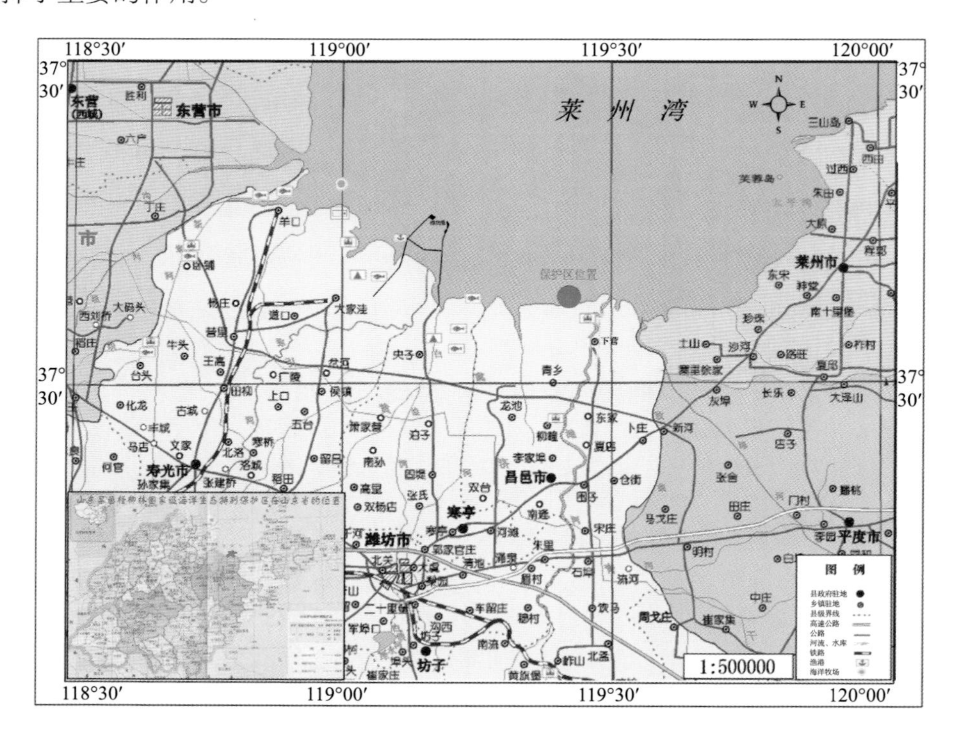

图6-1　山东昌邑海洋生态特别保护区位置示意图

6.2.1 自然环境概况

6.2.1.1 气象

1）气温

保护区所在区域多年平均气温11.9℃，极端最高气温40.4℃（1961年6月2日），极端最低气温-19.5℃（1972年2月8日）。最热月为7月，月平均气温25.9℃，最冷月为1月，月平均气温-3.8℃。2005年，平均气温12.7℃，最高气温40.1℃，最低气温-12.5℃。

2）降水

多年平均降水量为628.6mm，降水多集中在7月和8月，降水量约占全年降水量的52%，而冬季11月至翌年3月降水量仅占全年降水量的10%。年最大降水量为1 412.2mm（1964年）。月最大降水量为470.2mm（1974年7月）。一日最大降水量为151.4mm（1964年7月6日）。多年平均日降水量25mm以上的大雨天数为7.4d/a。

3）风况

多年平均风速为3.0m/s。强风向为NNE、NNW、S向等，最大风速皆为20m/s；次强风向为N、NE、WNW向等，最大风速皆为18 m/s。常风向为SSE，频率为15%；次常风向为SE，频率为10%。2月、3月常风向为NE，频率为12%，其余各月常风向皆为SSE，频率15%～29%，多年平均6级以上大风日数为20d左右。

4）灾害性天气

该地区灾害性天气主要有大风、寒潮、风暴潮、干旱和大雾等。寒潮平均每年出现3.2次，多出现在11月至翌年1月。寒潮侵袭时风力多在7～8级，最大风力达9～10级。48h降温一般在15℃以内，降温持续时间一般为3～4d。莱州湾是我国北方沿海风暴潮多发且最严重的地区之一，除强热带风暴路经山东半岛形成热带气旋增水外，较大增水多发生在春秋两季。因该季节是冷暖气团活动最频繁的季节，北方南下的冷空气和向东北移动加深的低压对峙，极易形成渤海海面区域性大风，从而诱发严重的增水过程。项目所在海域位于莱州湾南岸，历史上曾发生过多次风暴潮。较轻危害的灾害性天气平均3年1次，较重的灾害性天气平均10年1次，特别严重的灾害性天气平均30年1次。

6.2.1.2 海洋水文

1）潮汐

莱州湾南岸潮汐为非正规混合半日潮，涨潮流向SW，退潮流向NE。平均潮差为150cm，最大潮差为190cm；平均海平面为146cm，理论最高潮位149cm；风暴潮特征值为12cm，增水主风向N。

2）潮流

该区域落潮流速大于涨潮流速，在平均水位以下尤为显著，涨落潮流大致呈SW—NE向，平均流速一般为0.8～1.5 n mile/h。

3）波浪

常波向为N，次常波向为NNE，出现频率分别为21.22％和16.14％。强波向为NNE。秋末至初春，项目所在区盛行偏北风，当北方冷空气南下，特别是寒潮过境时，将产生NW—NE向大风，海面出现大浪。

4）海冰

昌邑市沿海地处中纬度，潮间带广阔，水域较浅，每年冬季均有不同程度的冰情发生。莱州湾盛冰期长达40～50d，严重冰期通常为1月中旬至2月中旬。一般冰厚30～50 cm，最厚达70cm。

据历史资料记载，本海域1936年、1966年、1969年都曾发生过严重的冰封现象，其中尤以1969年2—3月的冰封最为严重。当时渤海的结冰范围占整个渤海海面的七成以上，除中部及海峡外，全被流冰覆盖。渤海湾和莱州湾的盛冰期长达40～50 d，一般冰厚30～50 cm，最厚达70 cm。2010年1—2月，昌邑市近海出现了30年一遇的海冰，从下营渔港至入海口处冰封河面，堤河入海口浮冰最大外缘线26 n mile，冰厚一般为10～20 cm。在下营渔港有100多艘渔船被封冰在港区，浮冰随潮汐潮流变化冲上渔港码头，冰层堆积厚度达100cm。

6.2.1.3 入海河流

昌邑市沿岸自西向东有虞河、堤河、潍河、蒲河、胶莱河5条重要河流入海。河流携带大量的泥沙和营养盐不断入海沉积，从而形成了面积辽阔、地势平缓的潮间带。潮间带比降在0.25×10^{-3}～0.4×10^{-3}，潮间带宽度一般为3～5 km，为多种生物栖息繁衍提供了良好的场所。

6.2.1.4 地质地貌概况

保护区所在区域在地质构造上，属新华夏系第二隆起带鲁西地层分区，为中、新生代断块——坳陷盆地。第四纪以来，发育了巨厚沉积层，形成了广阔的鲁北沉降平原。目前，海岸轮廓是全新世最后一次海侵形成的淤积型平原海岸，加上黄河及其他河流带来的大量泥沙，海岸淤进迅速，从而形成了粉砂质平原。其形态为低平岸滩，广阔的潮间带，河口外有宽广的拦门沙。地势呈南高北低，地面坡降0.27×10^{-3} ～ 0.31×10^{-3}，地形平坦，地貌形态属堆积平原海岸。

6.2.2 资源概况

6.2.2.1 柽柳资源

保护区内自然生长着茂盛的柽柳，面积2 070 hm^2的天然柽柳林，其规模和密度在全国滨海盐碱地区罕见，构成我国北方海岸独特的柽柳林海岸景观（图6-2）。

图6-2 保护区内的柽柳林

柽柳，别名观音柳、西湖柳、红柳，系柽柳科（*Tamaricaceae*）、柽柳属（*Tamarix*），拉丁名*Tamarix chinensis Lour*，英文名：Chinese Tamarisk。

柽柳为高4～5 m的灌木或小乔木，是可以生长在荒漠、河滩或盐碱地等恶劣环境中的顽强植物，其老枝呈红紫色或淡棕色。由于生活在恶劣环境中，叶子变得很小，像鳞片一样密生于枝干，每片叶子只有1～3 mm长。在绿色的嫩枝顶部生出圆锥形的花序，花小而密，粉红色，淡雅俏丽。柽柳的花期很长，每年5—9月，不断抽生新的花序，老花谢了，新花又开。几个月内，三起三落，绵延不绝，所以也称“三春柳”。

柽柳深根，且根系发达，柽柳根长的可达几十米，以利于吸取到深层的地下水。柽柳还不怕沙埋，被流沙埋住后，枝条能顽强地从沙包中钻出头来，继续生长。柽柳喜光抗风、耐寒耐热、耐干耐湿，萌芽力强，宜修剪，生长快，能在含盐碱0.5%～1%的荒滩地生长。柽柳是防风固沙改造盐碱地的优良树种之一，也可用于绿化。柽柳的老枝柔软坚韧，可编筐具，嫩枝和叶可入药，也可用作牲畜饲料。据《本草汇言》《本草从新》等古医书记载，柽柳科植物柽柳、桧柽柳和多枝柽柳的细嫩枝叶具有疏风散寒，解表止咳，升散透疹，祛风除湿，消痞解酒的功效，主治麻疹、风疹、感冒、咳喘、风湿骨痛等症。

6.2.2.2 海洋生物资源

保护区近海鱼类有70多种，主要鱼类有：鲬鱼、黄姑鱼、鲈鱼、梭鱼、鲻鱼、鲅鱼、鰳鱼、鲳鱼、斑鰶、梅童鱼、真鲷、青鳞鱼及鳎、鲆、鲽、鳐等鱼类。其中，梭鱼、鲈鱼、虾虎鱼、鳀鱼、鲳鱼及鲆、鲽类为本地区主要捕捞品种。虾蟹类达50多种，主要品种有，对虾、毛虾、褐虾、糠虾、三疣梭子蟹、日本蟳、口虾蛄等。

6.2.2.3 陆生动物资源

保护区陆生动物资源主要有兽类和爬行类动物，其中，兽类有野兔、獾、狐狸、黄鼬、狸猫、刺猬等；爬行类动物有蛇、蜥蜴等。

6.2.2.4 鸟类资源

保护区记录的鸟类主要有天鹅、灰雁、野鸭、雉鸡、猫头鹰、喜鹊等30余种（表6-2）。

表6-2 保护区记录的鸟类名录

序号	中文名	拉丁名
1	麻雀	*Passer domesticus*
2	喜鹊	*Pica pica*
3	猫头鹰	*Strix aluco*
4	燕	*Apus apus*
5	百灵	*Alauda arvensis*
6	太平鸟	*Bombycilla garrulous*
7	小太平鸟	*Bombycilla japonica*
8	斑鸠	*Turdus naumanni naumanni*
9	画眉	*Garrulax leucolophus*

续表6-2

序号	中文名	拉丁名
10	林柳莺	*Phylloscopus sibilatrix*
11	山雀	*Parus major*
12	绣眼	*Zosterops palpebrosa*
13	三道眉草鹀	*Emberiza cioides*
14	黄鹀	*Emberiza citronella*
15	芦鹀	*Emberiza schoeniclus*
16	鸣鹀	*Melospiza melodia*
17	丽色彩鹀	*Passerina ciris*
18	燕雀	*Fringilla montifringilla*
19	锡嘴雀	*Coccothraustes coccotraustes*
20	朱胸朱顶雀	*Acanthis cannabina*
21	金丝雀	*Serinus serinus*
22	白腰朱顶雀	*Acanthis flammea*
23	松雀	*Pinicola enucleator*
24	乌鸦	*Corvus corone*
25	灰喜鹊	*Cyanopica cyana*
26	灰雁	*Anser anser*
27	鸿雁	*Anser cygnoides*
28	野鸭	*Anas platyrhynchos*
29	天鹅	*Cygnus Cygnus*
30	黑天鹅	*Cygnus atratus*
31	雉鸡	*Phasianus colchicus*
32	鹌鹑	*Coturnix coturnix*
33	海鸥	*Larus canus*
34	燕鸥	*Sterna hirundo*
35	杜鹃	*Cuculus saturatus*

6.2.2.5 地下卤水及原盐资源

保护区处于滨海平原，地质构造简单，地表为粉砂质沉积物，中下层卤水封闭条件好，略具有承压性，为地下卤水的储存提供了良好的条件，因而形成了浓度稳定、储量丰富的地下卤水资源，现已查明地下卤水储藏量达$35.26 \times 10^8 \text{ m}^3$。该区域多风少雨气候，光照充足，蒸发量近于降水量的2倍，形成了优越的宜盐条件，因而拥有丰富的原盐资源。

6.2.2.6 风能资源

莱州湾南岸全年平均风速3.0m/s，其中春季4月最大，平均3.6 m/s，夏季8月最小，平均2.3 m/s。受季节影响，风速差异较大，历年出现大风的天数为34 d，最大风速达20 m/s，极大风速达41.4 m/s。因地势平坦，风与地面摩擦力相对较小，为风能利用提供了有利条件。风能季节分布以春季最大，有效风能密度为287 W/m^2，有效风速出现时数2 144 h，有效风能储量为261.7 kW/m^2，占全年风能储量的

37%，其次为冬季，夏秋较小。

6.2.3 保护区管理概况

6.2.3.1 管理机构与管理制度

为了加强昌邑海洋生态特别保护区的管理，2009年4月，潍坊市编委以潍编〔2009〕9号文件正式批准成立“山东省潍坊市昌邑海洋生态特别保护区管理委员会”，该机构为昌邑市政府直属副县级全额拨款事业单位，昌邑市编委为保护区定编10人，同时，组建了中国海监昌邑海洋生态特别保护区大队，为正科级财政全额拨款事业单位，定编4人。保护区管理机构制定了《山东昌邑海洋生态特别保护区管理规章制度》和《山东昌邑海洋生态特别保护区防火预案》等规范性文件，为保护区的建设和发展奠定了基础。为了加强管理，保护区专门与周边镇村建立了定期联谊会商平台，逐步提高保护区巡护管理能力。通过开展保护区生态环境、柽柳群落及海洋生物资源的监测，及时掌握保护区生态环境及主要保护对象的动态变化，提出相应的保护与管理措施，从宏观上控制自然与人为因素对生态环境造成的影响。通过保护提高了林区内生物种群数量和植物群落结构的多样性，使生态系统日趋完整、生态过程日趋平衡。

6.2.3.2 功能分区

2007年，该保护区建区时，按照国家海洋局《海洋特别保护区管理暂行办法》的要求，将功能分区划分生态保护区、资源恢复区、环境整治区和开发利用区4个功能区（图6-3）。

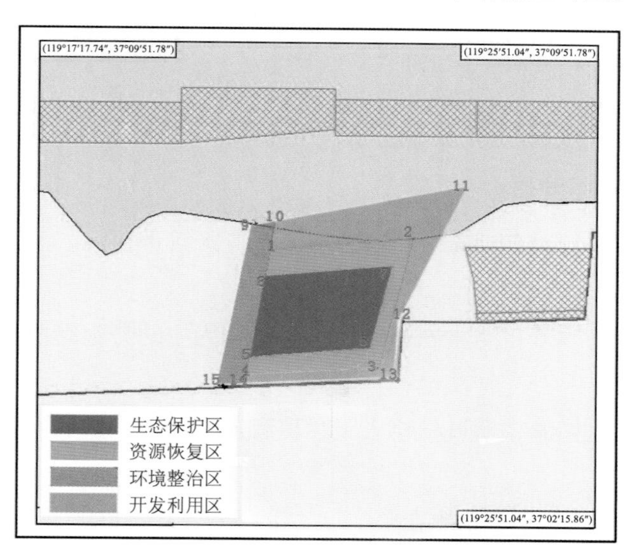

图6-3 保护区范围与功能分区示意图

6.2.3.3 功能分区调整方案

2010年，国家海洋局下发了《海洋特别保护区管理办法》，对海洋特别保护区功能区的划分提出新的要求，本研究中按照《海洋特别保护区管理办法》和海洋行业标准《海洋特别保护区功能分区及总体规划编制技术导则》（HY/T118—2010）的有关要求，根据保护区生态环境、主要保护对象及当前建设管理现状，对原有区划进行了调整，研究并提出了该保护区功能分区调整方案。将保护区划分为重点保护区、生态与资源恢复区、适度利用区及预留区（图6-4），各功能区的面积如表6-3所示。

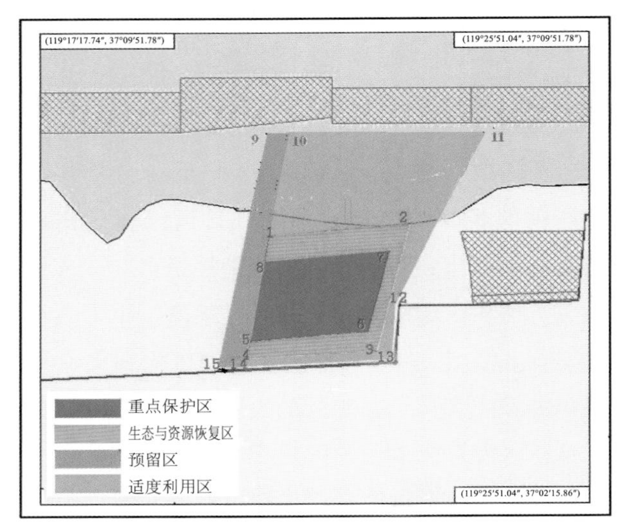

图6-4 保护区范围与功能分区示意图

表6-3 调整后的保护区功能分区范围与面积

名　称	范　围	面　积（hm^2）
重点保护区	5、6、7、8	655.55
生态与资源恢复区	1、2、3、4、5、6、7、8	472.70
预留区	9、10、14、15	402.90
适度利用区	1、2、3、4、10、11、12、13、14	1 398.13
总　面　积		2 929.28

6.2.3.4 各功能分区管理目标

保护区功能分区调整方案针对各功能区特点，提出各分区管理目标。

1）重点保护区

以自然保护为主，维持与改善自然生态条件，为以柽柳为主的野生动植物提供优良的繁衍环境。

2）生态与资源恢复区

加强科学管理，强化技术措施，通过柽柳人工移植和自身繁衍，达到生态保护区水平。

3）适度利用区

充分挖掘现有资源潜力，通过科学规划、合理布局，在满足保护需求的前提下，开发苗木繁育、盐文化旅游观光、饮食垂钓、滩涂拾贝等清洁环保产业，实现资源价值最大化。

4）预留区

加大监管力度，改善外围生境，主要抓好堤河污染监测防控和综合治理，将污染造成的不良影响降至最低限度。

6.3 保护区生态保护监测内容与要求

海洋特别保护区生态保护监测是保护区规范化建设与管理的重要内容之一，根据保护区生态环境特点，有针对性地开展保护区主要保护对象或保护目标、生态环境状况等项指标的系统、定期、连续监测，掌握保护区主要保护对象或保护目标、生态环境状况的变化情况，为保护区管理和资源合理利用提供基础依据。该保护区除北部边缘小部分区域位于潮间带，其余大部分区域处于潮上带，仅在天文大潮时海水才能部分覆盖柽柳林，平时基本无海水覆盖；保护区西侧紧邻潍坊市一条排污河流堤河，北侧与增养殖区相邻。根据保护区生态环境特点，研究建立其生态保护监测模式，为有序实施保护区业务化监测提供更好的技术支撑。针对保护区生态环境特点，其生态保护监测内容主要侧重沉积物背景要素、沉积物质量、潮间带底栖生物及柽柳林生态等几个方面。

6.3.1 沉积物及潮间带生物监测

根据保护区生态环境及资源分布状况及各功能区分布管理要求，区内沉积物监测设置16个站位（图6-5），各站位监测指标列于表6-4。

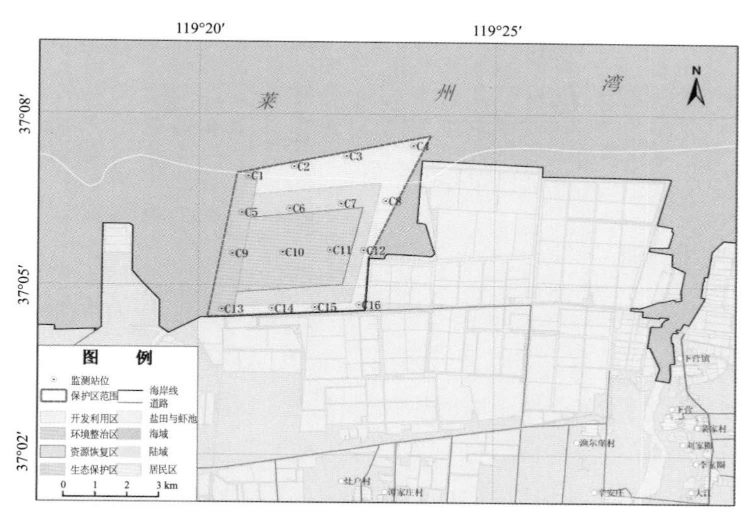

图6-5 山东昌邑柽柳林国家级海洋特别保护区监测站位

表6-4 山东昌邑柽柳林国家级海洋特别保护区沉积物监测指标

序号	站位号	监测内容			
		沉积物背景要素	沉积物质量1	沉积物质量2	潮间带生物
1	C1	☆	☆		
2	C2	☆	☆	☆	☆
3	C3	☆	☆		
4	C4	☆	☆	☆	☆
5	C5	☆	☆		
6	C6	☆	☆		
7	C7	☆	☆		
8	C8	☆	☆		
9	C9	☆	☆		
10	C10	☆	☆		
11	C11	☆	☆		

续表6-3

序号	站位号	监测内容			
		沉积物背景要素	沉积物质量1	沉积物质量2	潮间带生物
12	C12	☆	☆		
13	C13	☆	☆		
14	C14	☆	☆		
15	C15	☆	☆		
16	C16	☆	☆		

背景要素包括：
1. 沉积物氯离子、硫酸根离子、水溶性盐含量及pH值；
2. 沉积物质1包括：沉积物硫化物、有机碳、油类；
3. 沉积物质2包括：沉积物铜、铅、锌、铬、镉、汞、砷；
4. 潮间带生物包括：潮间带的种类组成、数量、密度、重量、生物量。

保护区沉积物背景要素、沉积物质量、潮间带底栖生物监测的样品采集、保存、分析及数据处理等按照《海洋监测技术规范》（GB17378）中的有关部分的要求执行，沉积物粒度的样品采集、保存及数据处理等按照《海洋调查规范第8部分：海洋地质地球物理调查》（GB/T12763.8）中的要求执行。样品采集、分析处理、数据整理等实施全程质量控制。

6.3.2 柽柳林生态监测

柽柳林生态监测采用全面勘查——沿保护区潮上带自东向西、自南向北分别设立4条及7条样带（图6-6），沿样带中心线进行踏查，重点调查柽柳林面积、柽柳林群落的植物、野生动物、外来入侵物种种类及分布，为分析保护区潮上带区域的生物多样性特征及地理分布区类型构成特点提供基础资料。样方调查在不同的植被群丛设定1 m × 1 m（草本湿地）或5 m × 5 m（灌丛或乔木湿地）的样方，每一群丛类型随机调查3～10个样方，利用GPS确定样方的经纬度位置，鉴定样方中湿地植物的种类，确定植被群丛的建群种、优势种及常见伴生种。样方调查时植物鉴定主要根据陈汉斌编著的《山东植物志》，在现场鉴定或拍摄照片或制作标本带回实验室鉴定。

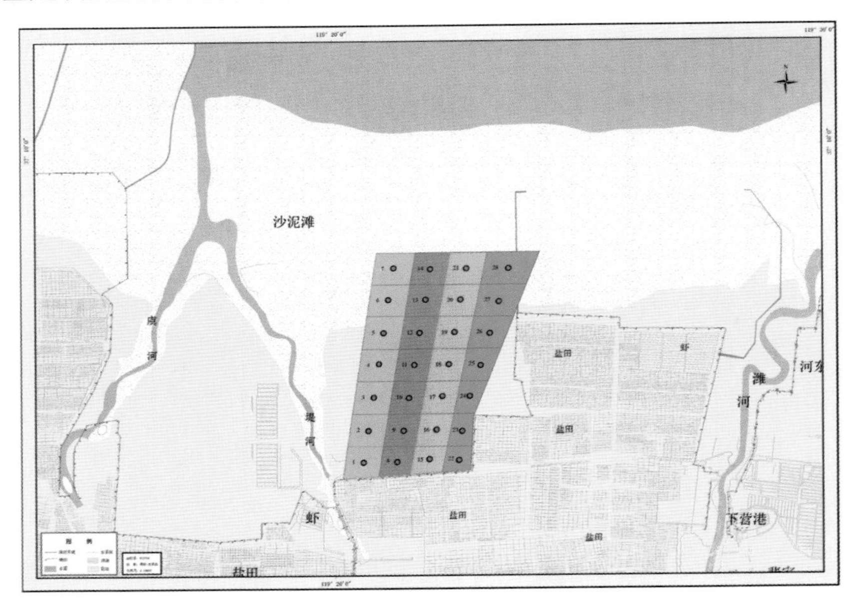

图6-6 山东昌邑海洋生态特别保护区监测站位

6.4 监测与评价

6.4.1 主要保护对象或保护目标

为了便于监测的可操作性和可对比性，该保护区主要保护对象的监测指标采用柽柳林面积。保护区在建区柽柳林的面积有2 070 hm^2，建立保护区后通过采取自然恢复和人工补种相结合的方式，逐步提高柽柳林的面积。在保护区柽柳分布稀疏的区域已成功栽植柽柳逾40万株，面积约为133 hm^2，使保护区柽柳林面积提高了6.4%，为其生态系统的稳定提供了有利的条件。

6.4.2 沉积物背景要素

沉积物背景要素主要包含氯离子、硫酸根离子、水溶性盐含量及pH值，其监测统计结果列于表6-5。

表6-5 沉积物背景要素监测结果统计

监测要素	单位	站位数（个）	最大值	最小值	平均值
氯离子	g/kg	16	6.45	0.05	2.03
硫酸根离子	g/kg	16	1.94	–	0.82
水溶性盐	g/kg	16	13.76	0.26	5.09
pH		16	8.92	8.01	8.52

注：–为未检出。

1）氯离子

平均值为2.03 g/kg；最大值为6.45 g/kg，出现在保护区西北部0 m等深线附近的C1站位；最小值为0.05 g/kg，出现在保护区中部的C7站位。

2）硫酸根离子

平均值为0.82 g/kg；最大值为1.94 g/kg，出现在保护区西北部0 m等深线附近的C1站位；最小值为未检出，出现在保护区东南侧的C16站位。

3）水溶性盐

平均值为5.09 g/kg；最大值为13.76 g/kg，出现在保护区西北部0 m等深线附近的C1站位；最小值为0.26 g/kg，出现在保护区东南侧的C16站位。

4）pH

平均值为8.52；最大值为8.92，出现在保护区中部的C10站位；最小值为8.01，出现在保护区中部的C11站位。

6.4.3 沉积物质量

1）监测结果

沉积物质量监测要素包含有机碳、硫化物、石油类、铜、锌、铅、镉、汞等要素，其监测结果统计列于表6-6。

表6-6　沉积物质量监测结果统计

监测要素	单位	站位数（个）	最大值	最小值	平均值
有机碳	%	16	0.35	0.01	0.13
硫化物	$\times 10^{-6}$	16	0.31	-	0.08
石油类	$\times 10^{-6}$	16	10.40	-	5.79
铜	$\times 10^{-6}$	2	-	-	-
锌	$\times 10^{-6}$	2	11.4	10.9	11.15
铅	$\times 10^{-6}$	2	-	-	-
镉	$\times 10^{-6}$	2	-	-	-
汞	$\times 10^{-6}$	2	0.027	0.026	0.026 5

注：–为未检出。

（1）有机碳

平均值为0.13%；最大值为0.35%，出现在保护区东部的C8站位；最小值为0.01%，出现在保护区北部的C2站位。

（2）硫化物

平均值为0.08×10^{-6}；最大值为0.309×10^{-6}，出现在保护区北部的C3站位；最小值为未检出，出现在保护区中部以南大部分区。

（3）石油类

平均值为5.79×10^{-6}；最大值为10.40×10^{-6}，出现在保护区中部的C7站位；最小值为未检出，出现在保护区北部的C2站位。

（4）铜、铅、镉

在所监测的站位中均未被检出。

（5）锌

平均值为11.15×10^{-6}；最大值为11.4×10^{-6}，出现在C2站位；最小值为10.9×10^{-6}，出现在保护区北部的C4站位。

（6）汞

平均值为$0.026\,5\times10^{-6}$；最大值为0.027×10^{-6}，出现在C4站位；最小值为0.026×10^{-6}，出现在保护区北部的C2站位。

2）沉积物质量评价

沉积物质量评价因子为有机碳、硫化物、石油类、铜、铅、锌、镉、汞，评价标准采用一类沉积物质量标准（表6-7），评价方法采用单因子标准指数法，即：

$$S=\frac{S_i}{S_{io}}$$

其中：S分别代表站位有机碳、硫化物、石油类、铜、铅、锌、镉、汞的标准指数值；

S_i分别代表站位有机碳、硫化物、石油类、铜、铅、锌、镉、汞的监测值；

S_{io}分别代表有机碳、硫化物、石油类、铜、铅、锌、镉、汞的评价标准值。

表6-7　一类沉积物质量标准

因子	有机碳	硫化物	石油类	铜	铅	锌	镉	汞
单位	%	$\times10^{-6}$	$\times10^{-6}$	$\times10^{-6}$	$\times10^{-6}$	$\times10^{-6}$	$\times10^{-6}$	$\times10^{-6}$
标准值	2	300	500	35.00	60.00	150.00	0.50	0.20

各站位沉积物质量单因子评价指数计算结果如图6-7所示。

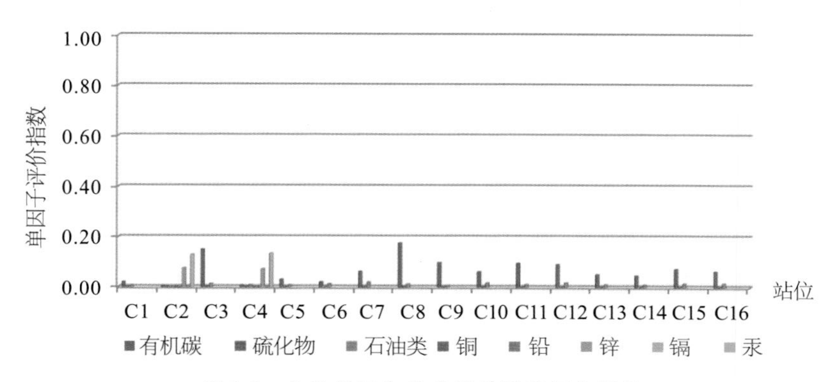

图6-7　各站位沉积物质量单因子评价指数

（1）有机碳

16个站位的评价果显示，评价指数最小为0.01、最大为0.18，均未超过评价标准，说明沉积物有机碳符合一类沉积物质量要求。

（2）硫化物

16个站位的评价果显示，评价指数最大为0.01，均未超过评价标准，说明沉积物硫化物符合一类沉积物质量要求。

（3）石油类

16个站位的评价果显示，评价指数最大为0.02，均未超过评价标准，表明沉积物石油类符合一类沉积物质量要求。

（4）铜、铅、锌、镉、汞

2个站位的铜、铅、锌、镉、汞评价结果显示，铜、铅、镉的标准指数均为0，锌的标准指数最大为0.08，汞的标准指数最大为0.14，结果表明，沉积物铜、铅、锌、镉、汞均符合一类沉积物质量要求。

6.4.4　潮间带底栖生物

监测中采集到潮间带动物分为4大类12种，其中：多毛类和腕足动物各1种，各占种类组成的8%；软体动物7种，占种类组成的58%；甲壳动物3种，占种类组成的25%（图6-8）。

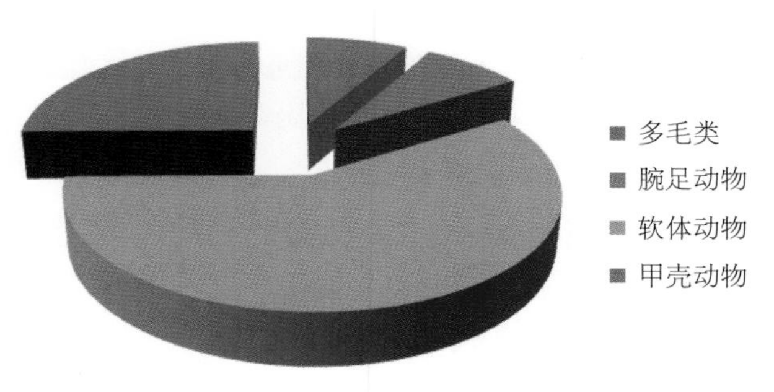

图6-8　潮间带动物种类组成

监测结果表明，潮间带生物平均密度为277个/m²，变化范围200～392个/ m²，生物量为19.35 g/m²，变化范围12.93～25.77 g/m²。优势种为泥蟹（*ilyoplax deschampsi*）和长竹蛏（*Solen gouldi*）。

6.4.5 柽柳林生态

6.4.5.1 动植物监测

监测结果表明，保护区内柽柳最密集、动植物最具多样性的区域位于保护区中心地带，面积为655.55 hm^2。植被以柽柳湿地植被群系、白刺丛湿地群系和低草湿地植被群系为主，共记录有陆生野生动物生态群596种，其中陆生野生脊椎动物251种、无脊椎动物345种。此中心地带周围环形分布柽柳稀疏生长区域，面积为472.70 hm^2，群落种类组成少则2～3种，多则达10余种，一般不超过10种，建群种及常见的伴生种主要有柽柳、鹅绒藤、青蒿、巨荬菜、芦苇、白茅、补血草、盐地碱蓬、碱蓬、獐毛、狗尾草、虎尾草、猪毛菜等。此区域以北至海岸线为潮上带盐土光滩湿地，面积约为1 000 hm^2。鸟类以水禽为主，以雁鸭类、鸻鹬类和鸥类种类、数量最多。

6.4.5.2 外来入侵物种监测

保护区内外来入侵物种监测发现，已经有鹅绒藤、大米草（*Spartina anglica*）、反枝苋（*Amaranthus retroflexus*）、皱果苋（*A. viridis*）、凹头苋（*A. lividus*）、黄香草木樨（*Melilotus officinalis*）、野西瓜苗（*Hibiscus trionum*）、田旋花（*Convolvulus arvensis*）、曼陀罗（*Datura stramonium*）、洋金花（*D. metel*）、牛筋草（*Eleusine indica*）、凤眼莲（*Eichhornia crassipes*）等9科12种有害植物入侵，其中以鹅绒藤为主要入侵物种。

鹅绒藤为多年生本草，根及汁液可入药，原未列入外来入侵物种名录中，但在大发生时，成片伴生于柽柳茎上，缠绕向上，遮蔽阳光，强烈抑制柽柳生长。保护区内目前约1/3的柽柳茎上伴生鹅绒藤植物，生长呈现加剧趋势，故列为外来入侵物种（图6-9）。大米草生出现于保护区潮间带地区，面积较小，未形成规模性生长态势（图6-10）。其他外来入侵物种目前也未出现入侵扩大态势。

图6-9 保护区柽柳林内的鹅绒藤

图6-10 保护区柽柳林内的大米草

6.5 柽柳林生态系统变化趋势分析

6.5.1 动植物种类

6.5.1.1 植物种类

通过对保护区植物资源的系统调查、鉴定并结合以往的文献资料分析，区内共记录有维管束植物

2纲、47科、127属、202种及变种，保护区分布的维管束植物成分简单、种类较少。保护区植物种分布状况与莱州湾南岸滨海湿地形成于构造沉降带的粉砂淤泥质海岸，受海洋潮汐、寒潮大风、风暴潮影响较大，潮上带湿地土壤含盐量高，受河流径流和降水等淡水影响较小有关。

6.5.1.2 陆生动物种类

保护区共记录有陆生野生动物生态群596种，主要分布在保护区柽柳林、草甸与坑塘、沟渠、沼泽等潮上带湿地中，其中，陆生野生脊椎动物251种、无脊椎动物345种。

陆生无脊椎动物中，昆虫纲有15目100科301种，其中直翅目（*Orthoptera*）、鞘翅目（*Coleoptera*）、鳞翅目（*Lepidoptera*）、膜翅目（*Hymenoptera*）为优势种群，分别有32种、76种、61种和36种，4目种数占昆虫总种数的68.1%；蛛形纲有3目17科44种。

陆生脊椎动物中，两栖动物和爬行动物种类贫乏，分别有1目2科5种和2目2科4种；鸟类有17目43科224种，鸟类具有水禽多和保护鸟类多两大特点，水禽中雁鸭类、鸻鹬类和鸥类种类、数量最多；兽类有5目10科18种。

6.5.2 植被

保护区的自然植被起源于北极第三纪植物区系，属于泛 北极植物区、中国-日本森林植物亚区、温带地区华北植物省、辽东、山东丘陵亚地区。

6.5.2.1 植被类型

参考中国植被的“外貌—生态学分类法”，采用植被亚型（Vegetation sub-type）、群系（Plantformation）和群丛（Plant association）3 个等级的分类单位，根据调查并参考相关文献资料，保护区自然湿地植被共分2个植被亚型、4个群系、14个群丛（表6-8）。

表6-8 保护区自然湿地植被分类系统

亚型	群系	群丛
Ⅰ 灌丛（小乔木）湿地植被亚型	1 柽柳湿地植被群系	（1）柽柳群丛 Ass. *Tamarix chinensis*
		（2）柽柳、青蒿群丛 Ass. *Tamarix chinensis+ Artemisia. carvifolia*
		（3）柽柳、鹅绒藤群丛 Ass. *Tamarix chinensis+ Cynanchum. chinense*
		（4）柽柳、碱蓬群丛 Ass. *Tamarix chinensis+Suaeda glauca*
		（5）柽柳、苦苣菜群丛 Ass. *Tamarix chinensis+ Sonchus oleraceus*
		（6）柽柳、白茅群丛 Ass. Tamarix chinensis+ Imperata cylindrica
	2白刺湿地植被群系	（7）白刺群丛Ass. *Nitraria sibirica*
		（8）白刺、盐地碱蓬群丛 Ass. *Nitraria sibirica+Suaeda salsa*

续表 6-8

亚型	群系	群丛
Ⅱ 草本湿地植被亚型	3 盐地碱蓬湿地植被群系	（9）盐地碱蓬群丛Ass. *Suaeda salsa*
		（10）盐角草群丛Ass. *Salicornia europaea*
	4 青蒿湿地植被群系	（11）青蒿群丛Ass. *Artemisia. carvifolia*
		（12）白茅群丛Ass. *Imperata cylindrica*
		（13）苦苣菜群丛Ass. *Sonchus oleraceus*
		（14）藨草群丛Ass. *Scripus triqueter*

6.5.2.2　主要湿地植被类型的特征及分布

根据各群丛样方的建群种、优势种及其自然环境条件，保护区自然湿地植被以盐生植被为主，因受建群种、优势种、微地貌差异、距海远近等因素的影响，保护区发育了柽柳湿地植被、盐地碱蓬湿地植被、白刺湿地植被、青蒿植被4个群系。

1）柽柳湿地植被群系

该群系包括柽柳群丛，柽柳—碱蓬群丛、柽柳—青蒿群丛、柽柳—鹅绒藤群丛、柽柳—苦苣菜群丛、柽柳—白茅群丛6个群丛类型，总面积约1 200 hm^2，分布在该区的南部和中部，即平均高潮线以上的近海滩涂，所处区域地势平坦，土壤为淤泥质盐土，有机质含量低，是在盐地碱蓬群落的基础上发展起来的植被类型。常与碱蓬群丛、白茅群丛呈复区或交错分布。柽柳湿地群落多呈块状或带状分布，总盖度变化很大，低者仅5%，高者达100%，一般为65%左右，疏密不均；柽柳高度130～280 cm，地径2～13.0 cm，冠幅0.6 m × 0.6 m～4 m × 4 m，450～4 000墩/hm^2；群落种类组成少则2～3种，多者达10余种，一般不超过10种，建群种及常见的伴生种主要有柽柳、鹅绒藤、青蒿、芦苇、白茅、补血草、碱蓬、獐毛、狗尾草、虎尾草、猪毛菜等。

2）盐地碱蓬湿地植被群系

该群系是淤泥质潮滩和高潮线附近群落演替过程中最先形成的湿地盐生植被，向陆方向可与柽柳植被群系呈复区分布，总面积约1 000 hm^2。盐地碱蓬植被群系的生境一般比较低洼，地下水埋深较浅（0.5～3 m）或地表常有季节性积水，土壤多为滨海盐土，含盐量较高。植被群系总盖度因土壤含盐量和地下水埋深的变化有很大差异，在经常被潮水淹没的滩涂和轻度盐渍土环境的微斜平地上部盐地碱蓬常零星分布，盖度不足5%。而在土壤含盐量较高的高潮线以上的微斜平地下部，盐地碱蓬往往形成单一群落，盖度可达100%，或者群落中伴生盐角草、柽柳和芦苇，群丛中盐地碱蓬高度15～50 cm。

3）白刺湿地植被群系

该群系以白刺群丛为主，盐地碱蓬和盐角草群丛零星分布其中，是耐盐性强的灌丛湿地植被，主要分布在盐田池埂和潮上带盐分聚集的微斜平地上，分布面积较少。白刺灌丛中白刺的高度40～80 cm，盖度30%～60%。

4）青蒿植被群系

该群系以青蒿群丛为主，白茅群丛、苦苣菜群丛、藨草群丛等零星分布其中，总面积约200 hm^2。该植被群系分布于保护区的最南端，高程3.0 m左右、土壤全盐含量较低、比较干燥的地方，优势种为青蒿，常见伴生种有鹅绒藤、白茅、苦苣菜、小蓬草、藨草、虎尾草、狗尾草等，植被盖度75%～95%，青蒿高度50～85 cm。

6.5.3 生物多样性特征

6.5.3.1 植物区系科、属构成的总体特点

保护区维管束植物区系科的构成有分化程度较低的特点。该植物区系有被子植物47科127属202种，对其科的组成统计发现，含15种以上的大科有禾本科、菊科和豆科3个，占总科数的6.4%，3科共含48属71种；含5种至14种的较大科有藜科、莎草科、蓼科、十字花科、杨柳科、苋科、旋花科、茄科、眼子菜科、石竹科等10科，共33属72种。合计起来，含5种及5种以上的13个大科和较大科及所含的属、种占区系总科数的27.7%、总属数的63.8%和总种数的70.8%（表6-9）；其他34个较小的科有46属59种，分别占区系总科数的72.3%、总属数的36.2%和总种数的29.2%，其中只含1属1种的科有17个，占总科数的36.2%，总属数的13.4%和总种数的8.4%。

表6-9 保护区维管束植物大科和较大科的组成统计（种数在5种以上的科）

科名	属数	占总属数（%）	种数	占总种数（%）
禾本科*Gramineae*	24	18.9	33	16.3
菊科*Compositae*	12	9.4	19	9.4
豆科*Laguminose*	12	9.4	19	9.4
藜科*Chenopodiceae*	6	4.7	12	5.9
莎草科*Cyperaceae*	4	3.1	11	5.4
十字花科*Cruciferae*	6	4.7	7	3.5
蓼科*Polygonaceac*	2	1.6	7	3.5
杨柳科*Salicaceae*	2	1.6	6	3.0
苋科*Amaranthaceae*	2	1.6	6	3.0
旋花科*Convolvulaceae*	3	2.4	6	3.0
茄科*Solanaceae*	3	2.4	6	3.0
眼子菜科*Potamogetonaceae*	2	1.6	6	3.0
石竹科*Caryophyllaceae*	3	2.4	5	2.5
合计	81	63.8	143	70.8

保护区维管束植物区系属的构成则有分化程度较高的特点。对保护区维管束植物区系属的构成统计发现，种数在3种以上的较大属有16个，共58种，分别占总属数的12.6%和总种数的28.7%（表6-10）。含2个种的属有28个，共56种，占总属数的22.0%和总种数的27.7%。其他83个属为单种属，单种属的属数、种数分别占总属数和总种数的65.4%和43.6%。

6.5.3.2 生物区系的地理分布成分构成特征

按照属的地理分布成分划分，保护区内的植物属于12个分布区类型，缺旧世界热带分布、中亚分布和中国特有分布3个分布区类型（表6-11）。

表6-10　保护区较大属的组成统计（种数≥3）

属名	种数	属名	种数
柳属 *Salix*	4	曼陀罗属 *Datura*	3
蓼属 *Polygonum*	5	茜草属 *Rubia*	3
藜属 *Chenopodium*	3	蒿属 *Artemisia*	4
苋属 *Amaranthus*	5	香蒲属 *Typha*	3
繁缕属 *Stellaria*	3	眼子菜属 *Potamogeton*	5
米口袋属 *Gueldenstaedtia*	3	稗属 *Echinochloa*	4
草木樨属 *Melilotus*	3	莎草属 *Cyperus*	3
牵牛属 *Pharbitis*	3	薹草属 *Carex*	4

表6-11　保护区种子植物属的分布类型

序号	分布类型	属数	占总属数的百分比（%）
1	世界分布	41	32.3
2	泛热带分布	24	18.9
3	热带亚洲至热带美洲间断分布	2	1.6
4	热带亚洲至热带大洋洲分布	2	1.6
5	热带亚洲至热带非洲分布	2	1.6
6	热带亚洲分布	1	0.8
7	北温带分布	31	24.4
8	东亚北美间断分布	6	4.7
9	旧世界温带分布	10	7.8
10	温带亚洲分布	1	0.8
11	地中海、西亚至中亚分布	2	1.6
12	东亚分布	5	3.9

泛热带分布、热带亚洲至热带非洲分布等5个热带分布区类型共有31属，占种子植物总属数的24.8%；北温带分布、东亚北美间断分布等5个温带分布区类型共49属，占种子植物总属数的39.2%，其中属于北温带分布的有杨属、柳属、盐角草属、萍蓬草属等30个属，占种子植物总属数的24%，其他4个温带分布区类型共19属，占种子植物总属数的15.2%。上述分析表明，保护区植物区系中温带分布区成分占据重要地位，同时热带分布区成分也占较大的比重，北温带分布和泛热带分布为2个主要的分布区类型。这主要是因为保护区地处暖温带，具有显著的海洋性气候特点，冬季气温较高，对起源于热带的种子植物生存限制较小。

保护区植物区系中属于世界分布的种子植物属最多，共包括芦苇属、蓼属、藜属、碱蓬属、猪毛菜属、苋属、金鱼藻属、莎草属、车前属、补血草属、苍耳属、香蒲属、眼子菜属、藨草属、菖蒲属、浮萍属、紫萍属等41属，占种子植物总属数的32.3%。此外，属于东亚分布区类型的种子植物有5属，占种子植物总属数的4%。

陆生动物中，昆虫区系的地理分布成分以古北界种类为主，其次是古北界和东洋界共有的广布种，东洋界种类较少。鸟类区系中古北界种最多、广布种次之、东洋种最少，但除去旅鸟和冬候鸟外，在保护区滨海湿地繁殖的留鸟和夏候鸟以广布种和古北界种为主，东洋界成分也占有一定的比重，具有明显的两界过渡特征。两栖动物和爬行动物都是以广布种为主，其次是古北界种，区系中虽有东洋界成分，但总体上具有较明显的古北界特征。兽类区系的地理分布成分也以古北界为主。综上所述，保护区在世界陆地动物区系中属古北界，动物种群以古北界动物为主，也含有东洋界成分。在我国动物地理区划中，属华北区，黄淮亚区。动物种群属于温带森林—森林草原、农田动物群。

6.5.3.3 生物的生态适应类型

湿地植物的生态适应类型是指在同一气候区内不同生境中植物适应状况和形态变异（生境生态型）。按照对地表积水条件和土壤水分、含盐量等生态因子的适应特征，将保护区植物分为盐生植物、水生植物、湿生植物、沙生植物4个生态类群。4个生态类群的划分体现了保护区湿地自然环境、特别是水生态条件的多样性的特征，为属于各种生态适应类群的植物提供了必要的生存条件。盐生植物共包括种子植物9科19属25种，其中藜科、禾本科种类最多。盐生植物建群种主要有碱蓬、盐角草、盐地碱蓬、柽柳、滨藜（*Atriplex patens*）、中亚滨藜（*A. centralasiatica*）、中华补血草（*Limonium sinensis*）、罗布麻（*Apoc-ynum venetum*）、白茅、猪毛菜（*Salsola collina*）、结缕草等。保护区共有水生植物14科16属20种,主要分布在保护区河流、坑塘、沟渠湿地的淡水水生植物。水生植物主要建群种为芦苇、香蒲、菖蒲（*Acorus calamus*)、泽泻（*Alisma orientale*）、浮萍、金鱼藻、轮叶狐尾藻、菹草、慈菇等。保护区共有湿生植物10科16属19种，全部为藻类和草本植物，其中禾本科、蓼科种类最多，主要建群种包括荻（*Miscanthus sacchariflorus*）、柳（*Salix matsudana*）、水蓼（*Polygonum hydropiper*）、獐毛、白茅（*Imperate cylindricavar. major*）、虎尾草等。保护区共有沙生植物12科17属19种，其中禾本科、藜科植物最多，其他包括禾本科、菊科、豆科、蓼科等。建群种有砂钻苔草（*Carex kobomugi*）、砂引草、珊瑚菜（*Glehnia littoralis*）、单叶蔓荆（*Vitex trifoliavar.simplicifolia*）等，详见表6-12。

表6-12 保护区维管束植物的生态类群划分

生态类群	科数/属数/种数	主要建群种
盐生植物	9/19/25	碱蓬、盐地碱蓬、盐角草、柽柳、滨藜、中亚滨藜、中华补血草、罗布麻
水生植物	14/16/20	芦苇、香蒲、菖蒲、泽泻、浮萍、金鱼藻、狐尾藻、轮叶狐尾藻、菹草、慈茹、杏菜
湿生植物	10/16/19	荻、柳 、水蓼 、獐毛、白茅 、虎尾草
沙生植物	12/17/19	砂钻苔草、砂引草、珊瑚菜、单叶蔓荆

上述湿地植物的生态类群划分是相对的，有些湿地植物在环境条件与最适宜的生境不同时也有分布，但会发生形态变异和群落中地位的变化。例如水生植物芦苇在无积水的潮湿环境中与獐茅作为共建种伴生形成草甸湿地，盐角草（*Salicor-nia europaea*）、盐地碱蓬（*Suaeda salsa*）等盐生植物能适应潮水的周期性浸润；獐毛（*Aeluropus littoralisvar sinensis*）、虎尾草（*Choloris virgata*）、狗尾草

（*Setaria viridis*）等湿生植物也比较适应盐碱环境。

6.5.3.4 动物的生态适应类型

陆生脊椎动物中鸟类区系的居留型构成以旅鸟和候鸟为主，包括留鸟（R）28种、旅鸟（T）103种、夏候鸟（S）67种、冬候鸟（W）26种，分别占水禽区系总种数的12.5%、46.0%、29.9%和11.6%，从居留型构成中看出，旅鸟和夏候鸟占了更大的比重，特别是水禽鸟类众多。据统计，保护区有《中日保护候鸟及其栖息环境的协定》规定保护的鸟类148种，占该协定全部种数233种的63.5%；有《中澳保护候鸟及其栖息环境的协定》规定保护的鸟类52种，占该协定总种数81种的64.2%。这说明保护区是鸟类南迁北移的重要中转站和越冬栖息地，是东北亚内陆和环西太平洋鸟类迁徙的重要驿站，是中国及世界上鸟类保护的重要基地，是开展鸟类保护、科研，保护全球生物多样性，监测全球环境污染的重要场所，也是影响全球鸟类种群数量的重要地区。加强对本保护区鸟类的保护，具有重要的国际意义。

6.5.3.5 资源性动植物物种分布

保护区中有许多经济价值较高的动植物。如维管束植物中有药用植物甘草（*Glycyrrhiza uralensis*）、藜（*Chenopodium album*）、地肤（*Kochia scoparia*）、中华补血草、芦苇、柽柳等；食用野菜蒲公英（Taraxacum ohwianum）、茵陈蒿（*Artemisia capillaris*）、猪毛菜（*Salsola collina*）、苦苣菜（*Sonchus brachyotus*）等；纤维植物芦苇、草木樨（*Melilotus officinalis*）等；油脂植物碱蓬、盐地碱蓬等；饲用植物大米草（*Spartina angalica*）等。陆生性野生动物中，昆虫和鸟类种类较丰富，数量较多，在维护生态平衡中起决定性作用，有保护及开发利用价值。

6.5.3.6 国家重点保护物种和濒危物种多

保护区的野大豆（*Glycine soja*）属于国家二级重点保护植物；鸟类中有国家一级重点保护鸟类丹顶鹤（*Grus japonensis*）、白鹳（*Ciconia boyciana*）、大鸨（*Otis tarda*）、白尾海雕（*Haliaeetus albicilla*）等4种，有国家二级重点保护鸟类斑嘴鹈鹕、海鸬鹚、黄嘴白鹭、白额雁、大天鹅、小天鹅、鸳鸯、雀鹰、松雀鹰、苍鹰、赤腹鹰、白尾鹞、鹊鹞、凤头蜂鹰、黑鸢、栗鸢、大鵟、灰脸鵟鹰、红隼、红脚隼、燕隼、灰背隼、黄爪隼、灰鹤、白枕鹤、小杓鹬、长耳鸮、短耳鸮、红角鸮、领角鸮、雕鸮、斑头鸺鹠、鹰鸮、纵纹腹小鸮34种。

保护区中濒危动植物物种较多。山东稀有濒危保护植物有甘草（*Glycyrrhiza uralensis*）、小果白刺（*Nitraria sibirica*）、二色补血草（*Limonium bicolor*）、单叶蔓荆（*Vitex trifolia* var. *simplicifolia*）4种，均是稀有种。山东省重点保护动物有豹猫（*Felis benglaensis*）、黄鼬（*Mustela sibirica*）、艾鼬（*Mustela eversmanni*）、赤狐（*Vulpes vulpes*）等43种。

6.5.4 保护区自然湿地植被的演化

6.5.4.1 影响保护区自然湿地植被演化的因素

保护区自然湿地植被的演化受自然因素及人为因素的共同影响，由于地理位置特殊和成陆时间短、新生土地年轻、熟化程度低、土壤养分少，人类活动对湿地的影响强烈，保护区湿地生态系统有明显的脆弱性，自然湿地植被演化迅速。

影响保护区自然湿地植被演化的自然因素有周围河流入海泥沙淤积造陆过程，形成潮上带微地貌差异的过程，以及河流断流、海岸侵蚀、风暴潮等自然灾害。人为因素有沿海开发建设占用自然湿地，围垦自然湿地建设养殖池塘、盐田和耕地，以及保护区内的自然湿地生态恢复工程建设等。

6.5.4.2 保护区自然湿地植被的演化模式

1）顺行演替

保护区湿地植被的总体分布规律受距海远近的制约，在保护区外缘海水泥沙最新淤积形成的潮间带滩涂上，最初是裸露的滩涂湿地，随着新生滩涂湿地向海扩展，原有滩涂湿地受潮汐淹没的影响不断减弱，开始发育高度、盖度很小的盐地碱蓬群丛、盐角草群丛、柽柳群丛等盐生植被，这一演替过程一般持续数年到数十年；当盐沼湿地由于地面淤高进入潮上带位置（海拔3.5 m以上）时，就不再经常受潮汐淹没的影响，地下水位下降，地表土壤脱盐，当土壤表层含盐量降至0.1%～0.3%时，盐地碱蓬群丛、柽柳群丛等典型盐生植被就演化为柽柳、獐毛群丛、白茅群丛、青蒿群丛等耐盐性差的湿地草甸植被。近十几年来，由于盐场抽取了盐地碱蓬和柽柳林湿地植被区域的地下卤水，导致了该区域地下水位下降,土壤脱盐、干化,现在南部已演化以青蒿、苦苣菜、白茅、鹅绒藤、虎尾草、狗尾草为建群种的草甸湿地植被，这种演化过程随着当地原盐生产抽取地下卤水量的增大还将向北部盐沼湿地推进。

2）逆行演替、次生演替

盐生湿地植被，或由盐生湿地植被、湿生湿地植被演化成的地带性植被，受人类活动的干扰会发生两种非湿地化次生演替、逆行演替：一是垦殖自然湿地建设养殖池、盐田和耕地，通过人类的长期围垦，至2012 年已经在保护区东侧和西侧建成了大面积的养殖池或盐田，导致了自然湿地植被面积大幅度下降；二是在保护区西南侧通过修筑台田造林形成了小面积的人工刺槐林和白蜡林，这一演替过程是单纯的次生演替，而不是逆行演替。上述次生演替、逆行演替过程非常迅速，但演替已经持续了数十年。

6.5.4.3 湿地植被演化的生态环境效应

在保护区泥沙淤积造陆过程的影响下，潮间带裸露滩涂演化为盐生湿地植被，盐生湿地植被演化为湿生湿地植被或者水生湿地植被，是湿地植被的顺行演替过程，顺行演替过程使湿地生态环境不断改善，湿地受潮水淹没、海岸侵蚀、风暴潮等海洋作用越来越弱，土壤含盐量不断降低，土壤中的硝化细菌数量、有机质、氨氮含量不断增加，这为适应不同生态位的湿地植物出现提供了条件，也为湿地水禽提供了更加多样的栖息地环境和食物来源，使保护区湿地水禽及植物保持了较高的多样性，湿地对水体中氮、磷 等过量营养盐和重金属的吸收、环境净化功能也因此加强。而河水断流、海岸侵蚀、风暴潮灾害引起的湿地植被逆向演替过程则会产生相反的生态环境效应。

围垦自然湿地引起的湿地植被次生演替（非湿地化过程）不仅导致非湿地化后的土壤含盐量再次升高、土壤有机质和氨氮含量下降，而且导致湿地植物及水禽多样性下降，加速了珍稀濒危物种的区域性灭绝，也为有害物种入侵提供了有利条件。

07 第7章 海洋特别保护区生态环境变化趋势分析

海洋特别保护区受之于自然和社会经济条件的影响，构成一个复杂的生态系统，在自然和人为因素的影响下，保护区的生态环境和主要保护对象或保护目标处于动态的变化过程中。通过采取相应的技术方法，分析不同年代生态环境及主要保护对象或保护目标的特征状况，科学把握保护区生态环境和主要保护对象或保护目标的变化趋势，并根据保护区生态环境及主要保护对象或保护目标的变化状况，及时采取相应的对策，对协调保护区生态保护与资源合理利用的关系具有至关重要的作用。

由于海洋特别保护区影响因素复杂多样，目前尚无有效的技术方法能很好地解决保护区各功能分区变化趋势的评估问题。本研究利用遥感技术、全球定位系统技术和地理信息系统技术（简称3S技术）手段，以浙江乐清市西门岛国家级海洋特别保护区为示范，从保护区景观变化的层面，获取相关信息，分析并掌握保护区各功能区的变化趋势。

遥感技术（Remote Sensing）是20世纪40年代发展起来的一门较新的对地观测技术，主要是以电磁波与地物表面的相互作用为基础，通过遥感平台上的传感器，获取地面物体反射或发射的电磁辐射信息。它具有大覆盖范围、动态性、经济高效、准确性等技术特点。遥感观测景观状况包括：主要景观类型及分布和面积、景观多样性指数、优势度指数、均匀度指数、斑块的分形分维数、斑块密度指数、景观斑块数破碎化指数等。无人机遥感技术是以无人机为遥感平台进行遥感测量的技术系统。海岛海岸带无人机遥感通常利用高分辨CCD相机系统获取遥感影像，利用空中和地面控制系统实现影像的自动拍摄和获取，同时实现航迹的规划和监控、信息数据的压缩和自动传输、影像预处理等功能。它具有高分辨率（0.1～0.5m）、快速大范围采集、时相一致性、无云覆盖、高性价比、良好的应急拓展性等技术优势。

全球定位系统（Global Positioning System）是由美国国防部组织研制开发的第二代卫星导航定位系统，最初为一种军用导航系统后转为军民两用。它能提供全天候、全球性的导航定位服务；可进行高精度、高速度的实时精密导航和定位；用途广泛，操作简单。

地理信息系统（Geographic Information System）既是一门描述、存储、分析和输出空间信息的新学科，又是一个以地理空间数据库为基础，采用地理模型分析方法，适时提供多种空间的和动态的地理信息，为地理研究和地理决策服务的计算机技术系统。它具有采集、管理、分析和输出多种地理信息的能力，具有空间性和动态性；由计算机系统支持进行空间数据管理，并由计算机程序模拟常规的或专门的地理分析方法，作用于空间数据，产生有用信息，完成人类难以完成的任务；计算机支持是地理信息系统的重要特征，因而使得计算机系统能快速、精确、综合地对复杂的地理系统进行空间定位和过程动态分析。

在利用3S技术研究浙江乐清市西门岛国家级海洋特别保护区生态环境变化趋的过程中，融合海洋学、生态学、环境学、资源科学、经济学和管理学等相关学科知识与技术，在西门岛及其周边海域进行长时间尺度的生态环境质量、生物多样性状况、生态景观格局和社会经济等项调查的基础上，融合遥感卫星图像处理与资料解析，综合功能分区现状和生态环境质量跟踪监测结果，获取保护区功能区综合评价及不同年代变化趋势研究结果，深入探讨滩涂湿地、海岛、红树林等各种生态系统以及环境事件（互花米草、污染事件等）对保护区功能区的影响以及人与自然相互作用下的功能区变化状况，丰富海洋特别保护区保护与管理技术体系。

7.1 西门岛国家级海洋特别保护区自然环境与资源特征

7.1.1 自然环境概况

西门岛位于浙江省三大湾之一的乐清湾的北部，这里浅海滩涂面积广阔，海洋资源种类繁多，构成了以丰富的海洋生物资源、全国纬度最北的红树林群落和多种鸟类为主体的滨海湿地生态系统（图7-1）。2005年3月，国家海洋局、浙江省政府批准同意设立西门岛国家级海洋特别保护区，总面积为3 080.15 hm^2，分为西门岛景区、环岛滨海生态保护景观区、南涂生态保护与开发区3大功能区。西门岛红树林系1957年由人工引种而成，目前老红树林区约0.2 hm^2，新种植红树林区约66.7 hm^2，为黑嘴鸥等多种珍稀鸟类开辟了新的生长和栖息环境。

7.1.1.1 气象

西门岛属中亚热带海洋性季风气候，四季分明，冬暖夏凉，雨量充沛，气候多变，灾害性天气频繁。

1）气温

西门岛累年平均气温为17.6℃，1月最低为7.2℃，8月最高为28.0℃。平均气温年较差为20.8℃。累年极端最低气温为−5.8℃，极端最高气温为36.6℃。日最低气温小于等于0℃的冰冻日数全年平均有14 d，最长持续日数可达25 d；日最高气温大于等于35℃的炎热天气极少出现，平均10年才有一遇。常年平均无霜期约为260 d。

2）降水

西门岛年平均降水量为1 474 mm。降水量年际变化较大，最多年可达2 172 mm，最少年仅890 mm，多数年份在1 200～2 000 mm之间。年平均降水日数（日雨量≥ 0.1 mm）为163d；除10月至12月外，其他各月降水日数平均都在10 d以上。其中春雨期（3～4月）占年雨量的17%，汛期（5—9月）占全年的62%，秋冬少雨期（10—翌年2月）占年雨量的21%。年平均暴雨（日雨量≥50 mm）日数4～5 d，年平均大暴雨（日雨量≥100 mm）日数为1.1d，日降水量大于等于200 mm的特大暴雨仅在9月出现过。

3）风况

海岛风的季节变化和日变化都非常明显。冬季盛行东北风，夏季盛行偏南风，春秋季处于南北气流交替季节，以东北风为主，南风或东风为次。西门岛各地累年平均风速约为3～4 m/s，海岛岸线附近的平均风速远远超过岛内的蔽塞地形。各月的风速变化，以盛夏和秋季平均风速最大，冬季次之，春季至初夏风速最小。西门岛30年一遇最大风速为30～36 m/s，海岛风压大致在55～100 kPa之间。每年7月至10月因受台风影响，大风出现的几率最高，8月为全年的峰值。2月至3月常有冷空气及低气压活动，大风出现的几率也较高。

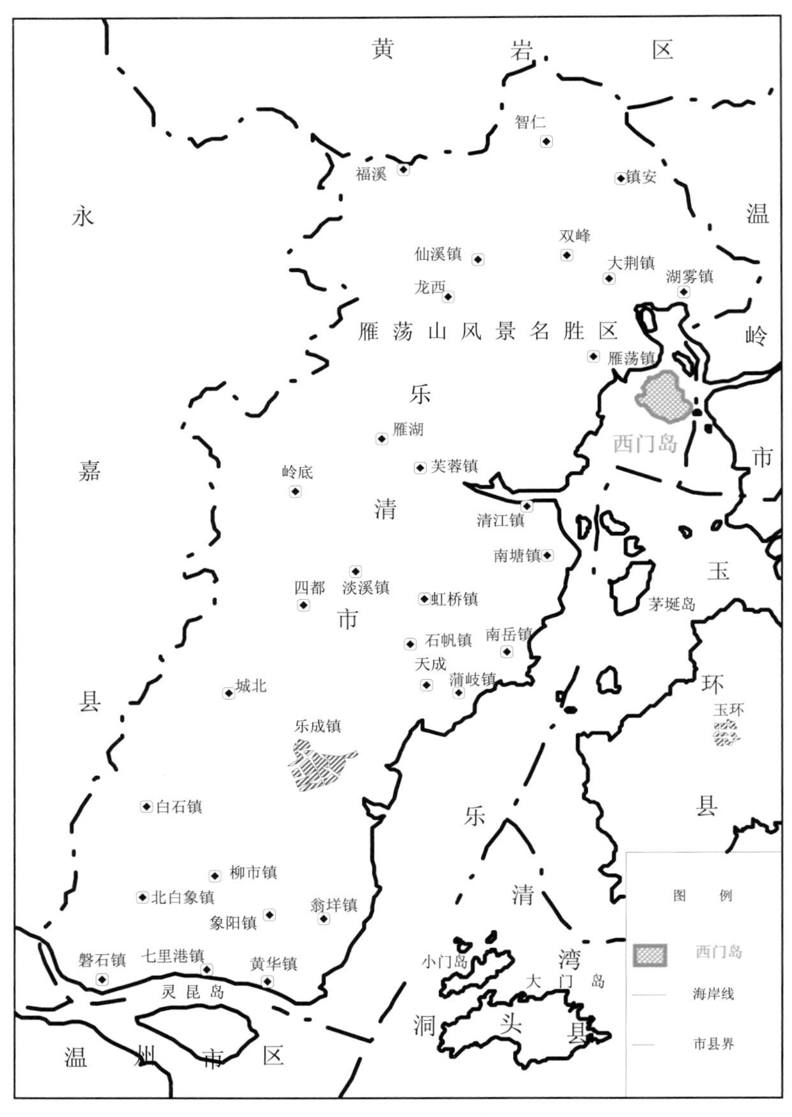

图7-1　乐清市雁荡镇西门岛地理位置

4）灾害性天气

影响西门岛的灾害性天气主要有台风、暴雨、干旱、寒潮、霜冻和大雾等。根据1961—1990年30年的资料统计，登陆台风（日降水量大于等于50 mm、最大风力大于等于8级）共计53次，平均每年1.8个。7月至9月为本地的台风季节，登陆台风带来狂风暴雨，造成大风、洪涝、风暴潮等灾害。如果台风恰好在天文大潮时影响沿海地区，就会造成风暴潮灾害，潮位可超过6 m。自1951—1990年共计发生台风风暴潮22次，平均每年0.55次。1974年8月18日，因受台风风暴潮影响，境内潮位达6.95 m，造成沿海港湾海水倒灌，咸潮进入民宅。2004年8月12日20时，14号台风“云娜”在温岭石塘登陆，西门岛处于此次台风中心区，强风暴雨致使岛上山体滑坡，樟树、榆树、雪松等大量树木被毁坏。

7.1.1.2 海洋水文

1）径流特性

乐清北部陆地有清江、白溪、临溪、江下等淡水河流入海，直接支配海岛周围水域的理化因子。根据温州市水文站提供的沿海岛屿多年平均径流深等值线图，西门岛多年平均径流深为950 mm，相应径流量为$663\times10^4\ m^3$。海岛径流基本由降水补给，水利工程调节较少，其年内分配基本上同降水量年内分配相似。径流主要集中在4—6月和8—9月，分别占全年径流量的47.12%和26.41%。

2）潮汐

乐清湾是我国著名的强潮海湾之一，湾内具有非正规半日浅海潮的特征。潮差较大，平均潮差为5.15 m，湾内最大潮差可达8.34 m，且乐清湾北部潮差大于南部。涨、落潮历时不等，涨潮历时6小时24分，落潮历时6小时01分，涨潮历时长于落潮历时，历时差湾顶大于湾口。

3）潮流

乐清湾内潮流为往复流，全湾大潮涨潮和落潮的平均流速分别为17～73 cm/s和40～84 cm/s，是小潮的3倍多。落潮流速一般大于涨潮流速。不同地貌部位潮流流速相差较大，内湾及外湾的西侧海域潮流流速较缓，水道处垂线平均流速为40 cm/s，潮滩处则在20 cm/s以下。西门岛附近海域涨潮平均流速为59 cm/s，落潮平均流速为63 cm/s。

4）波浪

乐清湾是一个狭长的半封闭型海湾，由于山体和岛屿的屏蔽作用，除灾害性天气侵袭外，波浪的作用相对较弱，且以风浪为主，占全年频率的80%以上。乐清湾的风浪与风向、风速的关系密切，SSW向和NNE向风造成的风浪较大。通过风速推算，乐清湾内可能出现的冬季最大风浪波高为1.4～2.8 m，周期为4.1～6.0 s；夏季最大风浪波高为1.8～2.8 m，周期为4.4～5.9 s。

5）悬浮泥沙

乐清湾海水悬浮泥沙浓度与浙江沿海港湾相比较低。大潮全潮垂线平均悬沙浓度：冬季为$0.134\sim0.331\ kg/m^3$，夏季为$0.034\sim0.197\ kg/m^3$，冬春季大于夏秋季，大潮悬沙浓度一般为小潮悬沙浓度的4～6倍。实测最大值：表层为$1.16\ kg/m^3$，底层为$1.56\ kg/m^3$，悬沙浓度从湾口向湾顶减少。悬沙浓度分布不均的现象，还表现在各岛屿间水道的悬沙浓度存在差异。

7.1.1.3 地质地貌概况

1）地质和地貌特征

西门岛是乐清湾内的大岛之一，陆域面积约$7\ km^2$，主峰西门山海拔398.8 m，为湾内的最高峰，海岸线长11.81 km。西门岛呈NW—SE走向，平面略呈梯形，岛上绝大部分为燕山晚期钾长花岗岩构成的高丘陵，仅东南侧低丘陵为上侏罗统熔结凝灰岩构成。丘陵顶部起伏不大，但斜坡坡度较大，最大达30°～40°，基岩整体性好。岛上有多条小溪涧，地表水年平均径流量为$633\times10^4\ m^3$。岛周围有零星分布的海积平地，地势低平，海拔1.5～2.5 m。

根据岛屿地形的差异，保护区总体上可划分为丘陵、海湾小平原和淤泥质潮滩3种地貌类型（图7-2）。西门岛岛体本身为丘陵，该岛的海湾小平原和淤泥质滩涂主要分布在岛的南侧、西侧和东北侧，滩面上有不少树枝状小潮沟发育。除了连片分布的广阔滩涂外，在西门岛附近海域，潮流通道（港汊）相间出现，地形相对复杂。西门岛西侧潮流通道为白溪港，其西北为狗头门，NE—SW走向，在上码道—黄礁以西宽约250 m，在新湾坑以西宽约430 m，港汊至大横床以北宽达1 100 m。一般水深为0.3～2.5 m，最深处4.2 m（理论深度基准面）。西门岛东侧与白沙岛之间是西门港潮流通道，宽约300 m，一般水深0.7～1.8 m。在西门岛东南与横趾岛之间还分布着一个近南北向的潮流深槽，长约700 m，最大水深为16.6 m。

图7-2　西门岛港湾

2）表层沉积物

西门岛潮间带滩涂的组成物质为粉砂质黏土，以粒径小于0.004 mm的黏土级物质为主，其含量占53%～66%，中值粒径多在8.2ϕ～8.8ϕ之间，一般呈灰黄—黄灰至灰色，物质均匀而细腻，偶尔夹粉砂微层和团块，含水量高，质软，一般无层理显示。滩涂淤涨缓慢，无明显的季节性冲淤变化。以其构成的中、低潮滩，人行其上下陷深度达10～40 cm。

3）海底稳定性

乐清湾属地质构造基本稳定区，现代地震活动微弱，表现为震级小、强度弱、频度低。据浙闽沿海区域地震资料，自公元288年至1993年，乐清周边地区共发生3级以上地震45次，其中大于4级地震17次，大于5级地震12次，6级地震仅1次，未发生大于6级以上的地震。

7.1.2　资源特征

7.1.2.1　滩涂湿地资源

西门岛周边的滩涂湿地资源较为丰富（图7-3），不同年代的调查数据显示了滩涂湿地面积动态的变化情况。《浙江海岛志》和《温州市海岛志》提供的西门岛滩涂湿地面积为2 170 hm^2（约32 550亩）。1993年完成的《浙江省乐清县海岛资源综合调查报告》表明，西门岛滩涂总面积为22 678.19亩。2004年4月，乐清市海洋与渔业局委托丽水市勘察测绘院，对西门岛周围滩涂面积进行勘测。勘测范围北起南岙山村渡船码头和西门码头，南至乐清市—玉环县交界处的第八条浦，东西两侧延至低潮位，测定西门岛滩涂湿地总面积为28 338.2亩。

从空间上划分，西门岛周边潮间带滩涂分为南涂、西涂和东涂。

1）西门岛南涂

南涂是西门岛沿海分布面积最大的连片海涂，自西门岛岸线向南一直延伸至乐清市—玉环县交界处，总体走向NNE—SSW，长约4.5～5.0 km。南涂北宽（约4 km）南窄（约3 km）。按海岛岸滩地貌分类原则，西门岛南涂地貌主要为淤泥质潮滩，从形态上看属于脊状浅滩，处于两侧的潮汐汊道之间，其西侧为白溪港（狗头门），东侧为西门港。组成物质以黏土为主，一般约占55%。若南涂以长约4 km、近NWW—SEE走向的洞浦潮沟为界，又可进一步分为南、北两片，其中南片滩涂面积为854 hm^2（1∶25 000图上量算）。

南涂滩面一般比较平坦，近岛局部高滩长有水草。但由于其呈脊岭状，且东西两侧有潮流港汊，落潮时滩面海水归槽，有不少树枝状小潮沟发育。洞浦以北滩面潮沟众多，西侧潮沟自近岸流向西南，自北向南依次分布无头浦、现屿浦、双叉浦、沙河浦、洞沙浦等潮沟，有的潮沟宽达数十米，可通小船；东侧潮沟自近岸流向东南，自北而南依次分布塘外浦、江泽浦、大新浦、南口坤浦、牛角浦、沙新浦等潮沟。洞浦以南亦有小潮沟发育，自北而南有大闸潭、小闸潭、倒篝浦、倒篝下浦、第八条浦等。

2）西门岛西涂

西涂分布在西门岛西侧和西北侧新湾坑至黄礁沿岸，向南与西门岛南涂相连，沉积物为粉砂质黏土，属边滩状潮滩。潮滩宽度由南向北逐渐变窄，新湾坑附近宽为400～500 m，到中岙滩地宽度减至300 m，南岙 山村上码道以北至黄礁，因狗头门港汊逼近岸边，滩面宽度一般不足100 m，向北至黄礁滩涂宽仅30～50 m。

（3）西门岛东涂

东涂分布在西门岛东北部冷水湾至黄礁沿岸，呈NW—SE走向的条带状分布，延伸2.5 km，潮滩宽一般为50～60 m，最宽处不超过100 m，面积约为247亩。滩面坡度相对较大，亦属于边滩状潮滩。

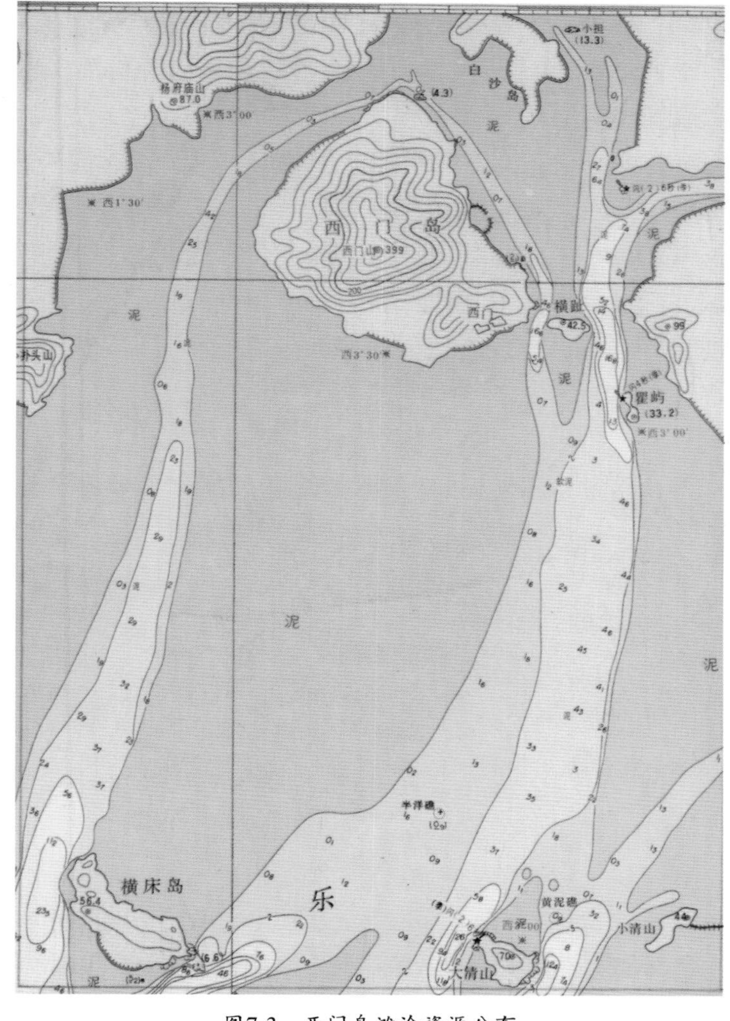

图7-3 西门岛滩涂资源分布

目前，西门岛滩涂资源的开发利用主要是养殖彩虹明樱蛤（俗称海瓜子）、缢蛏、泥蚶三大贝类、缢蛏定苗及紫菜养殖等（图7-4）。

图7-4 西门岛上的滩涂资源

7.1.2.2 海洋生物资源

西门岛滩涂面积广阔，底质肥沃，土壤理化性质良好，生物资源丰富，种类繁多，是沿海的生物高值区，也是乐清市发展水产养殖业的重要基地之一。

据20世纪90年代乐清海岛资源综合调查资料，西门岛滨海湿地的生物区系有4种：一是我国沿海广温性广布种；二是分布于东海和南海的亚热带种；三是分布于黄、渤、东海的温水性种；四是分布于南海的热带种。西门岛海洋生物主要经济种类皆系沿岸低盐性种，既适于湾内岛区栖息生长，也适于人工养殖。滩涂主要经济品种有：缢蛏、泥蚶、彩虹明樱蛤、珠带拟蟹守螺、褶牡蛎、白脊藤壶、锯绿青蟹、脊尾白虾、毛蚶、弹涂鱼等，而中国绿螂、渤海鸭咀蛤、弧边招潮、长足长方蟹、日本大眼蟹等亦是西门岛滩涂的常见种，数量较大，采捕后可以食用，多作为对虾及家禽的饲料。

1）岩礁区生物

西门岛潮间带岩礁性生物有37种，淤泥滩生物多达92种，其中包括软体类、多毛类、甲壳类、棘皮类、腔肠类、鱼类及藻类等。西门岛岩礁区生物的优势种有：齿纹蜒螺、褶牡蛎、白脊藤壶、四齿大额蟹等，常见种有矶沙蚕、短滨螺、纹斑棱蛤、黑荞麦蛤等。各潮区生物量优势种：高潮区为褶牡蛎、泥藤壶、白脊藤壶、黑荞麦蛤、纹斑棱蛤，中潮区为褶牡蛎和齿纹蜒螺。

2）淤泥滩生物

西门岛淤泥滩生物的优势种有：缢蛏、短拟沼螺、珠带拟蟹守螺、淡水泥蟹、弧边招潮、棘刺锚参等，其他常见种有泥蚶、中国绿螂、织纹螺、毛蚶、彩虹明樱蛤、日本大眼蟹、长足长方蟹等。

7.1.2.3 红树林资源

红树林是生长在南亚热带、热带海岸潮间带的木本植物群落。红树林成株后枝丫密布，气根纵横交错伸入浅水淤泥中，形成茂密的海上森林，是海洋生态系统的重要组成部分。西门岛的红树林，是目前我国人工种植红树林最北界分布于西门岛南岙山村上码道沿海滩涂（28º20′54.9″—28º20′57″N，121º10′41.4″—121º10′44.7″E），面积约为0.2 hm^2。该片红树林于1957年春天自福建引种栽植，当时引种幼苗约3万株，从南岙山村的西北滩涂一直栽植到西南滩涂。其后因堤塘改建和渔船泊位增加，加之缺少相应的保护措施，导致南岙山村西南一带的红树林被破坏殆尽，现仅存岛西北一隅上码道避风塘一带（图7-5）。

西门岛的红树林由单一的秋茄林组成。秋茄群系是我国从南到北、从外海到河口地带适应性很广的红树类型，也是最耐寒的红树群落。秋茄林生境的主要特点是海涂背风、浪小、滩面平缓并成垄状地形，在潮汐的作用下周期性地外露和淹没。秋茄林下的滩涂由淤积的微细颗粒组成，土层深厚，含盐分较高，质地黏重，有机质含量高，是海洋生物的栖息繁衍场所。西门岛秋茄林群落结构简单，成林树和幼树共同生长，覆盖度70%，在非树冠下的空地上，平均密度为2～3株/m^2，而且逐步向外扩展。成林树高约1.5～2.5 m，胸径平均为8 cm；幼树平均高度0.8 m，胸径平均为0.5～1.5 cm。秋茄树干上、中、下三段相比较，下段最好，树径从上向下逐渐增粗。滩涂下有一些支柱根，根系庞大，生长牢固，这有助于植物的呼吸和抵抗风浪冲击的固着作用（图7-6）。

秋茄林具有良好的自我更新能力，以一种特殊的方式——“胎生”进行繁殖，即在一年中的开花结果期间，秋茄果实（胚轴）借助母树来结果发芽，吸收养分，待幼苗生长到10cm左右即为成熟期，胚轴将自行脱离母树，借着本身的重量插入松软的海滩淤泥中，几天内即可生根而固定于土壤中，再次涨潮时也不会将其冲走。如果被海潮带到淤泥滩上，即使处于水平的位置，由于其基部能够迅速生长根系，也能使幼苗直立起来。秋茄的花期相当长，花期自5月至8月，即在秋茄树上长期有不同成熟期的幼苗，因此幼苗的下落时期很不一致，部分幼苗在红树林中生长起来，有些幼苗则陆续散布出去（图7-7）。

图7-5　中国最北端的红树林——西门岛南岙山村的秋茄林

图7-6　群落结构简单、支柱根发育的秋茄林

在西门岛西北滩涂上，秋茄林的幼苗、幼树分布很多，成熟树上的胎生幼苗也很丰富。因此，在不遭受人为破坏的情况下，西门岛红树林的繁衍生长是比较稳定的，而且其生长区域还有向外扩展的趋势。

近些年来，随着海岛居民海洋环境保护意识的不断增强，人们越来越意识到保护红树林的重要性，已把岛上这片仅存的红树林列为南岙山村重点保护基地，并制定了保护奖罚措施，配备了专门护林员看护红树林。同时将周边70亩滩涂湿地作为发展试验基地，进行红树林栽培试验，经过2001年和2002年6月两次栽植，共计栽植秋茄幼苗15 000株。据2002年和2003年现场调查，西门岛有两处红树林幼树重点分布区：一处分布在上码道老秋茄林的周缘滩地并向北延伸约150 m；另一处分布在岙里新湾坑至铜钿湾沿岸高滩涂区，延伸约850 m，沿海堤脚下或虾塘外侧分布，宽度为6～10 m，幼树栽植密度一般为4～6株/m^2，幼树平均高度为0.4～0.6 m。目前，这些幼树生长良好。

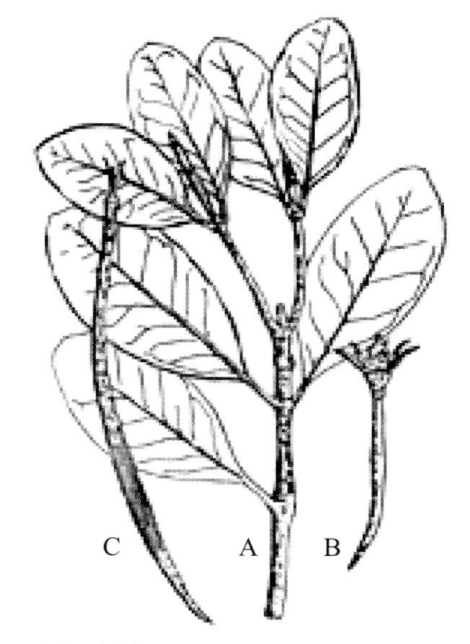

A. 枝条（中）；B. 果实和小胚轴（右）；C. 成熟胚轴（左）

图7-7　红树科植物秋茄

7.1.2.4　鸟类资源

乐清沿海滩涂湿地为鸟类提供了良好的栖息环境，吸引了众多的鸟类在此驻足。目前，温州沿海有三处滩涂湿地被国际鸟类保护联盟列为重要鸟区，乐清湾滩涂湿地即是其中之一，为多种列入《中日保护候鸟及其栖息环境的协定》和《中澳保护候鸟及其栖息环境的协定》的湿地水鸟的重要栖息地。同时，乐清沿海滩涂湿地还是黑嘴鸥最重要的越冬地和黑脸琵鹭的重要迁徙停歇地，黑嘴鸥属世界级濒危鸟类，全球黑嘴鸥种群数量仅6 000只左右，是目前世界上44种鸥类鸟中人类了解得最少的一种，已被列入国际自然保护联盟（IUCN）世界濒危物种红皮书和世界濒危鸟类目录（图7-8）。我国的黑嘴鸥主要在辽宁、山东、江苏等地沿海滩涂繁殖，每年10月至11月向南迁徙

到浙江、福建、广东、广西等地越冬，直到来年开春北飞。据调查，我国黑嘴鸥越冬种群为5 000只左右，其中在温州沿海湿地越冬的种群就超过3 000只，占黑嘴鸥在我国越冬种群的60%以上。1997年调查结果表明，乐清胜利塘以东滩涂有黑嘴鸥500多只。1999年在乐清湾又记录到黑嘴鸥1 685只。2001年12月的调查发现，来温州乐清等地越冬的黑嘴鸥达2 600多只。近年来，随着西门岛海洋特别保护区的建立和村民海岛保护意识的增强，来西门岛滨海湿地觅食栖息的鸟类种类不断增多，数量也越来越多。

图7-8　世界级濒危鸟类黑嘴鸥（非西门岛上拍摄）

除此之外，根据野外调查，西门岛滩涂湿地也有多种鸟类在此觅食栖息，国家保护鸟类中白鹭（*Egretta intermedia*）（图7- 9）也在乐清湾滩涂湿地栖息。中白鹭与大白鹭、白鹭、岩鹭、黄嘴白鹭同是白鹭属的成员，色白长嘴，体形像鸽子，多栖息在滨海地带及海岛，啄食小鱼、甲壳动物和贝类等。

图7-9　西门岛滨海湿地上栖息的中白鹭（2003年11月13日摄）

7.1.2.5　海岛植被资源

西门岛上植被外貌结构单一，种类组成简单（图7-10）。据1998年《浙江海岛志》记载，西门岛上有维管束植物129科、400属、598种，其中，木本植物220种、栽培植物85种、蕨类植物24种。在105科种子植物中，禾本科、菊科、豆科、蔷薇科的种类较多，其次为百合科、茜草科，再次为松科、壳斗科、山茶科等。海岛植被总面积562.4 hm^2，覆盖率80.6%，以针叶林（275.5 hm^2）和草本栽培植被（228.6 hm^2）为主，间有草丛（40.4 hm^2）、木本栽培植被（14 hm^2）、阔叶林（香樟、枫香林2.1 hm^2）、竹林（小径刚竹林0.2 hm^2）、盐生植被（1.6 hm^2）。针叶林为马尾松林，草本栽培植被以坡地旱地作物为主，木本栽培植被主要有茶、橘。

图7-10　西门岛上的植被

7.1.2.6　旅游资源

西门岛与著名的雁荡山风景名胜区隔海相望，是绝佳的观景之地。西门岛的主峰西门山是温州海岛中的最高峰，登上峰顶，向西、向北均可以远眺雁荡山风景区；向东、向南可遥看温岭、玉环诸岛和茫茫的乐清湾海面。西门山上岩石突兀，分布有五凤朝阳、凤凰岩、麒麟岩、狮子独立、狗子山、黄礁龙潭等十多处自然景点，每个景点都有一个传说，素有“海上雁荡”之名。此外，岛上还有清同治三年建的禹王庙、清道光年间建的白鹤庙，以及年代不详的娘娘庙（图7-11）等人文景观。与环岛公路（图7-12）相连的跨海大桥（图7-13），给海岛的交通状况带来巨大改善。游客可步行经过跨海大桥前往西门岛。站在大桥上，美丽的海岛风光尽收眼底。

图7-11　西门岛重修的上马道娘娘庙

图7-12　西门岛上的环岛公路

图7-13　连接西门岛与雁荡大陆的跨海大桥

7.2　保护区保护利用与管理现状

7.2.1　西门岛社会经济概况

西门岛，又名沙门岛，行政上隶属于乐清市雁荡镇，西距大陆最近点仅320m。海岛岛陆面积6.976 km²，海岸线长11.81 km，是乐清湾内的大岛之一，与国家级首批重点风景名胜区北雁荡山隔海相望。西门岛的历史沿革可追溯到宋朝，西门岛所属的雁荡镇自古是温（州）、台（州）驿路的必由之地，北宋时形成了白溪驿。明永乐年间西门岛上已有岛民定居。清道光《乐清县志》记载，西门岛归属山门乡19都。至民国时，西门岛属白溪乡。1950年6月，西门岛归属乐清县沙门乡。1958年西门岛归属白溪乡。1983年西门岛与白沙岛组成了沙门乡。1992年，西门岛归属雁荡镇。西门岛上现有4个行政村，即南岙山村、岙里村、西门岛村、山后村，2011年全岛户籍总户数1 458户，总户籍人口4 654人（表7-1）。西门岛周边滩涂资源丰富，岛上居民以农业生产、滩涂养殖、浅海养殖及近海捕捞为主，西门村、岙里村、山后村和南岙山村平均收入分别为2.8万元/（户·年）、3.7万元/（户·年）、1.75万元/（户·年）和5.2万元/（户·年）。

表7-1　西门岛2011年人口情况

村名	农村住户数（户）	农村住户人数（人）	农村户籍户数（户）	农村户籍人口数（人）	农村经济总收入（万元）	人均纯收入（元）
南岙山村	308	1 207	341	1 073	2 800	6 100
岙里村	354	1 140	351	1 141	2 344.7	5 963
西门村	455	1 356	463	1 427	2 687	5 783
山后村	256	872	303	1 013	1 955.4	5 987
合计	1 373	4 575	1 458	4 654	9 787.1	23 833

数据来源：乐清市海洋与渔业局。

自2011年7月以来，当地政府整合社区资源，引导和鼓励当地群众成立了水产养殖协会、红树林保护协会、导游协会、餐饮协会、社区民间调解室、社会治安综合治理联防队和社区志愿者协会等社会组织。西门岛上还有雁荡镇唯一一所海岛寄宿小学，该校是浙江省生态环境教育示范基地、中国红树林可持续发展教育示范学校、乐清市青少年生态体验基地（图7-14）。

图7-14　西门岛上的寄宿小学

7.2.2　海岛保护与开发利用现状

7.2.2.1　海岛保护现状

乐清市海洋与渔业局对所辖海域和海岛的生态保护工作尤为重视，采取有效措施制止掠夺性挖掘滩涂贝类，制止盗挖鸟蛋、破坏候鸟栖息地等，使海岛的自然生态环境得到了有效的保持。对西门岛、白沙岛等有居民海岛，主要采取了以下的保护措施。

1）建设标准海塘

标准海塘工程是一项“德政工程”、“安民工程”，是岛民的生命线和财产线。标准海塘的建设提高了海岛抗御风暴潮的能力，对改善当地居民生活水平、提高抗灾防灾能力、推进国民经济可持续发展具有重大的意义。乐清海塘长126.11 km，其中100年一遇的海塘1.74 km，50年一遇的22.05 km，20年一遇的44.95 km，10年一遇的31.88 km。西门岛和邻近的白沙岛均修筑有标准海塘。

西门岛闭合区标准海塘位于西门岛东侧，由保四塘、保五塘、岙东塘、保西塘、保宅保甲塘组成，南起叶屿山，北至西门码头，途经岙里、西门岛村，总长2.0km，防洪标准为10年一遇，属IV等5级（图7-15）。工程于2004年5月1日开工，2006年10月完工。该海塘是一线海塘，可对岛上4500多人口、1 000余亩农田及1 800亩养殖区起到了较好的保护作用。

2）保护区建设

西门岛及其上级政府历来都非常重视对红树林的保护。早在2000年4月，雁荡镇人民政府就制订了西门岛红树林保护区管理办法，严禁任何单位和个人在保护区内开展各种生产经营活动。为了更好地保护西门岛的生态环境，共创美好家园，2003年6月18日，在乐清市绿色志愿者协会、乐清电视台及环龙环保产业有限公司的热情协助下，南山岙村、岙里村、西门村、山后村共同制订了《西门海岛环保公约》（图7-16），并在全岛大张旗鼓地宣传，希望广大岛民以及前来观光旅游的客人共同遵守。

图7-15　西门岛上的标准海塘建设

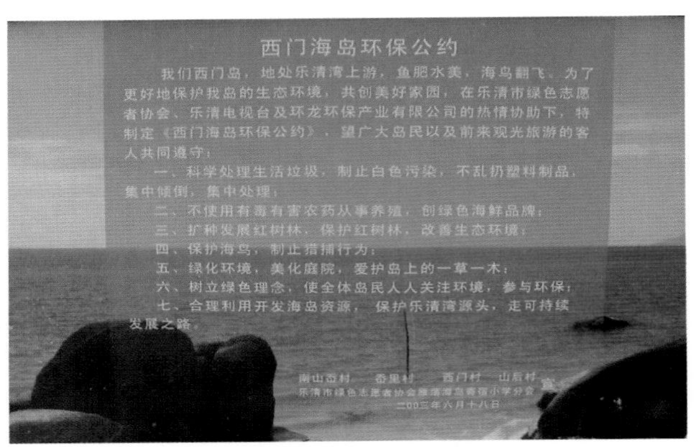

图7-16　由4个村共同制订的西门海岛环保公约

2005年2月经国家海洋局批准，设立了乐清市西门岛海洋特别保护区。该保护区范围包括西门岛、其周边滨海湿地及附近海域，是我国第一个国家级海洋特别保护区（图7-17，图7-18）。根据2004年《浙江省乐清市西门岛海洋特别保护区建设发展规划》，西门岛海洋特别保护区由西门岛景区、环岛滨海生态保护景观区、南涂生态保护与开发区三大功能区组成，其中，西门岛景区即本岛；环岛滨海生态保护景观区分为红树林生态保育核心区、滨海红树林绿化带、红树林种植科普区、湿地水鸟观赏区等6个亚区；南涂生态保护与开发区由湿地珍稀鸟类保护区、滩涂生态渔业开发区2个亚区组成。

图7-17　西门岛海洋特别保护区

图7-18　西门岛海洋特别保护区建区通告

西门岛景区（海洋度假区）的主体是西门岛，在体现综合性和多样性的基础上强调“生态游”和“民俗游”两大主题，实现旅游发展的可持续性。

环岛滨海生态保护景观区，是指西门岛环岛自岸线向岛陆纵深200 m以内的滨海地带，包括潮上带湿地的大部分和潮间带湿地的高滩区，分为以下6个重点开发的功能亚区。

（1）红树林生态保育核心区：西门岛南岙山村上码道沿海滩涂。

（2）滨海红树林绿化带：西门岛南岙山村至保西塘高滩涂。

（3）红树林种植科普区：西门岛岙里村铜钿湾近岸滩涂。

（4）滨海湿地监测管理站：西门岛岙里村铜钿湾对虾塘。

（5）湿地水鸟保护观赏区：西门岛岙里村铜钿湾东对虾塘。

（6）滨海建设预留区：滨海红树林绿化带与海堤之间用于环岛基础设施或其他工程的建设用地，

一般预留宽度为50 m。

西门岛南涂生态保护与开发区，以长约4 km、总体走向NWW—SEE的洞浦潮沟为界，划分为以下2个重点开发的功能亚区。

（1）湿地鸟类保护区：分布在洞浦潮沟以的南滨海湿地。

（2）滩涂生态渔业开发区：主体在西门岛南岸至洞浦潮沟，以及湿地鸟类保护区至乐清市—玉环县界的区域，以滩涂生态养殖为主。

由保护区空间分布格局可见，西门岛的西北部、南部沿海将以红树林资源保护、观赏、培育、研究为主，涉及红树林生态保育核心区、滨海红树林绿化带、红树林种植科普区等功能亚区，是西门岛海洋特别保护区的重点功能区（图7-19）。

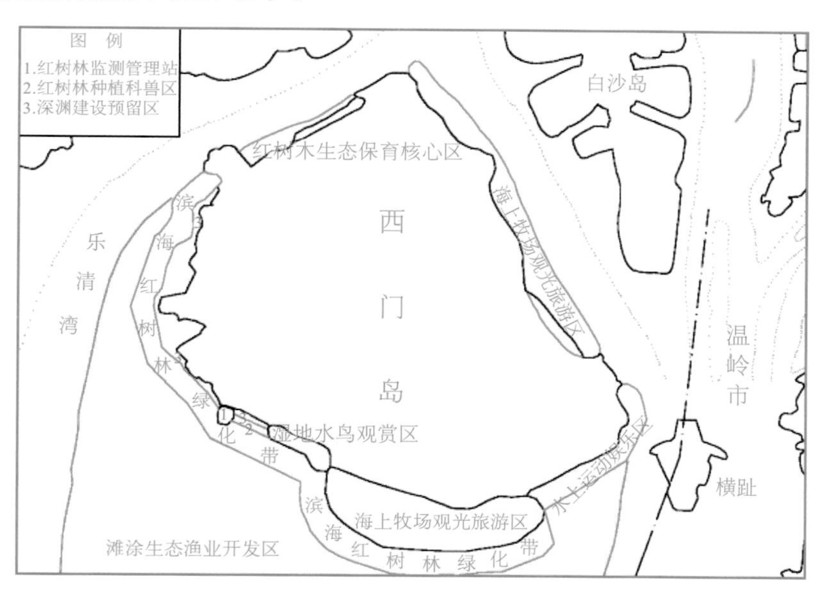

图7-19　西门岛环岛滨海生态保护景观区布局规划

根据已收集的西门岛2000年以来的遥感资料，调查分析西门岛海洋特别保护区生态景观格局信息，并在海洋生态环境调查研究的基础上，结合西门岛海洋特别保护区经济社会发展和资源保护与开发利用现状，按照《海洋特别保护区功能分区和总体规划编制技术导则》（HY/T118—2010）的规定，2011年对保护区2004年确定的功能区进行了调整，重新划分为3大功能区。

（1）红树林重点保护区

西门岛西侧及东北角潮间带滩涂，重点保护全国最北端的红树林群落。属于珍稀濒危海洋生物物种、经济生物物种及其栖息地，以及具有一定代表性、典型性和特殊保护价值的自然景观、自然生态系统作为主要保护对象。

（2）适度利用区

一是西门岛适度利用区，即原西门岛景区；

二是南涂适度利用区，包括了原南涂生态保护与开发区的大部分，这里又分成两个小的功能区，与原滩涂生态渔业开发区的范围基本相同。

（3）生态与资源恢复区

即位于南涂南部的原湿地鸟类保护区。

调整后的西门岛海洋特别保护区功能分区见图7-20。调整后的功能区将红树林生长区列为单独的“红树林重点保护区”，能更有效地对西门岛西侧及东北角潮间带滩涂上的红树林进行保护，充分发挥红树林对海岛生态系统的维护和改善作用，限制与保护区不协调的开发活动，促进保护区整体的健康发展。

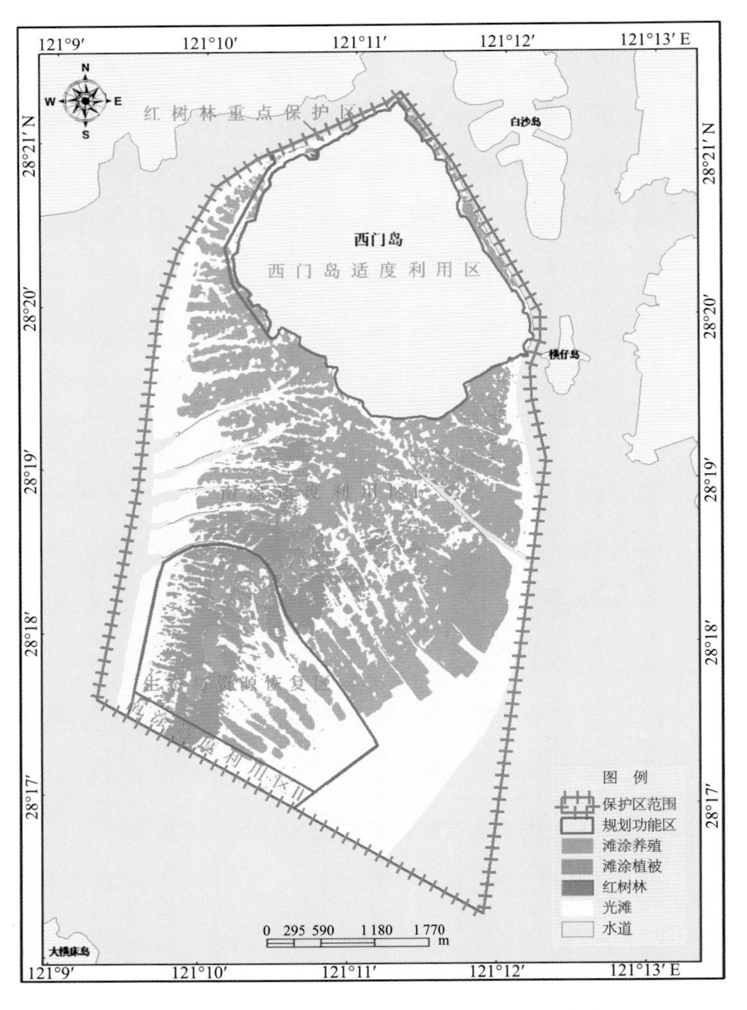

图7-20 调整后的西门岛海洋特别保护区功能分区
（红树林重点保护区位于西门岛的西部及东北部）

随着人们海洋环境保护意识的不断增强，西门岛广大村民越来越意识到保护红树林的重要性。目前，西门岛已把岛上老红树林区列为南岙山村重点保护基地，制定了保护奖罚措施，配备了专门护林员。西门岛各村都制订了村卫生保洁制度（图7-21），如今，“保护生态环境，共创美好家园”的理念在西门岛已经深入人心，海洋生态环境保护的行动更是蔚然成风（图7-22）。

建区伊始，红树林保护和扩种就被列为保护区的工作重点。2005年底开始收回部分滩涂作为红树林栽种基地，购买红树林苗种进行栽植。为防止人为破坏，在红树林栽植区四周进行围网并搭建人工竹桥用于观测管理。经过多年不懈的努力，目前红树林的扩种面积已达200余亩，规划扩种面积将达1 000亩以上。2007年2月，西门岛海洋特别保护区被乐清市委、市政府命名为全市科普基层示范单位。2008年又被乐清市委组织部、市委党校命名为乐清市干部教育培训现场教学点。

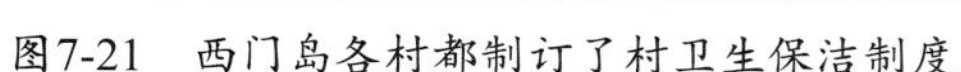
图7-21　西门岛各村都制订了村卫生保洁制度

图7-22　生态保护理念在西门岛蔚然成风

3）海域生态修复

乐清湾是我国重要的海水养殖基地和贝类苗种基地，被称为“贝类摇篮”和“海洋牧场”，因此成为近海渔民赖以生存的渔业生产场所。然而，由于近年来乐清市近海渔业环境的过度开发，已造成海洋生物资源的局部衰退，生物多样性受到严重威胁，进而影响了海水养殖生产效益。近些年来，通过采取进行人工增殖放流等海域生态环境修复的手段，开展经济贝类的苗种投放，促进海洋生物资源量的恢复与提高。2011年，乐清市水产品总量70 981 t，渔业总产值11.77亿元，贝类养殖产量5.33×10^4 t，“中国泥蚶之乡”“中国牡蛎之乡”等国字号金名片均落户于乐清。

7.2.2.2　海岛开发利用现状

西门岛资源开发利用主要以土地资源利用、海洋生物资源利用、海岛旅游资源利用为主。

1）土地资源利用

西门岛开发历史悠久，潮上带湿地绝大部分处在人工海堤内的海湾小平原或海积平地一般均被辟为耕地、果园或养殖虾（鱼）塘等。其中水田种植水稻，果园主要种植柑橘、杨梅、葡萄、枇杷等水果。

为了更好地把握西门岛土地资源开发利用状况，国家海洋局第二海洋研究所自2000年起，利用遥感卫星数据，结合现场调查资料，对西门岛的土地利用现状进行了遥感解译。解译结果显示，2012年西门岛土地利用类型主要有旱地、坑塘水面、水田、有林地、农村宅基地、养殖水面、特殊用地、公路用地、裸地、空闲地和其他园地共11类（表7-2）。

表7-2　2012年西门岛土地利用现状信息统计

序号	土地利用类型	面积（m^2）	比例
1	旱地	1 124 233.07	15.86%
2	坑塘水面	96 075.51	1.36%
3	水田	561 780.66	7.93%
4	有林地	3 850 925.73	54.34%

续表 7-2

序号	土地利用类型	面积（m²）	比例
5	农村宅基地	501 654.34	7.08%
6	养殖水面	817 347.93	11.53%
7	特殊用地	3 083.30	0.04%
8	公路用地	23 404.05	0.33%
9	裸地	6 981.24	0.10%
10	空闲地	15 220.08	0.21%
11	其他园地	85 718.71	1.21%
合计		7 086 424.62	100%

由图7-23可见，2012年在西门岛土地利用类型中，有林地所占比例较高、为54.34%，主要分布在西门岛中部；其次为旱地，占15.86%，零星分布在西门岛地势较高的山坡丘陵地带，由于所处的地理环境及交通的不便，部分旱地已荒废，现仅有少量旱地用来种植各种农作物。西门岛近岸区域分布着由筑堤围垦所形成的片状养殖池塘和农村宅基地，其中养殖池塘占11.53%，农村宅基地占7.08%；海岛陆地平原地带还少量分布着一些水田，有些荒废的水田成为鸟类的栖息地；北部少量分布着一些因西门岛跨海大桥的修建而炸山形成的空闲地，空闲地的南端连接着岛上新修建的公路。

西门岛的农业种植区及滩涂养殖现状见图7-24、图7-25、图7-26。

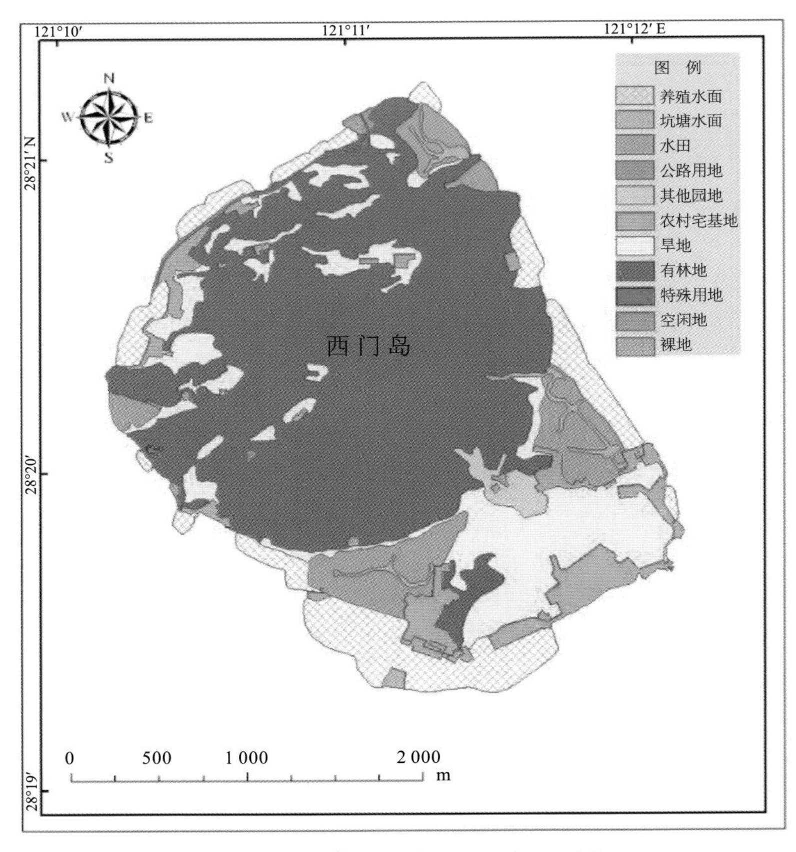

图7-23　西门岛土地利用现状（2012年）

图7-24 西门岛上的农田

图7-25 西门岛周边的滩涂养殖区

图7-26 西门岛南岙山村的围塘养殖区

2）海洋生物资源利用

西门岛周边滩涂、浅海湿地面积广阔，底质肥沃，生物资源丰富，种类繁多，是乐清市发展海水养殖业的基地之一。1993年，西门岛用于海水养殖的滩涂湿地面积约有884 hm^2，主要养殖品种有缢蛏、泥蚶、彩虹明樱蛤、珠带拟蟹守螺、褶牡蛎、白脊藤壶、毛蚶等。其中缢蛏是滩涂贝类养殖的主要品种，年产量为1 550 t；其次为泥蚶，净产量10.5 t。西门岛淤泥滩亦是缢蛏和泥蚶苗种的主要产地之一，年产泥蚶苗种2亿～3亿粒，年产量达25 t。此外，还有紫菜、对虾及少量泥螺、梭子蟹、青蟹的养殖。

据2002年调查，西门岛4个村用于海水养殖的滩涂面积共计733.7 hm^2，约占西门岛滩涂湿地总面积的40%。其中，南岙山村200 hm^2滩涂全都用于养殖，2002年滩涂养殖、浅海养殖及鳗苗捕捞收入共计1 450万元，占全村经济总收入的85.5%；岙里村滩涂养殖面积266.8 hm^2，主要养殖品种为泥蚶、海瓜子、泥螺以及蛏苗、蛤蜊定苗等，浅海以紫菜养殖为主，岙里村90%的经济收入来自海水养殖。西门村滩涂养殖133.4 hm^2，主要养殖蛏苗、泥蚶、牡蛎、青蟹等，浅海养殖10 hm^2，以紫菜养殖为主。山后村有滩涂近70 hm^2，浅海以紫菜、牡蛎养殖为主，包括网箱养鱼及鳗苗捕捞（外海）。

目前，海水养殖在西门岛农村经济中仍占据极其重要的地位。据2011年统计（表7-3），该岛

4个村有围塘养殖面积90 hm^2，年养殖产量385 t，养殖产值565万元；4个村有滩涂养殖面积1 250 hm^{2}余，年养殖产量7 200 t，养殖产值1.12亿元。

表7-3　2011年西门岛海水养殖业统计[①]

村名	围塘养殖面积（亩）	围塘养殖产量（t）	围塘养殖产值（万元）	滩涂养殖面积（亩）	滩涂养殖产量（t）	滩涂养殖产值（万元）
南岙山村	268	70	100	2 463	1 000	1 500
岙里村	403	150	180	5 844	2 100	3 200
西门岛村	334	80	140	8 143	3 000	4 500
山后村	347	85	145	2 600	1 100	2 000
合计	1 352	385	565	18 750	7 200	11 200

除了滩涂养殖和围塘养殖，部分村民前往上海长江口捕捞鳗鱼苗，在每年10月前，仅南岙山村就有七八十户渔民要到长江口去打鱼，直至翌年的3—4月。

3）海岛旅游资源开发

虽然西门岛的地理位置优越，旅游资源开发的潜力很大，但海岛旅游资源的开发利用仍处于初级阶段，其旅游观光价值尚未完全体现出来。几年前的海岛旅游开发主要有南岙山村海滨的垂钓中心、海鲜楼等。近年来，上码道独特的红树林风景，也逐渐吸引了温州市及邻近市县的部分游人前来观光。随着海岛旅游的升温，西门岛相继开展了品尝海鲜、垂钓休闲等旅游活动，建立了西门岛码头海鲜馆、望江南酒店、海上红渔家乐、海岛旭日酒家等（图7-27）。此外，南岙山村开辟了垂钓鱼塘，作为乐清市滨海旅游规划的配套旅游休闲项目，吸引了许多人前来休闲垂钓。

图7-27　西门岛上的餐饮等旅游基础设施

2012年8月24日，首届雁荡镇沙门岛社区海鲜美食节在西门岛开幕（图7-28）。海鲜美食节由雁荡镇党委、政府主办，温州市雁荡山风景旅游管委会、乐清市民政局、旅游局和海洋与渔业局等联合举办，雁荡镇沙门岛社区承办。游客们在领略雁荡山秀丽风景的同时，还能品尝到乐清湾海岛的特色海鲜美食。本次社区海鲜美食节从8月24日至30日，共推出8大系列活动，包括“渔歌雁舞”文艺演出、“雁荡八鲜”公众评选活动、渔家乐海鲜美食体验、雁荡海产品展销、西门岛生态游、海岛寻宝活动、社区书法摄影展等，公众参与热情非常高（图7-29）。海鲜美食节以“诗情雁荡·生态海鲜”为主题，目的是挖掘雁荡山海旅游资源，全面展现雁荡特色文化，积极提升公众保护生态环境意识，同时也是提供舞台，丰富社区生活，充分展示社区建设成果，促进社区有机融合。

① 数据来源：乐清市海洋与渔业局。

图7-28 首届雁荡镇沙门岛社区海鲜美食节在西门岛开幕

图7-29 市民在西门岛免费品尝海鲜美食

7.2.3 保护区管理现状评价

7.2.3.1 管理机构

浙江乐清市西门岛海洋特别保护区尚未建立专门的管理机构，其管理工作挂靠在乐清市海洋与渔业局。乐清市海洋与渔业局负责西门岛海洋特别保护区的管理工作，市土地、水利、旅游、环保、城建、规划及雁荡山风景旅游管理局等部门协同管理，主要负责编制西门岛海洋特别保护区建设发展规划，审查海洋特别保护区建设方案，指导海洋特别保护区的建设与管理工作，对海洋特别保护区进行监督检查。

7.2.3.2 保护区管理现状评价

1）管理机构职责

乐清市西门岛海洋特别保护区管理机构的主要职责是：①贯彻执行国家有关海洋资源开发和环境保护的法律、法规、方针、政策；②制定和实施海洋特别保护区的总体建设规划、管理制度和技术规范，并组织落实年度工作计划；③结合保护区资源与环境条件，以及涉海产业部门的发展政策和规划，统筹兼顾地组织编制在保护区内海洋产业开发及其环境保护的区划与规划；④规范和协调保护区内各涉海行业的海洋资源开发活动，对已受损害和破坏的海洋资源及环境进行恢复治理；⑤开展保护区内海洋资源与环境基础调查和经常性监测评估工作，建立特别保护区的档案资料和数据信息系统；⑥在保护区内实行联合监视执法和监督检查，对造成海洋资源和生态环境破坏的单位和个人，依据《中华人民共和国海洋环境保护法》和《浙江省海洋环境保护条例》及有关规定予以处罚，并责令其限期改正。

西门岛海洋特别保护区管理机构执行国家关于“在保护中开发，在开发中保护”的资源开发基本方针。海洋特别保护区应对建区之前已有的海洋开发利用项目进行登记，对建区以后申请的海洋开发利用项目进行审核。除了编制海洋资源开发、环境保护区划和规划外，保护区管理机构还应实施海洋资源可持续发展影响评价制度，通过审查、评价和调整保护区内的海洋资源开发活动，使其符合可持续发展的总体目标。

2）管理评价指标体系

目前，国内外学者对保护区有效管理方面的研究较少。我国学者（薛达元，1994；郑允文，1995）在经过深入调查和广泛的专家咨询基础上，提出了一套较为全面的保护区有效管理评价指标体系。参考该管理评价指标体系（表7-4）（刘水良，2005）对西门岛保护区进行评价。

3）管理现状评价

根据保护区管理现状专家打分表的内容，对西门岛海洋特别保护区比较了解的13位技术人员进行了专家打分（见表7-5）。西门岛海洋特别保护区总平均分为69.5，属于管理一般的保护区。单项中得分最高的为机构设置与人员配备、基础设施、管理目标和发展规划3项，均为6.5分，单项得分最低的为自养能力，仅为3.0分。

表7-4　西门岛海洋特别保护区评价指标及模糊赋分

评价指标		评分标准	分值
A 管理条件30分	机构设置与人员配备（10分）	具有健全的管理机构和适宜的人员配置	10
		管理机构不够健全或人员配备不够适宜	7
		仅有代管机构，有指定的专职管理人员	4
		无机构，无明确的代管机构和专职人员	1
	基础设施（10分）	具有良好的基础建设设施，能满足管理需要	10
		具有一般的基础建设设施，基本满足管理需要	7
		只有初步的基础建设设施，尚不能满足管理需要	4
		基础建设设施差，无法开展正常的管理工作	1
	经费状况（10分）	具有稳定的多渠道政府经费来源，有丰富的经营收入，甚至获得国外资助。每年经费数额除满足管理正常运转，尚有充足的发展资金，人均年获经费达3万元以上	10
		具有固定来源的政府拨款和较好的经营收入，经费数额能满足管理正常运转，但发展资金有限，人均经费1万～3万元	7
		仅有一定数额的政府拨款，创收能力差，经费水平仅勉强维持管理运转，人均经费0.5万～1万元经费数额少	4
		难以维持管理运转，人均经费在5 000元以下	1
B 管理措施21分	管理目标和发展规划（7分）	具有明确的管理目标和具体可行的发展规划，且实施良好	7
		管理目标明确，但发展规划不具体，且实施又不力	4
		管理目标不明确，或缺少可行的发展规划	1
	法规建设（7分）	具有专门法律、行政法规和保护区制定的管理办法	7
		尚无专门法律，但有行政法规和管理办法	4
		尚无专门法律和行政法规，至多有管理办法	1
	管理计划（7分）	有详细可行的年度计划，且逐年全面完成	7
		有较详细的年度计划，但未全面完成	4
		年度计划不具体或不可行，工作无章可循	1
C 本底资源调查 7 分	专题科研（7分）	全面完成本底资源的调查和资料的整理	7
		仅完成部分本底资源的调查及其资料整理	4
		本底调查缺或少：或虽有调查、但资料整理差	1
	科研基础（21分）	长期系统地开展了科研工作，获得大量数据资料，发表或编写了大量论文、报告等	7
		仅开展了一些零散的专题研究，成果有限	4
		没有或很少开展过专题性科研工作	1
	科技力量（7分）	有一支学科齐全、稳定、强干的科技队伍，能够承担省、部级科研项目	7
		科技队伍一般水平，可承担地方科研项目	4
		科技力量薄弱，难以独立承担科研项目	1

续表 7-4

评价指标		评分标准	分值
D 管理成效28分	资源保护现状（7分）	建区后资源得到全面保护和增殖，主要保护对象的受威胁程度降低	7
		建区后资源基本得到维持，主要保护对象的环境得到维持	4
		建区后因管理不善，部分资源呈下降趋势，主要保护对象仍处于受威胁状态	1
	自养能力（7分）	各种经营活动收入达全年总经济收入的50%以上	7
		经营创收占全年总收入的10%～50%	4
		经营创收占全年总收入的10%以下	1
	日常管理秩序（7分）	日常管理有条不紊成绩显著，受到上级表彰	7
		日常管理一般，成绩不显著，也无重大事故发生	4
		日常管理混乱，常有事故发生，受到上级批评	1
	与当地群众关系（7分）	关系十分融洽，使群众生活显著提高	7
		关系一般，使群众生活有一定改善	4
		关系较差，地方群众未能受益	1

表7-5　西门岛海洋特别保护区管理现状专家打分汇总

评价指标		分值													单项平均
A管理条件30分	机构设置与人员配备（10分）	4	7	7	7	7	10	7	4	7	7	7	4	7	6.5
	基础设施（10分）	7	7	7	7	4	7	4	7	10	7	10	1	7	6.5
	经费状况（10分）	7	7	4	7	4	10	4	7	7	4	7	4	4	5.8
B管理措施21分	管理目标和发展规划（7分）	7	7	7	7	4	7	7	7	7	7	7	4	7	6.5
	法规建设（7分）	7	1	7	4	4	7	4	4	4	4	7	4	4	4.7
	管理计划（7分）	7	4	7	4	4	7	4	4	7	4	7	1	4	4.9
C本底资源调查 7分	专题科研（7分）	7	7	7	7	7	7	1	4	7	4	4	4	4	5.4
	科研基础（21分）	7	7	7	7	7	7	4	4	4	4	7	1	4	5.4
	科技力量（7分）	1	7	7	4	7	7	1	4	4	4	4	1	1	4.0
D管理成效28分	资源保护现状（7分）	7	4	7	7	7	4	4	4	7	7	7	4	4	5.6
	自养能力（7分）	1	–	4	1	4	7	1	1	7	4	1	4	1	3.0
	日常管理秩序（7分）	7	7	7	7	4	7	7	4	4	4	4	4	4	5.4
	与当地群众关系7（7分）	7	7	7	4	7	7	4	7	4	7	4	4	4	5.6
	合计得分	76	72	85	73	70	94	52	61	79	67	76	40	55	69.5

7.2.4 保护区在保护与利用方面存在的问题

随着西门岛及其滨海湿地资源开发利用活动的不断增加，海洋生态问题日益突出，主要表现在以下几个方面。

7.2.4.1 围海及养殖造成自然湿地面积减少

为了解决沿海土地资源不足的问题，西门岛及乐清湾内一些海域相继开展了不同规模的围海造地工程，再加上蓬勃发展的海水养殖业，结果造成沿海自然湿地面积不断减少。1982年，西门岛的滨海湿地面积尚有28 076亩，大多为自然湿地。1993年海岛调查资料表明，西门岛潮间带滩涂面积为22 678.19亩，其中13 251.28亩用于海水养殖，即自然湿地面积仅有9 426.91亩。2002年，西门岛用于海水养殖的滩涂面积有11 000多亩，在洞浦潮沟以北的南涂和西涂大多被密密麻麻的养殖田所占据，基本上无自然湿地。乐清湾及西门岛沿海自然湿地面积的缩减，不仅引起沿海地区物种种群和数量的减少，而且给附近水域的海洋生物资源造成长期的影响。滩涂围垦及过量养殖不仅丧失了多种湿地鸟类的天然栖息地，而且大大降低了滩涂湿地调节气候、储水分洪、抵御风暴潮、净化水质及护岸保田的能力。

7.2.4.2 海洋开发利用缺乏科学规划

海岛浅海滩涂的开发是在缺乏系统的规划和技术研究支撑下开始启动的，这就不可避免地存在着资源掠夺式的不合理开发现象，存在着部门与部门之间、村与村之间、个人和个人之间仅注重眼前的经济利益、忽视环境效益和长远社会效益的“急功近利”式的短期开发行为。由于沿海湿地资源开发利用缺少总体规划，目前沿海地区的行业部门、乡村或承包户在湿地资源开发利用过程中，不同程度地存在缺乏全局观念、各自为政、各自经营的现象，影响了滨海湿地的合理开发利用和健康发展。1993年西门岛对虾塘面积有469.94亩，目前虾塘面积为1 352亩，是1993年的2.9倍，虽然获得了一定的经济效益，但养殖废水和排泄物的增多也影响了大片滩涂的生态平衡。此外，滩涂湿地开发的不合理，可能会加剧人类活动对海岸带环境的影响。

7.2.4.3 养殖模式单一，分布不均衡

目前，西门岛4个村滩涂养殖面积多达18 750亩，约占西门岛滩涂湿地总面积的60%。由于滩涂养殖增产主要通过扩大养殖面积来实现，产品结构单一，生产经营粗放，缺乏高科技投入，极大地阻碍了滩涂养殖业的可持续发展。滩涂养殖业中的养殖对象几乎是清一色的滤食性贝类，而且养殖区域的大部分分布在洞浦潮沟以北的近岛岸滩涂，这样的养殖布局使近岸的滩涂资源开发过度，养殖量超出其养殖容纳量，部分养殖种类出现了品种个体小型化、死亡率升高、产品质量下降、病害频繁发生等一系列问题。不合理的养殖密度也很容易造成养殖环境水质自净能力的迅速下降，由此而造成对养殖种群的危害是无可挽救的。由于滩涂贝类增养殖技术比较落后，一些重要经济品种如泥螺、青蛤、彩虹明樱蛤等不能人工进行大量繁衍，使其水产品产量低于其他邻近地区。

7.2.4.4 无序开发导致海洋环境质量退化

自20世纪80年代中期以来，乐清湾海水营养盐污染逐年增加。1995年1/3的海域超过一类海水水质标准，1997年后全部超四类海水水质标准，表明乐清湾富营养化程度恶化迅速。海水中的主要污染物是无机氮和磷酸盐，其中西门岛附近为严重污染海域，重金属铅、石油类污染程度也在加剧。据分

析，除了陆源排污和海上排污以外，较长时期以来，乐清湾水产养殖过密、饵料投放不科学以及海水交换能力差等因素，都会导致湾内水质的严重污染。

7.2.4.5 海岛社会经济发展不平衡

西门岛的滨海湿地资源虽然很丰富，但在开发利用上很不平衡，主要表现在三个方面：一是村与村之间发展的不平衡，如南岙山村2011年农村经济总收入达到2 800万元，而山后村不足2 000万元；二是产业发展方面的不平衡，目前西门岛的滩涂开发多集中在养殖业上，海洋水产品深加工及滨海旅游业则发展缓慢；三是技术发展的不平衡，由于海涂开发多是某户村民或承包者个人行为，缺少必要的合作和沟通，使整体开发规模和技术水平上存在差异，难以形成长远和规模化的开发布局。目前，西门岛在浅海滩涂湿地开发利用中的生产、保护、科研相结合的层次开发和区域开发的布局尚未形成。

上述问题的存在不仅大大降低了海岛资源开发利用的效益，也对西门岛海洋特别保护区的生态环境及主要保护对象构成一定的威胁，在一定程度上影响了保护与利用的协调性，制约了西门岛海洋特别保护区的可持续发展。

7.3 保护区海域环境质量现状及其变化趋势分析

根据研究需要，分别于2010年春季（4月）、秋季（11月）、2011年夏季（8月）和2012年冬季（2月）对西门岛海洋特别保护区邻近海域进行了调查。其中，海水环境调查要素包括：温度（T）、盐度（S）、透明度（TS）、pH、溶解氧（DO）、化学需氧量（COD）、硝酸盐（NO_3-N）、亚硝酸盐（NO_2-N）、铵盐（NH_4-N）、活性磷酸盐（PO_4-P）、石油类（Oil）、叶绿素a（Chla）、重金属7项［包括铜（Cu）、铅（Pb）、锌（Zn）、镉（Cd）、总铬（Cr）、汞（Hg）、砷（As）］；海域表层沉积物要素包括：硫化物（SP）、总有机碳（TOC）、石油类（Oil）、重金属7项［包括铜（Cu）、铅（Pb）、锌（Zn）、镉（Cd）、总铬（Cr）、汞（Hg）、砷（As）］；海洋生物生态要素包括：浮游植物、浮游动物、大型底栖生物和潮间带生物。调查站位如图7-30所示。

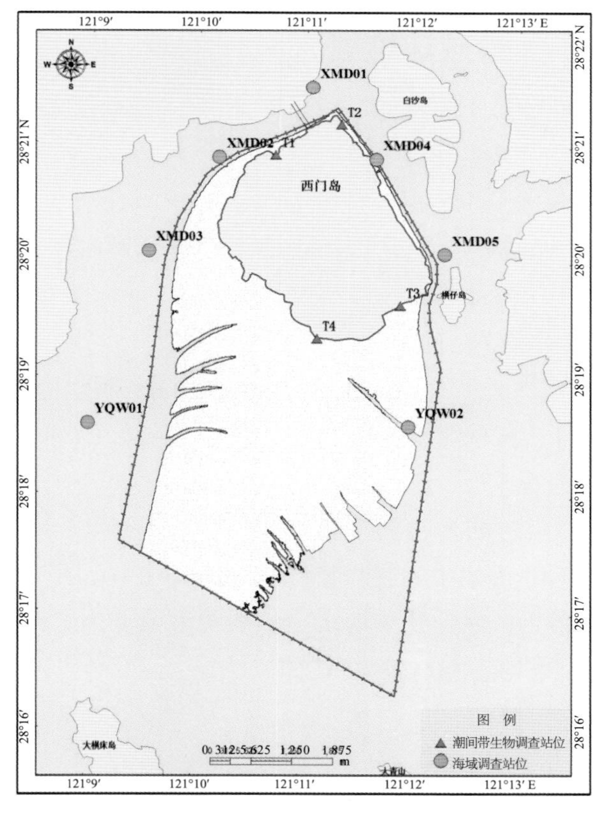

图7-30 西门岛海域环境调查站位

7.3.1 污染源

7.3.1.1 陆源工业污染

陆源工业污染种类繁多，包括COD、氨氮、石油类、重金属以及难降解有机污染物等。陆源工业污染是陆源污染的重要组成部分，不仅危害人类健康，而且直接威胁着生物的生存环境。西门岛所在乐清湾内湾周边主要的工业污染源，2005年工业污染源调查汇总数据显示COD_{cr}排放量约1 140.62t/a。另外，西门岛所在内湾沿岸电镀厂较多，主要污染物为铬、锌、铜、镍等多种重金属离子及氰化物等。

7.3.1.2 生活污染

人类生活过程中产生的污水，是水体的主要污染源之一。由于海岛附近居民每天用水相对比较节约，以每人每天生活污水200L计算，西门岛及周边海域每天产生的COD约有1.42×10^4 t/a。

7.3.1.3 农业化肥污染

化肥作为农业生产、粮食增收的重要贡献者功不可没，但是逐年递增的施用量和较低的利用率又使其成为环境污染的重要面源之一，其中化肥中的氮、磷流失进入水体，成为水体氮、磷的重要污染源。

7.3.1.4 海水养殖污染

乐清湾是浙南浅海渔业资源的繁殖、生长场所之一，也是浙江省海水养殖的重点港湾，海水养殖有浅海养殖、围塘养殖和滩涂养殖等形式，主要养殖种类为鱼类、虾蟹类和贝类。鱼类、虾蟹类养殖需要人工投饵，由于养殖过程中投放的饵料不能充分利用，残饵以及养殖生物的排泄物等都会给水体带来污染，其主要污染物为COD、氮、磷等。

7.3.2 海域环境要素变化状况

7.3.2.1 海水环境要素

1）温度（T）

春季海水的温度范围为14.2～15.7℃，平均值为15.2℃；夏季海水的温度范围为29.0～29.9℃，平均值为29.3℃；秋季海水的温度范围为14.3～15.7℃，平均值为15.0℃；冬季海水的温度范围为9.1～10.9℃，平均值为9.8℃。

2）盐度（S）

春季海水的盐度范围为11.3～20.6，平均值为15.1；夏季海水的盐度范围为12.9～26.7，平均值为21.1；秋季海水的盐度范围为23.1～24.9，平均值为24.2；冬季海水的盐度范围为19.4～21.8，平均值为21.1。

3）透明度（TS）

春季海水中的透明度范围为0.05～0.10，平均值为0.09；夏季海水中的透明度范围为0.10～0.40，平均值为0.26；秋季海水中的透明度范围为0.20～0.40，平均值为0.30；冬季海水中的透明度均为0.10，平均值为0.10。

4）pH值

春、夏、秋、冬4个季节海水pH值变化范围依次为7.92～7.98、7.80～7.91、8.04～8.07、7.96～7.97。

5）溶解氧（DO）

春季海水中溶解氧的含量范围为7.47～8.45 mg/L，平均值为8.19 mg/L；夏季海水中溶解氧的含量范围为5.44～5.86 mg/L，平均值为5.72 mg/L；冬季海水中溶解氧的含量范围为9.13～9.94 mg/L，平均值为9.53 mg/L。

6）化学需氧量（COD）

春季海水化学需氧量范围为0.71～1.38 mg/L，平均值为1.02 mg/L；夏季海水化学需氧量范围为0.42～1.08 mg/L，平均值为0.79 mg/L；秋季海水化学需氧量范围为0.71～0.87 mg/L，平均值为0.77 mg/L；冬季海水化学需氧量范围为0.91～1.48 mg/L，平均值为1.15 mg/L。

7）硝酸盐（NO_3-N）

春季海水中的硝酸盐含量范围为0.494～1.036 mg/L，平均值为0.706 mg/L；夏季海水中的硝酸盐含量范围为0.417～0.803 mg/L，平均值为0.587 mg/L；秋季海水中的硝酸盐含量范围为0.579～0.713 mg/L，平均值为0.644 mg/L；冬季海水中的硝酸盐含量范围为0.652～0.781 mg/L，平均值为0.703 mg/L。

8）亚硝酸盐（NO_2-N）

春季海水中的亚硝酸盐含量范围为0.018～0.019 mg/L，平均值为0.019 mg/L；夏季海水中的亚硝酸盐含量范围为0.141～0.209 mg/L，平均值为0.170 mg/L；秋季海水中的亚硝酸盐含量范围为0.012～0.017 mg/L，平均值为0.015 mg/L；冬季海水中的亚硝酸盐含量范围为0.010～0.031 mg/L，平均值为0.017 mg/L。

9）铵盐（NH_4-N）

春季海水中的铵盐含量范围为0.011～0.141 mg/L，平均值为0.092 mg/L；夏季海水中的铵盐含量范围为0.017～0.162 mg/L，平均值为0.085 mg/L；秋季海水中的铵盐含量范围为0.016～0.058 mg/L，平均值为0.033 mg/L；冬季海水中的铵盐含量范围为0.022～0.129 mg/L，平均值为0.049 mg/L。

10）活性磷酸盐（PO_4-P）

春季海水中的活性磷酸盐含量范围为0.033～0.037 mg/L，平均值为0.035 mg/L；夏季海水中的活性磷酸盐含量范围为0.027～0.032 mg/L，平均值为0.029 mg/L；秋季海水中的活性磷酸盐含量范围为0.036～0.043 mg/L，平均值为0.040 mg/L；冬季海水中的活性磷酸盐含量范围为0.022～0.027 mg/L，平均值为0.025 mg/L。

11）石油类（Oil）

春季海水中的石油类含量范围为0.045～0.065 mg/L，平均值为0.054 mg/L；夏季海水中的石油类含量范围为0.042～0.051 mg/L，平均值为0.046 mg/L；秋季海水中的石油类含量范围为0.038～0.056 mg/L，平均值为0.047 mg/L；冬季海水中的石油类含量范围为0.038～0.047 mg/L，平均值为0.042 mg/L。

12）叶绿素a（Chla）

春季海水中的叶绿素a含量范围为0.87～1.60 μg/L，平均值为1.23 μg/L；夏季海水中的叶绿素a含量范围为1.17～1.57 μg/L，平均值为1.30 μg/L；秋季海水中的叶绿素a含量范围为1.64～2.67 μg/L，平均值为2.12 μg/L；冬季海水中的叶绿素a含量范围为1.18～2.08 μg/L，平均值为1.57 μg/L。

13）铜（Cu）

春季海水中的铜含量范围为1.51～1.88 μg/L，平均值为1.67 μg/L；夏季海水中的铜含量范围为1.45～1.61 μg/L，平均值为1.52 μg/L；秋季海水中的铜含量范围为1.40～1.82 μg/L，平均值为1.57 μg/L；冬季海水中的铜含量范围为1.57～1.71 μg/L，平均值为1.64 μg/L。

14）铅（Pb）

春季海水中的铅含量范围为0.59～0.85 μg/L，平均值为0.71 μg/L；夏季海水中的铅含量范围为

0.62～0.81 μg/L，平均值为0.70 μg/L；秋季海水中的铅含量范围为0.63～0.92 μg/L，平均值为0.77 μg/L；冬季海水中的铅含量范围为0.60～0.78 μg/L，平均值为0.68 μg/L。

15）锌（Zn）

春季海水中的锌含量范围为4.20～7.07 μg/L，平均值为5.61 μg/L；夏季海水中的锌含量范围为4.91～7.05 μg/L，平均值为6.01 μg/L；秋季海水中的锌含量范围为4.75～7.17 μg/L，平均值为6.13 μg/L；冬季海水中的锌含量范围为5.05～7.02 μg/L，平均值为6.10 μg/L。

16）镉（Cd）

春季海水中的镉含量范围为0.045～0.071 μg/L，平均值为0.057 μg/L；夏季海水中的镉含量范围为0.052～0.066 μg/L，平均值为0.059 μg/L；秋季海水中的镉含量范围为0.052～0.078 μg/L，平均值为0.061 μg/L；冬季海水中的镉含量范围为0.055～0.064 μg/L，平均值为0.060 μg/L。

17）总铬（Cr）

春季海水中的铬含量范围为0.49～0.74 μg/L，平均值为0.61 μg/L；夏季海水中的铬含量范围为0.60～0.86 μg/L，平均值为0.70 μg/L；秋季海水中的铬含量范围为0.58～0.90 μg/L，平均值为0.72 μg/L；冬季海水中的铬含量范围为0.61～0.83 μg/L，平均值为0.72 μg/L。

18）汞（Hg）

春季海水中的汞含量范围为0.035～0.052 μg/L，平均值为0.042 μg/L；夏季海水中的汞含量范围为0.042～0.050 μg/L，平均值为0.046 μg/L；秋季海水中的汞含量范围为0.038～0.050 μg/L，平均值为0.045 μg/L；冬季海水中的汞含量范围为0.040～0.048 μg/L，平均值为0.045 μg/L。

19）砷（As）

春季海水中的砷含量范围为2.86～4.14 μg/L，平均值为3.53 μg/L；夏季海水中的砷含量范围为3.60～4.60 μg/L，平均值为3.98 μg/L；秋季海水中的砷含量范围为3.68～5.33 μg/L，平均值为4.35 μg/L；冬季海水中的砷含量范围为3.68～4.68 μg/L，平均值为4.06 μg/L。

7.3.2.2　表层沉积物

1）硫化物（Sp）

春季表层沉积物中的硫化物含量范围为2.28×10^{-6}～456.19×10^{-6}，平均值为72.43×10^{-6}；夏季表层沉积物中的硫化物含量范围为3.02×10^{-6}～442.71×10^{-6}，平均值为92.88×10^{-6}；秋季表层沉积物中的硫化物含量范围为0.77×10^{-6}～327.31×10^{-6}，平均值为53.26×10^{-6}；冬季表层沉积物中的硫化物含量范围为16.23×10^{-6}～141.77×10^{-6}，平均值为65.96×10^{-6}。

2）总有机碳（TOC）

春季表层沉积物中的总有机碳范围为0.99×10^{-2}～1.37×10^{-2}，平均值为1.20×10^{-2}；夏季表层沉积物中的总有机碳范围为0.96×10^{-2}～1.03×10^{-2}，平均值为0.99×10^{-2}；秋季表层沉积物中的总有机碳范围为0.73×10^{-2}～0.87×10^{-2}，平均值为0.81×10^{-2}；冬季表层沉积物中的总有机碳范围为0.69×10^{-2}～0.92×10^{-2}，平均值为0.77×10^{-2}。

3）石油类（Oil）

春季表层沉积物中的石油类含量范围为12.69×10^{-6}～37.05×10^{-6}，平均值为22.57×10^{-6}；夏季表层沉积物中的石油类含量范围为19.41×10^{-6}～25.19×10^{-6}，平均值为21.23×10^{-6}；秋季表层沉积物中的石

油类含量范围为$17.04 \times 10^{-6} \sim 24.82 \times 10^{-6}$，平均值为$20.42 \times 10^{-6}$；冬季表层沉积物中的石油类含量范围为$19.02 \times 10^{-6} \sim 23.48 \times 10^{-6}$，平均值为$19.89 \times 10^{-6}$。

4）铜（Cu）

春季表层沉积物中的铜含量范围为$31.6 \times 10^{-6} \sim 45.5 \times 10^{-6}$，平均值为$38.2 \times 10^{-6}$；夏季表层沉积物中的铜含量范围为$31.9 \times 10^{-6} \sim 42.7 \times 10^{-6}$，平均值为$37.9 \times 10^{-6}$；秋季表层沉积物中的铜含量范围为$32.7 \times 10^{-6} \sim 40.2 \times 10^{-6}$，平均值为$40.9 \times 10^{-6}$；冬季表层沉积物中的铜含量范围为$33.0 \times 10^{-6} \sim 42.6 \times 10^{-6}$，平均值为$38.7 \times 10^{-6}$。

5）铅（Pb）

春季表层沉积物中的铅含量范围为$28.5 \times 10^{-6} \sim 37.4 \times 10^{-6}$，平均值为$32.2 \times 10^{-6}$；夏季表层沉积物中的铅含量范围为$31.2 \times 10^{-6} \sim 42.6 \times 10^{-6}$，平均值为$36.6 \times 10^{-6}$；秋季表层沉积物中的铅含量范围为$36.0 \times 10^{-6} \sim 46.7 \times 10^{-6}$，平均值为$40.9 \times 10^{-6}$；冬季表层沉积物中的铅含量范围为$37.6 \times 10^{-6} \sim 47.1 \times 10^{-6}$，平均值为$41.66 \times 10^{-6}$。

6）锌（Zn）

春季表层沉积物中的锌含量范围为$105.6 \times 10^{-6} \sim 125.8 \times 10^{-6}$，平均值为$115.5 \times 10^{-6}$；夏季表层沉积物中的锌含量范围为$103.4 \times 10^{-6} \sim 127.2 \times 10^{-6}$，平均值为$115.0 \times 10^{-6}$；秋季表层沉积物中的锌含量范围为$106.6 \times 10^{-6} \sim 130.0 \times 10^{-6}$，平均值为$116.7 \times 10^{-6}$；冬季表层沉积物中的锌含量范围为$104.8 \times 10^{-6} \sim 123.6 \times 10^{-6}$，平均值为$113.0 \times 10^{-6}$。

7）镉（Cd）

春季表层沉积物中的镉含量范围为$0.15 \times 10^{-6} \sim 0.41 \times 10^{-6}$，平均值为$0.23 \times 10^{-6}$；夏季表层沉积物中的镉含量范围为$0.14 \times 10^{-6} \sim 0.36 \times 10^{-6}$，平均值为$0.20 \times 10^{-6}$；秋季表层沉积物中的镉含量范围为$0.12 \times 10^{-6} \sim 0.28 \times 10^{-6}$，平均值为$0.18 \times 10^{-6}$；冬季表层沉积物中的镉含量范围为$0.16 \times 10^{-6} \sim 0.40 \times 10^{-6}$，平均值为$0.23 \times 10^{-6}$。

8）总铬（Cr）

春季表层沉积物中的铬含量范围为$93.4 \times 10^{-6} \sim 115.4 \times 10^{-6}$，平均值为$101.7 \times 10^{-6}$；夏季表层沉积物中的铬含量范围为$59.4 \times 10^{-6} \sim 66.9 \times 10^{-6}$，平均值为$62.6 \times 10^{-6}$；秋季表层沉积物中的铬含量范围为$76.2 \times 10^{-6} \sim 88.5 \times 10^{-6}$，平均值为$81.8 \times 10^{-6}$；冬季表层沉积物中的铬含量范围为$63.0 \times 10^{-6} \sim 71.0 \times 10^{-6}$，平均值为$66.2 \times 10^{-6}$。

9）汞（Hg）

春季表层沉积物中的汞含量范围为$0.060 \times 10^{-6} \sim 0.080 \times 10^{-6}$，平均值为$0.070 \times 10^{-6}$；夏季表层沉积物中的汞含量范围为$0.054 \times 10^{-6} \sim 0.070 \times 10^{-6}$，平均值为$0.060 \times 10^{-6}$；秋季表层沉积物中的汞含量范围为$0.048 \times 10^{-6} \sim 0.068 \times 10^{-6}$，平均值为$0.056 \times 10^{-6}$；冬季表层沉积物中的汞含量范围为$0.055 \times 10^{-6} \sim 0.074 \times 10^{-6}$，平均值为$0.063 \times 10^{-6}$。

10）砷（As）

春季表层沉积物中的砷含量范围为$13.3 \times 10^{-6} \sim 19.4 \times 10^{-6}$，平均值为$16.4 \times 10^{-6}$；夏季表层沉积物中的砷含量范围为$13.1 \times 10^{-6} \sim 19.2 \times 10^{-6}$，平均值为$16.3 \times 10^{-6}$；秋季表层沉积物中的砷含量范围为$13.0 \times 10^{-6} \sim 18.8 \times 10^{-6}$，平均值为$16.3 \times 10^{-6}$；冬季表层沉积物中的砷含量范围为$13.7 \times 10^{-6} \sim 19.8 \times 10^{-6}$，平均值为$16.9 \times 10^{-6}$。

7.3.3 海域环境质量评价

7.3.3.1 评价方法与标准

采用单项因子标准指数法进行海水水质、沉积物的质量现状评价。

如果评价因子的标准指数值大于1，则表明该因子超过了相应的水质评价标准，已经不能满足相应功能区的使用要求。反之，则表明该因子能符合功能区的使用要求。

具体评价方法如下：

（1）单项水质参数i在第j点的标准指数：

$$S_{ij} = C_{ij} / C_{si}$$

式中：S_{ij}为单项水质评价因子i在第j取样点的标准指数；C_{ij}为水质评价因子i在第j取样点的实测浓度（mg/L）；C_{si}为水质评价因子i的评价标准（mg/L）。

（2）DO的标准指数为：

$$SD_j = |D_f - D_j| / (D_f - D_s) \qquad 当DO_j \geqslant DO_s时$$

$$SDO_j = 10 - 9DO_j / DO_s \qquad 当DO_j < DO_s时$$

DO_f根据UNESCO值进行计算（GB12763.4—2007，海洋调查规范——海水化学要素观测）。式中：SDO_j为饱和溶解氧在第j取样点的标准指数；DO_f为饱和溶解氧浓度（mg/L）；DO_j为j取样点水样溶解氧的实测浓度（mg/L）；DO_s为溶解氧的评价标准（mg/L）。

（3）pH值的标准指数为：

$$S_{pH \cdot j} = (7.0 - pH_j) / (7.0 - pH_{sd}) \qquad 当pH_j \leqslant 7.0时$$

$$S_{pH \cdot j} = (pH_j - 7.0) / (pH_{su} - 7.0) \qquad 当pH_j > 7.0时$$

式中：$S_{pH \cdot j}$为pH值在第j取样点的标准指数；pH_j为j取样点水样pH值实测值；pH_{sd}为评价标准规定的下限值；pH_{su}为评价标准规定的上限值。

海水水质标准、沉积物标准见表7-6、表7-7。

表7-6 海水水质标准（GB3097—1997） 单位：mg/L

序号	项目	第一类	第二类	第三类	第四类
1	pH值	7.8～8.5，同时不超出该海域正常变动范围的0.2pH值单位		6.8～8.8，同时不超出该海域正常变动范围的0.5pH值单位	
2	溶解氧＞	6	5	4	3
3	COD≤	2	3	4	5
4	活性磷酸盐（以P计）≤	0.015	0.03		0.045
5	无机氮（以N计）≤	0.20	0.30	0.40	0.50
6	石油类≤	0.05		0.30	0.50
7	铜≤	0.005	0.010	0.050	
8	铅≤	0.001	0.005	0.010	0.050
9	锌≤	0.02	0.05	0.10	0.50
10	镉≤	0.001	0.005	0.010	
11	铬≤	0.05	0.10	0.20	0.50

续表 7-6

序号	项目	第一类	第二类	第三类	第四类
12	汞≤	0.000 05	0.000 2		0.000 5
13	砷≤	0.020	0.030	0.050	

注：按照海域的不同使用功能和保护目标，海水水质分为四类：
第一类适用于海洋渔业水域，海上自然保护区和珍稀濒危海洋生物保护区。
第二类适用于水产养殖区，海水浴场，人体直接接触海水的海上运动或娱乐区，以及与人类食用直接有关的工业用水区。
第三类适用于一般工业用水区，滨海风景旅游区。
第四类适用于海洋港口水域，海洋开发作业区。

表7-7 海洋沉积物质量标准（GB18668—2002） 单位：$\times 10^{-6}$

序号	项目	第一类	第二类	第三类
1	硫化物≤	300.0	500.0	600.0
2	石油类≤	500.0	1 000.0	1 500.0
3	有机碳($\times 10^{-2}$)≤	2.0	3.0	4.0
4	铜≤	35.0	100.0	200.0
5	铅≤	60.0	130.0	250.0
6	锌≤	150.0	350.0	600.0
7	镉≤	0.50	1.50	5.00
8	铬≤	80.0	150.0	270.0
9	汞≤	0.20	0.50	1.00
10	砷≤	20.0	65.0	93.0

注：按照海域的不同使用功能和环境保护目标，海洋沉积物质量分为以下三类。
第一类适用于海洋渔业水域，海洋自然保护区，珍稀与濒危生物自然保护区，海水养殖区，海水浴场，人体直接接触沉积物的海上运动或娱乐区，与人类食用直接有关的工业用水区。
第二类适用于一般工业用水区，滨海风景旅游区。
第三类适用于海洋港口水域，特殊用途的海洋开发作业区。

7.3.3.2 水质评价

西门岛海洋特别保护区邻近海域的水质调查结果按二类海水水质标准进行评价。结果表明，春季除无机氮（100%）、活性磷酸盐（100%）和石油类（57.14%）超二类海水水质标准外，其他参数均未超标准。夏季除无机氮（100%）、活性磷酸盐（42.86%）和石油类（14.29%）超二类海水水质标准外，其他参数均未超标准。秋季除无机氮（100%）、活性磷酸盐（100%）和石油类（42.86%）超二类海水水质标准外，其他参数均未超标准。冬季除无机氮（100%）超二类海水水质标准外，其他参数均未超二类海水水质标准。

7.3.3.3 表层沉积物质量评价

西门岛海洋特别保护区邻近海域的沉积物调查结果按一类海洋沉积物质量标准进行评价。结果表明，春季除硫化物（14.29%）、铜（71.43%）和铬（100%）超一类海洋沉积物质量标准外，其他参数均未超标准。夏季除硫化物（14.29%）和铜（71.43%）超一类海洋沉积物质量标准外，其他参数均未超标准。秋季除硫化物（28.57%）、铜（71.43%）和铬（57.14%）超一类海洋沉积物质量标准外，其他参数均未超标准。冬季除铜（85.71%）超一类海洋沉积物质量标准外，其他参数均未超标准。

7.3.3.4　环境质量变化趋势分析

乐清湾各项水质指标和沉积物指标在不同年份和季节的浓度如表7-8所示。其中2006年8月和2007年4月乐清湾内湾数据引自《乐清湾海洋环境容量及污染物总量控制研究》。以二类海水水质标准为评价标准，计算各类水质指标的单因子污染指数，本次调查海域水体主要超标污染物为营养盐，与历史资料显示乐清湾内湾海域主要污染物为营养盐的结论相符，这与调查海域靠近湾顶、接纳较多陆源污染物有关，水动力较弱、水交换能力差也是主要原因。

本次调查显示沉积物中硫化物、铜、铬均超一类海洋沉积物质量标准，其余指标均符合一类海洋沉积物质量标准，与2006年历史资料（黄秀清，2011）相比，保护区海域沉积物中硫化物浓度有上升趋势。

表7-8　本次调查与历史调查资料的比较

调查项目		历史调查资料 乐清湾内湾[①]		本次调查			
		2006年8月	2007年4月	2010年4月	2010年11月	2011年8月	2012年2月
水体	盐度	21.3	25.7	15.1	24.2	21.1	21.1
	DO（mg/L）	9.47	9.31	8.19	8.14	5.72	9.53
	无机氮（mg/L）	0.578	1.113	0.805	0.692	0.842	0.769
水体	活性磷酸盐（mg/L）	0.052	0.045	0.035	0.040	0.029	0.025
	COD（mg/L）	1.40	1.13	1.02	0.77	0.79	1.15
	油类（mg/L）	0.02	0.03	0.054	0.047	0.046	0.042
	铜（μg/L）	–	2.1	1.67	1.57	1.52	1.64
	汞（μg/L）	0.048	0.022	0.042	0.045	0.046	0.045
	铅（μg/L）	6.1	0.9	0.71	0.77	0.70	0.68
	锌（μg/L）	–	–	5.61	6.13	6.01	6.10
	砷（μg/L）	6.7	3.9	3.53	4.35	3.98	4.06
	镉（μg/L）	0.362	0.110	0.057	0.061	0.059	0.060
	铬（μg/L）	–	–	0.61	0.72	0.70	0.72
沉积物	硫化物（$\times10^{-6}$）	9.0	–	72.43	53.26	92.88	65.96
	总有机碳（$\times10^{2}$）	1.39	–	1.20	0.81	0.99	0.77
	油类（$\times10^{-6}$）	36.6	–	22.57	20.42	21.23	19.89
	铜（$\times10^{-6}$）	–	–	38.2	40.9	37.9	38.7
	铅（$\times10^{-6}$）	19.8	–	32.2	40.9	36.6	41.66
	锌（$\times10^{-6}$）	–	–	115.5	116.7	115.0	113.0
	镉（$\times10^{-6}$）	0.139	–	0.23	0.18	0.20	0.23
	铬（$\times10^{-6}$）	–	–	101.7	81.8	62.6	66.2
	汞（$\times10^{-6}$）	0.032	–	0.070	0.056	0.060	0.063
	砷（$\times10^{-6}$）	13.7	–	16.4	16.3	16.3	16.9

注：①黄秀清. 乐清湾海洋环境容量及污染物总量控制研究. 北京:海洋出版社，2011.

7.3.4 海洋生物

7.3.4.1 浮游植物

1）种类组成

春、秋、夏、冬四季西门岛海洋特别保护区邻近海域浮游植物，经鉴定共有8门111属364种，其中，硅藻62属267种，甲藻16属34种，绿藻18属31种，蓝藻5属10种，裸藻5属15种，黄藻1属3种，金藻和隐藻各2属2种（表7-9）。不同季节浮游植物各门类种类数见表7-10，总种类数由多到少表现为：夏季、冬季、秋季、春季。

表7-9 浮游植物种类名录

中文名	拉丁名	春	夏	秋	冬
硅藻门	**Baciliariophyta**				
短柄曲壳藻	*Achnanthes brevipes* Agardh		+	+	
优美曲壳藻	*Achnanthes delicatula* (Kütz.) Agardh		+	+	
曲壳藻	*Achnanthes* spp.	+	+		
爱氏辐环藻	*Actinocyclus ehrenbergii* Ralfs				+
环状辐裥藻	*Actinoptychus annulatus* (Wallich) Grunow		+		+
波状辐涧藻	*Actinoptychus undulatus* (Baily) Ralfs	+	+	+	
翼茧形藻	*Amphiprora alata* (Ehr.) Kützing	+	+	+	+
咖啡形双眉藻	*Amphora coffeaeformis* (Ag.) Kützing	+	+	+	
牡蛎双眉藻	*Amphora ostrearia* Brébisson			+	
双眉藻	*Amphora* spp.		+	+	+
复杂耳形藻	*Auricula complexa* (Greg.) Cleve	+			
派格棍形藻	*Bacillaria paxillifera* (Müller) Hendey	+	+	+	+
透明辐杆藻	*Bacteriastrum hyalinum* Lauder	+			+
活动盒形藻	*Biddulphia mobiliensis* (Bail.) Grunow	+	+		+
钝角盒形藻	*Biddulphia obtusa* Kützing	+		+	+
美丽盒形藻	*Biddulphia pulchella* Gray	+		+	
高盒形藻	*Biddulphia regia* (Schultze) Ostenfeld	+	+	+	+
中华盒形藻	*Biddulphia sinensis* Greville	+		+	+
长型美壁藻	*Caloneis elongata*(Greg.) Boyer				+
短角美壁藻	*Caloneis silicula* (Ehr.) Cleve	+	+		
美壁藻	*Caloneis* spp.		+	+	+
地美马鞍藻	*Campylodiscus daemelianus* Grunow	+			
双角角管藻	*Cerataulina daemon* (Greyv) Hasle		+		
大洋角管藻	*Cerataulina pelagica* (Cleve) Hendey		+	+	
窄隙角毛藻	*Chaetoceros affinis* Lauder	+	+	+	

续表7-9

中文名	拉丁名	春	夏	秋	冬
卡氏角毛藻	*Chaetoceros castracanei* Karsten	+			+
发状角毛藻	*Chaetoceros crinitus* Schuett		+		
丹麦角毛藻	*Chaetoceros danicus* Cleve		+		+
并基角毛藻	*Chaetoceros decipiens* Cleve	+			
齿角毛藻	*Chaetoceros denticulatus* Lauder				+
冕孢角毛藻	*Chaetoceros diadema* (Ehr.) Gran		+		
双孢角毛藻	*Chaetoceros didymus* Ehrenberg				+
克尼角毛藻	*Chaetoceros knipowitschi* Henckel		+	+	
罗氏角毛藻	*Chaetoceros lauderi* Ralfs		+		
洛氏角毛藻	*Chaetoceros lorenzianus* Grunow		+	+	+
根状角毛藻	*Chaetoceros radicans* Schutt			+	
圆柱角毛藻	*Chaetoceros teres* Cleve			+	
扭链角毛藻	*Chaetoceros tortissimus* Gran		+	+	
角毛藻	*Chaetoceros* sp.	+			
透明卵形藻	*Cocconeis pellucida* Ehrenberg	+			
扁圆卵形藻	*Cocconeis placentula* Ehrenberg		+		
扁圆卵形藻椭圆变种	*Cocconeis placentula* var. *euglypta* (Ehr.) Cleve		+		
盾卵形藻	*Cocconeis scutellum* Ehrenberg	+	+	+	+
盾卵形藻极小变种	*Cocconeis scutellum* var. *minutissima* Grunow	+	+		
卵形藻	*Cocconeis* sp.		+		
豪猪棘冠藻	*Corethron hystrix* Hensen				+
蛇目圆筛藻	*Coscinodiscus argus* Ehrenberg	+	+	+	+
星脐圆筛藻	*Coscinodiscus asteromphalus* Ehrenberg	+	+	+	+
星脐圆筛藻仿玟纹变种	*Coscinodiscus asteromphalus* var. *subbuliens* (Joerg.) Cleve-Euler				+
有翼圆筛藻	*Coscinodiscus bipartitus* Rattray	+	+	+	+
中心圆筛藻	*Coscinodiscus centralis* Ehrenberg	+	+		+
整齐圆筛藻	*Coscinodiscus concinnus* W. Smith		+	+	+
弓束圆筛藻	*Coscinodiscus curvatulus* Grunow ex Schmidt		+	+	+
弓束圆筛藻小型变种	*Coscinodiscus curvatulus* var. *minor* (Ehr.) Grunow		+	+	
畸形圆筛藻	*Coscinodiscus deformatus*Mann	+			+
巨圆筛藻	*Coscinodiscus gigas* Ehrenberg	+		+	+
格氏圆筛藻	*Coscinodiscus granii* Grough				+
强氏圆筛藻	*Coscinodiscus janischii* A. Schmidt	+			
琼氏圆筛藻	*Coscinodiscus jonesianus* (Grev.) Ostenfeld	+	+	+	+

续表7-9

中文名	拉丁名	春	夏	秋	冬
琼氏圆筛藻变种	*Coscinodiscus jonesianus* var. *commutata* (Grev.) Hustedt	+			
具边圆筛藻	*Coscinodiscus marginatus* Ehrenberg	+	+	+	+
小形圆筛藻	*Coscinodiscus minor* Ehrenberg	+			
虹彩圆筛藻	*Coscinodiscus oculus-iridis* Ehrenberg	+	+	+	+
有棘圆筛藻	*Coscinodiscus spinosus* Chin		+		+
辐射圆筛藻	*Coscinodiscus radiatus* Ehrenberg			+	
细弱圆筛藻	*Coscinodiscus subtilis* Ehrenberg	+	+	+	+
苏里圆筛藻	*Coscinodiscus thorii* Pavillard		+		+
威利圆筛藻	*Coscinodiscus wailesii* Gran & Angst			+	
圆筛藻	*Coscinodiscus* spp.	+			
微小小环藻	*Cyclotella caspia* Grunow	+			
扭曲小环藻	*Cyclotella comta* (Ehr.) Kützing	+			
梅尼小环藻	*Cyclotella meneghiniana* Kützing		+		+
条纹小环藻	*Cyclotella striata* (Kütz.) Grunow	+	+	+	+
柱状小环藻	*Cyclotella stylorum* Brightwell	+	+	+	+
小环藻	*Cyclotella* spp.	+	+		+
新月筒柱藻	*Cylindrotheca closterium* (Ehr.) Reim. et Lew	+	+	+	+
筒柱藻	*Cylindrotheca gracilis* (Bréb.) Grunow	+		+	
椭圆波缘藻	*Cymatopleura elliptica* (Bréb) W. Smith				+
草鞋形波缘藻	*Cymatopleura solea* (Bréb) W. Smith	+		+	
洛氏波纹藻	*Cymatosira lorenziana* Grunow			+	
极小桥弯藻	*Cymatosira perpusilla* Cleve		+		
膨胀桥弯藻	*Cymbella tumida* (Bréb.) Van Heurck	+			
蜂腰双壁藻	*Diploneis bombus* Ehrenberg	+	+	+	+
光亮双壁藻	*Diploneis nitescens* (Greg.) Cleve		+		
卵圆双壁藻	*Diploneis ovalis* (Hilse.) Cleve		+		
史密斯双壁藻	*Diploneis smithii* (Bréb.) Cleve			+	
等片藻	*Diqtoma* spp.		+		
布氏双尾藻	*Ditylum brightwellii* (West) Grunow	+	+	+	+
太阳双尾藻	*Ditylum sol* Grunow		+		+
海氏窗纹藻	*Epithemia hyndmanii* W. Smith			+	
柔弱井字藻	*Eunotogramma debile* Grunow		+		
篦形短缝藻	*Eunotia pectinalis* (Kütz.) Rabenhorst		+		+
钝脆杆藻	*Fragilaria capucina* Desmazières		+		+
克洛脆杆藻	*Fragilaria crotonensis* Kitton		+		

续表7-9

中文名	拉丁名	春	夏	秋	冬
中型脆杆藻	*Fragilaria intermedia* Grunow		+		+
大洋脆杆藻	*Fragilaria oceanica* Cleve	+	+	+	+
脆杆藻	*Fragilaria* spp.	+	+	+	+
中间肋缝藻	*Frustulia interposita* (Lewis) De Toni		+	+	+
长端节肋缝藻	*Frustulia lewisiana* (Grev.) De Toni	+	+	+	+
中间异极藻波缘变种	*Gomphonema intricatum* var. *vibrio* (Ehr.) Cleve		+		
卡氏异极藻	*Gomphonema kaznakowi* Mereschkowsky		+	+	+
披针异极藻塔形变型	*Gomphonema lanceolatum* f. *turris* (Ehr.) Hustedt		+	+	
橄榄异极藻	*Gomphonema olivaceum* (Lyngb.) Kützing	+	+		+
异极藻	*Gomphonema* sp.		+		
波状斑条藻	*Grammatophora undulata* Ehrenberg			+	
海生斑条藻	*Grammatophora marina* (Lyngb.) Kützing				+
尖布纹藻	*Gyrosigma acuminatum* (Kütz.) Rabenhorst	+	+	+	+
尖布纹藻虫瘿变种	*Gyrosigma acuminatum* var. *gallica* (Grun.) Cleve		+		+
波罗的海布纹藻	*Gyrosigma balticum* (Ehr.) Rabenhorst	+	+	+	+
波罗的海布纹藻短形变种	*Gyrosigma balticum* var. *brevius* Chin et Liu	+	+	+	+
波罗的海布纹藻中华变种	*Gyrosigma balticum* var. *sinensis* Cleve	+		+	+
簇生布纹藻	*Gyrosigma fasciola* (Ehr.) Cleve				+
簇生布纹藻薄缘变种	*Gyrosigma fasciola* var. *tenuirostris* (Grun.) Cleve	+	+	+	+
刀形布纹藻	*Gyrosigma scalproides* (Rab.) Cleve	+	+	+	+
斯氏布纹藻	*Gyrosigma spencerii* (W. Sm.) Grif. et Henf.	+	+	+	+
粗毛布纹藻	*Gyrosigma strigilis* (W. Sm.) Griffith et Henfrey			+	
柔弱布纹藻	*Gyrosigma tenuissimum* (W. Sm.) Grif. et Henf.	+			
澳立布纹藻	*Gyrosigma wormleyi* (Sulliv.) Boyer		+		+
布纹藻	*Gyrosigma* sp.		+		
双尖菱板藻	*Hantzschia amphioxys* Grunow		+		+
黄埔水链藻	*Hydrosera whampoensis* (Schwarz) Deby			+	
小细柱藻	*Leptocylindrus minimus* Gran		+	+	
颗粒直链藻	*Melosira granulata* (Ehr.) Ralfs	+	+	+	+
颗粒直链藻极狭变种	*Melosira granulata* var. *angustissima* (Ehr.) Ralfs	+		+	+
尤氏直链藻	*Melosira juergensi* Agardh	+			
念珠直链藻	*Melosira moniliformis* (Müll.) Agardh	+	+		+
变异直链藻	*Melosira varians* Agardh	+	+	+	+

续表7-9

中文名	拉丁名	春	夏	秋	冬
直链藻	*Melosira* sp.		+		
膜状缪氏藻	*Meuniera membranacea* (Cleve) Silva	+		+	
盔状舟形藻	*Navicula corymbosa* (Ag.) Cleve	+	+	+	+
隐头舟形藻	*Navicula cryptocephala* Kützing		+		+
直舟形藻	*Naviculadirecta* (W. Sm.) Ralfs	+	+	+	+
直舟形藻爪哇变种	*Naviculadirecta* var. *javanica* Cleve	+		+	+
短小舟形藻	*Navicula exigua* (Gre.) O. Müller		+		
钳状舟形藻	*Navicula forcipata* Greville			+	
颗粒舟形藻	*Navicula granulata* Bailey			+	
群生舟形藻	*Navicula gregaria* DonKin	+	+	+	+
海洋舟形藻	*Navicula marina* Ralfs	+			+
串珠舟形藻	*Navicula monilifera* Cleve				
小形舟形藻	*Navicula parva* (Men.) Cleve-Euler	+	+	+	
截端舟形藻	*Navicula perrotettii* (Grun.) Cleve		+	+	+
瞳孔舟形藻	*Navicula pupula* Kützing	+	+		+
瞳孔舟形藻可变变种	*Pinnularia microstauron* var. *ambigua* F. Meister				+
多枝舟形藻	*Navicula ramosissima* (Ag.) Cleve	+	+	+	+
简单舟形藻	*Navicula simplex* Krasske		+		+
舟形藻	*Navicula* spp.	+	+	+	+
尖锥菱形藻	*Nitzschia acuminate* (W. Sm.) Grunow	+	+	+	
双头菱形藻	*Nitzschia bicapitata* Cleve		+		
缩短菱形藻	*Nitzschia brevissima* Grunow			+	
新月菱形藻	*Nitzschia closterium* W. Smith			+	
卵形菱形藻	*Nitzschia cocconeiformis* Grunow		+	+	+
簇生菱形藻	*Nitzschia fasciculata* Grunow	+	+		+
碎片菱形藻	*Nitzschia frustulum* (Kütz.) Grunow	+	+	+	+
颗粒菱形藻	*Nitzschia granulata* Grunow	+	+	+	
匈牙利菱形藻	*Nitzschia hungarica* Grunow	+	+	+	+
披针菱形藻	*Nitzschia lanceolata* W. Smith	+		+	
披针菱形藻微小变种	*Nitzschia lanceolata* var. *minor* W. Smith	+		+	
线形菱形藻	*Nitzschia linearis* (Ag.) W. Smith		+		+
长菱形藻	*Nitzschia longissima* (Bréb.) Ralfs	+	+	+	+
弯端长菱形藻	*Nitzschia longissima* var. *reversa* Grunow		+	+	+
洛氏菱形藻	*Nitzschia lorenziana* Grunow	+	+	+	+
洛氏菱形藻密条变种	*Nitzschia lorenziana* var. *densestriata* (Per.) A. Schmidt et al.	+	+		+

续表7-9

中文名	拉丁名	春	夏	秋	冬
边缘菱形藻亚缩变种	*Nitzschia marginulata* var. *subcinstricta* Grunow		+		+
舟形菱形藻	*Nitzschia navicularis* (Bréb.) Grunow	+	+		
钝头菱形藻	*Nitzschia obtuse* W. Smith		+	+	+
钝头菱形藻刀形变种	*Nitzschia obtusa* var. *scalpelliformis* Grunow		+		+
铲状菱形藻	*Nitzschia paleacea* Grunow		+		+
琴式菱形藻	*Nitzschia panduriformis* Gregory	+	+	+	+
琴式菱形藻微小变种	*Nitzschia panduriformis* var. *minor* Grunow	+			
毕氏菱形藻	*Nitzschia petitana* Grunow		+		
具点菱形藻	*Nitzschia punctata* (W. Sm.) Grunow		+		
具点菱形藻长型变种	*Nitzschia punctata* var. *elongata* Grunow		+		
谷皮菱形藻	*Nitzschia patea* (Kütz.) W. Smith		+		
弯菱形藻	*Nitzschia sigma* (Kütz.) W. Smith	+	+	+	+
弯菱形藻坚硬变种	*Nitzschia sigma* var. *rigida* (Kütz.) Grunow	+		+	+
拟螺形菱形藻	*Nitzschia sigmoides* (Nitz.) W. Smith		+	+	+
匙形菱形藻透明变种	*Nitzschia spathulata* var. *hyalina* Van Heurck	+			
纤细菱形藻	*Nitzschia subtilis* Grunow	+	+		+
盘形菱形藻	*Nitzschia tryblionella* Hantzsch		+	+	
盘形菱形藻多维变种	*Nitzschia tryblionella* var. *victoriae* Grunow		+		
透明菱形藻	*Nitzschia vitrea*Norman	+		+	+
菱形藻	*Nitzschia* spp.	+	+	+	+
具槽帕拉藻	*Paralia sulcata* (Ehr.) Cleve	+	+		+
北方羽纹藻	*Pinnularia borealis* Ehrenberg	+	+		+
歧纹羽纹藻	*Pinnularia divergentissima* (Grun.) Cleve				+
微辐节羽纹藻	*Pinnularia microstauron* (Ehr.) Cleve	+	+		+
微辐节羽纹藻可疑变种	*Pinnularia microstauron* var. *ambigua* F. Meister		+		+
微绿羽纹藻中间变种	*Pinnularia viridis* var. *intermedia* Cleve			+	
羽纹藻	*Pinnularia* sp.		+		
太阳漂流藻	*Planktoniella sol* (Schutt) Qian et Wang		+	+	
端尖斜纹藻	*Pleurosigma acutum* Norman ex Ralfs	+	+	+	
艾希斜纹藻	*Pleurosigma aestuarii* (Bréb.) W. Smith	+	+	+	+
宽角斜纹藻	*Pleurosigma angulatum* (Quek.) W. Smith	+		+	+
宽角斜纹藻镰刀变种	*Pleurosigma angulatum* var. *falcatum* Liu et Chin	+	+	+	+
宽角斜纹藻方形变种	*Pleurosigma angulatum* var. *quadrata*(W. Sm.) Van Heurch	+		+	
优美斜纹藻	*Pleurosigma decorum* W. Smith	+		+	
柔弱斜纹藻	*Pleurosigma delicatulum* W. Smith	+		+	+

续表7-9

中文名	拉丁名	春	夏	秋	冬
长斜纹藻	*Pleurosigma elongatum* W. Smith				+
长斜纹藻中华变种	*Pleurosigma elongatum* var. *sinica* Skvortzow				+
镰刀斜纹藻	*Pleurosigma falx* Mann	+	+	+	+
飞马斜纹藻	*Pleurosigma finmarchicum* Grunow	+	+	+	
中型斜纹藻	*Pleurosigma intermedium* W. Smith	+		+	+
中型斜纹藻东山变种	*Pleurosigma intermedium* var. *dongshanense* Chin et Liu	+		+	+
大斜纹藻	*Pleurosigma major* Liu et Chin	+		+	+
舟形斜纹藻	*Pleurosigma naviculaceum* Brébisson		+		
舟形斜纹藻微小变型	*Pleurosigma naviculaceum* f. *minuta* Cleve		+		
微小斜纹藻	*Pleurosigma minutum* Grunow	+		+	+
诺马斜纹藻	*Pleurosigma normanii* Ralfs	+		+	+
诺马斜纹藻化石变种	*Pleurosigma normanii* var. *fossilis* (Grun.) Cleve	+			+
海洋斜纹藻	*Pleurosigma pelagicum* (Perag.) Cleve	+	+		+
坚实斜纹藻	*Pleurosigma rigidum* W. Smith		+		+
灿烂斜纹藻	*Pleurosigma speciosum* W. Smith	+			
粗毛斜纹藻	*Pleurosigma strigosum* W. Smith				+
塔希提斜纹藻	*Pleurosigma tahitianum* Ricard		+		+
柄链藻	*Podosira* spp.				+
膨形伪短缝藻	*Pseudo-eunotia doliolus* (Wall.) Grunow		+		
尖刺伪菱形藻	*Pseudo-nitzschia pungens* (Grun. ex Cl.) Hasle	+	+		+
小伪菱形藻	*Pseudo-nitzschiasicula* (Cast.) Peragallo			+	
小伪菱形藻双契变种	*Pseudo-nitzschiasicula* var. *bicuneata* (Grun.) Peragallo	+	+		
双角缝舟藻	*Rhaphoneis amphiceros* Ehrenberg				+
比利时缝舟藻	*Rhaphoneis belgica* Grunow		+	+	
双菱缝舟藻	*Rhaphoneis surirella* (Ehr.) Grunow				+
翼根管藻	*Rhizosolenia alata* Brightwell	+			+
伯氏根管藻	*Rhizosolenia bergonii* Peragallo				+
软弱根管藻	*Rhizosolenia delicatula* Cleve			+	+
粗根管藻	*Rhizosolenia robusta* Norman				+
刚毛根管藻	*Rhizosolenia setigera* Brightwell	+	+	+	+
笔尖形根管藻	*Rhizosolenia styliformis* Brightwell		+		
笔尖形根管藻粗径变种	*Rhizosolenia styliformis* var. *latissima* Brightwell	+			
弯契藻	*Rhoicosphenia curvata* (Kütz.) Grunow	+	+		
广卵罗氏藻	*Roperia latiovala* Chen et Qian		+		
双头辐节藻	*Stauroneis anceps* Ehrenberg				+

续表7-9

中文名	拉丁名	春	夏	秋	冬
短小辐节藻	*Stauroneis pygmaea* Krieger		+		
中肋骨条藻	*Skeletoema costatum* (Grev.) Cleve	+	+	+	+
星冠盘藻	*Stephanodiscus astraea* (Ehr.) Grunow		+		
泰晤士扭鞘藻	*Streptothece thamesis* Shrubsole		+		+
雅致双菱藻	*Surirella elegans* Ehrenberg	+			
华壮双菱藻	*Surirella fastuosa* Ehrenberg		+		
流水双菱藻	*Surirella fluminensis* Grunow	+	+	+	+
芽形双菱藻	*Surirella gemma* (Ehr.) Kützing			+	
库氏双菱藻	*Surirella kurzii* Grunow	+	+		+
粗壮双菱藻	*Surirella robusta* Ehrenberg	+			
软双菱藻	*Surirella tenera* Gregory	+			
沃氏双菱藻	*Surirella voigtii* Skvortzow	+	+		+
双菱藻	*Surirella* sp.		+		
透明针杆藻	*Synedra crystallina* (Ag.) Kützing	+			
华丽针杆藻	*Synedra formosa* Hantzsch ex Rabenhorst			+	
光辉针杆藻	*Synedra fulgens* (Grev.) W. Smith			+	
伽氏针杆藻	*Synedra gaillonii* (Broy de Saint-Vincent) Ehrenberg	+		+	+
粗针杆藻	*Synedra robusta* Ralfs		+		
平片针杆藻	*Synedra tabulata* (Ag.) Kützing	+	+	+	
肘状针杆藻	*Synedra ulna* (Nitz.) Ehrenberg	+	+	+	+
针杆藻	*Synedra* spp.		+		+
窗格平板藻	*Tabellaria fenestrata* (Lyngb.) Kützing				+
菱形海线藻	*Thalassionema nitzschioides* Grunow	+	+	+	+
离心列海链藻	*Thalassiosira excentrica* (Ehr.) Cleve		+		+
细长列海链藻	*Thalassiosira leptopus* (Grun.) Halse et G. Fryxell	+	+		
诺氏海链藻	*Thalassiosira nordenskioldii* Cleve et Grunow		+	+	
太平洋海链藻	*Thalassiosira pacifica* Gran et Angst	+	+		+
细弱海链藻	*Thalassiosira sublitis* (Ostenf.) Gran		+	+	
海链藻	*Thalassiosira* spp.	+	+	+	+
伏氏海毛藻	*Thalassiothrix frauenfeldii* (Grun.) Grunow	+	+	+	+
长海毛藻	*Thalassiothrix longissima* Cleve et Grunow	+	+	+	+
海毛藻	*Thalassiothrix* spp.		+		
粗纹藻	*Trachyneisaspera* sp.				+
蜂窝三角藻	*Triceratium favus* Ehrenberg				+
卵形褶盘藻	*Tryblioptychus cocconeiformis* (Cleve) Hendey	+	+	+	+

续表7-9

中文名	拉丁名	春	夏	秋	冬
甲藻门	**Dinophyta**				
血红哈卡藻	*Akashiwo sanguinea*(Hirasaki) G.Hansen & Moestrup		+	+	
叉角藻	*Ceratium furca* (Ehr.) Claparede et Lachmann		+		
梭角藻	*Ceratium fusus* (Ehr.) Dujardin			+	
飞燕角甲藻	*Ceratium hirundinella* (Müll.) Schrank		+		
三角角藻	*Ceratium tripos* (Müll.) Nitzsch	+	+		+
轮状拟翼藻	*Diplopsalopsis orbicularis* (Paul.) Lebour		+	+	
透镜翼藻	*Diplopsalis lenticula* Bergh	+	+	+	
不称翼藻	*Diplopsalis asymmetrica* Drebes& Elbrachter	+			
多边膝沟藻	*Gonyaulax polyedra* Stein		+		
具刺膝沟藻	*Gonyaulax spinifera* (Cap. et Lachm.) Diesing		+	+	
春膝沟藻	*Gonyaulax verior* Sournia			+	
条纹环沟藻	*Gyrodinium instriatum* Freudenthal & Lee		+		
螺旋环沟藻	*Gyrodinium spirale* (Bergh.) Kofoid et Swezy		+	+	
链状裸甲藻	*Gymnodinium catenatum* Graham		+		
裸甲藻	*Gymnodinium* spp.		+	+	+
裸甲藻1（淡水）	*Gymnodinium* sp1.		+		
米氏凯伦藻	*Karenia mikimotoi* (Miyake et Kominami ex Oda) G.Hansen et Moestrup		+	+	
灰白下沟藻	*Katodinium glaucum* (Loebour) Loeblich		+		+
次尖甲藻	*Oxytoxum scolopax* Stein	+			
二角多甲藻	*Peridinium bipes* Stein		+		
埃尔多甲藻	*Peridinium elpatiewskyi* (Qatenf.) Lemmermann		+		
多甲藻	*Peridinium* spp.		+		
波罗的海原甲藻	*Prorocentrum balticum* (Lohmann) Loeblich III	+	+		+
东海原甲藻	*Prorocentrum donghaiense* Lu		+		+
纤细原甲藻	*Prorocentrum gracile* Schutt			+	
微小原甲藻	*Prorocentrum minimum* (Pavill.) Schiller	+	+	+	+
反曲原甲藻	*Prorocentrum sigmoides* Bohm	+	+		
二角原多甲藻	*Protoperidinium bipes* Paulsen		+		
扁平原多甲藻	*Protoperidinium depressum* (Baily) Balech		+		
方格原多甲藻	*Protoperidinium thorianum* (Paul.) Balech	+	+		
原多甲藻	*Protoperidinium* spp.		+		+
夜光梨甲藻	*Pyrocystis noctiluca* Murray ex Schütt		+		
斯氏扁甲藻	*Pyrophacus steinii* (Schiller) Wall & Dale	+		+	

续表7-9

中文名	拉丁名	春	夏	秋	冬
锥状斯克里普藻	*Scripposciella trochoidea* Balech ex Loeblich		+	+	+
绿藻门	**Chlorophyta**				
河生集星藻	*Actinastrum fluviatile* (Schroder) Fott		+		
汉氏集星藻	*Actinastrum hantzschii* Lagerheim		+		
针形纤维藻	*Ankistrodesmus acicularis* (Braun) Korshikov		+		
衣藻	*Chlamydomonas* spp.		+		+
小球藻	*Chlorella vulgaris* Beij		+		
锐新月藻	*Closterium acerosum* (Schrank) Eherenberg		+		
纤细新月藻	*Closterium gracile* Brébisson		+		
库津新月藻	*Closterium kuetzingii* Brébisson		+		
锥形新月藻	*Closterium subulatum* (Kütz.) Brébisson		+		
小空星藻	*Coelastrum microporum* Nägeli		+		
项圈鼓藻	*Cosmarium moniliforme* (Türpin) Ralfs		+		
四角十字藻	*Crucigenia quadrata* Morren		+	+	
美丽胶网藻	*Dictyosphaerium pulchellum* Wood		+		
波吉卵囊藻	*Oocystis borgei* Snow		+		
颗粒卵囊藻	*Oocystis granulata* Hortobagyi		+		
细小卵囊藻	*Oocystis pusilla* Hansgirg			+	
卵囊藻	*Oocystis* spp.				+
实球藻	*Pandorina morurll* (Müll.) Bony		+		+
二角盘星藻大孔变种	*Pediastrum duplex* var. *clathratum* A. Brunn		+		
塔胞藻	*Pyramidomonas* sp.		+		
辐球藻	*Radiococcus nimbatus* (De Wildeman)	+		+	+
弯曲栅藻	*Scenedesmus arcuatus* Lemmermann		+		
双对栅藻	*Scenedesmus bijuga* (Türpin) Lagerheim		+		
二形栅藻	*Scenedesum dimorphus* (Türpin) Kützing				+
爪哇栅藻	*Scenedesmus javaensis* Chodat		+	+	
隆顶栅藻	*Scenedesum protuberans* Fritsch		+		
四尾栅藻	*Scenedesmus quadricauda* Chodat	+	+	+	
异形水绵	*Spirogyravarians* Kützing		+		
水绵	*Spirogyra* spp.				+
单刺四星藻	*Tetrastrum hastiferum* (Arnoldi) Koršikov		+		
韦氏藻	*Westella botryoides* (West) De Wildeman		+		
蓝藻门	**Cyanophyta**				
鞘丝藻	*Lyngbya* spp.				+

续表7-9

中文名	拉丁名	春	夏	秋	冬
铜色颤藻岛生变种	*Oscillatoria chalybea* var. *insula* (Mertens) Gomont		+	+	
巨颤藻	*Oscillatoria princeps* Vaucher ex Gomont		+		
拟短形颤藻	*Oscillatoria subbrevis* Schmidle				+
细弱颤藻亚洲变种	*Oscillatoriatenuis* var. *asiatica* Wille	+			
颤藻1	*Oscillatoria* sp.1	+			
颤藻	*Oscillatoria* spp.	+	+	+	
席藻	*Phormidium* spp.		+		
大螺旋藻	*Spirulina maxima* (Setch. et Gard.) Geitler		+		+
铁氏束毛藻	*Trichodesmium thiebautii* Gomont			+	
裸藻门	**Euglenophyta**				
梭形裸藻	*Euglena acus* Eherenberg		+		
具尾裸藻	*Euglena caudata* Hubner		+		+
尖尾裸藻	*Euglena oxyuris* Schmarda		+		
鱼形裸藻	*Euglena pisciformis* Klebs		+		
近轴裸藻	*Euglena proxima* Dangearo		+		+
绿色裸藻	*Euglena viridis* Ehrenberg		+		
裸藻	*Euglena* sp.		+	+	+
双鞭藻	*Eutreptiella gymnastica* Throndsen		+	+	+
双鞭藻	*Eutreptiella marina* de Cunha		+		
圆柱扁裸藻	*Phacus cylindrus* Pochmann			+	
扁裸藻	*Phacus* spp.		+		
河生陀螺藻	*Strombomonas fluviatilis* (Lemm.) Deflandre		+		
截头囊裸藻	*Trachelomonas abrupta* Swirenko em. Deflandre		+		
矩圆囊裸藻	*Trachelomonas oblonga* Lemmermann		+		
囊裸藻	*Trachelomonas* spp.		+		
黄藻门	**Xanthophyta**				
小型黄丝藻	*Tribonema minus* (Klebs) Hazen		+		
黄丝藻1	*Tribonema* sp.1			+	
黄丝藻2	*Tribonema* sp.2			+	
金藻门	**Chrysophyta**				
小等刺硅鞭藻	*Dictocha fibula* Ehrenberg			+	+
三裂醉藻	*Ebria tripartita* (Schum.) Lemmermann	+			
隐藻门	**Cryptophyta**				
尖尾蓝隐藻	*Chroomonas acuta* Utermöhl		+		+
伸长斜片藻	*Plagioselmis prolonga* Butcher ex Novarino		+	+	

表7-10　不同季节浮游植物各门类种类数

季节	硅藻	甲藻	绿藻	蓝藻	裸藻	黄藻	金藻	隐藻	总计
春	136	9	2	3	0	0	1	0	151
夏	169	28	26	5	14	1	0	2	245
秋	130	13	5	3	3	2	1	1	158
冬	151	8	6	3	4	0	1	1	174
四季	267	34	31	10	15	3	2	2	364

2）生态类型

根据浮游植物适盐的差异性，可将西门岛海洋特别保护区邻近海域的浮游植物分为以下5个生态类型。

（1）外海高盐类群：代表性种类有双角角管藻、齿角毛藻、强氏圆筛藻、太阳双尾藻、太阳漂流藻、笔尖形根管藻粗径变种、翼根管藻、次尖甲藻、夜光梨甲藻和铁氏束毛藻等，在温度较高的夏季出现频率较高，但丰度很低。

（2）近岸低盐类群：代表性种类有高盒形藻、琼氏圆筛藻、虹彩圆筛藻、克尼角毛藻、弯菱形藻、中肋骨条藻、微小原甲藻、三角角藻和锥状斯克里普藻等，为本调查区主要优势类群，基本上全年都有出现。

（3）半咸水类群：代表性种类有短角美壁藻、梅尼小环藻、桥弯藻属、尖布纹藻、刀形布纹藻、双尖菱板藻、颗粒直链藻、颗粒直链藻极狭变种等，也是本区的优势类群，数量上仅次于近岸低盐类群和广布性类群。

（4）淡水类群：代表性种类有波缘藻属、等片藻属、黄埔水链藻、飞燕角甲藻、多甲藻属、盘星藻、集星藻属、新月藻属、卵囊藻属、栅藻属、颤藻属、裸藻属和黄丝藻属等，在各季节均有出现，尤其在丰水期的夏季出现频率较高，但基本上未形成优势。

（5）海洋广布性类群：代表性种类有中心圆筛藻、布氏双尾藻、具槽帕拉藻、菱形海线藻、离心列海链藻和伏氏海毛藻等，基本上全年都有出现，是本调查区的次要优势类群。

3）细胞丰度分布

四季网样浮游植物细胞丰度的平均值为57.62×10^4个/m^3，冬季最高（112.58×10^4个/m^3），春季最低（20.95×10^4个/m^3）。

四季水样浮游植物细胞丰度的平均值为2.98×10^4个/dm^3，秋季最高（3.40×10^4个/dm^3），春季最低（2.64×10^4个/dm^3）。

各季节浮游植物细胞丰度见表7-11。

表7-11　不同季节网样和水样浮游植物的细胞数量

样品		春	夏	秋	冬
网样（$\times10^4$个/m^3）	范围	4.69～40.89	5.02～105.72	26.00～114.59	44.72～180.41
	均值	20.95±12.67	36.76±33.18	60.21±29.98	112.58±46.60
水样（$\times10^4$个/dm^3）	范围	1.67～3.50	2.03～3.56	1.79～5.25	1.61～5.02
	均值	2.64±0.67	2.98±0.89	3.40±1.56	2.89±1.11

4）优势种组成

浮游植物网样和水样的优势种（$Y \geqslant 0.02$）基本以硅藻为主，甲藻和蓝藻较少。春、夏季网采浮游植物绝对优势种分别为弯菱形藻、琼氏圆筛藻，秋冬季优势种均为中肋骨条藻。水采浮游植物优势种除春季分布较为均匀外，其余季节均为中肋骨条藻占绝对优势。

5）生物多样性分析

浮游植物网样和水样的多样性指数分布情况见表7-12。

表7-12 不同季节浮游植物多样性指数分布

多样性指数		春		夏	
		网样	水样	网样	水样
H'	范围	2.30～2.75	2.97～3.30	2.20～3.07	2.19～3.15
	均值	2.55±0.18	3.15±0.13	2.62±0.34	2.75±0.33
J'	范围	0.62～0.77	0.87～0.97	0.55～0.74	0.56～0.72
	均值	0.69±0.06	0.92±0.03	0.64±0.07	0.66±0.06
d	范围	6.82～11.70	7.44～10.69	8.96～14.81	15.58～23.33
	均值	8.02±1.70	9.31±1.23	10.97±2.48	19.09±2.92
H'	范围	1.13～2.75	2.27～3.04	1.27～2.62	2.51～3.47
	均值	2.15±0.55	2.67±0.34	1.84±0.49	2.92±0.31
J'	范围	0.28～0.71	0.57～0.81	0.32～0.64	0.66～0.85
	均值	0.54±0.14	0.70±0.10	0.46±0.12	0.76±0.06
d	范围	7.44～9.80	12.37～14.62	6.00～9.67	10.20～17.77
	均值	8.26±0.73	13.56±0.87	7.81±1.34	13.96±2.82

物种多样性指数H'：网样夏季最高（2.62），冬季最低（1.84），四季平均值为2.29；水样春季最高（3.15），秋季最低（2.67），四季平均值为2.87。

物种均匀度指数J'：网样春季最高（0.69），冬季最低（0.46），四季平均值为0.58；水样春季最高（0.92），夏季最低（0.66），四季平均值为0.76。

物种丰富度指数d：网样夏季最高（10.97），冬季最低（7.81），四季平均值为8.77；水样夏季最高（19.09），春季最低（9.31），四季平均值为13.98。

6）与环境因子的关系

根据网样浮游植物的出现频率（≥12%）和相对丰度（≥0.5%），选取19种用于典范对应分析（CCA）。在CCA排序图中，箭头表示环境因子，箭头连线的长短表示物种分布与环境因子相关性的大小。排序结果表明，第1轴（$P = 0.004$）和全部轴（$P = 0.002$）均呈极显著差异，故CCA分析的排序结果是可信的（表7-13）。9个环境因子可解释浮游植物群落总变量的68.4%。第1轴和第2轴的特征值分别为0.245和0.132，并各自解释了34.4%和18.6%的物种变量。第1轴和第2轴的物种—环境相关系数分别为0.928和0.943，表明这9个环境因子与19种主要浮游植物种类相关性较好。温度、盐度和硅酸盐是影响浮游植物群落的主要环境因子，其中：第1轴主要由盐度、COD、透明度和硅酸盐等因子影响，而第2轴则主要由温度和营养盐（氮、磷和硅浓度及氮磷比）影响。此外，可将浮游植物主要种类分为5个类群：Ⅰ组（罗氏角毛藻和中心圆筛藻）主要出现在高温季节；Ⅱ组（高盒形藻、整齐圆筛藻和琼氏圆筛藻）主要出现在高温、盐和透明度的水体中；Ⅲ组（派格棍形藻、蛇目圆筛藻、布氏双尾藻、多枝舟形藻、钝头菱形藻和中肋骨条藻）主要出现在盐度较高而硅酸盐较低的水体中；Ⅳ组（星脐圆筛藻、波罗的海布纹藻和弯菱形藻）主要出现在低温、盐和透明度但高COD的水体中；Ⅴ组（中华盒形藻、虹彩圆筛藻、钝脆杆藻、变异直链藻和伏氏海毛藻），受淡水注入影响较大，主要出现在低盐但高COD、硅酸盐的水体中（图7-31）。

表7-13　主要浮游植物种类与环境因子的CCA分析结果

参数	第1轴	第2轴
特征值	0.245	0.132
物种—环境相关性	0.928	0.943
物种数据变量累积百分比	34.4	53.0
物种—环境关系变量累积百分比	50.3	77.5
所有特征值之和	0.713	
所有典范特征值之和	0.488	
变量解释	68.4%	
第一典范轴*P*值	0.002	
所有典范轴*P*值	0.002	

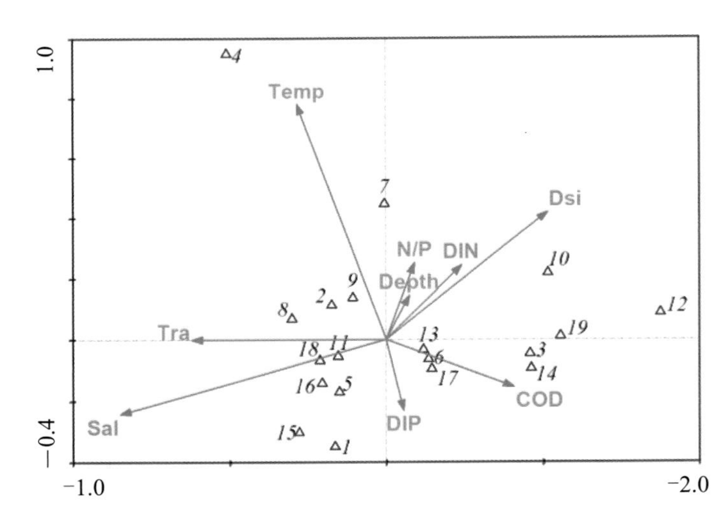

图7-31　主要浮游植物种类与环境因子间的CCA排序

Temp—温度；Sal—盐度；Tra—透明度；Depth—水深；DIN—溶解无机氮；DIP—活性磷酸盐；DSi—活性硅酸盐；N/P—氮磷比。1—派格棍形藻；2—高盒形藻；3—中华盒形藻；4—罗氏角毛藻；5—蛇目圆筛藻；6—星脐圆筛藻；7—中心圆筛藻；8—整齐圆筛藻；9—琼氏圆筛藻；10—虹彩圆筛藻；11—布氏双尾藻；12—钝脆杆藻；13—波罗的海布纹藻；14—变异直链藻；15—多枝舟形藻；16—钝头菱形藻；17—弯菱形藻；18—中肋骨条藻；19—伏氏海毛藻

7.3.4.2　浮游动物

1）种类组成

调查海域四季共鉴定出浮游动物58种，其中成体分属于6个门11大类，幼体分属于4个门

（表7-14）。四季的物种数不同，其中春季最多，有32种；夏季和秋季相当，分别为28种、27种；冬季很少，仅有9种（表7-15）。

表7-14 浮游动物种类名录

中文名	拉丁文	春	夏	秋	冬
耳状囊水母	*Euphysa aurata* Forbes	+			
半球美螅水母	*Clytia hemisphaericum* Linne		+		
短柄和平水母	*Eirene brevistylus*		+		
灯塔水母	*Turritopsis nutricula* McCrady			+	
拟细浅室水母	*Lensia subtiloides* Lens et van Riemsdijk	+			
球形侧腕水母	*Pleurobrachia globasa* Moser		+	+	
瓜水母	*Beroe cucumis* Fabricius		+		
中华哲水蚤	*Calanus sinicus* Shen et Lee			+	
微刺哲水蚤	*Canthocalanus pauper* Giesbrecht			+	
细巧华哲水蚤	*Sinocalanus tenellus* Kikuchi	+			
华哲水蚤	*Sinocalanus sinensis* Poppe	+			
小拟哲水蚤	*Paracalanus parvus* Claus	+			
针刺拟哲水蚤	*Paracalanus aculeatus* Giesbrecht	+	+	+	
锯缘拟哲水蚤	*Paracalanus Serrulus* Shen & Lee			+	
亚强真哲水蚤	*Subeucalanus subcrassus* Giesbrecht			+	
腹针胸刺水蚤	*Centropages abdominalis* Sato	+			+
背针胸刺水蚤	*Centropage dorsispinatus* Thompson& Scott			+	
瘦尾胸刺水蚤	*Centropages tenuiremis* Thompson& Scott			+	
精致真刺水蚤	*Euchaeta concinna* Dana		+	+	
平滑真刺水蚤	*Euchaeta plana* Mori			+	
海洋真刺水蚤	*Euchaeta rimana* Bradford	+	+	+	
真刺唇角水蚤	*Labidocera euchaeta* Giesbrecht	+	+	+	+
孔雀唇角水蚤	*Labiadocera pavo* Giesbrecht		+		
汤氏长足水蚤	*Calanopia thompsoni* A. Scott		+		
背针胸刺水蚤	*Centropage dorsispinatus* Thompson& Scott		+		
太平洋纺锤水蚤	*Acartia pacifica* Steuer	+	+	+	
克氏纺锤水蚤	*Acartia clausi* Giesbrecht	+			
太平洋真宽水蚤	*Eurytemora pacifica* Sato	+			+

续表7-14

中文名	拉丁文	春	夏	秋	冬
缘齿厚壳水蚤	*Scolecithrix nicorbarica* Sewell			+	
虫肢歪水蚤	*Tortanus vermiculus* Shen &Tai	+			
捷氏歪水蚤	*Tortanus derjugini* Smirnov	+	+	+	
海洋伪镖水蚤	*Pseudodiaptomus arabicus* Walter	+	+		
小长腹剑水蚤	*Oithona nanas* Giesbrecht	+	+	+	
拟长腹剑水蚤	*Oithona similis* Claus	+			
单尾猛水蚤	*Harpacticus uniremis* Kroyer	+		+	+
尖鼻无尾涟虫	*Leucon nasisa* Kroyer	+		+	+
小指浪钩虾	*Cymadusa brevidactyla* Chevreux				+
江湖独眼钩虾	*Monoculodes limnophilus* Tattersall	+	+	+	+
中华蜾蠃蜚	*Corophium sinensis* Zhang	+			+
短额刺糠虾	*Acanthomysis brevirostris* Chen et Wang		+	+	+
中华节糠虾	*Siriella sinensis* Li	+			
中华假磷虾	*Pseudeuphausia sinica* Wang et Chen		+	+	
中国毛虾	*Acetes chinensis* Hansen	+			
异体住囊虫	*Oikopleura dioica* Fol		+	+	
百陶带箭虫	*Zonosagitta bedoti* Beraneck	+	+	+	
明螺	*A tlanta* sp.	+			
短尾类溞状幼体	*Brachyura zoea*	+	+	+	
短尾类大眼幼体	*Brachyura Megalopa larva*		+		
长尾类幼体	*Macruran larva*	+	+		
磁蟹幼体	*Porcellana larva*		+		
无节幼体	*Nauplii*		+		
节胸幼体	*Calyptopis*			+	
糠虾幼体	*Mysidacealarva*	+	+		
阿利玛幼体	*Alima larva*		+		
瓣腮类幼体	*Lamellibranchia larva*	+			
多毛类幼体	*Polychaete larva*	+		+	
鱼卵	*Fish egg*	+			
仔鱼	*Fish larva*	+	+		

表7-15　不同季节浮游动物各门类种类组成

季节	春	夏	秋	冬	四季
水螅水母类	1	2	1		4
管水母类	1				1
栉水母类		2	1		2
桡足类	16	11	16	4	28
涟虫类	1		1	1	1
端足类	2	1	1	3	3
糠虾类	1	1	1	1	2
磷虾类		1	1		1
十足类	1				1
有尾类		1	1		1
毛颚类	1	1	1		1
腹足类	1				1
浮游幼体类	7	8	3	0	12
总计	32	28	27	9	58

2）生态类群

根据调查海域的浮游动物生态环境适应性，可分为以下三大类型。

（1）近岸广温广盐种：中华哲水蚤、背针胸刺水蚤、精致真刺水蚤、太平洋纺锤水蚤、针刺拟哲水蚤、异体住囊虫、尖鼻无尾涟虫、短额刺糠虾、捷氏歪水蚤。

（2）近岸暖水种：孔雀唇角水蚤、汤氏长足水蚤、小长腹剑水蚤、半球美螅水母、球形侧腕水母、百陶箭虫、真刺唇角水蚤、短尾类大眼幼体、长尾类幼体。

（3）近岸低盐种：华哲水蚤、腹针胸刺水蚤、克氏纺锤水蚤、江湖独眼钩虾、中华蜾蠃蜚、多毛类幼体、短尾类溞状幼体、仔鱼、太平洋真宽水蚤、单尾猛水蚤。

3）生物量分布

调查区域的浮游动物生物量均值为17.33 mg/m^3 ± 13.32 mg/m^3，季节差异较小，春、夏、秋、冬四季的生物量分别为16.07 mg/m^3 ± 8.74 mg/m^3、16.55 mg/m^3 ± 14.14 mg/m^3、24.29 mg/m^3 ± 12.06 mg/m^3、12.40 mg/m^3 ± 16.99 mg/m^3。

4）丰度分布

浮游动物丰度均值为60.72 ind./m^3 ± 86.36 ind./m^3，季节变化显著（p=0.000），Tukey HSD方差分析结果显示，秋季（167.71 ind./m^3 ± 110.96 ind./m^3）的丰度明显高于春季（51.45 ind./m^3 ± 43.43 ind./m^3）、夏季（22.01 ind./m^3 ± 9.92 ind./m^3）和冬季（1.72 ind./m^3 ± 1.18 ind./m^3）。

5）优势种组成

根据优势度公式计算得到调查海区四季的浮游动物优势种共有24种，各季节的种类数不同，其中夏季最多，有10种，其次，春季有9种，冬季有7种，秋季很少，仅有3种；不同季节的优势种种类组成差异也很大。

6）多样性分析

调查海区的物种多样性指数*H'*、物种均匀度指数*J'*和物种丰富度指数*d*都很低，四季均值分别为2.06±0.92、0.77±0.21和1.59±0.53。不同季节的多样性指数见表7-16。

表7-16　不同季节浮游动物多样性指数分布

多样性指数		春季	夏季	秋季	冬季
H'	范围	0.91～2.15	2.54～3.42	0.92～2.67	0～2.25
	均值	2.43±0.59	2.91±0.31	1.75±0.67	1.16±0.92
J'	范围	0.35～0.96	0.72～0.98	0.36～0.70	0.96～1
	均值	0.76±0.21	0.83±0.08	0.51±0.13	0.98±0.01
d	范围	1.16～2.85	1.35～2.86	0.76～2.15	0～1.55
	均值	1.74±0.52	1.90±0.50	1.39±0.54	0.51±0.13

7）与环境因子的关系

采用典范对应分析法分析调查海区的浮游动物分布与环境因子的关系，其中物种选取各季节相对丰度高于1%的，共28种；环境因子选取与浮游动物生长可能相关的水深（Dep）、温度（Temp）、盐度（Salt）、溶解氧（DO）、化学需氧量（COD）、叶绿素a（Chla）、透明度（Tran）和营养盐（溶解无机氮DIN、磷酸盐PO_4-P、硅酸盐SiO_3-Si），共10种。排序结果表明，第一轴（$P=0.002$）和全部轴（$P=0.002$）均呈极显著相关，即CCA分析的排序结果是可信的。第1轴和第2轴的特征值分别为0.817和0.391，物种—环境相关系数分别为0.983和0.947，表明这10个环境因子与28种主要浮游动物种类相关性较好。

图7-32、图7-33分别为浮游动物样品和浮游动物物种与环境因子的排序图。排序图表明，除水深外，其他9种环境因子对西门岛周围海区浮游动物的分布均有较大影响，其中温度、DO、盐度和COD的影响最大。图中，第1轴的主要影响因素为盐度（−0.8580）、叶绿素a（−0.8475）、硅酸盐（0.7851）、COD（0.6505）、透明度（−0.6502）、磷酸盐（−0.6479）、DIN（0.5357），第2轴的主要影响因素为DO（0.8444）、温度（−0.7891）、COD（0.4929）。图7-32表明，受温度影响，浮游动物样品的季节差异性明显。图7-33表明，该调查海区浮游动物物种大体可分为以下三类。

类群Ⅰ：分布在排序图的近原点处，表明受环境影响不明显，分布较广，包括中华哲水蚤、针刺拟哲水蚤、背针胸刺水蚤、精致真刺水蚤、太平洋纺锤水蚤、尖鼻无尾涟虫、短额刺糠虾、异体住囊虫和捷氏歪水蚤。

类群Ⅱ：分布在排序图右下方，表明处于高温、DIN和SiO_3-Si浓度较高，而DO、PO_4-P、Chla和COD浓度较低的环境中，包括半球美螅水母、球形侧腕水母、真刺唇角水蚤、孔雀唇角水蚤、汤氏长足水蚤、小长腹剑水蚤、百陶带箭虫和短尾类大眼幼体、长尾类幼体。

类群Ⅲ：分布在排序图第二象限，表明适宜COD、DIN和SiO_3-Si浓度较高，而盐度、透明度、PO_4-P和Chla较低的环境。而根据物种沿第二轴的分布，又可以分为三个亚群：太平洋真宽水蚤和单尾猛水蚤位于最上方，适宜温度较低，主要出现在冬季；短尾类溞状幼体和仔鱼位于较下方，适宜温度较高，主要出现在春、夏季；其他6种主要出现在春季或秋季，包括华哲水蚤、克氏纺锤水蚤、腹针胸刺水蚤、江湖独眼钩虾、中华蜾蠃蜚和多毛类幼体。

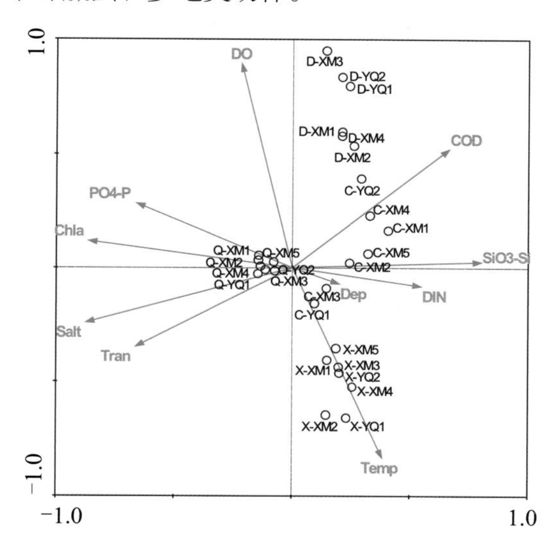

图7-32　浮游动物样品与环境因子的CCA排序

C表示春季；X表示夏季；Q表示秋季；D表示冬季

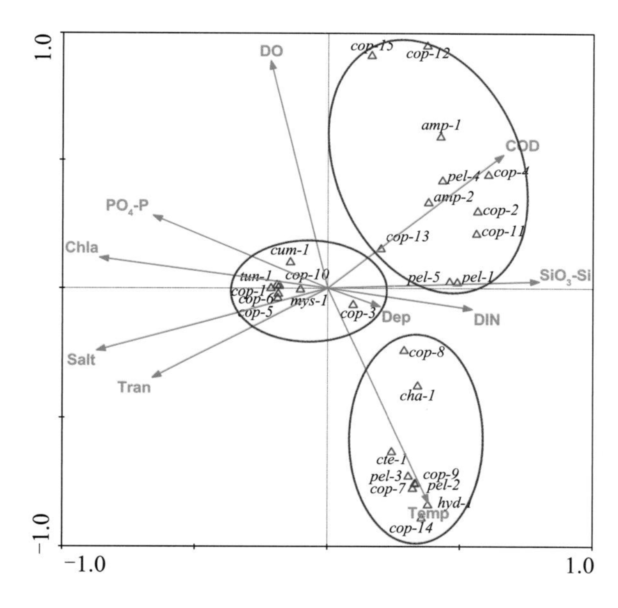

图7-33　浮游动物物种与环境因子的CCA排序

半球美螅水母hyd-1、球形侧腕水母cte-1，中华哲水蚤cop-1、华哲水蚤cop-2、针刺拟哲水蚤cop-3、腹针胸刺水蚤cop-4、胸刺水蚤cop-5、精致真刺水蚤cop-6、孔雀唇角水蚤cop-7、真刺唇角水蚤cop-8、汤氏长足水蚤cop-9、背针太平洋纺锤水蚤cop-10、克氏纺锤水蚤cop-11、太平洋真宽水蚤cop-12、捷氏歪水蚤cop-13、小长腹剑水蚤cop-14、单尾猛水蚤cop-15，百陶箭虫cha-1、异体住囊虫tun-1、尖鼻无尾涟虫cum-1，江湖独眼钩虾amp-1、中华蜾蠃蜚amp-2，短额刺糠虾mys-1，短尾类　状幼体pel-1、短尾类大眼幼体pel-2、长尾类幼体pel-3、多毛类幼体pel-4、仔鱼pel-5

7.3.4.3　大型底栖生物

1）种类组成

西门岛海洋特别保护区邻近海域四季调查大型底栖生物共有78种，其中，多毛类36种（占46.2%），软体动物22种（占28.2%），甲壳类12种（占15.4%），棘皮类3种（占3.8%），其他类5种

（占6.4%），多毛类为主要类群（表7-17）。

表7-17 大型底栖生物种类名录

序号	中文种名	拉丁文名	春季	夏季	秋季	冬季
一	多毛类	**Polychaeta**				
1	矮小稚齿虫	*Prionospio (Apoprionospio) pygmaea*				+
2	背蚓虫	*Notomastus latericeus*	+			+
3	沙蚕	*Polychaeta* spp.				+
4	渤海格鳞虫	*Gattyana pohaiensis*	+			
5	不倒翁虫	*Sternaspis scutata*	+	+		+
6	才女虫	*Pseudopolydora* sp.	+			+
7	带质征节虫	*Nicomache personata*				+
8	多鳃卷吻沙蚕	*Nephtys polybranchia*				+
9	寡节甘吻沙蚕	*Glycinde gurjanvae*				+
10	后指虫	*Laonice cirrata*	+		+	
11	厚鳃蚕	*Dasybranchus caducus*			+	+
12	花索沙蚕	*Arabella iricolor*	+			
13	加州卷吻齿沙蚕	*Nephtys californiensis*		+	+	
14	尖刺缨虫	*Potamilla* cf. *acuminata*				+
15	漏斗节须虫	*Isocirrus* cf. *watsoni*				+
16	毛齿卷吻齿沙蚕	*Nephtys ciliata*	+		+	
17	米列虫	*Melinna cristata*		+	+	
18	欧努菲虫	*Onuphis eremita*				+
19	日本叉毛豆维虫	*Schistomeringos japonica*				+
20	三角洲双须虫	*Eteone delta*	+			
21	沙蠋	*Arenicola* sp.				+
22	双齿围沙蚕	*Perinereis aibuhitensis*	+			
23	双鳃内卷齿蚕	*Aglaophamus dibranchis*	+			+
24	索沙蚕	*Lumbrineris* sp.	+		+	+
25	吻沙蚕	*Glycera* sp.			+	
26	无疣卷吻齿沙蚕	*Inermonephtys* cf. *inermis*	+	+		
27	小头虫	*Capitella capitata*		+	+	+
28	须鳃虫	*Cirriformia tentaculata*	+		+	+
29	异蚓虫	*Heteromastus filiformis*	+			+
30	异足索沙蚕	*Lumbrineris heteropoda*	+	+		
31	杂毛虫	*Poecilochaetus* sp.				+

续表7-17

序号	中文种名	拉丁文名	春季	夏季	秋季	冬季
32	长吻吻沙蚕	*Glycera chirori*	+	+		+
33	长锥虫	*Haploscoloplos elongatus*				+
34	智利巢沙蚕	*Diopatra chilienis*		+	+	+
35	稚齿虫	*Prionospio* sp.				+
36	中华内卷齿蚕	*Aglaophamus sinersis*	+	+		
二	**软体动物**	**Mollusca**				
37	亮螺	*Phos* sp.		+		
38	彩虹明樱蛤	*Moerella iridescens*				+
39	短拟沼螺	*Assiminea brevicula*	+	+	+	+
40	轭螺	*Zeuxis engylptus*				+
41	光滑狭口螺	*Stenothyra glabar*		+		
42	光螺科	*Eulimidae* spp.	+	+	+	
43	尖锥拟蟹守螺	*Cerithidea largillierti*	+	+	+	
44	库页球舌螺	*Didontoglossa koyasensis*		+		+
45	蓝蛤	*Potamocorbula* sp.	+	+	+	+
46	丽核螺	*Mitrella bella*		+		
47	泥蚶	*Tegillarca granosa*	+			
48	泥螺	*Bullacta exarata*	+	+		
49	婆罗囊螺	*Retusa* (*Coelophysis*) *boenensis*	+	+		+
50	梯螺科	*Epitoniidae* spp.	+	+		
51	土蜗	*Galba* sp.				+
52	香螺	*Neptunea* sp.			+	+
53	缢蛏	*Sinonovacula constricta*	+	+	+	
54	圆筒原盒螺	*Eocylichna braunsi*			+	
55	织纹螺	*Nassarius* sp.	+	+		+
56	珠带拟蟹守螺	*Cerithidea cingulata*	+			
57	纵带滩栖螺	*Batillaria zonalis*				+
58	钻头螺科	*Subulinidae* spp.				+
三	**甲壳动物**	**Crustacea**				
59	大螯蜚	*Corophium major*	+			
60	淡水泥蟹	*Ilyoplax tansuiensis*		+		+
61	管栖蜚	*Cerapus tubularis*				+
62	痕掌沙蟹	*Ocypode stimpsoni*			+	

续表7-17

序号	中文种名	拉丁文名	春季	夏季	秋季	冬季
63	脊尾白虾	*Exopalaemon carinicauda*		+		
64	锯眼泥蟹	*Ilyoplax serrata*				+
65	宁波泥蟹	*Ilyoplax ningpoensis*			+	
66	板钩虾	*Stenothoidae* spp.	+			
67	日本片钩虾	*Elasmopus japonicus*	+			
68	双眼钩虾	*Ampelisca* sp.				+
69	鲜明鼓虾	*Alpheus distinguendus*				+
70	长眼对虾	*Miyadiella* sp.	+			
四	**棘皮动物**	**Echinodermata**				
71	棘刺锚参	*Protankyra bidentata*	+	+	+	
72	伪指刺锚参	*Protankyra pseudodigitata*		+		
73	真蛇尾	*Ophiuridae* spp.				+
五	其他类动物	*Others*				
74	爱氏海葵	*Edwardsidae* spp.	+	+	+	+
75	大弹涂鱼	*Boleophthalmus pectinirostris*				+
76	角海葵	*Cerianthidae* spp.	+			+
77	孔虾虎鱼	*Trypauchen vagina*				+
78	纽虫	*Nemertea* sp.	+	+	+	+

2）优势种

调查海域不同季节间大型底栖动物优势种变化明显。春季优势种有蓝蛤（*Potamocorbula* sp.）、短拟沼螺［*Assimineabrevicula*（Pfeiffer）］和缢蛏［*Sinonovaculaconstricta*（Lamarck）］，优势度分别为0.407、0.034和0.027；夏季优势种有蓝蛤、短拟沼螺、婆罗囊螺［*Retusa*（*Coelophysis*）］［*boenensis*（A. Adams）］、爱氏海葵（*Edwardsia* sp.）和淡水泥蟹（*Ilyoplaxtansuiensis* Sakai），优势度分别为0.189、0.050、0.031、0.026和0.024；秋季优势种有短拟沼螺和蓝蛤，优势度分别为0.174和0.104；冬季优势种有管栖蜚（*Cerapustubularis* Say）、短拟沼螺和异蚓虫［*Heteromastusfiliformis*（Claparede）］，优势度分别为0.048、0.034和0.021。

3）生物密度的季节变化

（1）生物密度组成

四季大型底栖生物的平均生物密度为386个/m^2（表7-18）。其中，多毛类的平均生物密度为48个/m^2；软体动物为272个/m^2；甲壳动物为37个/m^2；棘皮动物为8个/m^2；其他类动物为21个/m^2。软体动物的平均生物密度最大，占70.5%。

（2）季节变化

大型底栖生物平均生物密度的季节变化由多到少显示为：秋季（563个/m^2）、春季（482个/m^2）、夏季（259个/m^2）、冬季（238个/m^2）。不同类群的平均生物密度也存在明显的季节差异。如多毛类的季节变化由多到少依次为：冬季（90个/m^2）、秋季（51个/m^2）、春季（26个/m^2）、夏季（26个/m^2），其中春季与夏季相等；而软体动物由多到少依次为：秋季（474个/m^2）、春季（431个/m^2）、夏季（143个/m^2）、冬季（40个/m^2）（表7-18）。

表7-18 大型底栖生物平均生物密度的季节变化　　单位：个/m^2

季节	多毛类	软体动物	甲壳动物	棘皮动物	其他类	合计
春季	26	431	4	7	14	482
夏季	26	143	46	21	23	259
秋季	51	474	20	1	17	563
冬季	90	40	76	1	31	238
平均	48	272	37	8	21	386

4）生物量的季节变化

（1）生物量组成

四季调查海域大型底栖生物的平均生物量为35.47 g/m^2（表7-19）。其中，多毛类的平均生物量为1.99 g/m^2；软体动物为19.99 g/m^2；甲壳动物为1.33 g/m^2；棘皮动物为9.27 g/m^2；其他类动物为2.89 g/m^2。软体动物的平均生物量最大，占56.4%。

表7-19 大型底栖生物平均生物量的季节变化　　单位：g/m^2

季节	多毛类	软体动物	甲壳动物	棘皮动物	其他类	合计
春季	1.93	20.05	0.04	23.13	1.59	46.74
夏季	2.18	6.03	1.32	12.39	2.57	24.49
秋季	1.80	50.37	1.66	1.55	1.62	57.00
冬季	2.05	3.52	2.31	0.00	5.78	13.66
平均	1.99	19.99	1.33	9.27	2.89	35.47

（2）季节变化

大型底栖生物平均生物量的季节变化由多到少依次为：秋季（57.00 g/m^2）、春季（46.74 g/m^2）、夏季（24.49 g/m^2）、冬季（13.66 g/m^2）。不同类群的平均生物量存在较明显的季节差异，如软体动物的平均生物量由多到少依次为：秋季（50.37 g/m^2）、春季（20.05 g/m^2）、夏季（6.03 g/m^2）、冬季（3.52 g/m^2）；多毛类由多到少依次为：夏季（2.18 g/m^2）、冬季（2.05 g/m^2）、春季（1.93 g/m^2）、秋季（1.80 g/m^2）；甲壳动物由多到少依次为：冬季（2.31 g/m^2）、秋季（1.66 g/m^2）、夏季（1.32 g/m^2）、春季（0.04 g/m^2）。

5）各季节生物多样性指数特征

春季，物种多样性指数H'最高为2.20，最低为0.78；均匀度指数J'最高为1.00，最低为0.34；物种丰富度指数d最高为2.25，最低为0.90。

夏季，物种多样性指数H'最高为1.95，最低为0；均匀度指数J'最高为1.00，最低为0；物种丰富度指数d最高为1.71，最低为0。

秋季，物种多样性指数H'最高为1.64，最低为0.50；均匀度指数J'最高为1.00，最低为0.24；物种丰富度指数d最高为1.53，最低为0.64。

冬季，物种多样性指数H'最高为2.43，最低为1.29；均匀度指数J'最高为0.98，最低为0.62；物种丰富度指数d最高为2.25，最低为0.98。

四个季节中，物种多样性指数最高值出现在冬季，均匀度指数最高值各季节变化不大，物种丰富度指数最高值分别出现在春季和冬季。

6）大型底栖动物功能群与环境因子的关系

底栖动物功能群是具有相同生态功能的底栖动物的组合。根据海洋大型底栖动物的食性类型划分功能群，将大型底栖动物划分为以下5类功能群：①浮游生物食者（Planktophagous group，Pl）；②植食者（Phytophagous group， Ph）；③肉食者（Camivorous group， C）；④杂食者（Omnivorous group， O）；⑤碎屑食者（Detritivorous group， D）（尤仲杰等，2011）。

对西门岛周围海域大型底栖动物的功能群与环境因子进行CCA分析，Monte Carlo显著性检验结果表明，CCA分析的第一排序轴和所有排序轴均呈显著性差异（第一轴：F=10.292，P=0.004；所有轴：F=2.288，P=0.002）。从图7-34可以看出，在各环境因子中，温度、溶解氧、溶解态无机磷和沉积物的中值粒径对大型底栖动物功能群的影响较大，其中溶解态无机磷与第1轴呈负相关，相关系数为-0.575 9；中值粒径与第一轴呈正相关，相关系数为0.492 5；溶解氧与第二轴呈正相关，相关系数为0.489 6；温度与第2轴呈负相关，相关系数为-0.484 1。各排序轴的特征值以及大型底栖动物功能群与环境因子的相关系数见表7-20。排序轴（1～4）均可解释物种—环境关系的100.0%，说明用环境变量可以很好地解释大型底栖动物的变化。

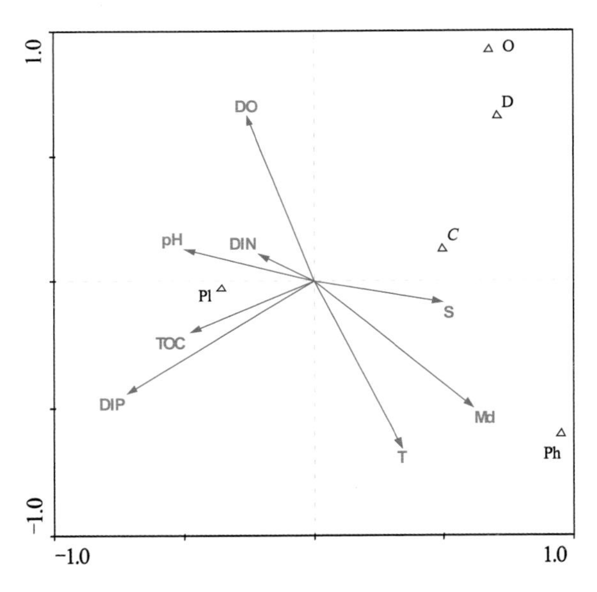

图7-34　大型底栖动物功能群与环境因子的CCA排序

T—温度；S—盐度；DO—溶解氧；DIN—溶解态无机氮；DIP—溶解态无机磷；TOC—有机碳；Md—中值粒径；Pl—浮游生物食者；Ph—植食者；C—肉食者；O—杂食者；D—碎屑食者。

表7-20　排序轴特征值、种类与环境因子排序轴的相关系数

排序轴	第1轴	第2轴	第3轴	第4轴	总惯量
特征值	0.336	0.115	0.017	0.002	0.957
种类与环境因子相关系数	0.805	0.743	0.357	0.151	
排序轴对物种—环境关系的贡献率	71.6	96.0	99.5	100.0	

7.3.4.4　潮间带生物

1）种类组成

四季西门岛海洋特别保护区的潮间带生物共发现101种，其中，多毛类32种，占31.7%；软体动物38种，占37.6%；甲壳动物19种，占18.8%；其他类动物12种，占11.9%。多毛类和软体动物是调查区域潮间带生物的主要类群，两者共占69.3%（表7-21）。

表7-21　潮间带生物种类名录

序号	中文种名	拉丁文名	春季	夏季	秋季	冬季
一	多毛类	**Polychaeta**				
1	双齿围沙蚕	*Perinereis aibuhitensis*	+			
2	双鳃内卷齿蚕	*Aglaophamus dibranchis*	+	+	+	+
3	多鳃卷吻沙蚕	*Nephtys polybranchia*		+	+	+
4	中华内卷齿蚕	*Aglaophamus sinersis*	+	+	+	
5	加州卷吻沙蚕	*Nephtys californiensis*			+	
6	毛齿吻沙蚕	*Nephtys ciliata*			+	
7	花索沙蚕	*Arabella iricolor*	+			
8	独指虫	*Aricidea fragilis*	+			
9	小头虫	*Capitella capitata*		+		+
10	小头虫科未定种	*Capitellidae* spp.				+
11	背蚓虫	*Notomastus latericeus*	+		+	
12	丝异须虫	*Heteromastus filiformis*		+		+
13	西方似蛰虫	*Amaeana occidentalis*	+			
14	异足索沙蚕	*Lumbrineris heteropoda*	+			
15	寡节甘吻沙蚕	*Glycinde gurjanvae*	+			
16	日本角吻沙蚕	*Goniada japonica*	+			
17	白色吻沙蚕	*Glycera alba*	+			
18	长吻吻沙蚕	*Glycera chirori*	+		+	+
19	软疣沙蚕	*Tylonereis bogoyawleskyi*	+			

续表7-21

序号	中文种名	拉丁文名	春季	夏季	秋季	冬季
20	沙蚕	*Polychaeta* spp.		+		
21	米列虫	*Melinna cristata*		+		
22	须鳃虫	*Cirriformia tentaculata*				+
23	丝鳃虫	*Cirratulus cirratus*		+	+	
24	稚齿虫	*Prionospio*sp.				+
25	矮小稚齿虫	*Prionospio (Apoprionospio) pygmaea*				+
26	厚鳃蚕	*Dasybranchus caducus*			+	
27	巢沙蚕	*Diopatra* sp.				+
28	智利巢沙蚕	*Diopatra chilienis*			+	+
29	新三齿巢沙蚕	*Diopatra neotridens*				+
30	不倒翁虫	*Sternaspis scutata*				+
31	日本刺沙蚕	*Neanthes japonica*				+
32	拟突齿沙蚕	*Paraleonnates uschkovi*				+
二	**软体动物**	**Mollusca**				
33	黑口滨螺	*Littoraria melanostoma*			+	
34	短滨螺	*Littorina brevicula*			+	
35	粗糙滨螺	*Littoraria articulata*	+	+	+	+
36	中间拟滨螺	*Littorinopsis intermedia*			+	
37	齿吻蜒螺	*Nerita yoldii*			+	
38	白脊藤壶	*Balanus albicostatus*			+	
39	尖锥拟蟹守螺	*Cerithidea largillierti*	+	+	+	+
40	珠带拟蟹守螺	*Cerithidea cingulata*	+	+	+	+
41	绯拟沼螺	*Assiminea latericea*	+			+
42	短拟沼螺	*Assiminea brevicula*	+	+	+	+
43	微黄镰玉螺	*Lunatica gilva*	+			
44	古氏滩栖螺	*Batillaria cumingi*	+			
45	纵带滩栖螺	*Batillaria zonalis*				+
46	光滑狭口螺	*Stenothyra glabar*	+	+	+	+
47	泥螺	*Bullacta exarata*	+			+
48	阿地螺	*Atys naucum*		+		
49	婆罗囊螺	*Retusa boenensis*	+	+	+	

续表7-21

序号	中文种名	拉丁文名	春季	夏季	秋季	冬季
50	西格织纹螺	*Nassarius siquijorensis*	+			
51	半褶织纹螺	*Nassarius semiplicatus*	+	+		+
52	秀丽织纹螺	*Nassarius (Reticunassa) festivus*				+
53	枣螺	*Bulla* sp.	+			
54	宽带梯螺	*Papyriscala latifasciata*	+			+
55	马丽亚光螺	*Eulima maria*	+			
56	库页球舌螺	*Didontoglossa koyasensis*		+		
57	玉螺	*Polynices*sp.		+		+
58	福氏玉螺	*Polynices fortunei*		+		
59	露齿螺	*Ringicula* sp.		+		
60	大竹蛏	*Solen grandis*	+			
61	缢蛏	*Sinonovacula constricta*	+	+	+	+
62	小刀蛏	*Cultellus attenuatus*		+		+
63	尖刀蛏	*Cultellus scalprum*			+	
64	蓝蛤	*Potamocorbula* sp.	+	+	+	+
65	彩虹明樱蛤	*Moerella iridescens*	+	+		+
66	理蛤	*Theora* sp.	+			
67	条纹卵蛤	*Costellipitar* sp.				+
68	泥蚶	*Tegillarca granosa*	+	+		
69	橄榄蚶	*Estellarca olivacea*				+
70	土蜗	*Galba* sp.				+
三	**甲壳动物**	**Crustacea**				
71	伍氏蝼蛄虾	*Upogebia wuhsienweni*	+			
72	扁尾美人虾	*Callianassa petalura*			+	
73	近虾蛄	*Anchisquilla* sp.				+
74	弧边招潮蟹	*Uca arcuata*	+			+
75	长足长方蟹	*Metaplax longipes*	+			
76	锯脚泥蟹	*Ilyoplax dentimerosa*	+			
77	锯眼泥蟹	*Ilyoplax serrata*	+			+
78	淡水泥蟹	*Ilyoplax tansuiensis*		+	+	+
79	宁波泥蟹	*Ilyoplax ningpoensis*			+	

续表7-21

序号	中文种名	拉丁文名	春季	夏季	秋季	冬季
80	伍氏厚蟹	*Helice Wuana*	+			
81	日本大眼蟹	*Macrophthalmus japonicus*	+	+		+
82	隆背大眼蟹	*Macrophthalmus convexus*		+		
83	隆线闭口蟹	*Paracleistostoma cristatum*			+	
84	锯齿溪蟹	*Potamon denticulatum*		+		
85	短桨蟹	*Thalamita* sp.				+
86	大蜾蠃蜚	*Corophium major*	+			
87	管栖蜚	*Cerapus tubularis*	+			
88	塞切尔泥钩虾	*Eriopisella sechellensis*				+
89	双眼钩虾	*Ampelisca* sp.				+
四	**其他类动物**	**Others**				
90	可口革囊星虫	*Phascolosoma esculenta*	+	+		
91	裸体方格星虫	*Sipunculus nudus*	+		+	+
92	纽虫	*Nemertea* sp.	+	+	+	+
93	渐狭沙海葵	*Harenactis attenuata*	+			
94	爱氏海葵	*Edwardsia* sp.		+		
95	角海葵	*Cerianthus* sp.				+
96	东方角海葵	*Cerianthus orientalis*		+		
97	仙影海葵	*Cereus* sp.				+
98	弹涂鱼	*Periophthalmus cantonensis*		+		+
99	虾虎鱼	*Odontamblyopus* sp.			+	
100	日本騰	*Uranoscopus japonicus*			+	
101	单环棘螠	*Urechis unicinctus*			+	

2）潮间带生物优势种

春季潮间带生物的主要优势种为蓝蛤，该种占样品总数的81.8%，其次为缢蛏，占样品总数的4.1%。夏季潮间带生物的主要优势种为短拟沼螺和蓝蛤，分别占样品总数的24.4%和23.2%。秋季潮间带生物的主要优势种为珠带拟蟹守螺，该种占样品总数的26.2%，其次为短拟沼螺，占样品总数的17.6%，其余的优势种有尖锥拟蟹守螺。冬季潮间带生物的主要优势种为短拟沼螺和蓝蛤，分别占样品总数的35.7%和25.9%。

3）潮间带生物密度分布和季节变化

（1）生物密度分布

4个季节潮间带生物的生物密度垂直分布特征显示，春季生物密度垂直分布由多到少依次为：低潮区（5443个/m^2）、中潮区（827个/m^2）、高潮区（34个/m^2）。夏季由多到少依次为：低潮区（248个/m^2）、中潮区（136个/m^2）、高潮区（34个/m^2）。秋季生物密度的垂直分布由多到少依次为：

中潮区（130个/m^2）、低潮区（65个/m^2）、高潮区（38个/m^2）。秋季的高潮区仍以滨螺为主，不过滨螺的种类比春季多，包括黑口滨螺、短滨螺、中间拟滨螺等。冬季由多到少依次为：低潮区（359个/m^2）、中潮区（271个/m^2）、高潮区（34个/m^2）。除秋季外，其他季节均表现为低潮区生物密度最高，高潮区生物密度最低。

（2）季节变化

潮间带生物的平均生物密度季节变化趋势由多到少依次为：春季（2101个/m^2）、冬季（221个/m^2）、夏季（139个/m^2）、秋季（78个/m^2）。不同潮区的平均生物密度存在较明显的季节差异，如中潮区则由多到少依次为：春季（827个/m^2）、冬季（271个/m^2）、夏季（136个/m^2）、秋季（130个/m^2），低潮区也由多到少依次为：春季（5 443个/m^2）、冬季（359个/m^2）、夏季（248个/m^2）、秋季（65个/m^2）。

4）潮间带生物量分布和季节变化

（1）生物量分布

4个季节潮间带生物的生物量垂直分布特征显示，春季生物量垂直分布由多到少依次为：低潮区（361.91 g/m^2）、中潮区（233.39 g/m^2）、高潮区（3.75 g/m^2）。夏季由多到少依次为：中潮区（28.76 g/m^2）、低潮区（17.33 g/m^2）、高潮区（3.75 g/m^2）。秋季由多到少依次为：中潮区（42.80 g/m^2）、低潮区（16.69 g/m^2）、高潮区（11.27 g/m^2）。冬季由多到少依次为：中潮区（32.61 g/m^2）、低潮区（25.13 g/m^2）、高潮区（3.75 g/m^2）。潮间带生物量的垂直分布情况与生物密度一致。

（2）季节变化

4个季节潮间带生物生物量的总体变化特征由多到少依次为：春季（199.68 g/m^2）、秋季（23.59 g/m^2）、冬季（20.49 g/m^2）、夏季（16.61 g/m^2）。不同潮区的平均生物量存在较明显的季节差异，如中潮区由多到少依次为：春季（233.39 g/m^2）、秋季（42.80 g/m^2）、冬季（32.61 g/m^2）、夏季（28.76 g/m^2），低潮区由多到少依次为：春季（361.91 g/m^2）、冬季（25.13 g/m^2）、夏季（17.33 g/m^2）、秋季（16.69 g/m^2）。

7.3.4.5 海洋生物变化趋势分析

1）浮游植物

通过与历史数据的比较可知：西门岛邻近海域网样浮游植物细胞密度呈下降趋势，但主要优势种组成变化不大（表7-22）；水样浮游植物细胞丰度呈升高趋势，主要优势种组成（圆筛藻和中肋骨条藻）未发生较大变化，但弯菱形藻、多枝舟形藻、具槽帕拉藻、尖布纹藻和波罗的海布纹藻等营底栖或附着生活的微藻比例上升（表7-23）。

表7-22 网采浮游植物的细胞密度与主要优势种组成

年份	季节	细胞密度（×10^4 个/m^3）	主要优势种	参考文献
1982	春	—	角毛藻；中肋骨条藻；菱形藻	中国海湾志
2007		27.45	琼氏圆筛藻；钝头菱形藻；中华盒形藻；奇异棍形藻	曾江宁等（2011）
2010		20.95	长海毛藻；多枝舟形藻；伏氏海毛藻；弯菱形藻；纤细菱形藻	本次调查

续表7-22

年份	季节	细胞密度（×10⁴个/m³）	主要优势种	参考文献
1980	夏	—	琼氏圆筛藻；虹彩圆筛藻；菱形海线藻；角毛藻；布氏双尾藻	中国海湾志
1982		—	中肋骨条藻；角毛藻；圆筛藻；菱形藻	中国海湾志
2006		—	琼氏圆筛藻；中肋骨条藻	黄秀清等（2011）
2007		350.10	琼氏圆筛藻；中华盒形藻	曾江宁等（2011）
2009		68.40	虹彩圆筛藻；琼氏圆筛藻；辐射圆筛藻；中肋骨条藻	宋琍琍（2010）
2011		36.76	中肋骨条藻；锥状斯克里普藻；梅尼小环藻；诺氏海链藻	本次调查
1979	秋	—	中肋骨条藻	中国海湾志
1982		—	圆筛藻；角藻；菱形藻；角毛藻	中国海湾志
2006		1358.40	丹麦细柱藻；琼氏圆筛藻；中华盒形藻；有翼圆筛藻；活动盒形藻	曾江宁等（2011）
2010		3.40	中肋骨条藻；多枝舟形藻；柱状小环藻；长菱形藻；克尼角毛藻	本次调查
1981	冬	—	中肋骨条藻；圆筛藻；菱形藻；海毛藻	中国海湾志
2007		15.40	中肋骨条藻；琼氏圆筛藻；中华盒形藻；波罗的海布纹藻	曾江宁等（2011）
2012		2.89	中肋骨条藻；具槽帕拉藻；尖布纹藻；弯菱形藻；微小原甲藻	本次调查
2006/2007	四季	437.84	—	—
本次调查		57.62	—	—

表7-23 水采浮游植物的细胞密度与主要优势种组成

年份	季节	细胞密度（×10⁴个/m³）	主要优势种	参考文献
2003	春	—	中肋骨条藻；尖刺伪菱形藻	宁修仁等（2005）
2007		0.07	琼氏圆筛藻；菱形藻；辐射圆筛藻；波罗的海布纹藻	曾江宁等（2011）
2010		2.64	弯菱形藻；长海毛藻；虹彩圆筛藻；中华盒形藻；波罗的海布纹藻	本次调查
2002	夏	—	中肋骨条藻	宁修仁等（2005）
2007		0.23	琼氏圆筛藻；具槽帕拉藻；菱形藻	曾江宁等（2011）
2011		2.98	琼氏圆筛藻；高盒形藻；中肋骨条藻；中心圆筛藻；罗氏角毛藻	本次调查

续表7-23

年份	季节	细胞密度（×10⁴ 个/m³）	主要优势种	参考文献
2002	秋	—	菱形藻；中肋骨条藻	宁修仁等（2005）
2006		0.54	琼氏圆筛藻；有翼圆筛藻；中华盒形藻；菱形海线藻	曾江宁等，2011
2010		60.21	中肋骨条藻；多枝舟形藻；琼氏圆筛藻；派格棍形藻；布氏双尾藻	本次调查
2003	冬	—	中肋骨条藻；菱形藻	宁修仁等（2005）
2007		0.18	尖刺伪菱形藻；柱状小环藻；长斜纹藻；琼氏圆筛藻	曾江宁等（2011）
2012		112.58	中肋骨条藻；弯菱形藻；高盒形藻；琼氏圆筛藻；钝头菱形藻	本次调查
2006/2007	四季	0.26	—	—
本次调查		2.98	—	—

2）*浮游动物*

本次调查结果与2002—2003年和2006—2007年对整个乐清湾的四季浮游动物调查结果相比，西门岛周边海域的物种数和丰度较低（徐晓群等，2012）；春、夏、秋季的优势种与全湾有重叠，但冬季的优势种与全湾存在较大差异，其中江湖独眼钩虾在刘镇盛等（2005）于2002—2003年的乐清湾调查中鉴定到，而太平洋真宽水蚤和单尾猛水蚤均未有记录（表7-24）。

表7-24 西门岛周边与乐清湾浮游动物群落信息对比

研究区域	调查时间	物种数	丰度（ind./m³）	优势种
乐清湾	2002—2003年	92种	72.96	春：真刺唇角水蚤、短尾类幼虫、百陶箭虫 夏：真刺唇角水蚤、短尾类幼虫、中华假磷虾 秋：真刺唇角水蚤、驼背隆哲水蚤、太平洋纺锤水蚤 冬：真刺唇角水蚤、三叶针尾涟虫、短额刺糠虾
乐清湾	2006—2007年	82种	82.10	春：短尾类幼虫、真刺唇角水蚤、中华哲水蚤 夏：短尾类幼虫、汤氏长足水蚤、真刺唇角水蚤 秋：微刺哲水蚤、亚强次真哲水蚤、球形侧腕水母 冬：背针胸刺水蚤、真刺唇角水蚤、三叶针尾涟虫
西门岛周边海域	2010—2011年	58种	60.72	春：短尾类幼虫、华哲水蚤、真刺唇角水蚤 夏：短尾类幼虫、太平洋纺锤水蚤、百陶箭虫 秋：太平洋纺锤水蚤、异体住囊虫、中华哲水蚤 冬：太平洋真宽水蚤、单尾猛水蚤、江湖独眼钩虾

乐清湾内不同区段海域的生态特征差异主要由不同的环境水动力特性引起。乐清湾呈葫芦状半封闭海湾，环境水动力特性的研究结果显示，湾内纵向的空间水动力特征不同，半交换时间和平均滞留时间由湾口至湾顶逐渐递增；中湾海域的纳潮量相对较大，拥有较外湾和内湾更好的自净和交换能力；内湾余流较小，多呈涡状，水交换能力最差。本研究海域处于乐清湾内湾，因此缺少若干湾中或

湾口的独有物种；又由于水交换能力差，营养盐和COD等污染物滞留较多，导致有些季节浮游动物丰度偏低和特殊物种出现。太平洋真宽水蚤和单尾猛水蚤的出现便可能与它们的生活习性适宜湾内特殊环境有关，太平洋真宽水蚤和单尾猛水蚤均可生活在COD较高而透明度较低的环境中，因此仅出现在冬季的湾内，与湾中和湾口环境的物种组成不同。

3）大型底栖生物

本次调查结果与2002—2003年和2006—2007年两次历史调查资料进行了比较分析，从而得出保护区海域大型底栖生物的历史变化趋势（表7-25）。分析结果表明，本次调查的大型底栖生物物种数仅为78种，是三次调查中最少的，这主要与调查范围有关。2002—2003年和2006—2007年两次历史调查均涉及整个乐清湾，而本次调查仅为西门岛周边海域。但是从不同生物类群的比例来看，多毛类的种类数逐渐增加，而其他类群的种类数逐渐减少，说明保护区海域的大型底栖生物逐渐趋向于小型化。本次调查大型底栖生物的平均生物密度显著高于2002—2003年和2006—2007年两次历史调查，而生物量则较相近。这主要由于本次调查的西门岛周边海域有明显的径流注入，营养物质伴随着径流进入该海域，促进了蓝蛤等生物的大量繁殖，从而使大型底栖生物密度有明显增加的趋势。

表7-25　大型底栖生物历史变化趋势分析

调查时间	调查区域	物种数	生物密度（个/m^2）	生物量（g/m^2）	优势种	参考文献
2002—2003年	乐清湾	124种（DM41种、RT37种、JQ22种、JP10种、QT14种）	85	41.95	西格织纹螺、白沙箸、不倒翁虫、小头虫、棘刺锚参	杨俊毅等，2007
2006—2007年	乐清湾	244种（DM54种、RT63种、JQ67种、JP15种、QT45种）	88	28.43	—	曾江宁等，2011
2010—2012年	西门岛周边海域	78种（DM36种、RT22种、JQ12种、JP3种、QT5种）	386	35.47	春季有蓝蛤、短拟沼螺和缢蛏；夏季有蓝蛤、短拟沼螺、婆罗囊螺、爱氏海葵和淡水泥蟹；秋季有短拟沼螺和蓝蛤；冬季有管栖蜚、短拟沼螺和异蚓虫	本次调查

注：DM代表多毛类；RT代表软体动物；JQ代表甲壳动物；JP代表棘皮动物；QT代表其他类动物。

4）潮间带生物

高爱根等（2005）分别于2004年5月和8月对西门岛红树林区大型底栖动物进行了现场调查，共鉴定出42种大型底栖动物，其中，多毛类5种、软体动物20种、甲壳动物11种、其他类6种。而本次调查的潮间带大型底栖动物种类数远远高于历史调查，达到101种，其中，多毛类32种、软体动物38种、甲壳动物19种、其他类12种，不同类群的大型底栖动物种类数均有增加趋势。从数量上来看，平均生物密度本次调查（635个/m^2）显著高于2004年（339个/m^2），而平均生物量有所降低（74.26 g/m^{2}降至65.09g/m^2）。而且优势种的变化也比较明显，2004年调查发现可口革囊星虫和难解不等蛤是绝对优势种，而本次调查发现，大型底栖动物的优势种则以蓝蛤、短拟沼螺等低盐种为主（表7-26）。

表7-26 保护区潮间带生物历史变化趋势分析

调查时间	物种数	生物密度（个/m²）	生物量（g/m²）	优势种	参考文献
2004年5月	42种（DM5种、RT20种、JQ11种、QT6种）	543	90.13	可口革囊星虫、难解不等蛤	高爱根等，2005
2004年8月		134	58.39		
2010年4月	101种（DM32种、RT38种、JQ19种、QT12种）	2101	199.68	蓝蛤、缢蛏	本次调查
2010年11月		78	23.59	短拟沼螺、蓝蛤	
2011年8月		139	16.61	珠带拟蟹守螺、短拟沼螺	
2012年2月		221	20.49	短拟沼螺、蓝蛤	

注：DM代表多毛类；RT代表软体动物；JQ代表甲壳动物；JP代表棘皮动物；QT代表其他类动物。

7.4 主要保护对象现状及其变化趋势分析

浙江乐清市西门岛海洋特别保护区的总体保护目标是西门岛及其海洋生态系统，具体的保护对象主要有：滨海湿地、红树林群落、海洋生物资源、湿地鸟类。

7.4.1 滨海湿地

将西门岛不同期滩涂面积资料进行对比分析，1993年完成的《浙江省乐清县海岛资源综合调查报告》表明，西门岛滩涂总面积为15.12 km²。1998年《浙江海岛志》和《温州市海岛志》提供的西门岛海涂数据为21.7 km²。2004年4月，乐清市海洋与渔业局委托丽水市勘察测绘院，对西门岛周围滩涂面积进行勘测。勘测范围北起南岙山村渡船码头和西门码头，南至乐清市—玉环县交界处的第八条浦，东西两侧延至低潮位，测定滩涂面积为18.63 km²。加上南岙山村渡船码头以北滩涂和西门岛东涂，西门岛滩涂湿地总面积为18.9 km²。

同时，研究中还利用高分辨率航拍数据解译获得了2012年保护区滨海湿地景观图，在此基础上统计分析了各湿地景观类型的面积信息（表7-27）。2012年西门岛滨海湿地总面积为23.85 km²，其中滩涂湿地面积20.81 km²（不含水道）。

表7-27 2012年保护区滨海湿地景观信息统计

序号	湿地类型	面积（m²）	比例（%）
1	滩涂植被	4 229 687.624 00	17.73
2	滩涂养殖	7 174 788.532 35	30.08
3	光滩	9 331 603.058 00	39.13
4	红树林	78 461.399 00	0.33
5	水道	3 035 270.901 72	12.73
总计		23 849 811.515 07	100

受不同时期技术条件的限制，西门岛各时期滨海湿地面积调查结果具有一定的差异性，但可以看出滨海湿地面积基本保持增长的趋势。然而，2012年西门岛滨海湿地景观信息的分析结果显示，滩涂养殖面积已占该岛滨海湿地总面积的30%，表明近年来西门岛滨海湿地自然生境日趋减少，滩涂围垦速度不断加快，大片滩涂被用于养殖，大大降低了其滨海湿地生态系统的自然属性。

7.4.2 红树林

选择几个不同时期遥感影像进行解译，得到了保护区这几个时期红树林群落的分布范围，在此基础上对比分析了保护区红树林群落的分布变化情况。通过分析发现，2006年在西门岛海洋特别保护区建立初期，红树林群落主要分布在海岛西北部和西南部（零星分布区），总面积约为8 947 m^2。2012年红树林群落分布面积约为79 725 m^2，增加了近9倍（图7-35～图7-37）。但是，红树林的生长时时刻刻面临着一些自然环境和人类活动的威胁，如极端气候、污损生物附着、互花米草入侵和生活垃圾的污染等（图7-38）。西门岛海洋特别保护区的潮间带调查发现，有些红树林枝条上普遍长满了污损生物，严重影响了红树林的生长。另外，大量海洋垃圾随着潮汐的作用，退潮后滞留在滩涂红树林上，不仅影响了红树林的景观，甚至影响其生长。

图7-35　最早于1957年移植到西门岛上的一片红树林

图7-36　树梢上挂满了秋茄的果实

图7-37　西门岛人工种植红树林

图7-38　对红树林的威胁：互花米草、污损生物、垃圾、极端气候

7.4.3　海洋生物资源

海洋生物资源变化趋势的分析选择淤泥滩潮间带生物（图7-39～图7-41）调查结果进行对比，淤泥滩潮间带生物种类数的现状调查结果比20世纪90年代多了9种，但未发现棘皮类动物，这可能与近年来海洋环境污染加剧等原因有关，因为棘皮类动物大多数属于污染敏感型生物，海洋环境污染将直接影响到它们的生存。另外，本研究发现，西门岛滩涂的长期养殖活动已经影响到了自然滩涂生境，养殖品种在某些自然滩涂生境中出现，并大量生长繁殖，从而影响到了自然栖息的海洋生物，并且改变了自然滩涂生境生态系统的结构和功能，应该引起重视。

图7-39　西门岛潮间带生物（1）

图7-40　西门岛潮间带生物（2）

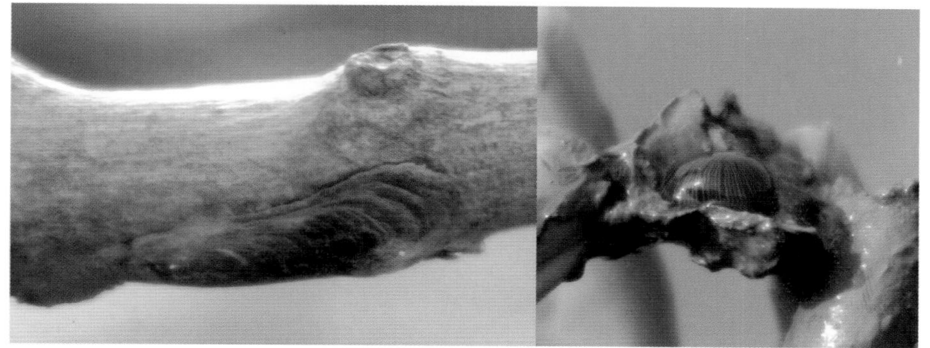

图7-41 西门岛潮间带生物（3）

7.4.4 湿地鸟类

西门岛周边的滩涂湿地和海岛林地，为鸟类提供了丰富的觅食和栖息环境。文献资料和现场调查结果均表明，西门岛不仅有较为丰富的湿地水鸟资源，也有多种林鸟资源。本项目2009年2月及2010年4月2次调查共拍摄记录鸟类6目12科16种（表7-28，图7-42～图7-51），其中湿地水鸟以鹭鸟、鹬鸟类等涉禽为主，森林灌丛鸟类以山雀目鸣禽为主（杨月伟等，2005；金贻丰等，2009）。滩涂大面积围垦，使得乐清湾内适宜鹭鸟、鹬鸟觅食的生境逐渐减少，而西门岛保护区中南部的大面积滩涂在保障乐清湾涉禽觅食生境方面起到了不可替代的重要作用。调查期间，在西门岛滩涂上目击并拍摄到了国家二级保护动物——夜鹭（MacKinnon，2000；郭冬生，2007；国家林业局，2000；郑光美，1995）。

表7-28 2009年2月和2010年4月西门岛海洋特别保护区鸟类观测名录

序号	目	科	种	
			中文名	拉丁学名
1	鸊鷉目	鸊鷉科	小鸊鷉	*Tachybaptus ruficollis*
2	鹳形目	鹭科	中白鹭	*Egretta intermedia*
3		鹭科	白鹭	*Egretta garzetta*
4		鹭科	苍鹭	*Ardea cinerea*
5		鹭科	夜鹭	*Nycticorax nycticorax*

续表7-28

序号	目	科	种	
			中文名	拉丁学名
6	雁形目	鸭科	斑嘴鸭	*Anas poecilorhyncha*
7	鸻形目	鹬科	大杓鹬	*Numenius madagascariensis*
8		鹬科	青脚鹬	*Tringa nebularia*
9	鸡形目	雉科	雉鸡	*Phasianus colchicus*
10	雀形目	鹎科	绿翅短脚鹎	*Hypsipetes mcclellandii*
11		鹡鸰科	白鹡鸰	*Motacilla alba*
12		山雀科	大山雀	*Parus major*
13		绣眼鸟科	绣眼鸟	*Zosteropidae*spp.
14		扇尾莺科	纯色山鹪莺	*Prinia inornata*
15		文鸟科	斑纹鸟	*Lonchura punctulata*
16		鹟科	蓝矶鸫	*Monticola solitarius*

图7-42　青脚鹬

图7-43　白鹭

图7-44　中白鹭和大山雀

图7-45　苍鹭

图7-46　纯色山鹪莺和斑纹鸟

图7-47　夜鹭和斑嘴鸭

图7-48　绿翅短脚鹎和雉鸡

图7-49　绣眼鸟和蓝矶鸫

图7-50 白鹡鸰和小䴙䴘

图7-51 大杓鹬

2010年12月，浙江省海洋水产养殖研究所与温州医学院等有关高校联合开展了一次西门岛“护生态观鸟”行动，在此次西门岛观鸟活动中也观察到了小白鹭、苍鹭、青脚鹬、白腰杓鹬、北红尾鸲、金丝雀等多种海鸟，其中以小白鹭的数量最多，共计40余只（图7-52、图7-53）。

图7-52 北红尾鸲

图7-53 小白鹭

另据温州日报瓯网2012年8月28日报道，西门岛红树林附近海涂上聚集了大群白鹭，足有200多只。每到海水退去时，白鹭都成群结队到红树林附近海涂田里觅食，远远望去，好似一幅天然的白鹭憩影觅食图（图7-54）。

图7-54 西门岛红树林附近海涂上成群结队的白鹭（叶金涛摄）

2010年6月10日，在“我为鸟儿建家园科普教育活动”现场，60多名乐清市岭底中学学生利用各种材料，制作了21个大小不一、创意各异的鸟巢，名叫“浪漫满屋”“鸟之天堂”“燕窝”等。这21个鸟巢被送到西门岛海洋特别保护区，作为鸟类的栖息之地（图7-55）。

图7-55 中学生制作的人工鸟巢进驻西门岛保护区

上述资料表明，近些年，当地政府及保护区通过采取积极宣传及有效保护措施，海岛居民及社会各界保护生态环境的意识有较大提高，加大了生态保护及爱鸟护鸟的力度，给野生鸟类营造出良好的天然栖息地，每年来此栖息的鸟类也越来越多。

7.5 保护区功能区景观不同年代变化趋势分析

在西门岛海洋特别保护区景观分析和现场调查资料综合分析的基础上，针对保护区的红树林重点保护区、西门岛适度利用区、南涂适度利用区、生态与资源恢复区4个功能区（图7-56），进行了变化趋势分析。

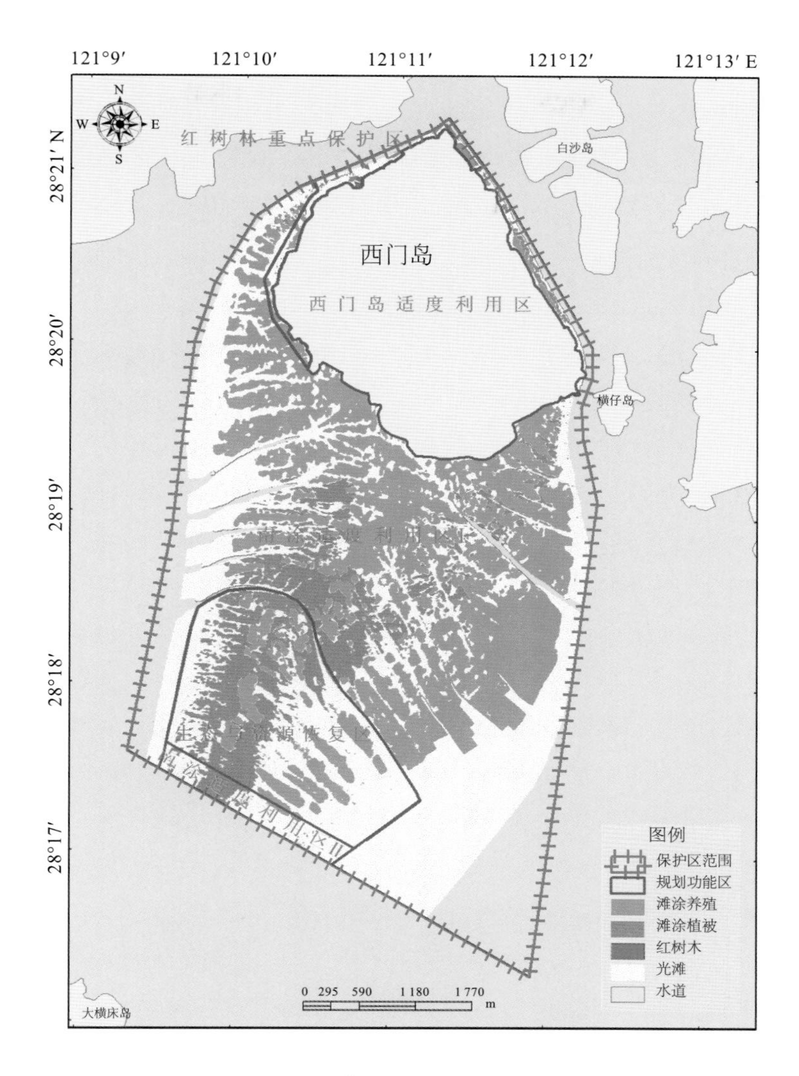

图7-56 西门岛海洋特别保护区功能分区

7.5.1 红树林重点保护区

西门岛沿岸分布着我国纬度最北的红树林群落，红树林的引种成功突破了红树林的传统生长北界，不仅具有很高的生态价值和景观价值，同时还具有很高的科学研究价值。西门岛红树林重点保护区主要包括西门岛北部、西北部和海岛西南部分沿岸区域，总面积约为456 353.702 m^2。分析红树林重点保护区建区之前、建区初期（2006年）至现今（2012年）的变化情况，统计分析了2006年、2010年和2012年红树林重点保护区各湿地景观的面积比例，以及红树林群落的变化情况。

7.5.1.1 保护区建立前的红树林群落

利用保护区几个不同时期遥感影像，解译得到了保护区各时期红树林群落的分布范围，在此基础上对比分析了保护区红树林群落的分布变化情况。通过分析发现，在2005年西门岛海洋特别保护区建立前，红树林群落主要分布在西门岛西北部（A区）和岛屿西南部（零星分布区），总面积约为8 946.97 m^2。

7.5.1.2 保护区建立后的红树林群落

西门岛海洋特别保护区建立后，西门岛西北部（A区）和北部区域（B区）新增加了四处红树林种植区，而零星分布区红树林种植面积没有发生变化。新增的四处红树林种植区总面积约为69 514.43 m^2，且主要是由近岸的光滩、滩涂植被区和滩涂养殖区域转化而来，目前基本以幼苗和中林为主（图7-57）。

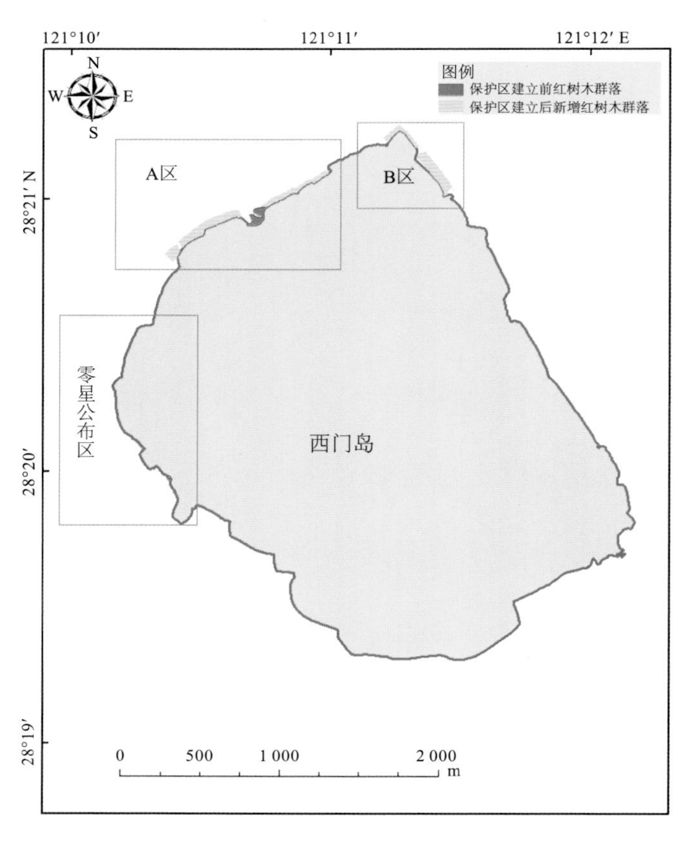

图7-57 西门岛保护区建立前后红树林群落分布

7.5.1.3 2012年的红树林群落

利用0.5米WorldView-2高分辨率卫星影像解译得到了2012年保护区红树林群落分布范围（图7-58）。2012年保护区红树林群落主要分布在岛屿的北部（B区）和西北部（A区），除此之外岛屿的西南部（零星分布区）还分布着一些规模较小的群落。根据红树林群落的成林情况，将红树林分为老林、成林、中林和幼苗4个类型。2012年西门岛海洋特别保护区红树林群落的总面积约为78 461.82 m^2，其中老林、成林、中林和幼苗的面积分别为2 115.49 m^2、25 920.47 m^2、21 138.46 m^2和28 287.40 m^2。

A区是西门岛红树林分布最集中的区域，总面积约48 829.55 m^2，这里有1957年第一次引种的红树林（老林），周边有较大规模的成林和中林，也是西门岛目前最主要的人工种植发展区域。B区是西门岛红树林另一个集中分布区，总面积约27 753.09 m^2。根据现场观察，该区域的红树林主要为成林和中林构成。在西门岛西南部，零星分布了5处红树林群落，总面积约1 878.76 m^2，都属于成林，但规模都非常小，其中最大面积760 m^2余，最小面积仅有69 m^2。

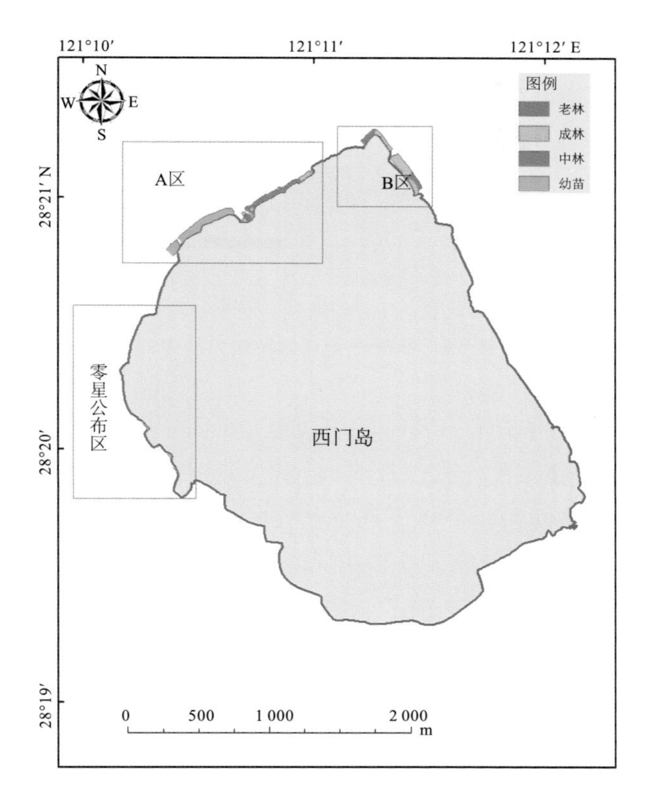

图7-58　2012年保护区红树林群落分布范围

7.5.1.4　红树林群落变化分析

对2006年、2010年和2012年红树林重点保护区各湿地景观的面积比例进行了统计分析，分析结果如表7-29、图7-59、图7-60所示。

表7-29　红树林重点保护区湿地景观面积比例统计

景观类型	2006年	2010年	2012年
植被	10.53%	5.23%	6.90%
养殖	19.70%	16.55%	16.84%
光滩	51.59%	42.49%	38.84%
水道	18.18%	18.26%	19.95%
红树林	1.98%	17.47%	17.47%

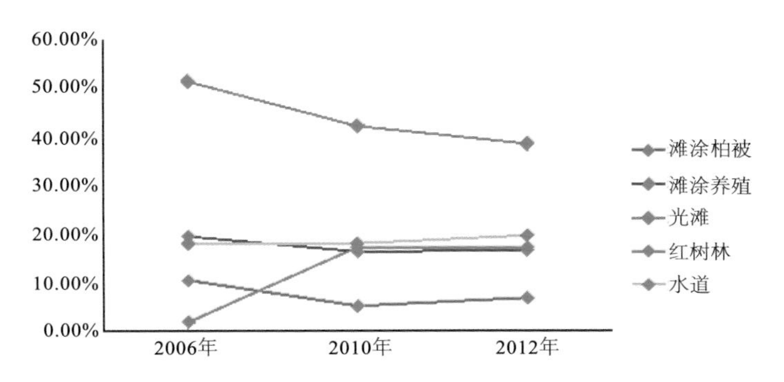

图7-59　2006—2012年红树林不同景观面积的变化

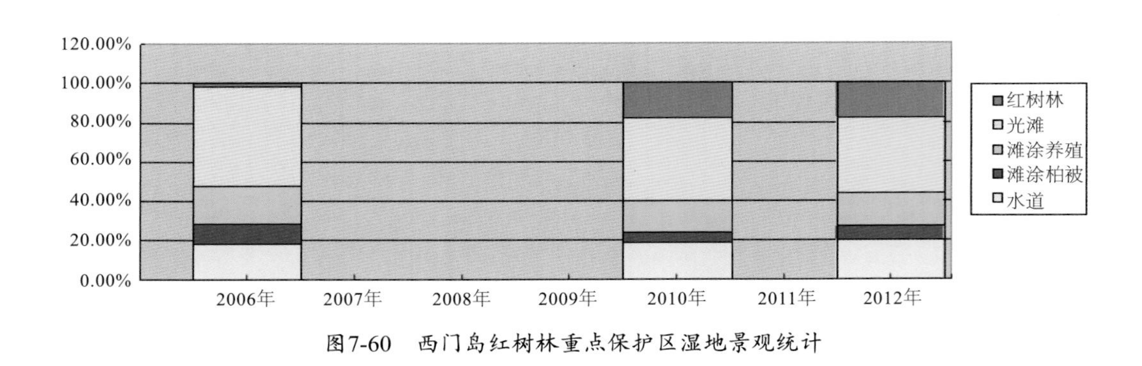

图7-60　西门岛红树林重点保护区湿地景观统计

分析结果显示，红树林重点保护区主要以光滩为主，6年间光滩所占的面积比例均在38%以上；其次为水道，面积比例均在18%以上。通过对比分析6年间每种湿地景观面积比例变化的幅度发现，2006—2010年，光滩和滩涂植被面积比例各下降了约10%和5%，滩涂养殖面积下降了约4%，与此同时，红树林面积增加了16%，而其余湿地景观变化幅度均较小。2010年红树林增加的种植面积主要是由光滩和滩涂植被及滩涂养殖转化而来。2010—2012年，除了光滩面积变化幅度较大外，其他湿地景观变化均不大，其中滩涂养殖和滩涂植被较2010年有了小幅度的增长。红树林面积比例除2006—2010年呈增长趋势外，自2010年至2012年基本没有发生明显的变化；滩涂植被（以互花米草为主）除2010年有减少外，2012年呈小幅上涨趋势。

在2006—2012年这6年间，红树林重点保护区内光滩的比例依次呈逐渐下降趋势，滩涂养殖比例自2006年以后呈逐渐增长的趋势，但是增长幅度较小。考虑到滩涂养殖区域面积的变化趋势及滩涂养殖较其他湿地景观受人类活动影响较大的特点，未来在红树林重点保护区应加强对光滩利用方式的监管，适当控制红树林重点保护区内的养殖或其他开发活动，以避免过度破坏红树林的生长环境。

7.5.2　西门岛适度利用区

西门岛适度利用区主要包括西门岛海岛岸线以上的近岸及岛陆区域（不包括红树林重点保护区），总面积约为7 085 401 m^2。这部分区域是人类生产活动的主要场所，受人类生产活动的影响十分显著。西门岛的土地利用现状，能充分反映该岛的开发利用情况。

7.5.2.1　保护区建立前的西门岛

2000—2006年，西门岛还未修建跨海大桥，西门岛与大陆的交通为渡船方式，且岛陆的交通主要是以乡间道路为主，交通的不便限制了岛上经济的发展。因此在这6年间，除了少数地区发生围垦养殖外，西门岛岛陆整体建设上未发生比较显著的变化。

7.5.2.2　保护区建立后的西门岛

随着2005年西门岛海洋特别保护区的建立，岛陆的交通条件有了很大的改观，尤其是跨海大桥的修建便利了西门岛与大陆的经济交流，促进了岛陆经济的发展。与2006年以前相比较，2006年以后西门岛除部分岛陆地区土地利用发生了较明显的改变外，西门岛土地利用总体上并未发生大的改变。

7.5.2.3　2010年的西门岛

遥感解译结果显示，2010年西门岛适度利用区的土地利用类型有旱地、坑塘水面、水田、有林地、农村宅基地、养殖水面、特殊用地和其他园地8类（表7-30）。

表7-30 2010年西门岛土地利用现状信息统计

序号	土地利用类型	面积（m²）	比例
1	旱地	1 128 570.12	15.93%
2	坑塘水面	92 740.00	1.31%
3	水田	561 364.51	7.92%
4	有林地	3 892 278.57	54.93%
5	农村宅基地	480 628.43	6.78%
6	养殖水面	841 087.18	11.87%
7	特殊用地	3 080.97	0.04%
8	其他园地	85 651.88	1.21%
合计		7 085 401.65	100.00%

根据2010年西门岛土地利用现状图（图7-61）所示，西门岛的主要用地类型为有林地，占据了西门岛的主体部分，面积所占比例超过50%。其次为旱地，主要分布于西门岛小山，根据现场考察，西门岛小山上的旱地基本已经荒废，仅有少量不定期地进行农作物种植，主要种植种类为番薯。此外，养殖水面几乎分布于全岛沿海区域，都是通过筑堤围垦形成的养殖区域，还与海水相通。水田主要分布于西门岛各岙口地区，部分地区也已经荒废，成为鸟类栖息的湿地。

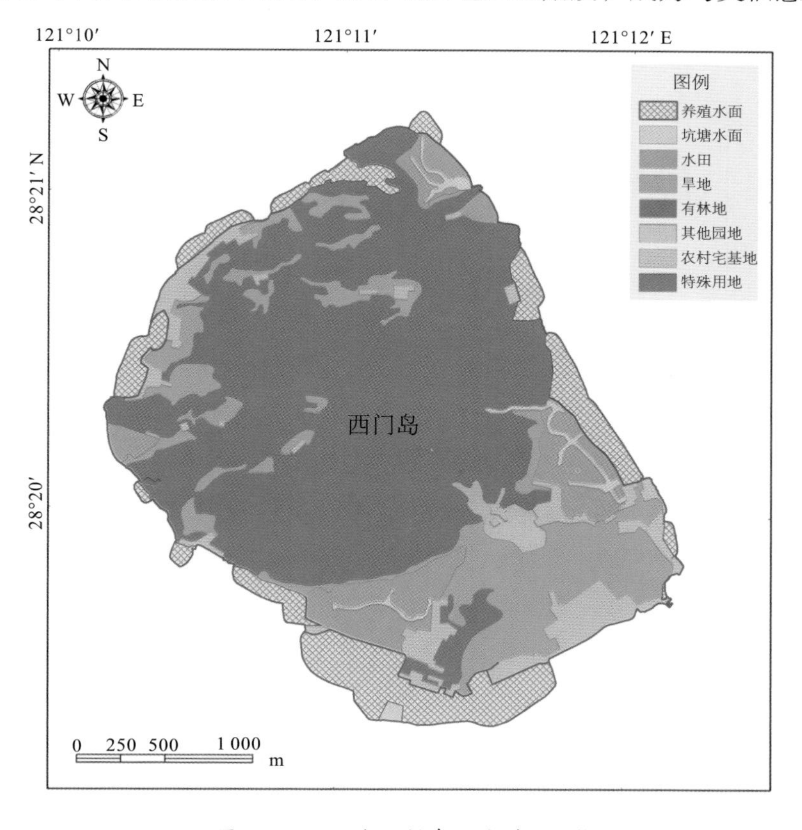

图7-61 2010年西门岛土地利用现状

7.5.2.4　2012年的西门岛

2012年西门岛适度利用区的土地利用类型主要有旱地、坑塘水面、水田、有林地、农村宅基地、养殖水面、特殊用地、公路用地、裸地、空闲地和其他园地共11类（表7-31）。与2010年相比，土地利用类型增加了公路用地、裸地、空闲地三类（图7-62）。

表7-31　2012年西门岛土地利用现状信息统计

序号	土地利用类型	面积（m^2）	比例
1	旱地	1 124 233.07	15.86%
2	坑塘水面	96 075.51	1.36%
3	水田	561 780.66	7.93%
4	有林地	3 850 925.73	54.34%
5	农村宅基地	501 654.34	7.08%
6	养殖水面	817 347.93	11.53%
7	特殊用地	3 083.30	0.04%
8	公路用地	23 404.05	0.33%
9	裸地	6 981.24	0.10%
10	空闲地	15 220.08	0.21%
11	其他园地	85 718.71	1.21%
合计		7 086 424.62	100%

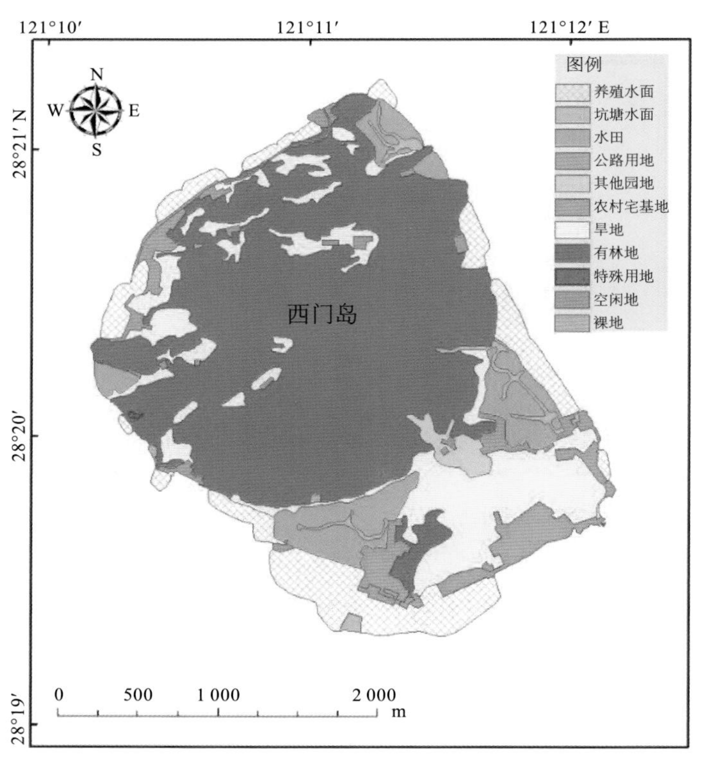

图7-62　2012年西门岛土地利用现状

分析表7-31与图7-62发现，2012年在西门岛不同土地利用类型中有林地所占比例较高为54.34%，主要分布在西门岛中部；其次为旱地，所占面积比例为15.86%，主要零星分布在西门岛地势较高的山坡丘陵地带，由于所处的地理环境及交通的不便利性导致了部分旱地的荒废，现仅有少量旱地用来种植各种农作物。西门岛近岸区域还分布着由筑堤围垦所形成的片状养殖池塘和农村宅基地，其中养殖池塘所占面积比例为11.53%，农村宅基地所占面积比例为7.08%；西门岛陆地平原地带还少量分布着一些水田，但部分已经荒废，成为鸟类的栖息地。西门岛北部少量分布着一些因西门岛跨海大桥的修建而炸山形成的空闲地，空闲地的南端则连接着岛上新修建的公路，与过去仅依靠单一的水上交通运输方式相比，跨海大桥和岛上公路的修建便利了西门岛与外界的交流，促进了海岛旅游经济的发展。

7.5.2.5 西门岛适度利用区的变化分析

2000—2006年间，西门岛的土地利用并未发生明显的变化；2006—2012年的6年间，西门岛适度利用区的水田、坑塘水面和养殖水面由于人为围垦或建设的需求，其面积发生了小幅度的变化，而旱地、有林地和农村宅基地的变化较大。

2006—2012年6年间，西门岛适度利用区的土地利用形式变化部分主要包括：部分旱地转为了农村宅基地和岛上的公路用地；部分有林地转化为公路用地、建设跨海大桥时遗留的空闲地和农村宅基地。此外，有少部分的水田转为了农村宅基地，通过实地观察发现，这部分由水田转化而来的农村宅基地主要是用作农村当地的变电站机房和水泵房。2006年西门岛岛陆交通条件仍不便利，岛上主要以乡间道路为主；到了2012年西门岛跨海大桥修通后，西北部的道路进行修建，建立了硬化公路，岛上的交通条件有了较大改观。2006年以后随着跨海大桥的修建，原有的有林地被夷为空闲地或用作跨海大桥的修建。这6年间西门岛陆上湿地面积基本保持不变，该部分湿地包括养殖水面、水田、坑塘水面（包括水库），总面积为1 475 204.10 m^2，占全岛总面积的21%。

7.5.3 南涂适度利用区

西门岛海洋特别保护区的南涂适度利用区主要包括两部分：南涂适度利用区Ⅰ和南涂适度利用区Ⅱ。南涂适度利用区Ⅰ总面积约为19 062 973 m^2，主要分布于西门岛沿岸的近海海域至洞浦潮沟以北的广大滩涂区域，是适度利用区的主体；南涂适度利用区Ⅱ总面积约为619 734 m^2，主要分布于保护区南部边界向北280 m的滩涂区域。

7.5.3.1 2006年的西门岛南涂

从2006年保护区南涂适度利用区景观图（图7-63）的分析发现，南涂适度利用区Ⅰ分布着大面积的滩涂养殖区和少量的滩涂植被。统计分析结果显示，滩涂养殖区域总面积为6 920 723 m^2，占南涂适度利用区Ⅰ总面积的37%；滩涂植被总面积为1 484 730 m^2，占南涂适度利用区Ⅰ总面积的8%，剩余的为水道和光滩，其中光滩所占面积比例最高为39%。南涂适度利用区Ⅱ的滩涂植被和滩涂养殖分布均较少，主要以光滩为主，光滩占南涂适度利用区Ⅱ总面积的70%以上。

总体上2006年保护区南涂适度利用区滩涂养殖湿地景观分布面积较广且分布较集中，滩涂植被区域总面积较小且分布离散。

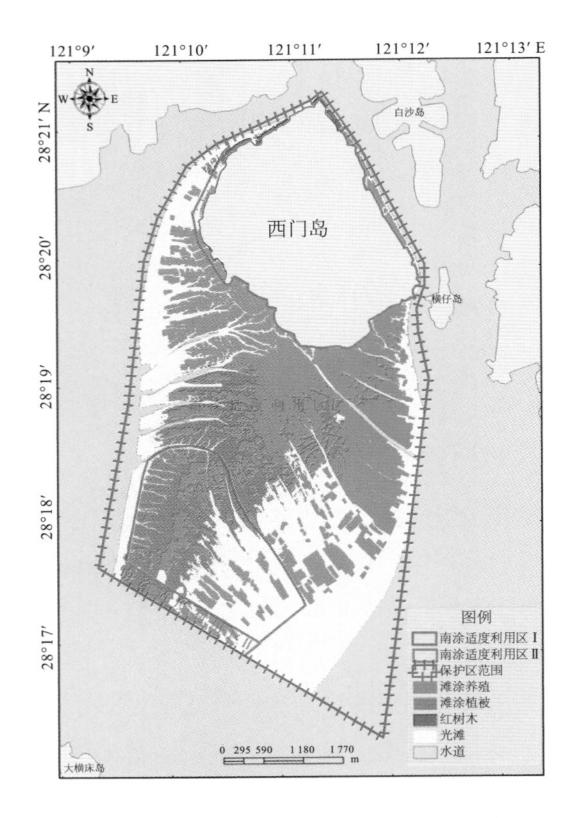

图7-63　2006年保护区南涂适度利用区景观

7.5.3.2　2010年的西门岛南涂

与2006年相比，2010年保护区南涂适度利用区（见图7-64）发生了较大的改变。南涂适度利用区Ⅰ中滩涂养殖的面积为6 781 392 m^2，占南涂适度利用区Ⅰ总面积的36%，与2006年相比滩涂养殖的面积和规模有所减小，这些减少的养殖面积主要分布在南涂的东南部且主要转化为光滩，部分转化为滩涂植被；随着2010年滩涂养殖规模的减小，滩涂植被面积有所增加，为2 081 694 m^2，占南涂适度利用区Ⅰ总面积的比例由8%上升至11%，这些增加的滩涂植被区域一部分是由荒废的滩涂养殖区转化而来，另外则主要是由滩涂养殖区块间的光滩转化而来。2006年南涂适度利用区Ⅱ主要以光滩为主，但2010年以来光滩的比例仅占33%，减少的光滩面积被滩涂养殖和滩涂植被所取代，两者面积比例大致相当，分别为33%、34%。

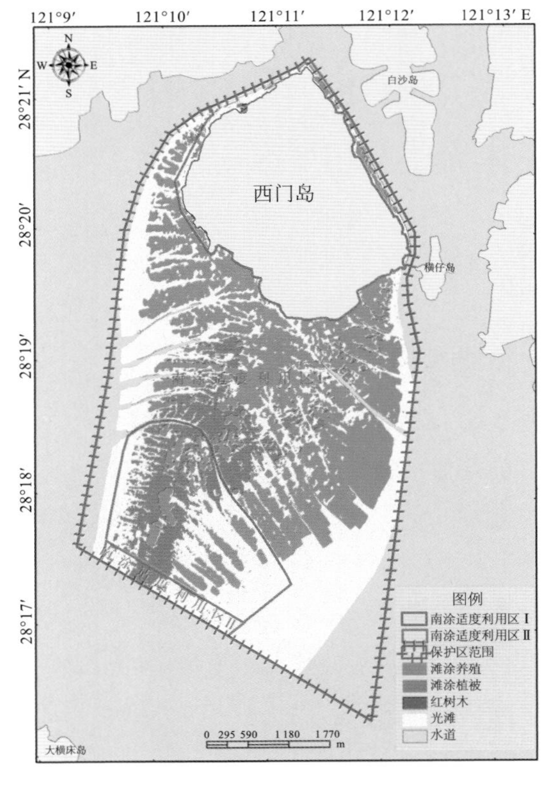

图7-64　2010年保护区南涂适度利用区景观

7.5.3.3 2012年的西门岛南涂

由图7-65可见，2012年保护区南涂适度利用区Ⅰ中滩涂养殖所占面积比例为33.56%，与2010年相比有所下降；滩涂植被所占面积比例为12.05%，与2010年相比有所增长。通过与2006年和2010年对比分析发现，减少的养殖区域的分布范围与2010年相同，均发生在潮滩的东南部，且减少的养殖区域均主要转化为光滩；所增加的滩涂植被面积主要是由光滩转化而来。2012年南涂适度利用区Ⅱ中滩涂植被较2010年发生明显的变化，但滩涂养殖面积明显减少，由2010年的33%下降为22%，光滩面积比例由2010年的33%上升为2012年的46%，可见2010—2012年间荒废的养殖区域主要转化为光滩。除了上述变化外，项目组在利用航拍影像解译保护区2012年湿地景观图时发现，南涂适度利用区Ⅰ的东南部和中西部临近水道的部分光滩区域分布着大面积的绿色海藻，这些绿色海藻纹理细腻与滩涂植被比较相像，因此极易错分为滩涂植被。

通过对保护区三个时期南涂适度利用区湿地景观的变化分析发现，自2005年建区以来，总体上西门岛海洋特别保护区的南涂适度利用区，滩涂养殖规模呈下降的趋势，滩涂植被面积（互花米草为主）呈逐渐上升的趋势。

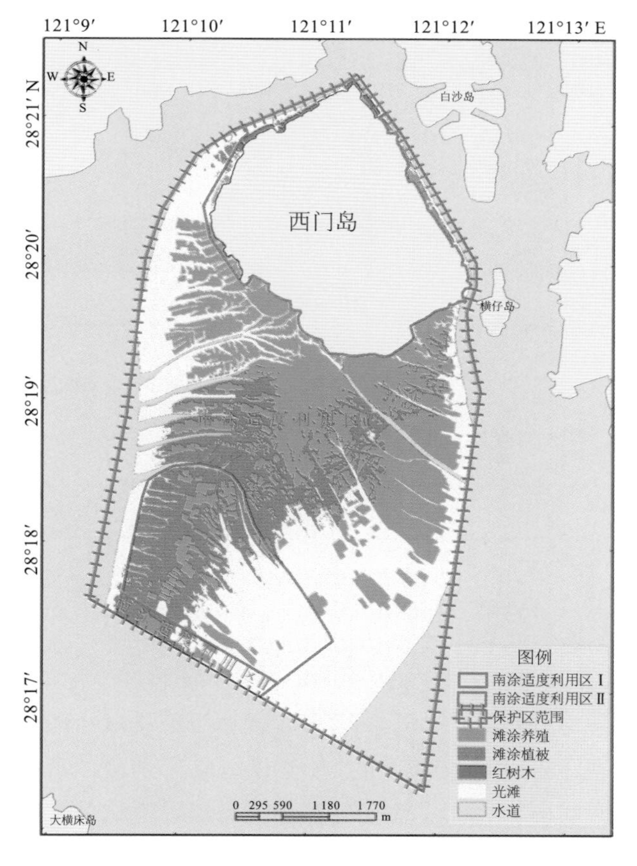

图7-65 2012年保护区南涂适度利用区景观

7.5.3.4 西门岛南涂景观变化分析

在获得2006年、2010年和2012年南涂适度利用区湿地景观图的基础上，统计分析了三个时期南涂适度利用区各湿地景观的面积比例信息，如图7-66、图7-67所示。

西门岛海洋特别保护区的滩涂湿地，由于受到潮水涨潮落潮、周边环境质量状况和人为养殖计划的影响，每年都会有所变化。从2006—2012年这6年间，西门岛海洋特别保护区的滩涂养殖面积呈逐步下降的趋势，相反滩涂植被（互花米草为主）的面积呈明显增加的趋势。2006年建区初期，滩涂植被主要分布在西门岛潮滩的西南部，且分布较离散。除此之外，部分滩涂植被离散地分布在保护区中东部的滩涂养殖区之间。2010—2012年，保护区西南部的滩涂植被分布紧凑度较2006年有了大幅度的增长，且原先滩涂养殖区域之间的光滩现也逐渐被滩涂植被所覆盖。通过计算三个时期滩涂植被类级别的相关指数也发现，2006年滩涂植被的斑块个数最多为263个，2010年和2012年分别为220个和203个，但是2006年最大斑块指数最小，且聚合度指数较2010年和2012年小，分离度最大，这也从另一方面说明了滩涂植被分布趋向于集中紧凑化分布。

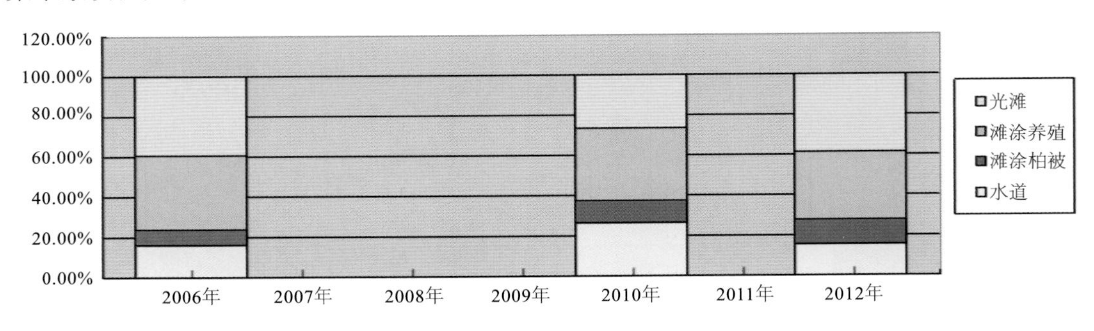

图7-66　南涂适度利用区Ⅰ湿地景观统计

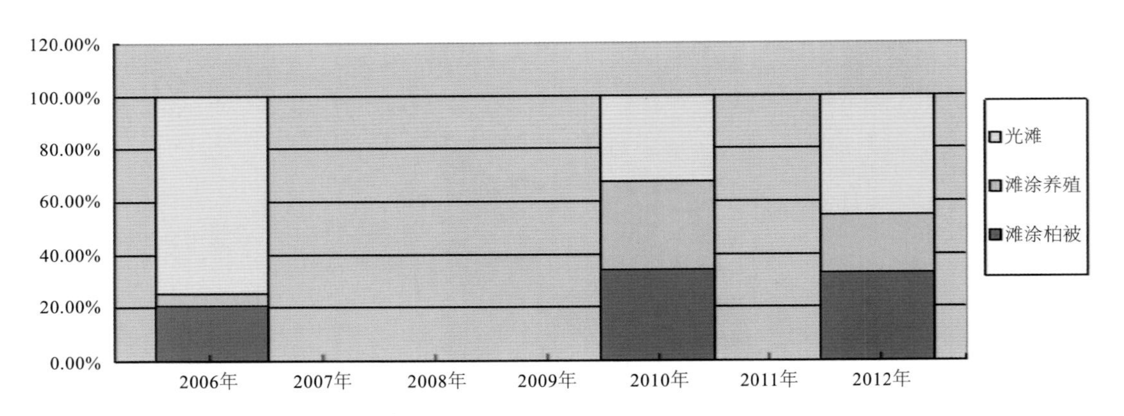

图7-67　南涂适度利用区Ⅱ湿地景观统计

2006年滩涂养殖区域主要分布于西门岛四周至南部滩涂的东南部，分布面积较广且分布均匀。2010—2012年保护区东南部滩涂养殖区的分布范围较2006年呈逐步下降的趋势，到了2012年保护区东南部除了零星的几个大的养殖区外，其他规模较小的养殖区均都荒废，转化成光滩。2010年滩涂养殖聚合度指数最小、分离度指数最大也说明了2010年保护区滩涂养殖区分布的破碎化，相反2012年滩涂养殖的紧凑度较前两年都高，滩涂养殖区分布较前两年相对集中。

通过分析2006—2012年西门岛保护区湿地景观的转移矩阵发现，2012年滩涂植被的增加主要是由滩涂养殖和光滩转化而来，其中滩涂养殖区域转化了面积的8.71%，光滩转化了面积的13.48%；自2006—2012年，滩涂养殖的面积也逐渐减少，除了8.71%的滩涂养殖区域转化为了滩涂植被外，26.29%还转化为光滩，这也说明了自2006年以来，有大部分的滩涂养殖区域已经逐渐荒废。

7.5.4 生态与资源恢复区

西门岛海洋特别保护区的生态与资源恢复区，主要分布在保护区南涂洞浦潮沟以南、南涂适度利用区Ⅱ以北的滩涂区域，总面积约为4.2 km^2。

2006年保护区生态与资源恢复区的湿地景观主要包括光滩、滩涂养殖、滩涂植被和少量的水道（图7-68），其中光滩所占面积比例最高约为49.29%，其次为滩涂植被和滩涂养殖，分别为30.5%和19.88%。滩涂植被和滩涂养殖区域分布均比较分散。

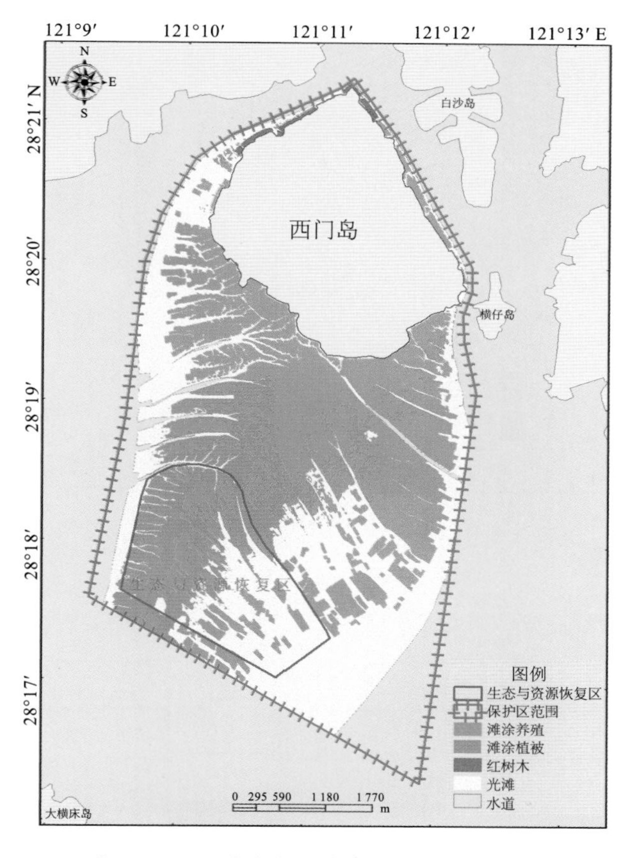

图7-68 2006年保护区生态与资源恢复区景观

2010年保护区生态与资源恢复区的滩涂植被面积由2006年的30.5%上升为2010年的41.65%，滩涂养殖由2006年的19.88%下降为19.33%。通过与2006年保护区生态与资源恢复区景观图的对比分析发现，2010年增加的滩涂植被区域主要由生态与资源恢复区西部的光滩转化而来，且滩涂植被的分布规模较2006年集中、分布密度较2006年高；2006—2010年部分滩涂养殖区域荒废为光滩，且养殖区域的分布较2006年更离散化（图7-69）。

2012年保护区生态与资源恢复区的滩涂植被面积较2010年相比未发生较大的改变，但滩涂养殖区域面积出现了明显的下降，由2010年的19.33%下降为2012年的14.98%。通过对比分析发现，减少的滩涂养殖区域主要发生在生态与资源恢复区的东南部区域，且大部分减少的养殖区域均转化为光滩（图7-70）。

在获得2006年、2010年和2012年西门岛保护区生态与资源恢复区湿地景观图的基础上，统计分析了三个时期生态与资源恢复区各湿地景观的面积比例信息，如图7-71所示。

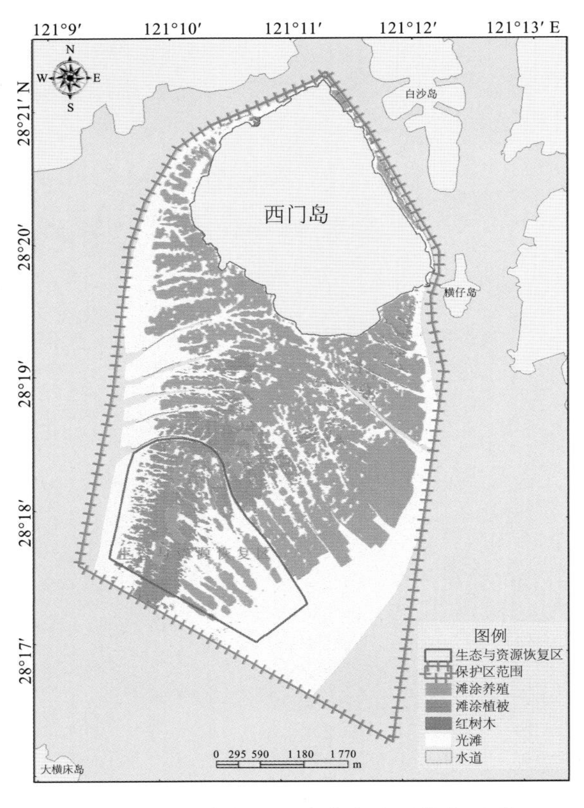

图7-69 2010年保护区生态与资源恢复区景观

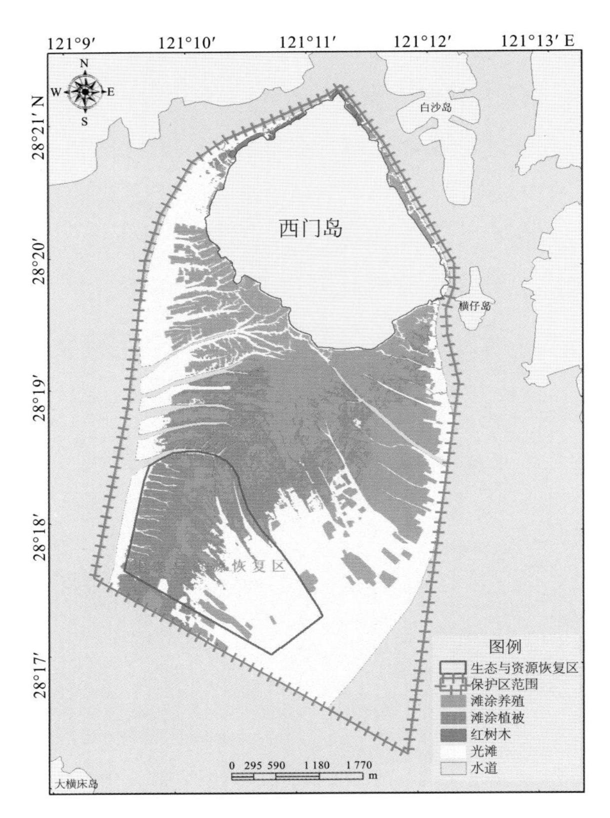

图7-70 2012年保护区生态与资源恢复区景观

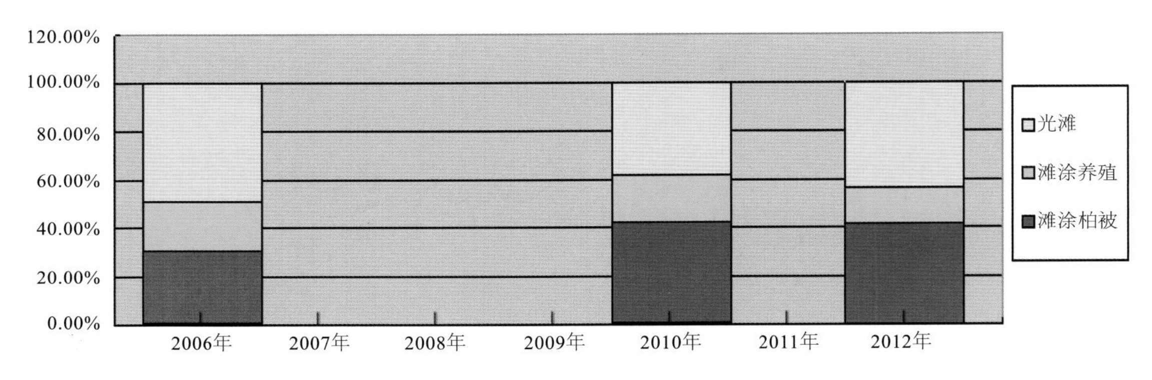

图7-71 生态与资源恢复区湿地景观统计

通过对西门岛海洋特别保护区的生态与资源恢复区三个时期的湿地景观图的统计对比分析，发现生态与资源恢复区的滩涂植被分布面积呈增长的趋势，且分布越来越集中，分布密度逐渐增加；而滩涂养殖区域分布面积呈逐渐下降的趋势，且分布较离散。

“生态与资源恢复区”，即2004年西门岛海洋特别保护区建设发展规划中的“湿地鸟类保护区”。西门岛滨海湿地是乐清沿海多种鸟类的繁育、栖息地之一，是需要加强生态保护的“重要鸟区”。多年来滩涂大面积围垦，使得乐清湾内适宜鹭鸟、鹬鸟觅食的生境逐渐减少，而西门岛保护区中南部的大面积滩涂在保障乐清湾涉禽觅食生境方面起到了不可替代的重要作用。

泥质滩涂是湿地水鸟的重要取食栖息地，人工鱼塘或虾塘是另一个比较理想的生存地，而且只有当海堤外滩涂被潮水淹没时，水鸟才会在堤内的养殖塘中出现，但最适宜鸟类生存的栖息环境还是自然湿地。鸟类保护区的建立不需大量投资，只需在此滩涂停止水产养殖，停止一切人类活动，让滩涂处于自然修复，回归自然湿地状态，为珍稀鸟类及其他水禽提供了一个远离人类干扰的，适宜越冬、栖息、繁衍的天然“乐园”。

根据2009年2月及2010年4月在西门岛2次鸟类调查的结果，鸟类主要出现在海岛沿岸滩涂、堤内和堤外养殖塘中，其分布没有一定规律。生态与资源恢复区（湿地鸟类保护区）距西门岛海岸距离2.2～4.3km，询问当地养殖渔民，近岸滩涂常见多种鸟类觅食、休憩。因缺乏鸟类调查统计资料，无法判断生态与资源恢复区的鸟类生活和变化状况。

为了给湿地鸟类创造更为舒适、更加有利的栖息环境，必要的管护还是需要的。根据浙江大学生命科学学院丁平教授近几年的黑嘴鸥专项研究，在围垦一片滩涂的过程中形成一个人工岛，四周环水，中间岛状突起，结果这个“人工岛”上栖息了很多水鸟。也许人为适度的干预比纯自然状态更好，因此可以考虑在生态与资源恢复区的滩涂上设置若干类似的“人工岛”，或者间隔一段距离插置一些木棍或竹竿，以利于涨潮时段鸟类栖息，也可以吸引越来越多的鸟类从乐清沿海滩涂（如胜利塘外）来此湿地憩居繁育，形成良性循环。

7.6 人为与自然相互作用下的功能区变化趋势

人类活动和自然因素均可对保护区生态环境及主要保护对象产生影响，人类活动既可以改变保护区生态环境的自然属性，也可以通过人工的方式对保护区受损生态进行修复；同时自然因素不仅可以维护保护区生态系统的自演替，也可能对保护区生态产生损害。因此，应当科学合理地发挥人工作用修复保护区受损生态环境，提高其生态系统的抗干扰能力，以达到保护保护区生态系统平衡的目的。

7.6.1 红树林移植

7.6.1.1 西门岛红树林的移植方法

西门岛的红树林是在人工引种的情况，得以稳定保存半个多世纪，改写了我国红树林分布的地理北界，并为后来的红树林移植提供了宝贵的经验。这表明，当环境条件适宜、人工引种方法得当，适度扩大红树林的面积具有一定的可操作性。

滨海红树林绿化带的种苗来源：一是可以拔取上码道红树林下的幼苗，把幼苗直接进行移植；二是退潮时到红树林中收集秋茄胎萌种子（胚轴），然后移植到海湾浅滩的苗床，或直接移植到林地上；三是在海潮上涨时划船进入红树林区捞取脱离母树而漂浮于水上的种苗。秋茄为海绵状根系，极易损伤折断，因此，移栽天然小苗造林，应选择4～6个月生高约25 cm的幼苗。一般而言，退潮时能露出水面的淤泥质海滩都是良好的宜林地。选择秋茄造林地时，秋茄用直播方式效果甚好，把成熟的下胚轴插入海滩上，1个月后即能抽叶，成活率达90%～95%。秋茄初植密度应适当密植，以0.5 m×1 m或1 m×1 m较为合适，太密造成幼树茎干细小，容易倒伏，而过疏则难于郁闭成林。此外，在150 m宽的红树林带中还应留有若干5～10 m宽的水道，便于管理人员进出和游人海上观赏。鉴于滨海红树林绿化带所需种苗数量甚多，除了就地取材以外，还可考虑到福建、广东红树林自然保护区引进红树种苗。

红树林绿化带并不是越宽越好，广东、福建等地的试验结果表明，插植1年后的秋茄成活率与离海岸不同距离条件相关，即离海岸越远，受海潮冲击力大，淹没时间长，成活率越低。离海岸40～70m成活率为85.3%，离海岸70～100 m成活率为84.8%，离海岸100～130 m成活率仅为80.5%。根据西门岛的实际情况，滨海红树林绿化带的宽度确定为150 m，以提高红树林育苗的成活率。而且在红树林绿化带与现今环岛海堤之间还留有宽约50 m的备用地，今后西门岛环岛基础设施或其他旅游工程建设不会对红树林绿化带产生不利影响。

我国有4科4种抗低温种红树植物，即秋茄树、白骨壤、桐花树、老鼠簕。它们具有相当高的抗低温能力，能够在最低平均温度小于9℃、极端最低温度小于0℃、年平均气温小于20℃及有霜害、没有或偶有雪的气候条件下生长，其自然分布北界至福建福鼎（约27°20′N）。乐清西门岛（约28°21′N）种植秋茄树获得成功，说明人工红树林可以超过自然分布北界，而且秋茄树可以在年均温17℃、最低月平均温度4℃的沿海地区正常生长。据研究，西门岛滨海湿地的地理位置、气候条件、水动力条件、海水温盐度、潮滩地貌与底质类型等环境条件，皆适宜于红树植物抗低温种中的白骨壤、桐花树、老鼠簕的生长。

7.6.1.2　红树林移植效果

2006年6月，乐清市海洋与渔业局在西门岛南岙山村湿地上新种植了10万株来自福建的红树林苗种，栽种面积共13 hm^{2}的红树林（图7-72～图7-75）。然而，由于新栽的13 hm^{2}红树林由于地势低洼，潮水一来，就全泡在了水里，由于浸泡时间过长，约有2.7 hm^{2}红树林苗种无法成活。有的牡蛎还寄生在红树林上，将正在生长期的红树林苗压弯“夭折”。2007年，有关专家进行了西门岛红树林栽种新技术研究，通过滩涂堆高，补种、栽种了一批红树林苗。但当年冬天罕见的冰冻，又使这些新苗遭受重创。此后，又不断补种红树林苗，使得红树林移植的面积不断提高。

图7-72　2006年6月西门岛南岙山村民在选择红树林苗种

图7-73 2006年6月乐清市海洋与渔业局组织村民种植红树林苗种

图7-74 2008年6月西门岛村民在准备红树林苗种

图7-75 2008年6月西门岛南岙山村民种植红树林苗种

通过遥感信息比较了2006年和2010年的保护区湿地面积变化，其中，滩涂植被面积增加最为显著（表7-32）。2006—2010年其面积增加了约1.1 km^2；2006—2010年光滩的利用率逐渐上升，红树林保护区面积有所增加。即通过红树林人工种植，西门岛保护区的红树林面积有所增加，相应的光滩和滩涂养殖的面积已减少，有效地通过人工方式扩大了红树林的面积。

表7-32　西门岛保护区湿地面积变化

湿地类型	2006年湿地面积（m^2）	2010年湿地面积（m^2）
滩涂养殖	7 839 263.17	7 510 296.35
滩涂植被	2 918 605.43	4 049 748.78
光滩	5 901 292.68	5 081 540.47
红树林	59 741.23	76 770.74
总计	16 718 902.51	16 718 356.34

7.6.2　互花米草与红树林的相互作用

7.6.2.1　互花米草在我国的发展概况

Patrick和Boaden（1985）将世界上最具代表性的湿地分为两类：盐沼和红树林。其中盐沼一般分布在温带地区和高纬度地区，红树林则分布在热带和亚热带地区。以米草属植物为主的盐沼在北美洲、欧洲和亚洲均有分布，是具有代表性的潮间带盐沼类型。

互花米草是继大米草在我国成功引种以后，于1979年12月从美国引进我国的又一适宜海滩高潮带的下部至中潮带上部的耐盐、耐淹的植物。互花米草原产大西洋沿岸，从加拿大的纽芬兰到美国的佛罗里达州中部，直至墨西哥海岸均有分布，并为优势种。这种植物对于较高盐度（35左右）的海水适应良好，但也能在低盐度下生长，在盐度为10～20之间可达最高生长量。

互花米草为禾本科多年生草本植，植株健壮、高大，一般高在1 m以上，在优良生境下可达3 m以上，茎秆粗壮，直径在1 cm以上。互花米草的地下部分，通常由短而细的须根和长而粗的地下茎组成，根系发达，常密布于0～30 cm的土层内，也有深达50～100 cm。地下茎在地下20～50 cm处横向生长，光滩上的零星草从每年可向四周辐射延伸1m至数米。叶片互生，呈长披针形，基部叶较短，随着植株长高，叶片逐渐增多增长。叶呈深绿色或淡绿色，叶背面光滑且有蜡质光泽。植物的气生部分具有盐腺，尤其叶片表皮最多。互花米草具有很强的耐盐、耐淹能力，在海水盐度30～40、每天两次潮水、每次潮水淹没时间在6个小时以内的条件下仍能正常生长。互花米草对土壤的适应性广，在黏土、壤土和粉砂土中均能生长，但在河流入海口淤泥质海滩上生长最好（仲崇信等，1985）。

作为能在滩涂、盐沼中生长的绿色植物，米草的主要功能是保滩护堤，促淤造陆。近20年来米草将我国沿海的许多淤泥质沙滩从不毛之地变为海滩绿地，提供了巨大的第一性生产力，并在我国海堤保护及陆地围垦等方面做出了巨大的贡献。互花米草滩具有较强的消浪能力。5 m高的风浪通过100 m宽互花米草滩时，潮滩消浪能力为97%；6 m高的风浪通过100 m宽互花米草滩时，其消浪能力为81%；7 m高的风浪通过100 m宽互花米草滩时，其消浪能力为65%（朱晓佳等，2003）。

互花米草除了在消波减浪、保滩护岸方面起到正面作用之外，近年来国内外还引发了对米草引种的疑问（Daehler and Strong， 1996），认为米草是具有负面效应的入侵种，对海岸生态系统有害。生物入侵是指某种生物从原来的分布区域扩展到一个新的(通常也是遥远的)地区，在新的区域里，其后代可以繁殖、扩散并持续维持下去（Elton， 1958）。生物入侵成功的原因，既与入侵者本身的生物学、生态学特征有关，也与群落的脆弱性有关（高增祥等，2003）。

也有学者提出在中国部分海岸带，如江苏海岸，米草引种对海岸而言是湿地重建的一个手段，而且能够带来经济效益（钦佩等，1992；Qin et al.， 1997）。唐廷贵和张万钧（2003）也认为米草属植物除了繁殖快的特点之外，对生态环境无害，其种间关系表现为互利共生。他们提出，每一种生物的繁殖速度是固有的生物学特性，繁殖过快只有在营养过剩的条件下才可能发生，互花米草的快速蔓延可能与富营养化有关。

7.6.2.2 互花米草在乐清湾西门岛的历史与现状

温州沿海于1985年引入互花米草，在温州沿海标准海堤外的滩涂上均有分布。1985年前后，龙湾区灵昆岛的渔民自发栽植互花米草，几年后温州市政府有组织地引进，除灵昆岛外，又向乐清、瑞安、苍南引种（李玉宝等，2009）。在高潮到达的泥沙质滩涂形成高密度的连续分布的互花米草带，高度在2 m以上；在滩涂下部(低潮可及)呈点、丛、片状分布，密度较小，高度一般不超过1.5m。植物学野外调查也发现，互花米草在温州没有形成成熟种子，自然繁殖以根茎为主（李玉宝等，2009）。利用TM 数据比较1993年、2000年和2003年温州沿海互花米草的面积变化发现，温州灵昆岛滩涂互花米草1993—2003年间总面积增加231. 99 hm^2，说明互花米草在温州潮间带蔓延迅速（李玉宝等，2009）。

保护区由于受到地形遮蔽的影响，水动力条件较弱，加之适宜的气象、水文条件，适合潮间带植物，特别是互花米草的生长。根据当地居民介绍，乐清湾西门岛附近在2003—2005年出现了成规模的互花米草丛，并且迅速扩张，覆盖了大面积的潮间带地区，对当地滩涂养殖业的发展构成一定的影响。由于互花米草在温州只能通过根茎繁殖，同时观察到乐清湾口门至湾顶均有互花米草分布，推测西门岛的互花米草是从乐清湾外部沿着潮滩逐渐蔓延进入湾顶。为了控制互花米草的迅速蔓延，近几年浙江省海洋水产养殖研究所每年投入3万元雇用当地渔民进行互花米草的刈割，但是刈割区仅限于西门岛北部地区，效果不显著。

对比2006年和2010年湿地景观遥感图片解译信息（表7-33、图7-76），发现在这4年期间，互花米草在西门岛的潮间带呈现迅速蔓延的趋势，总面积从2.9km^2迅速上升到4.0km^2，增长幅度达到38%左右。2012年，互花米草的分布面积达到4.2km^2。从空间分布上来看，2006年遥感图像解译结果显示，西门岛的互花米草主要分布在西门岛南部的大片滩涂区域，西门岛北部的互花米草滩面积较少，这与西门岛北部沿岸潮滩较窄有关，也与北部沿岸人工刈割活动有关（图7-77）。另外，从2006年遥感图像解译结果来看，互花米草的分布区域集中在中潮滩，下部仍有大量的光滩存在。2010年遥感图像解译结果显示，互花米草在西门岛潮间带分布规律从南北格局上看没有明显变化，依然是南多北少。值得引起注意的是，2010年的结果显示，互花米草占据了大量的光滩位置，南部滩涂的光滩几乎都被互花米草滩所代替，说明互花米草向着低潮滩蔓延。另外，互花米草滩从2006年的斑块状发展成了2010年的连续分布状，说明互花米草在西门岛这个地区形成了成熟的群落格局。

表7-33　2006年、2010年西门岛保护区潮间带湿地面积变化

湿地类型	2006年湿地面积	2010年湿地面积	变化率
滩涂养殖	7.8 km^2	7.5 km^2	-4%
互花米草滩	2.9 km^2	4.0 km^2	+38%
光滩	5.9 km^2	5.1 km^2	−14%
红树林	6.0 hm^2	7.7 hm^2	+28%

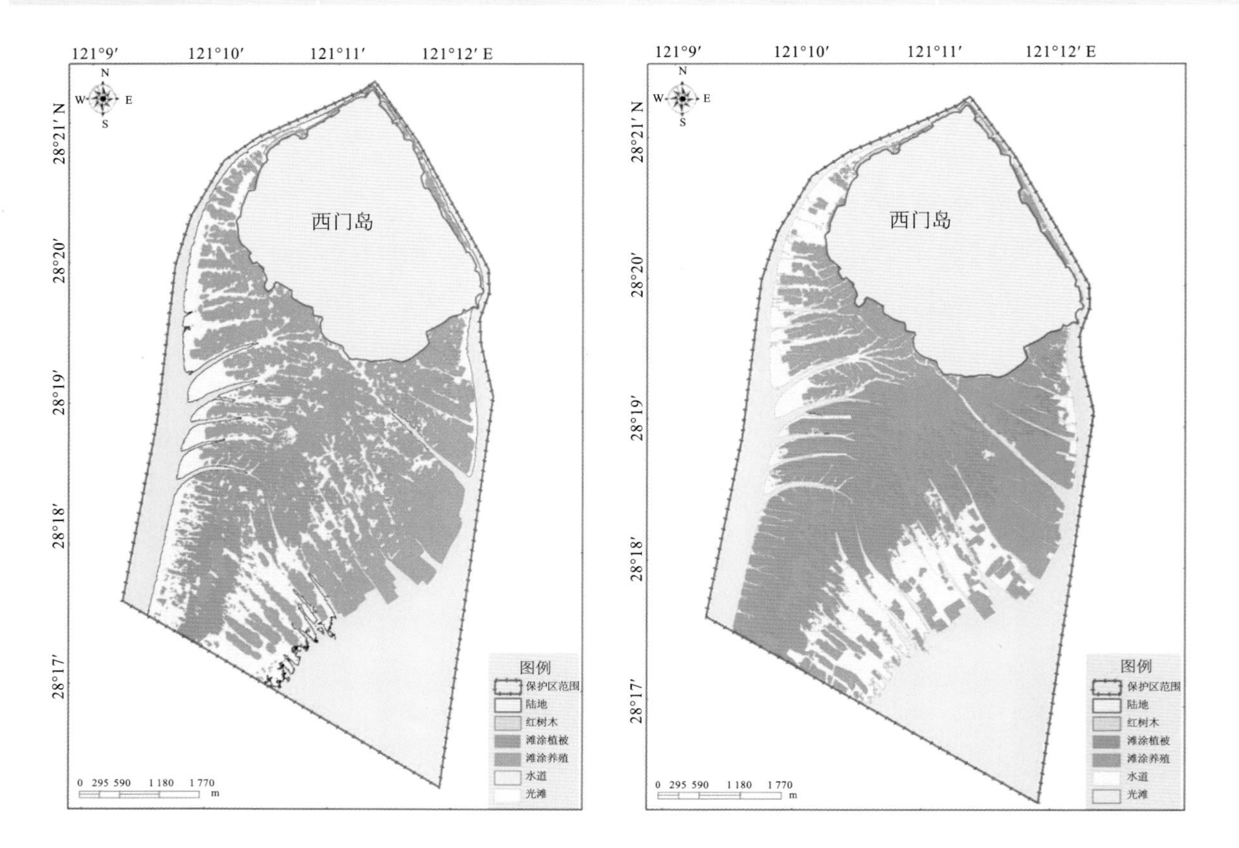

图7-76　2006年保护区湿地遥感图像解译结果（左）和2010年保护区湿地遥感图像解译结果（右），其中绿色为互花米草滩

图7-77　2006年以前西门岛滩涂上零星分布的互花米草

2006—2010年，互花米草除了向低潮滩的方向蔓延之外，也向着滩涂养殖区所在的中潮滩方向蔓延，占据了养殖区之间的小块光滩，并且有部分进入到养殖塘，使得滩涂养殖面积从2006年的7.8 km^2下降到2010年7.5 km^2，影响到了西门岛的滩涂养殖业（图7-78～图7-80）。

图7-78　互花米草在西门岛滩涂快速蔓延（2012年8月10日摄）

图7-79　2011年西门岛老红树林外部被蔓延的互花米草所包围

图7-80　互花米草已向部分养殖塘内蔓延（2012年8月10日摄）

利用2006年和2010年湿地遥感图像解译信息，采用被广泛应用于土地利用变化的马尔科夫模型研究各种类型的转化情况，得到面积和概率转移矩阵，在此基础上预测2014年西门岛保护区滩涂湿地的变化状况。预测结果发现，到了2014年，光滩和滩涂养殖区的面积会进一步减少，滩涂养殖区的面积比重将从2006年的47%下降到2014年的43%，光滩则从35%下降到28%；而互花米草的面积比重则会从2006年的17%上升到28%。从整体上来看，西门岛海洋特别保护区的互花米草蔓延速度较快，而且从斑块状分布变成连续分布，对当地的潮间带生态系统和养殖业影响较大。

7.6.2.3 互花米草对红树林的影响

由于互花米草一般呈单优群落，无法与红树林共生，与红树林形成了空间上的竞争关系，所以互花米草的迅速扩张对红树林的发展是不利的。由于互花米草具有生物学上的竞争优势，一般来说，互花米草能够在空间上竞争过红树林，特别是像西门岛这种由于越冬期温度低而产生矮化的红树林。但在西门岛保护区，由于人类活动的干预（刈割米草和种植红树林），目前互花米草没有在与红树林的竞争中占据明显优势，红树林的面积还在进一步增大。

魏德重等（2012）以浙江省乐清湾茅埏岛的人工秋茄（*Kandelia candel*）红树林、光滩和互花米草（*Spartina alterniflora*）草滩为样地，开展大型底栖动物群落结构和功能群组成的研究，发现光滩生境中大型底栖动物的物种多样性和功能群的复杂性都高于互花米草滩，红树林生境中大型底栖动物的物种多样性和功能群的复杂性都高于互花米草滩。同时，同一物种数量在不同生境中由多到小依次呈现互花米草滩、光滩、红树林的规律。因此，在西门岛海洋特别保护区，种植红树林有利于帮助被互花米草占据的潮滩在一定程度上进行生态修复。

7.6.2.4 互花米草对当地滩涂养殖业的影响

李玉宝等（2009）发现1993—2003年期间互花米草与围垦海堤和海水养殖池塘呈现正响应关系，互花米草对滩涂潮上带的促淤作用明显，因而有利于海水池塘养殖规模扩大，也有利于围海造陆工程。在互花米草促淤作用的同时，互花米草也能对养殖业带来负面的影响。西门岛近几年由于互花米草过度扩张，已经影响到了当地的养殖海塘。根据2011年的实地走访，发现互花米草沿着养殖海塘之间的排水沟向岸蔓延，由于养殖塘的堤坝较低，已经有互花米草越过堤坝，进入到养殖海塘内部，影响到了养殖海塘的正常生产。可见，互花米草不仅对保护区生态构成一定的威胁，也对当地的滩涂养殖造成一定的影响，清除养殖塘周边互花米草是一个亟待解决的问题。

7.6.3 环境事件对功能区的影响

7.6.3.1 排污导致养殖区大面积死亡

近年来随着海水受污染频率的增高，污染物大量排放入海所引发的环境事件屡有发生，这不仅严重地影响了海域环境质量，同时也导致养殖生物不能正常生长，甚至导致其死亡，给保护区生态环境和资源产生了较大的损害。保护区范围内仅2009年春季因海水污染事件造成的养殖生物大面积死亡，就使数百户养殖户的直接经济损失达4 847万元。

7.6.3.2 不合理用海改变海域水动力环境

大荆溪是乐清市境内最大的水系，河水自北向南流入乐清湾。西门岛与白沙岛是乐清湾内靠近大荆溪河口的两个独立海岛，河水经过白沙岛与西门岛时，水流分别从白沙岛与西门岛之间、两岛与大陆之间形成三支分流。2011年，西门岛一些村民未经过当地海洋行政主管部门审批同意，违背自然规律，私自围填海修筑非透水堤坝，将白沙岛与西门岛相连（图7-81）。堤坝截断了两岛之间的水流，导致西门岛西侧水流量增大，西门岛西侧岸线受到河水和潮流冲刷，海岸侵蚀风险加剧（图7-82）。另外，在白沙岛与西门岛之间的海域，由于海水交换通道受阻，水动力减弱，导致海水物理自净能力削弱，海域生态环境受到严重威胁。

图7-81　2011年村民修筑的连接白沙岛与西门岛的堤坝

图7-82　白沙岛与西门岛相连改变了海区的水动力结构

7.7 保护区资源利用协调性分析

7.7.1 资源利用

西门岛开发历史悠久，岛上土地的利用以林地、农耕地为主，除水田种植水稻外，其余均为贫瘠的旱地，多用来种植甘薯、小麦等农作物。1990年以前，海岛居民一直从事传统晒盐业，兼带农业生产、水产养殖及近海捕捞。2000年以后居民主要经济来源为滩涂养殖、浅海养殖及近海捕捞，岛民的经济发展对保护区资源的依赖性很大。

7.7.1.1 海水养殖业

西门岛周边滩涂、浅海作为乐清市发展海水养殖业的重要基地之一，为岛上居民提供了良好的发展海水养殖条件，海水养殖在西门岛农村经济中占据极其重要的地位，成为海岛经济的支柱产业。1993年西门岛滩涂养殖面积为883.4 hm^2，2002年西门岛滩涂养殖面积有733.3多hm^2，2012年滩涂养殖面积近733.3 hm^2，可见，海岛滩涂养殖面积占其滨海湿地总面积至少有30%。该岛村民世代靠海吃海，与滩涂有着不可分割的关系，尽管近几年来外出打工、读书、工作的人越来越多，但仍有64%的居民的生计直接与滩涂相关，其中滩涂养殖的居民最多，占60%。在今后的发展中，西门岛的经济模式仍将以滩涂养殖为主。

7.7.1.2 海岛旅游业

西门岛以其优越的资源环境条件，滨海旅游资源开发的潜力很大，但海岛滨海旅游业的开发仍处于初级阶段，其旅游观光、休闲、娱乐价值尚未完全体现出来，今后，随着滨海旅游的不断升温，将会带动西门岛海岛旅游业的进一步发展。

7.7.2 资源利用与保护区协调发展的途径与方法

西门岛保护区海洋资源开发利用活动不断增加，海洋生态问题也日益突出，自然环境和海洋生物多样性受到威胁，给保护区生态保护工作带来较大的压力。如何确定保护与开发的量化程度，是海洋特别保护区健康发展亟须研究解决的问题。

7.7.2.1 健全和完善保护区管理机构

对海洋特别保护区管理机构进行适当的调整，建立健全管理制体系，建立和完善管理机制，加强资源保护工作的力度。在资源保护工作中应严格执法，加强对保护区内各类资源开发利用活动的监督；在科研工作中要根据保护与发展的管理目标，对区内资源开发活动进行统一规划，研究资源利用技术。

从管理的角度来说，建设海洋特别保护区的目的是保护海洋生态环境，一般不提倡发展大众旅游，但在不影响海洋生态系统稳定性的前提下，适度开展生态旅游和休闲渔业应当给予鼓励。选择生态旅游及休闲渔业作为西门岛海洋特别保护区优先发展的产业，是符合西门岛实际情况，实现经济、社会和生态效益最佳结合的一个积极策略，也为海岛渔业产业结构调整提供一种长远的选择。

生态旅游项目应主要围绕滨海湿地生态系统保护为基础，突出海岛地方特色。采取以点带面、逐渐成片的模式，逐步形成一个以观赏生物美、自然美为特色，兼顾休闲、度假、节庆的生态旅游区。

在生态环境保护方面，西门岛应加强植树造林的工作，禁止砍伐，以提高岛上的森林覆盖率；规

划岛内居民建筑，防止破坏性建设，体现自然性和乡土气息，美化岛上的景观，为游客创造优美的自然景观，为当地居民创造卫生舒适的居住环境。另外，西门岛海洋特别保护区应做好游客容量估算和环境风险分析，加强海岛生态环境保护，尽量减少不恰当的旅游开发行为对海岛和滨海生态环境的破坏和影响。

7.7.2.2 滨海湿地的可持续利用

海水养殖业是西门岛海岛经济的支柱产业，在规模有限的条件下，应注重提高科技含量、实行无公害养殖和工厂化养殖、发展休闲渔业等，拓展海水养殖业今后的发展方向。

为了达到高产、高质和高效的“三高”养殖和可持续发展的目标，保护区内的海水养殖业应从以下几方面加以改进：借市场经济规律驱动，投资主体由政府转向生产经营者，形成多元投资的格局；增加大养殖公司和养殖大户，浅海、滩涂养殖从分散型向集约型发展，扶持“龙头”企业；大力提倡科学养殖，采取混养、轮养方式，既保证传统名优产品的产量和质量，又不断引进和推广名特优新品种，不断提高养殖产量、质量和经济价值；发展多元化养殖模式，形成相对稳定的专业养殖和苗种基地，潮下带浅海为大面积增殖护养保护区；提高养殖生产社会化服务程度，如种苗供应、病害防治、科技下乡、养殖场地建设等。

任何一种滨海湿地资源的开发利用形式，都必须保护生态环境、控制污染，这样才能保护浅海滩涂资源，使滨海湿地利用持续发展。由于西门岛各村特点不同，不可能有完全一致的最优化模式，各村应根据当地特点，合理规划，制定自己的最优发展模式。

7.7.2.3 海岛居民转产转业

为了给失去滩涂承包地的村民转产转业创造条件，相关管理部门应积极安排转产转业资金，用于养殖户转产的经济补偿。同时通过渔业结构调整，寻找新的经济增长点，拓宽渔民转产之路。

海岛居民转产转业的主要途径有：推进渔业结构调整，以提高效益增加、村民的收入；发展产业化经营，以“龙头”企业带动村民增加收入；建立海岛水产品深加工基地，重点开发具有高附加值的海洋药物、保健品、医用材料和饲料添加剂等，吸引众多养殖户和渔民上岸就业；鼓励海岛居民积极投入西门岛景区的滨海旅游业和休闲渔业，加强休闲娱乐设施的建设，通过培训教育，提供规范化、标准化和个性化的旅游服务；建立推广无公害标准化水产品养殖区，提高水产品质量安全水平，以生产高质量产品增加村民的收入；健全市场体系，以流通促进村民增加收入；选择潮下带浅海放流增殖品种，发展增殖渔业；扩大就业领域，拓宽村民增加收入的渠道。

7.7.3 资源利用与保护区协调发展的有效模式

7.7.3.1 政区合署模式

该模式注重协调保护区建设与区域经济发展的关系，将保护区及其中分布的农村社区视为一个整体，纳入保护区的管理和发展规划中。在组织形式上，保护区管理机构与社区政府合署办公，既行使保护区管理职能，又行使当地政府职能。具体有两种形式：第一种是保护区管理机构和社区政府完全重叠，一套班子，两块牌子，经济上合并在一起；第二种是保护区管理机构和社区政府机构不完全重叠，社区政府负责人兼任保护区管理机构负责人，但在具体管理上，保护区和地方政府各有一套人马，各行其职。该管理模式的优点是生态经济效益比较明显，容易协调自然保护与经济发展的矛盾。

不足之处是，由于保护区与地方政府合二为一，不利于进行有效的行政和执法监督。

7.7.3.2 协调机构模式

该模式由当地政府负责，组织政府有关部门、社会团体和保护区建立统一的联合机构，由当地政府领导，统一管理保护区内资源，并协调保护区与当地政府和社区的关系。

7.7.3.3 经济双赢模式

该管理模式主要体现在强调保护区与社区在经济上共同发展，利用资源优势，发展一系列不违背自然保护原则的产业，如种植业、养殖业、加工业、生态旅游业等。根据在经营活动中产业经济收入的多少，可分为两种模式：第一种是旅游经济双赢模式，此类模式的特点是以旅游业为龙头，带动其他行业协调发展，旅游业所获得的经济收入远多于开展其他资源利用方式的收入；第二种是资源开发双赢模式，此类模式的特点是以优势资源开展种植业、养殖业和加工业所获得的经济收入远多于其他资源利用方式的收入。

7.7.3.4 公众参与模式

该模式的特点是通过对当地群众进行宣传教育和开展社区服务项目，使当地群众认识到自然保护与自身利益的关系，增强了环境保护意识和观念，从而自觉地以各种形式积极参与保护区的资源管理工作。该模式能有效地提高群众的环境参与意识，激发群众自觉参与海洋特别保护区的管理。由于目前我国大部分社区居民的环保觉悟还不高，要使公众自觉地参与保护区资源管理活动，还需要一个教育、宣传和引导的过程。

第8章 海洋特别保护区生态恢复适宜性评估及区划

08

在对海洋特别保护区的环境质量和生态现状的优劣进行定量描述的基础上，根据海洋特别保护区的功能分区、生态环境现状和保护对象的脆弱性，在保护区内按照一定的标准和方法划分不同类别的生态恢复区，并提出具有针对性的生态恢复措施，以期指导保护区生态恢复工程设计与实施、提高生态恢复效益。本研究针对海洋特别保护区管理中保护与资源利用关键技术问题，以江苏海州湾海湾生态系统与自然遗迹海洋特别保护区为生态恢复示范研究区，根据海洋特别保护区生态环境和主要保护对象特征，从构建保护区生态系统健康评价模型，分析和评估生态系统健康现状及变化趋势入手，分析评价重点保护对象脆弱性，建立生态恢复适宜性评价技术，有针对性地提出相应区域的生态恢复措施。研究思路如图8-1所示。

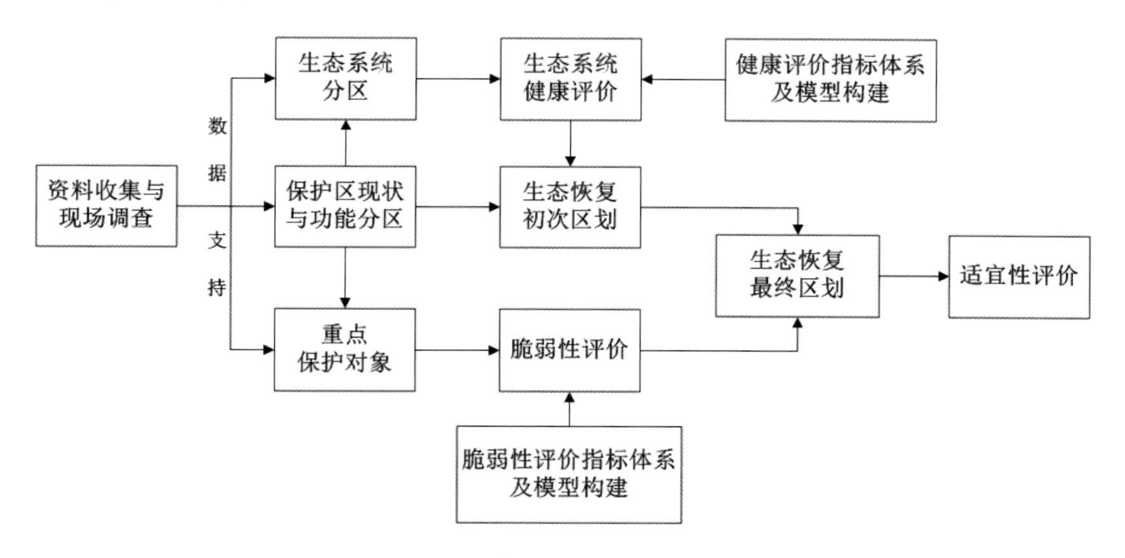

图8-1　海洋特别保护区生态恢复适宜性评估及区划技术研究思路

8.1　海洋特别保护区生态系统健康评价

8.1.1　生态系统健康评价基本原理

8.1.1.1　生态系统健康概念

生态系统健康（Ecosystem health）是指生态系统保持其自然属性，维持生物多样性和关键生态过程稳定并持续发挥其服务功能的能力。

生态系统的健康状态与退化生态系统的特征密切相关。一方面，生态系统健康状况越差，生态系统越容易退化；另一方面，退化生态系统的形成是各种干扰和不同干扰强度作用的结果，其形成的过程使得生态系统健康状况越来越差。因此，研究生态系统健康理论，有助于理解生态系统的退化机制，也有助于生态恢复手段和措施的设计。

关于生态系统健康的相关思想最早产生于18世纪，最早研究生态健康的是Leopold。他于1940年提出了“土地健康”的概念，但未引起足够重视（Rapport et al.， 1998），直到20世纪70、80年代才有学者真正提出这一思想，以Costanza和Rapport为代表的生态学家认为现在世界上的生态系统在胁迫下发生问题，已不能像过去一样为人类服务，并对人类产生了潜在的威胁，并认为生态系统健康的概念可引起公众对环境退化等问题的关注。全球生态系统健康的国际研讨会于1994年在加拿大的渥太华召开，该会议的主题集中在生态系统健康评价、人与生态系统的相互作用的检验以及基于生态系统健康的政策三个方面。

不同学者从各自的学科背景和案例出发对生态系统健康进行了定义。Rapport（1989）首次论述了生态系统健康的概念，将生态系统健康定义为：一个生态系统所具有的稳定性和可持续性，即在时间上具有维持其组织结构、自我调节和对胁迫的恢复能力等。之后，又对生态系统健康的概念进行了总结，即生态系统健康应该包含满足人类社会合理要求的能力和生态系统本身自我维持与更新的能力两个方面的内涵。Schaeffer等（1992）则认为当生态系统功能未超过阈限时，该生态系统是健康的，其中阈限定义为“当超过后可使危及生态系统持续发展的不利因素增加的任何条件，包括内部的和外部的。”Costanza等（1992）认为，生态系统健康的定义应当将健康是生态内稳定现象、健康是没有疾病、健康是多样性或复杂性、健康是稳定性或可恢复性、健康是有活力或增长的空间、健康是系统要素间的平衡6个方面结合起来，而且这个健康的生态系统必须保持新陈代谢活动能力，保持内部的组织结构，在受到外界压力时必须具有一定的恢复力。Karr等（1993）从生物群落结构和功能的完整性出发，将生态系统健康定义为：“生态系统有能力供养并维持一个平衡、完整、适应的生物群落，此群落由若干物种组成并且构成一个有功能的组织，而且无论个体生物还是整个生态系统，一个健康的生态系统在受到干扰时必须具有自我修复能力，而且能够实现内在潜力，状态稳定。”

健康的生态系统既能满足人类的各种需求，而且具有可持续性的特点。生态系统健康的概念已从最初单纯的生态学定义，逐渐转变为关于生态—社会经济—人类健康的综合性定义。就海洋生态系统的特殊性而言，海洋生态系统健康首先应当具有一般健康生态系统的全部特征。海洋生态系统作为一个由岛陆环境、海洋环境和人类活动相互作用形成的一个自然、经济和社会的复合生态系统，不仅能够维持自身系统的稳定和可持续发展，也能够满足合理的人类需求和海洋经济发展的需要。

根据Costanza等（1992）关于生态系统健康的定义，海岸带生态系统健康可理解为海岸带生态系统内的关键生态组分和有机组织完整且没有疾病，受突发的自然或人为扰动后能保持原有的功能和结构，其物质循环、能量和信息流动未受到损害，整体功能表现出多样性、复杂性和活力。健康的生态系统的特征表现为：生物群落结构复杂、功能健全，能够长期在外界干扰中维持平衡和自我存在（崔保山等，2002）。

一个生态系统只有保持了结构和功能的完整性，并具有抵抗干扰和恢复能力，才能长期为人类社会提供服务。海岸带生态系统健康是海岸带生态环境和社会经济的可持续发展的根本保证。海岸带生态系统健康诊断的目的就是定义海岸带生态系统的一个期望状态，通过对生态系统结构功能指标进行

综合评价量化生态系统的健康状况，在客观反映生态系统健康状况的同时确定生态系统破坏的阈值，为实施有效的生态系统管理提供科学依据和决策支持。

8.1.1.2 生态系统健康评价方法

目前，最常用的生态系统健康评价方法是指示物种法和指标体系法。指示物种法评价生态系统健康，主要是依据生态系统的关键物种、特有物种、指示物种、濒危物种、长寿命物种和环境敏感物种等的数量、生物量、生产力、结构指标、功能指标及某些生理生态指标来描述生态系统健康状况（崔保山等，2003）；指标体系法通常利用一组指标来表示生态系统的健康状态，可包括生态系统水平综合指标、群落水平指标、种群及个体水平指标等生态指标、物理化学指标及人类健康与社会经济指标等方面。

生态系统非常复杂，仅依靠某一类敏感物种表示系统变化不可能展现出清楚的因果关系，而且指示物种对生态系统产生的影响以及在生态系统中作用等确定均非常困难和复杂，指示物种法不能全面反映生态系统的变化趋势（孔红梅等，2002）。而指标体系法综合了生态系统的多项指标，可从生态系统的结构、功能演替过程，生态服务和产品服务的角度来度量生态系统是否健康，用于评价生态系统健康更为合理。因此，本研究采用指标体系法进行海洋特别保护区生态系统健康评价。

8.1.2 生态系统分区

海洋特别保护区生态系统一般是由多种类型的生态系统相互组合而成的，在生态学上属于过渡型生态系。海洋特别保护区生态系统与一般生态系统既有区别又有联系，表现出它特有的结构功能和动态演替过程。为了更清晰地表征海洋特别保护区生态系统的组分与组分之间的相互关系，本研究在对海洋特别保护区生态系统组成分析的基础上，根据水文、地貌、生物、环境状况等不同特征，将海洋特别保护区生态系统划分为岛陆生态系统、潮间带生态系统和浅海生态系统。

海洋特别保护区生态系统划分采用保护区水深地形数据，高潮线以上为岛陆生态系统、平均大潮低潮位以上至高潮位之间的区域为潮间带生态系统；平均大潮低潮位以下为浅海生态系统。

8.1.2.1 岛陆生态系统

岛陆生态系统是指海岛生态系统中的陆域部分，其范围为高潮线以上的海岛部分，具有典型的陆地生态系统特点。海岛由于周围被海水包围，形成一个相对封闭与独立的生态系统，生物种类主要有植物、哺乳类、鸟类、昆虫等。因岛陆面积一般较小，其生态系统的结构和功能比陆地更为简单。岛陆土壤土层较薄且贫瘠，肥力低，植被种类贫乏、组成单一，生物多样性较少，优势种相对明显，稳定性差，易受破坏。由于海岛地理位置特殊，与内陆陆地生态系统相比，岛陆生态系统更容易遭受自然灾害的侵袭。同时，岛陆是人类生产、生活的主要区域，受人类活动干扰影响显著，生境类型一般有林地、园地、农田、水域等多种类型。

8.1.2.2 潮间带生态系统

潮间带生态系统是指周期性潮汐作用下经常被海水所浸淹区域，即高潮线与低潮线之间的地带。该区域交替暴露于空气和淹没于水中，由于受海陆交互作用影响，潮间带各种物理、化学因素变化强烈。而且波浪、潮汐的冲刷作用很明显，底质也很复杂。不同类型的底质栖息着与之相适应的生物，形成各具特点的生物群落。生物的组成受地理环境和自然条件的制约，大多具有游泳、底栖、穴居、附着等生物学特性。由于生境的复杂多变，潮间带生物都是对恶劣环境有很强适应性的种类，它们不仅适应广湿性和广盐性，而且对周期性的干燥有很强的耐受力。此外，由于潮滩濒临大陆，污染物质也容易在这里积累。

8.1.2.3 浅海生态系统

浅海生态系统的范围为低潮线以下至波浪开始扰动海底泥沙之处。该区域长期被海水淹没，其温度、盐度和光照的变化比外海的大。温度变化受大陆的影响，且与纬度有关。在盐度方面，浅海区也在不同程度上受降水和径流的影响而呈季节性变化。总的来说，这些变化的程度从近岸向外海方向逐渐减弱。由于该区域水文、物理、化学、底质等要素相对比较复杂，对生物（特别是底栖生物）的组成和分布影响很大。

8.1.3 评价指标筛选

8.1.3.1 指标选取原则

在进行海洋特别保护区生态系统健康评价时，指标选取遵循如下原则。

1）科学性原则

以科学理论为指导，以客观反映生态系统内部要素之间的相互联系、相互作用为依据。指标应该具有较强的科学意义，即易被科学所证明。

2）整体性原则

所选指标可构成一个完整的体系，指标体系应尽可能涵盖物理、化学、生物、生态等方面的指标，以综合反映海岸带生态系统的健康状况，使评价结果更加科学可靠，同时避免体系过分复杂而造成指标的重复。

3）灵敏性原则

所选指标能够比较灵敏地反映物理的、化学的、生物的或系统水平的变化，从而及时反映生态系统健康状况的变化。

4）易操作性原则

所选指标具有可操作性，容易获得。指标易于获得，有利于对生态系统变化过程进行监测和预测。同时，评价指标的选择要考虑我国的经济发展水平，无论从方法学和人力、物力上，均要符合我国现有生产力水平，同时还要考虑各个技术部门的技术能力。

5）可比性原则

可比性是指所选指标应该使得同一海岸带生态系统不同时期以及不同区域同类型海岸带生态系统之间评价结果可以相互对比。因而，所采用的指标的内容和方法都必须做到统一和规范，确保其具有一定的科学性。.

8.1.3.2 指标选取的理论依据

随着沿海地区生态环境压力的不断增大，世界各地已开展了大量的海洋生态环境质量评价的研究（Borja et al.， 2008；Wu et al.， 2012；Rombouts et al.， 2013）。参考已有研究成果，依据海洋特别保护区生态系统的特性，确定生态系统健康评价指包括环境和生态两类，包含环境现状、环境风险、环境背景、系统结构功能、系统稳定性五类评价要素。由于不同生态子系统具有不同的环境特征和生物群落特征，进行生态系统健康评价时，分布针对岛陆生态系统、潮间带生态系统和浅海生态系统构建生态系统健康评价模型，分析和评估生态系统健康现状及变化趋势。

环境现状：海洋特别保护区生态系统的环境质量状况，通过水质、沉积物、土壤以及生物质量状况来反映，选取海洋环境质量监测中的常规监测项目和地区特征污染因子。

环境风险： 海洋特别保护区面临的环境灾害包括自然灾害和污染事故，自然灾害包括生态灾害、气象灾害、地质灾害等，污染事故包括溢油事故、化学品泄漏事故、污水排放事故、核辐射事故等。

环境背景：海洋生态系统是人类活动的重要场所，同时也是生活生产的排污场所，因此环境背景主要从岸滩稳定性、海岸侵蚀率、水体交换能力、周边污染源分布和开发利用强度等方面进行分析。

结构与功能：岛陆生态系统主要生物为动植物，潮滩生物主要为湿地植被和潮间带底栖生物，浅海生态系统主要生物有浮游植物、浮游动物、游泳生物和底栖生物，本研究因此选取岛陆动植物、底栖生物、潮间带植被和生物耐污性等方面进行分析。

稳定性：选取物种多样性、生境自然性和生境格局破碎度等方面进行分析。

8.1.4 评价模型

8.1.4.1 评价指标数据标准化处理

不同的评价指标要素，量值的单位一般不同，即使单位相同，量值的量级也不一定相同，因此，要有一个可比的尺度，才能对它们进行统一分析运算。标准化的目的在于获得可比的尺度。

除采用综合赋值法确定的指标数据外，其他指标采用状态类和影响类指标标准化法方法进行处理。

1）状态类指标标准化方法

对于状态类指标，采用下列公式进行标准化，该标准化方法特点：评价指标随实际值变化，到后期逐渐缓慢直至几乎不变，适合于指标值在后期变化对事物发展总体水平影响较小的情况。

$$y=\begin{cases}0 & 0\leqslant x\leqslant a\\ 1-e^{-k(x-a)} & 0>x,\ k>0\end{cases}$$

2）影响类指标标准化方法

影响类指标可分为效益型、成本型、固定型和区间型，设x_{ij}表示第j个目标方案x_j在第i个指标因子f_i下的指标值。a_j表示f_i的最佳稳定值，$\left[q_1^j,q_2^j\right]$表示f_i的最佳稳定区间。各类型指标标准化方法如下。

对于效益型指标：$y_{ij}=\dfrac{x_{ij}-\min\limits_i x_{ij}}{\max\limits_i x_{ij}-\min\limits_i x_{ij}}$；

对于成本型指标：$y_{ij}=\dfrac{\max\limits_i x_{ij}-x_{ij}}{\max\limits_i x_{ij}-\min\limits_i x_{ij}}$；

对于固定型指标：$y_{ij}=\dfrac{\max\limits_i\left|x_{ij}-a_j\right|-\left|x_{ij}-a_j\right|}{\max\limits_i\left|x_{ij}-a_j\right|-\min\limits_i\left|x_{ij}-a_j\right|}$；

对于区间型指标：$y_{ij}=\dfrac{\max\limits_{i}\left\{\max(q_1^j-x_{ij},x_{ij}-q_2^j)\right\}-\max\left\{q_1^j-x_{ij},x_{ij}-q_2^j\right\}}{\max\limits_{i}\left\{\max(q_1^j-x_{ij},x_{ij}-q_2^j)\right\}-\min\limits_{i}\left\{\max(q_1^j-x_{ij},x_{ij}-q_2^j)\right\}}$。

8.1.4.2 评价指标权重的确定

1）主要的赋权方法

在生态系统健康评价中，往往由于评价目的的不同，而对不同指标的重视程度也不同，或者因某项指标的影响程度不同，在评价生态系统健康时给予不同的重视程度，因此，在评价过程中应对各个指标赋予不同的权重。权重的大小反映各指标的相对重要性，直接影响评价结果。目前确定指标权重的方法很多，根据原始数据的来源不同，可分为主观赋权法和客观赋权法二类。

常用的主观赋权法有专家调查法（Delphi法）、层次分析法（AHP法）、二项系数法、环比评分法、最小平方法等。其中层次分析法（AHP法）是实际应用中使用得最多的方法，它能将复杂问题层次化，将定性问题定量化。

常用的客观赋权法主要有主成分分析法、熵权法、离差及均方差法、多目标规划法等。其中熵权法用得较多，这种赋权法所使用的数据是决策矩阵，所确定的属性权重反映了属性值的离散程度。

2）采用的赋权方法

本研究采用层次分析法确定各评价因子权重。

层次分析法的基本原理是根据系统的具体性质和目标要求，首先建立关于系统属性的各因素递阶层次结构模型，再按照某一规定准则， 对每一层次上的因素进行逐对比较，得到其关于上一层次因素重要性比较的标度，建立判断矩阵，进而通过计算判断矩阵的特征值和特征向量，得到各层次因素关于上一层次因素的相对权重（层次单排序权值），并可自上而下地用上一层次各因素的相对权重加权求和， 求出各层次因素关于系统整体属性（总目标）的综合重要度（层次总排序权值）。

生态系统健康评价指标体系包括环境和生态两类评价指标，包含环境现状、环境风险、环境背景、系统结构功能、系统稳定性5类评价要素，共计10个评价因子。针对构建的生态系统健康评价指标体系和保护对象脆弱性评价指标体系的指标分别构造判断矩阵，进而确定权重并进行一致性检验。

（1）构造判断矩阵

判断矩阵表示针对上一层次某因素而言，针对上层指标进行各指标之间的相对重要性进行比较。判断指标中的n个指标相对重要性的判断由若干位专家完成。

根据人们的主观偏好，利用评分办法比较它们的优劣，构造每一准则下各指标间的判断矩阵。构造判断矩阵时，矩阵中各元素是由相应的因素i和因素j进行相应重要性比较来确定的（即重要性比较标度）。重要性比较标度是根据资料数据、专家意见、决策分析人员和决策者的经验经过反复研究后确认的，这样就将定性认识转换成定量分析，从而达到预期的目的。

将各指标两两对比，根据相对重要程度给出判断值（表8-1），同等重要为1；稍微重要为3；明显重要为5；强烈重要为7；极端重要为9；他们之间的数2、4、6、8表示中值，倒数则是两两对比颠倒的结果。

表8-1　判断矩阵的标度及其对应的含义

标度	含义
1	指标i与指标j相对于某种功能来说同等重要
3	指标i与指标j相对于某种功能来说稍微重要
5	指标i与指标j相对于某种功能来说明显重要
7	指标i与指标j相对于某种功能来说强烈重要
9	指标i与指标j相对于某种功能来说极端重要
2、4、6、8	介于相邻两种判断的中间情况
倒数	两两对比颠倒的结果，即指标j相对于指标i来说

（2）单一准则下指标权重的确定

判断矩阵是层次分析法的基本信息，也是进行层次分析法分析的基础，判断矩阵的特征向量经归一化后， 即为同层次相应因素对于上一层次目标层相对重要性的排序权值。对判断矩阵的特征向量进行归一化的方法有多种，本研究采用方根法计算判断矩阵的最大特征值及特征向量，设判断矩阵为$U=(u_{ij})\ n\times n$，u_{ji}表示因素i比因素j相对上一层次属性相比的重要性，n为矩阵的阶数，具体计算步骤如下：

①计算判断矩阵每一行元素的乘积$M_i=\prod_{j=1}^{n}u_{ij}$；

②计算M_i的n次方根$W_i=\sqrt[n]{M_i}$；

③对W_i进行归一化得$W_i=\dfrac{W_i}{\sum_{j=1}^{n}W_j}$。

则W=（W_i，i=1，2，…，n）表明了各因素的相对优先程度，为组成判断矩阵特征向量W的元素，也就是同层次相应因素对于上一层次因素相对重要性的排序权值。

（3）一致性检验

由于判断矩阵元素是依据判断确定标度值而定，人们在分析判断时难免具有片面性，为了防止这种片面性导致的错误，故要对计算出的排序权值进行一致性检验，一致性检验计算步骤如下：

①计算判断矩阵的最大特征值$\lambda_{\max}=\sum_{i=1}^{n}\left[\dfrac{\sum_{j=1}^{n}u_{ij}W_j}{nW_i}\right]$；

②计算判断矩阵一致性指标$CI=\dfrac{\lambda_{\max}-n}{n-1}$；

③计算判断矩阵一致性检验系数$CR=\dfrac{CI}{RI}$。

式中：CI为平均随机一致性指标，它与判断矩阵的阶数n有关，i = 1， 2，…， n时，对应的RI值见表8-2。

表8-2 平均随机一致性指标*RI*值

阶数	1	2	3	4	5	6	7	8	9	10	11	12	13	14	15
RI	0	0	0.58	0.89	1.12	1.26	1.36	1.41	1.46	1.49	1.52	1.54	1.56	1.58	1.59

当完全一致时，$CI=0$；CI越大，矩阵的一致性越差。当阶数小于等于2时，矩阵总是完全一致的；当阶数大于2时，$CR=\frac{CI}{RI}$成为矩阵的随机一致性比例。当$CI<0.01$时，矩阵具有满意的一致性，否则需重新调整矩阵。

8.1.4.3 综合评价

通过指标数据标准化和权重的确定，建立线性加权综合评价模型，得到各样本的综合评价数值I_{CH}。其模型结构为：

$$I_{CH}=\sum_{i=1}^{m}I_i\cdot w_i$$

依据通过综合指数模型计算得出的综合健康指数值开展评价。

本研究确定的综合指数为0～1连续数值。为了度量海洋特别保护区生态系统的健康状态，定义当I_{CH}为0时，健康状态最差；当I_{CH}为1时，健康状态最好。为了便于描述，将0～1的连续数值等分为5个等级，即0～0.2、0.2～0.4、0.4～0.6、0.6～0.8、0.8～1，分别对应病态、一般病态、亚健康、较健康和健康五种状态。

健康：海洋特别保护区生态系统保持其自然属性，生物多样性及生态系统结构稳定，生态系统主要服务功能能正常发挥，人为活动所产生的生态压力较小。

较健康：海洋特别保护区生态系统基本保持其自然属性，生物多样性及生态系统结构基本稳定，生态系统主要服务功能能正常发挥，人为活动所产生的生态压力在生态系统的承载力范围之内。

亚健康：海洋特别保护区生态系统自然属性发生一定的变化，生物多样性及生态系统结构发生一定程度的改变，但生态系统主要服务功能基本能正常发挥，环境污染、人为破坏、资源的不合理利用等生态压力超出生态系统的承载能力。

一般病态：海洋特别保护区生态系统自然属性有一定的变化，生物多样性及生态系统结构发生改变，生态系统主要服务功能不能正常发挥，环境污染、人为破坏、资源的不合理利用等生态压力超出生态系统的承载能力。

病态：海洋特别保护区生态系统的自然属性有明显的变化，生物多样性及生态系统结构发生较大程度的改变，生态系统主要服务功能严重的退化或丧失，环境污染、人为破坏、资源的不合理利用等生态压力超出生态系统的承载能力。

8.1.5 评价指标体系构建

海洋特别保护区生态系统主要类型有岛陆生态系统、潮间带生态系统和浅海生态系统。平均大潮高潮位以上为岛陆生态系统；平均大潮高潮位至平均大潮低潮位之间为潮间带生态系统；平均大潮低潮位以下为浅海生态系统。海洋特别保护区生态系统健康评价按照生态系统类型可分为三类：岛陆生态系统健康评价、潮间带生态系统健康评价和浅海生态系统健康评价。

8.1.5.1　岛陆生态系统评价指标体系

1）指标选取

岛陆生态系统健康评价指标包括环境和生态两类，涉及环境现状、环境风险、环境背景、系统结构功能、系统稳定性5类评价要素，共计10个评价因子。采用层次分析法确定各评价因子权重。评价指标、要素、因子和权重见表8-3。

表8-3　岛陆生态系统健康评价指标、要素、因子

评价指标	评价要素	评价因子
环境A1	环境现状B1	水质综合污染指数C1
		土壤肥力C2
	环境风险B2	风暴潮灾害指数C3
	环境背景B3	开发强度C4
		海岸侵蚀率C5
生态A2	系统结构功能B4	植被盖度C6
		动物丰度C7
	系统稳定性B5	植被多样性指数C8
		动物多样性指数C9
		生境破碎化指数C10

2）指标解释

（1）C1水质综合污染指数

水质综合污染指数按内梅罗综合污染指数法计算：

$$P=\sqrt{\frac{(I_{j,\max})^2+(1/k\sum_{j=1}^{k}I_j)^2}{2}}$$

其中：I_j为单个因子j的污染指数，$I_{j,\max}$为各因子中最大污染指数，k为污染因子个数。

综合赋值方法见表8-4。

表8-4　水质综合污染指数赋值

评价因子	等级划分标准					
水质综合污染指数C1	< 0.5	0.5 ~ 1	1 ~ 2	2 ~ 5	5 ~ 10	> 10
综合赋值	1	0.8	0.6	0.4	0.2	0

（2）C2土壤肥力

土壤肥力采用综合赋值法，赋值结果见表8-5。

表8-5　土壤肥力赋值

评价因子	等级划分标准				
土壤肥力	有机质含量高	有机质含量较高	有机质含量一般	有机质含量较低	有机质含量低
综合赋值	1	0.8	0.6	0.4	0.2

（3）C3风暴潮灾害指数

统计海洋特别保护区海域近5年的台风风暴潮、温带风暴潮、寒潮的发生次数、强度和产生的经济损失，根据风暴潮发生的频次和造成的损失进行综合赋值，赋值结果见表8-6。

表8-6　风暴潮灾害指数赋值

年均发生频次	0	1次	2～3次	4～5次	5次及以上	
赋值1	1	0.75	0.5	0.25	0	
年均经济损失（万元/年）	基本未造成经济损失	＜100	100～500	500～1 000	1 000～5 000	≥5000
赋值2	1	0.8	0.6	0.4	0.2	0
综合赋值	（赋值1+赋值2）/2					

（4）C4开发强度

开发强度计算公式如下：

$$I = \sum (S_i \times K_i)$$

其中：S为岛陆子系统各开发方式面积占用率，S_i为第i类开发活动占用的土地面积与岛陆总面积的比；K为开发强度系数，K_i为第i类开发活动对资源环境的影响程度，交通用地、建设用地开发强度系数取1，农业用地开发强度系数取0.3。

（5）C5海岸侵蚀率

海岛岸线侵蚀率为侵蚀岸线占海岛总岸线长度的比例，综合赋值见表8-7。

表8-7　海岸侵蚀率赋值

评价因子	等级划分标准					
海岸侵蚀率C5	＜5%	5%～10%	10%～20%	20%～40%	40%～60%	≥60%
综合赋值	1	0.8	0.6	0.4	0.2	0

（6）C6植被盖度

植被盖度计算公式如下：

$$V_{\text{cover}} = \frac{A_v}{A_a} \times 100\%$$

其中：A_v为植被覆盖区面积；A_a为研究区总面积。

植被盖度综合赋值见表8-8。

表8-8　岛陆生态系统植被盖度赋值

评价因子	等级划分标准					
植被盖度C6	≥85%	70%～85%	55%～70%	40%～55%	25%～40%	＜25%
综合赋值	1	0.8	0.6	0.4	0.2	0

（7）C7动物丰度

动物丰度计算公式如下：

$$D = N / A$$

其中：N为评价区域内动物个体数；A为样方面积（hm^2）。

动物丰度综合赋值见表8-9。

表8-9　动物丰度赋值

评价因子	等级划分标准					
动物丰度C7	≥6	4.5～6	3.5～4.5	2.5～3.5	1～2.5	＜1
综合赋值	1	0.8	0.6	0.4	0.2	0

（8）C8植被多样性指数

植被多样性指数计算公式如下：

$$H_p' = -\sum_{i=1}^{n} P_i \log_2 P_i$$

其中：P_i为植被类型i的面积与评价区总占面积之比。

植被多样性指数综合赋值见表8-10。

表8-10　植被多样性指数赋值

评价因子	等级划分标准					
植被多样性指数C8	≥4	3～4	2～3	1～2	＜1	＜1
综合赋值	1	0.8	0.5	0.2	0	0

（9）C9动物多样性指数

动物多样性指数计算公式如下：

$$H_a' = -\sum_{i=1}^{n} P_i \log_2 P_i$$

其中：$P_i = N_i / N$，N_i为种i的个体数，N为所在群落的所有物种的个体数之和。

动物多样性指数综合赋值见表8-11。

表8-11　动物多样性指数赋值

评价因子	等级划分标准					
动物多样性指数C9	≥1.05	0.24～1.05	0.05～0.24	0.01～0.05	＜0.01	＜1
综合赋值	1	0.8	0.5	0.2	0	0

（10）C10生境破碎化指数

生境破碎化指数计算公式如下：

$$FN = (Np - 1) / Nc$$

其中：Np为景观斑块总数；Nc为研究区的总面积与最小斑块面积的比值。

生境破碎化指数综合赋值见表8-12。

表8-12　生境破碎化指数赋值

评价因子	等级划分标准					
生境破碎化指数C10	＜0.001	0.001～0.01	0.01～0.05	0.05～0.15	0.15～0.3	≥0.3
综合赋值	1	0.8	0.6	0.4	0.2	0

3）指标权重确定

根据层次分析法计算原理，评价指标权重的计算过程如下。

（1）指标相对重要性及其标度

通过专家咨询，确定指标相对于岛陆生态系统健康的重要程度，构造指标判断矩阵，按照层次分析法给出指标间相对的重要性标度（表8-13）。

（2）指标权重计算及一致性检验

用方根法计算判断矩阵的最大特征值λ_{max}及特征向量W_i，并检验矩阵一致性。

①计算判断矩阵每一行元素的乘积$M_i=\prod_{j=1}^{n}u_{ij}$；

②计算M_i的n次方根$W_i=\sqrt[n]{M_i}$；

③对W_i进行归一化得$W_i=\dfrac{W_i}{\sum_{j=1}^{n}W_j}$；

④计算判断矩阵的最大特征值$\lambda_{max}=\sum_{i=1}^{n}\left[\dfrac{\sum_{j=1}^{n}u_{ij}W_j}{nW_i}\right]=10.04$；

⑤计算判断矩阵一致性指标$CI=\dfrac{\lambda_{max}-n}{n-1}=0.00$；

⑥计算判断矩阵一致性检验系数$CR=\dfrac{CI}{RI}=0.00<0.10$。

表8-13　三级指标判断矩阵及权重

评价因子	水质综合污染指数C1	土壤肥力C2	风暴潮灾害指数C3	开发强度C4	海岸侵蚀率C5	植被盖度C6	动物丰度C7	植被多样性指数C8	动物多样性指数C9	生境破碎化指数C10	权重
水质综合污染指数C1	1	5/6	2	1/2	1	2/3	5/6	2/3	5/6	5/6	0.08
土壤肥力C2	6/5	1	2	5/6	5/4	1	5/4	2/3	1	5/6	0.10
风暴潮灾害指数C3	1/2	1/2	1	1/3	1/2	1/3	1/2	1/3	1/2	2/5	0.05
开发强度C4	2	6/5	3	1	5/3	1	5/3	1	5/4	1	0.13
海岸侵蚀率C5	1	4/5	2	3/5	1	5/6	1	5/6	1	5/6	0.09
植被盖度C6	3/2	1	3	1	6/5	1	5/4	1	5/4	1	0.12
动物丰度C7	6/5	4/5	2	3/5	1	4/5	1	2/3	1	5/6	0.09
植被多样性指数C8	3/2	3/2	3	1	6/5	1	3/2	1	5/4	1	0.13
动物多样性指数C9	6/5	1	2	4/5	1	4/5	1	4/5	1	2/3	0.09
生境破碎化指数C10	6/5	6/5	5/2	1	6/5	1	6/5	1	3/2	1	0.12

8.1.5.2 潮间带生态系统评价指标体系

1）指标选取

潮间带生态系统健康评价指标包括环境和生态两大类，包含环境现状、环境风险、环境背景、系统结构功能、系统稳定性5类评价指标，14类评价要素，共计21个评价因子。采用层次分析法确定各评价因子权重。评价指标、评价要素、评价因子和权重见表8-14。

表8-14 潮间带生态系统健康评价指标、评价要素和评价因子

类别	评价指标	评价要素	评价因子
环境A1	环境现状B1	水环境C1	水质超标率D1
			水质超标倍数D2
		沉积物环境C2	沉积物超标率D3
			沉积物超标倍数D4
		生物质量C3	生物质量超标率D5
			生物质量超标倍数D6
	环境风险B2	自然灾害C4	自然灾害综合指数D7
		污染事故C5	污染事故综合指数D8
	环境背景B3	岸滩稳定性C6	岸滩稳定性指数D9
		污染源C7	污染压力指数D10
		开发强度C8	开发强度指数D11
类别	评价指标	评价要素	评价因子
生态A2	系统结构功能B4	底栖生物C9	底栖生物种类D12
			底栖生物丰度D13
			底栖生物生物量D14
		植被C10	植被种类D15
			植被盖度D16
		生物耐污性C11	底栖生物污染指数D17
	系统稳定性B5	物种多样性C12	底栖生物多样性指数D18
			植被多样性指数D19
		生境自然性C13	生境自然性指数D20
		生境格局稳定性C14	生境破碎化指数D21

2）指标解释

（1）D1水质超标率

水质超标率计算公式如下：

水质超标率＝超过二类海水水质标准的监测要素数量/该站位水质监测要素总数

水质超标率属状态类指标，采用下列公式进行标准化。

$$y=\begin{cases}0 & 0\leqslant x\leqslant a\\ 1-e^{-k(x-a)} & x>a,\ k>0\end{cases}$$

（2）D2水质超标倍数

水质超标倍数取超标最高的前三类监测要素，按下式计算：

$$Kw = \sum_{i=1}^{n} kw_i / 3 \ (i=1,\ 2,\ 3)$$

其中：Kw为水质超标率，kw_i为第i类监测要素的超标率。kw_i的计算公式如下：

kw_i＝第i类监测要素的监测值/该类监测要素的二类海水水质标准－1

水质超标率按状态类指标标准化。

（3）D3沉积物超标率

沉积物超标率计算公式如下：

沉积物超标率=超过一类沉积物标准的监测要素数量/该站位沉积物监测要素总数

沉积物超标率按状态类指标标准化。

（4）D4沉积物超标倍数

沉积物超标倍数取超标最高的前三类监测要素，按下式计算：

$$Kd = \sum_{i=1}^{n} kd_i / 3 \ (i=1,\ 2,\ 3)$$

其中：Kd为沉积物超标率，kd_i为第i类监测要素的超标率。kd_i的计算公式如下：

kd_i＝第i类监测要素的监测值/该类监测要素的一类沉积物标准－1

沉积物超标率按状态类指标标准化。

（5）D5生物质量超标率

生物质量超标率计算公式如下：

生物质量超标率＝超过一类生物质量标准的监测要素数量/该站位生物质量监测要素总数

生物质量超标率按状态类指标标准化。

（6）D6生物质量超标倍数

生物质量超标倍数取超标最高的前三类监测要素，按下式计算：

$$Kd = \sum_{i=1}^{n} kd_i / 3 \ (i=1,\ 2,\ 3)$$

其中：Kb为生物质量超标率，kb_i为第i类监测要素的超标率。kb_i的计算公式如下：

kb_i＝第i类监测要素的监测值/该类监测要素的一类生物质量标准－1

生物质量超标率按状态类指标标准化。

（7）D7自然灾害综合指数

统计海洋特别保护区海域近5年的自然灾害包括生态灾害（赤潮、绿潮等）、气象灾害（风暴潮、灾害性海浪、海冰、海啸等）、地质灾害（地震、海岸侵蚀、海水入侵与土壤盐渍化等）、其他灾害（海平面变化、咸潮入侵等）等的发生次数、强度和产生的经济损失，根据自然灾害发生的类型、频次和造成的损失进行综合赋值（表8-15）。

表8-15　自然灾害指数赋值

年均发生类型	0	1 种	2 ~3种	4~5 种	5种以上
赋值1	1	0.75	0.5	0.25	0

续表8-15

年均发生频次	0	1次	2～3次	4～5次	5次及以上	
赋值2	1	0.75	0.5	0.25	0	
年均经济损失（万元/年）	基本未造成经济损失	＜500	500～1 000	1 000～5 000	5 000～10 000	≥10 000
赋值3	1	0.8	0.6	0.4	0.2	0
综合赋值	（赋值1+赋值2+赋值3）/3					

（8）D8污染事故综合指数

统计海洋特别保护区海域近5年的污染事故包括溢油事故、化学品泄漏事故、污水排放事故、核辐射事故等的发生次数、影响面积和产生的经济损失，根据污染事故发生的频次、影响面积和造成的损失进行综合赋值（表8-16）。

表8-16　污染事故指数赋值

频次	0	1次	2次	3次及以上		
赋值1	0	0.3	0.6	1		
影响面积（km^2）	0	＜1	1～2	2～5	5～10	≥10
赋值2	0	0.2	0.4	0.6	0.8	1
损失（万元/年）	基本未造成经济损失	＜100	100～500	500～1 000	1 000～5 000	≥5 000
赋值3	0	0.2	0.4	0.6	0.8	1
综合赋值	（赋值1+赋值2+赋值3）/3					

（9）D9岸滩稳定性指数

岸滩稳定性指数赋值见表8-17。

表8-17　岸滩稳定性指数赋值

潮滩稳定性分等	稳定	淤积	微侵蚀	侵蚀	强侵蚀	严重侵蚀
滩面冲淤强度（cm/a）			＜5	5～10	10～15	≥15
综合赋值	0	0.2	0.4	0.6	0.8	1

（10）D10污染压力指数

污染压力指数赋值见表8-18。

表8-18　污染压力指数赋值

排污口（t/d）	0	＜1 000	1 000～5 000	5 000～10 000	10 000～50 000	≥50 000
综合赋值	0	0.2	0.4	0.6	0.8	1

（11）D11开发强度指数

开发强度计算公式如下：

$$D=\sum_{i=1}^{n} S_i \times K_i$$

其中：S为潮间带子系统各开发方式面积占用率；S_i为第i类开发活动占用面积与潮间带总面积的比；K为开发强度系数；K_i为第i类开发活动对资源环境的影响程度，各类用海开发强度系数见表8-19。

表8-19　各类用海方式开发强度系数

用海方式		强度系数
填海造地	建设填海造地用海、农业填海造地、废弃物处置填海造地	1
	非透水构筑物	0.8
围海	港池、蓄水等	0.5
	围海养殖	0.5
透水构筑物	透水构筑物	0.3
	跨海桥梁	0.3
开放式	开放式养殖	0.3
	海滨浴场	0.2
	专用航道、锚地、港池及其他开放式	0.3
其他	海底电缆管道	0.2
	海底隧道等	0.2
	海砂等矿产开采	0.7
	倾倒	0.4

（12）D12底栖生物种类

底栖生物种类指评价区域或评价站位的底栖生物种类数。

底栖生物种类属效益型类指标，采用下列公式进行标准化：

$$y_{ij}=\frac{x_{ij}-\min_i x_{ij}}{\max_i x_{ij}-\min_i x_{ij}}$$

其中：x_{ij}表示第j个目标方案x_j在第i个指标因子f_i下的指标值。

（13）D13底栖生物丰度

底栖生物丰度指评价区域或评价站位的底栖生物丰度。

底栖生物丰度计算公式如下：

$$D_b=N/A$$

其中：N为评价区域或站位底栖生物个体数；A为底栖生物采样面积。

底栖生物丰度按效益型指标标准化。

（14）D14底栖生物生物量

底栖生物生物量指评价区域或评价站位的底栖生物生物量。

底栖生物生物量计算公式如下：

$$D_b=N/A$$

其中：N为评价区域或站位底栖生物生物量；A为底栖生物采样面积。

底栖生物生物量按效益型指标标准化。

（15）D15植被种类

植被种类指评价区域或评价站位的植被种类数。

植被种类度按效益型指标标准化。

（16）D16植被盖度

植被盖度计算公式如下：

$$V_{cover}=\frac{A_v}{A_a}\times 100\%$$

其中：A_v为植被覆盖区面积；A_a为研究区总面积。

植被盖度综合赋值见表8-20。

表8-20　潮间带植被盖度赋值

评价因子	等级划分标准					
植被盖度D16	≥45%	35%～45%	25%～35%	15%～25%	5%～15%	＜5%
综合赋值	1	0.8	0.6	0.4	0.2	0

17）D17底栖生物污染指数

底栖生物污染指数计算公式如下：

$$MPI=10^{2+k}\left[\sum_{i=1}^{n}(A_i-B_i)\right]S^{1+k}$$

其中：A_i和B_i分别是丰度和生物量优势度大小顺序的第i个累积百分优势度的数值，S为采集到的物种数；K为常数，$K=\left|\sum_{i=1}^{n}(A_i-B_i)\right|\sum_{i=1}^{n}(A_i-B_i)$。

底栖生物污染指数属成本型指标，采用下列公式进行标准化：

$$y_{ij}=\frac{\max\limits_{i} x_{ij}-x_{ij}}{\max\limits_{i} x_{ij}-\min\limits_{i} x_{ij}}$$

其中：x_{ij}表示第j个目标方案x_j在第i个指标因子f_i下的指标值。

（18）D18底栖生物多样性指数

底栖生物多样性指数计算公式如下：

$$H_b'=-\sum_{i=1}^{n}P_i\log_2 P_i$$

其中：$P_i=N_i/N$，N_i—种i的个体数，N为调查区所有物种的个体数之和。

底栖生物多样性指数按效益型指标标准化。

（19）D19植被多样性指数

植被多样性指数计算公式如下：

$$H_p'=-\sum_{i=1}^{n}P_i\log_2 P_i$$

其中：P_i为植被类型i的面积与评价区总占面积之比。

底栖生物多样性指数按效益型指标标准化。

（20）D20生境自然性指数

生境自然性指数计算公式如下：

生境自然性指数=潮间带未开发面积/评价区潮间带总面积

生境自然性指数综合赋值见表8-21。

表8-21　生境自然性指数赋值

评价因子	等级划分标准					
生境自然性指数D20	≥60%	60%～45%	45%～30%	30%～20%	20%～10%	＜10%
综合赋值	1	0.8	0.6	0.4	0.2	0

（21）D21生境破碎化指数

生境破碎化指数计算公式如下：

生境破碎化指数=各类斑块平均面积（斑块密度-1）/总面积

生境破碎化指数按成本型指标标准化。

3）指标权重确定

（1）评价要素层权重确定

根据层次分析法计算原理，评价要素权重的计算过程如下：

①评价要素相对重要性及其标度

通过专家咨询，确定评价要素相对于潮间带生态系统健康的重要程度，构造要素判断矩阵，按照层次分析法1～9标度给出要素间相对比较的重要度标度（表8-22）。

②评价要素权重计算及一致性检验

用方根法计算判断矩阵的最大特征值λ_{max}及特征向量W_i，并检验矩阵一致性。

（a）计算判断矩阵每一行元素的乘积$M_i=\prod_{j=1}^{n}u_{ij}$；

（b）计算M_i的n次方根$W_i=\sqrt[n]{M_i}$；

（c）对W_i进行归一化得$W_i=\dfrac{W_i}{\sum_{j=1}^{n}W_j}$；

（d）计算判断矩阵的最大特征值$\lambda_{max}=\sum_{i=1}^{n}\left[\dfrac{\sum_{j=1}^{n}u_{ij}W_j}{nW_i}\right]=14.40$；

（e）计算判断矩阵一致性指标$CI=\dfrac{\lambda_{max}-n}{n-1}=0.03$；

（f）计算判断矩阵一致性检验系数$CR=\dfrac{CI}{RI}=0.02<0.10$。

表8-22 评价要素判断矩阵及权重

评价要素	水环境	沉积物环境	生物质量	自然灾害	污染事故	潮滩稳定性	污染源	开发强度	底栖生物	植被	生物耐污指标	生物多样性	生境自然性	生境格局稳定性	权重
水质环境	1	2	3	5	5	5	3	2	1	2	2	1/2	1	2	0.13
沉积物环境	1/2	1	2	3	3	2	1	1	1/2	2	1	1/3	1/2	1	0.07
生物质量	1/3	1/2	1	1	1	1	1/2	1/2	1/3	1	1/2	1/4	1/3	1/2	0.04
自然灾害	1/5	1/3	1	1	1	1	1/2	1/2	1/4	1/2	1/3	1/4	1/3	1/2	0.03
污染事故	1/5	1/3	1	1	1	1	1/2	1/2	1/3	1/2	1/2	1/3	1/3	1/2	0.03
潮滩稳定性	1/5	1/2	1	1	1	1	1/2	1/2	1/3	1/2	1/2	1/3	1/3	1/2	0.03
污染源	1/3	1	2	2	2	2	1	1	1/2	1	1	1/2	1/2	1	0.06
开发强度	1/2	1	2	2	2	2	1	1	1/2	2	2	1/2	1	1	0.07
底栖生物	1	2	3	4	3	3	2	2	1	3	2	1/2	1/2	1	0.11
植被	1/2	1/2	1	2	2	2	1	1/2	1/3	1	1	1/2	1	1	0.05
生物耐污	1/2	1	2	3	2	2	1	1/2	1/2	1	1	1/2	1	1	0.07
生物多样性	2	3	4	4	3	3	2	2	2	2	2	1	2	3	0.15
生境自然性	1	2	3	3	3	3	2	1	2	1	1	1/2	1	1	0.09
生境格局稳定性	1/2	1	2	2	2	2	1	1	1	1	1	1/3	1	1	0.07

（2）评价因子层权重确定

根据层次分析法计算原理，分别对水环境、沉积物环境、生物质量、底栖生物、植被、生物多样性6个评价要素对应的评价因子进行了权重的计算。得到判断矩阵及权重系数结果如表8-23～表8-28所示，评价因子权重列于表8-29。

表8-23 C1-D判断矩阵及权重系数结果

C1	D1	D2	权重W_i	一致性检验
D1	1	1	0.5	无需检验，通过
D2	1	1	0.5	

表8-24 C2-D判断矩阵及权重系数结果

C2	D3	D4	权重W_i	一致性检验
D3	1	1	0.5	无需检验，通过
D4	1	1	0.5	

表8-25 C3-D判断矩阵及权重系数结果

C3	D5	D6	权重W_i	一致性检验
D5	1	1	0.5	无需检验，通过
D6	1	1	0.5	

表8-26 C9-D判断矩阵及权重系数结果

C9	D12	D13	D14	权重W_i	一致性检验
D12	1	4/3	4/3	0.4	λ_{max}=3；CI=0；CR=0＜0.10，通过
D13	3/4	1	1	0.3	
D14	3/4	1	1	0.3	

表8-27 C10-D判断矩阵及权重系数结果

C10	D15	D16	权重W_i	一致性检验
D15	1	1	0.5	无需检验，通过
D16	1	1	0.5	

表8-28 C12-D判断矩阵及权重系数结果

C12	D18	D19	权重W_i	一致性检验
D18	1	1.5	0.6	无需检验，通过
D19	2/3	1	0.4	

表8-29 评价因子权重

类别	评价指标	评价要素	评价因子	权重
环境A1	环境现状B1	水环境C1	水质超标率D1	0.065
			水质超标倍数D2	0.065
		沉积物环境C2	沉积物超标率D3	0.035
			沉积物超标倍数D4	0.035
		生物质量C3	生物质量超标率D5	0.02
			生物质量超标倍数D6	0.02
	环境风险B2	自然灾害C4	自然灾害综合指数D7	0.03
		污染事故C5	污染事故综合指数D8	0.03
	环境背景B3	岸滩稳定性C6	岸滩稳定性指数D9	0.03
		污染源C7	污染压力指数D10	0.06
		开发强度C8	开发强度指数D11	0.07
生态A2	系统结构功能B4	底栖生物C9	底栖生物种类D12	0.044
			底栖生物丰度D13	0.033
			底栖生物生物量D14	0.033
		植被C10	植被种类D15	0.025
			植被盖度D16	0.025
		生物耐污性C11	底栖生物污染指数D17	0.07
	系统稳定性B5	物种多样性C12	底栖生物多样性指数D18	0.09
			植被多样性指数D19	0.06
		生境自然性C13	生境自然性指数D20	0.09
		生境格局稳定性C14	生境破碎化指数D21	0.07

8.1.5.3 浅海生态系统评价指标体系

1）指标选取

浅海生态系统健康评价指标包括环境和生态两大类，包含环境现状、环境风险、环境背景、系统结构功能、系统稳定性5类评价指标，15类评价要素，共计24个评价因子。采用层次分析法确定各评价因子权重。评价指标、评价要素、评价因子和权重见表8-30。

表8-30 浅海生态系统健康评价指标、评价要素和评价因子

类别	评价指标	评价要素	评价因子
环境A1	环境现状B1	水环境C1	水质超标率D1
			水质超标倍数D2
		沉积物环境C2	沉积物超标率D3
			沉积物超标倍数D4
		生物质量C3	生物质量超标率D5
			生物质量超标倍数D6
	环境风险B2	自然灾害C4	自然灾害综合指数D7
		污染事故C5	污染事故综合指数D8
	环境背景B3	水体交换能力C6	大潮垂向平均流速D9
		污染源C7	污染压力指数D10
		开发强度C8	开发强度指数D11
生态A2	系统结构功能B4	底栖生物C9	底栖生物种类D12
			底栖生物丰度D13
			底栖生物生物量D14
		浮游植物C10	浮游植物种类D15
			浮游植物丰度D16
		浮游动物C11	浮游动物种类D17
			浮游动物丰度D18
		生物耐污性C12	底栖生物污染指数D19
	系统稳定性B5	物种多样性C13	底栖生物多样性指数D20
			浮游植物多样性指数D21
			浮游动物多样性指数D22
		生境自然性C14	生境自然性指数D23
		生境格局稳定性C15	生境破碎化指数D24

2）指标解释

D1水质超标率、D2水质超标倍数、D3沉积物超标率、D4沉积物超标倍数、D5生物质量超标率、D6生物质量超标倍数、D7自然灾害综合指数、D8污染事故综合指数、D10污染压力指数、D11开发强度指数、D12底栖生物种类、D13底栖生物丰度、D14底栖生物生物量、D19底栖生物污染指数、D20底栖生物多样性指数、D23生境自然性指数、D24生境破碎化指数共计17个评价因子的计算参照潮间带生态系统评价指标体系相应的指标解释。

（1）D9大潮垂向平均流速

大潮垂向平均流速综合赋值见表8-31。

表8-31 大潮垂向平均流速赋值

评价因子	等级划分标准					
大潮垂向平均流速D9（cm/s）	≥50	30～40	20～30	15～20	10～15	＜10
综合赋值	1	0.8	0.6	0.4	0.2	0

（2）D15浮游植物种类

浮游植物种类指评价区域或评价站位的浮游植物种类数。

浮游植物种类按效益型指标标准化。

（3）D16浮游植物丰度

浮游植物丰度计算公式如下：

$$D_p = N / A$$

其中：N为评价区域或站位浮游植物个体数；A为浮游植物调查采样体积。

浮游植物丰度按效益型指标标准化。

（4）D17浮游动物种类

浮游动物种类指评价区域或评价站位的浮游动物种类数。

浮游动物种类按效益型指标标准化。

（5）D18浮游动物丰度

浮游动物丰度计算公式如下：

$$D_z = N / A$$

其中：N为评价区域或站位浮游动物个体数；A为浮游动物调查采样体积。

（6）D21浮游植物多样性指数

浮游植物多样性指数计算公式如下：

$$H_p' = -\sum_{i=1}^{n} P_i \log_2 P_i$$

其中：$P_i = Ni/N$，N_i为种i的个体数，N为调查区所有物种的个体数之和。

浮游植物多样性指数按效益型指标标准化。

（7）D22浮游动物多样性指数

浮游动物多样性指数计算公式如下：

$$H_z' = -\sum_{i=1}^{n} P_i \log_2 P_i$$

其中：$P_i = N_i/N$，N_i为种i的个体数，N为调查区所有物种的个体数之和。

浮游动物多样性指数按效益型指标标准化。

3）指标权重确定

（1）评价要素层权重确定

根据层次分析法计算原理，评价要素权重的计算过程如下：

①评价要素相对重要性及其标度

通过专家咨询，确定评价要素相对于潮间带生态系统健康的重要程度，构造要素判断矩阵，按照层次分析法1～9标度给出要素间相对比较的重要性标度（表8-32）。

②评价要素权重计算及一致性检验

用方根法计算判断矩阵的最大特征值λ_{max}及特征向量W_i，并检验矩阵一致性。

（a）计算判断矩阵每一行元素的乘积$M_i = \prod_{j=1}^{n} u_{ij}$；

（b）计算M_i的n次方根$W_i = \sqrt[n]{M_i}$；

（c）对W_i进行归一化得$W_i = \dfrac{W_i}{\sum_{j=1}^{n} W_j}$；

（d）计算判断矩阵的最大特征值$\lambda_{max} = \sum_{i=1}^{n}\left[\dfrac{\sum_{j=1}^{n} u_{ij} W_j}{n W_i}\right] = 15.32$；

（e）计算判断矩阵一致性指标$CI = \dfrac{\lambda_{max} - n}{n-1} = 0.02$；

（f）计算判断矩阵一致性检验系数$CR = \dfrac{CI}{RI} = 0.01 < 0.10$。

表8-32 评价要素判断矩阵及权重

评价要素	水环境	沉积物环境	生物质量	自然灾害	污染事故	潮滩稳定性	污染源	开发强度	底栖生物	浮游植物	浮游动物	生物耐污	生物多样性	生境自然性	生境格局稳定性	权重
水环境	1	2	3	5	5	5	3	2	1	2	2	2	1/2	1	2	0.06
沉积物环境	1/2	1	2	3	3	2	1	1	1/2	2	2	1	1/4	1/2	1	0.06
生物质量	1/3	1/2	1	1	1	1	1/2	1/2	1/3	1	1	1/2	1/5	1/3	1/2	0.035
自然灾害	1/5	1/3	1	1	1	1	1/2	1/2	1/4	1/2	1/2	1/3	1/5	1/3	1/2	0.035
污染事故	1/5	1/3	1	1	1	1	1/2	1/5	1/3	1/2	1/2	1/2	1/4	1/3	1/2	0.02
水体交换能力	1/5	1/2	1	1	1	1	1/2	1/5	1/3	1/2	1/2	1/2	1/4	1/3	1/2	0.02
污染源	1/3	1	2	2	2	2	1	1	1/2	1	1	1	1/3	1/2	1	0.03
开发强度	1/2	1	2	2	2	2	1	1	1/2	1	1	1	1/3	1	1	0.03
底栖生物	1	2	3	4	3	3	2	2	1	3	3	2	1/3	1/2	1	0.03
浮游植物	1/2	1/2	1	2	2	2	1	1	1/3	1	1	1	1/3	1	1	0.06
浮游动物	1/2	1/2	1	2	2	2	1	1	1/3	1	1	1	1/3	1	1	0.06
生物耐污	1/2	1	2	3	2	2	1	1	1/2	1	1	1	1/3	1	1	0.04
生物多样性	2	4	5	5	4	4	3	3	3	3	3	3	1	2	3	0.03

续表8-32

评价要素	水环境	沉积物环境	生物质量	自然灾害	污染事故	潮滩稳定性	污染源	开发强度	底栖生物	浮游植物	浮游动物	生物耐污	生物多样性	生境自然性	生境格局稳定性	权重
生境自然性	1	2	3	3	3	3	2	1	2	1	1	1	1/2	1	1	0.03
生境格局稳定性	1/2	1	2	2	2	2	1	1	1	1	1	1	1/3	1	1	0.025

（2）评价因子层权重确定

根据层次分析法计算原理，分别对水环境、沉积物环境、生物质量、底栖生物、浮游植物、浮游动物、生物多样性7个评价要素对应的评价因子进行了权重的计算，得到权重系数结果如表8-33～表8-39所示，评价因子权重列于表8-40。

表8-33　C1-D判断矩阵及权重系数结果

C1	D1	D2	权重W_i	一致性检验
D1	1	1	0.5	无需检验，通过
D2	1	1	0.5	

表8-34　C2-D判断矩阵及权重系数结果

C2	D3	D4	权重W_i	一致性检验
D3	1	1	0.5	无需检验，通过
D4	1	1	0.5	

表8-35　C3-D判断矩阵及权重系数结果

C3	D5	D6	权重W_i	一致性检验
D5	1	1	0.5	无需检验，通过
D6	1	1	0.5	

表8-36　C9-D判断矩阵及权重系数结果

C9	D12	D13	D14	权重W_i	一致性检验
D12	1	4/3	4/3	0.4	λ_{max}=3；CI=0；CR=0＜0.10，通过
D13	3/4	1	1	0.3	
D14	3/4	1	1	0.3	

表8-37　C10-D判断矩阵及权重系数结果

C10	D15	D16	权重W_i	一致性检验
D15	1	1	0.5	无需检验，通过
D16	1	1	0.5	

表8-38　C11-D判断矩阵及权重系数结果

C11	D17	D18	权重 W_i	一致性检验
D17	1	1	0.5	无需检验，通过
D18	1	1	0.5	

表8-39　C13-D判断矩阵及权重系数结果

C13	D20	D21	D22	权重 W_i	一致性检验
D20	1	4/3	4/3	0.4	$\lambda_{max}=3$；$CI=0$；$CR=0<0.10$，通过
D21	3/4	1	1	0.3	
D22	3/4	1	1	0.3	

表8-40　评价因子权重

评价项目	评价指标	评价要素	评价因子	权重
环境A1	环境现状B1	水环境C1	水质超标率D1	0.06
			水质超标倍数D2	0.06
		沉积物环境C2	沉积物超标率D3	0.035
			沉积物超标倍数D4	0.035
		生物质量C3	生物质量超标率D5	0.02
			生物质量超标倍数D6	0.02
	环境风险B2	自然灾害C4	自然灾害综合指数D7	0.03
		污染事故C5	污染事故综合指数D8	0.03
	环境背景B3	水体交换能力C6	大潮垂向平均流速D9	0.03
		污染源C7	污染压力指数D10	0.06
		开发强度C8	开发强度指数D11	0.06
生态A2	系统结构功能B4	底栖生物C9	底栖生物种类D12	0.04
			底栖生物丰度D13	0.03
			底栖生物生物量D14	0.03
		浮游植物C10	浮游植物种类D15	0.025
			浮游植物丰度D16	0.025
		浮游动物C11	浮游动物种类D17	0.025
			浮游动物丰度D18	0.025
		生物耐污性C12	底栖生物污染指数D19	0.06
	系统稳定性B5	物种多样性C13	底栖生物多样性指数D20	0.064
			浮游植物多样性指数D21	0.048
			浮游动物多样性指数D22	0.048
		生境自然性C14	生境自然性指数D23	0.08
		生境格局稳定性C15	生境破碎化指数D24	0.06

8.2 保护对象脆弱性评价

8.2.1 保护对象脆弱性内涵及评价指标筛选

8.2.1.1 保护对象脆弱性

脆弱性是指由于系统对系统内外扰动的敏感性以及缺乏应对能力而使系统的结构和功能容易发生改变的一种属性。它是源于系统内部的、与生俱来的一种属性，只是当系统遭受扰动时这种属性才会表现出来。系统的内部特征是系统脆弱性产生的主要、直接原因，而扰动与系统之间的相互作用使其脆弱性放大或缩小，是系统脆弱性发生变化的驱动因素。

8.2.1.2 保护对象脆弱性评价

海洋特别保护区的重点保护对象包括：领海基点、军事用途等涉及国家海洋权益和国防安全的区域；珍稀濒危海洋生物物种、经济生物物种及其栖息地；具有一定代表性、典型性和特殊保护价值的自然景观、自然生态系统和历史遗迹等。

根据海洋特别保护区保护对象的不同，分地貌、生物和资源3种保护对象类型，参考已有脆弱性相关研究（钟兆站，1997；李恒鹏，杨桂山，2001；谭丽荣， 2012；冷悦山等， 2008；Le Quesne，Jennings，2012），根据保护对象赋存特征、主要影响因素、灾害和人工干预程度等，评价保护对象的现状稳定性和受损情况。

地貌类型保护对象包括领海基点、独特地质地貌景观、易灭失的海岛、维持海洋水文动力条件稳定的特殊区域等；生物类型保护对象包括珊瑚礁、红树林、海草床、滨海湿地等典型生态系统重要分布区；资源类型保护对象包括：渔业资源、珍稀濒危物种等重要分布区。

8.2.2 评价模型

8.2.2.1 评价指标数据处理和权重

评价指标数据均采用综合赋值法确定，评价指标权重确定采用层次分析法确定。

8.2.2.2 综合评价

保护对象脆弱性评价采用指标标准化值和权重线性加权综合指数模型计算，计算公式如下：

$$I_F = \sum_{i=1}^{m} I_i \cdot W_i$$

式中：I_F为保护对象脆弱性综合指数；I_i为第i项评价因子的标准化值；W_i为该项评价因子的权重。

依据通过综合指数模型计算得出的综合健康指数值开展评价。

本研究确定的综合指数为0～1连续数值。为了度量保护对象的脆弱性状态，定义当I_F为0时，最为脆弱；当I_F为1时，最为稳定。为了便于描述，将0～1的连续数值等分为5个等级，即0～0.2、0.2～0.4、0.4～0.6、0.6～0.8、0.8～1分别对应脆弱、较脆弱、相对稳定、较稳定和稳定5种状态。保护对象脆弱性评价等级划分标准见表8-41。

表8-41　保护对象脆弱性评价等级划分标准

I_F	0.8 ~ 1	0.6 ~ 0.8	0.4 ~ 0.6	0.2 ~ 0.4	0 ~ 0.2
评价结论	稳定	较稳定	相对稳定	较脆弱	脆弱

稳定：保护对象基本特征属性稳定，不存在控制性不利影响因素，区域环境背景状况较好，人类干预无不利影响，保护对象整体抗外界干扰能力很强。

较稳定：保护对象基本特征属性基本稳定，外界不利影响因素较弱，区域环境背景状况良好，人类活动影响较小，保护对象整体抗外界干扰能力较强。

相对稳定：保护对象基本特征属性相对稳定，存在一定的外界不利影响因素，区域环境背景状况一般，人类活动有一定的影响，保护对象整体抗外界干扰能力一般。

较脆弱：保护对象基本特征属性不稳定，存在外界不利影响因素，区域环境背景状况较差，人类活动存在不利影响，保护对象整体抗外界干扰能力较差。

脆弱：保护对象基本特征属性不稳定，外界不利影响因素较强，区域环境背景状况差，人类活动存在不利影响，保护对象整体抗外界干扰能力很差。

8.2.3　指标体系构建

8.2.3.1　地貌脆弱性评价指标体系

1）指标选取

地貌脆弱性评价指标包括地貌特征、水文动力、自然灾害和人为干预4类评价要素，共计13个评价因子。采用层次分析法确定各评价因子权重。评价要素、评价因子见表8-42。

表8-42　地貌脆弱性评价要素和评价因子

评价要素	评价因子	评价要素	评价因子
地貌特征A1	规模及形态B1	水文动力A2	年平均波高B8
	海岸类型B2		大潮平均流速B9
	岸线侵蚀后退率B3	自然灾害A3	台风风暴潮B10
	侵蚀强度B4		其他灾害B11
	构造稳定性B5	人为干预A4	工程建设强度B12
	植被覆盖率B6		工程修复度B13
	岸线掩护度B7		

2）指标解释

各评价因子的计算方法和综合赋值标准见表8-43。

表8-43 地貌脆弱性评价因子综合赋值标准

二级指标	等级划分标准					
规模及形态B1-长度（km）	≥50	≥30	≥15	≥10	≥5	＜5
规模及形态B1-宽度（km）	≥5	≥3	≥1.5	≥1	≥0.5	＜0.5
综合赋值	1	0.8	0.6	0.4	0.2	0
海岸类型B2	其他基岩质	石灰岩质	沙砾质	淤泥质		
综合赋值	1	0.8	0.5	0.2		
岸线侵蚀后退率B3（m/a）	相对稳定	＜5	5～10	10～15	15～20	≥20
综合赋值	1	0.8	0.6	0.4	0.2	0
侵蚀强度B4（cm/a）	相对稳定	2～5	5～10	10～15	15～20	≥20
综合赋值	1	0.8	0.6	0.4	0.2	0
构造稳定性B5	无断裂带通过	有不活动断裂带	1条活动断裂带通过	2条以上活动断裂带通过		
综合赋值	1	0.8	0.4	0		
植被覆盖率B6	＞85%	85%～75%	75%～60%	60%～40%	40%～20%	≤20%
综合赋值	1	0.8	0.6	0.4	0.2	0
岸线掩护度B7	＞80%	80%～65%	65%～50%	50%～35%	35%～20%	≤20%
综合赋值	1	0.8	0.6	0.4	0.2	0
年平均波高B8（m）	＜0.6	0.6～0.8	0.8～1	1.0～1.2	1.2～1.5	≥1.5
综合赋值	1	0.8	0.6	0.4	0.2	0
大潮平均流速B9（m/s）	＜0.5	0.5～0.8	0.8～1.0	1.0～1.2	1.2～1.5	≥1.5
综合赋值	1	0.8	0.6	0.4	0.2	0
台风风暴潮B10（频次）	0	1	2	3次及以上		
综合赋值	1	0.7	0.3	0		
其他灾害B11（频次）	0	1	2	3次及以上		
综合赋值	1	0.7	0.3	0		
工程建设强度B12	无工程建设	规模一般	规模较大	规模很大		
综合赋值	1	0.7	0.3	0		
工程修复度B13	2项及以上	1项	无工程修复			
综合赋值	0.8	0.4	0			

注：岸线掩护度按有防护岸线长度与岸线总长的比值计算。

3）指标权重确定

根据层次分析法计算原理，评价指标权重的计算过程如下。

（1）指标相对重要性及其标度

通过专家咨询，确定指标相对于地貌脆弱性的重要程度，构造指标判断矩阵，按照层次分析法给出指标间相对比较的重要性标度（表8-44）。

（2）指标权重计算及一致性检验

用方根法计算判断矩阵的最大特征值λ_{max}及特征向量W_i，并检验矩阵一致性。

（a）计算判断矩阵每一行元素的乘积$M_i = \prod_{j=1}^{n} u_{ij}$；

（b）计算M_i的n次方根$W_i = \sqrt[n]{M_i}$；

（c）对W_i进行归一化得$W_i = \dfrac{W_i}{\sum_{j=1}^{n} W_j}$；

（d）计算判断矩阵的最大特征值$\lambda_{max} = \sum_{i=1}^{n}\left[\dfrac{\sum_{j=1}^{n} u_{ij} W_j}{n W_i}\right]$=13.42；

（e）计算判断矩阵一致性指标$CI = \dfrac{\lambda_{max} - n}{n-1} = 0.03$；

（f）计算判断矩阵一致性检验系数$CR = \dfrac{CI}{RI} = 0.02 < 0.10$。

表8-44　评价因子判断矩阵及权重

评价因子	规模及形态	海岸类型	岸线侵蚀后退率	侵蚀强度	构造稳定性	植被覆盖率	岸线掩护度	年平均波高	大潮平均流速	台风风暴潮	其他灾害	工程建设强度	工程修复度	权重
规模及形态	1.00	1.00	0.50	0.50	2.00	2.00	0.50	1.00	1.00	0.50	5.00	0.50	1.00	0.07
海岸类型	1.00	1.00	1.00	1.00	2.00	2.00	1.00	2.00	2.00	1.00	5.00	0.50	1.00	0.09
岸线侵蚀后退率	2.00	1.00	1.00	2.00	3.00	2.00	2.00	2.00	2.00	1.00	7.00	1.00	1.00	0.12
侵蚀强度	2.00	1.00	0.50	1.00	3.00	1.00	1.00	2.00	2.00	0.50	7.00	1.00	1.00	0.09
构造稳定性	0.50	0.50	0.33	0.33	1.00	0.50	0.33	0.50	0.50	0.33	2.00	0.33	0.50	0.03
植被覆盖率	0.50	0.50	0.50	1.00	2.00	1.00	0.50	1.00	1.00	0.50	3.00	0.50	1.00	0.06
岸线掩护度	2.00	1.00	0.50	1.00	3.00	2.00	1.00	3.00	3.00	1.00	5.00	1.00	2.00	0.11
年平均波高	1.00	0.50	0.50	0.50	2.00	1.00	0.33	1.00	1.00	0.50	5.00	0.33	0.50	0.05
大潮平均流速	1.00	0.50	0.50	0.50	2.00	1.00	0.33	1.00	1.00	0.50	5.00	0.33	0.50	0.05
台风风暴潮	2.00	1.00	1.00	2.00	3.00	2.00	1.00	2.00	2.00	1.00	7.00	1.00	2.00	0.12
其他灾害	0.20	0.20	0.14	0.14	0.50	0.33	0.20	0.20	0.20	0.14	1.00	0.20	0.50	0.02
工程建设强度	2.00	2.00	1.00	1.00	3.00	2.00	1.00	3.00	3.00	1.00	5.00	1.00	2.00	0.12
工程修复度	1.00	1.00	1.00	1.00	2.00	1.00	0.50	2.00	2.00	0.50	2.00	0.50	1.00	0.07

8.2.3.2　生物脆弱性评价指标体系

1）指标选取

生物脆弱性评价指标包括种群特征、影响因素、灾害要素和人为干预4类评价要素，共计10个评价因子。采用层次分析法确定各评价因子权重。评价要素、评价因子见表8-45。

表8-45　生物脆弱性评价要素和评价因子

评价要素	评价因子
种群特征A1	面积丧失率指数B1
	病虫害发生率B2
	外来物种入侵度B3
	鸟类（鱼类/底栖生物）密度减少率B4
影响因素A2	冲淤环境稳定性B5
	营养盐综合指数B6
灾害要素A3	生态灾害B7
	其他灾害B8
人为干预A4	工程建设强度B9
	工程修复度B10

2）**指标解释**

灾害要素和人为干预要素采用综合赋值法，其他评价因子计算方法如下。

（1）B1面积丧失率指数

面积丧失率指数按下式计算：

$$I=\frac{\bar{e}+e_0}{2}\times 100\%$$

其中：I为面积丧失率指数；$\bar{e}$为多年平均面积丧失率率；e_0为评价年面积丧失率。

面积丧失率按下式计算：

$$e=\frac{S}{S_0}\times 100\%$$

其中：e为年面积丧失率；S_0为年原始面积（hm^2）；S为年丧失面积（hm^2）。

（2）B2病虫害发生率

病虫害发生率按下式计算：

$$s=\frac{S_i}{S_0}\times 100\%$$

其中：s为病虫害发生率；S_i为病虫害发生面积（hm^2）；S_0为保护对象总面积（hm^2）。

（3）B3外来物种入侵度

外来物种入侵度按下式计算：

$$S=\frac{S_0-S_{-10}}{S_{-10}}\times 100\%$$

其中：S为外来物种入侵度；S_{-10}为前第10年外来物种入侵面积（hm^2）；S_0为评价年外来物种入侵面积（hm^2）。

（4）B4鸟类（鱼类/底栖生物）密度减少率

鸟类（鱼类/底栖生物）密度减少率按下式计算：

$$CF = \frac{CF_{-10} - CF_0}{CF_{-10}} \times 100\%$$

其中：CF为鸟类（鱼类/底栖生物）密度减少率；CF_{-10}为近10年鸟类（鱼类/底栖生物）平均密度（只/m^2）；CF_0为评价年鸟类（鱼类/底栖生物）平均密度（只/m^2）。

（5）B5冲淤环境稳定性

冲淤环境稳定性采用岸线变化率表征。

岸线变化率=评价区发生淤长或蚀退的岸线长度/岸线总长。

（6）B6营养盐综合指数

营养盐综合指数按下式计算：

$$P = \frac{1}{n}\sum_{i=1}^{n} P_i \text{，} \quad P_i = \frac{C_i}{S_i}$$

其中：P为营养盐综合指数；P_i为第i类污染物的污染指数指数；n为污染物的种类；C_i为第i类污染物的实测浓度平均值；S_i为第i类污染物评价标准值（二类海水水质标准）。

各评价因子的综合赋值标准见表8-46。

表8-46　生物脆弱性评价综合赋值标准

二级指标	等级划分标准					
面积丧失率指数B1	≤0.10	0.10～0.125	0.125～0.15	＞0.15		
综合赋值	1	0.7	0.3	0		
病虫害发生率B2	≤1	1～2	2～5	＞5		
综合赋值	1	0.7	0.3	0		
外来物种入侵度B3	≤0	0～5	5～10	＞10		
综合赋值	1	0.7	0.3	0		
鸟类（鱼类/底栖生物）密度减少率B4	≤5	5～7	7～10	＞10		
综合赋值	1	0.7	0.3	0		
冲淤环境稳定性（岸线变化率）B5	＜5%	5%～10%	10%～20%	20%～40%	40%～60%	≥60%
综合赋值	1	0.8	0.6	0.4	0.2	0
营养盐综合指数B6	＜0.20	0.20～0.40	0.40～0.70	0.70～1.00	1.00～2.00	≥2.0
综合赋值	1	0.8	0.6	0.4	0.2	0
生态灾害B7	0	1	2	3次及以上		
综合赋值	1	0.7	0.3	0		
其他灾害B8	0	1	2	3次及以上		
综合赋值	1	0.7	0.3	0		
工程建设强度B9	无工程建设	规模一般	规模较大	规模很大		
综合赋值	1	0.7	0.3	0		
工程修复度B10	2项及以上	1项	无工程修复			
综合赋值	0.8	0.4	0			

3）指标权重确定

根据层次分析法计算原理，评价指标权重的计算过程如下：

（1）指标相对重要性及其标度

通过专家咨询，确定指标相对于生物脆弱性的重要程度，构造指标判断矩阵，按照层次分析法给出指标间相对比较的重要性标度（表8-47）。

（2）指标权重计算及一致性检验

用方根法计算判断矩阵的最大特征值λ_{max}及特征向量W_i，并检验矩阵一致性。

（a）计算判断矩阵每一行元素的乘积$M_i=\prod_{j=1}^{n}u_{ij}$；

（b）计算M_i的n次方根$W_i=\sqrt[n]{M_i}$；

（c）对W_i进行归一化得$W_i=\dfrac{W_i}{\sum_{j=1}^{n}W_j}$；

（d）计算判断矩阵的最大特征值$\lambda_{max}=\sum_{i=1}^{n}\left[\dfrac{\sum_{j=1}^{n}u_{ij}W_j}{nW_i}\right]$=10.21；

（e）计算判断矩阵一致性指标$CI=\dfrac{\lambda_{max}-n}{n-1}=0.02$；

（f）计算判断矩阵一致性检验系数$CR=\dfrac{CI}{RI}=0.01<0.10$。

表8-47　评价因子判断矩阵及权重

评价因子	面积丧失率指数	病虫害发生率	外来物种入侵度	鸟类（鱼类/底栖生物）密度减少率指数	冲淤环境稳定性	营养盐综合指数	生态灾害	其他灾害	工程建设强度	工程修复度	权重
面积丧失率指数	1.00	1.25	2.00	1.25	1.67	2.00	1.25	7.00	1.00	1.25	0.15
病虫害发生率	0.80	1.00	1.25	1.00	1.25	1.25	1.00	5.00	0.83	1.00	0.11
外来物种入侵度	0.50	0.80	1.00	0.67	1.25	0.50	0.67	5.00	0.67	0.83	0.08
鸟类（鱼类/底栖生物）密度减少率指数	0.80	1.00	1.50	1.00	1.25	1.00	0.83	5.00	0.67	0.83	0.1
冲淤环境稳定性	0.60	0.80	0.80	0.80	1.00	0.67	0.50	1.67	0.33	0.50	0.06
营养盐综合指数	0.50	0.80	2.00	1.00	1.50	1.00	0.50	5.00	0.67	0.83	0.1
生态灾害	0.80	1.00	1.50	1.20	2.00	2.00	1.00	5.00	0.67	0.83	0.12
其他灾害	0.14	0.20	0.20	0.20	0.60	0.20	0.20	1.00	0.25	0.33	0.03
工程建设强度	1.00	1.20	1.50	1.50	3.00	1.50	1.50	4.00	1.00	1.25	0.14
工程修复度	0.80	1.00	1.20	1.20	2.00	1.20	1.20	3.00	0.80	1.00	0.11

8.2.3.3 资源脆弱性评价指标体系

1）指标选取

资源脆弱性评价指标包括种群特征、影响因素、灾害要素和人为干预4类评价要素，共计10个评价因子。采用层次分析法确定各评价因子权重。评价要素、评价因子和权重见表8-48。

表8-48 资源脆弱性评价要素、评价因子和权重

评价要素	评价因子	权重
种群特征A1	物种密度减少率B1	0.13
	病虫害发生率B2	0.09
	外来物种入侵度B3	0.08
影响因素A2	栖息地面积丧失率指数B4	0.14
	营养级结构稳定性B5	0.13
	营养盐综合指数B6	0.13
灾害要素A3	生态灾害B7	0.10
	其他灾害B8	0.02
人为干预A4	工程建设强度B9	0.11
	工程修复度B10	0.07

2）指标解释

B2病虫害发生率、B3外来物种入侵度、B4栖息地面积丧失率指数、B6营养盐综合指数共计4个评价因子的计算参照生物脆弱性评价指标体系相应的指标解释。灾害要素和人为干预要素采用综合赋值法，其他评价因子计算方法如下。

（1）B1物种密度减少率

物种密度减少率按下式计算：

$$CF = \frac{CF_{-10} - CF_0}{CF_{-10}} \times 100\%$$

其中：CF_{-10}为近10年物种平均密度（只/m^2）；CF_0为评价年物种密度（只/m^2）。

（2）B5营养级结构稳定性

营养级结构稳定性指数按下式计算：

$$S = TL_0 - TL$$

其中：TL_0为5～10年前物种平均营养级；TL为评价年物种营养级。

物种营养级TL按下式计算：

$$TL_i = 1 + \sum_{j=1}^{n} DC_j TL_j$$

其中：TL_i为生物i的营养级；TL_j为生物i摄食的食物j的营养级；DC_{ij}为食物j在生物i的食物中所占的比例。

各评价因子的综合赋值标准见表8-49。

表8-49　资源脆弱性评价因子综合赋值标准

二级指标	等级划分标准					
物种密度减少率B1	≤5%	5%～7%	7%～10%	＞10%		
综合赋值	1	0.7	0.3	0		
病虫害发生率B2	≤1	1～2	2～5	＞5		
综合赋值	1	0.7	0.3	0		
外来物种入侵度B3	≤0	0～5	5～10	＞10		
综合赋值	1	0.7	0.3	0		
栖息地面积丧失率指数B4	≤0.10	0.10～0.125	0.125～0.15	＞0.15		
综合赋值	1	0.7	0.3	0		
营养级结构稳定性B5	≤0.05	0.05～0.01	0.01～0.15	0.15～0.20	0.20～0.30	＞0.3
综合赋值	1	0.8	0.6	0.4	0.2	0
营养盐综合指数B6	＜0.20	0.21～0.40	0.41～0.70	0.71～1.00	1.01～2.00	≥2.00
综合赋值	1	0.8	0.6	0.4	0.2	0
生态灾害B7	0	1次	2次	3次及以上		
综合赋值	1	0.7	0.3	0		
其他灾害B8	0	1次	2次	3次及以上		
综合赋值	1	0.7	0.3	0		
工程建设强度B9	无工程建设	规模一般	规模较大	规模很大		
综合赋值	1	0.7	0.3	0		
工程修复度B10	2项及以上	1项	无工程修复			
综合赋值	0.8	0.4	0			

3）指标权重确定

根据层次分析法计算原理，评价指标权重的计算过程如下：

（1）指标相对重要性及其标度

通过专家咨询，确定指标相对于资源脆弱性的重要程度，构造指标判断矩阵，按照层次分析法给出指标间相对的重要性标度（表8-50）。

表8-50　评价因子判断矩阵及权重

评价因子	物种密度减少率指数	病虫害发生率	外来物种入侵度	栖息地面积减少率	营养级结构稳定性	营养盐综合指数	生态灾害	其他灾害	工程建设强度	工程修复度	权重
物种密度减少率指数	1.00	2.00	2.00	1.00	0.67	1.00	1.25	7.00	1.25	2.00	0.13
病虫害发生率	0.50	1.00	1.25	0.67	0.50	0.67	1.00	5.00	0.83	1.25	0.09
外来物种入侵度	0.50	0.80	1.00	0.50	0.67	0.50	1.00	5.00	0.83	1.25	0.08
栖息地面积减少率	1.00	1.50	2.00	1.00	0.83	1.25	1.25	7.00	1.25	2.00	0.14

续表8-49

评价因子	物种密度减少率指数	病虫害发生率	外来物种入侵度	栖息地面积减少率	营养级结构稳定性	营养盐综合指数	生态灾害	其他灾害	工程建设强度	工程修复度	权重
营养级结构稳定性	1.50	2.00	1.50	1.20	1.00	1.25	1.25	5.00	1.25	2.00	0.13
营养盐综合指数	1.00	1.50	2.00	0.80	0.80	1.00	1.25	5.00	1.25	2.00	0.13
生态灾害	0.80	1.00	1.00	0.80	0.80	0.80	1.00	5.00	0.83	1.25	0.10
其他灾害	0.14	0.20	0.20	0.14	0.20	0.20	0.20	1.00	0.25	0.33	0.02
工程建设强度	0.80	1.20	1.20	0.80	0.80	0.80	1.20	4.00	1.00	2.00	0.11
工程修复度	0.50	0.80	0.80	0.50	0.50	0.50	0.80	3.00	0.50	1.00	0.07

（2）指标权重计算及一致性检验

用方根法计算判断矩阵的最大特征值λ_{max}及特征向量W_i，并检验矩阵一致性。

（a）计算判断矩阵每一行元素的乘积$M_i = \prod_{j=1}^{n} u_{ij}$；

（b）计算M_i的n次方根$W_i = \sqrt[n]{M_i}$；

（c）对W_i进行归一化得$W_i = \dfrac{W_i}{\sum_{j=1}^{n} W_j}$；

（d）计算判断矩阵的最大特征值$\lambda_{max} = \sum_{i=1}^{n}\left[\dfrac{\sum_{j=1}^{n} u_{ij} W_j}{nW_i}\right] = 10.10$；

（e）计算判断矩阵一致性指标$CI = \dfrac{\lambda_{max} - n}{n-1} = 0.01$；

（f）计算判断矩阵一致性检验系数$CR = \dfrac{CI}{RI} = 0.01 < 0.10$。

8.3 生态恢复区划及适宜性评价

生态恢复是帮助退化或受损的生态系统和保护对象恢复的过程，是一种旨在启动及加快对生态系统健康、完整性及可持续性进行恢复的主动行为（任海等，2001；陈彬等，2012）。生态恢复区划是根据海洋特别保护区的功能分区、生态系统现状和保护对象的脆弱性，在保护区内划分不同等别的生态恢复区域，并提出具有针对性的生态恢复措施，从而提高生态恢复效益。

海洋特别保护区生态恢复即根据生态学原理，通过一定的生物、生态以及工程的技术和方法，人为地改变和切断生态系统退化的主导因子或过程，调整、配置和优化系统内部及外界的物质、能量和信息的流动过程和时空次序，使得生态系统的结构、功能和生态学潜力尽快成功恢复到一定的或原有乃至更高的水平。

8.3.1 区划类型和生态恢复目的

海洋特别保护区生态恢复区划分4种类型：重点恢复区、一般恢复区、兼顾恢复区和保持现状区。

重点恢复区是生态系统健康状况差，保护对象脆弱，需采取多种生态恢复措施的区域，主要包括处于亚健康状态的重点保护区，以及处于病态状态且保护对象脆弱的生态与资源恢复区、预留区。生态恢复的目的是减缓生态系统恶化趋势，改善重点保护对象的外部环境，维持或提高重点保护对象的质量和分布范围。

一般恢复区是生态系统健康状况较差，保护对象较弱，需采取一定规模生态恢复措施的区域，主要包括较健康的重点保护区，健康状况较差且保护对象较脆弱的其他区域。生态恢复的目的是维持生态系统现状甚至达到部分好转，维持或部分提高重点保护对象的质量和分布范围。

兼顾恢复区是生态系统健康状况一般，保护对象相对稳定，需采取小规模生态恢复措施的区域，主要包括生态与资源恢复区、预留区、适度利用区。生态恢复的目的是维持生态系统现状，并有效保护重点保护对象。

保持现状区是生态系统健康状况较好，保护对象较稳定，无需采取生态恢复措施的区域。

8.3.2 区划方法与分类标准

采用叠置分析法（胡鹏等，2002）进行海洋特别保护区生态恢复区划。生态恢复区划包括初次区划和最终区划两个步骤。初次区划将海洋特别保护区分区与生态系统健康评价分区进行叠置分析，初步划分区划类型。最终区划将初次区划的结果与保护对象脆弱性评价分区进行叠置分析，最终确定海洋特别保护区生态区划类型和范围。

将岛陆生态系统、潮间带生态系统和浅海生态系统的健康评价以及保护区地貌脆弱性、生物类型和资源类型保护对象脆弱性评价结果与保护区功能分区叠加，获得保护区生态恢复分区，从而划定生态恢复适宜性分区。根据生态恢复适宜性评估分析，进而确定的生态恢复区划的类型。

生态系统的健康评价与保护区功能区的叠加分析确定生态恢复初次区划参考表8-51进行判定；结合海洋特别保护区保护对象脆弱性评价进行的生态恢复再次区划参考表8-52进行判定。

表8-51 生态恢复初次区划判定

	健康	较健康	亚健康	一般病态	病态
重点保护区	保持现状区	一般恢复区	重点恢复区	重点恢复区	重点恢复区
生态与资源恢复区	保持现状区	兼顾恢复区	一般恢复区	重点恢复区	重点恢复区
预留区	保持现状区	保持现状区	兼顾恢复区	一般恢复区	重点恢复区
适度利用区	保持现状区	保持现状区	保持现状区	兼顾恢复区	一般恢复区

表8-52 生态恢复最终区划判定

	稳定	较稳定	相对稳定	较脆弱	脆弱
重点恢复区	重点恢复区	重点恢复区	重点恢复区	重点恢复区	重点恢复区
一般恢复区	一般恢复区	一般恢复区	一般恢复区	重点恢复区	重点恢复区
兼顾恢复区	兼顾恢复区	兼顾恢复区	兼顾恢复区	一般恢复区	重点恢复区
保持现状区	保持现状区	保持现状区	保持现状区	兼顾恢复区	一般恢复区

8.3.3 区划类型代码

生态恢复区划类型编码采用层次编码，分生态恢复区划-功能分区-区块顺序三个层次。具体编码方法如下：

第一位是生态恢复区划类型代码，采用罗马字母编码，按照“Ⅰ、Ⅱ、Ⅲ…”顺次排列。依次为重点恢复区Ⅰ、一般恢复区Ⅱ，兼顾恢复区Ⅲ，保持现状区Ⅳ。

第二位是功能分区，采用英文字编码，按照“A、B、C…”顺次排列。依次为重点保护区A，生态与恢复区B，预留区C，适度利用区D。

第三位是顺序号，采用阿拉伯数字编码，按照“1，2，3…”顺次排列。

区划类型代码见表8-53。

表8-53 生态恢复区划类型代码

区划类型	代码
重点恢复区	Ⅰ-A-1，Ⅰ-B-1，Ⅰ-C-1
一般恢复区	Ⅱ-A-1，Ⅱ-B-1，Ⅱ-C-1，Ⅱ-D-1
兼顾恢复区	Ⅲ-B-1，Ⅲ-C-1，Ⅲ-D-1
保持现状区	Ⅳ-A-1，Ⅳ-B-1，Ⅳ-C-1，Ⅳ-D-1

8.3.4 生态恢复区划及适宜性评价

8.3.4.1 生态恢复原则

1）针对性原则

根据保护对象特征以及依存环境的现状，客观分析保护对象的受损程度和恢复的可能性，所提出的恢复措施应具有针对性，可产生直接的生态效益。

2）综合性原则

海洋特别保护区生态恢复需标本兼治，通过海洋环境综合整治和生态恢复工程措施，在改善海洋环境的基础上，保障重点保护对象的有效保护和恢复。

8.3.4.2 工作内容

根据海洋特别保护区类别和重点保护对象特征，确定生态系统健康评价和保护对象脆弱性评价的类型和对象；构建保护区生态系统健康评价模型，分析和评估生态系统健康现状及变化趋势；构架保护对象脆弱性评价模型，分析和评估重点保护对象脆弱性；划定生态恢复分区并评估其生态恢复的适宜性，提出各分区的生态恢复措施。

8.3.4.3 生态恢复适宜性评估及措施

根据海洋特别保护区的功能分区特征，通过生态系统健康评价和保护对象脆弱性评价确定保护区的生态恢复区划分区。根据生态恢复分区结果，对保护区生态恢复适宜性进行评估，识别迫切需要治理的问题，提出需采取的调控方案，实现生态恢复效率最大化，从而提出保护区生态恢复管理的重点及优先次序。

对于生态系统健康存在问题的区域，应加强开发活动区域管理和污染控制，减小区域环境压力；

对保护对象脆弱的区域，应针对保护对象的类型特点，采取一定的工程修复或者资源恢复措施。

重点恢复区应禁止一切开发活动，针对关键问题提出顺应自然规律的保护与修复措施，该区域内实施各种资源与环境的协调管理，促进已受到破坏的海洋资源和环境尽快恢复。

一般恢复区应限制开发活动，针对存在问题采取一定的保护与修复措施，充分发挥自然生态系统的自我修复能力，促进已受到破坏的海洋资源和环境尽快恢复。

兼顾恢复区应有效控制开发活动，根据存在问题和特点，加强资源环境协调管理，促进生态系统的自然恢复。

保持现状区可依据管理要求适度开展活动，开发活动需与保护区总体规划相协调，防止自然资源与生态环境遭受破坏。

8.4 江苏海州湾海湾生态系统与自然遗迹国家级海洋特别保护区生态恢复适宜性评估与区划

8.4.1 保护区概况

江苏海州湾海湾生态系统与自然遗迹国家级海洋特别保护区于2008年1月由国家海洋局批准建立，2011年，经国家海洋局批准，加挂国家级海洋公园牌子。保护区位于连云港市海州湾海域，保护范围以秦山岛为中心划定，南侧和西侧以现有海岸线为界，东侧和北侧界线依据连云港人工鱼礁工程区的东界和北界划定，总面积为518.47km^2。海州湾海域海洋地貌较为典型，分布着江苏省仅有的14个基岩岛，海岸类型齐全，有基岩海岸，砂质海岸，泥质海岸，是典型的海洋海岸岛礁自然地貌区，是历史文化遗迹最具有科学价值和保护价值、保护对象最集中的区域。此外，海州湾属于暖温带向北亚热带过渡的近岸与浅海环境，海洋生物种类繁多，生态系统独特，具有重要的学术研究和保护价值，其沿岸及附近岛屿还是鸟类迁徙的重要通道。

保护区保护对象分为主要保护对象和其他保护对象。主要保护对象包括：①独特的基岩海岛：秦山岛、竹岛、东西连岛；②海岸带地貌：羽状沙咀、 古砂堤 、海蚀地貌；③植物物种、沙生植被：红楠、珊瑚菜、单叶蔓荆、香豌豆、沙滩黄芩（国家重点保护濒危珍稀植物）；④鸟类：白额鹱、白鹭、夜鹭、黑鹳、赤腹鹰、雀鹰、白尾鹞、丹顶鹤（均为国家一级和二级保护鸟类）、震旦雅雀（稀有种类）、石鸡、岩鸡（江苏特有）等；⑤珍贵的海珍品、鱼类、藻类：真鲷、鲍鱼、海参、扇贝、紫带、裙带菜等；⑥蛇类：蝮蛇。其他保护对象包括：①鱼类：带鱼、小黄鱼、鳓鱼、鲆鲽类（包括鳎类）、白姑鱼、黄姑鱼、马鲛鱼、鲐鱼、梅童鱼、海鳗等（皆具有重要的经济价值）；②贝类：主要有毛蚶、密鳞牡蛎、近江牡蛎、小刀蛏、扁玉螺、红螺、菲律宾蛤仔等（独有的生物种类和较高的经济价值）；③鲸群。

8.4.2 保护区自然环境特点

8.4.2.1 气候

海州湾及附近海域属暖温带季风气候。根据青口镇气象站1995—2004年资料统计，海州湾海域平均气温为15.0℃，月平均最高气温29.9℃（8月），月平均最低气温-1.4℃，极端最高气温38.0℃（出现于2002年7月），极端最低气温-11.4℃（出现于1970年1月）。年平均降水量为905.9m，最大降水量1 482.7m，年最小降水量480.9m，日最大降水量为219.9 m，降水多集中于每年的夏季（6—8月）3个月，其降水量约占年降水量的53％，而每年的冬季12月至翌年的2月，降水量极少，其降水量仅为全年降水量的8％，春季（3—5月）占全年的15%，秋季（9月至翌年1月）占全年的20%。年平均大雾29.9 d。年平均相对湿度为73％。年平均雷暴日26 d。根据赣榆县青口镇气象站2008年每日24次风观测资料统计，常风向，次常风向分别为E向和ENE向，强风向，次强风向分别为NNE向和NNW向。

8.4.2.2 入海河流与主要地形地貌

沿岸入海河流有绣针河、龙王河、青口河、新沭河、蔷薇河等大小河流18条，后两者汇合后称临洪河，最大流量3 070 m^3/s。河流流量的季节变化较大，年平均径流入海量$17\times10^8\,m^3$。

海州湾南北两侧分别有老爷顶、云台山扼守，西侧主要为冲海积平原，其次为剥蚀平原。保护区范围内的海岸基本为粉砂淤泥质海岸，滩涂开阔；秦山岛等海岛为江苏省独有的基岸海岛，海岛海岸岬湾相间，拥有海蚀崖、海蚀柱、海蚀穴、海蚀平台和浪蚀蜂窝状崖面等多种海蚀地貌；海域水下地形由陆向海倾斜，坡度较为平缓，等深线基本与海州湾岸线平行（图8-2）。

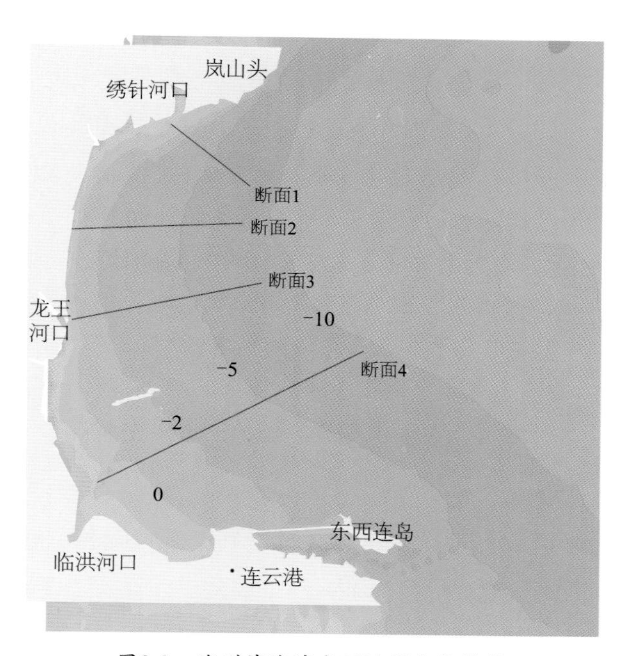

图8-2 海州湾海域水下地形变化趋势

8.4.2.3 海洋水文

海州湾海域属规则半日潮流，受黄海旋转潮波的控制，整体上潮波由北向南推进。涨潮时，外海潮流基本以NE—SW方向进入海州湾；落潮时，潮流则基本以SW—NE向退出海州湾。涨潮平均流速一般在0.13 ~ 0.37 m/s，涨潮垂线平均最大流速在0.27 ~ 0.64 m/s；落潮平均流速在0.13 ~ 0.31 m/s，落潮垂线平均最大流速在0.22 ~ 0.45 m/s。除两翼外，潮流与等深线或岸线的交角较大，即潮流的沿岸运动趋势很小，而以离、向岸运动为主。一般在最高潮前2 h左右出现涨潮流最大值，最高潮位时涨潮流速达到最小，以后转为落潮流；在最低潮位前2 h左右出现落潮流最大值，最低潮位时落潮流速达到最小，以后转为涨潮流。从平面分布来看，海州湾的潮流动力作用较弱，大潮全潮平均流速一般在0.20 ~ 0.30 m/s之间。根据岚山港2003年7月至2005年5月的观测资料统计，（测波浮标距岸约1.5 km，水深为10.5 m）常浪向为E向，次常浪向为ENE向，强浪向为E向。全年H4％≥2.1 的频率为1.05％，H4％≥2.5 m的频率为0.33％，H4％≥3.0 m的频率为0.03％。

8.4.2.4 自然灾害

海州湾主要发生的自然灾害有大风、暴雨、冰雹、龙卷风、雾等气象灾害和风暴潮、水旱灾害、地面沉降、地震等。

1）热带气旋

海州湾受热带气旋影响不太严重，基本为热带气旋边缘影响。多年统计资料表明影响江苏的热带气旋平均每年1.5次。1997年的9711号在山东登陆时对连云港地区的影响较大，热带气旋过境时新浦实测最大风速32 m/s，风向ESE；连云港海洋站最大风速瞬时35 m/s，风向不详。因港区的地形特征而产生狭管效应，局部风速较大。2000年12号热带气旋对连云港外围有些影响，热带气旋过程降雨量达到890 mm，为近20年来的最大值。

2）风暴潮灾害

海州湾发生风暴潮灾害的主要天气系统为7—9月的热带气旋；另外冬、春季的强冷空气也会造成潮灾。1949年至今，先后遭受严重风暴潮袭击和影响达30多次。1956年9月4日，遭受8～10级热带气旋袭击；1979年1月28—29日，连云港沿海遭10级以上NE向大风袭击，历时48 h，出现3.37 m高潮位；1981年8月31日境内沿海遭14号热带气旋袭击，最大风力11级，兴庄闸潮位4.03m；1997年8月19日遭受11号热带气旋袭击，风力达9～11级，最大风速31.5 m/s，同时又值农历大潮，强大热带气旋、暴潮和暴雨持续时间达24 h之久，连云港市127 km海堤，严重毁坏的有42.8 km，共决口117处，长11.9 km，有1.8 km土地被夷为平地，1.2 km沙堤后退近10 m。

3）寒潮

海州湾的寒潮影响每年为3～5次，寒潮带来大风和降温。20世纪50年代最低气温曾有过-18.1℃的记载，近年来最低气温基本在-11℃左右。

4）雷暴

海州湾所处地理位置，经常受到江淮气旋和黄河气旋的双重影响，常有雷暴出现，并伴随有雷雨大风。

8.4.3 海域主要自然资源

保护区内海域自然资源主要有港口资源、海洋生物资源、岛屿资源和旅游资源等。

8.4.3.1 港口资源

港口资源以连云港港为主，分为连云港区和灌河港区。连云港区包括有马腰、庙岭、墟沟3大作业区；马腰港区共有生产性泊位15个，主要为通用散货、通用件杂和液体化工泊位；庙岭港区有12个生产性泊位，运输集装箱、散粮、散货、通用件杂和煤炭；墟沟港区共有11个生产用码头，主要为通用散杂泊位。灌河港区由燕尾港、陈家港、长茂等2个0.3万吨级盐泊位和1个千吨级散货泊位组成，泊位总长度255 m，通过能力45×10^4 t。此外，连云港港附近还分布有东西连岛渔港、高公岛渔港等。

8.4.3.2 海洋生物资源

海州湾处于温带向亚热带过渡区域，其环境条件独特，生物种类丰富多样，生物种类以暖温带主为，也有部分暖水性种与冷水性种。

浮游植物种类组成以近岸低盐广种和暖温带种为主，这与整年受苏北沿岸水控制密切相关，已鉴定到种的共有148种（包括变和变型），隶属4门51属，包括硅藻门40属121种、甲藻门9属24种、蓝藻门1属2种和金藻门1属1种。在组成中，浮游硅藻无论在细胞个数上或种数上都占绝对优势。其中角刺藻属、圆筛藻属、根管藻属、菱形藻属和金形藻属中的近岸低盐种类等，出现时间长、分布广、数量大，是浮游植物的主要种类。甲藻类中的角藻属和多甲藻属，虽然数不及上有各属，但种类较多，也是海州湾的重要种类。此外，在8月和11月还可采到少量的高温高盐外海种，如薄壁半管藻、密聚角刺藻和方乌尾藻等。

浮游动物有85种，主要以暖温带近岸低盐为主，其中原生动物16种，水母类20种，桡足类22种，枝角类2 种，虾类7种，端足类2种，毛颚类2种，被囊类1种，此外尚有大量浮游幼虫多种。

海州湾及湾的岛屿周围，分布有固着性海藻，大多数生长于潮间带和潮下带，1980—1983年调查中采到的标本鉴定以及有关文献记载共有5门57属84种，其中有国内首次报道的绿藻门刚毛藻科刚毛藻属的（*Cladophoratrichotonia*），红藻门锵氏藻科玫瑰藻属的红线藻［*Rhodochorton purpurea*（Light）Rosem］和红藻门石菜科石花菜属的草皮石花菜（*Gelidium caespitosum Kylin*）及沙粒石花菜（*G.arenarium* Kylin）。蓝藻14属19种、绿藻8属15种、褐藻10属15种、红藻19属28种、硅藻6属7种。在潮间带的岩缝中，有原型胭脂菜、褐壳藻等生长；潮下带生长着大片的刺海松、海蒿子等大型海藻，其体表上又附生着体型较小的黑顶藻，端孢片壳藻和多管藻等。基岩海岩壁上的海藻，常出现以小石花菜和珊瑚藻为优势种的海藻群落。

底栖生物有218种，以软体动与甲壳动物为主，主要种类有毛蚶、双喙耳乌贼、合氏仿对虾、鹰爪对虾、脊尾白虾、三疣梭子蟹、红线黎明蟹、角版虫、巢沙蚕、双唇梭沙蚕、岩虫等。特别是主要分布在东海以南水域种类，如盔螺科的细角在螺、塔螺科的爪哇拟塔螺和白龙骨塔螺、章鱼科的双斑蛸、真蛸等在海州湾也能采到。

游泳生物以鱼类为，有200多种。中上层鱼类在海州湾鱼类资源中占有重要地位，主要有银鲳、蓝点马鲛、鲐鱼、黄鲫、青鳞鱼、刀鲚、凤鲚、太平洋鲱鱼、远东拟沙丁鱼、鳓鱼、燕鳐、日本鳀、赤鼻棱鳀、玉筋鱼等，其次为底层鱼类，主要有带鱼、大黄鱼、小黄鱼、黄姑鱼、白姑鱼、叫姑鱼、棘头梅童鱼、鲈鱼、梭鱼、黑鲷、绿鳍马面鲀、短吻舌鳎、团扇鳐等。海州湾海域甲壳类和头足动物种类也较多，经济价值较高的物种有：中国对虾、鹰爪虾、毛虾、日本蟳、日本枪乌贼、金乌贼等近20种。

海州湾多鲸群，近代调查表明，在海州湾活动的这种大型鲸类属须鲸亚目，有长须鲸和布鲸两种。据连云港当地人士介绍，在开山岛附近的灌河口每年都有鲸群出现。

8.4.3.3 岛屿资源

1）海岛资源

海州湾拥有14个基岩岛屿，近岸岛屿有东西连岛、秦山岛、竹岛、羊山岛、鸽岛、开山岛和小孤山；近海岛屿包括平岛、达山岛、车牛山岛及其附近的平岛东礁、牛背岛、牛角岛和牛尾岛。东西连岛位于后云台山以北，是江苏最大的基岩岛，岛屿岸线长约17.66 km，陆地面积5.4 km^2；秦山岛位于赣榆县青口镇东北约15 km，海岸线长约2.65 km，面积约0.15 km^2；竹岛位于西墅以东300～400 m，陆域面积0.107 km^2，岸线长约1.56 km；鸽岛岸线长约1.56 km，陆域面积0.011 6 km^2；羊山岛目前已有大堤与陆地相连，岸线长约2.63 km，面积0.15 km^2；开山岛位于灌河口外8 km处，岸线长0.63 km，面积0.014 km^2；平岛位于连云港岸外约40 km，岸线长2.77 km，面积0.136 km^2；达山岛位于连云港岸外约50 km，岸线长约1.86 km；车牛山岛位于连云港岸外约60 km，岸线长约1.37 km，面积0.055 km^2。

2）岛陆植被资源

根据多次海岛调查，海州湾海岛上植被有针叶林、针阔叶林、竹林、灌丛、草丛及滨海沙生植被7

个植被类型。组成种类约有维管束植物420多种，隶属于96科，297属370多种。其中东西连岛分布有84科243属370多种植物，羊山岛约分布有37科73属83种植，由于这两岛具有暖温带向北亚热带过渡的气候特征，所分布的典型地带性植被含有亚热带成分的暖温带落叶阔叶林，如黄连木林和化香林，以及林下种类黄檀、盐肤木、山合欢、算盘子、山胡椒和邻近的乔木树枫香等。东西连岛的沙生植物群落生态系列完整，是不可多得的植物群落，其中珊瑚菜属于中国三级保护的渐危植物种类。车牛山岛受海洋性气候影响比近岸大，气候差异性大，植被存在一定特殊性，比如典型海岛植被大叶胡颓子群落和滨海前胡群落均有分布。

海州湾岛屿很多植物具有很高的药用价值，是不可多得的资源，约有290多种，分布于各岛屿的山坡、路边、草丛及林下，具有清热、解毒、利尿等功效的有种类白茅、芒、芦苇、蕨、牛筋草等；具有滋强壮效用的种类有卷丹、麦冬等；沙生植物单叶蔓荆和肾叶天剑有祛风湿、清利头目之功效。芳香类油类植物约23种，主要有侧柏、黑松、山胡椒、石竹等。脂肪油类植物约56种，植物果实、种子的脂肪油可用于制皂、作机械滑油及油漆。鞣料类约有19种，如构树、酸模等，是提制烤胶的良好原料。纤维类56种，是造纸和人造纸浆的良好的原材料。牧草饲料类有116种。

3）岛陆动物资源

海州湾岛屿的陆生动物有四大类，即两栖类，爬行类，鸟类，哺乳类。两栖类只有羊山岛、秦山岛和东西连岛拥有，其种类亦不多，主要有中华大蟾蜍、泽蛙、金线蛙、黑斑蛙、北方狭口蛙等。其中中华大蟾蜍具有重要的药用价值。爬行类的种类有无蹼壁虎、蝮蛇、赤链蛇、水赤链蛇、乌梢蛇、红点锦蛇等。壁虎为广布种类，从离大陆最远的前三岛到近岸岛屿均有分布。除前三岛、开山岛和鸽岛没有发现蝮蛇外，其他岛屿均有分布。鸟类有国家一级保护动物丹顶鹤、二级保护动物雀鹰、稀有种类的震旦雅雀、古北界的特有鸟类——石鸡和岩鸡等（表8-54）。海州湾岛陆无大型哺乳动物，小型哺乳类中黄鼬为有名的毛皮动物，其毛是优良的裘皮，仅分布在东西连岛。秦山岛有刺猬。各岛屿上皆有蝙蝠。

表8-54　海州湾主要鸟类资源

名称	分布区域	保护等级
黑喉潜鸟	前三岛	稀有种类，应加以保护
棕腹柳莺	秦山岛	江苏省新分布
棕腹仙翁鸟	秦山岛	江苏省新记录
黄蹼洋海燕	前三岛	中国新记录，观赏，稀有
海鸬鹚	前三岛	国家二级保护鸟类
苍鹭	前三岛、连岛	观赏
黄嘴白鹭	前三岛	国家二级保护鸟类
黑鹳	前三岛	国家一级保护鸟类
苍鹰	秦岛	国家二级保护鸟类
赤腹鹰	前三岛	国家二级保护鸟类
雀鹰	秦岛、前三岛、羊山岛	国家二级保护鸟类

续表8-54

名称	分布区域	保护等级
松雀鹰	秦山岛、前三岛	国家二级保护鸟类
普通	前三岛	国家二级保护鸟类
白尾鹞	前三岛	国家二级保护鸟类
燕隼	前三岛、连岛	国家二级保护鸟类
灰背隼	前三岛、连岛	国家二级保护鸟类
红隼	前三岛、连岛	国家二级保护鸟类
小杓鹬	前山岛、羊山岛	国家二级保护鸟类
红角鸮	前三岛	国家二级保护鸟类
长耳鸮	前三岛	国家二级保护鸟类
震旦鸦雀	前三岛	稀有种类
石鸡	前三岛	江苏省特有鸟类
岩鸡	前三岛	江苏省特有鸟类

8.4.3.4 旅游资源

旅游资源包括海岛、沙滩、海水浴场和海岛渔村人文景观。东西连岛是江苏省最大的海岛，与连云港港隔海相望，通过6.7 km的中国最长的拦海大堤与连云港市东部城区相连。岛上集青山、碧海、茂林、海蚀奇石、天然沙滩、海岛渔村人文景观于一体，是江苏唯一的AAAA级海滨旅游景区。东西连岛北侧开发有大沙湾海滨浴场、苏马湾海滨浴场。大沙湾海滨浴场位于西连岛，是江苏省最大的天然海滨浴场，金滩碧海、风和浪柔，海滩连绵5 km余，海水适合旅游的标准温度达80 d。与大沙湾海滨浴场相毗邻的苏马湾海滨浴场山林繁茂，岸边海蚀奇石各具形态。

以秦山岛为主体的旅游度假区分布有神路、千年古亭、李斯碑、徐福井、碧霞宫、天妃宫、受珠台、秦东门、古炮台等20余处主要景点。岛北侧建设有上岛船舶小码头，配套建设有秦山岛旅游度假区接待处、停车场及上岛船舶停靠处，整个面积约5 000 m^2。

赣榆县海头镇境内分布有江苏省最大的优质黄金沙滩，适合发展海滨观光、疗养和多种水上运动等项目的旅游业。

8.4.4 保护区生态和资源特点

8.4.4.1 自然属性

1）生态的自然性

自然性是度量保护区对象遭受人为干扰程度的指标，也称为自然度，它是保护区的基本属性。自然性越高，保护价值越大。

秦山岛、竹岛为无人岛，原始生态系统保存较好，自然性较高。其中，秦山岛受海浪冲击和气候的影响，岛屿植被有所减少，岛屿生态逐步恶化，岛屿地貌受到侵蚀，海蚀海积地貌发育；竹岛目前植被保存完好，有轻微地貌侵蚀。龙王河口沙嘴人工偷挖海沙现象严重，已部分破坏了原有的自然风貌；连岛北部岸线的苏马湾海滨浴场开发有人工沙滩，应严格控制该区域的海洋开发活动；海州湾近岸海域由于受到人类活动的影响较大，围填海、港口建设和海水养殖的发展使得该区域的生态环境受到不同程度的污染和生态退化，自然性较差。

2）生态类型多样性

海州湾是我国海岸南北分界、亚热带与暖温带的交界处，海洋生物种类繁多，生态系统独特，既有近岸低盐品种，也有远岸高盐类群，拥有植物370多种，鱼类200多种，软体动物100余种，虾类30种，蟹类38种，是江苏省唯一的海珍品自然分布区。作为候鸟迁徙的重要通道之一，已发现鸟类130多种。

3）资源的独特性和典型性

保护区所在海州湾海域海洋地貌较为典型，分布有江苏省仅有的14个基岩岛，海岸类型齐全，有基岩海岸，沙质海岸，泥质海岸，是典型的海洋海岸岛礁自然地貌区。

虽然海州湾生态旅游资源在江苏省具有较高的独特性和典型性，但就全国而言，资源的典型性、独特性较弱，资源等级不高。

8.4.4.2 可保护属性

1）面积适宜性

保护区的面积大小直接影响到保护区的管理成效，一个保护区必须拥有满足保护对象生活所需的最小面积。保护区的面积越大，保护价值亦就越高。该保护区总面积514.55 km^2，面积大小适宜，能够满足保护对象稳定持续发展的要求。且海州湾海洋特别保护区与海州湾中国对虾国家级水产种质资源保护区I区相接，可建立联合保护系统，有利于保持两保护区生态系统的完整性。

2）科学价值

海州湾属于暖温带向北亚热带过渡的近岸与浅海环境，海洋生物种类繁多，生态系统独特，具有重要的学术研究和保护价值，其沿岸及附近岛屿还是鸟类迁徙的重要通道。

3）历史文化价值

秦山岛是保护区内历史文化遗迹最具有科学价值和保护价值、保护对象最集中的区域，岛上名胜古迹较多，有千年古亭、李斯碑、奶奶庙等。

8.4.4.3 生态系统分区

依据保护区自然生态特征，从生态系统的角度将保护区分为岛陆生态系统区、潮间带生态系统区和浅海生态系统区（图8-3）。

岛陆生态系统区：秦山岛岛陆生态系统范围东侧以-2.0 m等深线，西侧以-1.0 m等深线为界，竹岛以高潮线为界。该系统区域包含高潮线以上的海岛部分，具有典型的陆地生态系统特点。

潮间带生态系统区：潮间带生态系统范围为人工海堤与-1.0 m等深线所围成的区域。该区域处于海州湾与连云港陆域的交汇地带，兼有海洋生态系统和陆地生态系统的特点。同时由于该区域河口分布较多，也是人类开发活动比较频繁的区域。

浅海生态系统区：-1.0 m等深线向海一侧与保护区边界形成的区域为海州湾浅海生态系统的范围。该区域分布着丰富的贝类、软体类、鱼类等海洋生物，是我国重要的海洋渔场。

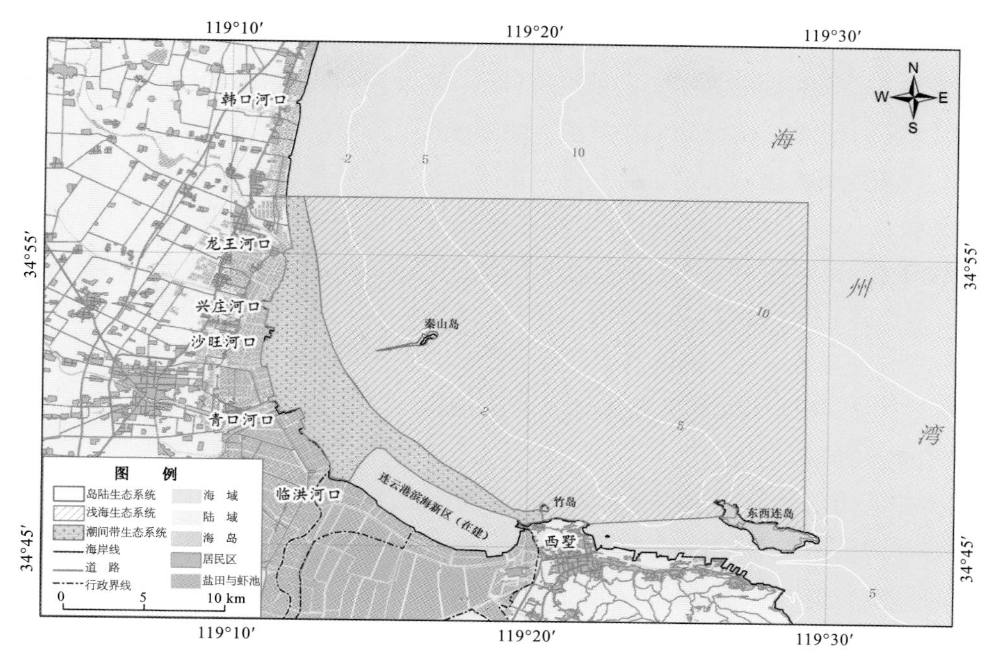

图8-3　海州湾海洋特别保护区生态系统分区

8.4.5　保护区功能分区

由于该保护区建立较早，建区时功能区是依据《海洋特别保护区管理暂行办法》的要求划定，2011年该保护区在申报加挂国家级海洋公园名称时对保护区功能分区进行了调整。

8.4.5.1　调整前的保护区功能分区

调整前的保护区功能区划分为4个区：生态保护区、资源恢复区、生态环境整治区各一块、开发利用区二块。同时根据保护的需要，还划定了3个保护点，分别为龙王河口沙嘴保护点、竹岛保护点、东西连岛苏马湾保护点（图8-4）。

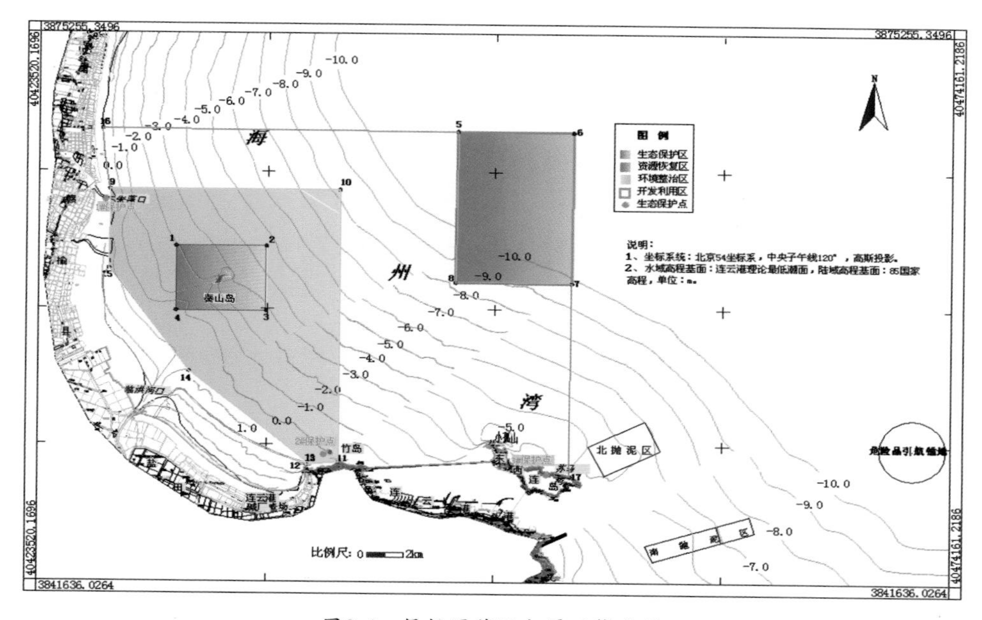

图8-4　保护区范围与原功能分区

1）生态保护区

位于海州湾湾顶，以秦山岛为中心，东西向5 km，南北向4 km的海域。秦山岛特殊的海蚀和海积地貌，具有观赏和科研价值，海蚀柱崩塌严重，亟须保护。同时，秦山岛上还有丰富的动植物资源。以秦山岛为中心的海域属典型的海湾生态系统，是保护区最具科学价值和保护价值的区域，也是保护对象最集中的区域。

2）资源恢复区

将连云港人工鱼礁工程区规划为资源恢复区。经过人工鱼礁一期工程的建设，该区域的水域生态环境有所改善，生物多样性指数增高，集鱼效果明显，发挥了保护渔场的作用。人工鱼礁二期工程的建设，将进一步改善生态环境，保护和增殖渔业资源。

3）生态环境整治区

本区包括海州湾湾顶潮下带及浅海水域，以滨海湿地生态系统为主。本区滩涂养殖活动十分密集，且近年来沿岸围海造地规模日益扩大、临海工业发展迅速，滨海湿地生态系统破坏加剧，水质日益恶化，时有赤潮发生。必须采取污染防治和生态建设措施，以改善该海域的生态环境。

4）开发利用区

开发利用区分为两个区：生态环境整治区与资源恢复区之间海域规划为开发利用一区；现有岸线与生态环境整治区之间为开发利用二区。在注重生态资源恢复、生态环境整治的前提下可进行适当的滩涂养殖、滨海旅游等海洋资源开发活动。

5）保护点

（1）龙王河口沙嘴保护点

位于赣榆县海头镇龙王河口南侧，是典型的羽状沙嘴，名“夜湖沙”。沙嘴向南延伸，标志着海州湾沿岸泥沙运动方向，属于自然遗迹。该保护点保护面积为10.81 hm^2。

（2）竹岛保护点

位于东西连岛和西大堤北侧，海蚀地貌发育，岛屿四周均为海蚀岩滩，是有名的蛇岛，该保护点重要保护对象为海蚀地貌和动物资源，保护面积为12.73 hm^2。

（3）东西连岛苏马湾保护点

东西连岛共有植物84科243属370多种，典型地带性植被为含有亚热带成分的暖温带落叶阔叶林。东西连岛的沙生植物群落生态系列完整，是不可多得的植物群落，其中珊瑚菜属于中国三级保护的渐危植物种类。东西连岛是江苏省最大的基岩岛，海蚀地貌发育，有岩滩、海蚀崖、海蚀穴和海蚀阶地等类型。该保护点重要保护对象为丰富多样的植物资源和海蚀地貌，保护面积约为28.17 hm^2。

8.4.5.2 调整后的保护区功能分区

根据已颁布实施《HY/T118-2010海洋特别保护区功能分区和总体规划编制技术导则》，海州湾海洋特别保护区功能分区划分为重点保护区、生态与资源恢复区、适度利用区和预留区（图8-5，表8-55）。

1）重点保护区

海州湾以秦山岛、竹岛等岛屿地貌以及龙王河口羽状沙嘴、东西连岛苏马湾沙质海岸为保护重点。

（1）秦山岛

秦山岛地处34°52′N、119°17′E，海岛面积142 074 m²，有特殊的海蚀和海积地貌，具有观赏和科研价值。同时秦山岛上拥有丰富的动植物资源，以秦山岛为中心的海域属典型的海湾生态系统，是保护区最具科学价值和保护价值的区域，也是保护对象最集中的区域。

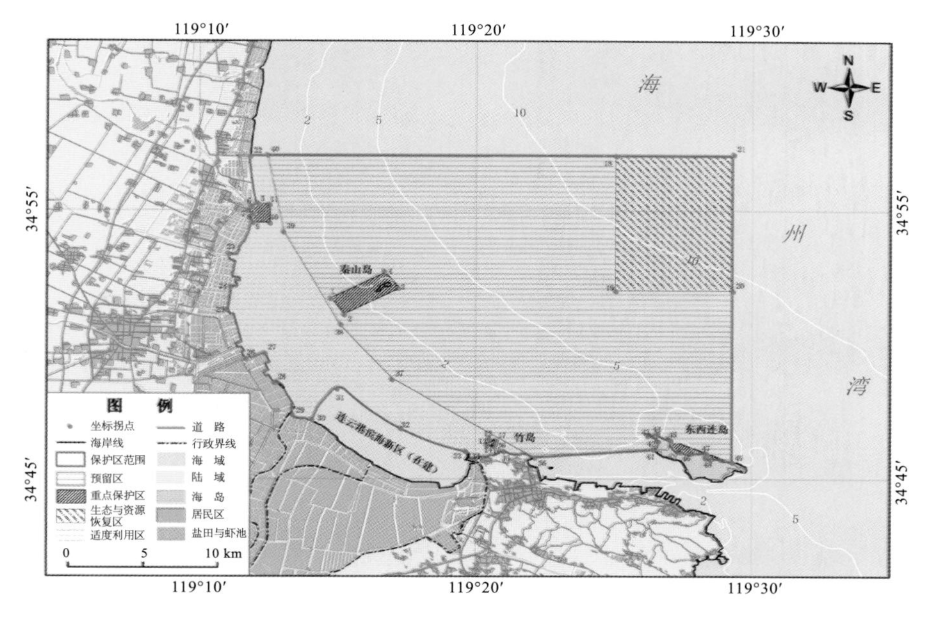

图8-5 海州湾海洋特别保护区功能分区

表8-55 江苏连云港海州湾海洋特别保护区功能分区范围及面积

功能分区	范围		面积（km²）
重点保护区	1	1-2-3-4-1（秦山岛）	4.49
	2	5-6-7-8-9-10-11-5（龙王河口沙嘴）	1.24
	3	12-13-14-15-16-17-12（竹岛）	0.18
	4	45-46-47-48-49-45（连岛北部岸线及海域）	1.03
生态与资源恢复区	18-19-20-21-18		59.62
适度利用区	22-5-6-7-8-9-23-24-25-…-38-39-40-22（除掉重点保护区2、3）		82.25
预留区	40-39-38-37-36-41-42-43-…-48-49-20-19-18-40（除掉重点保护区1、4）		365.74
总面积			514.55

（2）竹岛

竹岛位于东西连岛和西大堤北侧，地处34°46′N、119°21′E，距大陆岸线最近距离约500 m，海岛面积85 538 m²，岸线长1 306 m，竹岛海蚀地貌发育典型，是有名的蛇岛。竹岛的主要保护目标为海蚀地貌和动物资源。目前竹岛植被保存良好，海浪对竹岛的影响也很小（图8-6，图8-7）。

图8-6　竹岛保护点（1）

图8-7　竹岛保护点（2）

（3）龙王河口羽状沙嘴

龙王河口羽状沙嘴位于赣榆县海头镇龙王河口南侧，是典型的羽状沙嘴，名“夜湖沙”。沙嘴向南延伸，标志着海州湾沿岸泥沙运动方向，属于自然遗迹（图8-8，图8-9）。

图8-8　龙王河口沙嘴（1）

图8-9　龙王河口沙嘴（2）

（4）连岛北部岸线及海域

东西连岛是江苏省最大的基岩岛，地处34°45′N、119°29′E，海岛面积6.06 km^2，岸线长18.9 km。海蚀地貌发育，有岩滩、海蚀崖、海蚀穴和海蚀阶地等类型，连岛北侧分布有大沙湾、苏马湾两处沙滩（图8-10，图8-11）。东西连岛共有植物84科243属370多种，典型地带性植被为含有亚热带成分的暖温带落叶阔叶林。该保护点重要保护对象为丰富多样的植物资源和海蚀地貌。

图8-10　苏马湾保护点（1）

图8-11　苏马湾保护点（2）

2）生态与资源恢复区

保护区东北侧为海州湾人工鱼礁区，该区域从2003年开始投放人工鱼礁。投放人工鱼礁是发展海洋牧场的有效手段，经过人工鱼礁工程的建设，该区域水域生态环境有所改善，生物多样性指数有所增高，集鱼效果明显。因此，将人工鱼礁区划为生态与资源恢复区，根据实际情况继续进行人工增殖，保护和增殖渔业资源。

3）适度利用区

随着沿海开发战略的逐步实施，连云港作为江苏沿海地区发展的战略前线，沿海一线的海洋开发活动不断增加。为加强对保护区近岸部分海域的开发活动加以限制和引导，根据海州湾海域开发现状和保护区资源现状，以-2m等深线为主要参照，结合保护区内养殖、旅游等开发活动，划定了近岸区为保护区的适度利用区。

8.4.6 保护区生态环境保护目标

8.4.6.1 重点保护区生态环境保护目标

1）秦山岛生态环境保护目标

（1）禁止改变“神路”、棋子湾、沙砾滩等海蚀地形地貌的自然形态。严格保护海蚀崖、海蚀穴等典型海蚀地貌景观，清理养护海蚀地貌岸滩。

（2）严格保护海岛海岸线。除旅游码头建造和护岸工程利用海岸线以外，不得在直接海岸线建造任何固定设施。

（3）禁止破坏天然植被，禁止进行开山采石等破坏海岛自然形态的活动。在生态安全的前提下，可适当开发生态旅游。

（4）淡水井邻近10 m范围内禁止设置有污染排放的设施，海岛排污设计应避开淡水源区域，防止水质污染。

（5）保护奶奶庙、受珠台、李斯碑、徐福井和秦东门等历史文化景观及遗址。历史文化景观整治修复时，应保持遗迹原貌，对于无法直接修复的遗迹，应收集相关资料，在保留原始遗迹的前提下，尽可能地原址原貌复建历史文化景观。

2）竹岛生态环境保护目标

（1）严格限制蝮蛇密集活动区域的人员活动，鼓励修复蝮蛇栖息地等以保护蝮蛇为目的的措施。蝮蛇活动区域以外范围涉及人员安全的，应适当设置相应的安全隔离设施。

（2）禁止在竹林分布区域内大量采伐天然竹林。确需开发利用竹林的，应仅限于开展以观赏竹林自然景观为主的开发利用活动。

（3）严格保护海蚀崖、海蚀穴等典型海蚀地貌景观，鼓励以稳定和修复海蚀地貌岸滩为主要目的的保护海蚀地貌的措施。

（4）严格保护竹岛海岸线。开发利用活动应避免破坏自然岸线资源，在海岸线及周边海域修建码头、房屋等建筑物和设施，鼓励采用透水构筑物形式或者桩基方式，例如栈桥式码头、栈道、高脚屋等。

3）龙王河口沙嘴生态环境保护目标

龙王河口沙嘴人工偷挖海沙现象严重，已部分破坏了原有的自然风貌。因此，应严格保护龙王河口沙嘴地貌，禁止挖沙行为。

4）连岛北部岸线及海域生态环境保护目标

加强苏马湾海滨浴场建设管理，对人工沙滩进行生态修复，并禁止在沙滩上建设永久性建筑物，除必要的服务设施外，限制建设其他临时设施。

8.4.6.2 生态与资源恢复区生态环境保护目标

（1）人工鱼礁与海洋牧场具有极其重要的生态保护作用，可充分发挥其提供保护及其修复海洋生物栖息与繁殖生境的生态作用，实现海洋渔业资源的恢复与生态系统重建。

（2）建设天然垂钓区、潜水运动区、应保护其不受娱乐活动的负面影响。

（3）加强日常巡逻，禁止渔船和游客随便入内。

8.4.6.3 适度利用区生态环境保护目标

（1）以陆源污染防治为重点，完善全区基础设施，建立完备的污水收集和处理系统，严防海滨污染，改善近海海域水质。

（2）逐步取缔本区海水养殖及围海养殖，禁止各类渔业捕捞活动。

（3）合理规划旅游活动，旅游开发必须严格保护海滨资源。

（4）完善海滨防护林体系建设，建立连续的海滨防护林和景观林，形成一条绿色屏障，改善海洋生态环境。

（5）大力实施海岸带生态保护工程，禁止发展住宅类房地产，海岸带200 m范围内禁止围海造田、修路筑堤、修建永久性旅游设施等破坏海岸带的开发行为。

8.4.6.4 预留区生态环境保护目标

（1）合理控制养殖规模和养殖密度，提高养殖技术，建立生态养殖系统，采用生物净化法和工程手段改善水质和底质，减少养殖区污染源排放。

（2）控制养殖强度，开展增殖放流活动，通过实施渔业资源修复行动计划，加大资源保护力度。加强对海域生态环境的监测，有效控制渔船和有关单位向海域内排污、倾废等活动。

8.5 海洋生态环境质量

2010年11月保护区海域开展了海洋环境质量与生态现状监测，监测指标及监测站位如图8-12所示。

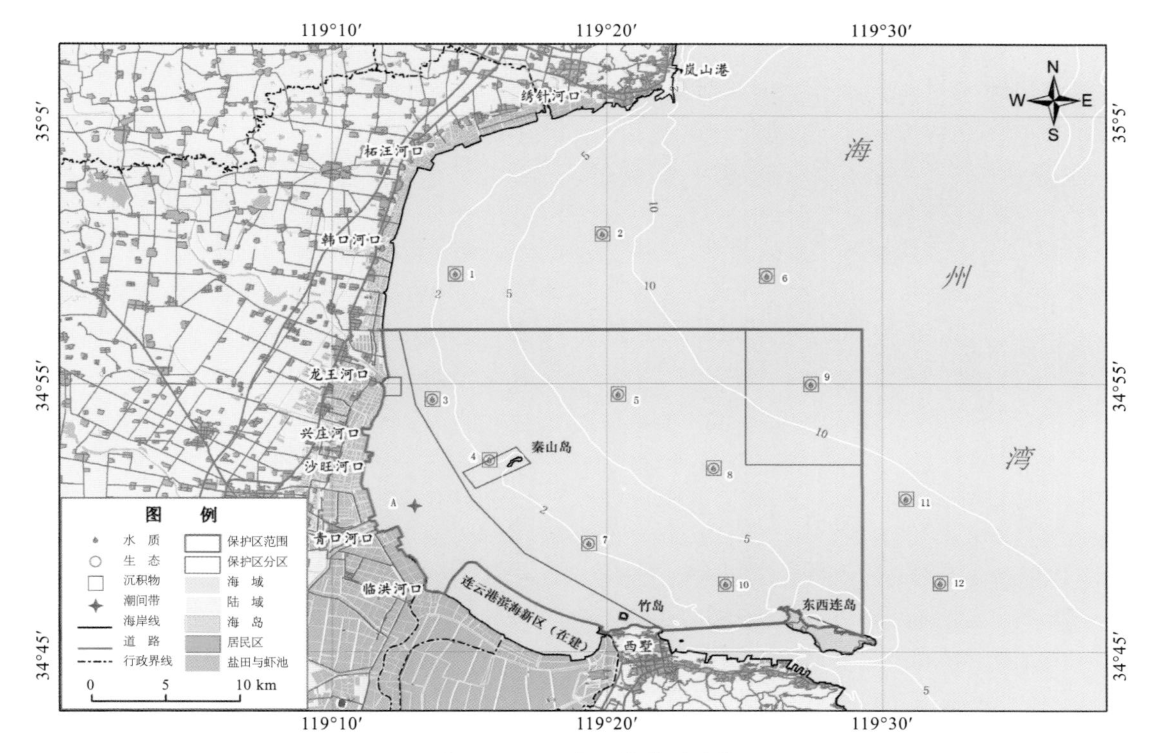

图8-12 2010年11月监测站位

8.5.1 海水环境质量评价

8.5.1.1 评价因子与评价标准

评价因子为化学需氧量（COD）、无机氮、活性磷酸盐、石油类、铜、锌、铅、镉、总汞、砷、总铬。

评价标准为《海水水质标准》（GB3097—1997）中的第二类标准，该类标准适用于水产养殖区，海水浴场，人体直接接触海水的海上运动或娱乐区，以及与人类食用直接相关的工业用水区。

8.5.1.2 评价方法

采用单因子标准指数（P_i）法，评价模式如下：

$$P_i = \frac{C_i}{C_{io}}$$

式中：P_i为第i项因子的标准指数，即单因子标准指数；C_i为第i项因子的实测浓度；C_{io}为第i项因子的评价标准值。

当标准指数值P_i大于1，表示第i项评价因子超出了其相应的评价标准，即表明该因子已不能满足评价海域海洋功能区的要求。

8.5.1.3 评价结果与统计

海水环境质量评价结果与统计详见表8-56。

评价结果显示，化学需氧量、铜、铅、镉、锌、总铬、砷、石油类均符合二类海水水质标准；总汞、无机氮和活性磷酸盐超二类海水水质标准的站位分别占到8.3%、41.7%、50%，最大超标倍数分别为0.20、2.52、0.73。

表8-56 调查海域各评价因子标准指数值（二类海水水质标准）

站位	无机氮	活性磷酸盐	铜	铅	镉	锌	铬	总汞	砷	石油类	化学耗氧量
1	0.41	0.93	0.39	0.06	0.06	0.31	0.00	0.23	0.02	0.07	0.27
2	0.67	0.92	0.25	0.00	0.06	0.33	0.02	0.25	0.20	0.05	0.25
3	3.52	1.10	0.65	0.34	0.20	0.25	0.01	0.21	0.03	0.07	0.52
4	2.01	1.73	0.53	0.30	0.12	0.11	0.05	0.10	0.25	0.05	0.52
5	1.93	1.67	0.43	0.29	0.17	0.19	0.04	1.20	0.24	0.09	0.35
6	0.64	1.04	0.32	0.19	0.14	0.37	0.00	0.39	0.15	0.05	0.18
7	1.37	1.33	0.61	0.41	0.17	0.28	0.04	0.25	0.30	0.09	0.25
8	0.99	0.95	0.30	0.07	0.10	0.22	0.01	0.33	0.01	0.09	0.20
9	0.60	1.00	0.32	0.49	0.22	0.19	0.01	0.67	0.15	0.11	0.20
10	0.84	1.40	0.47	0.46	0.22	0.25	0.00	0.15	0.13	0.07	0.29
11	1.10	0.94	0.33	0.06	0.11	0.33	0.00	0.06	0.30	0.12	0.21
12	0.47	0.96	0.30	0.03	0.04	0.56	0.02	0.31	0.38	0.18	0.34

8.5.2 沉积物质量评价

8.5.2.1 确性评价因子与评价标准

沉积物质量评价因子为石油类、铜、铅、锌、铬、镉、汞、砷，评价标准执行《海洋沉积物标准》（GB18668—2002）中的第一类标准，该类标准适用于海洋渔业水域，海洋自然保护区，珍稀与濒危生物自然保护区，海水养殖区，海水浴场，人体直接接触沉积物的海上运动或娱乐区，与人类食用直接有关的工业用水区。

8.5.2.2 评价方法

采用标准指数法，其公式为：

$$P_{i,j} = C_{i,j}/S_{i,j}$$

式中：$P_{i,j}$为i污染物j点的标准指数；$C_{i,j}$为i污染物j点的实测浓度（mg/L）；$S_{i,j}$为i污染物j点的标准浓度（mg/L）。

8.5.2.3 评价结果与统计

评价结果显示，Cu、Pb、Cr、有机碳均符合一类海洋沉积物标准；油类、Cd、Zn、Hg、As超一类海洋沉积物标准的站位分别占到16.7%、8.3%、16.7%、33.3%、8.3%，最大超标倍数分别为0.81、0.06、0.15、2.23、0.11（表8-57）。

表8-57 海洋沉积物各评价因子的标准指数及统计（一类标准）

站位	油类	铜	铅	镉	锌	铬	总汞	砷
1	0.74	0.33	0.18	0.20	0.72	0.65	0.96	0.59
2	0.07	0.19	0.12	0.10	0.28	0.62	0.32	0.43
3	1.81	0.73	0.28	0.17	0.99	0.47	1.34	0.59
4	1.29	0.63	0.27	0.15	0.40	0.61	0.73	1.11
5	0.10	0.35	0.16	0.16	0.23	0.66	0.72	0.58
6	0.29	0.19	0.11	0.18	0.21	0.65	0.57	0.12
7	0.02	0.69	0.29	0.24	1.04	0.73	1.07	0.91
8	0.13	0.35	0.14	0.11	0.25	0.65	3.23	0.79
9	0.10	0.35	0.22	1.06	0.57	0.70	0.78	0.59
10	0.93	0.55	0.21	0.11	1.15	0.44	0.70	0.60
11	0.02	0.23	0.13	0.12	0.33	0.68	0.54	0.99
12	0.01	0.43	0.20	0.20	0.59	0.61	1.40	0.55

8.5.3 海洋生物现状

海域海洋生物现状调查内容包括：浮游植物、浮游动物、底栖生物及潮间带底栖动物的种类组成、优势种、生物量、资源密度、群落结构和生物多样性特征等。海洋生物现状调查共设12个调查站点，每个站位采集浮游植物、浮游动物、鱼卵仔鱼以及底栖生物，游泳生物调查站点4个，具体采样站点见图8-13。

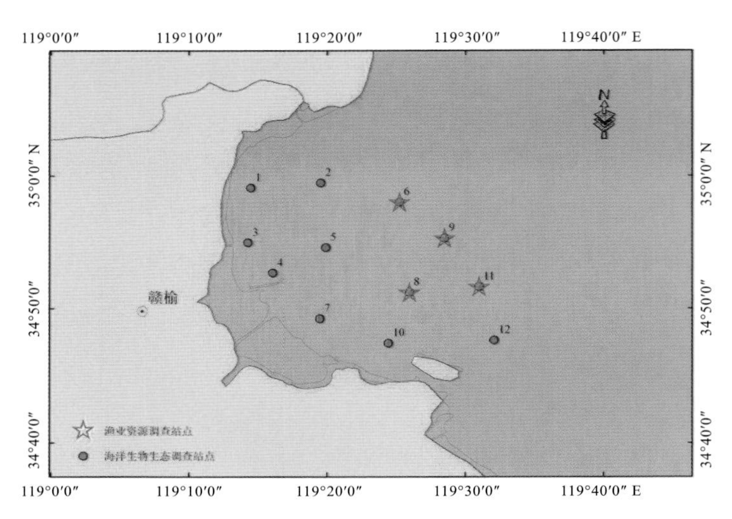

图8-13　海域生物调查站位示意图

各项目调查方法均按GB17378.6《海洋监测规范》第7部分：近海污染生态调查和生物监测以及GB12763.6《海洋调查规范》中海洋生物调查进行。

数据处理采用Shannon-wiener指数（H'），丰富度指数（d）（Margalef，1958），均匀度指数（J）（Pielou），相对重要性指数IRI等参数。

数据处理及绘图采用ArcGIS、Excel2000、DPS及SPSS等统计分析软件。各参数的计算公式如下。

Shannon-wiener多样性指数H'：$H' = -\sum_{i=1}^{S} P_i \log_2 P_i$

丰富度指数d：$d = (S-1)/\log_2 N$

均匀度指数J：$J = H'/\log_2 S$

式中：P_i为第i种的数量；N为测站所有种类总数量；S为种类数。

相对重要性指数IRI：$IRI = (N+W)F$

式中：N为某一种的个数占总数的百分比；W为某一种的重量占总重量的百分比；F为某一种出现的站次数占调查总站次数的百分比。规定IRI大于0.02为优势种。

8.5.3.1　浮游植物

1）种类

调查海域共发现浮游植物45种，隶属于2门20属，其中硅藻门40种，甲藻门5种，各种类组成见表8-58。

表8-58　调查海域浮游植物种类

门	属	种	拉丁文
硅藻门	*Biddulphia*	中华盒形藻	*Biddulphia sinensis Grev.*
硅藻门	*Dactyliosolen*	地中海指管藻	*Dactyliosolen mediterraneus Per.*
硅藻门	*Eucampia*	角状弯角藻	*Eucampia zoodiacus Ehr.*
硅藻门	*Leptocylindrus*	丹麦细柱藻	*Leptocylindrus danicus Cl.*
硅藻门	*Leptocylindrus*	小细柱藻	*Leptocylindrus minimus Gran*

续表8-58

门	属	种	拉丁文
硅藻门	*Nitzschia*	尖刺菱形藻	*Nitzschia pungens Grun.*
硅藻门	*Nitzschia*	菱形藻属	*Nitzschia*
硅藻门	*Nitzschia*	洛氏菱形藻	*Nitzschia lorenziana Grun.*
硅藻门	*Nitzschia*	奇异菱形藻	*Nitzschia paradoxa Grun.*
硅藻门	*Nitzschia*	新月菱形藻	*Nitzschia closterium Ehr.*
硅藻门	*Thalassiosira*	诺氏海链藻	*Thalassiosira nordenskioldii*
硅藻门	*Thalassiosira*	圆海链藻	*Thalassiosira rotula Meun.*
硅藻门	辐环藻属	厚辐环藻	*Actinocyclus crassus(W.Sm.)V.H.*
硅藻门	辐裥藻属	爱氏辐裥藻	*Actinoptychus*
硅藻门	辐裥藻属	波状辐裥藻	*Actinoptychus undulatus(Bailey)Ralfs*
硅藻门	根管藻属	笔尖形根管藻	*Rhizosolenia styliformis Brightw.*
硅藻门	根管藻属	粗根管藻	*Rhizosolenia robusta Norm.*
硅藻门	根管藻属	刚毛根管藻	*Rhizosolenia setigera Brightw.*
硅藻门	根管藻属	斯氏根管藻	*Rhizosolenia stolterfothii Per.*
硅藻门	骨条藻属	中肋骨条藻	*Skeletonema costatum*
硅藻门	海毛藻属	佛氏海毛藻	*Thalassiothrix frauenfeldii Grun.*
硅藻门	角毛藻属	角毛藻属	*Chaetoceros*
硅藻门	角毛藻属	聚生角毛藻	*Chaetoceros socialis Laud.*
硅藻门	角毛藻属	卡氏角毛藻	*Chaetoceros castracanei Karst.*
硅藻门	角毛藻属	洛氏角毛藻	*Chaetoceros lorenzianus Grun.*
硅藻门	角毛藻属	密聚角毛藻	*Chaetoceros coarctatus Laud.*
硅藻门	角毛藻属	扭角毛藻	*Chaetoceros convolutus Castr.*
硅藻门	角毛藻属	平滑角毛藻	*Chaetoceros laevis Leud.-Fortm.*
硅藻门	角毛藻属	日本角毛藻	*Chaetoceros nipponica Ikari*
硅藻门	角毛藻属	旋链角毛藻	*Chaetoceros curvisetus Cl.*
硅藻门	角毛藻属	窄隙角毛藻	*Chaetoceros affinis Laud.*
硅藻门	曲舟藻属	美丽曲舟藻	*Pleurosigma*
硅藻门	双尾藻属	布氏双尾藻	*Ditylum brightwelli (West)Grun.*
硅藻门	弯角藻属	浮动弯角藻	*Eucampiaceae*
硅藻门	圆筛藻属	虹彩园筛藻	*Coscinodiscus ocullusiridis Ehr.*
硅藻门	圆筛藻属	偏心园筛藻	*Coscinodiscus*
硅藻门	圆筛藻属	琼氏园筛藻	*Coscinodiscus jonesianus (Grev.) Ostf.*
硅藻门	圆筛藻属	苏氏园筛藻	*Coscinodiscus*

门	属	种	拉丁文
硅藻门	圆筛藻属	中心园筛藻	*Coscinodiscus centralis Ehr.*
硅藻门	直链藻属	具槽直链藻	*Melosira sulcata (Ehr.) Kutz.*
甲藻门	角藻属	叉状角藻	*Ceratium furca (Ehr.) Claparede et Lachmann*
甲藻门	角藻属	短角角藻	*Ceratium breve (Ostf. et Schmidt) Schroder*
甲藻门	角藻属	梭角藻	*Ceratium fusus (Ehr.) Dujardin*
甲藻门	夜光虫属	夜光藻	*Noctiluca scientillans*
甲藻门	原腰鞭虫属	海洋原甲藻	*Prorocentrum micans*

2）优势种

调查海域浮游植物优势种为丹麦细柱藻、尖刺菱形藻、旋链角毛藻等，主要种类有笔尖形根管藻、斯氏根管藻、佛氏海毛藻、中华盒形藻、波状辐裥藻、中肋骨条藻、小细柱藻、卡氏角毛藻、圆海链藻、奇异菱形藻、浮动弯角藻等。

丹麦细柱藻12个站位都有发现，出现频率100%，平均生物密度为$1\,028\times10^4$ ind./m^3，占总生物密度的10.74%。

尖刺菱形藻平均密度为916.67×10^4 ind./m^3，旋链角毛藻893.33×10^4 ind./m^3。

3）生物密度

调查海域浮游植物总平均密度为$9\,029\times10^4$ ind./m^3，范围为$2\,608\times10^4$ ind./m^3～ $21\,360\times10^4$ ind./m^3。

4）多样性

调查海域浮游植物调查多样性指数平均为3.29，范围为2.53～3.81，其中3号站位生物多样性最低。丰富度指数平均为1.36，范围为0.94～1.71，各站位相差不大。均匀度指数平均0.79，范围为0.58～0.88。

8.5.3.2 浮游动物

1）种类

调查海域共发现浮游动物23种、幼体4种，其中桡足类7种、水母类4种、毛鄂类3种、糠虾目2种、端足目、十足目以及磷虾目各有1种，各种类组成见表8-59。

表8-59 调查海域浮游动物种类组成

门	属	种类	拉丁文	类群
节肢动物门	胸刺水蚤属	背针胸刺水蚤	*Centropages dorsispinatus Thompson- et Scott*	桡足类
节肢动物门	大眼剑水蚤属	近缘大眼剑水蚤	*Corycaeus affinis Mcmurrichi*	桡足类
节肢动物门	长足水蚤属	汤氏长足水蚤	*Calanopia thompsoni A. Scott*	桡足类
节肢动物门	拟哲水蚤属	小拟哲水蚤	*Paracalanus parvus (Claus)*	桡足类
节肢动物门	拟哲水蚤属	针刺拟哲水蚤	*Paracalanus aculeatus Giesbrecht*	桡足类
节肢动物门	唇角水蚤属	真刺唇角水蚤	*Labidocera euchaeta Giesbrecht*	桡足类
节肢动物门	哲水蚤属	中华哲水蚤	*Calanus sinicus Brodsky*	桡足类

续表8-59

门	属	种类	拉丁文	类群
节肢动物门	囊糠虾属	儿岛囊糠虾	*Gastrosaccus kojimaensis*	糠虾目
节肢动物门	囊糠虾属	漂浮囊糠虾	*Gastrosaccus pelagicus Ii*	糠虾目
节肢动物门	假磷虾属	中华假磷虾	*Pseudeuphausia sinica wang et Chen*	磷虾目
节肢动物门	钩虾属	钩虾	*Gammarus*	端足目
节肢动物门	细螯虾属	细螯虾	*Leptochela gracilis Stimpson*	十足目
毛颚动物门	*Sagitta*	百陶箭虫	*Sagitta bedoti*	毛鄂类
毛颚动物门	*Sagitta*	拿卡箭虫	*Sagitta* sp	毛鄂类
毛颚动物门	*Sagitta*	囊开型箭虫	*Sagitta* sp	毛鄂类
腔肠动物门	*Muggiaea*	五角水母	*Muggiaea atlantica Cunningham*	水母类
腔肠动物门	*Octocannoides*	印度八管水母	*Octocannoides ocellata Menon*	水母类
腔肠动物门	*Aequorea*	锥形多管水母	*Aequorea conica Browne*	水母类
栉水母动物门	*pleurobrachia*	球形侧腕水母	*Pleurobrachia globose*	水母类
环节动物门	–	多毛类幼体	–	幼体
软体动物们	–	幼蛤	–	幼体
尾索动物门	住囊虫科	长尾住囊虫	*Oikopleura*	幼体
节肢动物门	–	短尾类蚤状幼体	–	幼体

2）优势种

调查海域浮游动物优势种有百陶箭虫、拿卡箭虫、真刺唇角水蚤、中华哲水蚤、囊开型箭虫、背针胸刺水蚤、漂浮囊糠虾等。

百陶箭虫在12个站位均有出现，出现频率100%，平均生物密度为13.33 ind./m^3，占浮游动物总生物密度的35.91%。真刺唇角水蚤在12个站位也均有出现，生物密度为4.77 ind./m^3。拿卡箭虫出现频率为91.67%，生物密度为5.39 ind./m^3。

3）生物密度

调查海域浮游动物平均密度为37 ind./m^3，范围为12～163 ind./m^3，其中1号站位生物密度最高。浮游动物平均生物量为58 mg/m^3，范围为13～229 mg/m^3，1号站位生物量最高。

4）多样性

浮游动物生物多样新指数平均为2.39，范围为1.95～2.64；丰富度平均为1.60，范围为0.60～2.29；均匀度平均为0.74，范围为0.64～0.79。

8.5.3.3 底栖生物

1）种类

调查海域共调查发现底栖生物49种，各类群中软体动物居首位21种，占总种类的42.9%，甲壳动物17种，占34.7%，鱼类9种，占18.4%，棘皮动物2种，占4.1%。

调查海域底栖生物种类组成见表8-60。

表8-60　调查海域底栖生物种类组成

类群	种类	站位											
		1	2	3	4	5	6	7	8	9	10	11	12
鱼类	长丝虾虎鱼		+										
	尖海龙	+	+							+			+
	焦氏舌鳎	+	+					+					
	孔虾虎				+								
	拉氏狼牙虾虎鱼			+	+			+	+		+		
	矛尾虾虎鱼			+	+	+		+	+				
	普氏缰虾虎鱼	+	+										
	小头栉孔虾虎鱼					+			+				
	髭缟虾虎鱼		+			+							
软体类	白带三角螺							+			+		
	扁玉螺	+		+	+	+		+	+				
	彩虹明樱蛤												+
	大竹蛏								+				
	对称拟蚶								+				
	光滑河蓝蛤				+								
	黑芥穗麦蛤					+							
	红带织纹螺	+				+			+				
	厚壳贻贝					+			+				
	纪伊片螺								+				
	剑尖枪乌贼											+	
	蓝无壳侧鳃								+	+		+	
	脉红螺		+										
	毛蚶			+	+	+		+					
	日本镜蛤								+				
	双喙耳乌贼					+							
	绣丽织纹螺							+					
	缢蛏	+		+	+	+		+	+		+		
	褶牡蛎					+							
	爪哇拟塔螺			+					+				
	纵肋织纹螺	+	+		+		+	+					

续表8-60

类群	种类	站位											
		1	2	3	4	5	6	7	8	9	10	11	12
甲壳类	鞭腕虾		+			+							
	葛氏长臂虾		+										
	沟纹拟盲蟹		+										
	脊腹褐虾								+				
	脊尾白虾			+	+			+					
	寄居蟹				+						+		
	口虾蛄	+	+	+	+	+		+	+	+			
	鞭腕虾		+			+							
	葛氏长臂虾		+										
甲壳类	沟纹拟盲蟹		+										
	脊腹褐虾								+				
	脊尾白虾			+	+			+					
	寄居蟹				+						+		
	口虾蛄	+	+	+	+	+		+	+	+			
	马氏毛粒蟹					+							
	日本鼓虾	+		+	+	+		+	+		+		
	日本蟳	+				+							
	日本沼虾	+				+							
	绒毛细足蟹			+		+			+				
	双斑蟳		+										
	水母虾										+		+
	细螯虾	+		+				+					+
	细巧仿对虾		+			+			+				
	中国毛虾						+					+	+
棘皮类	海星		+										
	马粪海胆		+			+							

2）生物密度

调查海域调查底质多为硬砂，采泥器无法采集定量标本，故用阿氏拖网采集定性标本进行计算。

底栖生物平均生物量为0.239 9 g/m^2，变化范围为0.002 6～0.909 3 g/m^2；底栖生物平均生物密度为0.082 3 ind./m^2，变化范围为0.003 0～0.236 5 ind./m^2。近岸海域生物量和密度均高于外海（图8-14，图8-15）。

各类群中软体动物平均生物量为0.115 0 g/m²，甲壳动物为0.053 6 g/m²，鱼类为0.039 4 g/m²，棘皮动物为0.031 9 g/m²。

各类群中软体动物平均生物量为0.024 5 ind./m²，甲壳动物为0.044 3 ind./m²，鱼类为0.011 5 ind./m²，棘皮动物为0.002 1 ind./m²。

（3）优势种

调查海域底栖生物密度优势种为日本鼓虾、扁玉螺、厚壳贻贝、矛尾虾虎鱼、拉氏狼牙虾虎鱼、口虾蛄、毛蚶、缢蛏、细螯虾、马粪海胆、细巧仿对虾等。

日本鼓虾出现频率为58.33%，平均生物密度为0.019 2 ind./m²，占总生物密度的8.00%，生物量为0.022 8 g/m²，占总生物量的27.70%。扁玉螺出现频率为50.00%，平均生物密度为0.027 7ind./m²，占总生物密度的11.54%，生物量为0.006 7 g/m²，占总生物量的8.11%。

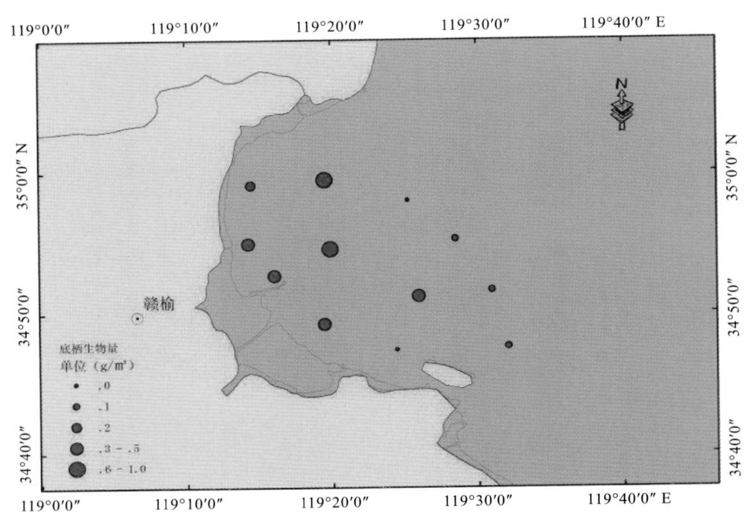

图8-14　调查海域底栖生物量分布

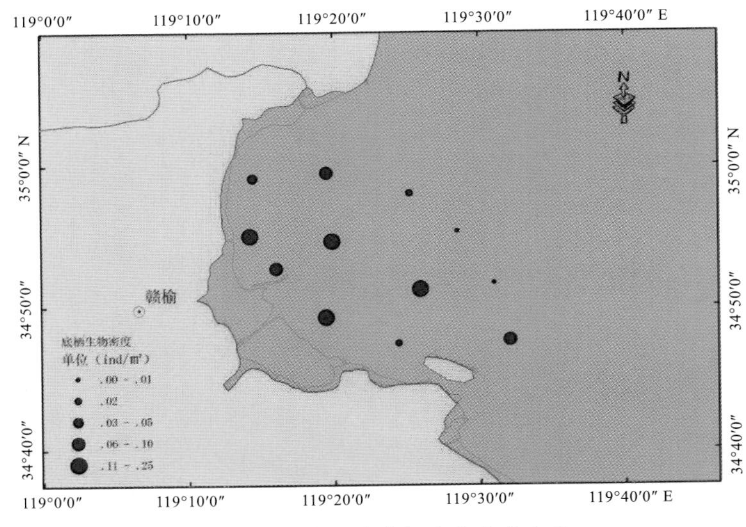

图8-15　调查海域底栖生物密度分布

4）多样性

调查海域底栖生物多样性平均为2.36，范围为0.81～3.55。丰富度平均为1.64，范围为0.33～2.64。

均匀度平均为0.81，范围为0.51～1.0。

8.5.3.4　游泳生物

1）种类

调查海域共调查发现游泳生物16种，其中鱼类10种，占总种类的62.5%，虾类3种，占18.8%，蟹类1种占6.3%，头足类2种，占12.5%。

调查海域周边各站位中9号站位出现游泳生物种类最多，共计12种，各类群中鱼类7种，虾类2种，头足类2种，蟹类1种。其余各站位种类在8～9种。

调查海域出现的游泳生物见表8-61。

表8-61　调查海域各站位游泳生物种类名录

	种名	站位			
		6号	8号	9号	11号
鱼类	斑鰶	+			+
鱼类	赤鼻棱鳀	+	+	+	+
鱼类	带鱼	+	+	+	
鱼类	方氏云鳚			+	
鱼类	黄鮟鱇			+	
鱼类	矛尾虾虎鱼				+
鱼类	鳀	+	+	+	+
鱼类	小黄鱼	+	+	+	+
鱼类	银鲳	+	+	+	+
鱼类	中颚棱鳀		+		
蟹类	日本蟳			+	+
虾类	戴氏赤虾			+	
虾类	口虾蛄	+	+	+	+
虾类	鹰爪糙对虾		+		
头足类	短蛸			+	
头足类	剑尖枪乌贼	+	+	+	+

2）生物量

调查海域游泳生物平均生物量为6.27 kg/h，范围为2.62 kg/h ～11.20 kg/h；平均生物密度为802尾/h，范围为607～1 248尾/h。游泳生物生物量和密度分布如图8-16、图8-17所示。

各类群中鱼类生物量最高为4.97kg/h，其次为蟹类生物量为0.82kg/h，虾类为0.36kg/h，头足类生物量为0.12kg/h。各类群中鱼类生物密度均最高为749尾/h，其次为虾类生物密度36尾/h，头足类16尾/h，蟹类生物密度为1尾/h。

3）优势种

调查海域游泳生物优势种有鳀、赤鼻棱鳀、银鲳、口虾蛄、日本蟳、小黄鱼、剑尖枪乌贼、黄鮟鱇等。

其中鳀鱼生物量596 g/h，占总生物量的74.28%，赤鼻棱鳀生物量为107 g/h，占总生物量的13.32%，银鲳为27 g/h，占总生物量的3.42%，口虾蛄生物量为33 g/h，占总生物量的4.13%。

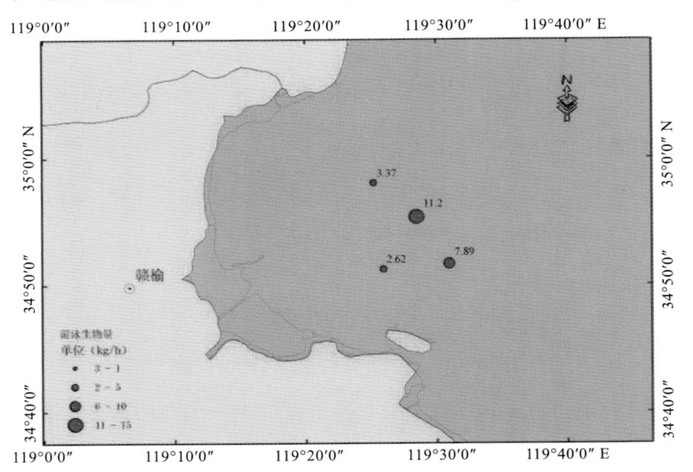

图8-16 调查海域游泳生物量分布

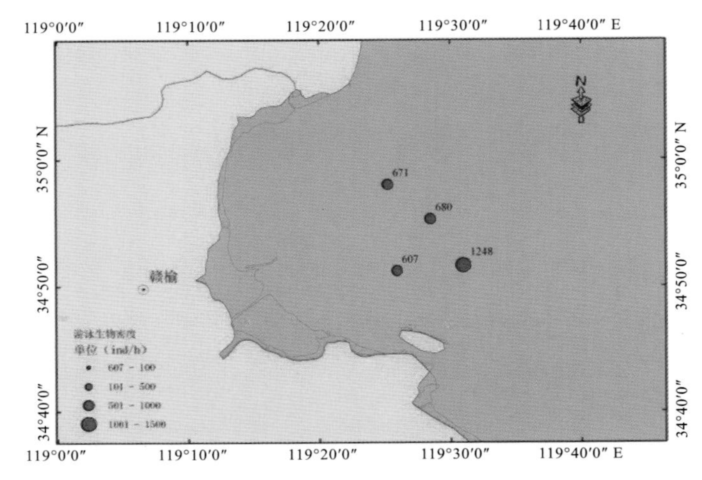

图8-17 调查海域游泳生物密度分布

4）资源量

（1）资源量计算公式

利用扫海面积法估算调查海域游泳生物资源量。

扫海面积法评估公式：

$$B = C/q \times a$$

式中：B为资源量；C为单位时间内的渔获量（kg/h）；a为网具每小时扫海面积，根据网口宽度、拖速。q的确定为q=0.8 底栖鱼类、虾类、蟹类；q=0.3中上层鱼类（鲱形目、鲈形目的鲹科、鲭亚目、鲳亚目）；q=0.5底层鱼类、头足类。

（2）重量、尾数资源量评估结果

根据所有调查站位的扫海面积，每个鱼类品种的捕获系数（各种类q值见附表）、渔获量、渔获尾数，确定各个鱼类品种重量资源量和资源尾数，累加作为鱼类总的资源量。虾类、蟹类、头足类也是如此，分别根据各个品种的捕捞系数、渔获量和渔获尾数确定各个品种的资源量和资源尾数。

经计算调查海域游泳生物平均资源量为1354.27kg/km²，范围为564.80～2 419.70 kg/km²。资源密度平均为173 143 尾/km²，范围为131 145～269 546 尾/km²（表8-62）。

表8-62　调查海域各站位游泳生物资源量

站号	资源量（kg/km²）	资源密度（尾/km²）
6	728.71	144 924
8	564.80	131 145
9	2 419.70	146 955
11	1 703.87	269 546
平均	1 354.27	173 143

（5）多样性

调查海域游泳生物多样性指数平均为1.21，范围为0.92～1.61；丰富度平均为0.91，范围为0.75～1.20；均匀度平均为0.37，范围为0.29～0.45。

（6）生物学特征

调查海域游泳生物经济种类生物特征见表8-63，鱼类经济种类斑鰶平均体长为130 mm，范围为129～131 mm，平均体重28.67 g，范围为27.6～29.6 g；

带鱼平均体长为72 mm，范围为54～85 mm，平均体重5.24 g，范围为2.50～6.91 g；

小黄鱼平均体长为117 mm，范围为93～177 mm，平均体重29.6 g，范围为14～94.8 g；

银鲳平均体长为92 mm，范围为58～113 mm，平均体重20.11 g，范围为11.35～35.80 g；

口虾蛄平均体长为94 mm，范围为68～133 mm，平均体重11.64 g，范围为2.90～32.00 g。

表8-63　调查海域游泳生物经济种类生物学特征

种名	雌雄比	幼鱼比例 %	体叉肛长(mm)		体 重(g)	
			范围	平均	范围	平均
斑鰶	–	0%	129～131	130	27.6～29.6	28.67
带鱼	–	100%	54～85	72	2.50～6.91	5.24
小黄鱼	5：3	15%	93～177	117	14.00～94.80	29.6
银鲳	–	100%	58～113	92	11.35～35.80	20.11
口虾蛄	3：2	–	68～133	94	2.90～32.00	11.64

8.6　生态系统健康评价

以海州湾海洋特别保护区范围为生态系统健康评价范围，按照保护区范围内出现的各类生态系统分别开展健康评价。

根据收集的保护区自然环境、自然资源、环境生态现状、开发现状、开发能力、社会经济等方面的最新资料，分别对海州湾海洋特别保护区的岛陆生态系统、潮间带生态系统和浅海生态系统进行健康评价。

8.6.1 岛陆生态系统健康评价

针对海州湾特别保护区的秦山岛和竹岛两个岛陆子系统分别进行评价，按照指标测算方法和标准化方法进行数据处理（表8-64）。将岛陆生态系统各项指标经标准化处理后的指标标准值及以层次分析法确定的权重代入综合指数诊断模型$I_{CH}=\sum_{i=1}^{m}I_i\cdot w_i$，得到了秦山岛和竹岛两个岛陆生态系统的综合健康指数值分别为0.634、0.662。

依据生态健康等级划分标准，秦山岛和竹岛的生态系统健康水平处于较健康状态，其中竹岛健康状况较秦山岛更好一些。

表8-64　岛陆生态系统评价因子标准化值及权重

评价指标	评价要素	评价因子	秦山岛	竹岛	权重
环境A1	环境现状B1	水质综合污染指数C1	1	1	0.08
		土壤肥力C2	0.6	0.4	0.1
	环境风险B2	风暴潮灾害指数C3	0.6	0.6	0.05
	环境背景B3	开发强度C4	0.8	1	0.13
		海岸侵蚀率C5	0.4	0.4	0.09
生态A2	系统结构功能B4	植被盖度C6	1	1	0.12
		动物丰度C7	0.4	0.4	0.09
	系统稳定性B5	植被多样性指数C8	0.6	0.4	0.13
		动物多样性指数C9	0.2	0.2	0.09
		生境破碎化指数C10	0.6	1	0.12

8.6.2 潮间带生态系统健康评价

海州湾海洋特别保护区兴庄河口以北岸段为侵蚀性岸段，兴庄河口至西墅岸段海岸基本稳定，同时考虑临洪河口为海州湾海域最大的入海河口，保护区内部潮间带生态系统岸段划分为临洪河口—西墅、兴庄河口—临洪河口、兴庄河口以北岸段（兴庄河口—韩口河口）。

8.6.2.1 2009年保护区潮间带生态系统健康评价

以2009年12月各监测站位的生态环境监测值为基础，按照指标测算方法和标准化方法进行数据处理，得到海州湾潮间带生态系统健康诊断指标值。将海州湾潮间带各项指标经标准化处理后的指标标准值（表8-65，表8-66）及以层次分析法法确定的权重代入综合指数诊断模型$I_{CH}=\sum_{i=1}^{m}I_i\cdot w_i$，得到了各岸段的综合健康指数值，结果如表8-67。

表8-65　2009年潮间带生态系统评价因子取值

评价项目	评价指标	评价要素	评价因子	临洪河口—西墅	兴庄河口—临洪河口	韩口河口—兴庄河口	绣针河口—韩口河口	权重
环境A1	环境现状B1	水环境C1	水质超标率D1	0.38	0.24	0.18	0.19	0.065
			水质超标倍数D2	1.83	0.80	0.31	0.10	0.065
		沉积物环境C2	沉积物超标率D3	0.15	0.13	0.30	0.00	0.035
			沉积物超标倍数D4	0	0	0	0	0.035
		生物质量C3	生物质量超标率D5	0.76	0.76	0.3	0.43	0.02
			生物质量超标倍数D6	0	0	0	0	0.02
	环境风险B2	自然灾害C4	自然灾害综合指数D7	0.4	0.4	0.4	0.4	0.03
		污染事故C5	污染事故综合指数D8	0	0	0	0	0.03
	环境背景B3	岸滩稳定性C6	岸滩稳定性指数D9	0.2	0.2	0.4	0.4	0.03
		污染源C7	污染压力指数D10	0.4	0.6	0.4	0.4	0.06
		开发强度C8	开发强度指数D11	0.454	0.237	0.233	0.224	0.07
生态A2	系统结构功能B4	底栖生物C9	底栖生物种类D12	4	3	4	4	0.044
			底栖生物丰度D13	40	37	50	60	0.033
			底栖生物生物量D14	127.787	83.341	16.401	10.702	0.033
		植被C10	植被种类D15	1	1	1	1	0.025
			植被盖度D16	0.077 5	0.041 3	0.029 3	0.073 3	0.025
		生物耐污性C11	底栖生物污染指数D17	−8.1	−5.4	−6.8	−4.1	0.07
	系统稳定性B5	物种多样性C12	底栖生物多样性指数D18	2	1.507 3	1.921 9	1.827 8	0.09
			植被多样性指数D19	0	0	0	0	0.06
		生境自然性C13	生境自然性指数D20	0.109	0.21	0.223	0.255	0.09
		生境格局稳定性C14	生境破碎化指数D21	0.111	0.167	0.333	0.25	0.07

表8-66　2009年潮间带生态系统评价因子标准化值及权重

评价项目	评价指标	评价要素	评价因子	临洪河口—西墅	兴庄河口—临洪河口	韩口河口—兴庄河口	绣针河口—韩口河口	权重
环境A1	环境现状B1	水环境C1	水质超标率D1	0.687 289	0.786 825	0.834 714	0.823 109	0.065
			水质超标倍数D2	0.160 414	0.448 095	0.732 714	0.903 632	0.065
		沉积物环境C2	沉积物超标率D3	0.860 708	0.875 173	0.740 818	1	0.035
			沉积物超标倍数D4	1	1	1	1	0.035
		生物质量C3	生物质量超标率D5	0.467 666	0.467 666	0.740 818	0.650 509	0.02
			生物质量超标倍数D6	1	1	1	1	0.02
	环境风险B2	自然灾害C4	自然灾害综合指数D7	0.6	0.6	0.6	0.6	0.03
		污染事故C5	污染事故综合指数D8	1	1	1	1	0.03
	环境背景B3	岸滩稳定性C6	岸滩稳定性指数D9	0.8	0.8	0.6	0.6	0.03
		污染源C7	污染压力指数D10	0.6	0.4	0.6	0.6	0.06
		开发强度C8	开发强度指数D11	0	0.943 478	0.960 87	1	0.07
生态A2	系统结构功能B4	底栖生物C9	底栖生物种类D12	1	0	1	1	0.044
			底栖生物丰度D13	0.142 735	0	0.571 367	1	0.033
			底栖生物生物量D14	1	0.620 395	0.048 674	0	0.033
		植被C10	植被种类D15	0	0	0	0	0.025
			植被盖度D16	1	0.248 963	0	0.912 863	0.025
		生物耐污性C11	底栖生物污染指数D17	1	0.94	1	0.81	0.07
	系统稳定性B5	物种多样性C12	底栖生物多样性指数D18	1	0	0.841 486	0.650 497	0.09
			植被多样性指数D19	0	0	0	0	0.06
		生境自然性C13	生境自然性指数D20	0	0.691 781	0.780 822	1	0.09
		生境格局稳定性C14	生境破碎化指数D21	0	0.252 252	1	0.626 126	0.07

表8-67　2009年潮间带生态系统健康评价结果

监测站位	临洪河口—西墅	兴庄河口—临洪河口	兴庄河口以北岸段
综合指数	0.524	0.510	0.717

保护区潮间带子系统各岸段的综合健康指数值为0.524～0.717，依据生态健康等级划分标准，该区域的生态系统健康水平处于亚健康—较健康状态。其中，兴庄河口—临洪河口岸段、临洪河口—西墅岸段潮滩系统处于亚健康状态，兴庄河口以北岸段潮间带生态系统是较健康状态。

8.6.2.2　2011年保护区潮间带生态系统健康评价

以2011年3月各监测站位的生态环境监测值为基础，按照指标测算方法和标准化方法进行数据处理，得到海州湾潮滩生态系统健康诊断指标值。将海州湾潮间带各项指标经标准化处理后的指标标准值及以层次分析法法确定的权重（表8-68、表8-69）代入综合指数诊断模型$I_{CH}=\sum_{i=1}^{m} I_i \cdot w_i$，得到了各岸段的综合健康指数值，结果如表8-70。

表8-68　2011年潮间带生态系统评价因子取值

评价项目	评价指标	评价要素	评价因子	临洪河口—西墅	兴庄河口—临洪河口	兴庄河口以北岸段	权重
环境A1	环境现状B1	水环境C1	水质超标率D1	0.17	0.19	0.21	0.065
			水质超标倍数D2	6.99	6.59	3.37	0.065
		沉积物环境C2	沉积物超标率D3	0.11	0.15	0.11	0.035
			沉积物超标倍数D4	0	0	0	0.035
		生物质量C3	生物质量超标率D5	0.76	0.76	0.3	0.02
			生物质量超标倍数D6	0	0	0	0.02
	环境风险B2	自然灾害C4	自然灾害综合指数D7	0.4	0.4	0.4	0.03
		污染事故C5	污染事故综合指数D8	0	0	0	0.03
	环境背景B3	岸滩稳定性C6	岸滩稳定性指数D9	0.2	0.2	0.4	0.03
		污染源C7	污染压力指数D10	0.4	0.6	0.4	0.06
		开发强度C8	开发强度指数D11	0.58	0.273	0.233	0.07
生态A2	系统结构功能B4	底栖生物C9	底栖生物种类D12	8	6.5	10	0.044
			底栖生物丰度D13	87	24.5	50	0.033
			底栖生物生物量D14	0.136	0.565	0.109	0.033
		植被C10	植被种类D15	1	1	1	0.025
			植被盖度D16	0.078	0.041	0.029	0.025
		生物耐污性C11	底栖生物污染指数D17	−20.648	−6.685	4.227	0.07
	系统稳定性B5	物种多样性C12	底栖生物多样性指数D18	1.84	0.565	2.25	0.09
			植被多样性指数D19	0	0	0	0.06
		生境自然性C13	生境自然性指数D20	0.183 0	0.182 0	0.223 0	0.09
		生境格局稳定性C14	生境破碎化指数D21	0.25	0.167	0.333	0.07

表8-69　2011年潮间带生态系统评价因子标准化值及权重

评价项目	评价指标	评价要素	评价因子	临洪河口—西墅	兴庄河口—临洪河口	兴庄河口以北岸段	权重
环境A1	环境现状B1	水环境C1	水质超标率D1	0.846 2	0.829 029	0.812 207	0.065
			水质超标倍数D2	0.000 919	0.001 373	0.034 562	0.065
		沉积物环境C2	沉积物超标率D3	0.894 839	0.862 303	0.894 839	0.035
			沉积物超标倍数D4	1	1	1	0.035
		生物质量C3	生物质量超标率D5	0.467 666	0.467 666	0.740 818	0.02
			生物质量超标倍数D6	1	1	1	0.02
	环境风险B2	自然灾害C4	自然灾害综合指数D7	0.6	0.6	0.6	0.03
		污染事故C5	污染事故综合指数D8	1	1	1	0.03
	环境背景B3	岸滩稳定性C6	岸滩稳定性指数D9	0.8	0.8	0.6	0.03
		污染源C7	污染压力指数D10	0.6	0.4	0.6	0.06
		开发强度C8	开发强度指数D11	0	0.884 726	1	0.07
生态A2	系统结构功能B4	底栖生物C9	底栖生物种类D12	0.428 571	0	1	0.044
			底栖生物丰度D13	1	0	0.408	0.033
			底栖生物生物量D14	0.059 211	1	0	0.033
		植被C10	植被种类D15	0	0	0	0.025
			植被盖度D16	1	0.248 963	0	0.025
		生物耐污性C11	底栖生物污染指数D17	1	1	0	0.07
	系统稳定性B5	物种多样性C12	底栖生物多样性指数D18	0.756 677	0	1	0.09
			植被多样性指数D19	0	0	0	0.06
		生境自然性C13	生境自然性指数D20	0.024 39	0	1	0.09
		生境格局稳定性C14	生境破碎化指数D21	0.5	0	1	0.07

表8-70　2011年潮间带生态系统健康评价结果

监测站位	临洪河口—西墅	兴庄河口—临洪河口	兴庄河口以北岸段
综合指数	0.513	0.416	0.636

保护区潮间带子系统各站位的综合健康指数值变化范围为0.416～0.636，依据生态健康等级划分标准，该区域的生态系统健康水平处于亚健康—较健康状态。其中，兴庄河口以北岸段潮间带生态系统处于较健康状态，兴庄河口到临洪河口岸段和临洪河口以南到西墅岸段处于亚健康状态。

8.6.2.3 海州湾海洋特别保护区潮间带生态系统综合评价

根据2009年和2011年的生态监测数值进行健康评价的结果显示，兴庄河口以北岸段潮间带生态系统属较健康状态，兴庄河口到临洪河口岸段和临洪河口以南到西墅岸段处于亚健康状态。

根据保护区潮间带子系统各岸段综合健康指数值为对比可以看出，与2009年相比，2011年海州湾保护区潮滩系统整体处于变差的趋势，尤其以兴庄河口—临洪河口和兴庄河口以北岸段变化相对较大，临洪河口—西墅岸段变化相对较小。海州湾保护区潮滩系统除兴庄河口以北岸段健康状况良好以外，大部分处于亚健康状态（表8-71、图8-18）。

表8-71　2009年与2011年潮间带健康评价综合指数对比

监测站位	临洪河口—西墅	兴庄河口—临洪河口	兴庄河口以北岸段
2009	0.524	0.510	0.717
2011	0.513	0.416	0.636

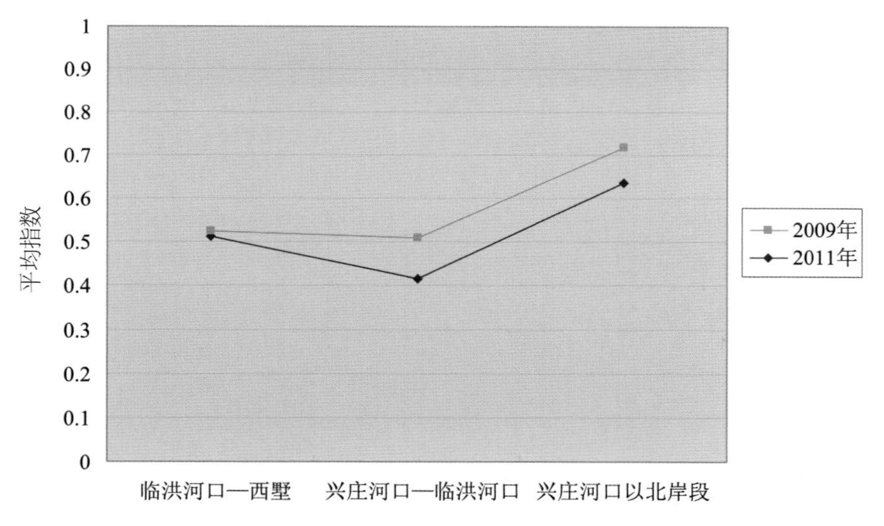

图8-18　潮间带生态系统健康评价结果

8.6.3 浅海生态系统健康评价

以2009年、2010年、2011年3年各监测站位的生态环境监测值为基础，按照指标测算方法和标准化方法进行数据处理。

将海州湾浅海各项指标经标准化处理后的指标标准值及以层次分析法法确定的权重（表8-72）代入综合指数诊断模型$I_{CH}=\sum_{i=1}^{m} I_i \cdot w_i$，得到了各监测站位的综合健康指数值，结果如表8-73～表8-75。

表8-72　浅海生态系统评价因子权重

评价项目	评价指标	评价要素	评价因子	权重
环境A1	环境现状B1	水环境C1	水质超标率D1	0.06
			水质超标倍数D2	0.06
		沉积物环境C2	沉积物超标率D3	0.035
			沉积物超标倍数D4	0.035
		生物质量C3	生物质量超标率D5	0.02
			生物质量超标倍数D6	0.02
	环境风险B2	自然灾害C4	自然灾害综合指数D7	0.03
		污染事故C5	污染事故综合指数D8	0.03
	环境背景B3	水体交换能力C6	大潮垂向平均流速D9	0.03
		污染源C7	污染压力指数D10	0.06
		开发强度C8	开发强度指数D11	0.06
生态A2	系统结构功能B4	底栖生物C9	底栖生物种类D12	0.04
			底栖生物丰度D13	0.03
			底栖生物生物量D14	0.03
		浮游植物C10	浮游植物种类D15	0.025
			浮游植物丰度D16	0.025
		浮游动物C11	浮游动物种类D17	0.025
			浮游动物丰度D18	0.025
		生物耐污性C12	底栖生物污染指数D19	0.06
	系统稳定性B5	物种多样性C13	底栖生物多样性指数D20	0.064
			浮游植物多样性指数D21	0.048
			浮游动物多样性指数D22	0.048
		生境自然性C14	生境自然性指数D23	0.08
		生境格局稳定性C15	生境破碎化指数D24	0.06

海州湾保护区浅海子系统各站位的综合健康指数值2009年为0.524～0.763、2010年为0.467～0.827、2011年为0.418～0.861。依据生态健康等级划分标准，该区域的生态系统健康水平处于亚健康—较健康状态。

表8-73　2009年浅海生态系统健康评价结果

站位	1	2	3	4	5	6	7	8	9	10	11
综合评价	0.546	0.507	0.662	0.556	0.488	0.479	0.653	0.497	0.491	0.498	0.542
站位	12	13	14	15	16	17	18	19	20	21	22
综合评价	0.640	0.653	0.668	0.560	0.666	0.539	0.569	0.522	0.668	0.501	0.505
站位	23	24	25	26	27	28	29	30	31	32	33
综合评价	0.561	0.763	0.585	0.620	0.663	0.681	0.620	0.647	0.711	0.661	0.756

表8-74　2010年浅海生态系统健康评价结果

站位	1	2	3	4	5	6	7	8	9	10	11	12
综合评价	0.585	0.827	0.482	0.519	0.672	0.649	0.550	0.760	0.641	0.467	0.690	0.635

表8-75　2011年浅海生态系统健康评价结果

站位	1	2	3	4	5	6	7	8	9	10
综合评价	0.616	0.656	0.824	0.471	0.652	0.658	0.825	0.447	0.602	0.634
站位	11	12	13	14	15	16	17	18	19	20
综合评价	0.675	0.816	0.418	0.533	0.715	0.851	0.523	0.587	0.633	0.861

8.6.4　生态系统健康综合评价

根据岛陆生态系统、潮间带生态系统和浅海生态系统生态健康评价结果，对海州湾海洋特别保护区生态系统进行综合评价。

2009年综合评价结果如图8-19所示，整个保护区生态系统处于亚健康—较健康状态。秦山岛和竹岛岛陆生态系统健康状况良好，处于较健康状态；潮间带生态系统在兴庄河口以南为亚健康状态、兴庄河口以北为较健康状态；浅海生态系统整体健康状况分别表现为西侧近岸约10km范围海域较差、东侧海域较好，健康水平分别处于亚健康和较健康，龙王河口外侧浅海区生态系统较好，健康水平处于较健康状态，这与该岸段的潮间带生态系统健康水平一致。

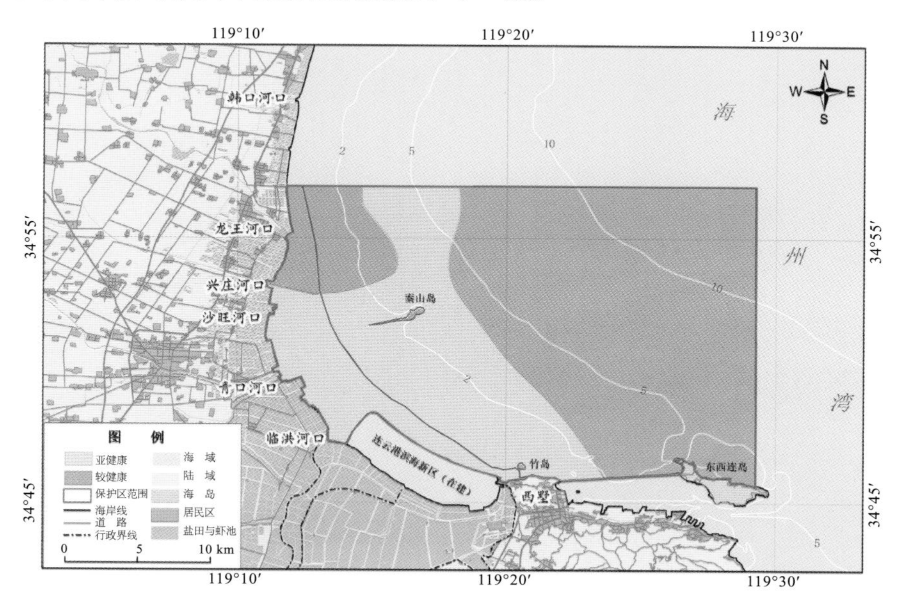

图8-19　2009年海州湾海域特别保护区生态系统健康状况分布

2010年综合评价结果如图8-20所示，整个保护区生态系统处于亚健康—较健康状态。秦山岛和竹岛岛陆生态系统健康状况良好，处于较健康状态；潮间带生态系统在兴庄河口以南为亚健康状态、兴庄河口以北为较健康状态；浅海生态系统健康状况分布表现为西侧近岸约10 km和南侧近岸约6 km海域范围较差、东北侧海域较好，健康水平分别处于亚健康和较健康状态。

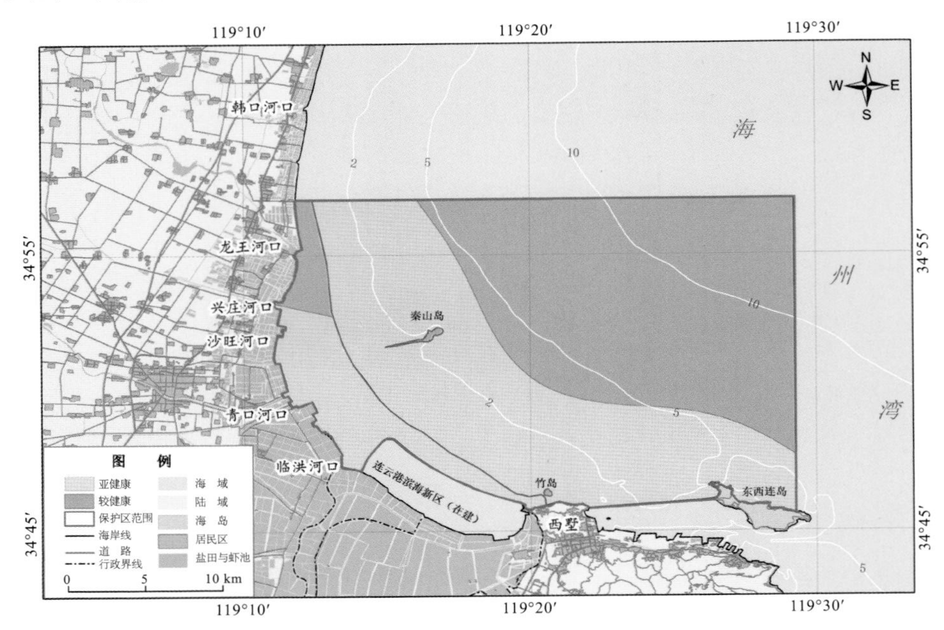

图8-20　2010年海州湾海域特别保护区生态系统健康状况分布

2011年综合评价结果如图8-21所示，整个保护区生态系统处于亚健康—较健康状态。秦山岛和竹岛岛陆生态系统健康状况良好，处于较健康状态；潮间带生态系统在兴庄河口以南为亚健康状态、兴庄河口以北为较健康状态；浅海生态系统整体健康状况分别表现为西南侧近岸约6 km范围内较差、东侧和北侧海域较好，健康水平分别处于亚健康和较健康状态。

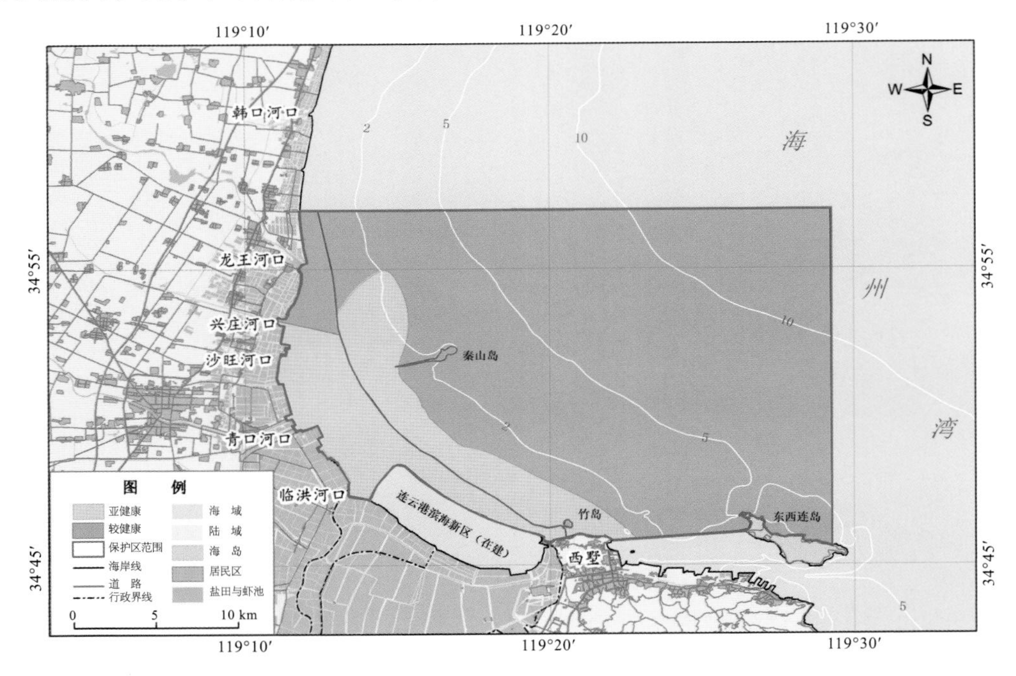

图8-21　2011年海州湾海域特别保护区生态系统健康状况分布

综合分析2009—2011年3年的生态系统健康评价结果，秦山岛和竹岛两个岛陆生态系统均处于较健康水平，这与两个岛屿人为干扰破坏较少、生态状况良好的现状相符；3年间潮间带生态系统的健康状态基本一致，总体表现为兴庄河口以南为亚健康状态、兴庄河口以北为较健康，这与兴庄河口以南岸段开发活动频繁、海洋环境压力较大的生态环境现状相符；浅海生态系统健康水平整体处于亚健康—较健康，总体表现为西侧近岸海域较差，东侧离岸海域较好，这与该区域近岸海域受人类开发活动干扰多、环境压力大的现状特征相符。

比较3年的浅海生态系统亚健康和较健康分布范围，2009年和2010年亚健康状态海域面积较大，2011年亚健康分布范围较小，区域健康水平的分布差异可能是由于海洋生态系统的季节性波动造成（3年环境和生态调查数据分别为2009年12月、2010年11月、2011年3月）。

根据海洋特别保护区管理目标，结合2009年、2010年、2011年3年的生态系统健康评价结果，综合确定海州湾海洋特别保护区生态系统健康状况空间分布。可以看出，秦山岛和竹岛岛陆生态系统、兴庄河口以北潮间带生态系统、浅海生态系统东侧属于较健康水平；兴庄河口以南潮间带生态系统、浅海生态系统西侧近岸海域属于亚健康水平。生态系统健康状况总体分布情况如图8-22所示。

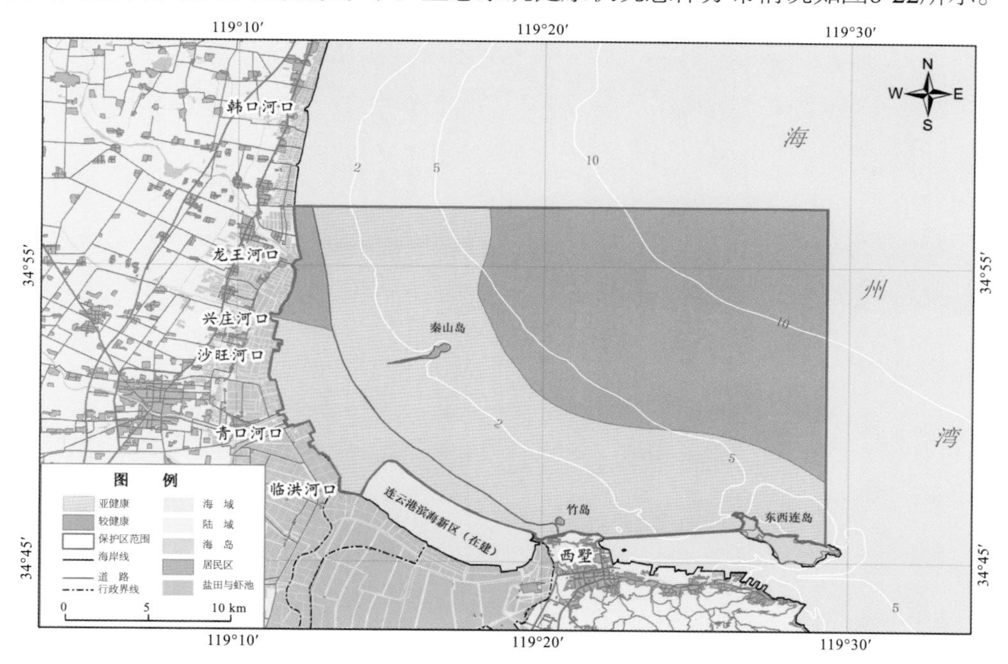

图8-22　海州湾海域特别保护区生态系统健康状况综合评价分布

8.7　保护对象脆弱性评价

海州湾海洋特别保护区重点保护对象包括秦山岛、竹岛、龙汪河口沙嘴、连岛北部岸线及海域，均为地质地貌类型保护对象。根据地貌类型保护对象脆弱性评价指标体系分别对保护对象进行评价。

8.7.1　秦山岛

将秦山岛各项指标经标准化处理后的指标标准值及以层次分析法法确定的权重（表8-76）代入综合指数诊断模型$I_{CH}=\sum_{i=1}^{m} I_i \cdot w_i$，秦山岛脆弱性评价的综合指数值为0.58。依据脆弱性等级划分标准，秦山岛的脆弱性水平处于相对稳定。

表8-76　秦山岛脆弱性评价因子标准化值及权重

评价要素	评价因子	标准化值	权重	综合评价
地貌特征A1	规模及形态B1	0	0.07	
	海岸类型B2	1	0.09	
	岸线侵蚀后退率B3	0.8	0.12	
	侵蚀强度B4	0.8	0.09	
	构造稳定性B5	0.8	0.03	
	植被覆盖率B6	0.8	0.06	
	岸线掩护度B7	0.4	0.11	0.58
水文动力A2	年平均波高B8	0.8	0.05	
	大潮平均流速B9	0.8	0.05	
灾害风险A3	台风风暴潮B10	0.3	0.12	
	其他灾害B11	0.3	0.02	
人为干预A4	工程建设强度B12	0.7	0.12	
	工程修复度B13	0	0.07	

8.7.2　竹岛

将竹岛各项指标经标准化处理后的指标标准值及以层次分析法法确定的权重（表8-77）代入综合指数诊断模型$I_{CH}=\sum_{i=1}^{m} I_i \cdot w_i$，得到了竹岛脆弱性评价的综合指数值分别为0.624。依据脆弱性等级划分标准，竹岛的脆弱性水平处于较稳定状态。

表8-77　竹岛脆弱性评价因子标准化值及权重

评价要素	评价因子	标准化值	权重	综合评价
地貌特征A1	规模及形态B1	0	0.07	
	海岸类型B2	1	0.09	
	岸线侵蚀后退率B3	0.8	0.12	
	侵蚀强度B4	0.8	0.09	0.624
	构造稳定性B5	0.8	0.03	
	植被覆盖率B6	1	0.06	
	岸线掩护度B7	0.6	0.11	
水文动力A2	年平均波高B8	0.8	0.05	0.624
	大潮平均流速B9	1	0.05	
灾害风险A3	台风风暴潮B10	0.3	0.12	
	其他灾害B11	0.3	0.02	
人为干预A4	工程建设强度B12	0.7	0.12	
	工程修复度B13	0	0.07	

8.7.3　龙王河口沙嘴

将各项指标经标准化处理后的指标标准值及以层次分析法法确定的权重（表8-78）代入综合指数诊

断模型$I_{CH}=\sum_{i=1}^{m}I_i\cdot w_i$，得到了龙王河口沙嘴脆弱性评价的综合指数值为0.479。依据脆弱性等级划分标准，龙王河口沙嘴的脆弱性水平处于相对稳定状态。

表8-78　河口沙嘴脆弱性评价因子标准化值及权重

评价要素	评价因子	标准化值	权重	综合评价
地貌特征A1	规模及形态B1	0	0.07	0.479
	海岸类型B2	0.5	0.09	
	岸线侵蚀后退率B3	1	0.12	
	侵蚀强度B4	0.8	0.09	
	构造稳定性B5	0.8	0.03	
	植被覆盖率B6	0.2	0.06	
	岸线掩护度B7	0	0.11	
水文动力A2	年平均波高B8	0.8	0.05	
	大潮平均流速B9	0.8	0.05	
灾害风险A3	台风风暴潮B10	0.3	0.12	
	其他灾害B11	0.3	0.02	
人为干预A4	工程建设强度B12	0.7	0.12	
	工程修复度B13	0	0.07	

8.7.4　连岛北部岸线及海域

将各项指标经标准化处理后的指标标准值及以层次分析法法确定的权重（表8-79）代入综合指数诊断模型$I_{CH}=\sum_{i=1}^{m}I_i\cdot w_i$，得到了连岛北部岸线及海域脆弱性评价的综合指数值为0.578。依据脆弱性等级划分标准，连岛北部岸线及海域的脆弱性水平处于相对稳定状态。

表8-79　连岛北部岸线及海域脆弱性评价因子标准化值及权重

评价要素	评价因子	标准化值	权重	综合评价
地貌特征A1	规模及形态B1	0.2	0.07	0.578
	海岸类型B2	1	0.09	
	岸线侵蚀后退率B3	1	0.12	
	侵蚀强度B4	0.8	0.09	
	构造稳定性B5	0.8	0.03	
	植被覆盖率B6	0.4	0.06	
	岸线掩护度B7	0	0.11	
水文动力A2	年平均波高B8	0.8	0.05	
	大潮平均流速B9	0.8	0.05	
灾害风险A3	台风风暴潮B10	0.3	0.12	
	其他灾害B11	0.3	0.02	
人为干预A4	工程建设强度B12	0.7	0.12	
	工程修复度B13	0.4	0.07	

8.8 生态恢复区划及适宜性评价

8.8.1 生态恢复区划

将岛陆生态系统、潮间带生态系统和浅海生态系统的健康评价以及保护区地貌脆弱性、生物类型和资源类型保护对象脆弱性评价结果与保护区功能分区叠加，划分生态恢复适宜性分区。

8.8.1.1 初次区划

将岛陆生态系统、潮间带生态系统和浅海生态系统的健康评价结果与保护区功能分区叠加，获得保护区生态恢复初次区划分区。生态恢复初次区划分区形成11个分区，其中：重点恢复区2个；一般恢复区3个；兼顾恢复区2个；保持现状区4个（表8-80）。

表8-80 海州湾海洋特别保护区生态恢复区划判定过程

功能分区	功能分区内部分区		生态系统分区	健康状况	生态恢复初次分区	保护对象脆弱性评价	生态恢复最终分区	生态恢复分区编码
重点保护区A	龙王河口沙嘴	龙王河口沙嘴	潮间带	较健康	一般恢复区Ⅱ	相对稳定	一般恢复区Ⅱ	Ⅱ-A-1
	秦山岛及附近海域	秦山岛	岛陆	较健康	一般恢复区Ⅱ	相对稳定	一般恢复区Ⅱ	Ⅱ-A-2
		秦山岛周边海域	浅海	亚健康	重点恢复区Ⅰ	—	重点恢复区Ⅰ	Ⅰ-A-1
	竹岛	竹岛	岛陆	较健康	一般恢复区Ⅱ	较稳定	一般恢复区Ⅱ	Ⅱ-A-3
	连岛北部岸线及海域	连岛北部岸线及海域	浅海	亚健康	重点恢复区Ⅰ	相对稳定	重点恢复区Ⅰ	Ⅰ-A-2
生态与资源恢复区B	人工鱼礁区	人工鱼礁区	浅海	较健康	兼顾恢复区Ⅲ	—	兼顾恢复区Ⅲ	Ⅲ-B.
预留区C	浅海区	浅海区-近岸	浅海	亚健康	兼顾恢复区Ⅲ	—	兼顾恢复区Ⅲ	Ⅲ-C.
		浅海区-离岸		较健康	保持现状区Ⅳ	—	保持现状区Ⅳ	Ⅳ-C
适度利用区D	近岸海域	潮间带—兴庄河口以北	潮间带	较健康	保持现状区Ⅳ	—	保持现状区Ⅳ	Ⅳ-D-1
		潮间带—兴庄河口以南	潮间带	亚健康	保持现状区Ⅳ	—	保持现状区Ⅳ	Ⅳ-D-2
		浅海区—紧临潮间带	浅海	亚健康	保持现状区Ⅳ	—	保持现状区Ⅳ	Ⅳ-D-3

8.8.1.2 二次区划

将保护区地貌脆弱性、生物类型和资源类型保护对象脆弱性评价结果与保护区生态恢复分区叠加，即同时与保护区生态健康评价和保护区功能分区叠加，从而确定保护区生态恢复最终分区，划定生态恢复适宜性分区。

保护对象脆弱性评价包括秦山岛、竹岛、龙王河口沙嘴、东西连岛北部岸线及海域，它们的脆弱性评价综合指数分别为0.58、0.624、0.479、0.578，脆弱性等级分别为相对稳定、较稳定、相对稳定、相对稳定。

通过二次区划，生态恢复区划最终分为12个区，其中：重点恢复区2个；一般恢复区3个；兼顾恢复区2个；保持现状区5个（表8-81，图8-23）。由于保护对象脆弱性水平总体相对稳定，二次区划结果与初次区划结果基本一致。

表8-81 海州湾海洋特别保护区生态恢复区划

序号	生态恢复分区编码	分区名称	生态恢复分区类别	所属保护区功能分区
1	Ⅰ-A-1	秦山岛周边海域	重点恢复区Ⅰ	重点保护区A
2	Ⅰ-A-2	连岛北部岸线及海域		
3	Ⅱ-A-1	龙王河口沙嘴	一般恢复区Ⅱ	重点保护区A
4	Ⅱ-A-2	秦山岛		
5	Ⅱ-A-3	竹岛		
6	Ⅲ-B.	人工鱼礁区	兼顾恢复区Ⅲ	生态与资源恢复区B
7	Ⅲ-C.	浅海区—近岸		预留区C
8	Ⅳ-C	浅海区—离岸	保持现状区Ⅳ	预留区C
9	Ⅳ-D-1	潮间带—兴庄河口以北		适度利用区D
10	Ⅳ-D-2	潮间带—兴庄河口至临洪河口		
11	Ⅳ-D-3	潮间带—临洪河口至西墅		
12	Ⅳ-D-4	浅海区—紧临潮间带		

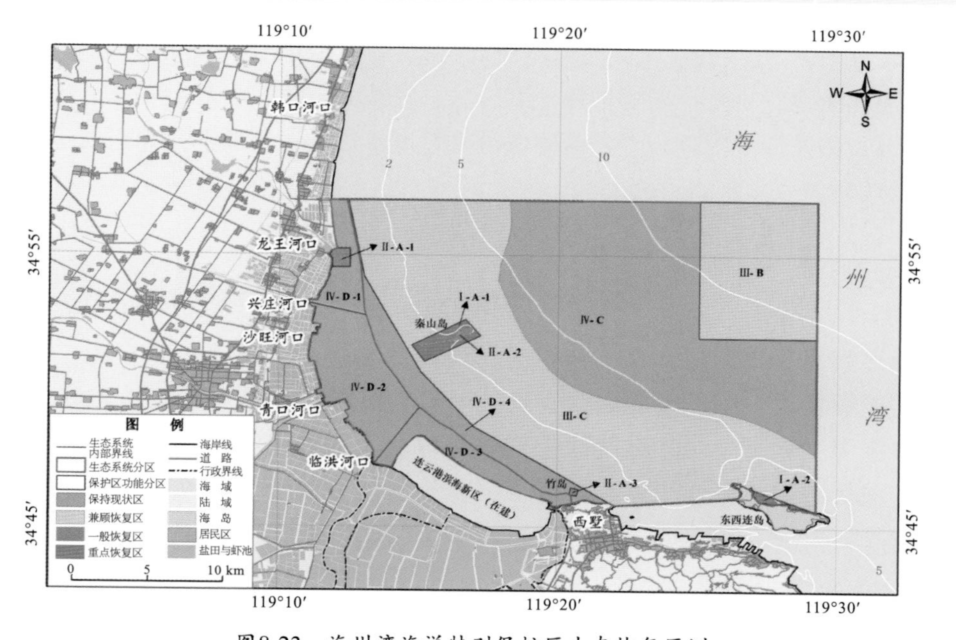

图8-23 海州湾海洋特别保护区生态恢复区划

8.8.2 生态恢复适宜性评价

根据生态恢复区划成果，分析各区的生态和保护对象现状，诊断环境、生态和保护对象存在的问题及原因，提出相应的生态恢复措施，并评价其适宜性。

8.8.2.1 重点恢复区Ⅰ-A-1（秦山岛周边海域）

秦山岛周边海域浅海生态环境处于亚健康状态，作为重点保护对象秦山岛的外围水域，海水环境主要是受周边海域的海水养殖活动和来自于陆地生活生产排污入海的影响。作为重点保护目标，该区域应清理重点保护区区域内的养殖活动，严格限制附近海域的养殖、增殖活动，控制养殖规模和养殖密度，提高养殖技术，降低养殖污染物对保护区水域的不利影响；同时应该加强区域资源环境的协调管理，实施陆源污染物入海区域总量控制措施，整治区域重点污染河流和排污区域，降低陆域污染物对海洋保护区的污染压力，促进已受到破坏的海洋资源和环境尽快恢复。

8.8.2.2 重点恢复区Ⅰ-A-2（连岛北部岸线及海域）

连岛北部岸线及浅海生态环境处于亚健康状态，海水环境主要是受周边海域的海洋开发活动和来自于陆地生活生产排污入海的影响。作为重点保护目标，该区域周边应严格限制海洋开发活动，最大程度降低开发活动对保护区水域的不利影响，禁止连岛北部海域排污物排海行为；同时应该加强区域资源环境的协调管理，降低区域性污染压力；促进已受到破坏的海洋资源和环境尽快恢复。同时，应加强该区海滨浴场建设管理和沙滩养护。

8.8.2.3 一般恢复区Ⅱ-A-1（龙王河口沙嘴）

龙王河口沙嘴属于河口水动力形成的典型地貌景观，河口沙嘴面临的主要问题是重点保护对象本身具有脆弱性。因此，针对河口沙嘴生态恢复措施包括严格管理周边区域的围填海和海上构筑物，严禁海沙开采活动；同时加强区域监管，杜绝人工偷挖海沙现象。

8.8.2.4 一般恢复区Ⅱ-A-2（秦山岛）

秦山岛面临的主要问题是重点保护对象本身脆弱性。秦山岛受海浪冲击和气候的影响，岛屿植被有所减少，岛屿生态逐步恶化，岛屿地貌受到侵蚀，海蚀海积地貌发育。因此，针对秦山岛的生态修复措施包括海岛岸线及岸线附近自然景观的整治修复及保护，限制岛上开发活动，合理安排人类活动，最大程度减轻环境压力。

8.8.2.5 一般恢复区Ⅱ-A-3（竹岛）

竹岛面临的主要问题是重点保护对象可能受到的人为活动的干扰。针对重点保护对象的特点应该严格限制岛上和岸线脆弱区开发活动；限制蝮蛇密集活动区域的人类活动；鼓励开展修复蝮蛇栖息地等以保护蝮蛇为目的的措施；禁止在竹林分布区域内大量采伐天然竹林；严格保护海蚀崖、海蚀穴等典型海蚀地貌景观，鼓励以稳定和修复海蚀地貌岸滩为主要目的的保护海蚀地貌的措施；开发利用活动应避免破坏自然岸线资源，在海岸线及周边海域修建码头、房屋等建筑物和设施，鼓励采用透水构筑物形式或者桩基方式，例如栈桥式码头、栈道、高脚屋等。

8.8.2.6 兼顾恢复区Ⅲ-B（人工鱼礁区）

人工鱼礁与海洋牧场具有极其重要的生态保护作用，可充分发挥其提供保护、修复海洋生物栖息与繁殖生境的生态作用，实现海洋渔业资源的恢复与生态系统重建；严格管理海上垂钓区、潜水运动区等开发活动，确保该区不受娱乐活动的负面影响，开展增殖放流活动，通过实施渔业资源修复行动计划，加大资源保护力度。

8.8.2.7 兼顾恢复区Ⅲ-C（浅海区—近岸）

该区域存在的问题主要由于近岸区域环境污染压力造成，应该加强区域资源环境的协调管理，降低区域性污染压力；以陆源污染防治为重点，完善全区基础设施，建立完备的污水收集和处理系统，严防海滨污染，改善近海海域水质；加强对海域生态环境的监测，有效控制渔船和有关单位向海域内排污、倾废等活动。

8.8.2.8 保持现状区Ⅳ-C（浅海区—离岸）

该区域可能出现的由于海水增养殖活动和区域排污影响造成的环境压力，针对区域特点应合理控制养殖规模和养殖密度，提高养殖技术，减少养殖区污染源排放，防止因养殖活动产生的不利影响。

8.8.2.9 保持现状区Ⅳ-D-1（潮间带—兴庄河口以北）

该区域可能出现由于海水增养殖活动和区域排污影响造成的环境压力，针对区域特点应合理控制养殖规模和养殖密度；同时应该加强区域资源环境的协调管理，降低区域性排污不利影响。

8.8.2.10 保持现状区Ⅳ-D-2（潮间带—兴庄河口至临洪河口）

该区域人类活动开发强度较大，区域排污影响造成一定环境压力，针对区域特点应该加强区域资源环境的协调管理，合理安排人类开发活动，降低区域性生态环境压力；加强陆源污染防治，完善全区基础设施，建立完备的污水收集和处理系统，严防海滨污染，改善近海海域水质。

8.8.2.11 保持现状区Ⅳ-D-3（潮间带—临洪河口至西墅）

该区域人类活动开发强度较大，区域排污影响造成一定环境压力，针对区域特点应该加强区域资源环境的协调管理，合理安排人类开发活动，降低区域性生态环境压力；加强陆源污染防治，完善全区基础设施，建立完备的污水收集和处理系统，严防海滨污染，改善近海海域水质。

8.8.2.12 保持现状区Ⅳ-D-4（浅海区—紧临潮间带）

该区域面临海水增养殖活动和区域排污影响造成的环境压力，针对区域特点应合理控制养殖规模和养殖密度，提高养殖技术，减少养殖区污染源排放，防止因养殖活动产生的不利影响。

8.9 其他应用案例

8.9.1 山东昌邑国家级海洋生态特别保护区

根据山东昌邑国家级海洋生态特别保护区生态环境条件，保护区生态系统划分为柽柳林生态系统和潮间带生态系统，保护对象为柽柳林。

8.9.1.1 柽柳林生态系统健康评价

根据保护区柽柳林生态系统特征，选择5个评价要素、10项评价因子进行柽柳林生态系统健康评价。将该生态系统各项评价因子经标准化处理后的指标标准值及以层次分析法法确定的权重代入综合指数诊断模型$I_{CH}=\sum_{i=1}^{m} I_i \cdot w_i$，得到了该生态系统健康的综合评价结果（表8-82）。依据生态健康等级划分标准，柽柳林生态系统健康水平处于较健康状态。

表8-82 柽柳林生态系统评价因子标准化值及权重

评价指标	评价要素	评价因子	权重	标准化值	综合评价
环境A1	环境现状B1	水质综合污染指数C1	0.08	0.8	0.572
		土壤肥力C2	0.1	0.4	
	环境风险B2	风暴潮灾害指数C3	0.05	0.6	
	环境背景B3	开发强度C4	0.13	1	
		海岸侵蚀率C5	0.09	0.8	
生态A2	系统结构功能B4	植被盖度C6	0.12	0.6	
		动物丰度C7	0.09	0.6	
	系统稳定性B5	植被多样性指数C8	0.13	0.2	
		动物多样性指数C9	0.09	0.4	
		生境破碎化指数C10	0.12	0.4	

8.9.1.2 潮间带生态系统健康评价

针对保护区的潮间带生态系统特点，选择14项评价要素、21项评价因子进行潮间带生态系统健康评价。将潮间带生态系统各项指标经标准化处理后的指标标准值及以层次分析法法确定的权重代入综合指数诊断模型$I_{CH}=\sum_{i=1}^{m} I_i \cdot w_i$，得到了潮间带生态系统健康综合评价结果（表8-83）。依据生态健康等级划分标准，昌邑柽柳林保护区潮间带生态系统健康水平处于亚健康状态等级。

表8-83 潮间带生态系统评价因子标准化值及权重

评价项目	评价指标	评价要素	评价因子	权重	标准化值	综合评价
环境A1	环境现状B1	水环境C1	水质超标率D1	0.065	0.95	0.564
			水质超标倍数D2	0.065	1	
		沉积物环境C2	沉积物超标率D3	0.035	1	
			沉积物超标倍数D4	0.035	1	
		生物质量C3	生物质量超标率D5	0.02	1	
			生物质量超标倍数D6	0.02	1	
	环境风险B2	自然灾害C4	自然灾害综合指数D7	0.03	0.6	
		污染事故C5	污染事故综合指数D8	0.03	0	
	环境背景B3	岸滩稳定性C6	岸滩稳定性指数D9	0.03	0.8	
		污染源C7	污染压力指数D10	0.06	0.4	
		开发强度C8	开发强度指数D11	0.07	0.6	

续表8-83

评价项目	评价指标	评价要素	评价因子	权重	标准化值	综合评价
生态A2	系统结构功能B4	底栖生物C9	底栖生物种类D12	0.044	0.4	0.564
			底栖生物丰度D13	0.033	0.2	
			底栖生物生物量D14	0.033	0.3	
		植被C10	植被种类D15	0.025	0	
			植被盖度D16	0.025	0.4	
		生物耐污性C11	底栖生物污染指数D17	0.07	1	
	系统稳定性B5	物种多样性C12	底栖生物多样性指数D18	0.09	0.32	
			植被多样性指数D19	0.06	0.2	
		生境自然性C13	生境自然性指数D20	0.09	0.4	
		生境格局稳定性C14	生境破碎化指数D21	0.07	0.4	

8.9.1.3 保护对象脆弱性评价

保护对象——柽柳林脆弱性评价选择4项一级指标、10项二级指标进行。将经标准化处理后的指标标准值及以层次分析法法确定的权重代入综合指数诊断模型$I_{CH}=\sum_{i=1}^{m} I_i \cdot w_i$，得出保护对象脆弱性评价结果（表8-84）。依据脆弱性等级划分标准，保护对象柽柳林的脆弱性水平处于相对稳定状态等级。

表8-84 昌邑柽柳林脆弱性评价要素、因子和权重

一级指标	二级指标	权重	标准化值	综合评价
种群特征A1	面积丧失率指数B1	0.15	0.3	0.556
	病虫害发生率B2	0.11	0.7	
	外来物种入侵度B3	0.08	0	
	鸟类（鱼类/底栖生物）密度减少率B4	0.1	0.7	
影响因素A2	冲淤环境稳定性B5	0.06	0.8	
	营养盐综合指数B6	0.1	0.2	
灾害风险A3	生态灾害B7	0.12	0.7	
	其他灾害B8	0.03	0.3	
人为干预A4	工程建设强度B9	0.14	0.3	
	工程修复度B10	0.11	0.4	

8.9.1.4 生态恢复区划及适宜性评价

1）生态恢复区划

（1）初次区划

将柽柳林生态系统和潮间带生态系统的健康评价结果与保护区功能分区叠加，获得保护区生

态恢复初次区划分区。生态恢复初次区划分区形成6个分区，其中：重点恢复区1个；一般恢复区1个；兼顾恢复区2个；保持现状区2个（表8-85）。

表8-85　山东昌邑国家级海洋特别保护区生态恢复区划判定过程

功能分区	功能分区内部分区	生态系统分区	健康状况	生态恢复初次分区	保护对象脆弱性评价	生态恢复最终分区	生态恢复分区编码
重点保护区A	保护区中心地带	岛陆	亚健康	重点恢复区Ⅰ	相对稳定	重点恢复区Ⅰ	Ⅰ-A
生态与资源恢复区B	保护区中心地带周边区域	岛陆	亚健康	一般恢复区Ⅱ	—	一般恢复区Ⅱ	Ⅱ-B.
预留区C	保护区西北侧	潮间带	亚健康	兼顾恢复区Ⅲ	—	兼顾恢复区Ⅲ	Ⅲ-C-1
	保护区西南侧	岛陆	亚健康	兼顾恢复区Ⅲ	—	兼顾恢复区Ⅲ	Ⅲ-C-2
适度利用区D	保护区北侧	潮间带	亚健康	保持现状区Ⅳ	—	保持现状区Ⅳ	Ⅳ-D-1
	保护区东南侧	岛陆	亚健康	保持现状区Ⅳ	—	保持现状区Ⅳ	Ⅳ-D-2

（2）二次区划

将保护区生物类型保护对象脆弱性评价结果与保护区生态恢复分区叠加，确定保护区生态恢复最终分区。

保护对象——柽柳林脆弱性评价综合指数分别为0.556，脆弱性等级分别为相对稳定，生态恢复最终区划分区形成6个分区，其中，重点恢复区1个；一般恢复区1个；兼顾恢复区2个；保持现状区2个。由于保护对象脆弱性水平总体相对稳定，二次区划结果与初次区划一致。生态恢复最终区划分区如表8-86、图8-24所示。

表8-86　山东昌邑海洋特别保护区生态恢复区划

序号	生态恢复分区编码	分区名称	生态恢复分区	所属保护区功能分区
1	Ⅰ-A	保护区中心地带	重点恢复区Ⅰ	重点保护区A
2	Ⅱ-B	保护区中心地带周边区域	一般恢复区Ⅱ	生态与资源恢复区B
3	Ⅲ-C-1	保护区西北侧	兼顾恢复区Ⅲ	预留区C
4	Ⅲ-C-2	保护区西南侧		
5	Ⅳ-D-1	保护区北侧	保持现状区Ⅳ	适度利用区D
6	Ⅳ-D-2	保护区东南侧		

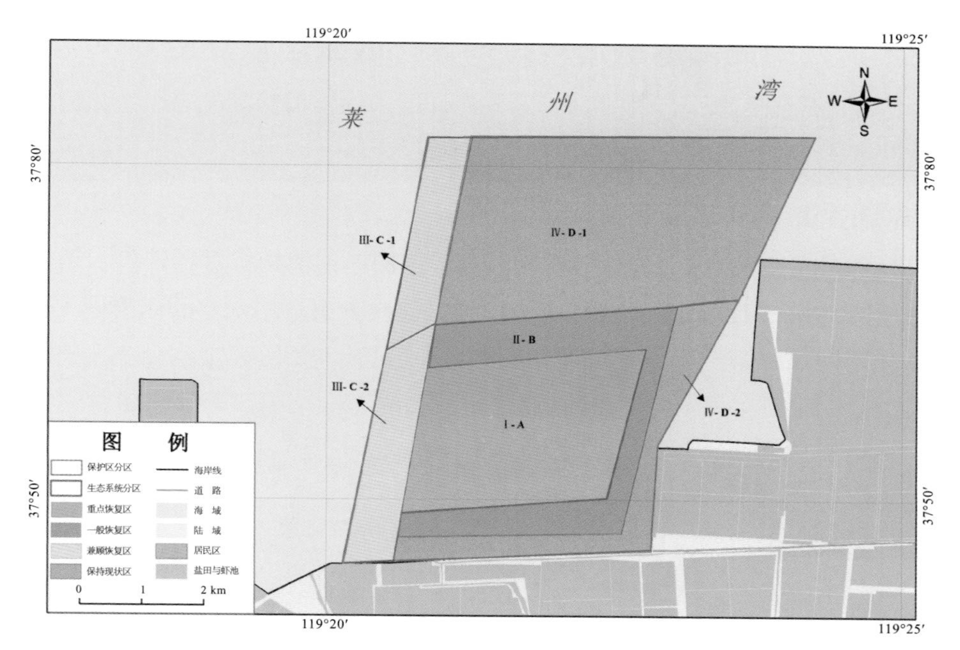

图8-24 山东昌邑国家级海洋生态特别保护区生态恢复区划

2）生态恢复适宜性评价

（1）重点恢复区Ⅰ-A 保护区中心地带

该区域主要管理目标是维持和改善区域自然生态条件，为以柽柳为主的野生动植物提供优良的繁衍环境。根据区域生态现状和保护对象特点，应加强该区域的植被和动物的管理维护，有效控制人类活动范围，降低人类开发的干扰，促进生态系统环境改善和资源的修复。

（2）一般恢复区Ⅱ-B 保护区中心地带周边区域

该区域面临的主要问题是生态系统的稳定性不高，针对该区域资源修复特点，应加强该区域柽柳林生态状况监测和资源恢复，促进该区生态环境的改善。

（3）兼顾恢复区Ⅲ-C-1 保护区西北侧

此区域为保护区与排污河流交界处的隔离地带，应重点勘查此区域柽柳林面积及生境变化情况，同时开展对该河流污染源的监测。

（4）兼顾恢复区Ⅲ-C-2 保护区西南侧

此区域为保护区与排污河流交界处的隔离地带，应重点勘查此区域柽柳林面积及生境变化情况，同时开展对该河流污染源的监测。

（5）保持现状区Ⅳ-D-1 保护区北侧

该区域主要用于开发苗木繁育、盐文化旅游观光、饮食垂钓、滩涂拾贝等清洁环保产业，应重点就旅游产业对潮间带生物影响进行监测，加强对人类开发活动管理和监测，防止人类活动可能产生的不利影响。

（6）保持现状区Ⅳ-D-2 保护区东南侧

该区域主要问题是人类滩涂养殖等开发活动造成的环境压力，应合理控制养殖规模和养殖密度，提高养殖技术，减少养殖区污染源排放，防止因养殖活动产生的不利影响。

8.9.2 浙江乐清西门岛国家级海洋特别保护区生态恢复区划

根据浙江乐清西门岛国家级海洋特别保护区生态环境条件，保护区生态系统划分为西门岛岛陆生态系统和潮间带生态系统，保护对象为红树林。

8.9.2.1 岛陆生态系统健康评价

针对西门岛岛陆生态系统特征，选择5项评价要素、10项评价指标进行评价，西门岛岛陆生态系统健康评价各项指标经标准化处理后的指标标准值及以层次分析法法确定的权重代入综合指数诊断模型$I_{CH}=\sum_{i=1}^{m}I_i \cdot w_i$，得到了岛陆生态系统的健康指数综合评价结果（表8-87）。依据生态健康等级划分标准，西门岛岛陆生态系统健康水平处于较健康状态。

表8-87 岛陆生态系统评价因子标准化值及权重

评价指标	评价要素	评价因子	标准化值	权重	综合评价
环境A1	环境现状B1	水质综合污染指数C1	0.8	0.08	0.608
		土壤肥力C2	0.8	0.1	
	环境风险B2	风暴潮灾害指数C3	0.4	0.05	
	环境背景B3	开发强度C4	0.6	0.13	
		海岸侵蚀率C5	0.8	0.09	
生态A2	系统结构功能B4	植被盖度C6	0.8	0.12	0.608
		动物丰度C7	0.4	0.09	
	系统稳定性B5	植被多样性指数C8	0.6	0.13	
		动物多样性指数C9	0.4	0.09	
		生境破碎化指数C10	0.4	0.12	

8.9.2.2 潮间带生态系统健康评价

针对保护区的潮间带生态系统分布特点，将潮间带生态系统划分为4个评价区段：西门岛西侧、西门岛东侧、西门岛东南侧、西门岛西南侧，其评价素有14个，共包括了21个评价因子。针对4个评价区段，按照指标测算方法和标准化方法进行数据处理。将潮间带生态系统各项指标经标准化处理后的指标标准值及以层次分析法法确定的权重（表8-88）代入综合指数诊断模型$I_{CH}=\sum_{i=1}^{m}I_i \cdot w_i$，得到了潮间带生态系统4个评价区段的综合健康指数值。

表8-88 潮间带生态系统健康评价指标、要素、因子和权重

类别	评价指标	评价要素	评价因子	权重
环境A1	环境现状B1	水环境C1	水质超标率D1	0.065
			水质超标倍数D2	0.065
		沉积物环境C2	沉积物超标率D3	0.035
			沉积物超标倍数D4	0.035
		生物质量C3	生物质量超标率D5	0.02
			生物质量超标倍数D6	0.02

续表8-88

类别	评价指标	评价要素	评价因子	权重
环境A1	环境风险B2	自然灾害C4	自然灾害综合指数D7	0.03
		污染事故C5	污染事故综合指数D8	0.03
	环境背景B3	岸滩稳定性C6	岸滩稳定性指数D9	0.03
		污染源C7	污染压力指数D10	0.06
		开发强度C8	开发强度指数D11	0.07
生态A2	系统结构功能B4	底栖生物C9	底栖生物种类D12	0.044
			底栖生物丰度D13	0.033
			底栖生物生物量D14	0.033
		植被C10	植被种类D15	0.025
			植被盖度D16	0.025
		生物耐污性C11	底栖生物污染指数D17	0.07
	系统稳定性B5	物种多样性C12	底栖生物多样性指数D18	0.09
			植被多样性指数D19	0.06
		生境自然性C13	生境自然性指数D20	0.09
		生境格局稳定性C14	生境破碎化指数D21	0.07

潮间带生态系统不同时段的健康评价结果如表8-89所示。参考海洋特别保护区管理目标，西门岛西侧、西门岛东侧、西门岛东南侧和西门岛西南侧潮间带生态系统的健康水平分别为亚健康、亚健康、亚健康、较健康。生态系统健康状况总体分布情况如图8-25所示。依据生态系统健康等级划分标准，西门岛潮间带生态系统健康水平整体处于亚健康—较健康状态。

表8-89　潮间带生态系统健康评价结果

调查时间	西门岛西侧	西门岛东侧	西门岛东南侧	西门岛西南侧
2010年4月	0.570	0.574	0.534	0.660
2010年11月	0.657	0.520	0.515	0.612
2011年8月	0.650	0.581	0.541	0.611
2012年2月	0.575	0.585	0.537	0.678

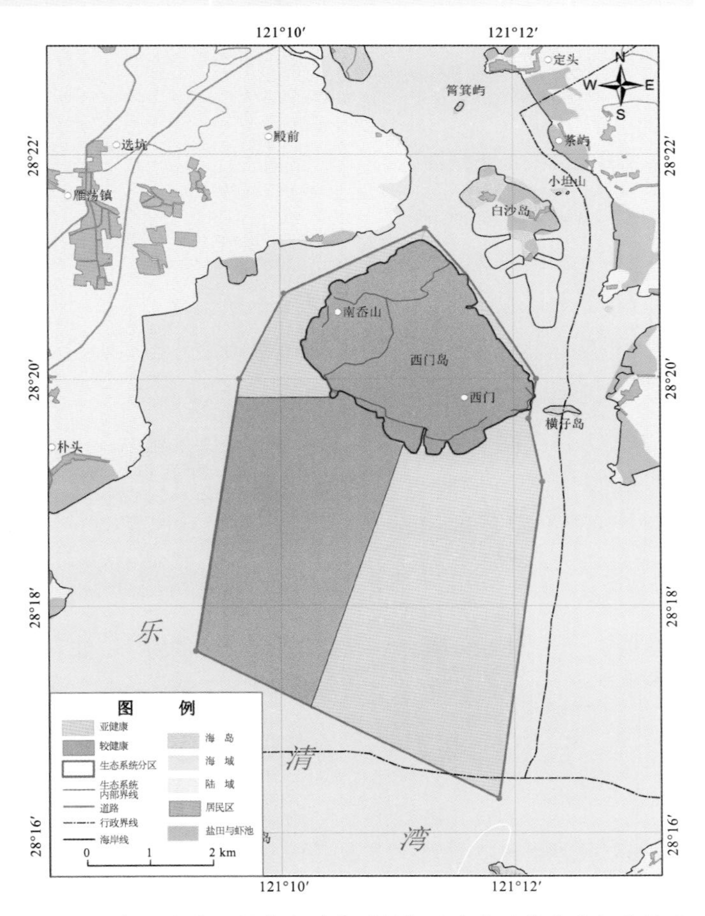

图8-25　浙江乐清西门岛海洋特别保护区生态系统健康评价结果

8.9.2.3 保护对象脆弱性评价

根据保护区主要保护对象——红树林的分布特征，选择4项一级评价指标，10个二级评价指标进行红树林脆弱性评价。评按照指标测算方法和标准化方法进行数据处理。将各项指标经标准化处理后的指标标准值及以层次分析法法确定的权重代入综合指数诊断模型$I_{CH}=\sum_{i=1}^{m} I_i \cdot w_i$，得到了保护对象脆弱性评价结果（表8-90）。依据脆弱性等级划分标准，保护对象红树林的脆弱性水平处于相对稳定等级。

表8-90 西门岛红树林脆弱性评价要素、因子和权重

一级指标	二级指标	标准化值	权重	综合评价
种群特征A1	面积丧失率指数B1	0.3	0.15	0.439
	病虫害发生率B2	0.7	0.11	
	外来物种入侵度B3	0	0.08	
	鸟类（鱼类/底栖生物）密度减少率B4	0.7	0.1	
影响因素A2	冲淤环境稳定性B5	0.8	0.06	
	营养盐综合指数B6	0.2	0.1	
灾害风险A3	生态灾害B7	0.7	0.12	
	其他灾害B8	0.3	0.03	
人为干预A4	工程建设强度B9	0.3	0.14	
	工程修复度B10	0.4	0.11	

8.9.2.4 保护区生态恢复区划及适宜性评价

1）生态恢复区划

（1）初次区划

将岛陆生态系统和潮间带生态系统健康评价结果与保护区功能分区叠加，获得保护区生态恢复初次区划分区。生态恢复初次区划分为10个分区，其中：重点恢复区1个；一般恢复区1个；兼顾恢复区1个；保持现状区7个（表8-91）。

（2）二次区划

将保护区保护对象脆弱性评价结果与保护区生态恢复分区叠加，确定保护区生态恢复最终分区。

表8-91 西门岛海洋特别保护区生态恢复区划判定过程

功能分区	功能分区内部分区	生态系统分区	健康状况	生态恢复初次分区	保护对象脆弱性评价	生态恢复最终分区	生态恢复分区编码
重点保护区A	西门岛西侧	潮间带	亚健康	重点恢复区Ⅰ	相对稳定	重点恢复区Ⅰ	Ⅰ-A
生态与资源恢复区B	生态与资源恢复西区	潮间带	较健康	兼顾恢复区Ⅲ	—	兼顾恢复区Ⅲ	Ⅲ-B
	生态与资源恢复东区	潮间带	亚健康	一般恢复区Ⅱ	—	一般恢复区Ⅱ	Ⅱ-B

续表8-91

功能分区	功能分区内部分区	生态系统分区	健康状况	生态恢复初次分区	保护对象脆弱性评价	生态恢复最终分区	生态恢复分区编码
适度利用区D	西门岛	岛陆	较健康	保持现状区Ⅳ	—	保持现状区Ⅳ	Ⅳ-D-2
	西门岛东侧潮间带	潮间带	亚健康	保持现状区Ⅳ	—	保持现状区Ⅳ	Ⅳ-D-3
	南涂适度利用Ⅰ区西北侧	潮间带	亚健康	保持现状区Ⅳ	—	保持现状区Ⅳ	Ⅳ-D-1
	南涂适度利用Ⅰ区西侧	潮间带	较健康	保持现状区Ⅳ	—	保持现状区Ⅳ	Ⅳ-D-4
	南涂适度利用Ⅰ区东侧侧	潮间带	亚健康	保持现状区Ⅳ	—	保持现状区Ⅳ	Ⅳ-D-5
	南涂适度利用Ⅱ区西侧	潮间带	亚健康	保持现状区Ⅳ	—	保持现状区Ⅳ	Ⅳ-D-6
	南涂适度利用Ⅱ区东侧	潮间带	亚健康	保持现状区Ⅳ	—	保持现状区Ⅳ	Ⅳ-D-7

保护对象脆弱性评价为西门岛西侧红树林，其脆弱性评价综合指数分别为0.439，脆弱性等级为相对稳定。保护区生态恢复最终区划分区形成10个分区，其中：重点恢复区1个；一般恢复区1个；兼顾恢复区1个；保持现状区7个。由于保护对象脆弱性水平总体相对稳定，二次区划结果与初次区划结果保持一致。生态恢复最终区划分区如表8-92、图8-26所示。

表8-92　西门岛海洋特别保护区生态恢复区划

序号	生态恢复分区编码	分区名称	生态恢复分区	所属保护区功能分区
1	Ⅰ-A	西门岛西侧	重点恢复区Ⅰ	重点保护区A
2	Ⅱ-B	生态与资源恢复东区	一般恢复区Ⅱ	生态与资源恢复区B
3	Ⅲ-B	生态与资源恢复西区	兼顾恢复区Ⅲ	生态与资源恢复区B
4	Ⅳ-D-1	南涂适度利用Ⅰ区西北侧	保持现状区Ⅳ	适度利用区D
5	Ⅳ-D-2	西门岛		
6	Ⅳ-D-3	西门岛东侧潮间带		
7	Ⅳ-D-4	南涂适度利用Ⅰ区西侧		
8	Ⅳ-D-5	南涂适度利用Ⅰ区东侧侧		
9	Ⅳ-D-6	南涂适度利用Ⅱ区西侧		
10	Ⅳ-D-7	南涂适度利用Ⅱ区东侧		

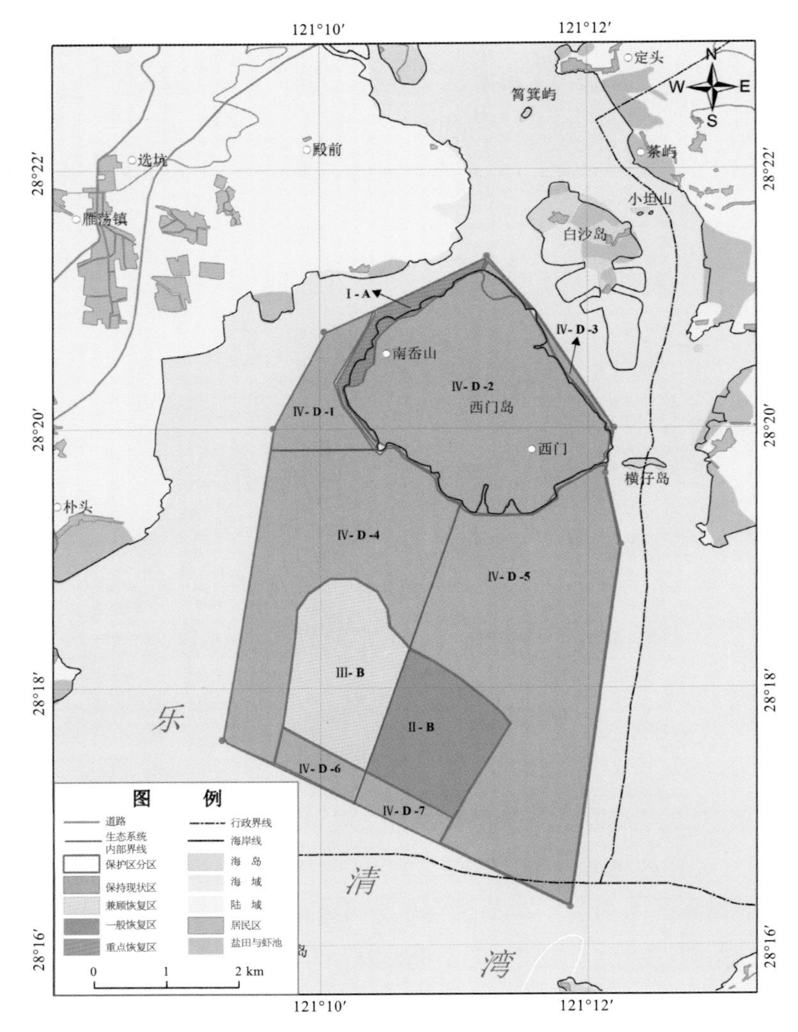

图8-26　浙江乐清西门岛海洋特别保护区生态恢复区划

2）生态恢复适宜性评价

（1）重点恢复区Ⅰ-A 西门岛西侧

该区域受周边的养殖活动和来自于陆地生活生产排污入海的影响面临的主要问题是潮间带生态系统健康压力和保护对象红树林自身的脆弱性。针对存在问题，该区域应严格限制区域内的养殖活动，加强附近海域的养殖、增殖活动的管理，控制养殖规模和养殖密度，提高养殖技术，降低养殖污染物对保护区水域的不利影响。同时，加强区域资源环境的协调管理，实施陆源污染物入海区域总量控制措施；建议加大红树林的种植面积，开展区域生态修复工作，减少人类活动对红树林重点保护区的干扰影响。

（2）一般恢复区Ⅱ-B 生态与资源恢复东区

该区域面临的主要问题是来自人类开发活动造成的环境压力和区域生态环境的影响，重点保护对象湿地珍稀鸟类受到一定程度人类活动的干扰影响。针对区域滩涂和保护对象的特点，该区域应严格限制保护区区域内的养殖等开发活动。

（3）兼顾恢复区Ⅲ-B 生态与资源恢复西区

该区域面临的主要问题是来自人类开发活动造成的环境压力和区域生态环境的影响，重点保护对

象湿地珍稀鸟类受到一定程度人类活动的干扰影响。针对区域滩涂和保护对象的特点，该区域应加强管理保护区区域内的养殖等开发活动，尽可能减小对保护区保护对象的影响和干扰。

（4）保持现状区Ⅳ-D-1 南涂适度利用Ⅰ区西北侧

该区域可能出现的由于海水增养殖活动和区域排污影响造成的环境压力，针对区域特点应合理控制养殖规模和养殖密度，提高养殖技术，减少养殖区污染源排放，防止因养殖活动产生的不利影响；针对区域特点应该加强区域资源环境的协调管理，合理安排人类开发活动，降低区域性生态环境压力。

（5）保持现状区Ⅳ-D-2 西门岛

该区域可能出现的由于不可理的人类开发活动和生活生产排污影响造成的环境压力，针对区域特点应合理安排岛屿周边养殖规模，减少养殖区污染源排放；合理规划海岛开发活动，杜绝因开发不合理而产生的不利影响。

（6）保持现状区Ⅳ-D-3 西门岛东侧潮间带

该区域可能出现的由于海水增养殖活动和区域排污影响造成的环境压力，针对区域特点应合理控制养殖规模和养殖密度；针对区域特点应该加强区域资源环境的协调管理，合理安排人类开发活动，降低区域性生态环境压力。

（7）保持现状区Ⅳ-D-4 南涂适度利用Ⅰ区西侧。

（8）保持现状区Ⅳ-D-5 南涂适度利用Ⅰ区东侧侧。

（9）保持现状区Ⅳ-D-6 南涂适度利用Ⅱ区西侧。

（10）保持现状区Ⅳ-D-7 南涂适度利用Ⅱ区东侧该区域可能出现的由于海水增养殖活动和区域排污影响造成的环境压力，针对区域特点应合理控制养殖规模和养殖密度，提高养殖技术，减少养殖区污染源排放，防止因养殖活动产生的不利影响；针对区域特点应该加强区域资源环境的协调管理，合理安排人类开发活动，降低区域性生态环境压力。

09 第9章 海洋特别保护区保护与利用综合评价

由于海洋特别保护区的每个功能区保护与利用的目标有所不同，加之海洋特别保护区兼顾着协调保护与开发的关系的功能，因此，通过建立相应的评价指标体系与方法，科学把握海洋特别保护区各功能区生态环境与主要保护目标现状、区内海洋资源利用程度等，分析存在问题，采取合理的保护与合理利用管理措施，以便有效实施生态保护、合理利用资源，保障海洋特别保护区健康发展。

9.1 评价指标体系的构建

9.1.1 海洋特别保护区保护与利用评价复杂性分析

9.1.1.1 海洋特别保护区类型多样

目前已建的国家级海洋特别保护区分为4种类型，生态环境多样，主要保护对象或保护目标涉及了典型海洋生态系统、海洋生物多样性和珍贵海洋自然遗迹，不同类型的海洋特别保护区其生态环境条件、主要保护对象或保护目标各不一致，保护与管理目标各不相同，使得评价基准的确定各有侧重。

9.1.1.2 海洋特别保护区功能区保护与管理要求不同

海洋特别保护区以生态保护为基础，以保护中开发、开发中保护为宗旨，因此海洋特别保护区不是一个单纯的自然生态系统，而是一个融合了自然、社会、经济多种因素的、复杂的生态系统，海洋特别保护区在整体保护管理目标下，还根据不同区域单元生态保护和资源利用特征，划分出相应的功能区，每个功能区都有其各自具体的保护与管理目标，这些功能区的保护与管理重点不同、保护与管理方向不同，生态环境状况亦不相同。因此，评价所关注的重点也有所不同。

9.1.1.3 海洋特别保护区影响因素复杂

海洋特别保护区的特征描述不仅涉及生态环境状况和主要保护对象或主要保护目标，同时还涉及资源利用程度等。生态环境状况、主要保护对象或保护目标、资源利用程度则包含了很多因素，其中生态环境状况又涉及了自然环境条件、环境质量、海域生物、外来物种入侵等诸多因素。为了达到评价的目的，就需要按照一定的要求对影响因素进行筛选，以保留具有代表性的因素。

9.1.1.4 主要保护对象或保护目标的表征差异

由于海洋特别保护区类型具有多样性的特征，因此衡量主要保护对象或保护目标的表征量也各不相同。根据目前已建的海洋特别保护区主要保护对象或保护目标状况来看，有红树林、柽柳林、滨海湿地等生态系统为主的，有以海岛、自然地质地貌景观等为主的，有以生物多样性、重要渔业资源为主的，其刻画指标可以用面积、种类数量、单一类型的数量、高度、密度、生物量等，这就给评价指标的提炼带来一定的难度。

9.1.2 海洋特别保护区保护与利用综合评价指标体系的构建原则

海洋特别保护区保护与利用评价指标体系是由若干相互联系、相互补充、具有一定层次的指标组成的系列。这些指标既有直接从原始数据而来的基本指标，用来反映海洋特别保护区不同功能区特征；又有对基本指标的概括、总结，用来说明保护区作为一个完整系统所具有的性质。在选择指标时既注意选择那些具有典型、代表意义的重要指标，同时，也考虑了评价指标体系的可操作性与数据的可获取性等。为此在总结和吸取国内外研究成果与经验的基础上，遵循以下原则建立海洋特别保护区保护与利用综合评价指标体系。

9.1.2.1 科学性与可操作性相结合

海洋特别保护与合理利用评价指标体系的设计要能较客观地反映海洋特别保护区生态环境与资源特征，每个指标概念与内涵应科学、明确，统计与测算方法应规范，评价结果应真实客观；同时由于影响因素较为复杂，选用的指标并非越多越好，还应考虑指标的量化及数据取得的难易程度和可靠性，应尽可能利用现有的各种统计数据和目前已实施监测的指标，以便提高评价的可操作性。

9.1.2.2 综合性与典型性相结合

在筛选评价指标时要充分考虑到各类海洋特别保护区的异同点，体现指标体系的综合性和典型性，可较全面地反映海洋特别保护区保护与合理利用方面的特征和状况；同时指标选取应强调典型性与独立性，避免选入意义相近、内容重复或可由其他指标组合而来的导出性指标，使指标体系简洁适用。

9.1.2.3 定性与定量、绝对与相对相结合

任何事物都具有质和量的规定性，海洋特别保护区各功能区资源有效保护与合理利用评价原则上既应有定性分析因素，也应有定量分析因素，为了便于评价操作，故指标选取时尽量以定量分析为主；同时将反映保护区不同功能区资源合理利用规模和总量的绝对指标与反映资源开发利用强度的相对指标有机结合，用以更好地反映海洋特别保护区保护与合理利用的特征与状况。

9.1.2.4 稳定性和动态性相结合

评价海洋特别保护区功能区的指标既应有反映目前现状的指标，也要有反映不同功能区变化趋势的动态指标，同时使指标体系在一定时间内保持相对的稳定状态，以便衡量一定时期内海洋特别保护区保护与利用的特征状况。

9.1.3 评价指标体系的建立

9.1.3.1 海洋特别保护区评价指标筛选

海洋特别保护区生态系统结构复杂，同时由于兼顾生态保护和资源合理利用两大主要功能，导致海洋特别保护区功能区状况的影响因素有很多，如保护区海水和沉积物环境质量、主要保护对象或保护目标存在状况、资源利用的合理性等，因此海洋特别保护区功能区状况的评价具有多层次、

多指标的特征。按照海洋特别保护区保护与管理目标及要求，分析辨识对海洋特别保护区功能区状况起到重要作用的因子。

研究时主要根据海洋特别保护区生态保护与资源利用基本情况，同时参考保护区资源保护利用评价相关研究成果中常用的指标，进行指标筛选。在筛选过程中，主要采用频度统计法、相关性分析法、理论分析法和专家咨询法等进行，以满足科学规范性和系统全面性的要求。其中频度统计法是对目前有关保护区资源保护利用评价研究的报告、论文等进行统计，初步挑出一些使用频度较高的指标；相关性分析是对指标进行统计分析，明确指标间的相互关联程度，并结合一定的取舍标准和专家意见进行筛选，剔除相关性显著的指标，保留相对独立性的指标；理论分析法是对海洋特别保护区不同功能区资源有效保护与合理利用评价的内涵、特征进行综合分析，选取重要的、典型的能充分体现评价对象特征的指标；而专家咨询法则是在建立整个指标体系过程中，适时适当地征询有关专家意见，对指标进行适当调整。理论分析法和专家咨询法几乎贯穿指标体系构建的全过程（图9-1）。

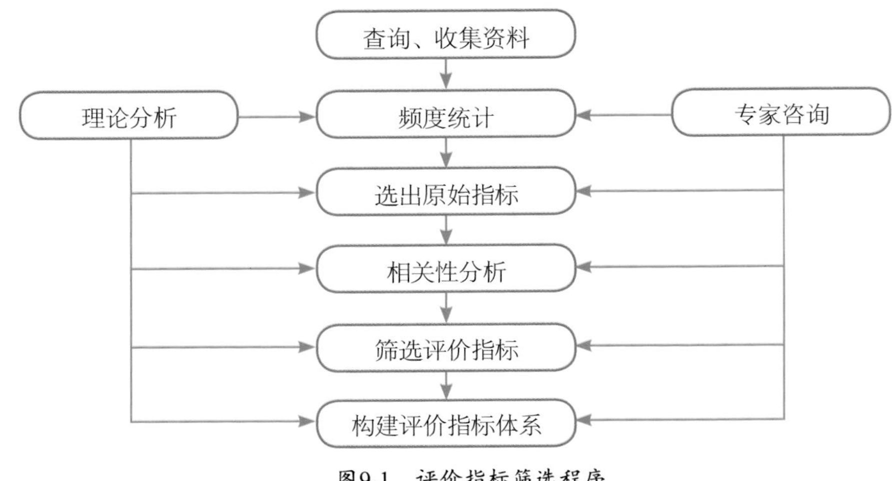

图9-1　评价指标筛选程序

研究过程中首先根据评价指标体系的构建原则，借鉴海洋环境质量、海洋生物多样性及等评价分析实践经验，初步提出27项对海洋特别保护区保护利用关系较为密切的影响因素（表9-1）；其次，依据指标筛选步骤，对影响因素中有重复或意义相近影响因素进行反复筛选、归并和调整，结合海洋特别保护区评价对象的特点，确定出有代表性的、相对独立的指标评价体系。根据海洋特别保护区保护与利用一般性特征，初步筛选出包括3个准则层和8个评价指标在内的海洋特别保护区保护与利用评价指标体系（表9-2）。

表9-1　海洋特别保护区保护与利用影响因素

准则层	指标号	指　标　层
主要保护对象或保护目标变化	1	主要保护对象或保护目标的面积、种群数量、高/长度、生物量、密度等
生态环境状况	2	水质（化学耗氧量、无机氮、活性磷酸盐、石油类、铜、锌、铅、镉、汞、砷）
	3	沉积物质量（有机碳、硫化物、石油类、铜、锌、铅、镉、汞、砷）
	4	海洋生物多样性指数（浮游植物、浮游动物、底栖生物、潮间带生物的多样性指数）
	5	外来物种入侵（外来物种入侵种类数、分布面积、数量等）

续表9-1

准则层	指标号	指标层	
资源利用	6	生态旅游资源	适游期
	7		日旅游资源容量
	8		游客日接待能力指数
	9		年接待游客量
	10		旅游收入年均增长率
	11		旅游收入用于保护区建设的比例
	12		旅游服务设施的完善度
	13		保护区周边人文文化与滨海生态旅游的协调度
	14		生态旅游环境负荷率
	15	生态养殖资源	养殖面积
	16		养殖密度
	17		滩涂利用率
	18		有机食品合格率
	19		可养面积利用率
	20		养殖年产量
	21		养殖利润年均增长率
	22	港口航运资源	宜港岸线利用状况
	23		港口旅客吞吐量
	24		港口货物吞吐量
	25		港口营运年收入
	26		吸纳社会就业人数
	27		对区域经济GDP的贡献率

表9-2 海洋特别保护区保护与利用综合评价指标体系

序 号	指标类型		指 标
1	主要保护对象或保护目标变化		主要保护对象或保护目标的分布面积、高/长度、种群数量、生物量、密度或景观形态等
2	生态环境状况		水质（化学耗氧量、无机氮、活性磷酸盐、石油类、铜、锌、铅、镉、汞、砷）
3			沉积物质量（有机碳、硫化物、石油类、铜、锌、铅、镉、汞、砷）
4			海洋生物多样性指数（浮游植物、浮游动物、底栖生物、潮间带生物的多样性指数）
5			外来物种入侵（外来物种入侵种类数、分布面积、数量等）
6	资源利用状况	生态旅游资源	年接待游客量（万人）
7		生态养殖资源	养殖面积（km^2或hm^2）
8		港口航运资源	宜港岸线利用状况（km）

9.1.3.2 具体指标的涵义

主要保护对象或保护目标的面积、数量、高度、生物量和密度等：保护区所监测的主要保护对象或保护目标的面积（hm^2）、高度（m或cm）、种群数量（ind.）、高/长度（m或cm）、生物量（g/m^2）、密度（$ind./m^2$）等。

水质：保护区所监测的海水化学耗氧量、无机氮、活性磷酸盐、石油类、铜、锌、铅、镉、汞、砷的监测值，单位为mg/L。

沉积物质量：保护区所监测的沉积物有机碳、硫化物、石油类、铜、锌、铅、镉、汞、砷的监测值，其中有机碳的单位为%，其余为10^{-6}。

海洋生物多样性指数：保护区所监测的浮游植物、浮游动物、底栖生物、潮间带生物的生物多样性指数。

外来物种入侵：保护区内所监测的外来物种入侵的种类数（种）、分布面积（hm^2）、数量（个、只、条）等。

年接待游客量：海洋特别保护区功能区年接待游客的数量，单位为万人。

养殖面积：在海洋特别保护区某功能区可养殖面积中，人工养殖鱼、虾、蟹、贝、藻类等海产品的海水面积，单位为km^2或hm^2。

宜港岸线利用状况：海洋特别保护区某功能区宜港岸线利用长度，单位为km。

9.1.3.3 评价指标权重的确定

评价指标权重的确定方法有多种，迄今为止，国内外常用的方法如层次分析法（analytical hierarchy process即AHP）、专家咨询法、综合指数法、模糊综合评判法及熵值法等，根据海洋特别保护区基本特征，我们采用层次分析法与专家咨询法，客观、合理地确定海洋特别保护区保护与利用综合评价指标的权重。

1）指标权重

权重是以某种数量形式对比、权衡被评价事物总体中诸因素相对重要程度的量值。它既是决策者的主观评价，又是指标本质属性的客观反映，是主、客观综合度量的结果，其主要取决于两个方面：一方面，指标本身在决策中的作用及其价值的可靠性，即表示它们不同的重要性及各要素所产生的不同的协同效应；另一方面决策者对该指标的重视或关注程度。

海洋特别保护区保护与利用综合评价属于多目标决策问题，各指标的权重应反映其对保护与利用评价的重要程度，指标权重确定的合理与否在很大程度上影响海洋特别保护区保护与利用综合评价的科学性和正确性。同一准则层内各项指标在反映该准则层的问题时，所起的作用视为相同，因此，同一准则层内各项指标作等权处理。其权重的差异主要体现在准则层三个大类指标权重的差异。针对海洋特别保护区，主要保护对象或保护目标、生态环境状况和资源利用三个方面对海洋特别保护区的贡献率各不相同，因此权重的计算主要针对主要保护对象或保护目标、生态环境状况和资源利用进行。

通过采用层次分析法（AHP）和专家调查法构造判断矩阵，计算出判断矩阵的最大特征值及其所对应的特征向量，通过一致性检验，获得海洋特别保护区保护与利用综合评价主要保护对象或保护目标、生态环境状况和资源利用一级指标的权重（表9-3）。

表9-3　海洋特别保护区分析评价一级指标权重

序号	海洋特别保护区评价准则层指标类型	权重
1	主要保护对象或保护目标	0. 42
2	生态环境状况	0.36
3	资源利用适度性	0.22

2）评价指标的量化处理

海洋特别保护区保护与利用综合评价指标体系由于量纲不同，有的是实物量，有的是价值量，有的是平均量，有的是百分比，不能进行直接计算。为了解决各指标不同量纲难以进行综合计算的问题，一般在完成数据收集工作后还需要对原始数据进行量化处理，其目的是使其转化为无量纲数值，消除不同计算单位的影响，使数据趋于稳定。具体量化处理方法如下。

首先，将指标分为A、B、C、D四个等级，每个等级分值分别为100～80，80～60，60～35，35～0，通过实地调研与国内外相关资料查阅及专家咨询，依据海洋特别保护区功能区资源有效保护与合理利用评价相对指标确定计分标准。

其次，由评估专家组（≥10人以上）的各位专家依据海洋特别保护区功能区资源有效保护与合理利用评价指标计分标准，按照海洋特别保护区功能区各评价指标收集到的调查数据内容，进行打分。

最后，根据下式计算该评价指标的量化得分值：

$$P_k=\frac{1}{m}\left(\sum_{i=1}^{m}p_i\right)$$

式中：P_k为第k个评价指标量化得分值；P_i为第k个评价指标第i位专家选定的等级得分；m为专家人数（$m\geqslant 10$）。

9.1.3.4　相关指标的评价标准的选取

对于海洋特别保护区而言，因其指标的不同或功能区管理要求不同，因此评价指标的评价标准应符合海洋特别保护区的有关管理要求。同时，在已选定的评价指标中，涉及海洋环境质量的指标可以参照有关要求和标准确定评价指标的标准值，其他指标尚不能给出明确的标准值，因此，海水水质和沉积物质量的评价则依据海洋特别保护区管理要求及《海水水质标准》《海洋沉积物质量》和《海洋功能区划技术导则》等的相关标准确定。

1）海水水质评价执行的标准

重点保护区、生态与资源恢复区、预留区和适度利用区中的生态旅游区及养殖区海水质量评价执行GB 3097的二类海水水质标准，适度利用区中码头或港口区海水水质评价执行GB 3097的三类海水水质标准。

2）海洋沉积物质量评价执行的标准

重点保护区、生态与资源恢复区、预留区和适度利用区中的生态旅游区及养殖区海洋沉积物质量评价执行GB 18668的一类海洋沉积物质量标准，适度利用区中码头或港口区海洋沉积物质量评价执行GB 18668的二类海洋沉积物质量标准。

9.2 评价方法与模型的建立

在确定上述各因素指标权重，并将指标原始数据进行量化处理后，进入海洋特别保护区功能区综合评价阶段（图9-2）。

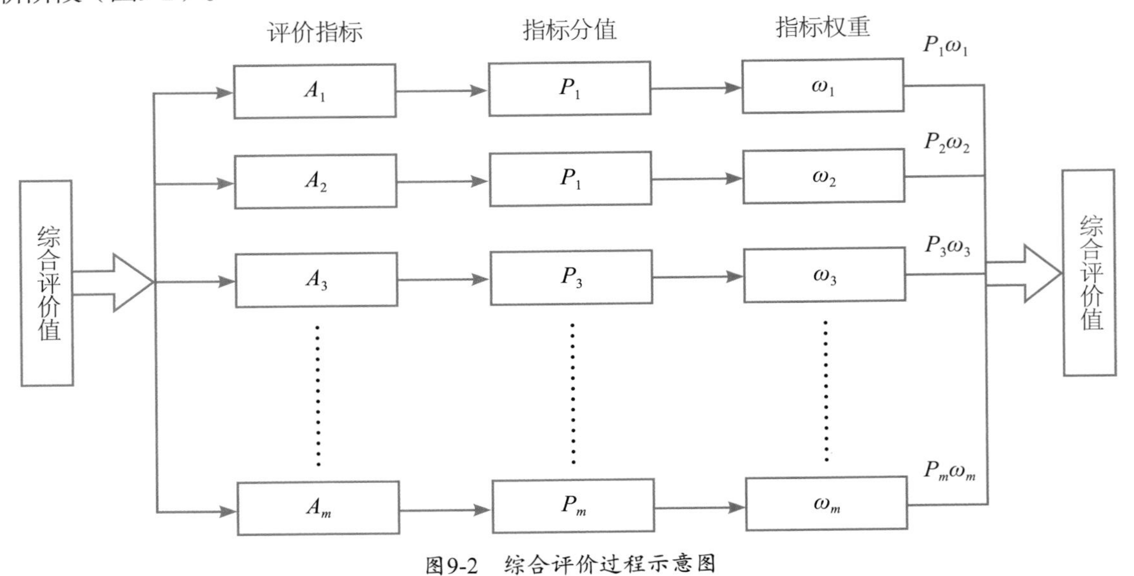

图9-2　综合评价过程示意图

通过前面的研究我们已分别建立了一套比较科学精练的、代表性较强的海洋特别保护区功能区综合评价指标体系，但仅有评价指标体系是不够的，在计算出各指标得分及确定其权重后，关键是选用适当的评价方法，建立相应的综合评价模型。

由于海洋特别保护区保护与利用评价指标较多，其每一单项指标，虽是经过分析筛选取得，但也只是从不同侧面反映海洋特别保护区功能区在生态保护与资源合理利用方面的个别特征，要全面反映各功能区保护与利用的总体状况，还须计算综合评价值。研究中选用多因子综合评价法，采用目前应用较广、比较常规的综合指数法来测算海洋特别保护区保护与利用的综合评价值。基本计算公式如下：

$$Z=\sum_{k=1}^{m}P_k W_k$$

式中：Z为海洋特别保护区功能区资源保护利用综合评价值；P_k为第k个评价因子的量化分值；W_k为第k个评价因子的权重；m为参与评价的因子个数。

9.3 各指标评价方法

9.3.1 主要保护对象（或保护目标）变化趋势评价

主要保护对象（或保护目标）变化趋势的评价采用比较法，即，将主要保护对象（或保护目标）的数量（或面积等相关指标）的监测值与保护区选划时（或上一年）相同指标的监测值进行比较分析，评价结果赋分见表9-4。

表9-4 主要保护对象（或保护目标）变化趋势评价结果赋分

序号	比较分析	评价结果	赋分
1	主要保护对象（或保护目标）的数量（或面积等相关指标）监测值大于保护区选划时（或上一年）相同指标的监测值的0.5%	保护区主要保护对象（或保护目标）呈增加趋势	$A1=3$
2	主要保护对象（或保护目标）的数量（或面积等相关指标）监测值在保护区选划时（或上一年）相同指标的监测值的±0.5%之内	保护区主要保护对象（或保护目标）保持稳定	$A1=2$
3	主要保护对象（或保护目标）的数量（或面积等相关指标）监测值小于保护区选划时（或上一年）相同指标的监测值的0.5%	保护区主要保护对象（或保护目标）呈减少趋势	$A1=1$

9.3.2 生态环境状况评价

9.3.2.1 海水质量评价

1）站位海水水质评价指标标准指数计算

各站位化学需氧量、无机氮、活性磷酸盐、石油类、铜、铅、锌、镉、汞及砷评价采用单因子标准指数法，即：

$$H = \frac{H_i}{H_{io}}$$

其中：H分别代表化学耗氧量、无机氮、活性磷酸盐、石油类、铜、铅、锌、镉及汞的标准指数值；H_i分别代表站位不同层次化学耗氧量、无机氮、活性磷酸盐、石油类、铜、铅、锌、镉及汞的监测值的平均值；H_{io}分别代表化学耗氧量、无机氮、活性磷酸盐、石油类、铜、铅、锌、镉及汞的评价标准值。

2）站位水质评价赋分

站位水质评价赋分条件见表9-5。

表9-5 站位水质评价赋分

同一站位标准指数小于等于1的指标个数占实际监测指标个数的比率	站位水质评价赋分（AH）
$FH>60\%$	4
$60\%\geq FH>40\%$	2
$FH\leq 40\%$	1

3）保护区水质评价指数计算

海洋特别保护区功能区水质综合评价值计算采用综合评分法，即：

$$QH = \frac{1}{n}\sum_{i=1}^{n} AH_i$$

其中：QH为保护区综合评价分值；AH_i为站位水质评价赋分；n为站位数。

9.3.2.2 沉积物质量评价

1）沉积物评价指标标准指数计算

各站位有机碳、硫化物、油类、铜、铅、锌、镉、汞标准指数采用单因子标准指数法，即：

$$S=\frac{S_i}{S_{io}}$$

其中：S分别代表站位有机碳、硫化物、石油类、铜、铅、锌、镉、汞的标准指数值；Si分别代表站位有机碳、硫化物、石油类、铜、铅、锌、镉、汞的监测值；Sio分别代表有机碳、硫化物、石油类、铜、铅、锌、镉、汞的评价标准值。

站位沉积物质量评价赋分条件见表9-6。

表9-6　站位沉积物质量赋分条件

同一站位评价标准指数小于等于1的指标个数占实际监测指标个数的比率	站位沉积物质量评价赋分（AS）
$FS>67\%$	4
$67\%\geqslant FS>33\%$	2
$FS\leqslant 33\%$	1

2）保护区沉积物质量综合评价指数计算

沉积物质量综合评价值计算采用综合评分法，即：

$$QS=\frac{1}{n}\sum_{i=1}^{n}AS_i$$

其中：QS为保护区综合评价分值；AS_i为站位沉积物质量评价赋分；n为站位数。

9.3.2.3　生物多样性变化趋势评价

1）生物多样性指数计算

采用Shannon-Wiener多样性指数公式计算浮游植物、浮游动物、底栖生物及潮间带生物多样性指数，即：

$$P=-\sum_{i=1}^{J}(n_i/N)\log_2(n_i/N)$$

式中：P为分别为浮游植物、浮游动物、底栖生物及潮间带生物多样性指数；J为分别为浮游植物、浮游动物、底栖生物及潮间带生物种数（种）；n_i为分别为浮游植物、浮游动物、底栖生物及潮间带生物第i种个体数；N为分别为浮游植物、浮游动物、底栖生物及潮间带生物总个体数。

2）生物多样性变化趋势指数

生物多样性变化趋势指数计算方法为：

$$E=P/P_0\times 100\%$$

其中：E分别为浮游植物、浮游动物、底栖生物或潮间带生物多样性变化趋势指数；P分别为浮游植物、浮游动物、底栖生物或潮间带生物多样性指数；P_0分别为保护区选划时（或上一年）浮游植物、浮游动物、底栖生物或潮间带生物多样性指数。

3）生物多样性变化趋势指数分级赋分

生物多样性变化趋势指数分级赋分条件见表9-7。

表9-7 生物多样性变化趋势指数分级赋分

生物多样性变化趋势指数	赋分
$E_i \geqslant 120\%$	2
$80\% \leqslant E_i < 120\%$	1
$E_i < 80\%$	0

4）生物多样性变化趋势评价

生物多样性变趋势评价采用评分法，即：

$$QB=\frac{1}{n}\sum_{i=1}^{n}E_i$$

其中：QB为生物多样性变化趋势评价结果；E_i分别为浮游植物、浮游动物、底栖生物和潮间带生物多样性变化趋势赋分；n为生物类型数。

9.3.2.4 外来物种入侵变化趋势评价

外来物种入侵变化趋势的评价采用比较法，即，将外来物种入侵种类（或数量、面积等相关指标）的监测值与保护区选划时（或上一年）相同指标的监测值进行比较分析，评价结果赋分见表9-8。

表9-8 外来物种入侵变化趋势评价结果赋分

序号	比较分析	评价结果	赋分
1	保护区内未发现外来入侵物种	无外来物种入侵	$QW=2$
2	外来物种入侵种类（或数量、面积等相关指标）监测值小于保护区选划时（或上一年）相同指标的监测值	保护区外来物种入侵呈减缓趋势	$QW=1$
3	外来物种入侵种类（或数量、面积等相关指标）监测值等于保护区选划时（或上一年）相同指标的监测值	保护区外来物种入侵呈稳定趋势	$QW=0$
4	外来物种入侵种类（或数量、面积等相关指标）监测值大于保护区选划时（或上一年）相同指标的监测值	保护区外来物种入侵呈加剧趋势	$QW=-1$

9.3.2.5 生态环境状况评价指数

根据保护区内海水水质、沉积物质量、海洋生物多样性指数、外来物种入侵4项指标的评价结果，计算生态环境状况评价指数，即：

$$A2=\frac{1}{n}\sum_{i=1}^{n}Q_i$$

其中：$A2$为生态环境状况评价指数；Q_i分别为海水水质、沉积物质量、海洋生物多样性指数变化趋势、外来物种入侵变化趋势各项指标的评价结果；i为参与评价的指数个数。

9.3.3 海洋资源利用适度性评价

9.3.3.1 海洋特别保护区内海洋资源利用适度性指数计算

海洋特别保护区内不同类型海洋资源利用适度性分指数计算方法采用下式，即：

$$R_i = R_i'/R_i'o \times 100\%$$

其中：R分别为海洋特别保护区内旅游资源、养殖资源和码头（或港口）资源利用适度性指数。R_i'分别为保护区内的旅游资源、养殖资源和码头（或港口）资源利用指标；$R_i'o$分别为保护区旅游资源、养殖资源或码头（港口）资源容量。

9.3.3.2　海洋特别保护区内海洋资源利用适度性指数分级赋分

海洋特别保护区内海洋资源利用适度性指数分级赋分条件见表9-9。

表9-9　海洋特别保护区内海洋资源利用适度性指数分级赋分

资源利用适度性指数	赋分
$R \leqslant 80\%$	1
$80\% < R \leqslant 100\%$	0
$R > 100\%$	-1

9.3.3.3　海洋特别保护区内海洋资源利用适度性评价方法

$$A_3 = (C_1 + C_2 + C_3) / n$$

其中：C为海洋特别保护区内海洋资源利用适度性评价结果；C_1、C_2、C_3分别为生态旅游资源、生态养殖资源和码头（港口）资源利用状况赋分；n为所利用资源的类型数量。

9.4　海洋特别保护区功能区综合评价方法

9.4.1　评价方法

在单因子指标和一级指标评价结果的基础上，通过加权评分的方法建立海洋特别保护区功能区综合评价方法，即，

$$F = \frac{1}{n}\sum_{i=1}^{3} W_i \times A_i$$

其中：F为保护区评价指数；W_1、W_2、W_3分别为主要保护对象或保护目标、生态环境状况和海洋资源利用适度性指标的权重；A_1、A_2、A_3分别为主要保护对象或保护目标、生态环境状况和海洋资源利用适度性指标的评价值；n为参评指标的个数。

9.4.2　评价结果分级

海洋特别保护区综合评价结果分级分为良好、中等和较差三个等级，各等级指标特征见表9-10。

表9-10　海洋特别保护区功能区综合评价分级

评价指数	保护区状况分级	指标特征
$F \geqslant 2$	良好	主要保护对象或保护目标保持稳定或增加，生态环境状况保持良好，资源利用潜力较大

续表9-10

评价指数	保护区状况分级	指标特征
$2>F\geq1$	中等	主要保护对象或保护目标开始出现下降的趋势，生态环境状况轻微受损，资源利用量与其容量接近
$F<1$	较差	主要保护对象或保护目标明显减少，部分区域生态环境遭受损害，资源利用量超过其容量

9.5 海洋特别保护区功能区综合评价

9.5.1 山东昌邑海洋生态国家级特别保护区

9.5.1.1 主要保护对象（或保护目标）变化趋势评价

该保护区主要保护对象或保护目标为天然生长的滨海植物柽柳林，建区时柽柳林的面积为2 070 hm^2，建区以来天然柽柳林得到较好的保护，并在此基础之上已成功栽植柽柳130 hm^2余，共计40余万株，柽柳林增加的面积超过了0.5%，因此，主要保护对象（或保护目标）变化趋势评价结果赋分为3分。

9.5.1.2 生态环境状况评价

该保护区涉及海域的面积很小，其环境质量的监测与评价仅覆盖潮间带和潮上带沉积物，评价结果表明，各站位沉积物质量均符合二类沉积物质量标准，功能区沉积物质量评价赋分为4分。

9.5.1.3 生物多样性指数变化趋势评价

保护区内陆生生物种相对稳定，其生物多样性指数变化甚微，其变化趋势介于-20%～20%的范围内，评价结果赋分为1分。潮间带大型底栖生物多样性指数的变化趋势亦介于-20%～20%的范围内，因此，保护区生物多样性指数变化趋势评价结果赋分为1分。

9.5.1.4 外来物种入侵变化趋势评价

目前，该保护区湿地植被及非湿地化形成的人工林地内已经有鹅绒藤（*Cynanchum chinense*）、大米草（*Spartina anglica*）、反枝苋（*Amaranthus retroflexus*）、皱果苋（*A. viridis*）、凹头苋（*A. lividus*）、黄香草木樨（*Melilotus officinalis*）、野西瓜苗（*Hibiscus trionum*）、田旋花（*Convolvulus arvensis*）、曼陀罗（*Datura stramonium*）、洋金花（*D. metel*）、牛筋草（*Eleusine indica*）、凤眼莲（*Eichhornia crassipes*）9科12种有害植物入侵，其中以鹅绒藤和大米草为主要入侵物种，近几年来，外来物种入侵呈增加趋势。因此该项指标评价结果赋分为-2分。

生态环境状况评价结果为2.91。

9.5.1.5 保护区资源利用状况评价

昌邑市2012年1—6月，接待游客总人数为139.21万人，主要为盐业文化休闲乐园、博陆山、月牙湖和绿博园等景区贡献，据估计，柽柳林生态旅游区接待游客数量仅能占到游客总人数的5%左右，据此估算目前柽柳林生态旅游区全年接待游客数量应低于25万人次，根据面积法计算保护区旅游资源容量结果，保护区年旅游资源容量为160.3万人，区内旅游活动人数远小于其资源容量，因此保护区旅游资源利用尚有较大的潜力。该项指评价结果赋分为3分。

9.5.1.6 综合评价

该保护区柽柳林面积增加显著，沉积物质量良好，旅游资源利量潜力较大，但保护区外来物种入侵呈增加趋势，主要保护对象或保护目标、生态环境状况和海洋资源利用适度性3项指标加权评分计算，综合评价结果为1.26，保护利用状况处于中等级别。

9.5.2 江苏连云港海州湾海湾生态与自然遗迹国家级海洋特别保护区

9.5.2.1 主要保护对象（或保护目标）变化趋势评价

该保护区主要保护对象或保护目标为秦山岛地貌和龙王河口羽状沙咀等，根据遥感卫片和现场踏勘，秦山岛和龙王河口羽状沙咀无明显变化，因此保护区自然保护对象或保护目标保持稳定，该项指标赋分为2分。

9.5.2.2 生态环境状况评价

该保护区海水水质站位评价表明，在16个站位中有11个站位的无机氮、2个站位的石油类、2个站位的锌和2个站位的铅超过二类海水质质标准。

沉积物质量站位评价结果表明，有3个站位的铬超过一类沉积物质量标准。

潮间带生物多样性指数变化趋势为增加19%，该保护区未记录到外来物种入侵的资料，因此不作评价。

生态环境状况评价结果赋分为2.92。

9.5.2.3 保护区资源利用状况评价

海州湾旅游区主要包括海州湾旅游度假区和连岛旅游区，以东西连岛2008年旅游人数为比较对象，东西连岛2008年接待游客人数为165万人次，根据面积法计算保护区旅游资源容量结果，保护区年旅游资源容量为382.7万人，区内旅游活动人数远小于其资源容量，因此保护区旅游资源利用尚有较大的潜力。该项指评价结果赋分为3分。

9.5.2.4 综合评价

该保护区海岛地貌等自然遗迹基本保持稳定，海水和沉积物质量良好，旅游资源利量潜力较大，主要保护对象或保护目标、生态环境状况和海洋资源利用适度性3项指标加权评分计算，综合评价结果为2.54，保护利用状况处于良好级别。

9.5.3 浙江乐清市西门岛海洋特别保护区

9.5.3.1 主要保护对象（或保护目标）变化趋势评价

该保护区主要保护对象或保护目标为红树林等，自2006以来，保护区开展红树林人工种植，红

树林面积较建区时有所增加，因此保护区自然保护对象或保护目标呈增加趋势，该项指标评价赋分为3分。

9.5.3.2 生态环境状况评价

该保护区海水水质站位评价结果表明，16个站位的无机氮、活性磷酸盐均超过二类海水水质标准。3个站位的铜超过一类沉积物质量标准。潮间带生物多样性指数变化趋势为16%，外来物种——互花米草（*Spartinaalternifora*）的入侵呈增加的趋势。生态环境状况评价结果赋分为2.13分。

9.5.3.3 保护区资源利用状况评价

目前该保护区在西门岛开展了红树林观景、休闲渔业、海岛文化等旅游活动，保护区内每年平均约有5万人次，根据面积法计算保护区旅游资源容量结果，保护区年旅游资源容量为115.7万人，区内旅游活动人数远小于其资源容量，因此保护区旅游资源利用尚有较大的潜力。该项指评价结果赋分为3分。

9.5.3.4 综合评价

该保护区红树林面积呈增加趋势，海水无机氮和活性磷酸盐超过二类海水水质标准，沉积物质量良好，外来物种增加趋势明显，旅游资源利量潜力较大，主要保护对象或保护目标、生态环境状况和海洋资源利用适度性3项指标加权评分计算，综合评价结果为1.35，保护利用状况总体处于良好级别。

第10章 海洋特别保护区资源利用容量评估

海洋特别保护区资源利用强调资源的适度利用，即在不对海洋特别保护区的生态环境状况造成明显影响的前提下，对海洋特别保护区内部及周边的各类环境资源的开发利用限度。海洋特别保护区资源利用容量评估研究总体思路是在借鉴目前资源承载力计算方法和示范区的环境现状与趋势分析的基础上，构建海洋特别保护区资源利用容量计算方法体系，并采用该方法以山东昌邑国家级海洋生态特别保护区、江苏海州湾海湾生态系统和自然遗迹国家级海洋特别保护区和浙江乐清市西门岛国家级海洋特别保护区为示范区进行资源利用容量评估，以期为海洋特别保护区资源合理利用提供指导。

10.1 海洋特别保护区资源利用容量评估方法体系

10.1.1 海洋特别保护区资源利用容量评估原则

10.1.1.1 综合性原则

海洋特别保护区资源利用容量评估要综合分析所利用的资源时间和空间的影响因素，注重考虑不同季节、时间，不同养殖海域、旅游景点之间以及适度利用区与其他功能区之间等各方面的综合因素，才能比较准确地反映海洋特别保护区的资源利用实际容量。

10.1.1.2 最小化原则

海洋特别保护区资源利用容量评估计算要坚持最小化原则，要以适度利用区内生态最为脆弱的区域和资源开发利用的热点区域（重要深水岸线、重要养殖海域以及游客可能会比较集中的景点区域等）的环境容量为标准来确定整个海洋特别保护区的资源开发利用容量。

10.1.1.3 保护优先原则

海洋特别保护区资源利用容量评估服务于保护区的管理，为协调开发与保护的关系起到具体的指导作用，在保护和资源利用之间建立一定的平衡关系，如果当经济效益与保护目的发生冲突时，应该坚持保护优先的原则。

10.1.1.4 理论与实际相结合原则

环境容量的理论计算值虽然对我们的保护管理措施的制定有着指导性的作用，但在实际应用中决定海洋特别保护区资源利用容量时要根据区域内资源利用的实际情况进行调整，还应结合海洋特别保

护区资源监测情况进行随时调整。

10.1.2 海洋特别保护区港口资源利用容量评估方法

对海洋特别保护区内的港口资源利用容量的评价，既要根据港口评价的一般规律和特点，也要考虑海洋特别保护区的具体特点，取舍或重点突出某些对建港条件影响大的因素，形成合理的评价指标体系和评判标准，以使评价结果更加符合实际情况（任志福，2007；张楷颜，2009）。海洋特别保护区一般多为海洋生态系统敏感脆弱和具有重要生态服务功能的区域，是有效保护海洋生态环境、科学开发海洋资源的区域，因此在海洋特别保护区内实行的是海洋保护与开发并重、保护优先的方针（贺心然，2009）。在对海洋特别保护区进行资源开发评估的过程中，应把保护区域内的海洋生态系统作为必要条件，充分考虑海洋特别保护区的自身属性（辛文杰，2010）。因此，港口资源评价属多因素综合评价范畴，因此，对典型海洋特别保护区的港口资源利用容量进行定量评估尚存在一定难度（戴明新等，2008）。考虑到港口资源开发利用属于海洋空间资源开发的一种方式，所以研究过程中将以海洋特别保护区的适度利用区内宜港岸线的资源量（长度）来表征海洋特别保护区的港口资源利用容量。

10.1.2.1 港口资源利用容量（宜港岸线资源量）评估指标体系

通过对典型海洋特别保护区的现场调研和对保护区内港口岸线资源禀赋与港口开发现状的调查（李娜，2003），并考虑典型海洋特别保护区内的港口开发利用规划以及保护区自身对港口开发的敏感性（赵杨东，2008），初步形成了针对我国海洋特别保护区港口资源利用容量（宜港岸线资源量）的评估指标体系（许长新，2006；邵超峰，2009）（表10-1）。其中，港口岸线的自然资源禀赋主要是反映了评价对象的自然条件，是岸线资源开发利用的基础；港口资源开发现状和港口产业发展规划则反映了评价对象的社会经济发展对港口开发的需求和港口发展规模的定位（于红霞，2004）。

表10-1 海洋特别保护区港口资源利用容量（宜港岸线量）评估指标体系

海洋特别保护区宜港岸线资源量	岸线资源禀赋	岸线类型
		水深
		岸线稳定性
		岸线长度
	港口开发现状	腹地经济
		所属港区
		码头泊位
	产业规划	港口规划定位
	保护区属性	生态敏感性

其中，生态敏感性是指保护区对由于港口资源的开发和运营引起的环境变化所表现出来的结构功能的敏感程度，相应的分类如表10-2所示。

表10-2 港口资源的开发和运营环境的敏感度

敏感程度	描 述
低敏感	对港口开发和运营引起的环境改变轻微敏感，生态系统保持其自然属性，生物多样性及生态系统结构和功能基本稳定
中等敏感	对港口开发和运营引起的环境改变引起系统结构发生一定程度的改变，但尚能维持生态系统功能
高敏感	对港口开发和运营引起的环境改变，生物多样性及生态系统结构发生较大程度改变，生态系统主要功能发生改变

10.1.2.2 港口资源利用容量（宜港岸线资源量）评估方法

通过采用统计分析的方法对评价目标的岸线资源禀赋和港口资源开发利用现状等评价指标的量化数据进行统计分析，获得宜港岸线资源的初始值结果，再综合港口发展规划以及保护区生态敏感性等方面的分析结果，完成海洋特别保护区港口资源利用容量（宜港岸线资源量）的定量评估。港口资源利用容量的定量评估逻辑框架如图10-1所示。

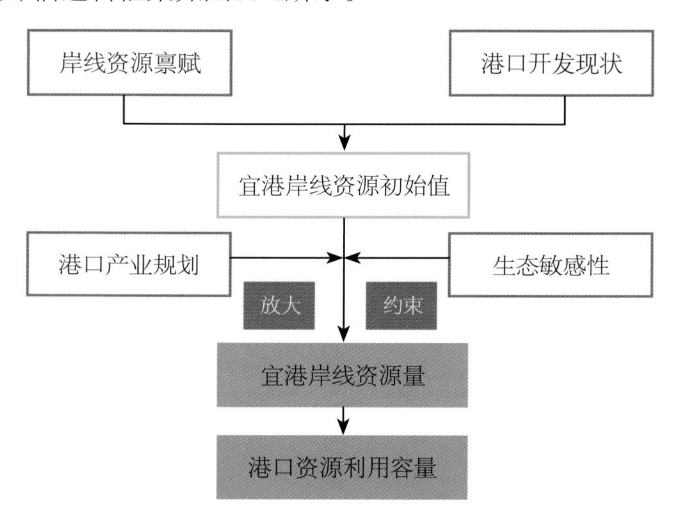

图10-1 海洋特别保护区港口资源利用容量定量评估框架

10.1.3 海洋特别保护区养殖资源利用容量评估方法

在滤食性贝类养殖容量估算模型中，局部食物耗尽模型（Local Food Depletion Model, LFDM）最受国际上公认和推荐，并在多个海湾对不同贝类的养殖容量进行了估算（如Pouverau et al., 2000；Pilditch et al.,2001；Bacher et al., 2003；Aure et al., 2007； Ferreira et al., 2007；Duarte et al., 2008）。局部食物耗尽模型通常应用于标准养殖单元水平上，即把整个养殖海域划分成许多分室（网格化），如此可通过由于养殖贝类的摄食作用导致饵料耗尽理论来构建养殖容量模型。局部食物耗尽模型的优点在于考虑了养殖单元边界的流速，解决了饵料在三维方向上的转运问题，并且强调了改变养殖设施排列对饵料供给最大化的潜在重要性。

利用水流、饵料含量、养殖贝类的生理生态学参数（表10-3）以及养殖区标准单元等指标，通过局部食物耗尽模型可对养殖贝类的养殖容量进行估算。

表10-3　局部食物耗尽模型指标体系的构建

目标层	准则层	指标层
局部食物耗尽模型指标体系	水动力条件	流速(m/s)
		流量（L^3/h）
	饵料水平	叶绿素(μg/L)
		颗粒有机物(mg/L)
		饵料能值（J/L）
局部食物耗尽模型指标体系	养殖生物生理生态学参数	滤水率CR（L/ind.h）
		摄食率C（J/ind.h）
		粪便率F（J/ind.h）
		呼吸率R（J/ind.h）
		排泄率U（J/ind.h）
		吸收效率（%）
		特定生长余力SFG（J/ind.h）

10.1.4　海洋特别保护区旅游资源利用容量评估方法

10.1.4.1　海洋特别保护区旅游资源容量计算内容

1）面积容量

面积容量指单位时间内每个游客活动所需的最小面积。不同国家、民族、文化、传统的游客对活动所需的最小面积是不同的，另外，同样的游客在不同的环境、不同的心理状态下，也会有不同的要求，因此，不同的国家对这一最小面积有不同的规定。我国传统的说法是：自然风景区每位游客所需的最小活动面积为20 m^2。但在自然保护区生态旅游区规划中，考虑到游客对环境的影响，这个值要远远大于传统值，一般规定为每人667 m^2（郑云峰，2005）。本研究将依据示范区旅游资源的特点和实际情况以及环境质量评估的结果，确定示范区游客活动所需的最小面积。

2）线路容量

线路容量指在同一时间内每位游客所必需占有的游览线路长度。有的景区因为游客基本上是集中在游览线路上以线性方式运动，景区内有大量的面积没有被利用或没有受到任何干扰，因此，面积容量无法全面表述景区环境容量，用线路容量可以更准确地进行表述。森林公园游道的基本空间标准为每人4～7 m（郑云峰，2005），本研究将依据示范区旅游资源情况（是否为固定游览线路，是否包括海滩等）确定示范区游道的标准空间。

10.1.4.2　海洋特别保护区日旅游资源容量计算方法

环境容量的测算一般有面积法、线路法、卡口法三种。鉴于旅游区是山、水、林、相结合的多元化度假、休闲区域，结合景区景点设置及游览方式安排，确定旅游区环境容量以采用线路法和面积法测算为主；对住宿设施、餐饮设施环境容量则采用卡口法测算。

1）面积法

根据旅游活动区域的总面积、开展旅游活动的面积和每个游客需占用的面积，可计算出同一时间内景区所能接待游客的饱和量。游客大面积利用景区或游客停留时间较长的景区可采用面积法进行计算，计算公式：

$$C = A/A_0 \times D \quad (10\text{-}1)$$

式中：C为日旅游容量，单位为人次；A为可游览面积，单位为m^2；A_0为单位规模指标，即每位游客占用的合理面积，单位为m^2；D为周转率，D = 每日开放时间/游完全程所需时间。

2）线路法

根据旅游活动区域内供游客游览的游道长度和每位游客需占有的游道长度，同样也能计算出同一时间内景区所能接待游客的数量，游客以游道为主进行游览的景区适用线路法进行计算。根据游道是否重复分为完全线路法和不完全线路法。具体公式：

$$C = L/M \times D \quad (10\text{-}2)$$

式中：C为日旅游容量，单位为人次；L为游道全长，单位为m；M为单位规模指标，即每位游客占用的合理游道长度，单位为m；D为周转率，D = 游道每日开放时间/游完全游道所需时间。

3）卡口法

卡口法与面积法和线路法计算原理基本相似，且主要适用于对住宿设施、餐饮设施旅游容量的计算。具体公式：

$$C = [(H - t_1)/t_2] \times Q \quad (10\text{-}3)$$

式中：C为日旅游容量，单位为人次；H为该设施每日开放时间，单位为h；t_1为两批游客相距时间，单位为h；t_2为每批游客使用该设施平均时间，单位为h；Q为每批游客人数，单位为人次/批。

10.1.4.3 海洋特别保护区年旅游资源容量计算方法

年旅游资源容量计算公式为：

$$Y = C \times d \quad (10\text{-}4)$$

式中：Y为年旅游容量，单位为人次；C为日旅游容量，单位为人次/d；d为年均开放天数，单位为d。

如果进一步考虑到所有旅游景点都有淡季、旺季和平季之分，可以将年均开放天数细分为三个季，分别统计各季具体天数，各季的日旅游容量可以按如下百分比计算：旺季以理论日容量100%计算，平季以60%计算，淡季以10%计算i。具体公式演变为：

$$Y = C \times d_1 \times 100\% + C \times d_2 \times 60\% + C \times d_3 \times 10\% \quad (10\text{-}5)$$

式中：d_1、d_2、d_3分别为旺季、平季、淡季天数。

10.2 示范区港口资源利用容量评估

10.2.1 海州湾示范区

在海州湾示范区东南端的东西连岛海岸线长17.7 km，基本为基岩海岸。除了作为连云港的重要组成部分发挥了重要的天然庇护屏障作用，其自身具有较大的港口资源利用容量。目前已经开发建设的连云

港港的北港区依西大堤和连岛内侧建设而成，宜港岸线资源丰富，可建万吨级的深水泊位，港口资源开发潜力较大（表10-4）。

表10-4　海州湾示范区港口资源利用容量评价结果

宜港岸线资源利用容量评估	岸线资源禀赋	岸线类型	基岩
		水深	10 m
		岸线长度	20 km
		岸线稳定性	稳定
	港口开发现状	腹地经济	良好
		所属港区	连云港港区
		码头泊位	5 000吨级
	港口产业规划	连云港港发展规划	规划区域内
	保护区属性	生态敏感性	中等敏感

通过对海州湾示范区港口岸线资源禀赋、港口开发现状、港口产业规划等相关指标的统计分析与评估，确定海州湾示范区的宜港岸线资源丰富，港口资源开发利用潜力巨大，特别是作为江苏省的第一大岛，在东西连岛内外两侧均适合建造较大吨级的深水港口码头，以宜港岸线长度表征港口资源利用容量，海州湾特别保护区各类港口码头岸线总长度约为5 km，并且可以设计开发5 000吨级以上的大泊位码头。

10.2.2　西门岛示范区

目前，乐清湾的海水环境质量并不乐观，海水富营养化较为严重，是影响西门岛海洋特别保护区滨海湿地生态系统健康状况以及周边海水养殖产业发展的重要因素之一[①]。因此，在对西门岛海洋特别保护区的港口资源进行开发的过程中，港址的选择和面积的划定一定要合理和适宜，以避免和减轻对海岛生态系统健康状况的影响。同时应加强海洋资源开发与海洋环境保护方面的协调工作，开展定期的海洋环境监测与预报工作，以保障西门岛海洋特别保护区的生态环境质量，实现生态保护与海岛经济共同发展。此外，西门岛景区是乐清湾海岛旅游最重要的基地，随着西门岛生态旅游产业的不断发展壮大，对休闲旅游码头配套开发建设的需求也不断增加。在乐清市滨海旅游业发展规划中，已经规划了具备生态游览、水上运动和观光体验等多种功能的西门岛“海上牧场观光旅游区”和“水上运动娱乐区”，为西门岛的滨海旅游业注入了新的活力。因此，西门岛用于海上观光与生态旅游的休闲码头建设将得到快速发展。

西门岛海洋特别保护区港口资源利用容量评价结果如表10-5所示。通过对西门岛海洋特别保护区的港口岸线资源禀赋、港口开发现状、港口产业规划等相关指标的统计分析与评估，确定西门岛海洋特别保护区的宜港岸线资源量较小，港口资源开发潜力一般，以宜港岸线长度表征其港口资源利用容量，西门岛海洋特别保护区的各类港口码头岸线总长度约为1.5 km，并且主要适合开发海上观光和水上运动的小泊位码头。

① 王小波.浙江省乐清市西门岛海洋特别保护区建设可行性研究报告. 2004.

表10-5　西门岛海洋特别保护区港口资源利用容量评价结果

宜港岸线资源利用容量评估	岸线资源禀赋	岸线类型	泥沙
		水深	5 m
		岸线长度	2 km
		岸线稳定性	淤积
	港口开发现状	腹地经济	一般
		所属港区	温州港
		码头泊位	4×10^4 t/a
	港口产业规划	港口发展规划	无
	保护区属性	生态敏感性	高敏感

10.2.3　示范区港口资源利用容量评估结果分析

通过对两个示范区的港口岸线资源禀赋、港口开发空间格局、腹地社会经济、港口产业发展规划以及保护区属性（对港口开发运营的生态敏感性）等多方面的综合评价分析，西门岛海洋特别保护区宜港岸线资源量约为2 km，客运能力为60万人/a或货运能力40 000 t/a，适合开发休闲旅游和客运码头。西门岛海洋特别保护区具有很高的旅游价值，从资源的可持续利用角度来说，不适合建大型港口。海州湾示范区宜港岸线资源量近10 km，其中秦山岛适合开发游客或渔民停靠的小型休闲旅游和客运码头，东西连岛适合开发建设万吨级的深水泊位码头。

10.3　示范区养殖资源利用容量评估

10.3.1　海州湾养殖资源分析

海州湾夏季温度不超过25℃，冬季最低温度不低于0℃，年平均水温在14℃左右；水动力条件良好，海水流速在10～20 cm/s；浮游生物丰富，非常适宜紫贻贝（*Mytilus edulis*）养殖。

筏式养殖（图10-2）是海州湾海域贻贝的主要养殖方式之一，主要增养殖区域为34°50′30″—34°53′30″N、119°22′49″—119°25′1″E，面积约15 km^2。海州湾紫贻贝养殖浮筏长度约80～100 m，浮筏间距为30 m，吊绳长度1 m，养成器长度约1.5 m，以皮条、蔑缆绳、棕绳为主。贻贝收获时的规格约为30 ind./kg，每台浮筏产量在2～3 t，最高可达7 t。

图10-2　海州湾紫贻贝筏式养殖

10.3.2 局部食物耗尽模型构建

1）公式推导流程及参数介绍：

公式（10-6）：

$$\frac{dS}{dt}+\frac{\delta(uS)}{\delta x}+\frac{\delta(vS)}{\delta y}+\frac{\delta(wS)}{\delta z}=Ax\frac{\partial^2 S}{\partial x^2}+Ay\frac{\partial^2 S}{\partial y^2}+Az\frac{\partial^2 S}{\partial z^2}+Sources-Sinks \tag{10-6}$$

公式（10-7）：

$$Q\frac{dC}{dx}=-CR\times C\times N \tag{10-7}$$

式中：Q为流量（m³/h）= 流速（m/h）× 截面面积（m^2）；CR为贻贝的滤水（L/h），C为食物浓度（mg/L）（POM值）。

x为水平方向的距离（m）。由公式（10-7），求定积分求得：

$$C_x=C_0\times\exp\left(-\frac{CR\times N\times x}{Q}\right) \tag{10-8}$$

式中：C_x和C_0为过滤之前养殖筏内的食物浓度（mg/L）。

$$FR_x=CR\times C_0\times\exp\left(-\frac{CR\times N\times x}{Q}\right) \tag{10-9}$$

FR_x为过滤速度的公式，该公式等于公式（10-8）乘以CR求得：

$$\overline{IR}=\frac{CR\times C_0\times\int_{x0}^{x1}\exp\left(-\frac{CR\times N\times x}{Q}\right)\mathrm{d}x}{\Delta x}\Leftrightarrow \frac{C_0*Q\left[-\exp\left(-\frac{CR\times N\times x1}{Q}\right)+\exp\left(-\frac{CR\times N\times x0}{Q}\right)\right]}{N*\Delta x} \tag{10-10}$$

IR为摄食率，由公式（10-9）可以看出Q与CR的关系为指数形式，当流量Q趋于$CR\times C_0$时，N趋近于0，所以这里的摄食率的公式采用一个平均的摄食率公式，由公式（10-10）是对公式（10-9）求不定积分得到的。

$$SFG=\overline{IR}*AE-R \tag{10-11}$$

公式（10-11）是贻贝的成长公式，AE是吸收的效率（mg/L），R为用于呼吸作用（mg/L），IR为摄食率的平均值。

$$TSFG=\left\{\frac{C_0\times Q\left[-\exp\left(\frac{CR\times N\times x1}{Q}\right)+\exp\left(-\frac{CR\times N\times x0}{Q}\right)\right]}{N\times\Delta x}\times AE-R\right\}N\times C_0\times Q\left[-\exp\left(\frac{CR\times N\times x1}{Q}\right)\times\left(-\frac{CR\times x1}{Q}\right)+\exp\left(-\frac{CR\times N\times x0}{Q}\right)\times\left(\frac{CR\times x0}{Q}\right)\right]\times N\times\Delta x \tag{10-12}$$

公式（10-12）是养殖筏中所有贻贝的总成长公式由公式（10-11）× 贻贝的总的养殖量。

$$\frac{dTSFG}{dN}=\frac{-C_0Q\left[-\exp\left(-\frac{CR\times N\times x1}{Q}\right)+\exp\left(-\frac{CR\times N\times x0}{Q}\right)\right]\times\Delta x}{\left(N\times\Delta x\right)^2}\times AE\times N+\frac{C_0\times Q\left[-\exp\left(-\frac{CR\times N\times x1}{Q}\right)+\exp\left(-\frac{CR\times N\times x0}{Q}\right)\right]}{N\times\Delta x}\times AE-R \quad (10\text{-}13)$$

公式（10-13）是对公式（10-12）*TSFG*和*N*求导得来的。

$$\frac{dTSFG}{dN}=\frac{C_0Q\left[-\exp\left(-\frac{CR\times N\times x1}{Q}\right)\times\left(-\frac{CR\times x1}{Q}\right)\right]\times N\times\Delta x-C_0\times Q\left[-\exp\left(-\frac{CR\times N\times x1}{Q}\right)+1\right]\times\Delta x}{\left(N\times\Delta x\right)^2}\times AE\times N+\frac{C_0\times Q\left[-\exp\left(-\frac{CR\times N\times x1}{Q}\right)+1\right]}{N*\Delta x}\times AE-R \quad (10\text{-}14)$$

当公式（10-13）中$x_0=0$时，求得公式（10-14）。

$$N=-\frac{\ln\left(\frac{R\times\Delta x}{AE\times C_0\times x1\times CR}\right)}{\left(\frac{x1\times CR}{Q}\right)} \quad (10\text{-}15)$$

公式（10-15）为养殖区域中贻贝的最佳养殖量。公式（10-15）通过对公式（10-14）解微分方程求得。

其中公式（10-15）中N为养殖区域中贻贝的最佳养殖量（个）；Δx和$x1$为养殖区域的长度，C_0为食物浓度（Particulate organic matter, POM）（mg/L），*AE*为吸收效率（%），*Q*为流量（m^3/h）=流速（m/h）×截面面积（m^2），*R*为用于呼吸作用（mg/L）消耗的氧气，*CR*为贻贝的滤水率（L/h）。

2）标准计算单元

根据海州湾贻贝养殖现状，设定标准计算单元如图10-3所示，贻贝浮筏养殖标准单元的面积为2 700 m^2；标准台筏长度（*Dx*）：90 m，宽度（*Dy*）30 m；养成器量90根/台，每根养成器间隔1 m，每根贻贝养成器的长度为1.5 m；ϕ吊绳长度ϕ1 m。

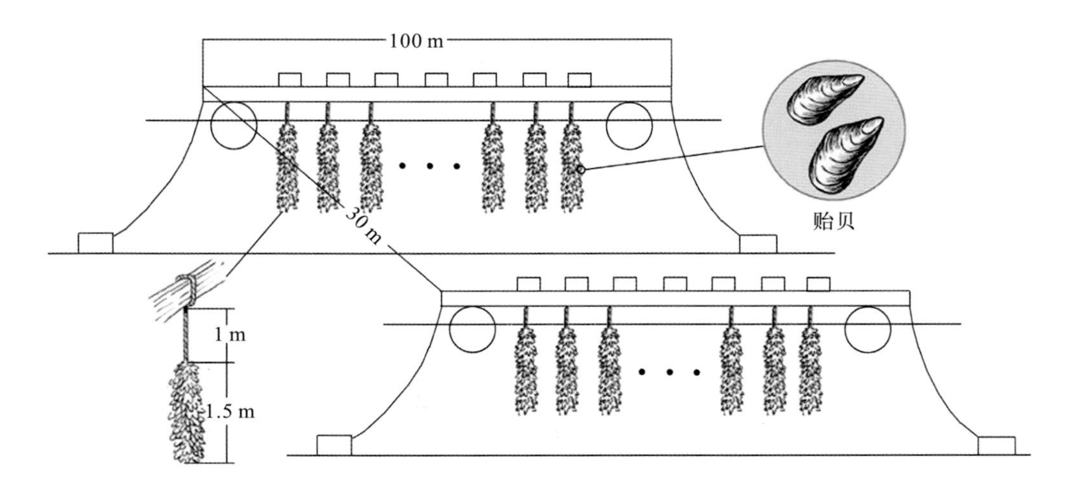

图10-3　标准计算单元模式

10.3.3 模型计算参数的获得

10.3.3.1 水流

海州湾中部海域地势较平坦，水深在20～24 m之间，波浪全年均以风浪为主，涌浪为次，常浪向和次常浪向为E和NNE，强浪向为NNE和NE。潮汐为正规半日潮，大潮平均最大流速表层在43～125 cm/s 之间，底层流速小于表层流速，一般在24～60 cm/s 之间。涨潮流速略大于落潮流速，涨潮主流向偏西，落潮主流向偏东，潮流整体表现为逆时针的旋转流，不过个别近岸点也表现为往复流。

2008年6月2日7：10至18：10实测的海流数据显示，在该潮周期中海流平均流速为28.9 ± 10.6 cm/s，涨潮最大流速为43.8 cm/s，主流向为287.2°；落潮流最大流速为39.3 cm/s，主流向为101°。总体来看，海州湾流速较大，水动力较强，饵料交换充分，贝类对单胞藻为主的颗粒有机物可获得性较容易。

10.3.3.2 饵料含量

图10-4为海州湾特别保护区饵料分布状况，海州湾特别保护区水中颗粒有机物（POM）含量比较丰富，含量在1.78～12.22 mg/L之间，年平均含量为5.50 mg/L。在靠近临洪河河口的湾底，由于地表径流注入带来了大量的营养盐等物质，所以海水中浮游植物含量较高，颗粒有机物的含量就高，并且贻贝对浮游植物的选择性较强，饵料质量高；在远离岸边的湾口区域，由于水流流畅，带来的POM量比较大，所以在湾口区域的POM亦比较高。整个海州湾区域水中POM呈现出由湾底向湾口先降低后升高的趋势，在中间部位出现狭长的POM低值区。

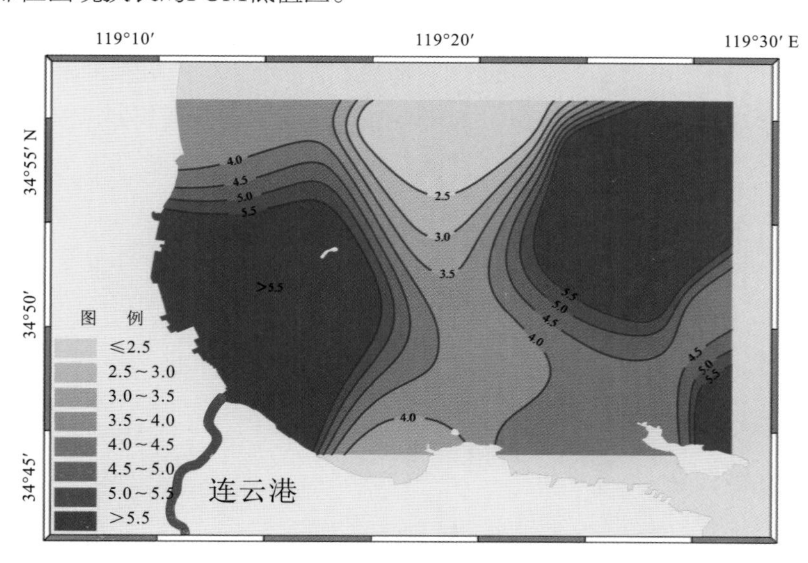

图10-4 海州湾颗粒有机物（POM）含量分布（mg/L）

10.3.3.3 紫贻贝的生理生态学参数

目前，贝类生理生态学参数的测定主要采用生物沉积法，该方法在自然颗粒物供给和水流条件下进行贝类生理生态学参数的测定，具有完整的长时间尺度性，能够更精确地测量贝类的摄食和吸收，因此生物沉积法在测定贝类滤水率、摄食率、吸收效率和生长余力等参数方面得到了广泛的应用（周毅，2002a；2002b；毛玉泽，2004；袁秀堂等，2011）。呼吸和排泄是贝类新陈代谢的基本生理活动，也是贝类能量学研究的重要内容;耗氧和排氨是贝类能量代谢的重要组成部分，对贻贝耗氧率和排氨率的测定采用呼吸瓶法现场测定。

1）贻贝的滤水率

贝类生物沉积速率是滤水率、摄食率等估算养殖容量所需参数的基础参数。实验贻贝均采自自然海区，湿重为9.08～16.26 g（平均为12.30 g）； 壳高为46.4～55.8 mm（平均为50.4 mm）；软体部干重为0.28～0.46 g（平均为0.35 g）。海州湾主要养殖生物贻贝的生物沉积速率见图10-5，表现出明显的季节变化，春季最高［1.71 g/(ind.d)］，秋季次之［1.47 g/(ind.d)］，温度最高和最低的夏季［0.85 g/(ind.d)］和冬季［0.82 g/(ind.d)］均较低；年均值［1.21 g/(ind.d)］。

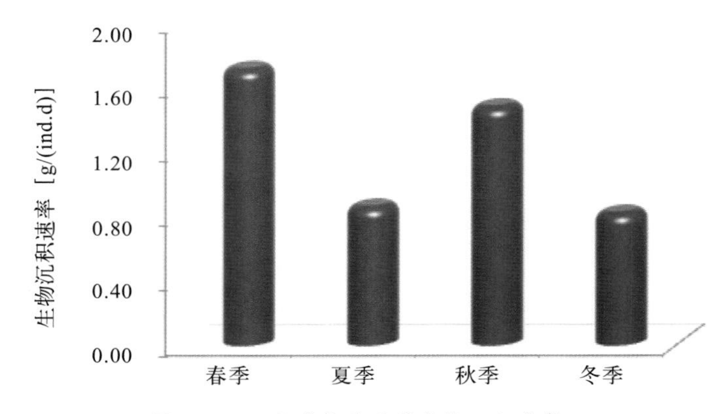

图10-5　不同季节贻贝的生物沉积速率

滤食性贝类的滤水率依据生物沉积法测定：$FR = IBD \cdot TPM/PIM$。其中，*IBD*为贝类对无机物的生物沉积率（Inorganic Matter Biodeposition rate）；*PIM*为海水中颗粒无机物浓度（Particulate Inorganic Matter）；*TPM*为总颗粒物浓度（Total Particulate Matter）。由于海州湾饵料浓度不高，贻贝产生的假粪就很少，可以忽略不计，因而以上得到的贝类滤食率可视为贝类的摄食率（毛玉泽，2004；周毅，2002a；周毅，2002b）。

由表10-6可见，紫贻贝的滤水率秋季最高，为152.65L/(ind.d)；春季和夏季次之，冬季最低，为87.14L/(ind.d)，呈现出明显的季节变化；滤水率年均值为121.27 L/(ind.d)。

表10-6　浮筏养殖贻贝的滤水率

季节	春	夏	秋	冬
滤水率［L/(ind.d)］	107.38	137.89	152.65	87.14

2）贻贝的耗氧率

图10-6为不同季节贻贝的耗氧率。贻贝的耗氧率呈现出明显的季节变化，且随温度的年周期变化呈现出先升高后降低的趋势；夏季耗氧率最高，达到了18.42 mg/(ind.d)，春秋两季较高，冬季最低，为6.21 mg/(ind.d)，年均值为13.91 mg/(ind.d)。

3）贻贝的排氨率

由图10-7可以看出，贻贝的排氨率与耗氧率的季节变化规律基本相似，与温度达到变化趋势正相关。贻贝的排氨率在夏季最高，为0.41 mg/(ind.d)，冬季最低为0.30 mg/(ind.d)，年均值为0.35mg/(ind.d)。

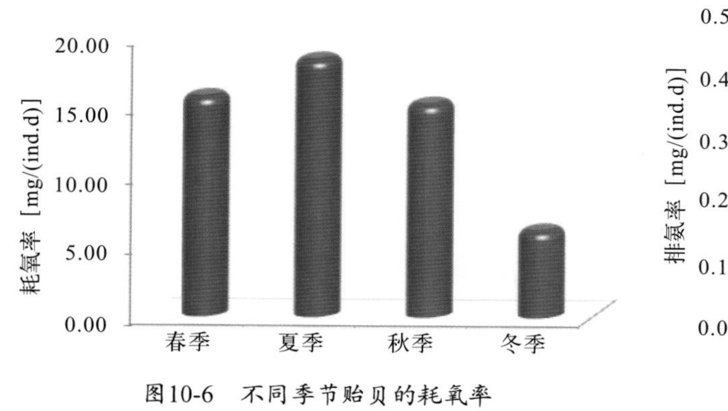

图10-6 不同季节贻贝的耗氧率

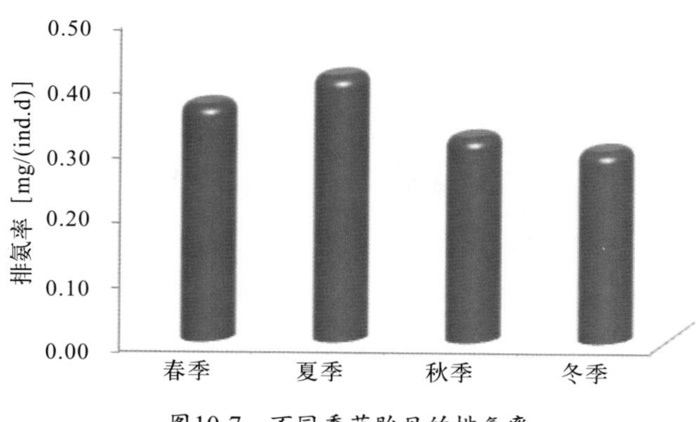

图10-7 不同季节贻贝的排氨率

4）贻贝的吸收效率

贝类吸收效率由生物沉积法测定：$ARIBD \cdot r\text{-}OBD$；$AE=AR/(IBD \cdot r)\times 100$或$AE=(1-OBD/IBD \cdot r)\times 100$。AR为贝类对有机质的吸收速率（absorption rate）；*OIR*为贝类对有机物的摄食速率；与*r*比值相对应，*OBD*为贝类对*POM*的生物沉积率。从以上表达式可以看出，吸收速率*AR*的测定并不需要分别估计粪和假粪中有机物的排出粮，而只需测定生物沉积物的总有机排出率*OBD*即可。

由表10-7可以看出，贻贝的吸收效率在春季和夏季较高，变化范围为70.59%～70.89%；秋季次之，为65.68%；冬季最低，为24.44%。贻贝吸收效率的年均值为57.90%。

表10-7 浮筏养殖贻贝食物吸收效率

季节	春	夏	秋	冬
滤水率［L/(ind.d)］	70.59	70.89	65.68	24.44

5）贻贝的能量收支

根据生物能量学原理：*C=F+U+R+P*；其中：*C*为摄食能、*F*为粪能、*R*为代谢能；*P*为生长能。研究中在进行能量预算时使用如下能量转换因子：1mgPOM=20.78J；$1mlO_2$=20.36J；$1mgNH_4^+$-N=24.87J。利用以上转换因子将贝类对POM的摄食和排粪分别转换为贝类的*C*和*F*，将氧消耗转换位*R*；将氨排泄和氨基酸的泄漏转换为*U*。

表10-8为不同季节贻贝的能量收支。贻贝的摄食能和贻贝自身的生物沉积率、滤水率和总悬浮颗粒物中有机物的浓度表现为正相关的关系。贻贝摄食颗粒有机物后吸收其中的能量，这部分能量用于生长的部分最多，其次是代谢能和排粪能，用于排泄的能量最少。贻贝能量收支模型的构建及生理生态学参数的计算，为海洋特别保护区贻贝养殖容量的估算提供了基础数据。

表10-8 浮筏养殖贻贝的摄食率及能量收支

BD	CR	FR	FRPOM	摄食能	排粪能	代谢能	排泄能	SFG
g/(ind.d)	L/(ind.d)	mg/(ind.d)	mg/(ind.d)	J/(ind.d)	J/(ind.d)	J/(ind.d)	J/(ind.d)	J/(ind.d)
1.71	107.38	1 982.62	272.00	5 652.10	116.93	240.81	9.09	5 285.27
0.85	137.89	1 129.33	274.82	5 710.68	58.48	281.80	10.20	5 360.21
1.47	152.65	1 708.18	233.10	4 843.83	100.86	233.36	7.87	4 501.74
0.82	87.14	921.09	105.88	2 200.13	55.76	94.95	7.36	2 042.07

10.3.4 海州湾示范区养殖容量评估结果

局部食物耗尽模型所确定的贻贝养殖容量，主要影响因素是食物丰度、流速，以及贻贝对食物的利用效率。由于食物浓度和贻贝食物利用效率有着明显的季节变化，且不同养殖区营养物质也有较大的差异，因而不同季节和不同海域贻贝养殖容量，有较大的差异。总之，时空分布来看，海域的供饵能力越大，贻贝摄食率越低，其养殖容量越大。

从图10-8可以看出，贻贝的养殖容量主要受水中POM的含量影响，与海州湾POM分布呈现基本相同的变化趋势，即湾底和湾口养殖容量大，中间海域养殖容量低。通过本模型计算得到海州湾贻贝养殖密度为10.8～19.6个/m^2，平均养殖密度为16.7个/m^2；换算为每个养成器323.3～666.8个，平均为每个养成器500.9个。

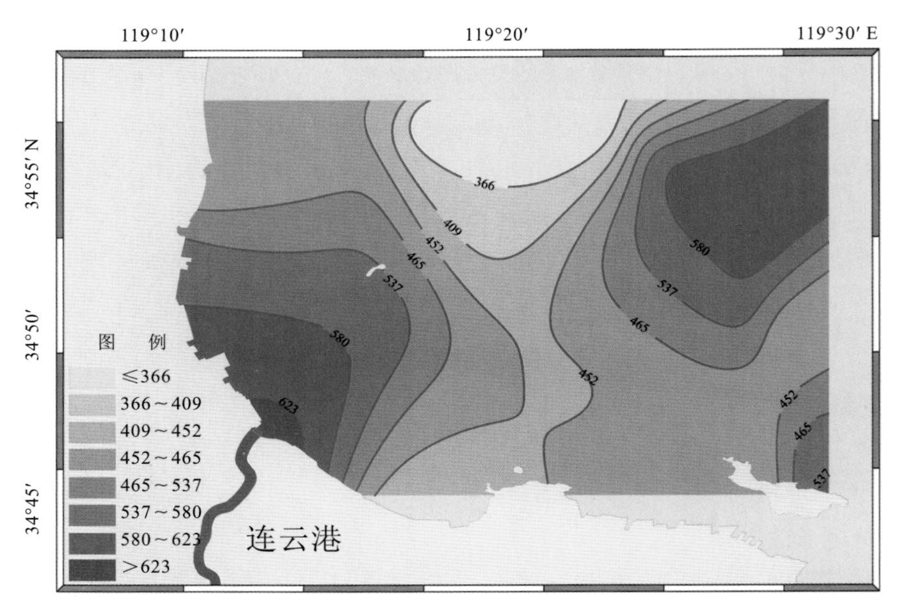

图10-8 海州湾贻贝养殖容量（个/养成器）

局部食物耗尽模型（LFDM）评估养殖容量最主要因素是流速，以及输入食物数量与质量。大规模的浮筏养殖，对海域生态系统影响最大的是降低了流速，减少了营养物质的输运，而浮筏养殖区大部分营养物质来源于海水交换。在一定范围内，海流大小，决定了双壳贝类养殖密度（表10-9）。在管理上，以海区的表层余流方向为基础，若能重新布局海州湾现有贻贝养殖浮筏，可增加海水的交换，从而增加浮筏养殖海域的食物供给。

影响海区贻贝养殖容量的主要因素是食物丰度—颗粒有机物（POM）的浓度。由于海州湾近岸水域营养盐丰富，浮游植物量大，POM的浓度相对较高；而湾口附近水流畅通，POM浓度也相对较高；这样就形成了养殖容量由近岸向湾口先降低后升高的变化趋势。海州湾特别保护区的适度利用区贻贝养殖容量分布趋势和该区域内POM的分布趋势相似。

水流的大小也会影响贻贝的养殖容量，从表10-9可以看出，水流大的区域，养殖容量相对较大。海州湾水流平均在10～20 cm/s，养殖密度为500.9个/养成器。由于筏架长度和间距不同、密度的计量单位不同，表10-9列举的养殖密度变化较大，难以横向比较。但总体来看，海州湾湾口开阔，流速大，饵料供应充足，因此贻贝养殖容量也较大。

表10-9 贻贝养殖密度与流速的关系

养殖贝类	密度	筏架长度（m）	流速（cm/s）	参考文献
贻贝	75 ind./m^2	6	5～15	Butman et al., 1994
贻贝	1 400 gDW/m^2		5～50	Wildish et al.,1997
贻贝	2 000～11 000 g DW/绳	1 200	1.25～7.5	Heasman et al., 1998
贻贝	0～50 ind./m^3	1 000	最大50	Bacher et al., 2003
贻贝	600 ind./m^2	300	10	Campbell et al., 1998
贻贝	250 ind./m^2	1 000	5～30	Newell et al.,1993
贻贝	500 ind./绳	80～100	10～20	本文

海州湾特别保护区现有的贻贝浮筏养殖面积约为15 km^2，在现有养殖状况下，海州湾贻贝养殖密度为33.3个/m^2，每个养成器养殖贻贝约1 000个，以此可估算出海州湾实际总养殖量为7.50×10^9个。据此可计算出整个海州湾养殖贻贝每年排出3.04×10^6 t（干重）的生物沉积物、172.17 t的氨氮和160.08 t的磷酸盐。而通过本模型计算得到的贻贝养殖密度为每个养成器平均为500.63个，则整个研究海域总养殖容量为3.75×10^9个。在养殖容量基准下海州湾特别保护区贻贝浮筏养殖每年可产生现有养殖密度下一半左右的自身污染物。因此，在实际养殖密度下，海州湾养殖区域每年比养殖容量基准下要多排出1.51×10^6 t（干重）的生物沉积物、85.98 t的氨氮和79.94 t的磷酸盐。

10.3.5 示范区养殖资源利用容量评估结果分析

海洋特别保护区主要增养殖种类的养殖容量是海洋特别保护区功能区综合评价的重要指标和基准基础，通过“局部食物耗尽模型”估算出海州湾海洋特别保护区养殖贻贝的养殖容量为500个；而通过调研发现当前海州湾特别保护区内紫贻贝养殖密度为1 000个，是本文计算养殖容量的2倍，影响到功能区的正常发挥；应通过调控限制、降低主要养殖生物的养殖密度，使海洋特别保护区更好地服务于保护和开发的基本建区目标。

10.4 示范区旅游资源利用容量评估

根据3个示范区旅游资源的特点以及掌握的统计资料，采用面积法对3个示范区的旅游资源利用容量进行评估

10.4.1 单位规模指标的确定

3个示范区中昌邑柽柳林特别保护区的旅游资源全部在海岸线向陆的区域内，海州湾和西门岛特别保护区的旅游资源既包括陆地（岛屿）也包括海域，鉴于这两个保护区陆地面积远小于海域面积，因此确定陆地面积为其旅游资源开发利用的制约因子，采用陆地面积作为面积法计算公式中的“可游览面积A”。

传统的计算方法将自然风景区每位游客所需的最小面积（即计算公式中的单位规模指标A_0）定位20 m^2，而在自然保护区生态旅游区规划中，考虑到游客对环境的影响，这个值要远远大于传统值，一

般为每人667 m²。鉴于海洋风景区游客对空间的特殊需求，在此基础上对三个示范区的环境质量、开发状况、开发潜力进行了定性评价。昌邑柽柳林示范区目前环境质量较差，旅游资源较为单一且全部为陆地游览，游客对单一的柽柳林旅游资源的空间需求应较多样性旅游资源的空间需求高，因此其A_0设定为常规值的4倍，为2 668 m²，目的在于利用较舒适的人均占有面积吸引游客，并逐步恢复其周边海域环境质量；海州湾示范区目前环境质量较好，旅游资源类型丰富，且主要游览过程大部分发生在海上，对陆地的空间需求相对较小，其A_0设定为常规值的80%，即533 m²，目的是推进其旅游资源的合理开发；西门岛示范区目前环境质量较差，但旅游资源类型丰富，且主要游览过程大部分发生在海上，对陆地的空间需求相对较小，开发潜力较大，其A_0设定为常规值667 m²，目的是适当减轻旅游开发可能给周边海域环境带来的不利影响（表10-10）。

表10-10　单位规模指标A_0评估结果

项目		昌邑柽柳林	海州湾	西门岛
环境质量	海水环境	较差	较好	较差
	沉积环境	总体良好	总体良好	总体良好
岸线开发利用		自然岸线为主 淤泥质类型	人工岸线为主	人工岸线为主
项目		昌邑柽柳林	海州湾	西门岛
旅游资源	开发状况	开发程度一般 且全部为陆上游览	开发程度较高 主要为海上游览	开发程度一般 主要为海上游览
	开发潜力	资源类型单一 开发潜力一般	资源类型丰富 开发潜力较高	资源类型丰富 开发潜力较高
规模指标A_0设定（m²）		2 668	533	667

10.4.2　昌邑柽柳林示范区旅游资源利用容量计算

利用遥感图片提取昌邑柽柳林示范区可游览面积（A）约为14.97 km²。每日开放时间约8 h，游玩全程约3 h，周转率为2.67，利用面积法计算昌邑柽柳林示范区理论容量约为：$C = A/A_0 \times D = (14.97 \times 106/2\,668) \times (8/3) = 14\,981$（人次），昌邑柽柳林日旅游容量约为1.5万人。

柽柳林自然生态旅游区全年理论可游览时间按照常规设定为200 d，但由于一些不可抗力中间可能会关闭1～2个月，因此将全年理论游览时间设定为170 d，其中旺季也就是柽柳林的花期为5～9月，按100 d计算，由于柽柳林自然生态旅游区的旅游资源较为单一，因此不设平季，除旺季外的70d均为淡季。借此计算年理论容量约为：$Y = C \times d1 \times 100\% + C \times d2 \times 60\% + C \times \mathrm{d}3 \times 10\% = 14981 \times 100 \times 100\% + 14\,981 \times 70 \times 10\% = 1\,797\,720 + 119\,848 = 1\,602\,967$（人次）。昌邑柽柳林示范区的旅游资源年利用容量约为160.3万人。

10.4.3　西门岛旅游资源利用容量评估

通过遥感图片提取西门岛海洋特别保护区各旅游小区（图10-9）具体面积如表10-11所示。各小区的每日开放时间按8 h计，由于小区类型不同，游完各小区的时间也不同，因此周转率也随之不同。

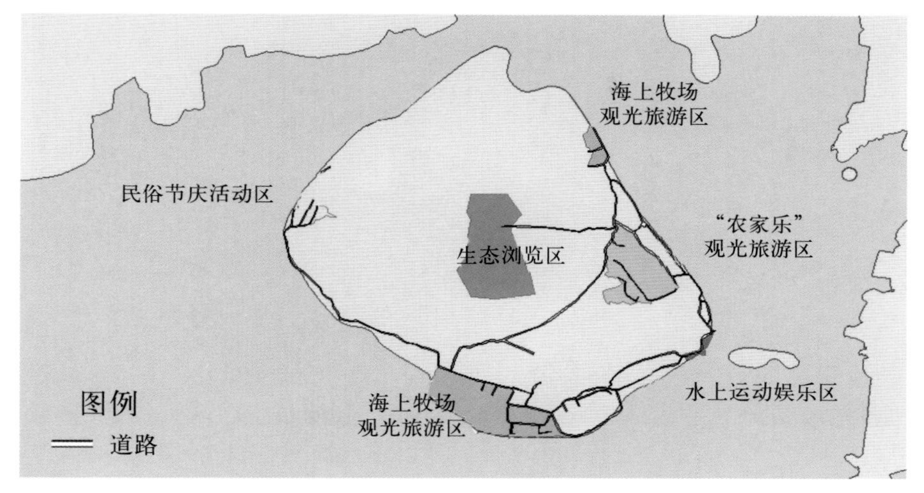

图10-9　西门岛示范区规划旅游范围示意图

表10-11　西门岛示范区各景区日旅游容量估算结果

旅游区	面积（km^2）	周转率	估算容量（人次）
海上牧场观光旅游区1	0.31	8/1=8	3 718
水上运动娱乐区	0.02	8/0.5=16	480
民俗节庆活动区	0.03	8/2=4	180
农家乐观光旅游区	0.24	8/2=4	1 439
海上牧场观光旅游区2	0.03	8/1=8	360
生态浏览区	0.39	8/2=4	2 339
合计	1.02		8 516

按上面评估结果，西门岛示范区A_0为2 001 m^2，利用面积法计算西门岛示范区理论容量约为：$C = A_i/A_0 \times D = (0.02 \times 10^6/667) \times 16 + [(0.31 + 0.03) \times 10^6/667] \times 8 + [(0.24 + 0.03 + 0.39) \times 10^6/667] \times 4 = 480 + 4\,077 + 3\,958 = 8\,516$（人次）。西门岛旅游区日旅游容量约为0.85万人。

西门岛旅游区域的全年可游览天数按常规设定为200 d，由于西门岛临近雁荡山景区，其旅游旺季应与雁荡山景区旺季基本对应，主要在春、秋两季，旺季天数设定为100 d，平季天数设定为50 d，淡季天数设定为50 d。借此计算西门岛旅游区年理论容量为：$Y = C \times d1 \times 100\% + C \times d2 \times 60\% + C \times d3 \times 10\% = 8\,516 \times 100 \times 100\% + 8\,516 \times 50 \times 60\% + 8\,516 \times 50 \times 10\% = 1\,149\,660$（人次），西门岛示范区年旅游资源利用容量约115万人。

10.4.4　海州湾旅游资源利用容量评估

海州湾主要旅游资源可利用区分为三部分：已开发的“海州湾旅游度假区”、规划开发的东西连岛和竹岛（图10-10、图10-11）。其中海州湾旅游度假区将秦山岛包括在内，可游览陆地面积约4.88 km^2；东西连岛和竹岛可游览面积分别为5.69 km^2和0.12 km^2。海州湾旅游度假区由于景点众多，文化底蕴丰厚，游客停留时间相对较长，周转率为1（可游览时间为8 h，游完全程所需时间为8 h）；东西连岛和竹岛旅游资源开发相对较少，游客停留时间相对短，周转率较高，东西连岛面积较大，周转率为8/5=1.6，竹岛面积较小，周转率为8/2=4。

图10-10　东西连岛

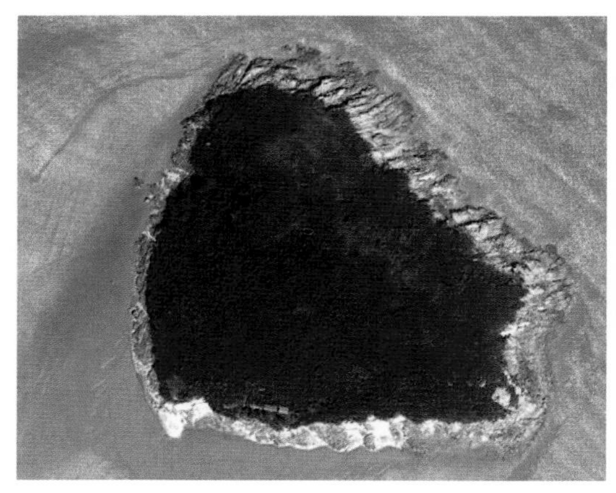

竹岛

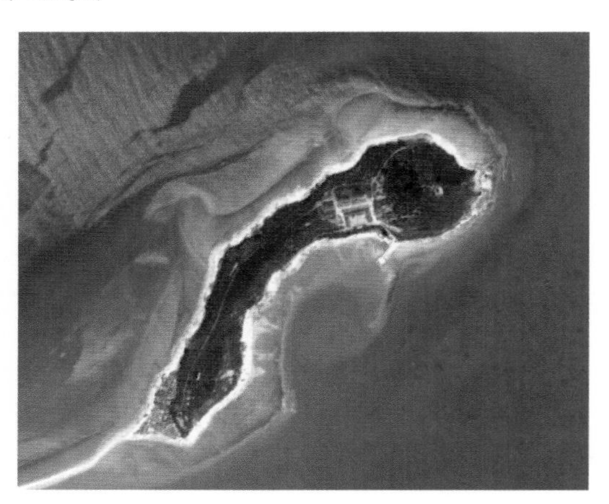

秦山岛

图10-11　海州湾主要旅游区域遥感影像

按表中统计结果，海州湾示范区总体日旅游容量约为：

$C = A_i/A_0 \times D = (4.88 \times 10^6/533) \times 1 + (5.69 \times 10^6/533) \times 1.6 + (0.12 \times 10^6/233) \times 4 = 9\,236 + 17\,081 + 901 = 27\,218$（人次）。海州湾示范区日旅游容量约为2.7万人次（表10-12）。

表10-12　海州湾示范区各景区日旅游容量估算结果

旅游区	面积（km^2）	周转率	估算容量（人次）
海州湾旅游度假区（含秦山岛）	4.88	8/8=1	9 236
东西连岛	5.69	8/5=1.6	17 081
竹岛	0.12	8/2=4	901
合计	10.69		27 218

海州湾旅游区域的全年可游览天数按常规设定为200 d，根据东西连岛旅游记录统计，其旅游旺季应在4—11月之间，旺季天数设定为134 d，不设平季，淡季天数对应为66 d。借此计算海州

湾旅游区年理论容量为：$Y = C \times d1 \times 100\% + C \times d2 \times 60\% + C \times d3 \times 10\% = 27\,218 \times 134 \times 100\% + 27\,218 \times 66 \times 10\% = 3\,826\,851$（人次），海州湾示范区年旅游资源利用容量约382.7万人。

10.4.5　示范区旅游资源利用容量评估结果分析

综上3个示范区的日旅游容量和年旅游容量估算结果见表10-13。

表10-13　3个示范区旅游容量估算结果汇总

示范区	面积（km^2）	日旅游容量（人次）	年旅游容量（万人次）
昌邑柽柳林示范区	14.97	14 981	160.3
西门岛示范区	1.02	8 516	115.0
海州湾示范区	10.69	27 218	382.7

（1）资料显示，昌邑市2012年1—6月，接待游客总人数为139.21万人，主要为盐业文化休闲乐园、博陆山、月牙湖和绿博园等景区贡献，据估计，柽柳林生态旅游区接待游客数量仅能占到游客总人数的5%左右，据此估算目前柽柳林生态旅游区全年接待游客数量应低于25万人次。与160.3万人次的旅游容量比较，还有非常大的容量空间。生态旅游区应进一步加大对外宣传，吸引更多的本地和外地游客。

（2）西门岛旅游区目前的旅游资源开发水平较低，在乐清市旅游统计中尚未占有一席之地（目前主要是雁荡山和中雁荡山景区为主），与其115万人次的年旅游容量目前存在较大差距，应加快制定实施旅游资源开发规划。

（3）海州湾旅游区主要包括海州湾旅游度假区和连岛旅游区，以东西连岛2008年旅游人人数为比较对象，东西连岛2008年接待游客人数为165万人次，按照上述估算结果东西连岛的年旅游容量约为240万人，借此推断海州湾示范区目前仍有剩余的旅游资源剩余容量，同时应在不对周边海域环境造成影响的前提下加大基础设施建设力度，提升游客接待能力。

综上，与目前3个示范区的旅游资源开发现状比较，其剩余旅游容量均较大，西门岛和昌邑柽柳林示范区应加大旅游资源开发和宣传力度，开发特色性旅游项目；海州湾示范区应着重加强旅游基础设施建设，提升游客接待能力。

注：以上仅为基于单位规模A_0值的理论旅游容量，计算结果可能会高于目前风景区实际可容纳（接待）旅客量。以东西连岛风景区为例，据2008年统计结果，“连岛景区年接待游客165万人，单天客流量最高1万余人，已有的淋浴设施在承载能力上已经力不从心。”而本研究计算连岛的日旅游容量达1.7万人，该容量是未考虑接待设施能力因素的理论容量。

10.5　示范区资源利用容量综合评估

10.5.1　示范区资源利用容量综合评估

海洋特别保护区与自然保护区的主要区别在于：特别保护区有资源开发利用的内在需求，保护不是建立特别保护区的唯一目的，“保护中开发，开发中保护”才是特别保护区的最终目的。特别保护区资源利用容量研究就是为这种“保护中的资源开发利用”提供理论依据和技术支撑的。

依据建立的港口、养殖和旅游资源利用容量评估方法体系，对昌邑柽柳林、西门岛和海州湾三个特别保护区的资源容量进行示范性评估：其中昌邑柽柳林示范区全部为陆地，没有港口和海域养殖资源，其旅游资源的年容量约为160.3万人次，目前尚有较大的剩余容量；西门岛示范区的港口资源仅适宜兴建旅游码头和渔业码头，宜港岸线长度为2km，主要贝类养殖品种——菲律宾蛤仔的现有养殖密度3 000 ind./m^2，远超容量（1 080～1 157 ind./m^2）（尹晖等，2007），已经没有剩余容量，年旅游容量为115万人次，尚有较大剩余容量；海州湾也是同样，主要贝类养殖品种——贻贝的养殖规模已经超过养殖容量1倍左右，目前没有剩余容量，港口资源方面尚有10 km左右的宜港岸线资源，主要分布在秦山岛和东西连岛，旅游资源尚有较大剩余容量（表10-14，图10-12）。

表10-14　示范区三类资源容量综合评估汇总

示范区	港口资源容量	养殖资源容量	旅游资源容量
昌邑柽柳林示范区	—	—	日容量1.5万人次 年容量160.3万人次
西门岛示范区	2 km宜港岸线； 年客运能力60	菲律宾蛤仔	日容量0.85万人次 年容量115.0万人次
	万人	1 080 ind./m^2	
海州湾示范区	10km宜港岸线；连岛可建万吨级港口	贻贝 500.6 ind/养成器	日容量2.7万人次 年容量382.7万人次

	超载，无剩余容量		剩余容量较小		剩余容量较大

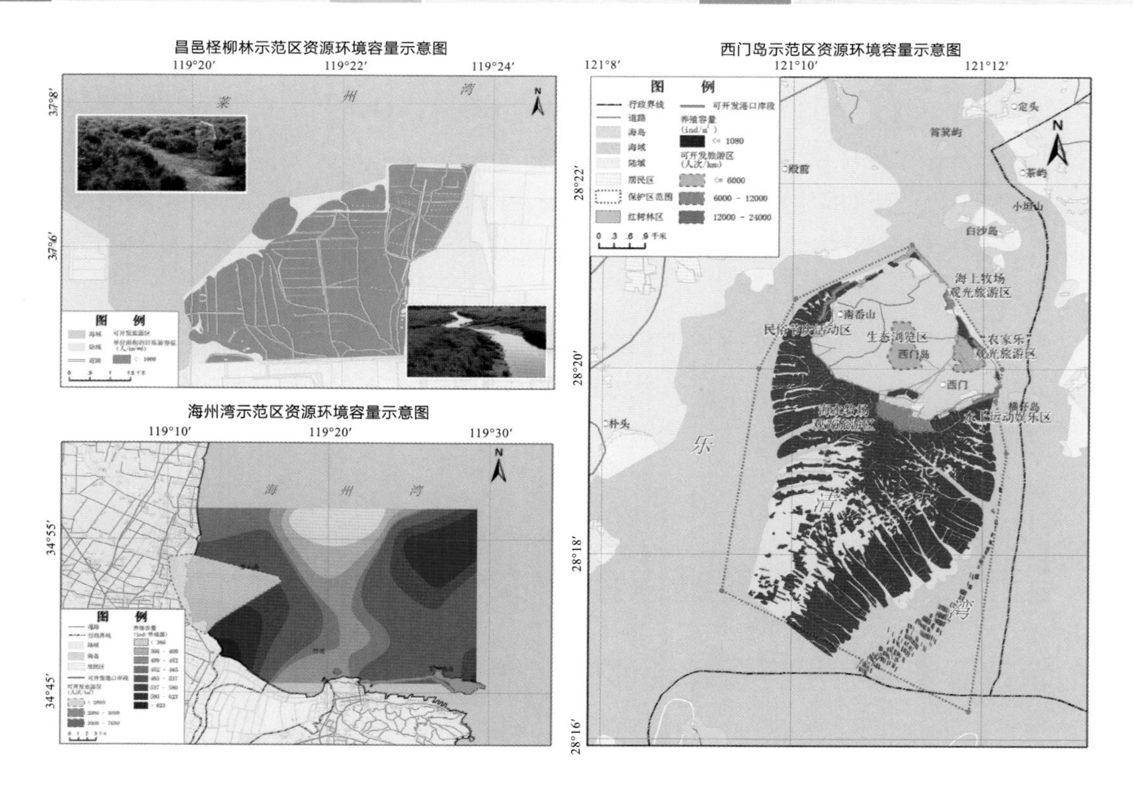

图10-12　3个示范区资源利用容量空间分布示意图

10.5.2 示范区资源开发利用对策建议

针对3个示范区的港口、养殖和旅游资源利用容量评估结论，对3个示范区资源开发利用对策建议如下。

10.5.2.1 适度加强生态旅游产业开发力度

目前3个示范区的旅游资源利用均有一定的容量容间，可以在原有开发的基础上进一步扩大宣传力度，体现保护区独有的、特色性的旅游价值，吸引更多的游客前来观光旅游，借此也可以为特别保护区的发展提供新的资金渠道，使保护区的建设、管理和科研活动获得更多的资金支持。

（1）昌邑柽柳林示范区应在立足保护的基础上，开发具有北方特色的柽柳林踏青、滨海观光和海滩拾贝旅游项目。在保持自然湿地生态系统的原始生态完整性和整体性，保证柽柳林及其有关海洋生物的持续增长的基础上，增植柽柳，设置徒步游览道，增加可达性，或开辟考察专线，适当设计观赏类旅游产品。增设游客服务设施，为游客提供旅游路线和导游服务，建设柽柳林湿地生态景观科学与文化展示厅，结合影视放映，展示其形成过程，宣传柽柳林生态湿地景观特色和保护意义。

（2）西门岛示范区应借助附近已开发的雁荡山旅游景区的优势，开发依托区位优势和红树林等特色性旅游资源的观光项目。开发建设民俗街、沧海亭、红树林保育区、海洋度假别墅区、水上运动娱乐区等旅游项目，开展红树林保育宣传教育。

（3）海州湾示范区应在已开发的海州湾度假区（含秦山岛）和东西连岛风景区、海水浴场的基础上，遵循保护中开发的原则，依托自然、加强旅游基础设施建设，提升接待能力。同时要开发竹岛相关旅游项目。

10.5.2.2 科学合理的规划使用宜港岸线资源

鉴于港口开发对周边海域和海岸带的影响较旅游开发要强，因此虽然西门岛和海州湾两个示范区均有港口资源容量，但仍应将港口资源开发的顺位推后，同时要科学合理地规划使用宜港岸线资源。

客观来讲，3个示范区中除海州湾的东西连岛具有建立较大港口的条件外，其余两个示范区均不具备建设大型港口的自然条件，可以根据当地民众和旅游开发的需求，合理规划建设小型的旅游休闲码头或渔港；就东西连岛的港口资源而言，也应在保证保护区环境质量和生态健康状况不受影响的前提下开展集约型开发，同时要保证当地的旅游资源和养殖资源开发不受影响。

10.5.2.3 有效管理养殖资源，优化增养殖种类，推广海区轮养

1）降低养殖密度，减少养殖自身污染

合理的养殖密度是增养殖区可持续发展的关键之一。以贝类浮筏养殖为例，由于浮筏阻力改变了养殖区原水动力条件，自身污染物得不到较快的稀释，增养殖区下方沉积物中有机物的积累越来越多，其生态后果是贝类生长受到抑制和产量下降，甚至养殖贝类疾病和大面积死亡频繁发生，影响了贝类增养殖区的可持续利用。在管理中，适当降低养殖密度，加宽养殖浮筏间距，可促进养殖区水流速度，提高自净能力；同时，养殖密度的减小也能显著降低自身污染物的产出。

2）优化增养殖种类，实行多营养层次综合养殖

自养型和异养型养殖类群的搭配养殖可明显促进增养殖区可持续利用能力。例如可建立“滤食性贝类—大型藻类”多营养层次综合养殖。从生态学的角度来看，养殖贝类在利用海水中的浮游植物等

饵料的同时，排泄出无机氮、磷等，养殖藻类通过光合作用吸收海水中的无机营养盐，同时释放出溶解氧。这一设计较好地解决了养殖自身污染系统内循环和再利用的问题，不仅降低了增养殖活动的环境压力，还可以显著增加养殖收益。

3）推广海区轮养，降低增养殖活动环境影响

仅依靠系统自净能力降低增养殖区底质中固体废物对环境的影响相当困难，养殖区底部仍会存在有机质的逐渐积累，并会导致底栖生物群落的改变，除非养殖地点的水流可以将污染物及时冲刷掉。为了降低增养殖区因有机物的逐渐积累带来的自身污染，轮养就成为一种可以接受的方法。轮养时间的长短以确保足以恢复为准（沉积物中大部分有机物得以矿化），一般期望的轮养期是一年。如果在某一地点，养殖区下方的沉积物中大型底栖动物还未消失之前暂停养殖，轮养期短一点是可能的。尽管轮养不能解决废物产出的潜在问题，但对于控制污染的环境影响是非常有用的。

第11章 海洋特别保护区生态服务功能价值评估及生态补偿

11

海洋特别保护区是一个结构复杂、功能多样的生态系统，发挥着生态、社会、经济、军事等诸多功能，在维系生态系统平衡、保护生物多样性等方面发挥着巨大的作用。海洋特别保护区生态价值评估将为海洋特别保护区的建设、保护和开发利用提供重要决策依据。当前，我国海洋生态系统服务价值评估手段的研究相对较多，但针对海洋特别保护区的研究并不多，且由于对海洋特别保护区生态系统特征、类别、服务的内涵认识并不一致，生态系统价值评估的内容、评估方法和价值表达形式也千差万别。尤其在对海洋生态系统结构、功能及多样性研究的基础上，如何过渡到海洋生态系统服务，存在着诸多的困难。同时，在管理层次上，尤其是生态系统服务价值的应用领域研究，也面临一系列的挑战，表现在海洋特别保护区的建立对当地政府、公众的利益评估、管理的具体手段如何兼顾价值服务，管理部门的决策如何影响相应的服务等。同时，海洋特别保护区推行“在保护中开发，在开发中保护”的方针，通过一些具体、有效的管理制度协调海洋生态保护与资源开发利用之间的关系，有利于取得保护与开发的双赢。然而，如何实施“在保护中开发，在开发中保护”方针，实现海洋特别保护区内保护与利用的和谐统一，从而实现生态保护与资源利用的双赢，建立相应的海洋特别保护区生态服务功能价值评估体系与相应的生态补偿机制与技术，可为“在保护中开发，在开发中保护”的正确决策提供有力的技术支撑。健全海洋生态服务功能价值评估体系，将有益于保障海洋生态环境与人民群众的健康与安全。

世界各地对于海洋保护区的管理有各种不同的方式，所依赖的理论虽然不同，但是在对海洋保护区功能和价值的识别与应用上却大同小异。一般而言，国家、社会通过科学的核算海洋保护区的价值，明确海洋特别保护区的价值来源，量化人类活动对海洋特别保护区的影响程度，确定人类开发活动或风险事故的生态损害补偿标准，制定相应的法律、法规和管理制度，并通过媒体等形式告知公众，进而达到推进全社会海洋生态环境保护意识提高的目的，进而促进人与自然的和谐发展。

我国海洋环境保护法对生态资源损害的补偿提出了相关要求和规定。关于环境损害赔偿责任制度，1999年12月25日第九届全国人民代表大会常务委员会第十三次会议审议通过了经修订的《中华人民共和国海洋环境保护法》第九十条第一款规定：“造成海洋环境污染损害的责任者，应当排除危害，并赔偿损失；完全由于第三者的故意或者过失，造成海洋环境污染损害的，由第三者排除危害，并承担赔偿责任。”关于公益诉讼制度，《中华人民共和国海洋环境保护法》第九十条第二款规定：“对破坏海洋生态、海洋水产资源、海洋保护区，给国家造成重大损失的，由依照本法规定行使海洋环境监督管理权的部门代表国家对责任者提出损害赔偿要求。”此外，《中华人民共和国国民经济和社会发展第十一个五年规划纲要》明确提出：按照谁开发谁保护、谁受益谁补偿的原则，建立生态补偿机制。

与其他自然资源一样，海洋特别保护区的生态资源具有外部性和公共物品性的特征。生态补偿将环境的外部性和非市场价值转化为真实的经济激励（赵翠薇等，2010），国内外许多实践表明，尽管生态损害补偿不可能解决资源损害的所有问题，但在一定程度上是一种有效的环境经济政策，对生态资源的保护起到一定的作用。

根据《中华人民共和国海洋环境保护法》和《海洋特别保护区管理办法》，海洋特别保护区允许开展合理的资源利用活动。然而，由于缺乏健全的海洋生态保护与建设的补偿机制，使得海洋生态破坏者无需承担破坏生态的责任，而海洋生态受害者也得不到应有的赔偿或补偿，从而影响了海洋特别保护区的保护和建设的稳步发展，加剧了对海洋特别保护区的破坏，导致严重的生态损失。因此，应构建健全的海洋生态特别保护区的生态补偿机制，采用生态补偿这种经济手段进行干预，以激励海洋生态特别保护区的保护行为、抑制生态破坏行为。

本章研究运用环境经济学、生态学等多学科的理论与方法，系统地开展海洋特别保护区的生态服务功能价值评估和生态补偿技术研究，构建包括生态损害评估、生态补偿主体与客体、生态补偿途径、生态补偿标准在内的海洋特别保护区生态补偿技术方法，通过示范区进行案例研究，以期为海洋特别保护区保护与管理提供科学参考。

11.1 海洋特别保护区生态服务功能识别

一般而言，海洋特别保护区的价值与其服务功能紧密相关，而海洋特别保护区的服务功能又来源于其内部组织、结构和相关过程及生物多样性。根据相关研究和定义，生态功能是指生态系统内部能量流动和养分循环乃至结构变化这一动态过程所表现出来的种种效果（何承庚，2007），是生态系统自身所具有的功效性。生态系统服务功能则是指人类从生态系统得到的效益。这一生态系统包括自然生态系统、人工生态系统等。生态系统服务包括了直接和间接的、有形的和无形的效益（李文华等，2008）。生态系统服务功能是量化生态系统服务价值的基础。因此，计算生态系统服务价值必须首先明确生态系统服务功能的类别。

《千年生态系统评估》在对海洋生态系统服务和识别的基础上，针对全球海洋生态系统，提出了服务价值的识别和估算方法。在《千年生态系统评估》所提出的四类基本服务中，支持服务是供给服务、调节服务及文化服务的基础（图11-1），其中，支持服务对人类的影响是长期的、间歇性的，而其他服务则是直接，并且持续时间较短（MA，2005）。同时，某些服务，例如干扰调节或者气候调节，依据服务时间的长短，既可以被认为是支持服务，也可以作为调节服务。此外，考虑到支持服务不能被人类直接利用，根据生态系统服务功能的体现途径，所以支持服务的相关功能应包含在供给、调节和文化服务之内。

由于海洋特别保护区生态系统的特殊性，其提供的生态系统服务价值与全球性生态系统服务价值并不完全相同，在具体的评价中必须针对不同海洋特别保护区的级别和类型进行服务功能的识别和分类。因此，本研究依据海洋特别保护区自然地理属性、分级分类标准等管理办法，首先，对其主导功能进行定位；其次，对海洋特别保护区的生态服务功能和价值来源进行研究分析；最后，确定国家级和地方级生态服务功能的类别（图11-2）。

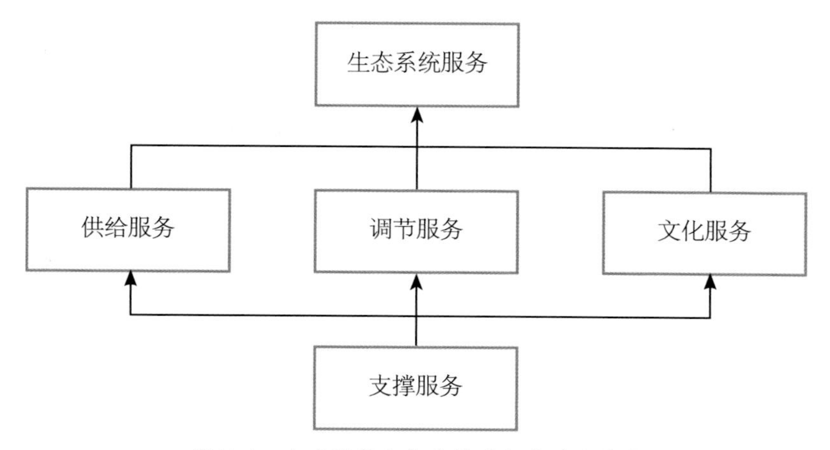

图11-1　全球海洋生态系统服务类别及关系
资料来源：《千年生态系统评估报告集》，北京：中国环境科学出版社，2007

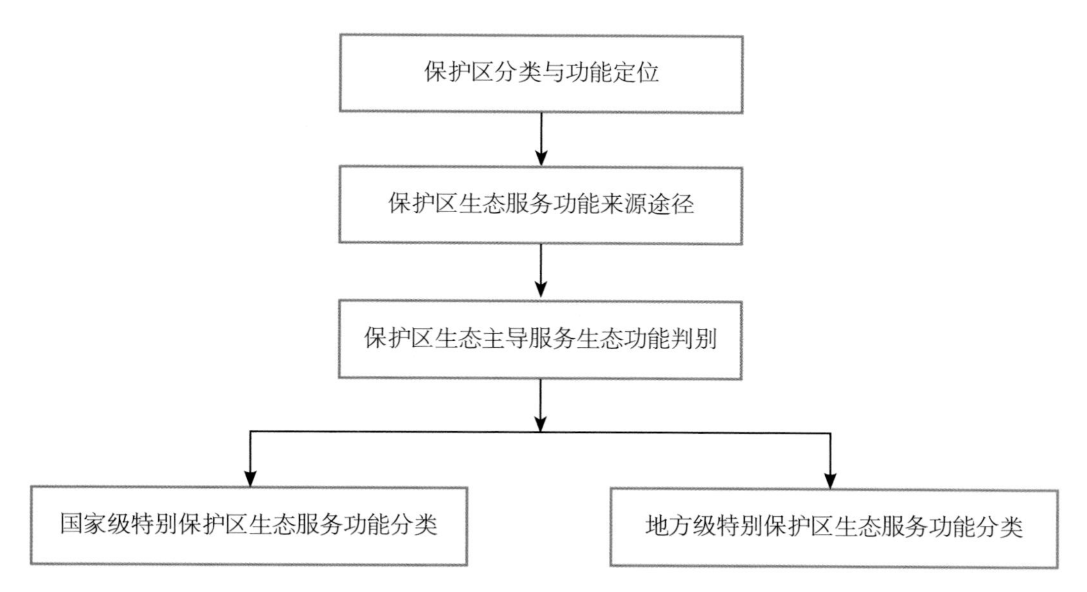

图11-2　海洋特别保护区生态服务功能识别过程

11.1.1　海洋特别保护区分类与主导功能定位

根据海洋特别保护区的管理办法，海洋特别保护区涵盖以下区域：

①海洋生态系统敏感脆弱和具有重要生态服务功能的区域；

②资源密度大或类型复杂、涉海产业多、开发强度高，需要协调管理的区域；

③领海基点等涉及国家海洋权益的区域；

④具有特定保护价值的自然、历史、文化遗迹分布区域；

⑤海洋资源和生态环境亟待恢复、修复和整治的区域；

⑥潜在开发和未来海洋产业发展的预留区域；

⑦其他需要予以特别保护的区域。

由于海洋特别保护区的价值主体是全体人类，体现了整个海洋生态和人类的关系，对应不同的海洋特别保护区级别和主导功能，其所包含的服务价值也不同。根据海洋特别保护区的定义和类别，海洋特别保护区具有的军事、社会、生态、经济等多方面的服务功能和价值，其不仅局限于海洋生态的保护与开发利用。其主导功能包括海洋权益维护、海上交通保障、特殊资源保护、协调开发、生物多样性维护、特殊地理景观保护、生态修复、重要待开发区保留等功能。同时，在每一个海洋特别保护区内，实行分区原则，各分区主导功能也不相同。一般而言，根据海洋特别保护区对人类提供服务功能的功效和作用，从人类生存发展的需求出发，将海洋特别保护区的服务功能划分为社会服务功能、军事服务功能、生态服务功能和经济服务功能，本研究也将从海洋特别保护区的上述四方面服务功能开展研究，评估方法体系也将根据这个分类标准进行。

1）社会服务功能

主要是指保护区社会的效益。保护区的社会效益是指设立自然保护区对社会所产生的影响和由此而带来的效益，包括：特别保护区的建立对当地及周边地区经济的发展和居民健康的直接影响，主要表现为当地及周边居民经济收入的增加和健康水平的提高；保护区的建立对区域经济发展和经济结构的影响，对当地及周边居民就业和分配的影响，文化生活和物质生活条件的影响, 对科学教育文化卫生的影响等。此外，由于自然保护区的选择价值、存在价值和遗产价值与人类社会的生存发展有着密切的关系，因此，这三种价值也属于社会价值。社会服务功能主要包括：①精神文化服务；②知识扩展服务两个方面。

2）生态服务功能

生态服务功能是海洋特别保护区生态效益的价值，包括保护区内各种生态产品价值及其生态服务功能价值，根据Constanta等人和千年生态评估的研究结论，包括供给服务、调节服务、文化服务和支持服务4项，由于供给服务和文化服务已经涵盖在社会服务和经济服务功能中，在保护区的功能定位中，主要指调节服务和支撑服务。生态服务功能主要包括：①基因资源维护；②气候调节；③生物多样性；④提供生境；⑤空气质量调节；⑥水质净化调节；⑦有害生物与疾病的生物调节与控制；⑧干扰调节；⑨初级生产；⑩物质循环十个方面。

3）经济服务功能

海洋特别保护区的经济服务功能是指建立海洋特别保护区所产生的经济效益等功能，主要是指通过自然保护区的建设和管理，使保护区本身和当地及周边地区居民获得一定的经济收入和资金积累。同时部分海岛位于重要的海上交通线，也具有重要的航运等价值。经济服务功能主要包括：①食品供给；②原材料供给；③居民收入增加；④旅游服务；⑤海上运输线；⑥专属经济区六个方面。

4）军事服务功能

军事服务功能指为军队在维护国家主权、维海洋权益等方面提供必要的后勤保障、军事基地等价值。部分海岛是防御的前哨，作为军事基地，可以使防御体系向海洋延伸，极大地扩展防御的范围，部分位于海上交通线的海岛，是控制战略通道的堡垒。由于军事服务功能无法用物质价值方式衡量，因此，在本研究中不作为重点内容开展分析。军事服务功能主要包括：①维护海洋权益；②保障海上交通两个方面。

国家和地方级的海洋特别保护区主导功能定位如表11-1和表11-2所示。

表11-1 国家级海洋特别保护区主导功能定位

海洋特别保护区类别	国家级海洋特别保护区	
	类别	主导功能
特殊地理条件保护区（I）	对我国领海、内水、专属经济区的确定具有独特作用的海岛	海洋权益，军事服务功能，海上交通线
	具有重要战略和海洋权益价值的区域	海洋权益，军事服务功能，海上交通线
生态与景观保护区(II)	珍稀濒危物种分布区	重要基因资源、生物多样性维护功能
	珊瑚礁、红树林、海草床、滨海湿地等典型生态系统集中分布区	生态保护、生物多样性维护
	重大历史遗迹分布区	社会、文化服务功能
海洋资源保护区(III)	石油天然气、新型能源、稀有金属等国家重大战略资源分布区	资源供给、资源保护
特殊开发利用保护区(IV)	发展规模生态产业需要的区域	产业发展、生态修复和整治功能

表11-2 地方级海洋特别保护区主导功能定位

海洋特别保护区类别	地方级海洋特别保护区	
	类别	主导功能
特殊地理条件保护区（I）	易灭失的海岛	海洋动力、港口资源维护等
	维持海洋水文动力条件稳定的特殊区域	海洋动力、港口资源维护等
生态与景观保护区(II)	独特地质地貌景观分布区；历史文化遗迹分布区	社会、文化
	海洋生态敏感区或脆弱区	生态保护、生物多样性维护
	需要生态修复与恢复的区域	生态保护、生物多样性维护、生态修复
海洋资源保护区(III)	重要渔业资源、旅游资源及海洋矿产分布区	资源供给、资源保护
特殊开发利用保护区(IV)	需要各类资源协调开发的区域	资源供给、产业发展
	未来海洋资源利用预留区域	产业发展

11.1.2 海洋特别保护区生态服务功能来源

海洋特别保护区对人类的生存和发展具有重要意义，了解海洋特别保护区生态系统服务功能来源，可以更好地实现生态系统服务功能和价值的量化，进而维护和管理海洋特别保护区，以提高为人类提供各种生态系统服务的数量和质量。

海洋特别保护区服务功能来源包括三部分：生态系统组分、生态系统过程和生物多样性。

1）生态系统组分

海洋特别保护区的类型包括海岛、珊瑚礁、红树林、海草床等各种类型，其组分包括植被、淡水、土壤、空气等环境因子；还包括海水水体的浮游生物、游泳生物、底栖环境各种生物因子，这些都是构成生态系统服务的来源。

由于海洋特别保护区不同于自然生态系统，其部分服务功能来源于人工生态系统，例如生态修复区内的组成部分，在评估时也应包括在内。

2）生态系统过程

生态系统过程包括光合作用、呼吸作用、分解作用、生物扰动过程、生物转移过程等。

3）生物多样性

生物多样性包括遗传多样性、物种多样性和生态系统多样性。其中遗传多样性指生物所携带的能够为人类提供服务的各种巨大的基因资源，物种多样性则支持海洋生态系统功能稳定，为生态系统的生产等功能提供基础支持，生态系统多样性则为人类提供精神娱乐功能和各种特色的景观。

11.1.3 海洋特别保护区主导生态服务功能判别

海洋特别保护区主导生态服务功能的判别依据保护区的功能定位和服务功能来源。

由于部分社会服务功能、经济服务功能和军事服务功能也来源于生态服务功能，因此，在进行生态服务功能分析时也应考虑在内（图11-3）。

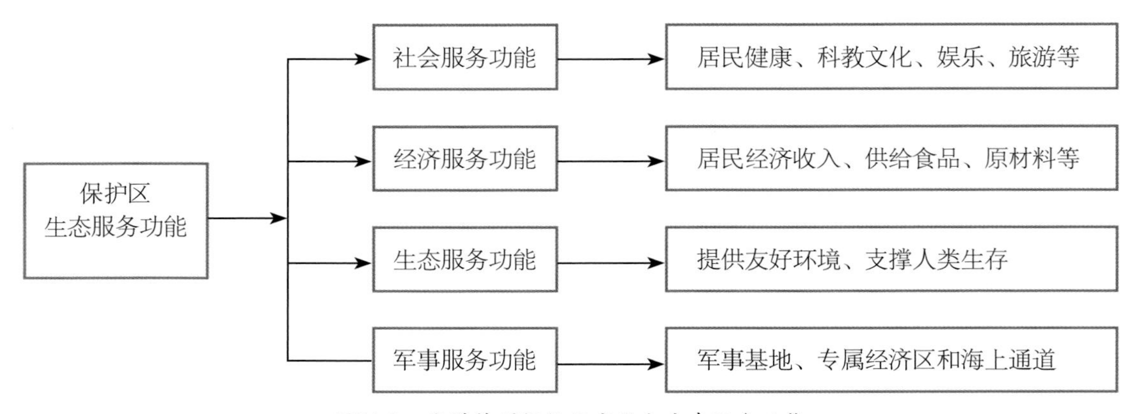

图11-3 海洋特别保护区定位与生态服务功能

社会服务功能：保护区周边居民健康服务功能、周边居民科教文化服务。

经济服务功能：居民收入增加功能。

生态服务功能：调节服务功能、支撑服务功能。

军事服务功能：专属经济区功能、海上运输线功能。

由于生态服务功能是海洋特别保护区主导功能中最为重要的功能，根据上述分析，本研究借鉴表11-3中所确定的生态系统服务功能，同时，结合海洋特别保护区概念、内涵、分级分区标准，通过网络识别、矩阵等方法，从海洋特别保护区类型、建立目的、保护对象、资源开发及受损现状等要素进行综合分析,确定海洋特别保护区的主导生态系统服务功能。

主导生态服务功能的确定主要考虑五方面因素：

①目的及目标；

②生态类型；

③保护对象；

④资源开发利用及受损状况；

⑤发展潜力。

表11-3　海洋特别保护区服务功能类别与特征

服务类别	子服务类别	表现特征
社会服务功能	精神文化服务	满足人类精神需求、艺术创作和教育等
	知识扩展服务	对人类知识和科研等产生直接和间接效益
经济服务功能	食品供给	为人类提供各种海洋食品，包括海洋捕捞和海水养殖等
	原材料供给	提供燃料、药物、原材料等其他物质
	基因资源	动植物繁育和生物技术的基因和基因信息
	旅游娱乐服务	产生海洋旅游、垂钓等类似的商业价值
生态服务功能	气候调节	温室气体吸收
	空气质量调节	释放氧气，吸收有害气体，维持空气质量
	水质净化调节	过滤污染物，吸收和降解有毒有害物质
	有害生物与疾病的生物调节与控制	对有害生物和疾病进行生物控制和调节，降低病虫害等发生概率
	干扰调节	对自然灾害等各种环境中的波动进行缓冲
	初级生产	有机体对能量和养分的吸收和累计，并提供初始能量
	物质循环	生态过程中所必需的物质流动和形态转换。包括氮、磷以及水循环等
	生物多样性	海洋生态系统产生并维持遗传多样性、物种多样性和生态系统多样性的功能，对于维持生态系统结构稳定和服务可持续供应具有重要意义
	提供生境	指由海洋大型底栖植物所形成的海藻森林、盐沼群落、红树林以及珊瑚礁等，提供生物的生存生活空间和庇护场所
军事服务功能	维护海洋权益	维护国家主权、维海洋权益等方面提供必要的后勤保障、军事基地等价值
	保障海上交通	部分位于海上交通线的海岛，是控制战略通道的堡垒

11.1.3.1　生态系统服务功能识别与分类的网络识别

网络识别方法基于海洋特别保护区提供服务的基础，海洋特别保护区的服务来源于三个方面，海洋特别保护区组分、海洋特别保护区生态过程和海洋特别保护区生物多样性，据此，在识别上述三个方面的同时，开展海洋特别保护区生态系统服务功能的识别。

研究按照以下步骤开展。

1）海洋特别保护区组分、生态过程及生物多样性分析

海洋特别保护区生态系统服务功能来源途径分析包括组成、生态过程和生物多样性三方面的分析（图11-4）。组成分析包括生境类型划分，浮游生物、游泳生物、底栖生物、鸟类、植被以及珍稀物种的生物量、分布特征等。生态过程分析包括海洋特别保护区物质循环过程、水体净化功能以及对周边海洋灾害抵抗能力分析等。生物多样性分析内容包括物种多样性分析、遗传多样性分析和生态系统的多样性分析，分析指标包括多样性指数等。

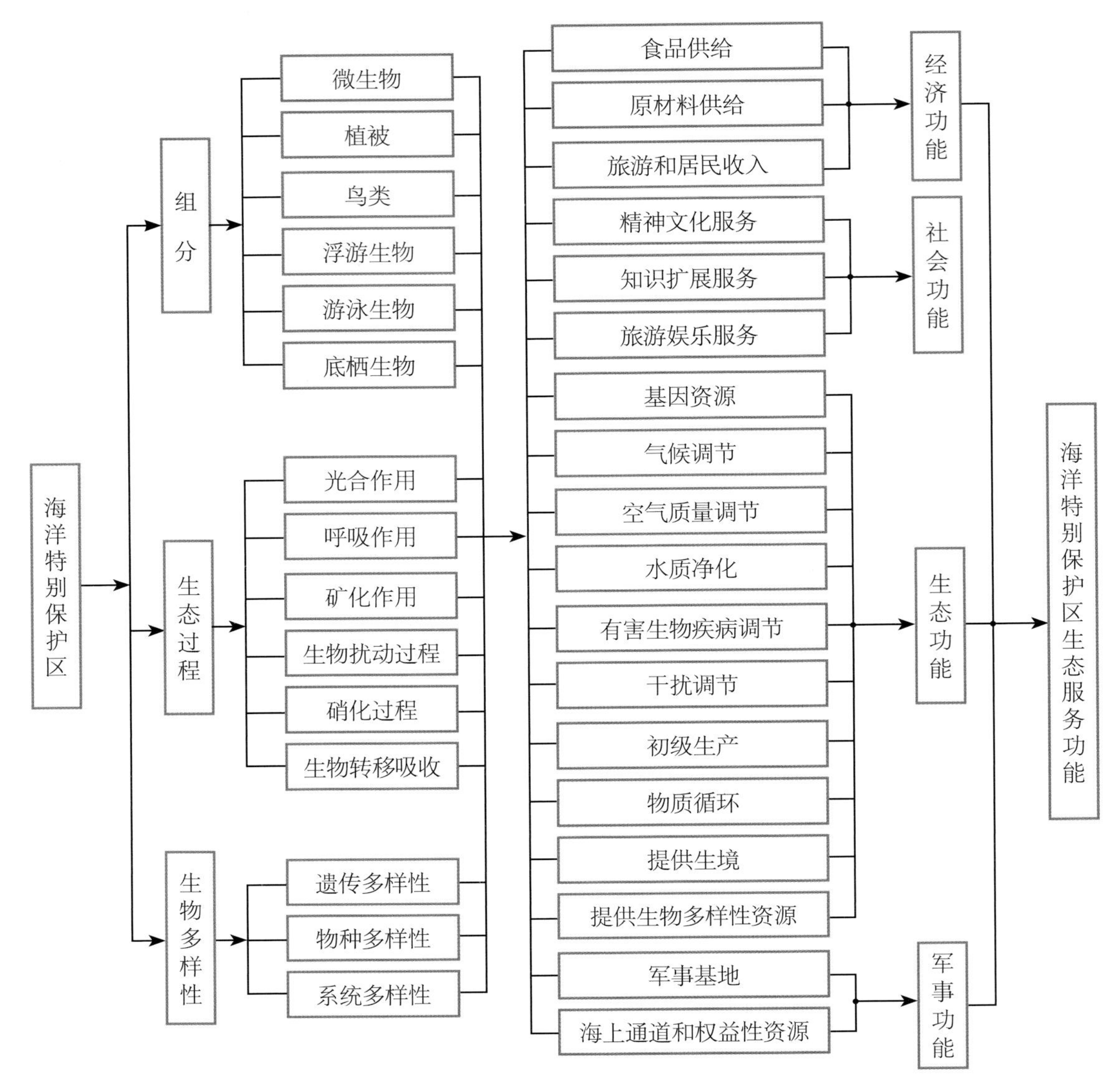

图11-4　海洋特别保护区服务功能识别网络

2）生态系统服务功能分析

按照Constanza以及千年生态系统评估提供的生态系统服务类别分类方法，逐一识别海洋特别保护区组分、生态过程和生物多样性所能提供的供给、调节、娱乐以及支撑功能。

由于各个保护区的特点不同，分析的功能类别也不尽相同，一般而言，生态系统组分的服务功能包括食品供给、原材料供给、娱乐服务等功能；生态系统过程则主要提供调节、抵抗灾害等功能、而生物多样性则提供基因资源、生境、景观等各种功能。

11.1.3.2　典型海洋特别保护区主导生态服务功能矩阵分析

分析中采用矩阵分析的方法，依据海洋特别保护区的组分、生态过程和生物多样性，通过矩阵识别，对供给服务、调节服务、娱乐文化服务和支持服务所对应的子服务类别进行识别分析，枚举各典型海洋生态系统的主导服务功能。本研究通过参考海洋特别保护区建立目的及目标、生态类型和保护对象等各方面的因素，列出海洋特别保护区生态系统服务功能和价值所必须分析的服务功能（表11-4），对于其他次要服务功能，则根据具体的海洋特别保护区具体特征进行分析。

表11-4　典型海洋特别保护区生态服务主要功能矩阵识别

服务	子服务类别	海洋特别保护区服务来源			
		特殊地理条件保护区	生态与景观保护区	海洋资源保护区	特殊开发利用保护区
供给服务	食品供给	*		*	*
	原材料供给	*		*	*
	基因资源	*	*	*	
调节服务	气候调节	*	*		*
	空气质量调节	*	*		*
	水质净化调节	*	*		*
	有害生物与疾病的生物调节与控制	*	*		*
	干扰调节	*	*		*
文化服务	精神文化服务	*	*		
	知识扩展服务	*	*		
	旅游娱乐服务	*	*		*
支持服务	初级生产		*	*	*
	物质循环		*	*	*
	生物多样性		*	*	*
	提供生境	*	*	*	*

11.1.4　国家级海洋特别保护区生态系统服务功能识别

1）对我国领海、内水、专属经济区的确定具有独特作用的海岛

生态系统服务价值主要体现在海岛及其周边12 n mile海域以内海洋生态系统所提供的服务价值。

（1）重点保护区

重点保护区包括领海基点、军事用途等涉及国家海洋权益和国防安全的区域。

主导服务功能为：重点考虑海岛生态系统及国家海洋权益。

生态系统服务价值计算范围：包括岛陆、潮间带和12 n mile海域所提供的生态系统服务功能。

价值计算内容：食品供给、原材料供给、基因资源、气候调节、空气质量调节、水质净化调节、有害生物与疾病的生物调节与控制、干扰调节、精神文化服务、知识扩展服务、旅游娱乐服务、初级生产、物质循环、生物多样性、提供生境等服务。

（2）生态与资源恢复区

生态与资源恢复区指生境比较脆弱、生态与其他海洋资源遭受破坏需要通过有效措施得以恢复、修复的区域。生态与资源恢复区主要考虑在海岛及12 n mile海域范围内为维持资源的可持续开发所划定的区域。

主导服务功能为：食品供给、原材料供给、基因资源、提供生境。

其他服务功能为：食品供给、原材料供给、基因资源、气候调节、空气质量调节、水质净化调节、有害生物与疾病的生物调节与控制、干扰调节、精神文化服务、知识扩展服务、旅游娱乐服务、初级生产、物质循环、生物多样性、提供生境等服务。

（3）适度开发区

适度开发区指根据自然属性和开发现状，可供人类适度利用的海域或海岛区域。

主导服务功能为：食品供给、原材料供给、基因资源、旅游娱乐服务。

其他服务功能为：食品供给、原材料供给、基因资源、气候调节、空气质量调节、水质净化调节、有害生物与疾病的生物调节与控制、干扰调节、精神文化服务、知识扩展服务、旅游娱乐服务、初级生产、物质循环、生物多样性、提供生境等服务。

（4）预留区

预留区应根据以后可能的保护和利用方向，依据其主导生态系统服务功能，逐类开展服务价值评估。

2）具有重要战略和海洋权益价值的区域

生态系统服务价值主要体现在海洋专属经济区、特定海洋权益范围内海域生态系统所提供的服务价值。

（1）重点保护区

重点保护区涉及国家海洋权益和国防安全的区域。

主导服务功能为：军事价值、社会价值

其他服务功能为：食品供给、原材料供给、基因资源、气候调节、空气质量调节、水质净化调节、有害生物与疾病的生物调节与控制、干扰调节、精神文化服务、知识扩展服务、旅游娱乐服务、初级生产、物质循环、生物多样性、提供生境等服务。

（2）生态与资源恢复区

生态与资源恢复区指生境比较脆弱、生态与其他海洋资源遭受破坏需要通过有效措施得以恢复、修复的区域。

主导服务功能为：食品供给、原材料供给、基因资源、提供生境。

其他服务功能为：气候调节、空气质量调节、水质净化调节、有害生物与疾病的生物调节与控制、干扰调节、精神文化服务、知识扩展服务、旅游娱乐服务、初级生产、物质循环、生物多样性等服务。

（3）适度开发区

主导服务功能为：食品供给、原材料供给、基因资源、旅游娱乐服务。

其他服务功能为：气候调节、空气质量调节、水质净化调节、有害生物与疾病的生物调节与控制、干扰调节、精神文化服务、知识扩展服务、初级生产、物质循环、生物多样性、提供生境等服务。

（4）预留区

预留区应根据以后可能的保护和利用方向，确定其主导生态系统服务功能和其他生态系统服务功能，开展服务价值评估。

3）珍稀濒危物种分布区

（1）重点保护区

包括珍稀濒危海洋生物物种及其栖息地。

主导服务功能为：基因资源、提供生境、生物多样性、精神文化服务、知识扩展服务、旅游娱乐服务等。

其他服务功能为：食品供给、原材料供给、气候调节、空气质量调节、水质净化调节、有害生物与疾病的生物调节与控制、干扰调节、初级生产、物质循环等服务。

（2）生态与资源恢复区

生态与资源恢复区指生境比较脆弱、生态与其他海洋资源遭受破坏需要通过有效措施得以恢复、修复的区域。

主导服务功能为：提供生境、生物多样性、基因资源、精神文化服务、知识扩展服务、旅游娱乐服务等。

其他服务功能为：食品供给、原材料供给、气候调节、空气质量调节、水质净化调节、有害生物与疾病的生物调节与控制、干扰调节、初级生产、物质循环等服务。

（3）适度开发区

主导服务功能为：食品供给、原材料供给、基因资源、旅游娱乐服务。

其他服务功能为：气候调节、空气质量调节、水质净化调节、有害生物与疾病的生物调节与控制、干扰调节、精神文化服务、知识扩展服务、初级生产、物质循环、生物多样性、提供生境等服务。

（4）预留区

预留区应根据以后可能的保护和利用方向，确定其主导生态系统服务功能和其他生态系统服务功能，开展服务价值评估。

4）珊瑚礁、红树林、海草床、滨海湿地等典型生态系统集中分布区

典型生态系统服务功能包括供给服务，如鱼类、海草、珊瑚和珊瑚砂等，调节服务，如小区域气候调节、生态系统功能和过程的调节等，文化服务，如娱乐、消遣等，支持服务，如海洋生物多样性等。

（1）重点保护区

珊瑚礁、还草床、滨海湿地等重要生境（水质环境、沉积环境等）。

主导服务功能为：基因资源、生境提供、生物多样性资源、精神文化服务、知识扩展服务、旅游娱乐服务等。

其他服务功能为原材料供给、气候调节、空气质量调节、水质净化调节、有害生物与疾病的生物调节与控制、干扰调节等服务。

（2）生态与资源恢复区

生态与资源恢复区指通过物理、生物等方法进行典型生态系统修复或者重建的区域。生态系统服务功能指在当前可持续利用条件下，生态系统当前和恢复至最优状态所提供的服务价值。

（3）适度开发区

适度开发区指在周边区域生态和景观保护的条件下，采取适度开发的区域，该区域可为人类提

供旅游、休憩等各类活动。主要服务价值体现在精神文化服务、只是扩展服务、旅游娱乐服务等。

（4）预留区

预留区应根据以后可能的保护和利用方向，确定其主导生态系统服务功能和其他生态系统服务功能，开展服务价值评估。

5）海洋资源保护区

主要指对国家战略具有重要意义的石油天然气、新型能源、稀有金属等国家重大战略资源分布区，从类别来看，主要为经济和军事功能。由于上述资源具有不可替代、不可再生性的特征，因此，识别其在国家社会经济发展中的主导作用，建立海洋特别保护区对其开发利用的影响具有重要意义，研究时应首先分析主要资源的禀赋、历史和现状开发程度、开发方式等基本概况，并结合国家战略需求，开展针对性的主导功能识别分析。

（1）重点保护区

重要战略资源集中分布区，主要提供战略资源的后续支撑，防止资源的盲目开采，持续的开发和利用稀有资源，其主导功能为资源供给，其他皆为附属功能。

（2）生态与资源恢复区

生态和资源恢复区指由于资源开发而导致周边生态环境质量下降，亟待恢复的区域。其主导功能的识别应依据生态环境质量下降前的生态特征、生态类型等开展。

（3）适度开发区

适度开发区指在资源保护和可持续利用的条件下，对上述资源进行适度开发的区域，其主导功能保护资源供给和生态服务两大类。

（4）预留区

预留区指为今后的战略发展作为储备的区域，其主要功能为资源供给。

11.1.5　地方级海洋特别保护区生态系统服务功能识别

1）易灭失的海岛

易灭失海岛的主要服务价值体现在其存在价值，即可以提供维持海洋动力稳定、提供港口、航道等特殊海洋地形地貌的条件，其服务价值的范围包括岛陆、潮间带以及可能受益的近海海域。

（1）重点保护区

主要指海岛岛陆及周边的重要岛礁、岩礁等。

主导服务功能为：提供港口、航道、海洋渔业资源等所需的水文、地形、地貌等条件。

生态系统服务价值计算范围：包括岛陆、潮间带和可能受益的近海海域所提供的生态系统服务功能。

其他服务功能为：食品供给、原材料供给、基因资源、气候调节、空气质量调节、水质净化调节、有害生物与疾病的生物调节与控制、干扰调节、精神文化服务、知识扩展服务、旅游娱乐服务、初级生产、物质循环、生物多样性、提供生境等功能。

（2）生态与资源恢复区

生态与资源恢复区指海岛岛陆及其近海海域生态比较脆弱、需要通过有效措施得以恢复、修复的区域，生态与资源恢复区可根据海岛生态与资源状况，设定在岛陆、潮间带和近海海域。

主导服务功能包括资源供给、调节、生物多样性和提供生境等。

其他服务功能为：食品供给、原材料供给、基因资源、气候调节、空气质量调节、水质净化调节、有害生物与疾病的生物调节与控制、干扰调节、精神文化服务、知识扩展服务、旅游娱乐服务、初级生产、物质循环、生物多样性、提供生境等服务。

（3）适度开发区

适度开发区指在不影响海岛主导功能的条件下，对海岛进行合理有序开发的海域或海岛区域。

主导服务功能为：生境提供、资源供给、旅游娱乐等。

其他服务功能为：食品供给、原材料供给、基因资源、气候调节、空气质量调节、水质净化调节、有害生物与疾病的生物调节与控制、干扰调节、精神文化服务、知识扩展服务、旅游娱乐服务、初级生产、物质循环、生物多样性、提供生境等功能。

（4）预留区

预留区应根据以后可能的保护和利用方向，依据其主导生态系统服务功能，逐类开展服务价值评估。

2）生态和景观保护区

包括特殊地质地貌分布区、历史文化遗迹分布区、生态敏感和脆弱区以及其他需要通过修复或者恢复的区域，其主要目的在于通过生态和景观的保护，提供社会、文化、生态、生物多样性等多种服务。

（1）重点保护区

包括特殊地质地貌分布、历史文化遗迹、珍稀濒危海洋生物物种及其栖息地、敏感生态系统的重要分布区。

主导服务功能为：精神文化服务、知识扩展服务、旅游娱乐服务、基因资源、提供生境、生物多样性等。

其他服务功能为：食品供给、原材料供给、气候调节、空气质量调节、水质净化调节、有害生物与疾病的生物调节与控制、干扰调节、初级生产、物质循环等服务。

（2）生态与资源恢复区

生态与资源恢复区指生境比较脆弱、生态与其他海洋资源遭受破坏需要通过有效措施得以恢复、修复的区域。

主导服务功能为：提供生境、生物多样性、基因资源、精神文化服务、知识扩展服务、旅游娱乐服务等。

其他服务功能为：食品供给、原材料供给、气候调节、空气质量调节、水质净化调节、有害生物与疾病的生物调节与控制、干扰调节、初级生产、物质循环等服务。

（3）适度开发区

主导服务功能为：食品供给、原材料供给、基因资源、旅游娱乐服务。

其他服务功能为：气候调节、空气质量调节、水质净化调节、有害生物与疾病的生物调节与控制、干扰调节、精神文化服务、知识扩展服务、初级生产、物质循环、生物多样性、提供生境等服务。

（4）预留区

预留区应根据以后可能的保护和利用方向，确定其主导生态系统服务功能和其他生态系统服务功能，开展服务价值评估。

3）地方级海洋资源保护区

主要指海洋生物资源产卵、育幼场、重要的渔业资源、旅游资源及海洋矿产分布区。其主要目标在于通过建立海洋特别保护区，恢复海洋资源，合理开发和利用海洋资源，实现海洋资源可持续利用。

（1）重点保护区

包括各种珍稀濒危海洋生物物种、经济生物物种、资源产卵、育幼场、渔业资源、各种矿产资源保护区。其目的在于可持续的保护和利用海洋资源，防止、减少和控制海洋、海岛自然资源与生态环境遭受破坏。

其主导海洋生态服务价值包括矿产资源供给、渔业资源供给、基因资源供给、生境提供、生物多样性资源、精神文化服务、知识扩展服务、旅游娱乐服务等。

（2）生态与资源恢复区

生态修复区的目的在于促进已受到破坏的海洋资源尽快恢复，生态系统服务功能指在当前可持续利用条件下，生态系统当前和恢复至最优状态所提供的服务价值。

根据所保护和恢复主要目标的不同，其主导服务功能包括供给服务、生境提供、气候调节、气体调节等。

（3）适度利用区

针对海洋资源保护类别的海洋特别保护区，其适度利用区的主要服务功能在于资源供给，包括渔业资源、矿产资源等资源，同时也提供生境服务、调节服务等功能。

（4）预留区

预留区应根据以后可能的保护和利用方向，确定其主导生态系统服务功能和其他生态系统服务功能，开展服务价值评估。

11.2　GIS支持下的海洋特别保护区生态服务功能价值评估方法

海洋特别保护区生态功能及服务由各功能分区所提供，来源于各个分区的组分和生态过程。本研究在海洋特别保护区功能区划基础上，首先，确定服务价值量化指标；其次，提出功能区各类服务质量和数量量化评价方法；最后，在GIS工具支持下，提出基于GIS空间分析技术的海洋特别保护区的生态系统服务价值评估方法（图11-5）。

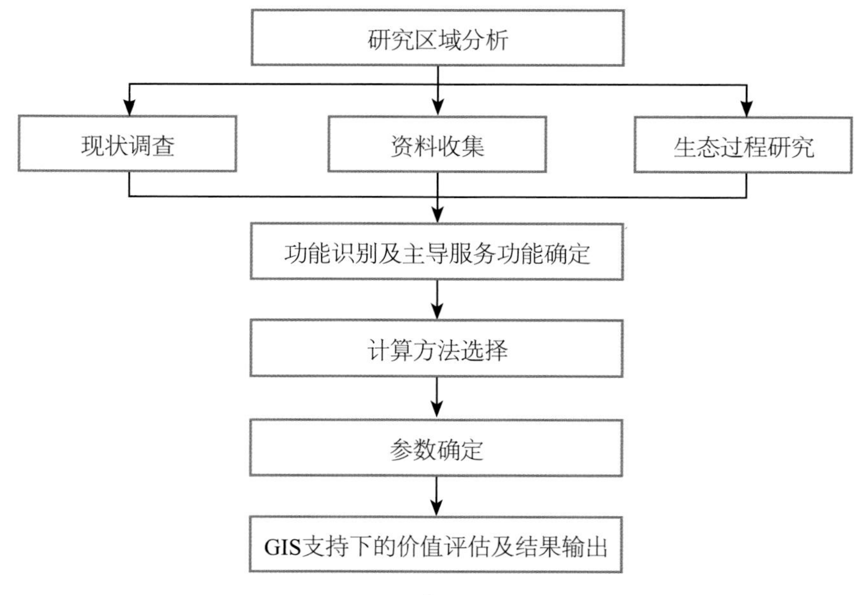

图 11-5　GIS支持下生态服务功能价值评估步骤

11.2.1 海洋特别保护区价值分类

海洋特别保护区的服务价值是人们对海洋特别保护区所提供服务重要性的量化评价，是海洋特别保护区为人类提供的产品或服务的价值。价值衡量有多种标准，大致可以分为货币标准和非货币标准，同时，哲学观念、不同学科、文化观念等对价值的理解也不同。一般而言，价值包含使用价值和非使用价值，使用价值又包括直接使用价值和间接使用价值，其中直接使用价值即生态系统产品价值，指人们对海洋特别保护区资源的直接利用产生的价值，即海洋特别保护区提供食品供给、原材料供给等功能，这是人们早已认识到并能确切估算的价值，也是导致海洋特别保护区过度利用的诱因；间接使用价值指海洋特别保护区潜在所产生的效益,即海洋特别保护区所具有的调节、支撑等功能，这部分价值往往是巨大的,同时也易被人们所忽视。

研究基于海洋特别保护区为人类提供福利的观点，认为海洋特别保护区为人类提供社会服务、经济服务、生态服务、军事服务等多种功能，人们直接或者间接从海洋特别保护区中获得效用，同时，对于部分未被利用的功能，也具有价值，即非使用价值（图11-6）。研究首先依据海洋特别保护区的功能分类将其价值划分为社会价值、经济价值、生态价值和军事价值4大类，在每一类，考虑其直接使用价值、间接使用价值和存在价值，并选择可能的指标进行量化计算和评估。在量化时，对社会价值、经济价值、生态价值，尽可能地采用货币标准进行量化，对于军事价值，则不进行量化，选择可能的指标开展评估。

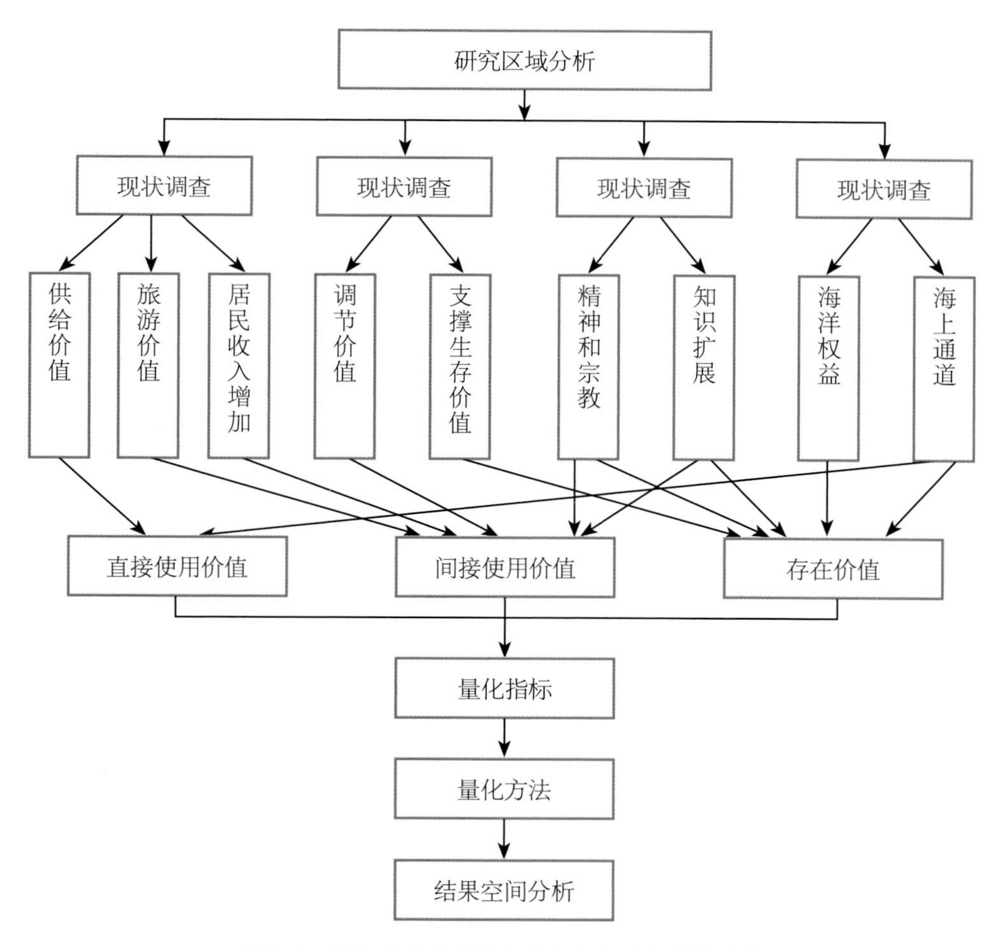

图11-6 海洋特别保护区价值分类与服务功能关系

11.2.2 海洋特别保护区生态系统服务价值量化指标

生态价值是指生态系统及其各个组分在维持生态系统结构和功能的完整性以及作为生命维持系统和人类生存系统所具有的价值，是生态系统服务功能的价值化体现。

当前，国内外对生态系统服务功能的评价已有大量研究，评价方法大都基于生态经济学原理，在对生态系统服务功能识别的基础上，通过意愿支付法、市场价值法等手段来估算其服务价值的大小。考虑到根据生态经济法建立的生态系统服务价值估算需要大量的数据、工作量较大，计算过程需要的部分数据也较难获取，因此，本研究依据海洋特别保护区的特点，提出合理的量化方法和技术手段。

对于海洋特别保护区价值的量化，有物质计量法、能值计量法和经济计量法三种方法。物质计量法较早，由于海洋特别保护区拥有提供食物、原材料等服务，所以经常采用物质计量法来衡量，同时，对于海洋特别保护区生态服务中的气体调节、污染物净化等功能，也通常可以折算为为人类提供氧气、削减污染物质的多少或者减碳数量的多少等，因此，经常使用物质计量方法。能值计算的方法是基于Odum H.T.所创立的能值理论，一般采用太阳能这一指标来衡量，其计算方法为把生态系统中不同种类、不可比较的各项服务功能采用能量的方法统一为标准的能值，从而进行计算和评价。经济计量法来源于生态经济学理论，采用货币来衡量自然生态系统对人类服务的价值大小，其理论依据在于承认生态系统的稀缺性和有效性。由于经济价值的直观性，使用货币计量各种服务与价值可以很好地反映其重要性和变化过程，因此也越来越得到更多的应用。本研究依据海洋特别保护区服务功能分类方法，结合各项服务特点，尽可能采用更加直观的物质计量法和生态经济学中的货币衡量方法来开展服务价值量化，并提出具体量化方法（表11-5）。

表11-5 海洋特别保护区服务功能计量方法和对应计量指标

内容	计量方法	计量指标
服务价值量化指标	物质计量法	直接才用等量的物质多少来衡量
	单位能值	转化太阳能值的多少
	生态经济学	采用货币大小来衡量

在上一章中，系统地分析了海洋特别保护区的生态系统功能对人类社会提供服务的外在表现，确定了各种类型海洋特别保护区提供服务的内容和形式。本研究从生态系统服务价值形成的内涵和来源出发，依据海洋特别保护区提供服务价值的内在因素，即海洋特别保护区的组成、生态系统过程和生物多样性，确定量化指标，并提出量化指标的计算方法，最终形成海洋特别保护区生态系统服务价值评估方法（表11-6）。根据MA（2005）的建议，由于生态系统的支持服务是其他服务的基础，其价值已经通过其他服务表现出来，如果再进行评估的话，会造成生态系统的服务价值的重复计算，因此，生态价值中的支持服务价值大小不需要评估。

表11-6 海洋特别保护区经济服务功能量化指标

子服务类别	当前提供服务量化指标	潜在可持续服务价值量化指标
食品供给	鱼虾蟹贝及其他海产品产量	持续生产供给能力
原材料供给	燃料、药物、添加剂及其他可利用的原材料产量	净初级生产力($kg/hm^2 \cdot a$)

子服务类别	当前提供服务量化指标	潜在可持续服务价值量化指标
基因资源	总“基因库”价值（例如，总物种数和亚种数）或者野生物种数量（物种数及数量）	可持续利用部分
旅游娱乐服务	旅游及娱乐人数及其费用支出数量	在旅游环境容量之内的部分

11.2.2.1 经济服务价值

经济服务价值包括海洋中的海产品供给、原材料供给基因资源供给以及旅游娱乐所产生的服务价值。

11.2.2.2 生态服务价值

生态服务功能包括支撑服务功能和调节服务功能，由于特别保护区的支撑功能是其他功能的基础，对其他功能的计算已经包含了支撑功能，因此，在这里仅考虑调节功能，其量化指标列于表11-7。

表11-7 海洋特别保护区生态服务功能量化指标

子服务类别	当前提供服务量化指标	潜在可持续服务价值量化指标
气候调节	固定CO_2数量	生态系统可持续状态下固定CO_2数量
空气质量调节	O_2的释放量，臭氧的释放量，其他有害气体吸收量	生态系统可持续状态下吸收有害气体数量
水质净化调节	环境容量； 主要污染物派海量； 从环境中移除污染物数量	海湾满足自净能力下的水质净化能力
有害生物与疾病的生物调节与控制	由于海水养殖和浮游动物减少所减少的赤潮发生次数和发生面积； 自然生态系统和人工生态系统的病害发生次数及损失差异	由于海水养殖和浮游动物减少所减少的赤潮发生次数和发生面积； 自然生态系统和人工生态系统的病害发生次数及损失差异
干扰调节	建立保护区之后（异或人工和自然生态系统对比），有保护与无保护区域之间的各种自然灾害损失差异	建立保护区之后（异或人工和自然生态系统对比），有保护与无保护区域之间的各种自然灾害损失差异

11.2.2.3 社会服务价值

社会服务功能价值量化指标见表11-8。

表11-8 海洋特别保护区社会服务功能量化指标

子服务类别	当前提供服务量化指标	潜在可持续服务价值量化指标
美学价值	直接能够表达的美学价值、从事美学创作的人数以及由此带来的服务价值	能够持续进行创造的美学价值部分
休闲娱乐	参加休闲娱乐的人数及其创造的价值	可支撑的最大休闲娱乐人数及其创造的价值
文化遗产	使用或者参观该文化遗产的人数	可持续支撑的文化遗产使用人数或者可持续价值
精神和宗教服务	从事宗教或其他精神服务的人数	与精神宗教相关海洋保护区人数
知识扩展服务	具有知识扩展功能的景观、物种和生态类型当前所支撑的科研产出。学生教育实践次数	对某些典型特有海洋生态系统类型进行科学研究投入数量极其获得的科研成果数量

11.2.2.4 军事服务价值

军事服务价值指标列于表11-9。

表 11-9 海洋特别保护区军事服务功能量化指标

服务类别	子服务类别	量化指标
军事服务功能	海上战略通道	海洋特别保护区核心点与大陆距离远近
	军事基地和海洋专属经济区维护	所属海洋专属经济区面积（EEZ面积）

11.2.3 海洋特别保护区生态系统服务价值量化方法

11.2.3.1 海洋特别保护区服务价值量化体系

海洋特别保护区的生态系统服务价值量化包括直接使用价值、间接使用价值和存在价值三部分。

海洋特别保护区价值表现的多种形态决定了其评估方法的多样化，由于各种价值的实现形式不同，选择一种合适的估价方法比较困难。军事价值体现了国家利益和国防安全，无法用货币的方式进行评估，因此，仅仅开展评估，不进行货币量化。本研究主要针对可以货币化评估价值的经济价值、社会价值、生态价值开展货币化的量化方法研究，上述三方面价值的货币评估方法依据市场信息进行分类，可分为直接市场法、替代市场法和模拟市场法三大类，研究依据前人的研究成果，在分类的基础上，提出具体的价值计算方法，其中，直接市场法包括市场价值法、费用支付法、净价法等；替代市场法则包括替代成本法、影子价格法、生产成本法、机会成本法等；条件价值法则包括接受意愿法和支付意愿法等，具体见图11-7。

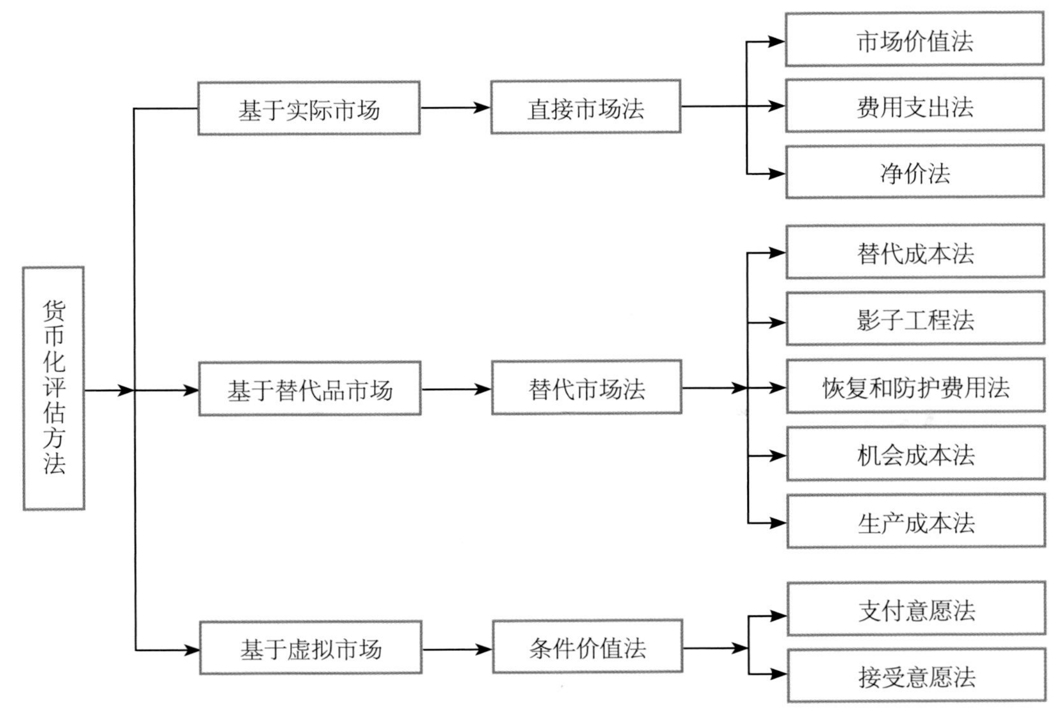

图11-7 海洋特别保护区货币化评价方法

根据前面的分析，海洋特别保护区生态系统服务价值的大小当地社会经济、环境质量、生物生态等要素紧密相关。因此，在对生态系统服务价值进行量化评价时，应首先对上述相关因素开展调查，并根据价值分类，选择合理的价值量化方法开展评价。

11.2.3.2 经济服务价值

1）食品供给

计算内容：所提供的食品价值，包括鱼虾蟹贝及其他海产品的价值。

计算指标：鱼虾蟹贝及其他海产品。

计算方法：考虑采用直接市场法，即鱼虾蟹贝及其他海产品市场价值扣除劳动力成本。

2）原材料供给

计算内容：所提供人类生产生活必需的原材料的价值。

计算指标：燃料、药物、添加剂及其他可利用的原材料。

计算方法：考虑采用直接市场法，即燃料、药物、添加剂及其他可利用的原材料市场价值扣除劳动力成本。

3）基因资源

计算内容：为人类提供基因资源的价值。

计算指标：野生物种数量（物种数及数量）。

计算方法：采用支付意愿法或替代产品法。即人们愿意为野生动物物种保护支付的价值，或者该基因资源的替代产品价值。

4）旅游娱乐服务

计算内容：建立海洋特别保护区为当地增加的旅游经济收入。

计算指标：旅人人数、旅游费用支出，包括食宿、交通、门票等。

计算方法：采用费用支出法进行计量，根据消费者的实际旅游花费来估算。计算公式为：

$$V_t = \sum_{i=1}^{n} C_i Q_i \tag{11-1}$$

其中：V_t旅游价值；C_i为单个人的旅游费用；Q_i为旅游人数。

5）当地居民收入增加价值

计算内容：当地及周边地区居民增加就业的价值。

计算指标：职工人数和年收入。

计算方法：采用实际价值法，根据从事海洋特别保护区管理及和保护区相关的职工人数及其年均收入即可计算出。

即：当地居民收入增加价值＝从事保护区及相关职工人数×职工年均工资。

11.2.3.3 社会服务价值

1）美学价值

计算内容：能够直接表现出来的美学价值和从事美学创作相关人员给海洋特别保护区和及周边居民所产生的价值。

计算指标：直接表现的美学价值、美学创作收入。

计算方法：采用支付意愿法，直接市场法。首先，通过问卷调查等方法，采用支付意愿的方法计算海洋特别保护区中特殊海洋景观、具有美学价值的实物的价值。其次，通过市场价值法计算从事美学创作给海洋特别保护区和当地居民所带来的收入增加。

即：美学价值＝直接美学价值+美学创作价值。

2）休闲娱乐价值

计算内容：海洋特别保护区为当地居民和旅游居民提供的休闲娱乐功能所表现出来的价值。

计算指标：参加休闲娱乐的人数及其创造的价值。

计算方法：休闲娱乐价值可以采用支付意愿法、替代成本法等方法计算。即通过居民和游客的支付意愿计算该保护区所提供的价值或者通过替代成本的方法，计算同样能够提供休闲娱乐功能的其他场所的价值。

3）文化遗产

计算内容：海洋文化遗产包括海底遗迹、海洋风俗文化等。

计算指标：海底遗迹、从事海洋遗产工作人员、海洋遗产参观收入。

计算方法：可以采用支付意愿法，直接市场法、替代成本法等。

4）宗教及精神服务

计算内容：海洋特别保护区为当地居民和游客所提供的宗教及精神服务所表现出来的价值。

计算指标：从事宗教或者精神服务的人数及其创造的价值。

计算方法：宗教及精神服务价值可以采用支付意愿法、替代成本法等方法计算。即通过居民和游客的支付意愿计算该保护区所提供的价值或者通过替代成本的方法，计算同样能够提供该功能的其他场所的价值，例如教堂、寺庙等。

5）知识扩展服务

计算内容：主要指自然保护区的基础研究价值和国际研究价值。

计算指标：科研价值基础研究价值可以用部门科研项目投资额的方法估算，也可以用从事保护区基础科研的人数、考察人数及其科研经费来估算；国际研究价值可用国外专家来访的实际花费和合作项目的研究经费来估算；文化教育价值的计量可采用实际费用支出法，主要包括：中小学生参观学习费用、大学生教学实习费用、研究生发表论文费用、图书图片出版物的价值等。

计算方法：海洋特别保护区的知识扩展服务功能计算包括保护区的科学研究、科普文化价值，评估可以采用支出法和旅行费用法进行计量。

11.2.3.4 生态服务价值

1）水质净化调节

计算内容：入海污染物质通过海洋生态系统转化为无毒无害物质的能力。

计算指标：污染物质处理量。

计算方法：可以采用影子工程、替代工程法进行计算，即认为等同功能的污水处理成的污染物质处理成本。

2）气候调节功能

计算内容：海洋生态系统对各种温室气体吸收和固定的功能。

计算指标：所固定CO_2和产生的O_2。

计算方法：采用人工造林费用或碳税率法，即：

$$VOC = \sum_{i=1}^{n} P_i \times C_i \tag{11-2}$$

其中：VOC为气候调节的价值；

PP_i为固定温室气体数量；

C_i为固定单位数量温室气体的费用。

3）空气质量调节

计算内容：海洋特别保护区的有害气体吸收及有益气体释放的功能。

计算指标：所固定CO_2和产生的O_2。

计算方法：采用影子工程法，即：

$$VOA = \sum_{i=1}^{n} QE_i \times C_i + \sum_{i=1}^{n} QA_i \times C_i \tag{11-3}$$

其中：VOA为空气质量调节的价值；

QE_i为产生O_2的数量；

QA_i为吸收CO_2的数量；

C_i为单位气体产生和削减的费用。

11.2.3.5 军事服务价值

由于部分海岛具有重要的国防、军事价值，因此划为海洋特别保护区，其军事服务价值体现在提供军事基地、海上战略通道等，其目的在于为军队保障，维护海洋专属经济区利益。

1）海上战略通道

评价内容：为军队提供军事补给、战略通道、军事演练等功能。

评价指标：海岛及其周边岛礁面积；中心岛屿与大陆距离远近。

评价方法：根据我国海岛作为领海基点和军事战略地位的特征，将海岛分为三种类型，依据不同类型，分别以高中低确定其海上战略通道和军事价值的大小。

（1）领海基点类：领海基点是确定我国领海基线和专属经济区的重要标志，因此，领海基点价值等级为高。

（2）重要军事战略类：我国南海西沙、南沙和东沙的部分具有重要军事价值的海岛、岛礁，确定其海上战略价值为高。

（3）其他类：应根据岛屿所提供军事补给、战略位置的重要性，确定相对高低。

2）海洋专属经济区维护

评价内容：海洋专属经济区价值大小，包括提供渔场、油气资源等。

评价指标：海洋专属经济区面积（EEZ面积）。

评价方法：专属经济区价值的评估应根据专属经济区所提供渔业资源、矿产资源、基因资源以及其他各种重要资源的价值大小来确定，具体评价方法可参考资源评估方法来开展，包括资源禀赋、开发利用方式等内容的评价。

11.2.4 基于GIS的海洋特别保护区生态系统服务价值评估

常规的海洋特别保护区生态系统服务价值评估结果往往以单一的数值形式表达，此种表达形式虽然能说明某海洋特别保护区的重大价值，但难以体现保护区内部结构、分级、分区及管理层次间的空间关系及服务价值的空间分布，这就掩盖了海洋特别保护区作为自然资源与生态环境特征固有的空间异质性。GIS 较早应用于大尺度景观生态评估和自然资源管理，随后学者将收益转移法与之结合应用于生态系统服务价值评估中，包括嵌入经济评估模型分析生态系统服务的空间迁移，空间表达间接利用价值评估结果等。Egoh 等利用GIS 技术，实现了南非地表水供应等间接利用服务的丰富程度和敏感点的空间分布，进而讨论各服务间的相关性。针对生态系统服务直接利用价值评估中缺乏空间表达、对数据要求高、评估效率低等不足，本研究基于GIS 技术，初步构建了适用于不同等级海洋特别保护区的生态系统服务价值的评估技术框架与空间表达方法。

由于GIS 技术本身无法完成生态系统服务价值的评估，本研究通过嵌合计算模型辅助实现生态系统服务价值评估及结果的空间分布。一般步骤包括：研究区边界的确定与生态系统服务类型的识别、数据采集及处理、属性赋值及模型计算、结果的空间表达等。

11.2.4.1 研究边界的确定

研究边界的确定是开展生态系统服务价值调查的前提。一般而言，研究边界即为海洋特别保护区所界定的范围。但考虑到海洋特别保护区所提供的服务可能远远大于保护区自身范围，因此，研究边界应包括对海洋特别保护区有影响的可能范围以及海洋特别保护区所提供服务辐射的范围，同时还应充分考虑当地的地理特征、生态系统特征，自然灾害和人类活动影响等因素。

11.2.4.2 空间分区

一般而言，空间评价单元的确定有两种方法，即面状的矢量评价单元和栅格评价单元，其中面状的矢量单元包括行政单元、保护区分级分区评价单元，而栅格评价单元则根据评价范围的空间分异特征，确定计算网格大小。

上述分区均可在相关地理信息系统（GIS）软件的支持下完成，分区数据存储为面状矢量格式，同时，根据研究的需要，数据库还应整合与海洋特别保护区密切相关的地形、地貌、岸线、环境质量等数据，并且根据研究需要，采用矢量线状或面状格式存储。

1）矢量评价单元

矢量评价单元一般根据评价需求可采用行政单元、保护区分级分区单元或者景观单元。在一般情况下，应按照保护区功能分区划分为重点保护区、生态与资源恢复区、适度开发区、预留区。

矢量评价单元作为评价的信息载体和评价单元，最大的优点在于数据的获取，尤其是社会经济数据的获取相对方便，评价结论也较容易应用于管理中，其缺点在于数据即评价结论的空间不确定性，即所有面单元的数据都采用一个平均数据，空间信息较少。

2）栅格评价单元

栅格评价单元应根据保护区面积、生态和环境概况确定评价栅格大小。

栅格评价单元作为评价信息载体最大的优点在于具有空间“精确位置”含义，就使得评价结果具有真正意义上的空间含义。缺点在于区域之间的直接比较不太方便，评价所形成的结论在管理中应用

不是很方便。因此，常常用于计算过程。

11.2.4.3 数据库构建

采集评估所需的相关资料与图件，如气象数据、归一化植被指数（NDVI）、社会经济统计数据、遥感影像（界定生态系统类型和面积）、数字高程模型（DEM）（空间分析）、土地利用/覆盖图（界定生态系统类型）、资源分布图（确定森林资源、旅游资源的分布）等。图层经几何校正和投影转换后，建立空间数据库与属性数据库。

11.2.4.4 属性赋值及价值计算

假定每一单元格只包含一种生态系统类型，生态系统产品按产值均匀赋予相应的资源分布图单元格，生态系统服务价值评估先计算各服务的物质量，按确定的评估方法将物质量转化为价值量，再赋予相应单元格，总生态系统服务价值的计算可参考如下计算模型：

$$V=\sum_{c=1}^{n}V_c \tag{11-4}$$

其中：V为海洋特别保护区生态服务总价值；c为海洋特别保护区功能分区（重点保护区、生态与资源恢复区、适度开发区、预留区）；V_c为单个分区的生态服务价值。

如果采用其他分区方式，并基于栅格开展计算，则可以采用下述公式：

$$V_c=\sum_{i=1}^{n}\sum_{j=1}^{m}R_{ij}\times V_{ci}\times S_{ij} \tag{11-5}$$

其中：i为生态系统服务类别；V_{ci}为某一服务类型单位面积价值；j为特别保护区内该类别服务所拥有的栅格数；S_{ij}为某一栅格的面积；R_{ij}为栅格校正系数。

评价过程包括单因子数据的评价和综合评价两部分。一般而言，在评价单元确定的基础上，可以通过GIS的空间计算功能，依据评价标准，计算评价单元内的单个因子评价结果，并形成空间分布图；其次，依据权重，对不同的评价因子，在计算单元内进行叠加，得到生态安全的安全度。在安全度计算的基础上，依据综合评判方法，确定各个计算单元的安全等级，最终形成生态安全状况的空间分布图。

11.2.4.5 价值空间表达

对所计算的图层栅格值进行叠加，依据空间属性，合并直接利用价值和间接利用价值，可视化每一单元格包含的所有生态系统服务价值，实现价值的空间表达。此外，利用GIS 的地学统计模块，可实现生态系统服务价值的分类汇总与时空格局分析。

同时，为使海洋特别保护区生态服务价值具有可比性，可采用相对价值的方法，将评价结果进行空间标准化处理（如采用单位面积服务价值等指标），对评价区间的各评价单元进行等级评定，通过使原来离散的分段赋值栅格变为连续的等级，得到各个评价单元的空间相对生态系统服务价值高低，研究其空间差异，进而达到帮助人们了解生态系统服务的关键区域和敏感点（hot spots），掌握生态系统服务数量与质量在时空上的变化趋势，在制定生态环境管理措施时更具科学性与针对性。

11.3 海洋特别保护区价值评估案例研究与示范应用

11.3.1 江苏海州湾海湾生态系统与自然遗迹国家级海洋特别保护区

11.3.1.1 生态服务价值识别

根据海州湾海域的基本化学、生物要素及其周边区域的社会经济调查调查分析，将海州湾的生态系统服务分为三组。根据目前的资料可以明确认定的并表现突出的服务记为主要服务组，可以确认但不突出的记为次要服务组，根据已有的资料无法判断的记为可能服务组。

在对海州湾生态环境及社会经济等方面的综合分析的基础上，识别出该保护区的主导服务功能为食品供给、气候调节、空气质量调节、有害生物与疾病的生物调节与控制、知识文化扩展、旅游娱乐和初级生产7项（表11-10）。

表11-10 海州湾海洋特别保护区生态系统的服务类型

服务类型		海州湾的生态系统服务		
		主要的	次要的	可能的
供给服务	食品供给	+		
	原材料供给		+	
	基因资源			+
调节服务	气候调节	+		
	空气质量调节	+		
	水质净化调节		+	
	有害生物与疾病的生物调节与控制	+		
文化服务	精神文化			+
	知识扩展	+		
	旅游娱乐	+		
支持服务	初级生产	+		
	物质循环		+	
	生物多样性			+
	提供生境		+	

11.3.1.2 生态服务价值评估

1）经济服务价值

（1）食品供给

计算内容：所提供的主要食品价值，包括紫菜、海参、对虾、海水鱼、贝类、蟹、海带、海蜇。

计算指标：鱼虾蟹贝及其他海产品。

计算方法：考虑采用直接市场法，即鱼虾蟹贝及其他海产品市场价值扣除劳动力成本。

海州湾内的食品供给服务的主要来源是养殖品种的海产品。其养殖品种包括紫菜、海参、对虾、海水鱼、贝类等。2010年海州湾的海水养殖面积达534.35 km^2（801 529.8亩），总产量达227 775.95 t。根据江苏省2010年鉴及对海州湾周边养殖公司的调查数据，海州湾紫菜的养殖面积为100.93 km^2（151 390.05亩），产量为8 222.44 t；海参的养殖面积为0.19 km^2（283.65亩），产量为41.45 t；对虾的养殖面积为38.78 km^2（58 176.15亩），产量为13 624.03 t；海水鱼的养殖面积为6.62 km^2（9 937.05亩），产量为13 390.65 t；贝类的养殖面积为347.45 km^2（521 176.65亩），产量为183 300.83 t；蟹的养殖面积为26.99 km^2（40 492.2亩），产量为6 936.56 t；海带的养殖面积为5.90 km^2（8 853.6亩），产量为1 853.8 t；海蜇的养殖面积为7.48 km^2（11 220.45亩），产量为406.1 t。综上所述，研究采用直接市场法，对上述食品供给产品在市场价格计算的基础上，扣除劳动力成本，据此得到海州湾的食品供给服务价值总计为109 263.18万元（表11-11）。

表11-11　海州湾的食品供给服务价值

养殖品种	养殖面积（亩）	产量（t）	价格（元/kg）	成本（元/kg）	服务价值（万元）
紫菜	151 390.05	8 222.44	4.99	2.89	1 726.71
海参	283.65	41.54	200	113.49	359.35
对虾	58 176.15	13 624.03	30.8	19.59	15 274.17
海水鱼	9 937.05	13 390.65	32	22.85	12 247.53
贝类	521 176.65	183 300.83	14	11.50	45 745.51
蟹	40 492.2	6 936.56	88	40	33 295.49
海带	8 853.6	1 853.8	3	1	370.76
海蜇	11 220.45	406.1	10	4	243.66
合计	801 529.8	227 775.95			109 263.18

资料来源：养殖面积和产量来自于江苏省2010年鉴；价格和成本来自于海州湾周边养殖企业的调查数据；此表中的价格为当地销售价（即到养殖场收购价格），而不是市场销售价格；由于是在当地销售，所以成本只考虑生产成本，而没有计算销售成本。

（2）原材料供给

计算内容：所提供人类生产生活必需的原材料的价值。

计算指标：包括贝苗、河蟹苗、对虾苗、鱼苗等苗种和原盐。

计算方法：考虑采用直接市场法，即可利用的原材料市场价值扣除劳动力成本。

计算内容：所提供人类生产生活必需的原材料的价值。

计算指标：包括贝苗、河蟹苗、对虾苗、鱼苗等苗种和原盐。

计算方法：考虑采用直接市场法，即可利用的原材料市场价值扣除劳动力成本。

海州湾内的原材料供给服务的主要来源有苗种和原盐。苗种包括贝苗、河蟹苗、对虾苗和鱼苗等。鱼苗的数量根据连云港海洋与渔业厅的统计以及水产品的总产量进行估算所得，在海州湾内人为放养贝苗约为25 400 t，通常自用或出售给其他养殖场，根据对海州湾周边养殖户的调查得，贝苗约为

1 000元/t；河蟹苗约为130 t，60万元/t；对虾苗36 500万尾，0.008元/尾；鱼苗为320万尾，0.003 125元/尾。根据2007年连云港年鉴的数据得，海州湾的盐田面积有8 000 hm²余，总产量为606 750 t。根据对周边市场的调查得，原盐价格为380元/t，生产原盐的土地租赁为450元/hm²，可得出，海州湾的原盐供给服务价值为22 696.5万元。因此，海州湾的原材料供给服务的总价值为33 329.5万元（表11-12）。

表11-12　海州湾原材料供给服务的价值

种类	数量（t）	尾数（万尾）	价格（元/t） 价格（元/尾）	成本（元/hm²）	服务价值（万元）
贝苗	25 400		1 000	0	2 540
河蟹苗	130		600 000	0	7 800
对虾苗		36 500	0.008	0	292
鱼苗		320	0.003 125	0	320
原盐	606 750		380	450	22 696.5
合计					33 329.5

数据来源：苗种的数量或尾数来自于江苏省2010年鉴；价格和成本来自于海州湾周边养殖企业的调查数据；此表中的价格为当地销售价（即到养殖场收购价格），而不是市场销售价格。

（3）旅游娱乐服务

计算内容：建立海洋特别保护区为当地增加的旅游经济收入。

计算指标：旅人人数、旅游费用支出，包括食宿、交通、门票等。

计算方法：采用费用支出法进行计量，根据消费者的实际旅游花费来估算。计算公式为：

$$V_t = \sum_{i=1}^{n} C_i Q_i \tag{11-6}$$

其中：V_t旅游价值；C_i为单个人的旅游费用；Q_i为旅游人数。

海州湾的旅游娱乐服务主要来自于连云港区的旅游者贡献。根据2009年连云港旅游局统计得，2009年连云港市接待国内外旅游者1 100万人次，实现旅游综合收入120亿元。即海州湾的旅游娱乐服务价值为120亿元，但是考虑到海州湾仅仅是其旅游收入的一部分，因此，参考当地旅游局海州湾旅游人口的统计比例，取30亿元为海州湾旅游服务价值。

2）社会服务价值

社会服务价值主要以知识扩展服务来体现。

计算内容：在该区域进行的科学研究项目以及经费投入。

计算指标：浅海和滩涂的全球价格基准，海州湾的浅海、滩涂面积。

计算方法：根据全球的浅海和滩涂文化科研价值（Costanza，1997）进行估算。

根据全球的浅海文化科研价值（Costanza，1997）进行估算，浅海的全球价值基准为15.67万元/km²、海州湾的浅海面积为624.9 km²，滩涂的全球价值基准为722.12万元/km²、海州湾的滩涂面积为340.67 km²，即可得到海州湾的知识扩展服务总价值为255 796.80万元（表11-13）。

表11-13　海州湾的知识扩展服务价值

区域	全球价值基准（万元/km²）	海州湾面积（km²）	海州湾价值（万元）
滩涂	722.12	340.67	246 004.62
浅海	15.67	624.90	9 792.18
合计			255 796.80

3）生态服务价值

（1）水质净化调节

计算内容：入海污染物质通过浮游藻类、对虾、海水鱼、海参、紫菜、海带转化为无毒无害物质的能力。

计算指标：通过净化水质的海洋生物移除的总氮数量和总磷数量计算价值。

计算方法：可以采用影子工程、替代工程法进行计算，即认为等同功能的污水处理成的污染物质处理成本。

海州湾的浮游藻类的初级生产力为7 444 t，移除的总氮数量为1 310.74 t，移除的总磷数量为181.08 t。按生活污水处理成本氮1.5元/kg、磷2.5元/kg费用计算（赵同谦等，2003），得浮游藻类的水质净化调节服务价值为241.88万元。对虾的产量为13 624.03 t，服务价值为57.22万元。海水鱼的产量为13 390.65 t，服务价值为56.24万元。海参的产量为41.54 t，服务价值为0.17万元（没有获得对虾、海水鱼和海参移除的总磷数量）。紫菜的产量为8 222.44 t，服务价值为59.42万元。海带的产量为1 853.8 t，服务价值为13.39万元。综上所述，海州湾的水质净化服务价值为428.33万元（表11-14）。

表11-14　海州湾的水质净化调节服务价值

生物类别	初级生产量产量（t）	移除的总氮数量（t）	移除的总磷数量（t）	服务价值（万元）
浮游藻类	7 444	1 310.74	181.08	241.88
对虾	13 624.03	381.47	NA	57.22
海水鱼	13 390.65	374.93	NA	56.24
海参	41.54	1.16	NA	0.17
紫菜	8 222.44	396.14	26.5	59.42
海带	1 853.8	89.31	5.97	13.39
合计		2 553.76	213.55	428.33

资料来源：按生活污水处理成本氮1.5元/kg，磷2.5元/kg费用计算（赵同谦等，2003）；海带中的总氮和总磷含量分别为4.818%和0.322%(黄道建等，2005)；对虾和海参的蛋白质含量分别为湿重的17.2%和3.9%（梁慧，1999）；海水鱼取用鲈鱼资料，其蛋白质含量为17.2%（谢宗庸，1991）；NA表示没有获得资料。

（2）气候调节功能

计算内容：贝类、浮游藻类、紫菜、海带固定碳的功能。

计算指标：所固定的碳量。

计算方法：采用人工造林费用或碳税率法

$$VOC=\sum_{i=1}^{n}P_i \times C_i \tag{11-7}$$

其中：VOC为气候调节的价值；PP_i为固定温室气体数量；C_i为固定单位数量温室气体的费用。

海州湾的贝类主要有蛤、蚶、牡蛎、螺、蛏、贻贝，贝类养殖的总面积为77.9 km^2，产量为8 991.5 t，固定的碳量为0.89 × 10^4 t。我国造林成本为260.9元/t（以碳计），并参考瑞士政府规定的碳税150美元/t（以碳计）。根据造林法，贝类的气体调节功能价值为234.6万元，根据碳税法，其价值为944.1万元。海州湾的浮游藻类的初级生产力为220.2 g/m^2（以碳计），固定的碳量为31 527.9 t。根据造林法，浮游藻类的气体调节功能价值为822.6万元，根据碳税法为3 310.0万元。海州湾的紫菜产量为8 222.44 t，固定的碳量为3 655.3 t，根据造林法得紫菜的气体调节功能价值为95.4万元，按碳税法得383.8万元。海州湾的海带产量为1853.8 t，固定的碳量为824.1 t，根据造林法得海带的气体调节功能价值为21.5万元，碳税法为86.5万元。综上所述，海州湾总的固碳量为44 998.7 t，根据造林法得价值为1 174.0万元，碳税法为724.3万元（表11-15）。

表11-15　海州湾气候调节服务的价值

生物类别	初级生产力 mg/m^2·d（以碳计）	t/hm^2	干壳重系数	固定的碳量（t）	价值(万元)	
					造林法	碳税法
蛤和蚶		4.7	0.5	6 219.2	162.3	653.0
牡蛎		19.8	0.6	250.4	6.5	26.3
螺		4.1	0.2	859.3	22.4	90.2
蛏		9.0	0.2	572.1	14.9	60.1
贻贝		13.1	0.6	1 090.5	28.5	114.5
浮游藻类	220.2			31 527.9	822.6	3 310.0
紫菜		0.8		3 655.3	95.4	383.8
海带		3.1		824.1	21.5	86.5
合计				44 998.7	1 174.0	724.3

资料来源：初级生产力根据908江苏省四个季度的调查获得，海州湾面积以876.39km^{2}计；贝类的湿重与干壳重转换系数，扇贝、牡蛎与蛤引自张继红等（2005）；鲍引自陈炜等（2004）；蛏引自孙虎山和王宜艳（1995）；价值的计算价格分别采用我国的造林成本260.9元/吨碳（以1990年不变价格），以及瑞典政府规定的碳税150美元/吨碳（以1美元=6.357元人民币计）（王如松等，2004）；海带固定的碳量由光合作用方程计算。

（3）空气质量调节

计算内容：海洋特别保护区的有害气体吸收及有益气体释放的功能。

计算指标：所固定CO_2和产生的O_2。

计算方法：采用人工造林法和工业制氧法，如下：

$$VOA=\sum_{i=1}^{n}QE_i \times C_i+\sum_{i=1}^{n}QA_i \times C_i \tag{11-8}$$

其中：VOA为空气质量调节的价值；QE_i为产生O_2的数量；QA_i为吸收CO_2的数量；C_i为单位气体产生和削减的费用。

海州湾浮游藻类的初级生产力为220.17 mg/m^2·d（以碳计），固定的CO_2量为115 602.4 t，产生的O_2为85 106.1 t，根据造林法得浮游藻类的空气质量调节服务价值为3 003.7万元，按碳税法得3 404.2万元。紫菜的产量为8 222.4 t，固定的CO_2量为13 402.6 t，产生的O_2为9 866.9 t，根据造林法得紫菜的空气质量调节服务价值为348.2万元，按碳税法得394.7万元。海带的产量为1 853.8 t，固定的CO_2量为3 021.7 t，产生的O_2量为2 224.6 t，根据造林法得海带的空气质量调节服务价值为78.5万元，按碳税法为89.0万元。综上所述，海州湾一共固定CO_2量为132 026.7 t，产生O_2量为97 197.6 t，按造林法得价值为3 430.4万元，按碳税法得3 887.9万元（表11-16）。

表11-16　海州湾的空气质量调节服务价值

生物类别	年初级生产力 [mg/（m^2·d）]（以碳计）	产量（t）	固定的CO_2（t）	产生的O_2（t）	服务价值（万元）	
					造林法	碳税法
浮游藻类	220.17		115 602.4	85 106.1	3 003.7	3 404.2
紫菜		8 222.4	13 402.6	9 866.9	348.2	394.7
海带		1 853.8	3 021.7	2 224.6	78.5	89.0
合计			132 026.7	97 197.6	3 430.4	3 887.9

4）海州湾海洋特别保护区总服务价值

根据上述计算的经济服务、生态服务和社会服务价值结果，统计得到海州湾海洋特别保护区总服务价值如表11-17所示。

由表11-17可以看出，2010年海州湾海洋生态系统的服务总价值为70.58亿元，单位面积总价值为599.35万元。其中经济价服务价值为14.08亿元，社会服务价值为55.80亿元，生态服务价值为0.903亿元。

需要注意的是，海州湾海洋生态系统是一个以海水养殖、旅游娱乐为主的综合型利用海湾。本研究依据上述的评估方法，首先识别了该区域主要服务功能（食品供给、原材料供给、空气质量调节、气候调节、水质净化、知识文化扩展和旅游娱乐价值）进行评估，对其他基因提供、生物控制等方面的服务价值由于资料等方面的原因，未开展评估。因此，本研究计算的海州湾生态系统服务价值仅为一个保守估计结果。

表11-17　2010年海州湾海洋生态系统的服务价值

服务类型		服务价值（亿元）	占总服务价值的比例（%）	单位面积价值（万元/km^2）
经济服务	食品供给	10.90	15.5	124.67
	原材料供给	3.18	4.5	35.57
生态服务	气候调节	0.47	0.7	5.39
	空气质量调节	0.39	0.6	4.44
	水质净化调节	0.043	0.06	0.49
社会服务	知识扩展服务	25.80	36.2	291.86
	旅游娱乐服务	30.00	42.5	136.93
合计		70.58	100.0	599.35

11.3.1.3 服务价值空间分区

根据海州湾海洋特别保护区功能分区，采用上述提供的计算方法，计算该保护区生态服务价值，结果列于表11-18。

表11-18 海州湾海洋特别保护区生态服务价值 单位：万元

功能分区	调节服务			知识扩展服务	旅游服务	供给服务	总价值
	气候调节	空气质量	水质净化				
生态保护区	202.0	159.2	17.6	258 000			258 378.8
资源恢复区	354.3	474.7	52.3			825.6	1 706.9
环境整治区	1 383.2	1 090.3	120.2			46 792.0	49 385.7
开发利用区	2 760.5	2 175.8	239.8		300 000	93 382.4	398 558.5
总价值	4 700	3 900	429.9	258 000	300 000	141 000	708 029.9

其中，生态保护区总服务价值为258 378.8万元，资源恢复区总服务价值为1 706.9万元，环境整治区的总服务价值为49 385.7万元，开发利用区的总服务价值为398 558.5万元，海州湾海洋总服务价值为708 029.9万元。

11.3.1.4 生态服务价值评估在海州湾保护区管理中的应用

1）将海洋生态服务价值和海洋生态补偿标准纳入海洋环境影响评估中

利用海洋生态系统服务价值评估的理论和方法体系，对海洋开发利用等经济活动开展环境影响评价，结合成本效益分析，确定开发活动的真正效益，从而量化开发活动对海洋环境的影响程度。

从评估结果可以看出，海州湾服务单位面积价值最高分布于生态保护区的秦山岛及其周边海域，属于重点保护区域，价值总量最大的为开发利用区，占总价值的56.3%，主要价值来源分类为旅游文化服务和供给服务。同时，不同分区的单位面积价值分别为20万元/km²、244万元/km²、1 081万元/km²、8 717万元/km²，也体现了对海洋环境可能带来的不同影响程度（图11-8）。

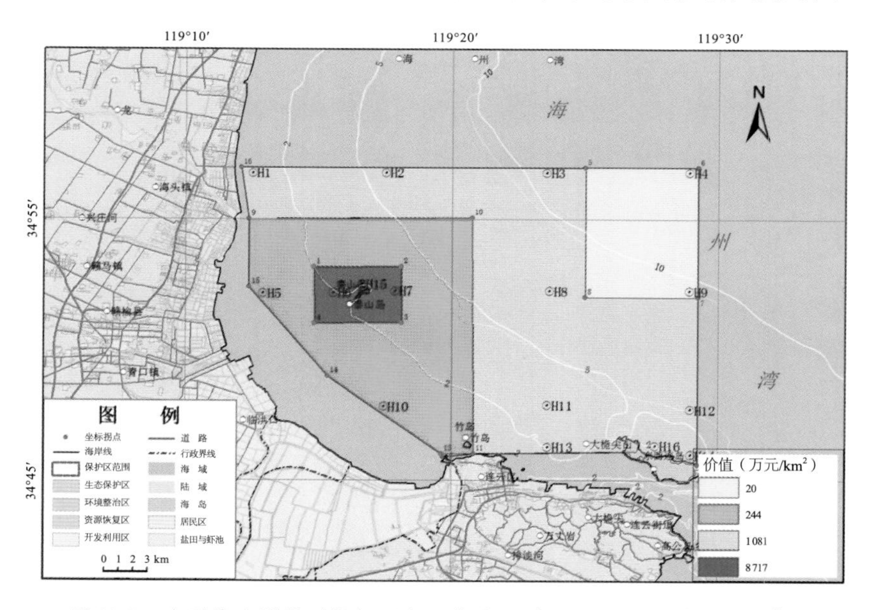

图11-8 海州湾海洋特别保护区各功能分区单位面积价值（万元/km²）

2）规范保护区生态损害的补偿标准估算方法

本案例中采用机会成本法估算了海州湾海洋特别保护区规划开发利用的生态补偿标准金，可为特别保护区的开发管理提供一定的决策支持。此外，海洋特别保护区的生态补偿还应重视保护区建设后保护区范围内及周边人类开发活动和突发事故对保护区造成的生态损害，该部分的生态补偿标准应包括三个方面，即生态恢复成本、生态恢复期间海洋自然资源价值的损失、生态损害调查与评估费用，具体的计算公式如下：

$$ED = ED_R + ED_L + ED_M \quad (11\text{-}9)$$

式中：ED为海洋特别保护区生态损害的总损失，单位为万元；ED_R为受损生态系统的生态恢复成本，单位为万元；ED_L为受损生态系统恢复期间的生态价值损失，单位为万元；ED_M为进行生态损害调查与评估费用，单位为万元。

（1）生态恢复成本

海洋特别保护区生态损害的生态恢复费用包括了两部分：一部分是生态损害事件发生时，立即采取的各种降低损害的应急措施所支出的费用；另一部分是将受损生态系统恢复至受损前基线的费用，具体的公式表达如下：

$$ED_R = ED_{Ra} + ED_{Rb} \quad (11\text{-}10)$$

式中：ED_R为生态恢复的总成本，单位为万元；ED_{Ra}为生态受损时的应急措施费用，单位为万元；ED_{Rb}为受损生态系统恢复至基线的费用，单位为万元。

由于生态恢复费用存在很大的不确定性，因此，受损生态系统恢复至基线的费用ED_{Rb}可根据生境恢复、生物恢复的费用估算，其中前者包括了水体恢复、沉积物恢复等生境要素的恢复。

（2）生态恢复期间的生态损失

本部分从生态服务功能价值角度，估算生态恢复期间的生态损失：

$$ED_L = \sum_{i=1}^{n}\sum_{j=1}^{m} E_i \lambda_j d \quad (11\text{-}11)$$

式中：ED_L为受损生态系统恢复期间的生态价值损失，单位为万元；E_i为第i种生态服务功能的价值，单位为万元；λ_{ij}为生态恢复第j年第i种生态服务功能的损害系数；m为受损生态系统恢复至基线所需的时间，单位为年；n为受损生态系统的生态系统服务功能类型数；d为折算率，选取1%～3%。根据海洋生态环境的敏感程度选取不同的折算率，海洋生态环境敏感区的折算率取3%；海洋生态环境亚敏感区的折算率取2%；海洋生态环境非敏感区的折算率取1%。

生态损害系数λ的确定主要根据生态损害前后的生态系统参数确定。

（3）生态损害调查与评估费用

生态损害调查与评估费用指对生态损害事件所开展的生态调查和评估费用，按实际评估发生的费用计算，包括现场调查和监测、损害评估费用等。

3）从生态系统层面系统综合规划保护区的生态修复措施，开展生态修复

海州湾周边人类开发活动剧烈，给当地的海洋生态与环境造成了一定影响，并造成生态服务水平的下降，因此，应适当发展不损害当地生态系统服务价值的项目，例如旅游、教育科研、美学、开发

基因等，并大面积的开展红树林种植，进行秦山岛、海州湾重要种质资源区生态修复，提升海洋特别保护区的服务价值水平。

但是，由于海洋生态系统的连通性和完整性，海州湾海洋特别保护区的生态修复措施也不能仅局限于保护区范围内。因此，生态修复措施的制定应从乐清湾整个生态系统角度综合规划，一方面能提高生态修复的成效，另一方面可最大限度地有效利用生态补偿金。

4）进一步明确海域使用功能区划

根据海洋生态系统服务价值评估结果，进一步明确海域使用的主导服务，即供给、调节、文化和支撑服务，并在制定海湾海域使用功能区划时更多地考虑自然属性与社会功能的结合。海州湾海湾特别保护区的开发利用区的功能利用为海上观光旅游、生态养殖、滩涂养殖、休闲渔业等海洋产业，这些在海域使用功能区划中都应该予以考虑在内。

5）构建绿色GDP核算体系

当前连云港等海州湾周边地区的GDP核算均没有考虑海州湾自然资源价值，尤其是海洋特别保护区生态价值中非市场服务对经济的贡献。建立绿色的GDP核算体系可以进一步明确生态服务价值的重要性，有利于保护区的可持续发展。

6）增大公众的生态教育

当地政府在制定管理措施时候，应提醒人们必须重视产生生态系统服务的自然资本存量，使得海州湾居民的商品价值观念和生态意识得以提升。

11.3.2 山东昌邑国家级海洋生态特别保护区

11.3.2.1 海洋特别保护区服务价值识别

依据人类对柽柳林滨海湿地的开发利用现状，参考前述的方法，将柽柳林的海洋生态系统服务价值分为供给服务价值、调节服务价值和文化娱乐价值，具体表现在物质生产、环境生态功能和景观美学（表11-19）。

表11-19 柽柳林湿地生态系统的服务类型

服务类型		海州湾的生态系统服务		
		主要的	次要的	可能的
供给服务	食品供给			+
	原材料供给		+	
	基因资源	+		+
调节服务	气候调节	+		
	空气质量调节	+		
	水质净化调节	+	+	
	有害生物与疾病的生物调节与控制	+		

续表11-19

服务类型		海州湾的生态系统服务		
		主要的	次要的	可能的
文化服务	精神文化服务		+	
	知识扩展服务	+		
	旅游娱乐服务	+		
支持服务	初级生产	+		
	物质循环		+	
	生物多样性	+		
	提供生境		+	

1）供给功能

供给功能主要指物质生产功能，即柽柳林湿地提供食物和原材料等的价值。大多数种类的柽柳林树皮可用做染料和提炼栲胶，是制革、墨水、电工器材、照相材料、医疗制剂的原料；木材纹理细微，颜色鲜艳美观，抗虫蛀，易加工，可供为建材、柱材、家具用材及薪炭材；在允许的条件下，进行合理的海水养殖，可以获得较高的经济效益；同时如果能充分利用红树林的枯枝落叶作为食物来源还可以节省饲养成本。

2）调节功能

相关研究表明，柽柳林湿地生态系统拥有的较为丰富的海洋生物多样性（包括鸟类、底栖生物、潮间带生物等），在维护海洋生物多样性、调节气候、改善水质、海岸防护等方面具有重要价值。柽柳林还是鸟类最理想的天然栖息地之一，尤其在春夏季节，凡柽柳林分布的区域，均保持了较高的鸟类种群和其他生物物种的多样性。

柽柳林的水质调节功能主要体现在净化水源、保护环境。柽柳林植被分布区具有较高的水质净化能力，对污染物的吸附能力强，通过吸附沉降、植物的吸收等作用降解和转化污染物从而使水体质量得到改善；而林下的多种微生物能分解林内污水中的有机物和吸收有毒的重金属，释放出来的营养物质可供给柽柳林生态系统内的各种生物，从而起到净化环境的作用。

3）文化娱乐功能

文化娱乐功能主要体现在景观美学功能、科研教育、海洋生物多样性保护基地等方面。景观美学功能则侧重于柽柳林湿地的旅游功能的开发。柽柳林是重要的旅游资源，素有“南有红树林，北有柽柳林”之称，为我国北方海岸较为独特的地理景观，一年四季景色各不相同，与南方红树林海岸比较具有截然不同的别致风情。另外，柽柳林湿地生物多样丰富，滩涂湿地为沿海鸟及其他海洋生物提供重要的产卵、索饵、栖息和洄游场所，是沿海旅游观光的重要场所。

11.3.2.2 保护区生态服务价值评估

在对昌邑柽柳林海洋特别保护区生态服务功能定位和价值识别的基础上，对该保护区的供给服务价值、调节服务价值和支持服务价值及文化娱乐服务价值开展价值评估。

1）供给服务价值

柽柳林生态系统的供给服务主要体现在有机物生产，即木材供给所产生的直接价值，其有机物产品以两种形式存在，即活立木和有机凋落物。后者由于水体生境的动态特征，存在向外海的扩散，是近海生产力的主能源。因此，活立木蓄积量和凋落物的年生产量成为了柽柳林生态系统的供给服务。

（1）活立木价值

由于植物年生产量主要体现在木材的生产量。因此，主要计算森林生产活立木的价值，根据1999年世界原木定价933.5元/m^3，同时参考柽柳林的群落平均净生长率，柽柳林每年生产活立木8 779 m^3，保护区内柽柳林活立木的总价值为819万元。

（2）凋落物价值

凋落物价值主要体现在为近海生产力提供主要的饵料作用，故采用饵料市场替代法计算其价值，设其饵料成品率为10%，我国水产养殖饵料价格为2 000元/t，柽柳林调落物价值与红树林面积、单位面积调落物量、凋落物饵料成品率及饵料价格成正比，根据上述四项的基本参数和价格，得到柽柳林凋落物价值为377万元。

由上述两项计算得到昌邑红柽柳林海洋特别保护区柽柳林的供给服务价值为1 196万元。

2）调节服务价值

柽柳林的调节服务包括海岸防护、保护土壤、气体调节、水质净化和病虫害防治价值。

（1）海岸防护价值

保护区内柽柳林位于陆地和海洋的交汇地带，对海岸防护、土壤保持等具有重要意义。且柽柳林长期适应潮汐及洪水冲击，形成独特的支柱根、气生根、发达的通气组织和致密的林冠等形态外貌特征，具有较强的抗风和消浪性能，可发挥重要的减灾作用。同时，柽柳林生态系密集交错的根系缓慢水体流速，沉降水体中的悬浮颗粒，促进土壤形成，起到保护土壤和造陆护堤作用。

柽柳林的海岸防护功能价值分为灾害防护价值和生态养护价值。灾害防护功能主要体现在具有抗御台风危害保护海堤免于冲毁，降低堤内经济损失的功能，据专家评估法，每年每千米柽柳林分布的海岸可提供约8万元的台风灾害防护效益，因此，灾害总防护价值为824万元；柽柳林对岸堤的生态养护功能可新增效益64.7万元/km，昌邑柽柳林生态养护功能总价值为3 429万元。

柽柳林生态系统的海岸防护价值为灾害防护价值和生态养护价值之和，即3851万元。

（2）土壤保护价值

土壤保护价值包括土壤养分价值和流失土壤林业增益价值两项。柽柳林保护土壤养分价值的计算按每年保护表土（0～30 cm）和林地年积累表土估算均值1 cm的氮、磷、钾总量之和乘以化肥替代价格计算。据测定红树林土壤表土氮、磷、钾总量为1.39%，表土密度为0.77 g/cm^3，化肥价格2 549元/t。因此，保护土壤总价值与红树林面积、表土氮、磷、钾含量、保护的土壤厚度、表土密度、化肥价格呈正比，计算得到柽柳林土壤养分价值16 915万元；柽柳林每年保护31 cm厚土壤免于冲刷损失的林业增益与林地面积、折算为60 cm土厚的土壤面积比率、单位面积林业平均收益呈正比，计算得到柽柳林流失土壤林业增益价值为41万元；上述两项之和得到保护土壤价值为16 956万元。

（3）气体调节价值

森林与大气主要通过植物吸收CO_2放出O_2进行物质交换，因此，柽柳林对维持大气O_2平衡，减少大气温室效应有着巨大的生态作用。固定CO_2的价值计算采用碳税法，碳税率以20美元/t计，总价值与柽柳林单位面积每年固C量呈正比，最终得到每年固C价值为302万元；释放O_2的价值等于柽柳林面积、单位面积释放O_2量、生产O_2成本之乘积，为606万元。气体调节价值为上述两项之和，得固定CO_2和释放O_2价值共为909万元。

（4）水质净化

柽柳林可吸收SO_2、HF、Cl_2和其他有害气体，亦可净化水体中的汞等重金属元素，农药等。SO_2降解价值计算，取柽柳林SO_2吸收量度150 kg·hm²/a，每削减1t SO_2的投资成本为600元，据此算出柽柳林消除SO_2的效益为：柽柳林面积、单位柽柳林面积吸收SO_2量、每吨削减投资成本三者之乘积18万元。除降解SO_2的功能外，柽柳林还可净化Hg、Cl等水体重金属污染。根据专家评估法，柽柳林生态系统SO_2降解价值占其总污染物降解总价值的60%，即污染物降解总价值为30万元。

（5）病虫害防治价值

病虫害防治价值采用替代花费法，取国家林业局统计数据2009年平均全国林地防治费用为357万元/km^2，由于柽柳林在该方面的价值会高于全国平均水平，参考谢高地等人对红树林病虫害防止功能的单位面积价值的计算，取500万元/km^2。据此得到病虫害防治价值为1万元。据专家评估法，林地病虫害防治价值占一体化病虫害防治价值的10%，即一体化害虫防治价值为10万元。上述两项之和为柽柳林病虫害防治价值11万元。

柽柳林海洋特别保护区的调节服务包括以上5项价值，总和为21 757万元。

3）支持服务价值

柽柳林的支持服务价值有动物栖息地价值和营养循环价值两项。

（1）动物栖息地价值

采用影子工程法计算，将柽柳林保护区均等地视作1个大型动物园。按照我国平均建设大型动物园的投资标准，需大约1亿元，根据价值工程的廉价原则，以1亿元为投资额，取年贴现率为5%，则动物栖息地年均价值为500万元。研究资料表明，全球森林采伐造成的游憩及生物多样性价值损失400美元/hm^2，依据意愿支付法，公众对保护森林资源的支付意愿为112美元，则动物栖息价值为上述两项之和591万元。

（2）营养循环价值

主要计算柽柳林对养分持留的价值，其大小取决于柽柳林面积、单位面积养分持留量及化肥替代价格。根据调查，柽柳林生态系统养分（氮、磷、钾）持留总量为0.291 t·hm²/a，平均化肥价格按照2 549元/t，则养分积累总价值为148万元。柽柳林湿地支持服务价值为动物栖息地价值和营养循环价值之和，即739万元（表11-20）。

表11-20 柽柳林海洋特别保护区生态服务总价值

价值类别	价值子类别	价值量大小（万元）
供给服务	活立木价值	819
	凋落物价值	377
调节服务	海岸防护价值	3 851
	土壤保护价值	16 956
	气体调节价值	909
	水质净化	30
	病虫害防治价值	11

续表11-20

价值类别	价值子类别	价值量大小（万元）
支撑服务	动物栖息地价值	591
	营养循环价值	148
总计		23 692

柽柳林海洋特别保护区的生态系统总价值为上述各项生态服务价值之和，为23 692万元，其中供给价值为1 196万元，调节价值为21 757万元，支撑服务价值为739万元。

11.3.2.3 生态服务价值评估在山东昌邑海洋特别保护区管理中的应用

柽柳林保护区是典型的自然—经济—社会的复合湿地生态系统，保护区当前面临污染、部分生物多样性退化等人类干扰，而当地经济发展迅速，未来面临的压力也不断增加。针对这种情况，需要采用综合保护与发展的手段，协调保护管理和当地经济发展的关系。依据对自然保护区生态系统服务价值的评估，得知，柽柳林湿地生态系统的保护可以通过如下途径增加当地的经济发展：①提供生活、生产资源，例如植物资源、鱼类等；②增加环境质量，增加投资环境；③提供景观、娱乐、美学与旅游地；④提供教育和科研用地；⑤调节小气候，空气与水的循环和清洁；⑥生物多样性保护，特别是物种资源的保护；⑦潜在的未来价值，在上述价值评估的基础上，出现可能的机会价值和准机会价值。

同样，经济发展也可以反过来加强保护区建设：①经济发展拉动人民生活水平的提高，公众有能力参与保护区典型物种和生态系统的保护；②公众通过旅游、休闲等活动促进柽柳林保护的加强，有更多的资金投入到柽柳林保护建设中。

因此，本研究就以下几个方面的管理应用提出建议。

1）开展生物多样性调查，明确保护对象，建立物种资源库和基因资源库

柽柳林生态系统号称我国北方的“红树林”，在调节气候、维持生物多样性方面具有重要意义，在对上述服务价值评估的基础上，充分认识柽柳林价值，制定生态补偿标准，对物种的保护，尤其是柽柳林内所具有的重要野生动植物资源，具有重要意义。

2）规范海洋生态损害补偿标准估算，完善建立生态补偿机制

昌邑柽柳林生态服务价值评估的结果，结合海域使用目的，科学合理制定海域使用费收取标准，将相应的用海生态补偿金用于特别保护区的生态补偿。主要项目包括扩大特别保护区特有柽柳林植被的面积，保护主要动植物物种资源，结合周边建设项目，将相应的用海生态补偿金用于特别保护区的生态补偿。

结合生态服务价值估算和生态补偿标准，确定对生态破坏、环境污染以及资源滥用所造成的生态系统损失，开展生态补偿。由于海洋生态系统的公众物品属性和自由进入的特点，导致人们无视其客观价值，引发了一系列的生态与环境问题，建立生态补偿机制可以解决该类问题。

3）增大公众的生态教育

当地政府在制定管理措施时候，应提醒人们必须重视产生生态系统服务的自然资本存量，使得当地居民的商品价值观念和生态意识得以提升。

11.3.3 浙江乐清市西门岛海洋特别保护区

11.3.3.1 西门岛海洋特别保护区价值估算

基于上述构建的海洋特别保护区生态服务价值方法，研究采用遥感和地理信息系统手段，通过解译西门岛土地利用类型（图11-9），在各种土地利用类型所提供经济价值、生态价值、社会价值计算的基础上，评估西门岛海洋特别保护区的生态系统服务价值，并分析及其空间分布。

研究通过现场调查、社会经济和环境质量资料收集和遥感解译，获得西门岛土地利用类型和各种类型的面积。西门岛土地利用类型包括茶园、灌溉水田、果园、滩涂、旱地、荒草地、坑塘水面、农村居民点、其他园地、特殊用地、养殖水面、有林地、红树林共计13种土地利用类型。研究首先对各种土地利用类型的经济价值、社会价值和生态价值选择合适的方法进行评估，继而汇总获得西门岛不同分区的生态服务价值。

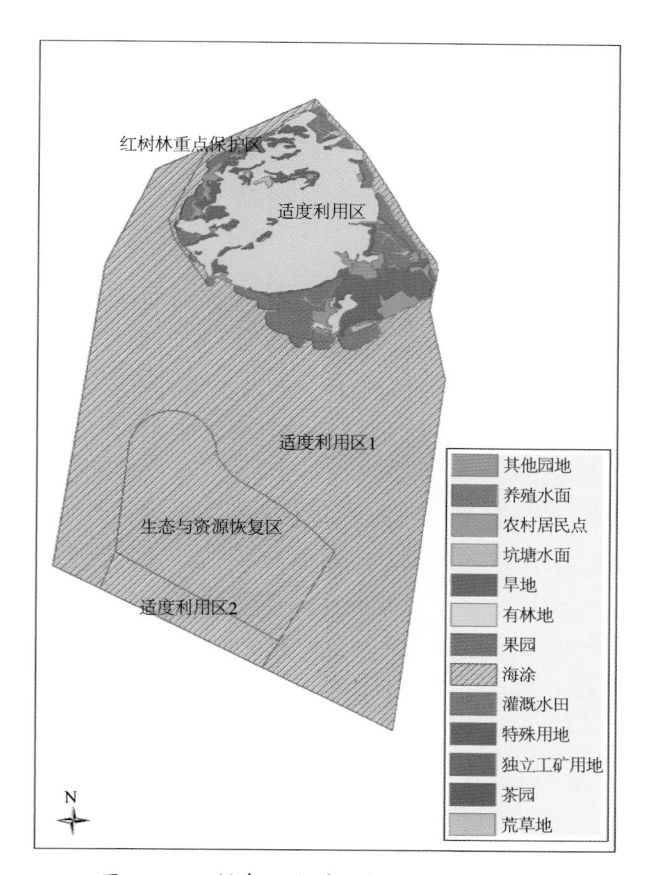

图11-9 西门岛土地利用类型图及空间区划

1）茶园服务价值

（1）经济服务价值

根据调查与文献查询，西门岛茶园种植茶叶为龙井，龙井单位面积产量按照0.91 t/km^2，西门岛当地龙井的市场交易价格为1 200元/kg，因此，按照市场价格法，茶园的单位面积经济价值为109.2万元/km^2。

（2）生态服务价值

根据研究质量守恒定律与植物光合作用化学平衡式可知，生成180g碳水化合物，可吸收CO_2 264 g，释放O_2 192 g，也就是植物体内每积累1 g干物质，可吸收住CO_2 1.47 g，同时释放出O_2 1.07 g。

根据碳税法计算，瑞典碳税率为每千克碳0.15美元，根据美元兑换率，1美元＝6.357元（人民币），则茶园单位面积的气候调节服务价值为1 275.56元/km^2。

根据工业制氧法，工业氧气批发价为0.7元/kg，可计算茶园单位面积的空气质量调节价值为681.59元/km^2。

因此，茶园单位面积生态服务价值为0.2万元/km^2。

2）灌溉水田价值

（1）经济服务价值

西门岛灌溉水田种植的农作物为水稻，根据浙江省统计年鉴，当地水稻单位面积产量为7 259 kg/km^2，水稻净收入为0.67元/kg，一年种植两季，因此，按照市场价格法，灌溉水田的单位面积经济价值为1.0万元/km^2。

（2）生态服务价值

根据研究质量守恒定律与植物光合作用化学平衡式可知，生成180 g碳水化合物，可吸收CO_2 264 g，释放O_2 192 g，也就是植物体内每积累1 g干物质，可吸收住CO_2 1.47 g，同时释放出O_2 1.07 g。

根据碳税法计算，瑞典碳税率为每千克碳0.15美元，根据美元兑换率，若1美元=6.357元（人民币），则可计算灌溉水田单位面积的气候调节服务价值为10 175.07元/km^2。

根据工业制氧法，工业氧气批发价为0.7元/kg，可计算灌溉水田单位面积的空气质量调节价值为5 436.99元/km^2。

因此，灌溉水田单位面积生态服务价值为1.6万元/km^2。

3）果园价值

（1）经济服务价值

根据实地调查，西门岛果园种植主要为柑橘，柑橘单位面积产量为16.65t/ km^2，当地市场柑橘收购价格为2元/kg，因此，按照市场价格法，果园的单位面积经济价值为0.1万元/ km^2。

（2）生态服务价值

根据研究质量守恒定律与植物光合作用化学平衡式可知，生成180 g碳水化合物，可吸收CO_2 264 g，释放O_2 192 g，也就是植物体内每积累1 g干物质，可吸收住CO_2 1.47 g，同时释放出O_2 1.07 g。

根据碳税法计算，瑞典碳税率为每千克碳0.15美元，根据美元兑换率，若1美元=6.357元（人民币），果园单位面积的气候调节服务价值为2.3万元/km^2。

根据工业制氧法，工业氧气批发价为0.7元/kg，可计算果园单位面积的空气质量调节价值为1.3万元/km^2。

因此，果园单位面积生态服务价值为3.6万元/km^2。

4）滩涂价值

（1）经济服务价值

根据现场调查，结合文献查询，西门岛滩涂养殖为缢蛏和泥蚶，缢蛏养殖面积为总面积的80%、泥蚶养殖面积为总面积的20%。缢蛏单位面积产量为150 t/km^{2}计算，考虑乐清当地社会经济水平和物价水平，缢蛏市场价格为10元/kg，因此，按照市场价值法，其单位面积经济价值为元150万元/km^2。泥蚶的单位面积产量按照300 t/km^{2}计算，考虑乐清当地社会经济水平和物价水平，缢蛏市场价格为5元/kg，因此，按照市场价值法，其单位面积经济价值为150万元/km^2。因西门岛滩涂养殖的缢蛏与泥蚶单位面积经济价值相同，故滩涂的单位面积经济价值可看作150万元/km^2。

（2）生态服务价值

生态价值主要考虑水质净化调节功能，根据资料显示，缢蛏的蛋白质含量为湿重的12.2%，泥蚶的蛋白质含量为湿重的10%，蛋白质中氮含量为16%，根据物料平衡法可知，缢蛏每吨清除氮19.52 kg，泥蚶每吨除氮16 kg。根据影子工程法，按生活污水处理成本氮1.5元/kg计算，滩涂单位面积水质净化价值为0.5万元/km^2。

5）旱地价值

（1）经济服务价值

根据实地调查，西门岛旱地种植主要为小麦，根据资料显示，小麦单产为530.9 t/km^2，西门岛当地小麦的交易价格为2元/kg，因此，按照市场价格法，旱地的单位面积经济价值为107.9万元/ km^2。

（2）生态服务价值

根据研究质量守恒定律与植物光合作用化学平衡式可知，生成180 g碳水化合物，可吸收CO_2 264 g，释放O_2 192 g，也就是植物体内每积累1 g干物质，可吸收住CO_2 1.47 g，同时释放出O_2 1.07 g。

根据碳税法计算，瑞典碳税率为每千克碳0.15美元，根据美元兑换率，若1美元=6.357元（人民币），旱地单位面积的气候调节服务价值为75.6万元/km^2。

根据工业制氧法，工业氧气批发价为0.7元/kg，可计算旱地单位面积的空气质量调节价值为40.4万元/km^2。

因此，旱地单位面积生态服务价值为116.0万元/km^2。

6）荒草地价值

（1）经济服务价值

参考全国荒草地市场交易情况，其作为原材料价值为63.8元/km^2。

（2）生态服务价值

根据谢高地等（中国自然草地生态系统服务价值）的研究，西门岛草地属于东南热带、亚热带湿润区草地，其气候调节单位面积服务价值为0元/km^2，空气调节为9 435元/km^2，水调节6 247.5元/km^2，基因0元/km^2，娱乐文化3 378.75元/km^2，原材料63.8元/km^2，干扰2 231.3元/km^2，生物控制30 727.5元/km^2。

因此，荒草地单位面积生态服务价值为5.2万元/km^2。

7）近海水体价值

根据西门岛实地调查，西门岛周边近海水体没有进行捕捞作业，因此，只研究西门岛近海水体的生态价值。

根据实地调查和资料显示西门岛保护区近海水体初级生产力为505.06mg/(m^2·d)（以碳计），每年可固定碳184.4 t/km^2，根据Redfield比值，西门岛近海水体中浮游植物固定的氮和磷分别为28.6 t/km^{2}和1.79 t/km^2。根据影子工程法，按生活污水处理成本氮1.5元/kg、磷2.5元/kg计算，近海水体单位面积水质净化价值为4.8万元/km^2。

8）坑塘水面价值

由于西门岛坑塘水面并未养殖或种植生物，因此，不研究其经济价值、生态价值。

9）农村居民点价值

暂时不考虑农村居民点的服务价值。

10）其他园地价值计算

（1）经济服务价值

根据实地调查，西门岛其他园地主要种植蔬菜，根据资料显示，蔬菜的单位面积产量为537 t/km^2，根据市场调查，西门岛蔬菜平均价格为2.6元/kg，根据市场价格法，其他园地单位面积经济价值为139.6万元/km^2。

（2）生态服务价值

根据研究质量守恒定律与植物光合作用化学平衡式可知，生成180 g碳水化合物，可吸收CO_2 264 g，释放O_2 192 g，也就是植物体内每积累1 g干物质，可吸收住CO_2 1.47 g，同时释放出O_2 1.07 g。

根据碳税法计算，瑞典碳税率为每千克碳0.15美元，根据美元兑换率，若1美元=6.357元（人民币），则可计算其他园地单位面积的气候调节服务价值为75.3万元/km^2。

根据工业制氧法，工业氧气批发价为0.7元/kg，可计算其他园地单位面积的空气质量调节价值为40.2万元/km^2。

因此，其他园地单位面积生态服务价值为115.5万元/km^2。

11）特殊用地价值

由于对特殊用地的调查不够详细，特殊用地的经济价值、社会价值和生态价值不做研究。

12）养殖水面价值

（1）经济服务价值

根据实地调查，西门岛水体养殖主要物种为鲈鱼和对虾，养殖面积平均分配，根据实地调查和资料查找，西门岛养殖水面50%养殖鲈鱼，鲈鱼亩产为1 125 t/km^2，西门岛市场价格为18元/kg，按照市场价格法，鲈鱼的单位面积供给服务价值为4 770万元/km^2。对虾单产为1 875 t/km^2，西门岛市场价格为42.4元/kg，按照市场价格法，对虾的单位面积供给服务价值为2 025万元/km^2。养殖水面的单位面积供给服务价值为3 397.5万元/km^2。

（2）生态服务价值

生态价值主要考虑水质净化调节调节，根据资料显示，鲈鱼的蛋白质含量为17.5%，对虾的蛋白质含量为湿重的17.2%，蛋白质中氮含量为16%，根据物料平衡法可知，鲈鱼每吨清除氮28 kg，对虾每吨除氮27.52 kg。根据影子工程法，按生活污水处理成本氮1.5元/kg计算，滩涂单位面积水质净化价值为6.2万元/km^2。

13）有林地价值

根据实地调查，西门岛有林地主要用途为防护林，因此不考虑其经济价值与社会价值，主要计算其生态价值。

根据谢高地等（生态系统服务的供给、消费和价值化）研究，林地的空气质量调节价值为19.4万元/km^2，气候调节价值为18.3万元/km^2，水文调节为18.4万元/km^2。

因此，有林地单位面积生态服务价值为56.1万元/km^2。

14）红树林价值

红树林地处湿地范围，食品供给价值在滩涂供给价值和养殖水面供给价值中有计算，现在不重复计算。

西门岛生态服务总价值计算结果如表11-21。

表11-21　西门岛海洋特别保护区生态服务总价值

土地类型	面积（km^2）	单位面积价值（元/km^2）		总价值（万元）
		生态服务价值	经济服务价值	
茶园	0.5	0.2	109.2	54.7
灌溉水田	71.9	1.6	1.0	186.9
果园	5.2	3.6	0.1	19.2

续表11-21

土地类型	面积（km^2）	单位面积价值（元/km^2）		总价值（万元）
		生态服务价值	经济服务价值	
海涂	2 451.5	0.5	150.0	368 950.8
旱地	149. 6	116.0	107.9	33 495.4
荒草地	4.5	5.2	0.0	23.4
其他园地	11.0	115.5	139.6	2 806.1
养殖水面	101.6	6.2	3397.5	345 815.9
有林地	494.2	56.1	0.0	27 724.6
西门岛生态服务总价值				779 077.1

11.3.3.2 西门岛海洋特别保护区价值空间分布

根据西门岛生态类型空间分布及单位面积价值大小，得到西门岛海洋特别保护区单位面积价值及总价值空间分布如图11-10、图11-11所示。

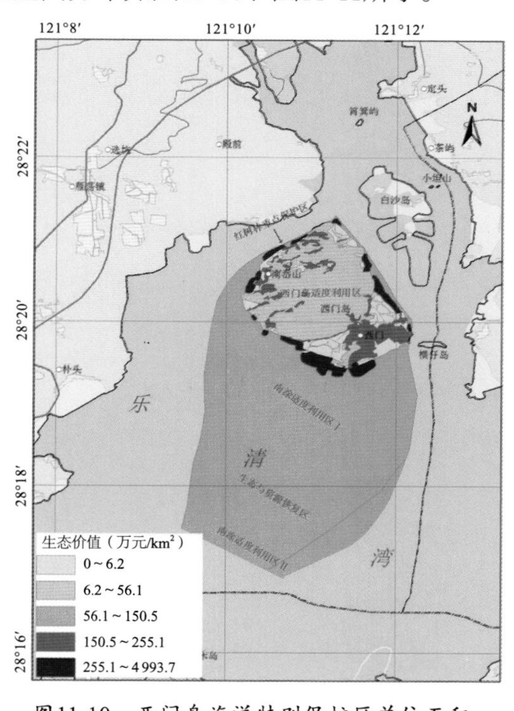

图11-10 西门岛海洋特别保护区单位面积价值空间分布

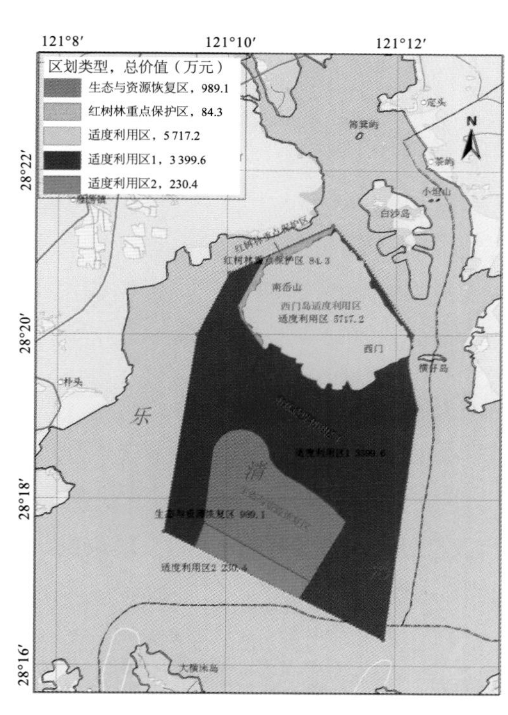

图11-11 西门岛海洋特别保护区总价值空间分布

11.3.3.3 生态服务价值评估在西门岛保护区管理中的应用

根据西门岛海洋特别保护区生态系统服务价值评估的结果，针对保护区的管理提出以下几个方面的建议。

1）明确保护对象，量化保护价值，可持续开发

根据当前的研究和管理经验得知，单纯地就保护而进行保护往往无法达到预期的目的，在开发中保护，走可持续发展的路子才能保证保护区的价值和服务更有效的发挥。

保护对象自身固有的稀缺性、典型性是海洋保护区存在的核心价值，也是保护区管理中的重点。通过对西门岛海洋特别保护区的生态系统服务价值评估和生态补偿标准量化，可以看出，西门岛的生态系统服务价值主要体现在海涂和养殖水面，分别占总价值的39.2%和54.0%。就单位面积服务价值来讲，旱地和园地最高，这是西门岛海洋特别保护区价值的基本来源分布。因此，西门岛应当在维持当前旱地和滩涂为居民主要经济来源的基础上，适当发展不损害当地生态系统服务价值的项目，例如旅游、教育科研、美学、开发基因等，并大面积的开展红树林种植，进行海岛生态修复，提升海洋特别保护区的服务价值水平。

2）强化海洋特别保护区的生态补偿估算

本案例中采用机会成本法估算了西门岛海洋特别保护区规划开发利用的生态补偿标准金，可为特别保护区的开发管理提供一定的决策支持。此外，海洋特别保护区的生态补偿还应重视保护区建设后保护区范围内及周边人类开发活动和突发事故对保护区造成的生态损害，该部分的生态补偿标准应包括三个方面，即生态恢复成本、生态恢复期间海洋自然资源价值的损失、生态损害调查与评估费用，具体的计算公式如下：

$$ED = ED_R + ED_L + ED_M \tag{11-12}$$

式中：ED为海洋特别保护区生态损害的总损失，单位为万元；ED_R为受损生态系统的生态恢复成本，单位为万元；ED_L为受损生态系统恢复期间的生态价值损失，单位为万元；ED_M为进行生态损害调查与评估费用，单位为万元。

（1）生态恢复成本

海洋特别保护区生态损害的生态恢复费用包括了两部分：一部分是生态损害事件发生时，立即采取的各种降低损害的应急措施所支出的费用；另一部分是将受损生态系统恢复至受损前基线的费用，具体的公式表达如下：

$$ED_R = ED_{Ra} + ED_{Rb} \tag{11-13}$$

式中：ED_R为生态恢复的总成本，单位为万元；ED_{Ra}为生态受损时的应急措施费用，单位为万元；ED_{Rb}为受损生态系统恢复至基线的费用，单位为万元。

由于生态恢复费用存在很大的不确定性，因此，受损生态系统恢复至基线的费用ED_{Rb}可根据生境恢复、生物恢复的费用估算，其中前者包括了水体恢复、沉积物恢复等生境要素的恢复。

（2）生态恢复期间的生态损失

本部分从生态服务功能价值角度，估算生态恢复期间的生态损失：

$$ED_L = \sum_{i=1}^{n}\sum_{j=1}^{m} E_i \lambda_{ij} d \tag{11-14}$$

式中：ED_L为受损生态系统恢复期间的生态价值损失，单位为万元；E_i为第i种生态服务功能的价值，单位为万元；λ_{ij}为生态恢复第j年第i种生态服务功能的损害系数；m为受损生态系统恢复至基线所需的时间，单位为年；n为受损生态系统的生态系统服务功能类型数；d为折算率，选取1%～3%。根据海洋生态环境的敏感程度选取不同的折算率，海洋生态环境敏感区的折算率取3%；海洋生态环境亚敏感

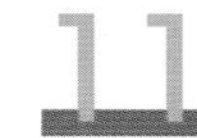

区的折算率取2%；海洋生态环境非敏感区的折算率取1%。

生态损害系数λ的确定主要根据生态损害前后的生态系统参数确定。

（3）生态损害调查与评估费用

生态损害调查与评估费用指对生态损害事件所开展的生态调查和评估费用，按实际评估发生的费用计算，包括现场调查和监测、损害评估费用等。

3）规范生态补偿金的使用，从生态系统层面系统综合规划特别保护区的生态修复措施

由于海洋生态系统的连通性和完整性，西门岛海洋特别保护区的生态修复措施也不能仅局限于保护区范围内，尤其是海洋污染综合整治措施的实施。因此，生态修复措施的制定应从乐清湾整个生态系统角度综合规划，一方面能提高生态修复的成效，另一方面可最大限度地有效利用生态补偿金。由于生态修复工程的耗资大，保护区内的生态修复工程还需吸纳其他多方面的资金来源。

4）进一步明确海域使用功能区划

根据海洋生态系统服务价值评估结果，进一步明确海域使用的主导服务，即供给、调节、文化和支撑服务，并在制定海岛海域使用功能区划时更多的考虑自然属性与社会功能的结合。西门岛的主要生态服务价值在于泥滩的调节以及泥滩河和旱地的供给服务功能，红树林以及果园的文化娱乐功能，这些在海域使用功能区划中都应予以考虑在内。

5）增大公众的生态教育

当地政府在制定管理措施时候，应提醒人们必须重视产生生态系统服务的自然资本存量，使得西门岛居民的商品价值观念和生态意识得以提高。西门岛当前仍存在对红树林植被乱砍滥伐、滩涂养殖污染排放、生境破坏等问题，上述问题的解决也需要进一步提高居民的生态保护意识。

11.4 海洋特别保护区生态补偿技术研究基础

11.4.1 国内外海洋生态补偿研究进展

迄今为止，国内外许多学者对生态补偿（Ecological Compensation或Eco-compensation）的概念和内涵进行了阐述，但仍尚未形成统一的认识。

生态补偿的概念最早源于生态学中的自然生态补偿的概念和生态平衡思想，1991年版的环境科学大辞典将自然生态补偿（Natural Ecological Compensation）定义为，生物有机体、种群、群落或生态系统受到干扰时，所表现出来的缓和干扰、调节自身状态使生存得以维持的能力，或者可以看作生态负荷的还原能力（环境科学大辞典编委会，1991）。叶文虎等（1998）认为，生态补偿为自然生态系统对由于社会、经济活动造成的生态环境破坏所起的缓冲和补偿作用（叶文虎等，1998）。

20世纪90年代以来，生态补偿被引入社会经济领域，作为生态环境保护的经济手段和机制。国外的文献中较少采用“Ecological Copmensation”或“Eco-compensation”，而较常见的是生态服务付费“Payment for Ecosystem Services, PES”或生态效益付费“Payment for Ecological Benefit, PET”，但生态补偿的内涵要比生态服务付费更为宽泛（赵翠薇和王世杰，2010）。

从经济学角度，生态补偿（ecological compensation）是一种以保护生态环境，促进人与自然和谐发展为目的，根据生态系统服务价值、生态保护成本、发展机会成本，运用政府和市场手段，调节生态保护利益相关者之间利益关系的公共制度（蔡邦成等, 2005）。在中国生态补偿至少具有4个层面上的含义：①对生态环境本身的补偿；②生态环境补偿费的概念，即利用经济手段对破坏生态环境的行为予以控制，将经济活动的外部成本内部化；③对个人与区域保护生态环境或放弃发展机会的行为予以补偿，相当于绩效奖励或赔偿；④对具有重大生态价值的区域或对象进行保护性投入等。

海洋生态补偿指对损害海洋资源环境的行为进行收费或对保护资源环境的行为进行补偿，以提高该行为的成本，达到保护资源的目的（贾欣，2010），其内涵包括以下3个方面（贾欣，2010）：①开发和利用海洋生态资源所征收的费用；②对造成海洋生态破坏的行为征收的费用；③使用海洋生态资源的发展机会成本的补偿费用。

11.4.1.1 国外海洋生态补偿研究概况

国际环境与发展研究所（International Institute for Environment and Development ，IIED）较早地对全球65个国家的287 个生态环境付费案例进行了总结和归类，并将已有的生态环境服务付费中的生态环境服务划分为四大类，即流域生态服务、森林的碳汇、生物多样性和景观（Landell-Mills and Porras, 2002）。自20世纪80年代以来，国际上许多国家和地区开展了大量的生态补偿或生态服务付费的研究和实践，取得了良好的成效，涵盖了森林生态补偿、流域生态补偿、农业生态补偿等，例如，世界银行资助发起的环境服务支付项目（Payments for Environmental Services, PES），包括哥斯达黎加（Pagiola, 2008）（Sanchez-Azofeifa et al., 2007）、肯尼亚、哥伦比亚、南非等国家[①]；欧洲开展的农业经济项目（Dobbs and Pretty, 2008）、美国开展的农业补偿（Claassen et al., 2008）等。但是，总体而言，现有的生态补偿研究主要集中于流域、农业、森林等，而针对海洋的生态补偿研究与实践还很有限，仍主要局限于溢油事件的生态补偿。

目前，国外海洋生态补偿的实施主要是围绕海洋溢油损害事故来开展的。《1969年国际油污损害民事责任公约》（CLC公约）和《1971年国际油污赔偿基金公约》（IOPC公约）以及相关议定书（2000年）基本确立了通过统一的规则和程序来确定船舶的油污损害责任并适当补偿遭受损害的利益方的国际海洋溢油损害补偿机制。但对于环境损害的索赔，国际油污赔偿基金1992年的索赔导则中仅是以针对事故损害的海洋环境修复措施所需的费用作为赔偿依据（French McCay et al., 2004）。国外对海洋溢油事故的生态损害补偿的研究主要包括损害评估方法、索赔与赔偿机制等方面的研究（Alexander, 2010；Helm et al., 2006）。

此外，在美国，“洁水法案404条款”与“无净损失”湿地政策强调的是一种采用生境修复的方式进行生态补偿，对美国乃至整个欧美的湿地保护与修复都产生了深远的影响。《洁水法案》404条款于1977年颁布，该法案明确规定，土地所有人若要在湿地上排放挖掘物及填充材料，必须事先从陆军工程师协会得到许可证。许可证申请人必须证明自己活动的每一步都避免对水体造成破坏，使损失减到最小，万不得已的情况下，要通过修复或者建立替代湿地的方法来补偿不可避免的损失。1987年，联邦湿地“无净损失”被认为是一个合理的政策目标，具体的含义是：任何地方的湿地都应该尽可能地受到保护，转换成其他用途的湿地数量必须通过开发或修复的方式加以补偿，从而保持甚至增加湿地

① http://web.worldbank.org/WBSITE/EXTERNAL/TOPICS/ENVIRONMENT/EXTEEI/0,,contentMDK:20487983~menuPK:1187844~pagePK:210058~piPK:210062~theSitePK:408050~isCURL:Y,00.html.

资源基数。据陆军工程师协会称，为了补偿在1993—2000年间损失的2.4万英亩湿地，已经新建了4.2万英亩湿地。

11.4.1.2　国内海洋生态补偿研究概况

目前，我国海洋生态补偿的研究仍主要集中于溢油事件、围填海的生态补偿等领域的理论研究和探索阶段，而在实践中的运用仍是非常有限的。

在海洋生态补偿的理论研究方面，主要涵盖了生态补偿的内涵、理论基础、补偿模式等内容。例如，郑伟等（2012）分析了海洋生态补偿的内涵，探讨了海洋生态补偿的生态学和经济学理论基础，初步构建了海洋生态补偿的生态学和经济学理论基础，初步构建了海洋生态补偿技术体系（郑伟等，2012）。贾欣（2010）引入海洋生态服务价值评估理论与方法构建了基于海洋生态损失评价的海洋生态补偿量的模型，并提出了海洋生态补偿机制实施的保障和对策（贾欣，2010）。丘君等（2008）提出海洋生态补偿机制的基本思路：根据海洋生态系统服务功能变化及其对利益相关者的影响界定补偿主体和补偿对象；补偿途径以财政转移支付和环境资源税费为主；遵循理论计算值与现有实践相结合的原则制定补偿标准（丘君等，2008）。张继伟等（2009）以海洋自然保护区为研究对象，分析和评价了国际、国内在海洋生态补偿领域的理论研究和实践，将生态补偿的概念引入海洋生于风险管理中，研究基于环境风险的海洋生态补偿标准的确定方法（张继伟等，2009）。刘霜等（2009）从海洋生态补偿法制化、海洋生态补偿标准科学化和海洋生态补偿管理规范化3个方面探讨填海造陆用海项目的海洋生态补偿模式（刘霜等，2009）。汤天滋和王文翰（2001）分析了海洋资源破坏及海洋生态环境恶化的状况，探讨了我国海洋资源核算的理论方法及其主要内容（汤天滋，王文翰，2001）。

在海洋生态补偿相关的技术规范方面，2007年中国农业部发布的《建设项目对海洋生物资源影响评价技术规程》（SC/T 9110—2007）规定了海洋、海岸工程等建设项目对海洋生物资源影响评价总则，海洋生物资源现状调查和评价、工程对海洋生物资源的影响评价、生物资源损害赔偿和补偿计算方法和保护措施。2009年，山东省海洋水产研究所起草了《山东省海洋生态损害赔偿和损失补偿评估方法》（省标准号：DB37/T1448—2009），规定了沿海海洋工程、海岸工程和污染等对海洋环境特别是生物资源造成经济损失的评估方法。2013年8月，国家海洋局颁布了《海洋生态损害评估技术指南》（试行），规范了溢油、危险品化学品泄漏、围填海、排污、海洋倾废以及海洋矿产资源开发等人类活动和突发事件造成的生态损害的评估。

11.4.2　海洋特别保护区生态补偿研究思路

根据海洋生态补偿的概念，海洋特别保护区的生态补偿是针对海洋资源环境的损害行为进行收费。就海洋资源损害发生的缘由，海洋特别保护区的损害生态补偿可分为：风险事故性事件的生态补偿；开发活动的生态补偿。本研究主要针对在海洋特别保护区的开发活动及风险事故对其造成的损害评估及其对应的补偿。研究的总体思路和主要内容（图11-12）包括：①海洋特别保护区生态损害压力识别，识别生态损害压力来源；②海洋特别保护区生态损害评价，评价生态资源损害的程度；③海洋特别保护区生态补偿机制，回答生态补偿的四个问题，即补给谁、补多少、谁来补、怎么补；④实施海洋生态修复，修复受损生态系统（王蕾等，2011）。可见，海洋特别保护区的生态补偿是首先对人类开发活动或风险事件引起的生态损害进行评估；进而，根据生态损害评估从经济角度制定生态补偿方案，即事件主体将生态损失以价值的方式赔偿给国家；最后，国家将得到的赔偿用以开展生态修复工作实施。因此，总体而言，海洋特别保护区生态补偿的主体工作包括三个部分：生态损害评估、生态补偿标准确定、生态修复实施。

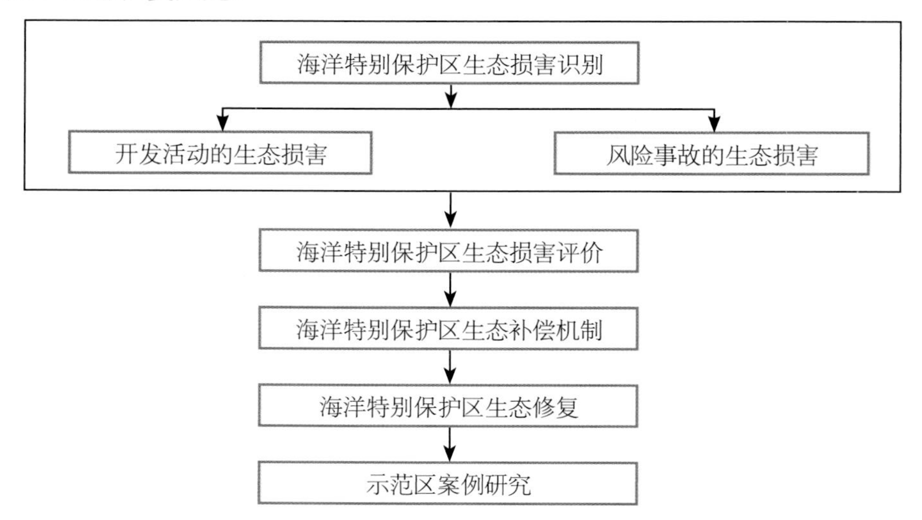

图11-12　海洋特别保护区生态补偿的研究思路

11.4.3　海洋特别保护区生态损害补偿原则与逻辑框架

11.4.3.1　海洋特别保护区生态损害补偿原则

1）污染者付费原则

污染者付费原则要求所有的污染者必须支付排污所造成的直接或间接费用，包括对生态环境造成的损失以及防治、恢复等费用。

2）公平性原则

海洋生态资源是人类共有的财富，任何人都享有平等的利用机会和权利。因此，对海洋生态资源的开发和利用不能损害他人的利益，若损害了他人的利益，就应承担相应的补偿。

3）可行性原则

海洋生态资源损害的补偿必须基于可行性的原则，即在客观评价海洋特别保护区生态资源损害的基础上，要根据社会经济条件，建立具可行性的补偿机制，补偿标准不宜过高。

4）因地制宜原则

由于沿海地区自然资源和社会环境条件的差异，海洋生态补偿的机制不能简单照抄照搬，而是要结合当地的自然和社会环境条件，因地制宜地构建生态补偿机制。

5）可持续发展原则

可持续发展是指既满足当代人的需求，又不损害满足后代人需求的能力。可持续发展强调社会、经济和环境的协调发展，同时，要求人类的经济和社会发展不能超越资源与环境的承载能力。可持续发展是生态补偿的主要目的，生态补偿机制的制定应遵循可持续发展原则，既要最大限度地减少生态损失，同时还需权衡经济和社会因素，以促进社会、经济和环境的协调发展。

11.4.3.2　海洋特别保护区生态损害补偿逻辑框架

生态补偿包括三个方面的内涵：开发和利用生态资源所征收的费用、对造成海洋生态破坏的行为征收的费用、使用海洋生态资源的发展机会成本的补偿费用（贾欣，2010）。其中，本研究主要针对第二种即海洋生态破坏的行为进行补偿。因此，在生态损害补偿原则的基础上，采用决策树方法构建海洋特别保护区生态补偿的逻辑框架（图11-13），具体地说有下面几点：

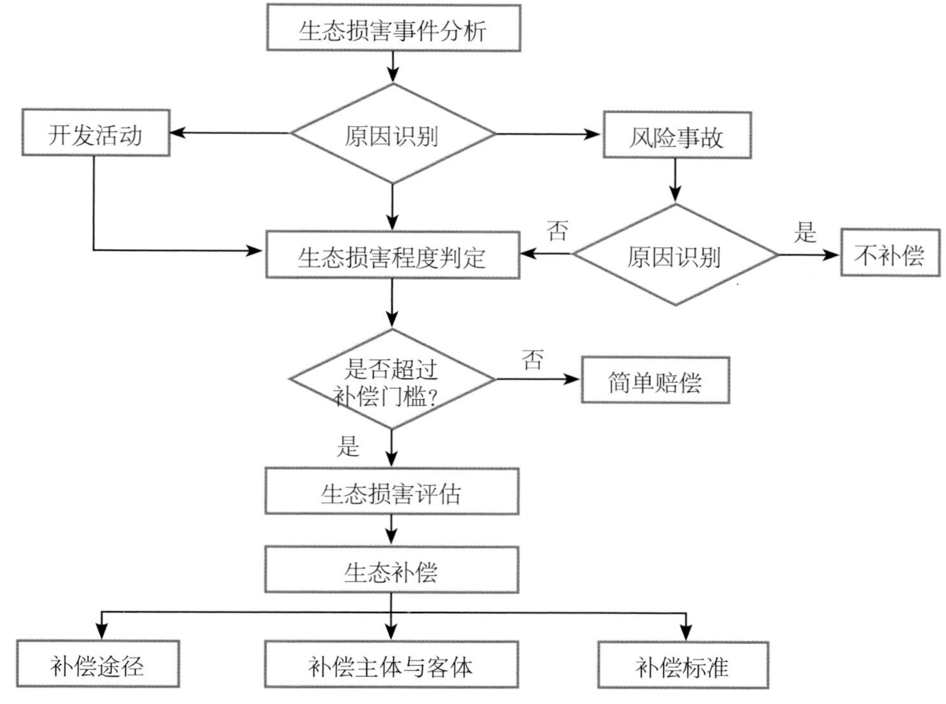

图11-13　海洋特别保护区生态损害补偿逻辑框架

① 当生态损害事件发生或确定时，首先应分析生态损害的根源；若是自然因素引起的生态损害，则生态补偿终止（在生态补偿范畴之外）；否则，需开展下一步工作。

② 判定生态损害程度是否超过生态补偿的门槛；若生态损害程度在生态补偿的门槛（阈值）范围之内，则仅采取简单的补偿（如教育补偿、规定的资金补偿等）；否则，需开展下一步工作。

③ 生态损害评估。

④ 确定生态补偿，包括补偿的主体与客体、补偿的途径、补偿的标准等内容。

11.5　海洋特别保护区生态损害识别与评估

11.5.1　海洋特别保护区生态损害补偿识别

海洋特别保护区并非完全未受人类干扰，绝大多数的海洋特别保护区所在的区域在建立保护区之前，已经开展了一些开发活动，包括围填海、围垦养殖等。若对那些保护区建立之前已经造成的生态损害进行补偿，补偿工作完成的难度很大。因此，对于海洋特别保护区的生态损害补偿，应以海洋特别保护区建立为生态损害评估的基线最为合理，也具有可操作性。

从时间上看，以海洋特别保护区建立为时间的基线结点，海洋特别保护区生态损害的范围主要包括保护区建立前的开发活动的持续性生态损害事件（如企业沿岸排污等）、保护区建立后的开发活动及风险事故。从空间范围来看，海洋特别保护区生态损害的影响源不仅局限于海洋特别保护区范围内，还包括了海洋特别保护区周边一定范围的人类开发活动或风险事故，其中后者对海洋特别保护区可能造成的生态损害主要源于保护区范围外的开发或事故对保护区范围内的污染物、能量等物质输入引起的，如溢油、保护区附近的核电温排水排放等。从影响源的类型来看，海洋特别保护区生态损害的压力主要来源于开发活动引起的生态损害、风险事故两大类，其中，对于一些如台风、风暴潮、海啸等自然因素引起的风险事故，其生态补偿没有可操作性，因此，自然因素引起的风险事故所造成的生态损害不属于本研究生态补偿的范畴，海洋特别保护区生态损害主要针对人类开发活动引起的生态损害及非正常情况下发生的事故所造成的生态损害。综上分析，海洋特别保护区的生态损害评估主要针对保护区内开发活动和人为事故，以及保护区外的开发活动和人为事故的生态影响波及保护区的那些生态事件（图11-14）。

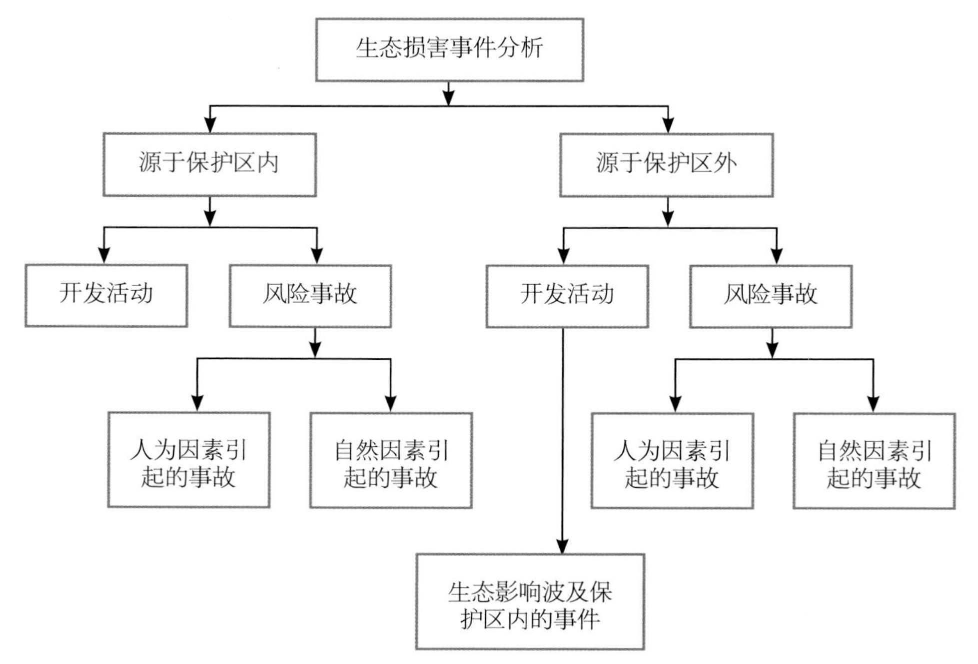

图11-14　海洋特别保护区生态损害影响源识别

11.5.1.1　开发活动的生态损害识别

1）海洋特别保护区开发活动的要求与限制

根据《海洋特别保护区管理办法》，海洋特别保护区的功能区包括重点保护区、生态与资源恢复区、适度利用区、预留区。根据该导则，重点保护区禁止一切人类活动；生态与资源恢复区主要为生态恢复工程，是对生态有益的活动。因此，开发活动对海洋特别保护区造成生态损害的主要集中于适度利用区和预留区。

《海洋特别保护区管理办法》规定，在海洋特别保护区内严禁进行以下活动：狩猎、捕捞、采集、买卖保护对象；炸鱼、毒鱼、电鱼；直接向海域排放污染物；加工、销售、运输和携带以受保护的动植物与岩石等为原材料制作的旅游纪念品；擅自移动和破坏海洋特别保护区界标及保护设施。

2）海洋特别保护区开发活动识别与分类

目前，对海洋与海岸带人类开发活动的分类还没有统一的定论，其中常用的分类方法主要有以下几种。

（1）根据对海洋资源的开发利用类型，海洋开发利用主要包括以下几类：海洋资源开发（如生物资源、矿产资源、海水资源等）、海洋空间利用（浅海滩涂、风景旅游、海洋运输、海上机场、海上工厂、海底隧道、海底军事基地等）、海洋能利用（潮汐发电、波浪发电、温差发电等）、海洋防护等（http://baike.baidu.com/view/135479.htm）。

（2）根据《海洋工程环境影响评价技术导则》（GB/T19485—2004），海洋工程主要包括：围海、填海、建闸、筑堤、筑坝等工程；海上机场、海上工厂、人工岛、跨海桥梁、海底隧道、海上储藏库、海底物资储藏设施以及其他海上、海底人工构造物等工程；人工鱼礁、海水养殖等工程；海洋排污管道（污水海洋处置）、海中输送物质管道、海底电缆（光缆）等工程；码头和航道开挖与疏浚、冲（吹）填、海洋建筑物拆除等工程；海洋矿产资源勘探开发工程、海洋油（气）开发及其附属工程等；潮汐电站、波浪电站、温差电站等海洋能源开发利用工程；盐田、海水淡化等海水综合利用等工程；海上娱乐、运动及景观开发等工程；核电站及核设施工程；其他一切改变海水、海岸线、滩涂、海床和底土自然性状的工程。

（3）根据海岸工程的特征，海岸工程可分为四大类：填海工程、围海工程（如围海养殖、盐田、船坞等）、非围填海的海岸带工程（如桥梁、隧道、管道等）、开放型海岸带工程（如开放式渔业养殖、捕捞、旅游、海上娱乐等）（苏颖，2011）。

不同类型的海洋和海岸带开发活动对海洋生态资源的作用途径、影响程度等会有些差异，因此，本研究借鉴上述的几种分类方法，根据开发活动及其对海洋资源的作用特点，结合海洋特别保护区的开发活动要求，将可能对海洋特别保护区造成生态损害的开发活动归纳为以下5类：① 填海造地，主要指改变海域属性的工程建设，包括道路建设、码头、建筑物等；② 围海工程，包括围海养殖、盐田、船坞等；③ 开放型开发活动，包括旅游、开放性渔业养殖、渔业捕捞等；④ 非围填海开发活动，包括管道、桥梁等；⑤ 城市与工业等排污活动。此外，海洋特别保护区周边的一切人类开发活动都有可能会对特别保护区的生态造成破坏，例如，附近区域围填海工程产生的悬浮物等。综上分析，可能对海洋特别保护区造成生态影响或破坏的人类开发活动汇总见表11-22。需要注意的是，除了上述提及的生态损害事件发生确定的人类开发活动以外，还存在一些如溢油等突发性的事故。

表11-22　海洋特别保护区人类开发活动

开发活动区域	人类开发活动类型		可能造成生态损害的开发活动
海洋特别保护区范围内	常规事件	填海造地	道路、码头等
		围海工程	围海养殖、盐田、船坞等
		开放型开发活动	开放式渔业养殖、生态旅游、海上娱乐等
		非围填海的开发活动	桥梁、管道等
		排污活动	城市、工业等排污
	非正常事件	突发性事件	溢油等事故性排污
海洋特别保护区外	所有活动		

总的来说，海洋特别保护区的海洋生态资源损害的人类活动可分为两种类型：一种是常规性的，即主要针对海洋资源的开发和利用，该类型的生态资源损害的估算需在海洋资源开发利用前；另一种是非正常事件的，即主要是针对一些突发性事故对海洋生态资源所造成的损害。

此外，海洋特别保护区内的开发活动也可能对周边海域造成生态损害。

3）海洋特别保护区开发活动的生态损害识别

总体而言，人类开发活动是通过改变生态系统的生物因子、化学因子和物理因子直接或间接地对海洋特别保护区生态系统造成影响。其中，人类开发活动造成的直接影响主要体现在两个方面：一方面是生物物种的影响；另一方面是生物栖息地的影响，主要包括物理因素和化学因素；前者为对生物的直接影响，后者为生境的影响，这些都会从不同的角度、不同的程度上改变生态系统的结构和功能，从而影响了生态系统服务功能（图11-15）。

11.5.1.2　风险事故的生态损害识别

对海洋特别保护区可能造成生态损害的风险事故不仅仅局限于海洋特别保护区范围内的自然或人为风险事故，很大程度上是来源于保护区范围外的风险事故，包括溢油、台风、风暴潮、赤潮等。其中，对于自然灾害所造成的生态损害，影响源为自然因素，补偿的主体并没有补偿能力，往往得不到补偿，故不属于本研究中生态补偿的范畴。因此，生态补偿考虑的风险事故主要为人为因素引起的非正常的生态损害事件，主要包括溢油、非正常排污等事件。

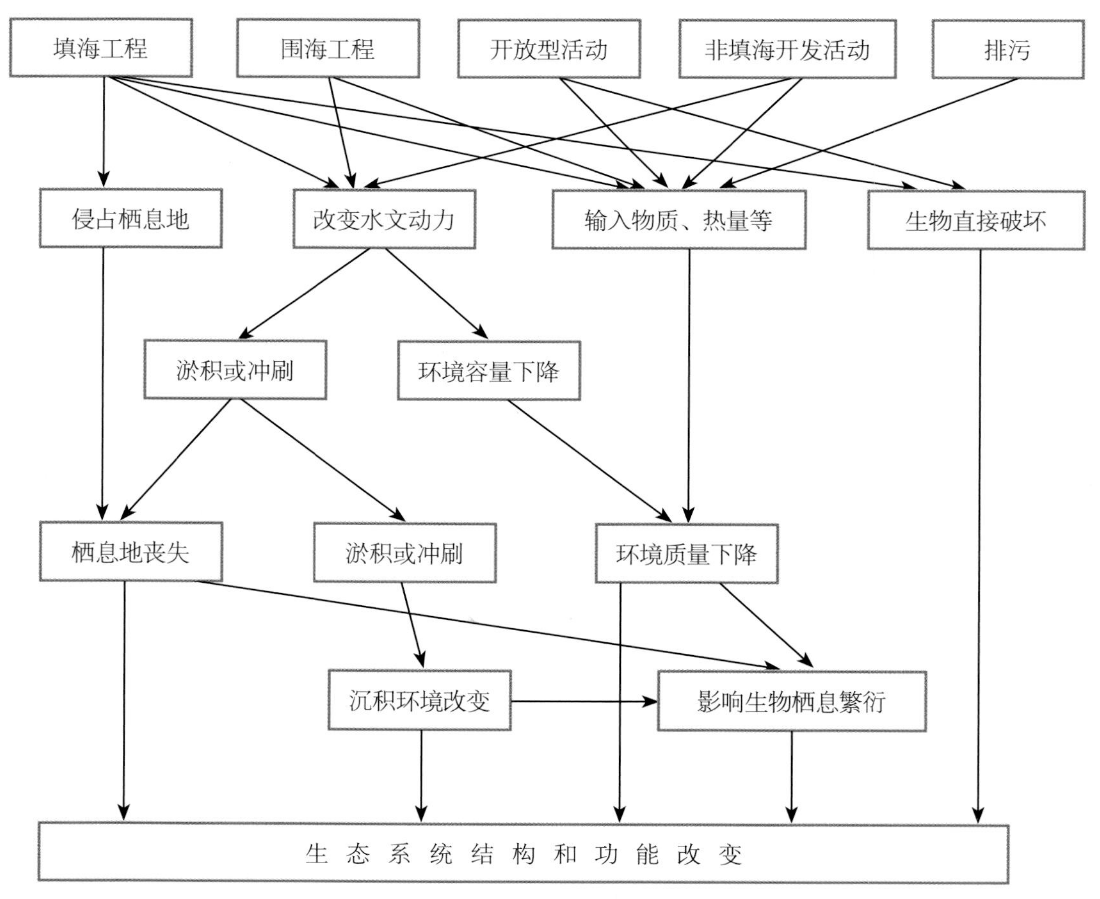

图11-15　人类开发活动对海洋特别保护区的影响

11.5.2 海洋特别保护区生态补偿门槛的界定

任何人类开发活动或风险事故都会对海洋特别保护区造成影响或破坏，由此造成不同程度的海洋资源损害。理论上，只要有损害，不论大小，都应该给予补偿。然而，在实际情况中，要求所有对海洋特别保护区造成破坏的责任人给予资源损害补偿，既不必要，也不现实，其主要原因在于：①由于海洋本身具有一定的自然恢复能力，一些轻微的海洋资源损害可以比较快地得到自然恢复；②对海洋资源损害的评估，是一件很耗时费钱的事，对一些轻微损害进行评估，经济上不合算，而且有科学的方法进行精确的评估。因此，并非所有的生态破坏责任人都必须承担补偿的责任，只有那些明显"造成海洋特别保护区生态环境和资源损害的"才必须承担补偿责任。

目前，国际条约、协定中最普遍规定：引起"显著损害（significant damage）"，或"严重的损害（serious damage）"，或"超过可容忍水平的损害（above tolerable levels）"，或"造成严重后果的损害（serious consequence）"应该给予赔偿。但是，在生态损害的度上，如何判定"严重"或"重大"，还没有得到根本的解决。

目前，对于如何判定如何的损害程度是需要进行生态补偿，即如何界定生态损害补偿的门槛，还没有统一的说法，尤其是难以定量化。CLC（International Convention on Civil Liability for Oil Pollution Damage）规定，只有需要采取清污和修复行动的损害才是需要补偿的，这种规定实质上回避了资源损害补偿的门槛问题，因为从逻辑上说，是否需要采取修复行动，必须以资源损害是否超出了海洋环境的自然恢复能力为标准。美国在CERCLA（Comprehensive Environmental Response, Compensation and Liability Act）和1990年的OPA（Oil Pollution Act）中也规定，造成可以观察或测量到的海洋自然资源及其服务的损害，须负补偿责任。丹麦在大法中规定，只有"超过环境容忍限度的损害（over certain tolerable limits）"才须补偿，同时规定国家环境保护当局应当通过定期发布指南确定环境的容忍限度。尽管这些规定从不同角度阐述了海洋生态补偿的门槛，但在实际操作中存在很大的困难，其主要的原因在于评估生态损害是否超出自然恢复或环境容忍限度需要开展大量的工作，需耗费大量的人力和物力，而且目前方法还尚未成熟。

鉴于此，本研究将海洋特别保护区的生态补偿门槛定性地定义为：产生了可观察或可测量到的海洋自然资源及其服务损害的人类开发活动或风险事故，均应承担补偿责任。在实际操作中，具体如何判断可采取以下两种方法相结合的手段。

一是类比法，即对比分析生态损害前后（包括预测）的生态数据或参数，定性或定量地评价其损害程度。

二是专家评判和公众参与问卷调查的方法。

11.5.3 海洋特别保护区生态损害评估程序与方法

海洋生态资源损害进行评估，是实现海洋生态损害补偿的基础。海洋生态损害涉及很多自然科学上的问题，也涉及法律上的因果关系认定问题，因此，必须要有一整套严格的资源损害评估的程序、科学的生态损失的评估方法。

在国际上，迄今为止，除了美国外，还没有一个国家或国际条约建立了海洋资源损害评估制度。美国从20世纪90年代颁布实施"自然资源损害评估规则"以来，联邦的NOAA、EPA等相关的行政管理机构和各州的有关机构开展了大量的海洋资源损害评估实践，司法机关也审理了100件以上的相关案件，NOAA和EPA在此基础上，不断对该规则加以修改，建立了比较完善的海洋资源损害评估制度。这为我们提供了有益的经验。

海洋特别保护区的海洋生态资源的损害评估可分为两种类型：一种是预测性的，即主要针对海洋资源的开发和利用，该类型的生态资源损害的估算需在海洋资源开发利用前，基于其对海洋生态资源的影响预测的基础上进行估算的；另一种是事后性的，即主要是针对一些突发性事故对海洋生态资源所造成的损害进行补偿。总体而言，海洋特别保护区的海洋生态资源的评估可分为三个阶段：生态资源损害评估前的准备、事件与损害的因果关系认定、资源损害的定量评估，具体如下。

1）评估前的准备

这个阶段的主要工作是，当一个海洋资源开发利用项目或突发性损害事故发生后，如何确定是否需要开展资源损害评估、如果开展资源损害评估需要做哪些准备工作等，其主要程序和方法是：

第一步：确定是否可能或已经造成明显的生态损害；

第二步：建立海洋生态损害评估组织，召集自然科学（化学、生物、遥感、水文动力）、经济学、统计学、法学等相关学科的专家，组成评估小组；

第三步：调查开发利用项目或突发性事故的情况，以及可能影响的或已经影响的所在海域受损的主要生态资源；

第四步：通知责任人要求其协作参与评估。

2）事件与资源损害之间的因果关系认定

海洋资源开发利用项目确定或突发性损害事故发生后，只有当生态资源遭受损害，且是由于该事件引起的才能获得补偿。因此，海洋生态损害评估必须设立该事件与资源损害之间因果关系认定程序与方法，具体可以包括以下几个步骤。

第一步：建立生态资源受损目录；

第二步：确定或预测该事件对受损海洋自然资源及其服务的作用机制；

第三步：确定或预测该事件与资源损害之间的因果关系。

3）生态资源损害定量评估

第一步：确定需要定量评估的资源损害的自然资源及服务的目录；

第二步：确定定量评估的方法；

第三步：实施定量评估；

第四步：生态资源损害评估报告编写。

11.6 海洋特别保护区生态补偿机制

11.6.1 海洋特别保护区生态补偿主体与客体

生态补偿的主体和客体是生态补偿机制的基础，本研究是针对海洋生态资源损害进行生态补偿，因此，生态补偿的主体是指承担具体补偿任务的利益方，生态补偿的客体是指接受补偿的利益方（也称补偿对象）。海洋特别保护区的所有权主体是国家。因此，从本质上讲，相关开发主体对海洋生态资源开发和利用活动、引发的风险事件（如溢油）会影响海洋生态系统的服务功能，导致海洋生态价值的损失，因此，必须要赔偿海洋特别保护区的所有权主体——国家的损失。

明确生态补偿的主体，即回答“谁来补”的问题。目前，比较公认的生态补偿主体界定的原则是 “谁损害谁补偿”。因此，海洋特别保护区生态损害补偿的主体应该是资源环境的破坏者或开发利用者。

生态补偿的客体，即回答“补给谁”的问题，与生态补偿主体相对应。目前，比较公认的生态补偿受体的界定原则是 “谁受损谁受益”。因此，海洋特别保护区生态损害补偿的客体主要指生态破坏的受害者。由于我国海洋特别保护区归国家所有，因此，补偿的客体还包括对海洋特别保护区建设进行大量资金投入的地方政府或国家。

11.6.2 海洋特别保护区生态补偿途径

补偿途径指的是实现生态补偿的手段，通常包括财政转移支付、政策倾斜、环境资源税费、智力型投入、项目实施等。海洋资源的生态补偿可分为三种：经济补偿、资源补偿和生境补偿（Elliott，Cutts，2004；韩秋影等，2007）。

尽管“service to service”的资源补偿和生境补偿途径在美国等一些发达国家得到广泛的运用，但由于我国对于生态资源破坏进行资源和生境补偿的法律制度和规范还不健全，我国生态补偿的方式仍以经济补偿为主导。鉴于此，海洋特别保护区的生态损害采取经济补偿的方式。随着国内海洋生态修复工作的日益成熟以及资源补偿法律制度的日益健全，资源补偿也可作为海洋特别保护区的生态补偿途径。

11.6.3 海洋特别保护区生态补偿标准确定

11.6.3.1 生态补偿标准研究概况

生态补偿标准的确定是生态补偿机制的核心问题和难点（李晓光等，2009a）。补偿标准关系到补偿的效果和可行性，其研究内容包括标准上下限、补偿等级划分、等级幅度选择、补偿期限选择、补偿空间分配等（赖力等，2008）。一般来看，生态补偿标准是生态效益、社会接受性、经济可行性的协调与统一，标准决定因子应是多元化的（赖力等，2008）。对于生态补偿标准的内容，郑海霞和张陆彪（2006）认为生态补偿标准是成本估算，生态服务价值增加量、支付意愿、支付能力4个方面的综合（郑海霞，张陆彪，2006）。

生态补偿标准的确定是国内外研究的热点和难点，尽管国内外对生态补偿标准的核算进行了大量的研究，并提出了许多种方法和途径，如生境等价法（HEA）、机会成本法、生态系统服务功能价值法、经济学模型法、意愿调查法等，但是，目前在学术界还未形成公认的生态补偿标准的确定方法（李晓光等，2009a）。谭秋成（2009）认为，生态补偿没有统一的标准，最终结果取决于生态补偿项目中受损者和得益者双方谈判能力（谭秋成，2009）。丘君等（2008）认为，补偿标准应根据生态系统服务功能的市场价值来制定，但由于生态系统服务功能的量化方法本身不成熟，而且量化的结果通常是天文数字，所以，其研究结果无法直接用于相关政策制定和实践（丘君等，2008）。李晓光等（2009）以土地权属为载体，应用机会成本法确定了海南中部山区进行森林保护的机会成本（李晓光等，2009b）。郑海霞和张陆彪（2006）以金华江为例，从上游供给成本、下游需求费用、最大支付意愿、水资源的市场价格4个方面剖析了流域生态服务补偿支付的标准及定量估算方法（郑海霞和张陆彪，2006）。段靖等（2010）运用边际分析表明，直接成本、机会成本是生态补偿标准的下限，低于这个下限，生态补偿理论上将达不到激励生态保护行为的目的，并基于此，在系统总结流域生态补偿中已有的直接成本、机会成本的核算范围与核算方法和分析存在问题的基础上，建立了流域生态补偿直接成本核算的一般性框架和与方法（段靖等，2010）。蔡海生等（2010）以鄱阳湖自然保护区为例，以2005年保护区的生态足迹效率生态农业足迹效率为基准，综合直接收益损失补偿、基于生态承载力的静态评价补偿和动态评价补偿分析，确定了生态补偿标准（蔡海生等，2010）。郑海霞等（2010）利用条件价值法（CVM）评估金华江流域居民环境服务的支付意愿，并利用Ordered Probit模型和Binary Probit模型分别分析了最大支付意愿及其支付方式的影响因素（郑海霞等，2010）。王萱等（2010）采用直接市场法、替代市场法、调查评价法和成果参照法，构建了围（填）海造成海岸带生态系统服务损害的货币化评估模型（王萱等，2010b）；陈伟琪和王萱（2009）针对海岸带生态系统提供的各类服务自身的特点，运用直接市场法、替代市场法、调查评价法和成果参照法，提出了围填海造成的海岸带生态系统服务损害的货币化评估技术选择的基本框架（陈伟琪和王萱，2009）。

11.6.3.2 生态补偿标准的确定方法概述

目前，国内外有许多关于生态损害评估的计算方法和模型，其中目前在生态损害索赔中应用较为广泛的有美国海洋与环境大气局（NOAA）推荐的自然资源损害评估（NRDA）、生境等价分析（HEA）、资源等价分析（REA）、中国的渔业损害评估方法，以及基于生态系统服务功能的经济估算方法。

1）自然资源损害评估方法（NRDA）

自然资源损害评估（Natural Resource Damage Assessment, NRDA）是美国国家大气与海洋管理局（National Oceanic and Atmospheric Administration, NOAA）所推荐采取的一种方法。[①]该评估方法在1989年“瓦尔迪斯”号油污事件发生后被公众所接受并逐步推广应用。1989年“瓦尔迪斯”号巨型油轮在阿拉斯加海域触礁搁浅，约有1.3×10^4 t原油流入维廉王子湾，导致海湾生态系统破坏，不少野生动物和植物及富饶的渔业资源受到危害，渔场被迫关闭，肇事公司被处以50亿美元的巨额赔罚，而且污染对环境的影响预计将持续几十年。随后，该方法不断成功地应用于美国海洋溢油损害事件的评估。

自然资源损害评估（NRDA）主要包括3个步骤：①初步评估（pre-assessment），基于早期可获取的信息，初步确定自然资源或服务是否受到损害；②恢复计划（restoration planning），包括损害评估（injury assessment）和恢复选择（restoration selection），其目的在于评估对自然资源和服务的潜在损害，并确定是否采取生态恢复行动及其规模；③恢复实施（restoration implementation），实施生态恢复措施并监测恢复成效 (EG&G et al., 1996; Huguenin et al., 1996; Reinharz and B.Burlington, 1996; Reinharz and Michel, 1996)。

对于不同种类和不同数量的溢油，自然资源损害评估（NRDA）方法中规定了以下5种模型。

① 固定数值法，该方法常用于发生在低敏感区的极小型溢油。在有些时候，将少于455 L 的溢油归为此类，当事故所导致的自然资源或其服务的损失量不可测时，可用该法索赔。索赔金额类似于主管部门对溢油事件的罚款。

② Type A 模型，该方法适用于中、小型溢油。该方法是由DOI（美国内务部）开发的以公式为基

① http://www.darrp.noaa.gov/about/nrda.html

础的方法。该法通过将溢油量和溢油地点输入计算机模型，估计溢油的范围和持续时间，计算出损害赔偿金额。

③ 索赔方案法，该方法适用于发生在低敏感区的中、小型溢油事故。也称作索赔计划或索赔表，它由几项数学方程组成，其所需参数可以根据特定的溢油预先确定、计算或直接从公共刊物和索赔方案的法规中获得。

④ Type B模型，该方法适合于情况复杂的大型溢油。赔偿金由损害确定、损失服务的定量化，赔偿金的确定三个步骤决定。该方法评估费用较高。

⑤ 简易损害评估法，该方法主要适用于不影响高度敏感资源或不导致大量自然资源服务丧失的溢油。

2）生境等价分析法（HEA）

生境等价分析（HEA）是用来确定由于原油泄漏或其他有害物质排放而导致自然资源损害索赔数量的方法。该方法是指通过生境恢复项目提供另外同种类型的资源，用以补偿公众的生境资源损失。生境包括珊瑚礁、潮间带湿地和河口软底质沉积物等。

1995 年初，美国海洋与大气局（NOAA）开始运用HEA 技术，并将其应用于船舶搁浅处、溢油事故发生处和有害废料排放处等。1997 年底，NOAA 签发指导手册，内含HEA 应用于珊瑚礁海岸和海岸受损索赔的案例。在溢油及类似泄漏事件造成自然资源损害的区域，主管部门越来越倾向于选择HEA 作为工具来申请生态功能的恢复措施。

生境等价分析是基于服务对服务（service-to-service）的界定方法，它的基本理论假设是公众愿意接受一对一在修复工程和受损生境间的服务交换，以单位修复工程的服务来对换单位受损生境的服务（于桂峰，2007；杨寅，2011）。HEA不需对资源进行一对一交换，而是对于资源所能提供的服务进行替换（于桂峰，2007）。该方法的基本原理是即通过建造修复工程，使之从开始运行至服务期满所提供的服务净增值等于受损生境从污染发生到恢复至基线水平（baseline，事故未发生时自然资源与服务的存在状态）服务的总损失。

HEA 基本程序包括（于桂峰，2007）：

① 证明和估计损伤的时间和范围，从受损时间开始到资源恢复到本底，或可能恢复到的最接近本底的水平；

② 根据生境总的生物情况，证明和估算补偿工程所提供的服务，须列出受损生境和补偿生境的生态参数，并假设两者具有相同类型和数量的生态功能；

③ 计算补偿工程的规模，使得总的增长量和总损失量相等，增长量的计算要注意结合经济预算标准，NOAA 建议在HEA 应用中采用3 %的折算率，该比率符合历次事件的平均值，也反映出社会对公共资源的补偿随着时间的改变；

④ 计算补偿工程的费用，其中包括：环境损害评价费用、工程设计费用、建设和监督费用以及中期修正费用，如果责任方采取补偿措施，要详细列出其执行标准。

3）渔业资源损害评估的专家评估法

中华人民共和国农业部于1996 年颁布并开始实施《水域污染事故渔业损失计算方法规定》，以加强渔业水域环境的监督管理，科学合理地计算因污染事故造成的渔业损失，为正确判定和处理污染事故提供依据。其中规定：在难以用公式计算的天然渔业水域，包括内陆的江河、湖泊、河口及沿岸海域、近海，渔业损害评估采取专家评估法，主要以现场调查、现场取证、生产统计数据、资源动态监测资料等为评估依据，必要时以试验数据资料作为评估的补充依据。基本程序为：

① 进行生产和资源的现场调查,确定事故水域主要渔业资源的种类及主要渔获物的组成。

② 资源量的确定:该海域的资源量 = 近3～5年的平均产量 ÷ 资源开发率（开发率视当地捕捞强度和种群自生能力而定）；增殖资源量 = 近3～5 年的平均投放尾数 × 回捕规格 × 回捕率 ÷ 资源开发率。

③ 资源损失量的确定。由渔政监督管理机构组织有关专家评估，确定其损失量。污染事故经济损失量包括以下两部分：一部分是直接经济损失额，包括水产品损失、污染防护设施损失、渔具损失以及清除污染费和监测部门取证、鉴定等工作的实际费用；另一部分是天然渔业资源经济损失额，该损失计算由渔政监督管理机构根据当地的资源情况而定，但不应低于直接经济损失中水产品损失额的3倍。

4）生态系统服务价值估算法

目前，从生态系统服务价值角度估算生态损失及设定生态补偿标准的研究日益增加，是当前环境经济学研究的热点。

国内外运用于估算生态损害的方法和模型很多，总体而言，在生态补偿标准设定中运用的生态服务价值估算方法主要有直接市场法、替代性市场法、调查评价法、机会成本法（秦艳红和康慕谊，2007）、支付意愿法（郑海霞等，2010）、恢复费用法、影子工程法、等标负荷量法、经验数值法、模糊评估法、权变估值法、成果参照法等。

11.6.3.3　海洋特别保护区生态补偿标准确定

根据4.1节对海洋特别保护区生态损害的识别可看出，海洋特别保护区的损害源主要涵盖了人类的开发活动和风险事故两大类型。一般地，人类开发活动（尤其是特别保护区内）对海洋特别保护区所造成的生态损害补偿工作应在开发活动实施前，而由于风险事故的不确定性，风险事故的生态损害补偿工作往往属于修补性的事后补偿。因此，对于不同类型的生态损害补偿，需采取不同的生态补偿标准确定方法。

1）开发活动的生态补偿标准确定

根据4.1节对海洋特别保护区人类开发活动的识别，海洋特别保护区的开发活动可归纳为：填海造地、围海工程、开放型开发活动、非围填海的开发活动、排污活动等几种类型。目前，对于上述这些人类开发活动的生态损害的价值评估较为成熟的是针对填海造地的生态损失，例如陈伟琪和王萱（2009）、王萱等（2010）、王萱和陈伟琪（2009）、林祥明等（2010）、彭本荣等（2005）学者从生态服务角度开展的围填海生态损失估算（王萱和陈伟琪，2009；王萱等，2010a；林祥明等，2010；彭本荣等，2005；陈伟琪和王萱，2009）。然而，由于围海工程、开放型开发活动、非围填海的开发活动、排污活动等类型的人类开发活动对生态服务的损失程度的难以定量预测，并且具体的人类开发活动的生态影响差异很大，因此，目前对于这些类型人类开发活动的生态补偿标准的确定尚有较大的难度。从生态服务角度而言，围填海造成对生态系统造成的生态损失是最大的，损失率100%，而其他开发活动并不会造成生态系统服务价值的完全损失，因此，鉴于此，本研究分别针对围填海和其他类型的开发活动构建生态补偿标准的确定方法。

（1）填海造地的生态补偿

填海工程用海是属于永久性改变所使用海域自然属性的一种用海方式，其造成的生态系统损失是不可逆的，且不可恢复的，因此，围填海的生态补偿应是生态系统服务价值的永久性损失，其生态补偿标准的计算公式：

$$ED_L = \sum_{j=1}^{\infty}\sum_{i=1}^{n} E_i \lambda_i d \quad (11\text{-}15)$$

式中：ED_L为生态价值损失，单位为万元；E_i为第i种生态服务功能的价值，单位为万元；λ_i为第i种生态服务功能的损害系数，为100%；n为受损生态系统的生态系统服务功能类型数。d为折算率，选取1%～3%。根据海洋生态环境的敏感程度选取不同的折算率，海洋生态环境敏感区的折算率取3%；海洋生态环境亚敏感区的折算率取2%；海洋生态环境非敏感区的折算率取1%。

（2）其他开发活动的生态补偿

一般地，对于其他类型的开发活动，包括开放型开发活动、非围填海的开发活动、排污活动等几种类型，不会对海洋特别保护区的生态系统造成巨大的影响，换言之，倾向于是一种自然资源利用方式的转变，仍维持了大部分的自然生态系统服务，仅仅是改变了部分生态系统服务。若采用生态服务价值估算法确定生态补偿标准，由于生态影响的难以准确定量化导致生态服务价值损失量化难度大。鉴于此，采用目前在生态补偿中常用的机会成本法，确定海洋特别保护区内非围填海活动的生态补偿标准。在经济学中，机会成本是指“为得到某种东西而必须放弃的东西”，应用到生态补偿机制中就是生态系统服务功能的提供者为了保护生态环境所放弃的经济收入、发展机会（李晓光等，2009a）。机会成本法被认为是目前较为合理且常用的确定生态补偿标准的方法（李晓光等，2009a；赵翠薇，王世杰，2010）。

其生态补偿标准的计算公式：

$$ED_L = \sum_{j=1}^{m}\sum_{i=1}^{n} P_i A_i d \quad (11\text{-}16)$$

式中：ED_L为生态价值损失，单位为万元；P_i为第i种机会成本的单位价值，单位为万元/hm^2；A_i为第i种机会成本实施的规模，单位hm^2；m为第i种机会成本所实施的时间，单位为年；n为机会成本的类型数；d为折算率，选取1%～3%。根据海洋生态环境的敏感程度选取不同的折算率，海洋生态环境敏感区的折算率取3%；海洋生态环境亚敏感区的折算率取2%；海洋生态环境非敏感区的折算率取1%。

2）风险事件的生态补偿标准确定

海洋特别保护区生态损害补偿可以分为具体案例研究和简易方法两种，其中前者涉及估算某一具体的损失或者一系列损失的评估研究，需要耗费大量的人力和物力。因此，只有涉及生态损害较为严重时，才使用具体案例研究的方法。而对于一些生态损害较轻的，可通过简易的途径，即采用成果参照法，通过借鉴国内外（尤其是国内）已有的案例进行赔偿。

许多研究者尝试以生态服务增加值或损失值作为生态补偿的标准，但计算结果往往很高，难以实施（秦艳红、康慕谊，2007）。理论上，补偿标准是介于受偿者的机会成本与其所提供的生态服务的价值之间（秦艳红、康慕谊，2007）。因此，本研究尝试采用基于生态修复的评估方法，即利用修复受损生态系统/自然资源的成本来测度自然资源和生态系统的损害（郑冬梅，2009）。

因此，本研究借鉴国内外生态损害评估方法与内容，海洋特别保护区生态损害补偿包括3个方面：①生态恢复成本；②生态恢复期间，海洋自然资源价值的损失；③生态损害调查与评估费用。因此，海洋特别保护区的生态损害包括生态恢复成本、生态恢复期间的生态价值损失、生态损害调查与评估费用的3项之和，生态损害损失计算公式如下：

$$ED = ED_R + ED_L + ED_M \quad (11\text{-}17)$$

式中：ED为海洋特别保护区生态损害的总损失，单位为万元；ED_R为受损生态系统的生态恢复成本，单位为万元；ED_L为受损生态系统恢复期间的生态价值损失，单位为万元；ED_M为进行生态损害调查与评估费用，单位为万元。

（1）生态恢复成本

海洋特别保护区生态损害的生态恢复费用包括了两部分：一部分是生态损害事件发生时，立即采取的各种降低损害的应急措施所支出的费用；另一部分是将受损生态系统恢复至受损前基线的费用，具体的公式表达如下：

$$ED_R = ED_{Ra} + ED_{Rb} \quad (11\text{-}18)$$

式中：ED_R为生态恢复的总成本，单位为万元；ED_{Ra}为生态受损时的应急措施费用，单位为万元；ED_{Rb}为受损生态系统恢复至基线的费用，单位为万元。

由于生态恢复费用存在很大的不确定性，因此，受损生态系统恢复至基线的费用ED_{Rb}可根据生境恢复、生物恢复的费用估算，其中前者包括了水体恢复、沉积物恢复等生境要素的恢复。

（2）生态恢复期间的生态损失

本部分从生态服务功能价值角度，估算生态恢复期间的生态损失：

$$ED_L = \sum_{i=1}^{n}\sum_{j=1}^{m} E_i \lambda_{ij} d \quad (11\text{-}19)$$

式中：ED_L为受损生态系统恢复期间的生态价值损失，单位为万元；E_i为第i种生态服务功能的价值，单位为万元；λ_{ij}为生态恢复第j年第i种生态服务功能的损害系数；m为受损生态系统恢复至基线所需的时间，单位为年；n为受损生态系统的生态系统服务功能类型数；d为折算率，选取1%～3%。根据海洋生态环境的敏感程度选取不同的折算率，海洋生态环境敏感区的折算率取3%；海洋生态环境亚敏感区的折算率取2%；海洋生态环境非敏感区的折算率取1%。

生态损害系数λ的确定主要根据生态损害前后的生态系统参数所确定。

（3）生态损害调查与评估费用

生态损害调查与评估费用指对生态损害事件所开展的生态调查和评估费用，按实际评估发生的费用计算，包括现场调查和监测、损害评估费用等。

11.6.4 海洋特别保护区受损生态系统的修复

11.6.4.1 海洋生态资源损害修复措施的选择及其规模的核定

一旦确定了海洋资源损害的大小，就要解决应当选择何种修复措施来对其进行补偿。对此，一般应通过建立修复措施目录、修复措施分类、修复措施规模核定3个步骤来确定海洋资源损害的大小。

1）建立修复措施目录

第一步，确定受损海洋自然资源补偿的目标。

按照“全面补偿”的原则，确定每种具有因果关系的受损海洋自然资源及服务的补偿目标。

第二步，拟定每种受损海洋自然资源及其服务所有可能的修复措施目录草案。理论上，最佳

的生态修复措施是将受损自然资源的物理、化学、生物和水文地质条件等恢复至基线状态。然而，生态资源受损后，很难恢复至基线水平的生态系统状态或生态系统的服务功能。根据美国海洋资源损害补偿的经验，对海洋资源损害的补偿，可行的方式是修复、改善、替代等价物获取：①修复（restoration），狭义的修复是指将受损的海洋自然资源原地恢复到事故前的状态，包括人工恢复和自然恢复。广义的修复包括改善、替代和购买等价物等措施；②改善（rehabilitaion），使受损海洋自然资源原地“康复”到不同于事故前的有益状态，如增殖放流某些受损的生物类群；③替代（replacement），指在污染事故区之外，提供与受损海洋自然资源相同或类似的自然资源，如在污染区不远处建立一个与受污染的相同或类似的生境；④等价物获取（acquisition of the equivalent），指通过交易，取得一个可提供与受损自然资源及其服务相同或相似的资源或服务。

在修复措施目录草案，应包括所有可能采取的初级修复补偿措施和补偿性修复补偿措施。

第三步，征求有关部门、专家和公众意见。资源补偿目标和修复措施目录草案确定后，专家评估小组应当广泛征求相关部门、专家学者和公众的意见。根据征求到的意见，对修复措施目录草案进行必要的修改完善，确定正式的修复措施目录。

2）对各种修复措施进行分类

对列入修复措施目录的各种补偿措施进行分类，是核定修复措施规模的前提。对不同类别的补偿措施，核定措施规模的方法是不同的，还有一种类别的修复措施是不需要核定其补偿规模的。

第一步，明确修复措施分类的种类。对各种修复措施，以其提供的自然资源和服务的类型、质量和价值与受损自然资源及其服务是否相同或具有可比性为标准，可分为以下4类：①与受损自然资源及其服务的类型相同、质量相同，且价值可比；②与受损自然资源及其服务的类型相同、质量相同或不同，但价值不可比；③与受损自然资源及其服务的类型和质量可比；④与受损自然资源及其服务的类型和质量不可比。

第二步，将每种资源修复措施归类。

第三步，列出每种类型各自所有的修复措施清单。

3）核定生态修复措施的规模

初级修复措施是把受损的海洋自然资源恢复到事故发生前的状态，而补偿性修复措施是要补偿从海洋资源损害发生到完全恢复期间的临时损失。只有确定了初级修复的规模，才能确定从海洋资源损害发生到完全恢复期间的临时损失。因此，必须核定各种初级修复措施的规模。

（1）初级修复措施的规模

第一步，明确核定初级补偿措施规模的标准。初级修复措施的目标是把受损的海洋自然生态系统恢复到事故发生前的状态，因此其规模核定的标准是：初级修复措施提供的服务应当等于受损海洋自然资源服务的损失量。

第二步，确定核定初级修复措施规模的方法。

（2）核定补偿性修复措施的规模

第一步，确定临时损失。采取补偿性修复措施是为了补偿从初级修复措施到受损自然资源及服务恢复到污染事故前状态这段时间内所受的临时损失。因此，要核定补偿性修复措施的规模，就必须确定临时损失。确定临时损失首先必须确定从初级修复措施到受损自然资源及服务恢复到污染事故前状态所需的时间。这个时间的长短取决于初级修复措施的效率，要事先知道其精确的时间长度，在很多情况下很难估计或成本高得难以接受。但是，通过查阅历史文献、实验研究、计算模型等途径可以预测其大致所需的时间。这些途径的使用方法，与资源损害定量评估程序中的方法是相同的。其次核定恢复期内受损自然资源及服务的临时损失。

第二步，确定核定补偿性修复措施规模的方法。这与初级修复措施的核定方法相同。

第三步，核定补偿性修复措施的规模。

11.6.4.2　海洋生态资源损害修复方案的确定

海洋生态资源损害修复方案的确定与实施主要包括如下内容。

1）受损生态资源修复方案草案拟定程度和方法

第一，确定资源修复目录中每个修复措施的技术可行性。资源损害评估专家小组可以通过查阅文献、组织专家进行可行性分析论证，然后确定该修复措施技术上是否可行。

第二，评估具备技术可行性的修复措施的实施成本。对通过分析论证，具备技术可行性的修复措施，必须核算实施该措施的经济成本。

第三，确定拟优先采用的资源修复措施。根据每个修复措施技术可行性大小、实施成本，将技术上成功率大的资源修复措施列为拟优先采用的修复措施；在技术成功率相近的情况下，采用实施成本最小的修复措施。

第四，拟定生态修复方案草案。完成上述分析论证工作后，资源损害评估小组应及时拟定资源修复方案草案。草案应包括以下事项：开发利用项目或突发性事故情况、评估前准备阶段的工作、评估专家小组成员、资源损害评估的程序与方法、资源损害评估的结果、资源修复措施选择的程序和方法、每种资源损害修复措施的核定规模、每种资源损害修复措施的技术可行性分析、每种资源损害修复措施的实施成本、扰优先采用的资源损害修复措施及其根据、整个资源损害评估工作的经费支出、资源损害评估专家小组认为应当记载的其他事项。

2）受损资源修复方案草案征求意见

第一，征求公众意见，包括征求公众意见、专家意见和相关部门的意见。

第二步，资源损害评估小组应将草案提供给资源损害补偿责任人，征求其意见和建议。

第三步，可对生态修复草案进行环境影响评价。

3）确定受损生态资源修复方案

根据公众、专家及相关部门对修复草案的意见和建议，对草案进行修改。资源损害评估专家小组邀请资源补偿责任人，共同讨论修改方案。最终确定正式的海洋生态资源修复方案。生态资源修复方案应该包括以下事项：方案草案中记录的事项、公众对草案的意见和、建议专家论证会对草案的论证的意见、资源补偿责任人对草案及草案修改的意见与建议、对草案的环境影响评价意见和建议、根据环评结论对草案的修改情况、采纳公众和专家论证会和资源补偿责任人意见与建议的情况、未采纳公众和专家论证会和资源补偿责任人意见与建议的理由、资源补偿方案实施和完成的日期。正式方案确定后，应及时向社会公布。

11.6.4.3　海洋生态资源修复方案的实施

首先，确定海洋生态修复方案实施承担者。受损生态资源修复的承担者一般包括海洋资源开发利用者或事故责任人和海洋行政主管部门，在前者拒绝实施生态修复、免责、无法查找或没有能力实施

生态修复的情况下，海洋行政主管部门应该作为海洋生态修复的主体，执行修复方案。

其次，确定实施生态修复的经费来源，包括补偿责任人应承担的费用、保险支付、相关基金支付等来源。

再次，成立生态修复专家小组，并将实施过程进行公示，让公众参与监督生态修复实施。

最后，对资源补偿方案的实施效果进行监测和评估。

11.7 海洋特别保护区生态补偿案例研究

11.7.1 山东昌邑国家级海洋生态特别保护区

11.7.1.1 生态补偿标准估算

根据开发利用区的环境条件和功能区定位，该保护区的开发利用区的功能利用主要为旅游、开发苗木繁育、盐文化旅游观光、饮食垂钓、滩涂拾贝，总面积为1 398.13 hm^2。昌邑海洋生态特别保护区开发利用区潜在开发活动主要集中于滩涂区域，属于开放型的开发活动。一般地，开放型开发活动不会对海洋特别保护区的生态系统造成巨大的影响，换言之，倾向于是一种自然资源利用方式的转变，仍维持了大部分的自然生态系统服务，仅仅是改变了部分生态系统服务。若采用生态服务价值估算法确定生态补偿标准，由于生态影响的难以准确定量化导致生态服务价值损失量化难度大。鉴于此，本研究采样目前在生态补偿中常用的机会成本法，确定海洋特别保护区内开放型开发活动的生态补偿标准，具体的公式如下：

$$ED_L = \sum_{j=1}^{m}\sum_{i=1}^{n} P_i A_i (1+d)^j \tag{11-20}$$

式中：ED_L为生态价值损失，单位为万元；P_i为第i种机会成本的单位价值，单位为万元/hm^2；A_i为第i种机会成本实施的规模，单位hm^2；m为第i种机会成本所实施的时间，单位为年；n为机会成本的类型数；d为折算率，选取1%～3%。根据海洋生态环境的敏感程度选取不同的折算率，海洋生态环境敏感区的折算率取3%；海洋生态环境亚敏感区的折算率取2%；海洋生态环境非敏感区的折算率取1%。

根据上述公式，以滩涂养殖为机会成本估算昌邑海洋特别保护区规划的潜在开发利用的生态补偿标准价值量，即：

每年的补偿标准为$ED_L= P_iA_i$=1 286.28万元；

若以20年计，补偿标准为$ED_L = \sum_{j=1}^{m}\sum_{i=1}^{n} P_i A_i d = 2.94\times 10^4$万元

式中：ED_L为生态价值损失，单位为万元；P_i为滩涂养殖机会成本的单位价值，以虾计，单位面积产量约0.4 t/(hm^2·a)、价格2.3万元/t计（张绪良 et al., 2008），故单位价值以0.92万元/(hm^2·a)计；A_i为第i种机会成本实施的规模，为1 398.13 hm^2；m为第i种机会成本所实施的时间，以20年计；n为机会成本的类型数；d为折算率，以2%计。

11.7.1.2 生态补偿主体与客体

由于本研究未收集到山东昌邑特别保护区内突发事故的案例，本部分主要估算了海洋特别保护区规划中潜在的开发活动所造成的生态损失相应的补偿价值量，因此，从海洋特别保护区开发活动

的角度，海洋特别保护区生态损害补偿的主体应是海洋特别保护区的开发利用者（如保护区内的旅游开发商等），补偿的客体为国家和保护区内开发利用区内的现有海域利用者（如养殖户）。

11.7.1.3 生态补偿途径

补偿途径指的是实现生态补偿的手段，通常包括财政转移支付、政策倾斜、环境资源税费、智力型投入、项目实施等。海洋资源的生态补偿可分为3种：经济补偿、资源补偿和生境补偿（Elliott，Cutts，2004；韩秋影等，2007）。

尽管“service to service”的资源补偿和生境补偿途径在美国等一些发达国家得到广泛的运用，但由于我国对于生态资源破坏进行资源和生境补偿的法律制度和规范还不健全，我国生态补偿的方式仍以经济补偿为主导。鉴于此，海洋特别保护区的生态损害采取经济补偿的方式。随着国内海洋生态修复工作的日益成熟以及资源补偿法律制度的日益健全，资源补偿也可作为海洋特别保护区的生态补偿途径。

11.7.2 江苏海州湾海湾生态与自然遗迹国家级海洋特别保护区

根据保护区内各种不同的功能区，可能对海洋特别保护区造成潜在生态损害的区域主要为开发利用区，因此，本部分以开发利用区为例进行生态补偿的研究示范。

11.7.2.1 海洋生态补偿标准估算

根据《江苏连云港海州湾海湾生态与自然遗迹海洋特别保护区管理暂行办法》，对各功能区的功能界定如下。

（1）在生态保护区内，实行严格的保护制度，禁止破坏海洋生态系统的开发活动，保护现有的海洋及海岸生态环境和生物多样性。

（2）在资源恢复区内，根据科学研究结果，可以通过拆迁陆源污染企业、人工放流渔业苗种、投放人工鱼礁等措施，修复生态系统失衡，恢复海洋生态、资源与关键生境。

（3）在生态环境整治区，通过实施陆源污染物排放总量控制计划、达标排放、限制开发利用活动等措施，在确保海洋生态系统安全的前提下，允许适度利用海洋资源。

（4）在开发利用区内，在确保海洋生态系统安全的前提下，鼓励实施与保护区保护目标相一致的生态型资源利用活动，发展海上观光旅游、生态养殖、滩涂养殖、休闲渔业等海洋产业。

根据开发利用区的环境条件和功能区定位，海州湾海湾特别保护区的开发利用区的功能利用为海上观光旅游、生态养殖、滩涂养殖、休闲渔业等海洋产业，因此，根据海洋特别保护区人类开发活动的识别分类，海州湾海湾特别保护区开发利用区潜在开发活动属于开放型的开发活动。一般地，开放型开发活动不会对海洋特别保护区的生态系统造成巨大的影响，换言之，倾向于是一种自然资源利用方式的转变，仍维持了大部分的自然生态系统服务，仅仅是改变了部分生态系统服务。若采用生态服务价值估算法确定生态补偿标准，由于生态影响的难以准确定量化导致生态服务价值损失量化难度大。鉴于此，本研究采样目前在生态补偿中常用的机会成本法，确定海洋特别保护区内开放型开发活动的生态补偿标准，具体的公式如下：

$$ED_L = \sum_{j=1}^{m}\sum_{i=1}^{n} P_i A_i (1+d)^j \qquad (11\text{-}21)$$

式中：ED_L为生态价值损失，单位为万元；P_i为第i种机会成本的单位价值，单位为万元/hm^2；A_i为第i

种机会成本实施的规模，单位为hm²；m为第i种机会成本所实施的时间，单位为年；n为机会成本的类型数；d为折算率，选取1%～3%。根据海洋生态环境的敏感程度选取不同的折算率，海洋生态环境敏感区的折算率取3%；海洋生态环境亚敏感区的折算率取2%；海洋生态环境非敏感区的折算率取1%。

根据上述公式，以海水养殖为机会成本估算海州湾适度利用区人为开发活动的生态补偿价值量，即：

每年的补偿标准为$ED_L = P_iA_i = 2.5\times10^4$万元；

若以20年计，补偿标准为$ED_L=\sum_{j=1}^{m}\sum_{i=1}^{n}P_iA_id=57.1\times10^4$万元。

式中：ED_L为生态价值损失，单位为万元；P_i为海水养殖机会成本的单位价值，以海鱼计，单位面积产量约2.02 t/(hm²·a)、价格0.915万元/t计（扣除成本）①，故单位价值以1.85万元/(hm²·a)计；A_i为第i种机会成本实施的规模，为273.29 km²；m为第i种机会成本所实施的时间，以20年计；n为机会成本的类型数；d为折算率，以2%计。

11.7.2.2　补偿主体与客体

由于本研究未收集到海州湾特别保护区内突发事故的案例，本部分主要估算了海洋特别保护区规划中潜在的开发活动所造成的生态损失相应的补偿价值量，因此，从海洋特别保护区开发活动的角度，海洋特别保护区生态损害补偿的主体应是海洋特别保护区的开发利用者（如特别保护区内的旅游开发商等），补偿的客体为海洋特别保护区内适度利用区内的现有海域利用者（如养殖户）以及国家。

11.7.2.3　生态补偿途径

补偿途径指的是实现生态补偿的手段，通常包括财政转移支付、政策倾斜、环境资源税费、智力型投入、项目实施等。海洋资源的生态补偿可分为3种：经济补偿、资源补偿和生境补偿（Elliott，Cutts，2004；韩秋影等，2007）。

尽管“service to service”的资源补偿和生境补偿途径在美国等一些发达国家得到广泛的运用，但由于我国对于生态资源破坏进行资源和生境补偿的法律制度和规范还不健全，我国生态补偿的方式仍以经济补偿为主导。鉴于此，海洋特别保护区的生态损害采取经济补偿的方式。随着国内海洋生态修复工作的日益成熟以及资源补偿法律制度的日益健全，资源补偿也可作为海洋特别保护区的生态补偿途径。

11.7.3　浙江乐清市西门岛国家级海洋特别保护区

11.7.3.1　西门岛生态补偿估算

西门岛海洋特别保护区适度利用区主要分布在海岛陆域和滩涂区域，保护区所处的乐清湾是盛产各种鱼、虾、贝、蟹类等中国重要的海水养殖基地之一，因此，保护区适度利用区中的滩涂区域以滩涂养殖作为机会成本估算其开发利用的生态补偿价值量。对于海岛陆域区域，根据保护区的相关规划及其中国多数海岛开发的发展方向，以生态旅游作为机会成本估算其开发利用的生态补偿价值量。西

① 资料来源：养殖面积和产量来的数字，出自《江苏省2010年年鉴》。

门岛海洋特别保护区适度利用区开发的生态补偿价值量估算具体如下。

每年的补偿标准价值量估：

① 滩涂适度利用区每年补偿标准量

$$ED_L = P_1 A_1 = 3\,167\text{hm}^2 \times 0.92\text{万元/hm}^2 = 0.29\text{亿元}$$

② 岛屿适度利用区每年补偿标准量

$$ED_L = P_2 A_2 = 884\ \text{hm}^2 \times 292\text{万元/hm}^2 = 25.8\text{亿元}$$

③ 特别保护区适度利用区每年补偿标准量

$$ED_L = \sum_{i=1}^{n} P_i A_i = P_1 A_1 + P_2 A_2 = 26.09\text{亿元}$$

④ 以20年计，特别保护区适度利用区补偿标准量

$$ED_L = \sum_{j=1}^{m}\sum_{i=1}^{n} P_i A_i (1+d)^j = 633.91\text{亿元}$$

式中：P_1为滩涂养殖机会成本的单位价值，以虾计，单位面积产量约0.4t/(hm^2·a)、价格2.3万元/t计（张绪良等，2008），故滩涂养殖的单位面积价值以0.92万元t/(hm^2·a)计；A_1为滩涂养殖机会成本的面积；P_2为海岛陆域生态旅游机会成本的单位价值，参考2012年浙江普陀山的旅游收入，[①]即单位面积年收入约292万元t/(hm^2·a)；A_2为海岛陆域生态旅游机会成本的面积；m为第i种机会成本所实施的时间，以20年计；n为机会成本的类型数；d为折算率，以2%计。

11.7.3.2　生态补偿主体与客体

由于西门岛特别保护区内没有突发事故的例子，本部分主要估算了海洋特别保护区规划中潜在的开发活动所造成的生态损失相应的补偿价值量，因此，从海洋特别保护区开发活动的角度，海洋特别保护区生态损害补偿的主体应是海洋特别保护区的开发利用者（如特别保护区内的旅游开发商等），补偿的客体为国家、保护区适度利用区内的现有滩涂利用者（如养殖户）、西门岛陆域利用者（如水果种植户）。

11.7.3.3　生态补偿途径

补偿途径指的是实现生态补偿的手段，通常包括财政转移支付、政策倾斜、环境资源税费、智力型投入、项目实施等。海洋资源的生态补偿可分为3种：经济补偿、资源补偿和生境补偿（Elliott，Cutts，2004；韩秋影等， 2007）。

尽管“service to service”的资源补偿和生境补偿途径在美国等一些发达国家得到广泛的运用，但由于我国对于生态资源破坏进行资源和生境补偿的法律制度和规范还不健全，我国生态补偿的方式仍以经济补偿为主导。鉴于此，海洋特别保护区的生态损害采取经济补偿的方式。随着国内海洋生态修复工作的日益成熟以及资源补偿法律制度的日益健全，资源补偿也可作为海洋特别保护区的生态补偿途径。

11.7.3.4　主要生态补偿措施

根据西门岛海洋特别保护区的生态环境现状，并结合特别保护区的规划发展方向，西门岛海洋特别保护区的生态补偿主要可包括红树林人工种植、乐清湾海域污染综合整治、滩涂经济动物资源的补

① 浙江海事局.http://www.cnzjmsa.gov.cn/hsyw/zshsyw/201301/t20130124_223239.html.

充等几个方面。

1）红树林种植

西门岛红树林主要为人工引种的秋茄，是我国分布最北的成片人工红树林。但由于气候条件等原因的限制，其植被分布规模目前仍较小。西门岛红树林是该特别保护区的主要保护对象之一，因此，红树林的人工种植应作为西门岛特别保护区的主要生态修复方向（图11-16）。近几年，乐清市海洋与渔业局一直关注红树林人工种植活动，也取得了一定的成效，仅2012年6月，“乐清湾港区北区堤坝工程海洋生态补偿项目”就在西门岛周边的滩涂种植了红树苗种15万株。

图11-16　西门岛红树林人工修复

2）海域污染综合整治

海域环境污染也是乐清湾的主要海洋环境问题之一，这势必对西门岛海洋特别保护区的建设发展造成一定的影响。2013年8月，乐清市出台了《乐清湾海洋环境综合整治工作方案》，以全面削减陆域、海域污染物的排放。

3）经济动物资源的补充

近年来，乐清湾海洋经济动物资源衰退问题逐渐凸显。从经济动物物种角度上，锯缘青蟹和泥蚶可作为西门岛周边滩涂湿地的主要资源补充的经济物种，对其适量的资源补充有益于该特别保护区生态系统和生物多样性的恢复（图11-17）。2012年6月，“乐清湾港区北区堤坝工程海洋生态补偿项目”实施过程中，共补偿锯缘青蟹10万尾、泥蚶苗950万粒。

尽管西门岛海洋特别保护区的生态补偿金可用于保护区内的生态修复工程，但由于生态修复得从乐清湾整个生态系统角度综合考虑（尤其是海洋污染综合整治）、并且生态修复工程的耗资大，因此，保护区内的生态修复工程还需吸纳其他多方面的资金。

图11-17　西门岛海洋特别保护区红树林种植

11.7.4　厦门海洋公园生态损害补偿

11.7.4.1　厦门海洋公园概况

厦门国家级海洋公园是2011年5月国家海洋局发布的第一批7个国家级海洋公园之一。选划区总面积为24.87 km^2，其中陆地面积4.05 km^2，占总面积的16.28%，海域面积20.76 km^2，占总面积的83.47%，岛屿面积0.06 km^2，占总面积的0.25%。选划区域内有厦大浴场、胡里山炮台、书法广场、音乐广场、黄厝沙滩、香山游艇俱乐部、观音山沙滩、五缘湾、五缘湾湿地公园、上屿等，该海洋公园范围和功能分区如图11-18所示。

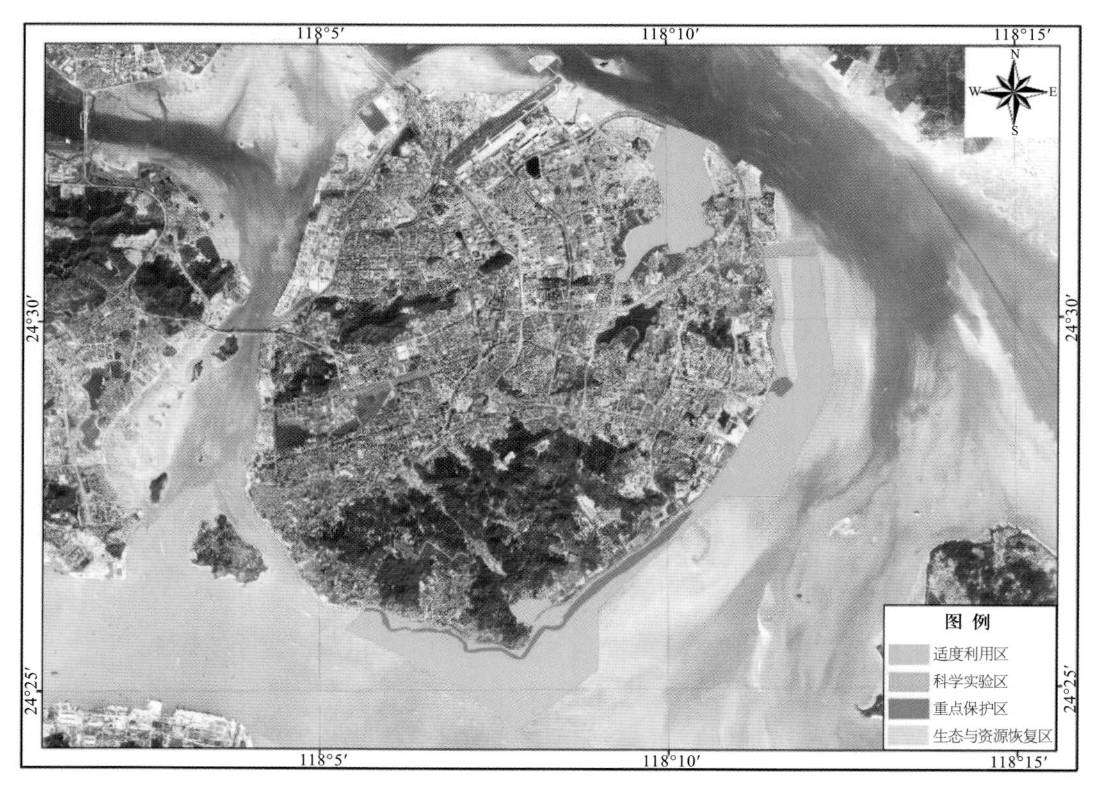

图11-18　厦门国家级海洋公园范围和功能分区示意图

11.7.4.2 沙滩修复生境修复案例

该海洋公园观音山泥金湾岸段历史上曾是个良好的天然沙滩海水浴场，然而自20世纪80年代以来沙滩海水浴场遭到掠夺性地开采，沙滩沙层几乎开采殆尽、海岸侵蚀强烈。本着生态修复的理念，本项沙滩修复工程实施后，形成了长约1.5 km，滩肩宽30～80 m，滩面总宽度180～230 m，共计面积约$31\times10^4\ m^2$的沙质海滩及其相关的海岸游乐设施，也恢复了原有的海滩生态环境。工程前后海岸地貌对比如图11-19～图11-22所示。

沙滩修复工程的实施美化了海岸环境，为广大市民和游客提供了一个休闲、娱乐的滨海沙滩场所。工程竣工两年来，先后举行了多次沙滩排球邀请赛和沙雕活动，并开辟了海滨浴场。

图11-19　观音山沙滩修复工程前（左）后（右）海岸地貌卫星图片

图11-20　香山—长尾礁工程前海滩地貌

图11-21　香山—长尾礁工程后海滩地貌

图11-22　修复后的沙滩上举行的沙雕活动

第12章 海洋特别保护区保护与利用强度调控模型

12

21世纪是海洋世纪，海洋对各国的发展发挥越来越重要作用，海洋国家利益的战略地位更加突出，世界各国纷纷将开发海洋资源、保护海洋环境作为国家发展战略。随着经济和社会的飞速发展，海洋资源的开发速度和强度都在空前的提高，但由于缺乏科学的指导和宏观的监管、调控，由海洋资源开发造成的生态资源环境破坏也日益严重。据不完全统计，近些年来我国海岸线、海岛、海湾、潮间带等空间资源锐减，不少沿岸的自然景观遭到破坏，特别在大中城市毗邻海域，因填海造地而导致的生态系统严重退化的现象屡有发生。因此，我们亟须寻找能够解决海洋资源利用与海洋保护间矛盾的方法。为解决海洋环境及其资源受到严重破坏问题，建立海洋保护区（Marine Protected Areas, MPAs）能够在很大程度上限制海洋资源的过度开发，作为实现海岸带与海洋环境生态保护和可持续发展的重要管理策略，已成为海洋管理的重要手段，日益受到世界各国的重视。

要想对海洋特别保护区作出正确的管理和决策，首先必须深入了解整个海洋特别保护区的结构和功能，不能只是考虑人类活动对某几个物种的影响，也不能只考虑某单一方面的产出，而应进行海洋特别保护区多物种的量化和综合的分析。

建模分析能够定量研究海洋特别保护区内生物种群对不同管理决策的响应，可为海洋特别保护区设计与实施提供依据，也可成为评估和预测设立海洋特别保护区效益的重要工具，因此，建模分析是全面理解和正确评估海洋特别保护区效益的重要手段（李娜等，2008）。本章试图基于EwE（Ecopath with Ecosim）和PSR（压力—状态—响应）模型，研究探索海洋特别保护区保护与利用调控模型，以期为海洋特别保护区保护与利用的合理调控提供技术依据。

12.1 基于EwE模型的海洋特别保护区评价

12.1.1 EwE模型研究意义

人类活动对海洋生态系统的影响主要表现在渔业捕捞和环境污染两个方面（Micheli，1999）。目前，对海洋特别保护区效益进行评估的模型有多种类型，其中包括单种群模型、多物种虚拟种群分析模型（Multispeeies virtual population analyses，MSVPA）（Sporre，1991）以及基于食物网的生态系统模型（Walters et al., 2000）等。单种群模型主要包括平衡产量模型（Equllibrium model）、年龄结构模型（Age-structured model）、逻辑斯蒂增长模型（Logistic growth model）等。单种群模型仅分析种内营养关系，只包含单个物种或者单一管理策略，绝大多数评估模型通过对比保护区内外种群的差异来评估保护区效益，且其评估参数设计中大都没有考虑空间动态变化，难以全面地反映整个生态系统的结构和功能，也难以预测渔业和环境变迁在系统水平上的影响，从而无法实现宏观和科学的决策。

多物种虚拟种群分析模型MSVPA将种群动态变化与其所处的生态系统物流网结合，能够更加详细的阐释种群间物流在生态系统水平上的动态流动。MSVPA 的局限性在于需要输入大量的渔业基础数据，包括长时间序列的年龄组成等，设置参数过于复杂，很多参数无法通过有效手段获得，实用性不强。

生态系统模型能够考虑多种群的空间管理效益和种群内部的营养关系，从生态系统结构与能量流动、渔业经济与法规政策等方面综合评估海洋保护区效益，因此与其他模型相比，生态系统模型能够进行更加详细的渔业生产和生态保护目标之间的权衡分析以及渔业活动内部的权衡分析。Ecopath with Ecosim（EwE）就是一种能够对水生以及陆地生态系统进行建模、参数估计和预测，定量描述能量在生态系统生物组之间的流动情况，深入研究生态系统的特征和变化的生态系统模型。Ecopath with Ecosim（EwE）最初由美国夏威夷海洋研究所的Polovina于1983年提出，用于评估稳定状态的水生生态系统生物组之间的生物量和食物消耗，后与Ulanowicz的能量分析生态原理论结合，逐步发展成为一种生态系统营养成分流动分析方法。随后由菲律宾国际水生资源管理中心的学者Christensen和Pauly（1992）将这种方法发展成为用户使用方便的个人计算机软件。1997年加拿大大不列颠哥伦比亚大学渔业中心的Walters（2004）将Ecosim和Ecospace模块加入进来，形成了目前的强大的三维Ecopath with Ecosim软件系统（Christensen et al., 2004）。

Ecopath with Ecosim（EwE）可以通过构建生态系统的营养流动模型, 运用生态系统生态学的理论和现代计算机技术，建立基于食物网的数量平衡模型（Mass-balanced model），并进行时空动态模拟，研究海洋生物资源衰退机制和生态系统退化机制,预测不同政策对海洋生态系统和保护区效益的影响。Ecopath with Ecosim（EwE）是评估海洋保护区效益的有效建模方法，已在全世界不同纬度地区、不同类型生态系统的研究中得到了验证。

目前, 在全球海洋生态系统中已经建立了近百个Ecopath模型, 国内学者利用EwE模型研究水生生态系统的发育和评价（宋兵等，2007；李云凯等，2009），包括描述渤海（仝龄等，2000；林群等，2009；许思思等，2011）、北部湾（陈作志等，2007）和大亚湾（王雪辉等，2005）等不同海域的能量流动效率。

陈作志等（2008）在建立南海北部 Ecopath模型的基础上，通过Ecospace模块研究中国南海北部湾渔业5 年、10年、20年的变动情况，指出体积较大或者经济价值较高的鱼类在一段时间内被大量捕捞，导致北部湾生物多样性锐减，渔业生态系统难以恢复，提出沿海岸等深线为30 m以内的范围应划为禁捕区，并且模拟了20年后的变化情况，禁捕区的划分有利于阻止生物多样性下降。

因此，构建海洋特别保护区生态系统的能量流动模型，基于EwE模型开展保护区评价，可以了解海洋特别保护区生态系统的状态和物质能量循环途径，摸清海洋特别保护区生态系统的营养结构和能量流动, 通过评价了解该生态系统的稳定性和合理性, 从而可为海洋特别保护区保护与利用调控提供理论依据。

12.1.2 方法原理

12.1.2.1 功能组定义

Ecopath生态通道模型定义生态系统由一系列生态关联的功能组（Function group）组成

（Christensen et al., 1992；Christensen and Pauly，2004），这些功能组覆盖生态系统能量流动的全过程，它们之间的相互联系充分体现了整个系统的能量循环过程。功能组为EWE研究的基础，模型基于功能组建立。

功能组即根据生物种类的资源量、经济重要性、食性，以及它们的亲缘关系、个体大小和生长等特征划分的特定群组。是指在生态学或者分类地位上相似的物种的集合，也可以是单个物种或者单个物种的某个年龄阶段(成体或幼体)。此外，一些具有重要经济价值或生态功能的物种，需单独进行分析，则将其作为一个功能组，以便于研究。功能组中，必须包含1个或数个碎屑组。碎屑即生态系统中所有无生命有机物的总和，包括死亡动植物的尸体、动物的粪便、投喂饲料的残渣以及入湖河流携带进湖的有机物质等，以溶解态或固体颗粒的形式存在。

12.1.2.2 功能组划分原则

1）典型全面

功能组要代表整个生态系统循环链中的所有角色。其中要包含碎屑组、生产者、消费者等，要基本覆盖海区生态系统的能量流动全过程，达到点（重点研究对象）、面相结合的效果。其中碎屑功能组可以根据不同生态系统的特点划分1～2个。

2）生态位重叠度高为一组

依照生态位重叠度，将生态位（食物组成、摄食方式、个体大小、年龄组成以及渔获物统计分类方法）中重叠度高的种类进行合并，把多个生活习惯及食性类似的生物划分为一个功能组来研究。

3）特殊意义物种单独划组

如果某一物种的变动会引起整个生态链条的有较大变化那么就说明这个物种在整个生态系统中权重较大，可以把它单独拿出来分组。另外如某一物种经济价值较大也可以将其作为单独的一个功能组处理。经济型物种是否作为单独的功能组主要是根据其数量及研究价值来决定。总之分组的出发点就是为了更好地反映生态系统的能量流动特性。

4）分组数量及数据的整合

从理论上来说功能组越多模拟效果越好，能够更好地描述没各组分之间的能量流动，但这同时也增加了很多工作量，所以应该按照实际需要划分功能组。可根据掌握生态学和生物学资料的范围和深度以及研究目的来定义功能群的数量。Ecopath模型最少要定义12个功能组，最多可定义50个功能群。一个模型中有多个功能组，数量尽量大于等于12个，这样才能更好地描述能量流动，使研究结果更准确，在30～45个功能组之间效果较好。一个功能组内如含有多组分在参数确定时可以生物量为权重在不同种类之间取平均值。

5）依照目标生态系统的特性分组

由于各个地方能量循环链的组成、环境条件和复杂程度差异很大,对于功能组的划分没有一种统一绝对的方法,主要还是研究者根据所研究的生态系统的具体情况来确定。但无论如何划分功能组,都要总体考虑生态系统的能量流动,即能量从有机物经过初级生产、次级生产到顶级捕食者流的过程都要在功能组中反映出来。

12.1.2.3 模型原理

EwE主要包含3个模块：①Ecopath；②Ecosim；③Ecospace。Ecopath 的原理主要依据“生物个体

能量收支平衡”方程（Odum, 1969），根据生物个体能量收支平衡方程，每一个生物类群的生产量可被分成被摄食量（predation loss）、自然死亡量（non-predation loss）及输出量（export）等部分，从而为生物所利用。其扩展的ECOSIM和ECOSPACE模块分别加入了时间和空间信息。

1）Ecopath

Ecopath模块利用营养动力学原理，以构建基于食物网的数量平衡模型为基础，整合了一系列生态学分析工具，通过生态系统内物种间的捕食关系进行营养功能组（functional group）划分，并对各功能组成分生物生产和消耗过程中的能量流动平衡线性方程组联立求解，直接构建简单实用的生态系统能量平衡模型（宋兵等，2007）。从而确定生物量（Biomass）、生产量/生物量（Production/Biomass）、消耗量/生物量（Consumption/Biomass）、营养级（Trophic level）和生态营养转换效率（Ecological Efficiency）等生态系统的重要生态学参数,定量描述能量在生态系统生物组成之间的流动，系统的规模、稳定性和成熟度，物流、能流的分布和循环，各营养级间的能量传输效率，生物群落建生态位分析以及彼此许立或危害的程度等直接、间接影响等。

模型定义系统中每一个功能群的能量输出和输入保持平衡：生产量－捕食死亡－其他自然死亡－产出量=0。Ecopath模型包括两个核心方程：一个是描述物质平衡；另一个是考虑能量平衡。

根据热力学原理，Ecopath生态通道模型定义系统中每一个功能群的能量输出和输入保持平衡，即用一组联立方程平衡系统中各功能组成分生物生产和消耗的能量流动, 直接构造简单的生态系统模型。Ecopath生态通道模型中每一功能组满足等式（许思思等，2011）：生产量－捕食死亡－其他自然死亡－产出量 = 0。模型用一组联立线性方程定义一个生态系统，其中每一个线性方程代表系统中的一个功能组：

$$B_i \times (P/B)_i \times EE_i - \sum_{j=1}^{k} B_j \times (Q/B)_j \times DC_{ij} - EX_i = 0 \qquad (12\text{-}1)$$

式中：B_i为第i个功能组的生物量；$(P/B)_i$为第i个功能组生产量与生物量的比值，在稳态条件下该比值等于该功能组的总死亡率；EE_i为第i个功能组的生态营养效率；$(Q/B)_j$为第j个功能组消耗量与生物量的比值；DC_{ij}为被捕食者i在捕食者j食物中的重量百分比；EX_i为第i个功能组的产出量。

为建立生态通道模型，生态系统每一功能组的B、P/B、Q/B和EE中任意3个参数以及食物组成矩阵和捕捞量等参数要求必须输入。同时，为满足生态系统各功能组之间的能流平衡，各功能组需要满足方程：

$$Q = P + R + U \qquad (12\text{-}2)$$

式中：Q为消耗量；P为生产量；R为呼吸量；U为未经同化的食物量。

2）Ecosim

Ecosim 是Walters等于1997年在Ecopath上开发出来的一个模块，用于模拟生态系统的时间变化（Walters et al., 2004）。Ecosim模块加入了时间条件，它提供了一种模拟捕捞对生态系统生物组成数量变动影响的工具。它利用Ecopath模型的输出数据，预测对系统中被开发种群的捕捞强度，模拟生态系统其他生物资源对种群不同捕捞强度的反应。在渔业政策的制定上起重要作用。用户可以通过改变捕捞强度、捕食者与被捕食者之间的关系，以及其他状态变量来了解这些变化对系统的短期和长期影响。Ecosim不仅可以概要地反映一个特定水生生态系统内营养物质流动特征，也可以用于比较不同时期的食物网及生态系统的动态变化，能够对水生生态系统的结构和营养动力学特征进行量化、综合分析，其基本方程为：

$$dB_i / dt = g_i \sum_j C_{ji} - \sum_j C_{ij} + I_i - (M_i + F_i + e_i)B_i \tag{12-3}$$

式中：dB/dt指某个功能组单位时间内生物量的变化；g为生长效率（Growth efficiency：P/Q）；F为捕捞死亡率；M为自然死亡率（不包括被捕食死亡）；e为迁出率（Emigration rate）；I为迁入量（Immigration rate）；C_{ij}指饵料i被捕食者j捕食的量。

为计算C_{ij}，Ecosim将饵料生物的生物量分成2个部分，即易被捕食（Vulnerable）部分和不易被捕食(Invulnerable)部分（Christensen et al.，2004），它们之间的关系可用下式表达：

$$C_{ij} = v_{ij} a_{ij} B_i B_j / (v_{ij} + V'_{ij} + a_{ij} B_j) \tag{12-4}$$

式中：a_{ij}表示捕食者j对饵料i的有效搜寻率；B_i为饵料生物量；B_j为捕食者生物量；a_{ij}为捕食者j对饵料i的有效搜索效率；V'为饵料i在易捕食和不易捕食之间的转换率，参数值范围在0～1之间，系统默认为0.5。

低V'值(如0.2)表示上行控制，高V'值(如0.9)表示下行控制，这2个部分之间的转换率可由用户输入。v和V'指饵料i在易被捕食和不易被捕食2种状态之间的转换率，一般的研究往往将v_{ij}设置为混合控制模式(v_{ij}=2)（Bundy，1997)。这是因为捕食和被捕食控制关系的设置对Ecosim的模拟结果有很大的影响，v_{ij}设置过小，造成模拟反应过于迟缓，曲线平滑；v_{ij}值设置过大，则容易造成模拟曲线急剧震荡。

3）Ecospace

Ecospace模块是在Ecopath模型加入了空间的条件。Ecospace反映生态系统中食物网的空间能量流动，在由用户提供相关功能组的栖息地、捕捞和保护区域的信息基础上可以进行综合空间分析。Ecospace是将生物量动态地分配到空间栅格底图上，假定生物资源从一个单元格向与它相邻的4个单元格发生对称移动。Ecospace模型可成为MPAs空间过程模拟和效益评估的有效工具。

12.1.3 功能组划分及参数获取

本研究以江苏海州湾海湾生态与自然遗迹国家级海洋特别保护区为例。该保护区海洋生态系统物种繁多，如果每一种生物都占据一个功能组，这将为建立Ecopath生态通道模型造成很多不便。因此进行简化，将生态位（食物组成、摄食方式、个体大小、年龄组成以及渔获物统计分类方法）中重叠度高的种类进行合并以简化食物网，各功能组内部的物种取食基本相同和具有基本相同的捕食者，生态功能非常相似。对于浮游动物，根据其营养关系，并结合其个体大小，将其划分为大型浮游动物和小型浮游动物两组。其中，大型浮游动物包括水母类，小型浮游动物包括桡足类，端足类，浮游幼虫等，主要有中华蛰水蚤、双刺纺锤水蚤、钩虾等。根据海州湾保护区底栖动物的主要组成，将底栖动物划分为底栖多毛类、底栖甲壳类、底栖贝类和底栖棘皮类。其中将底栖甲壳类进一步划分为底栖虾类和底栖蟹类。碎屑虽不是传统意义上生态类群，但它可被生物摄食与排泄，是物质和能量流动中的重要环节，具有重要的生态功能，因此，也把碎屑作为一个功能组。

对于海州湾保护区的鱼类，按体形大小及生活习性等，将其划分为5个功能群：①小型中上层鱼类：赤鼻棱鳀、黄鲫、日本鳀等；②小型底层鱼类：小黄鱼、黄姑鱼、白姑鱼、叫姑鱼、棘头梅童鱼等；③大型底层鱼类：真鲷、短尾大眼鲷、海鳗等；④中大型中上层鱼类：鲐鱼、蓝点马鲛等；⑤底栖鱼类：鲆鲽类、短吻舌鳎。

将海州湾保护区生态系统共划分为16个功能组，分别为有机碎屑、浮游植物、底栖藻类和海草、多毛类、虾类、蟹类、贝类、棘皮类、水母类、小型浮游动物、头足类、底栖鱼类、小型底层鱼类、大型底层鱼类、小型中上层鱼类和中大型中上层鱼类等（表12-1）。这些功能组基本覆盖了海州湾保护区生态系统的全部能量流动过程。

表12-1　海州湾保护区功能组划分结果

编号	功能组			主要生物种类	消费者	生产者	碎屑
1	有机碎屑	有机碎屑	有机碎屑	动植物尸体、有机物质等			√
2	浮游植物	浮游植物	浮游植物	浮游藻类,如旋链角毛藻 丹麦细柱藻 夜光藻 笔尖形根管藻 中肋骨条藻等		√	
3	底栖生物	底栖植物	底栖藻类和海草	紫菜、裙带菜、刺海松、海蒿子等		√	
4		底栖动物	多毛类	沙蚕	√		
5			虾类	中国对虾、鹰爪虾、毛虾			
6			蟹类	三疣梭子蟹、红线黎明蟹等	√		
7			贝类	毛蚶、密鳞牡蛎、近江牡蛎、小刀蛏、扁玉螺、红螺等	√		
8			棘皮类	海参、海胆	√		
9	浮游动物	大型浮游动物	水母类	海蜇等	√		
10		小型浮游动物	桡足类，端足类，浮游幼虫等	中华螯水蚤、双刺纺锤水蚤、钩虾	√		
11	游泳生物	头足类	日本枪乌贼、金乌贼等	日本枪乌贼、金乌贼等	√		
12		鱼类	小型中上层鱼类	赤鼻棱鳀、黄鲫、日本鳀等	√		
13			小型底层鱼类	小黄鱼、黄姑鱼、白姑鱼、叫姑鱼、棘头梅童鱼等	√		
14			大型底层鱼类	真鲷、短尾大眼鲷、海鳗等	√		
15			中大型中上层鱼类	鲐鱼、蓝点马鲛等	√		
16			底栖鱼类	鲆鲽类、短吻舌鳎等	√		

12.1.4 参数设定与获取

在Ecopath模型中，能量在系统中的流动可以用能量形式来表示，例如以碳计为g C/m^2或以生物湿重计为t/km^2，时间一般限定为1年或1个月等。建立Ecopath模型要求输入*B*、*P*/*B*、*Q*/*B*和*EE* 4个基本参数中的任意3个、食物组成矩阵DC以及渔获量。

各功能组生物量*B*值根据近5年海州湾的渔业调查数据，结合调研渔民、查阅历史资料等方式赋值。所输入的各功能组*P*/*B*和*Q*/*B*等参数值为各功能组中占优势地位的物种的*P*/*B*和*Q*/*B*值，可以根据渔业生态学数据获得。这些物种的*P*/*B*和*Q*/*B*值源于海州湾保护区和相似生态系统中相同或相似物种的相应参数值。对于包含不同种类的其他功能群，由于很难确定其*P*/*B*比值和*Q*/*B*值，参考文献（陈作志等，2007；刘玉等，2007；李睿等，2010）中的类似功能群，并结合渔业数据库网站（www.fishbase.org）来确定模型中的*P*/*B*和Q/B参数。

生态营养转化效率（Ecotrophic efficiency，EE）表示该功能组最终进入生态系统能流的能量占流入该功能组的比例，取值范围在0～1之间，由于*EE*很难直接测量和得到，通常可以设它为未知参数，通过Ecopath模型调整系统平衡获得。

12.1.5 模型调试

Ecopath模型的调试过程是使生态系统的输入和输出保持平衡，即反复调整*P*/*B*、*Q*/*B*、*EE*和食物组成等参数，使模型中每一功能群的输入和输出全部相等。 Ecopath模型平衡满足的基本条件是：$0<EE\leqslant 1$。在数据提交和处理过程中，可以先运用模型自带的Ecowrite记录数据的来源及引用情况，并用Pedigree来评价数据和模型的整体质量（林群等，2009）。对于某些无法确定的参数，可以先给出其合理的范围和分布函数，再用Ecoranger进行参数估计，使输入的参数在设定的标准下得到最优化组合。生态营养转换效率（*EE*）是模型调试的关键参数，但却较难获得。最后，可以比较模型的输出结果和同一区域不同时间的Ecopath模型结果或别的评估方法评估结果，也可以与其他类似区域的Ecopath模型结果比较（仝龄, 1999），得出更加合理的输出数据。

在基础数据、食性数据、捕捞数据等模型基本数据输入海州湾Ecopath模型之后，需要调试有关数据以达到模型的平衡。模型的调试主要是调试基础数据和食性数据，而衡量模型是否平衡的两个指标分别是生态转移效率值*EE*介于0～1之间和*P*/*Q*值介于0.03～0.50之间（Christensen et al., 2004）。在Ecopath模型的输入参数中，设大部分功能群的EE为未知数，在模型调试过程中将所有EE值调整到小于1，使能量在整个系统中的流动保持平衡，从而获得生态系统其他生态学参数的合理值。在参数调整过程中，生态转移效率EE如果大于1表示该功能组最终流入生态系统能量大于流入该功能组的能量，因此必须对某些功能组的生物量进行放大调整。通过调试*P*/*B*、*Q*/*B*、*EE*和食物组成等参数,使模型中每一功能组的输入和输出全部相等，并同时使各功能组生态营养转换效率小于1。Ecopath模型的调试过程主要参考了东海水域（张波等，2007; 林群等，2009）和渤海（许思思等，2011）的模型输出数据。

12.1.6 结果分析

12.1.6.1 海州湾Ecopath模型功能组估算参数

通过调试平衡后的Ecopath模型功能群参数的输入输出生态学参数，结果列于表12-2。

表12-2　生态学参数输入输出结果

序号	功能组名称	营养级水平	栖息区域	栖息区域上生物量 (t/km²)	生物量 (t/km²)	生产量 / 生物量 (a)	消耗量 / 生物量 (a)	生态营养转化效率	生产量 / 消耗量
1	浮游植物	1	1	18.976 5	18.976 5	230	0	0.414	
2	底栖植物	1	1	18	18	11.86	0	0.101	
3	底栖鱼类	4.414 03	1	0.062 6	0.062 6	0.8	4.6	0.95	0.173 913
4	多毛类	2.2	1	4.722 6	4.722 6	6.75	22.5	0.157 3	0.3
5	虾类	2.792 614	1	0.264	0.264	5.978	28	0.735	0.213 5
6	蟹类	2.657 335	1	0.128 2	0.128 2	1.5	11.6	0.333	0.129 310 3
7	贝类	2.53	1	7.221	7.221	8	30	0.95	0.266 666 7
8	棘皮类	2	1	8.18	8.18	1.2	3.58	0.455 2	0.335 195 5
9	水母类	3.217 425	1	3.5	3.5	5.654	25.05	0.148	0.225 708 6
10	小型浮游动物	2	1	3.935 3	3.935 3	36	186	0.95	0.193 548 4
11	头足动物	3.641 69	1	0.170 4	0.170 4	6.85	27.4	0.951	0.25
12	小型中上层鱼类	3.985 226	1	5	5	2.37	7.9	0.929	0.3
13	小型底层鱼类	3.804 894	1	0.83	0.83	3.25	10.564	0.9	0.307 648 6
14	大型底层鱼类	4.042 766	1	0.09	0.09	2.1	8.7	0.742	0.241 379 3
15	中大型中上层鱼类	3.993 167	1	0.720 8	0.720 8	1.8	6.5	0.7	0.276 923 1
16	有机碎屑	1	1	43	43			0.163 294 9	

12.1.6.2　海州湾保护区海洋生态系统的能流通道

图12-1为海州湾保护区海洋生态系统的能量流动简图。从中可以看出，海州湾保护区海洋生态系统的能量流动途径主要包括牧食食物链和碎屑食物链两条。牧食食物链主要包括：浮游植物→小型浮游动物→小型鱼类→大型食肉鱼类。而碎屑食物链主要包括：再循环有机物→碎屑→棘皮类→贝类→小型鱼虾类→鱼类。初级生产者提供了整个系统大部分的能量支撑。浮游动物在海州湾保护区生态系统的能量流动中作用较为重要。海州湾保护区的浮游动物主要有桡足类、介形类、多毛类和毛颚类。

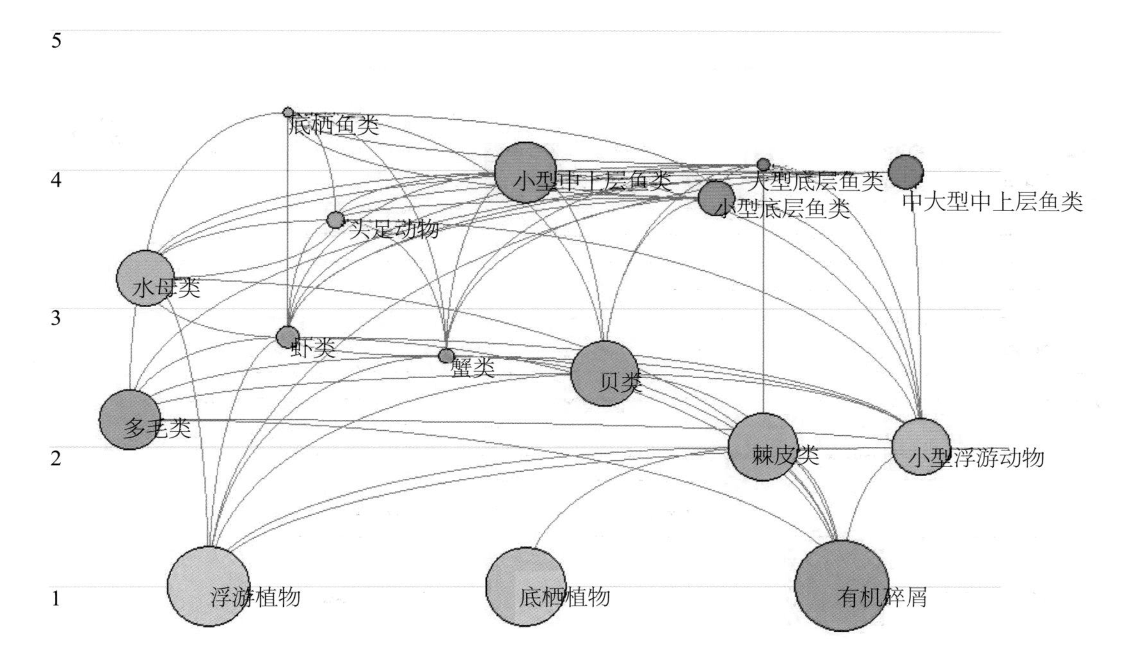

图12-1 海州湾保护区海洋生态系统能量流动

12.1.6.3 海州湾功能组营养级聚合分析

营养级聚合是指为简化复杂的食物网关系，把来自不同功能组的营养流合并为几个不同的营养级。食物联系是生态系统结构和功能的基本表达形式，能量通过食物链—食物网转化为各营养层次生物生产力，形成生态系统生物资源产量，并对生态系统的服务和产出及其动态产生影响。在海州湾生态系统的食物网结构中，碎屑和初级生产者支持了不同水平的次级消费者，进而作为饵料转化为高营养级动物（主要为鱼类）的生产力。海州湾生态系统可合并为4个整合营养级，基本符合能量金字塔规律，其中营养级Ⅲ和营养级Ⅳ的流量、生物量和生产量都较低，能流分布呈现典型的金字塔形，即低营养级的值大，越到顶级流量、生物量和生产量越小。

12.1.6.4 海州湾各功能组营养级相互影响分析

混合营养影响是EwE 模型的基本分析功能之一，是分析生态系统内部不同种群相互之间的直接和间接作用的有效途径（Christensen et al., 2004）。

计算得到生态系统各功能群间的混合营养关系（图12-2）。图中正值表示功能群生物的增加对相对应功能群的生物量增加具有促进作用，而负值表明该组生物量的增加对相应组的生物量增加有抑制作用。矩形越高表示相关度越高。被捕食者对其他功能组产生积极效应，捕食者则会对其他功能组产生直接或间接的负面效应。从各个营养级间的混合营养关系来看，系统中高营养级功能群对系统其他功能群的影响较小，而渔业则对大部分渔业功能群显示了明显的负效应。浮游植物、底栖生产者和有机碎屑对大部分功能组有积极效应；低营养级成分在能量的有效传递上起着关键作用，同时也受到初级生产者和上层捕食者的双重作用，它们对系统的影响比较强烈；大型底栖动物和底栖甲壳类之间存在着激烈的食物来源竞争关系，因为它们都捕食小型浮游动物。

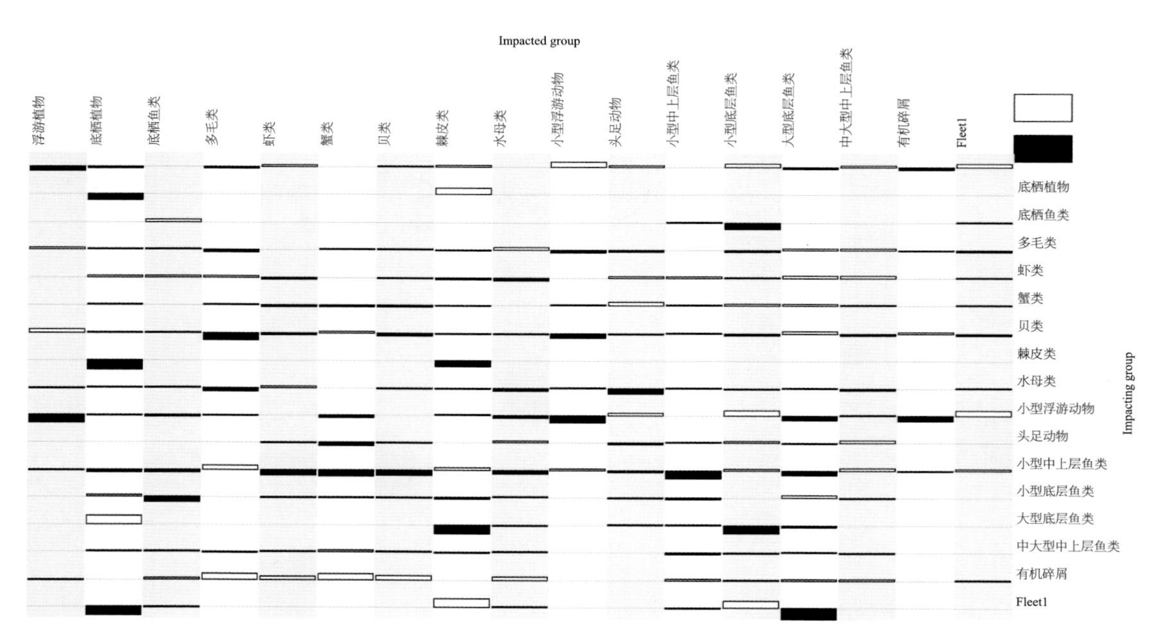

图12-2　海州湾保护区海洋生态系统营养关系

注：生物量的增加对另一组生物的影响大小及影响方向；
　　矩形图向上代表正的影响，向下表示负的影响，矩形图面积大小代表影响的强弱。

12.1.6.5　系统的总体特征

海州湾生态系统的属性可由总能流量、总生物量、流向碎屑的能流量、TPP/TR、费恩循环指数、费恩路径长度、生态网络的聚合度（Ascendency）等指标来表征。

（1）其中总能流量、总生物量和流向碎屑的能流量等是衡量生态系统规模的指标，它们的值越大，表明生态系统规模越大。系统总流量是总消耗、总输出、总呼吸以及流入碎屑的总和。海州湾保护区生态系统的总流量为7 569.569 t/(km^2·a)，其中，16.4%为系统总消耗量［1 239.386 t/(km^2·a)］，33.8%总输出［2 559.97 t/(km^2·a)］，9.4%为总呼吸量［711.565 8 t/(km^2·a)］，40.4%为流向碎屑总量［3 058.647 t/(km^2·a)］。系统的总生物量（不考虑碎屑）为71.801 t/km^2，分别占系统总初级生产量和系统总流量的1.5%和0.95%。

（2）系统初级生产力/呼吸量的比值（Total primary production/total respiration，TPP/TR）是表征系统成熟度的关键指标，在成熟的生态系统中，系统的状态较为稳定，比值接近于1，表明系统没有多余的生产量可供系统再利用，这时系统对外界干扰的抵抗能力较强（Odum，1969）。利用Ecopath模型估算的目前海州湾保护区TPP/TR比值为6.434，表示海州湾保护区海洋系统目前处于不稳定“退化状态”，系统的稳定性相对较差，易受到外来干扰的影响。

（3）循环流量是系统中重新进入再循环的营养流总量。Finn's循环指数(Finn's cycling index，FCI)指的是系统中循环流量与总流量的比值（Finn，1976），它表明生态系统有机物质流转的速度，也与生态系统的成熟度有关（Odum，1969），在模型中可通过直接计算得到, 该指标在成熟系统中接近于1。Finn's平均路径长度（Finn's mean path length，MPL）是能流路径的平均长度。一般而言，如果生态系统较为成熟，则物质再循环的比例较高，营养流经过的食物链较长，能流过程会比较复杂。相反，如果生态系统较不稳定，则能流路径比较短、能流过程比较快。海州湾保护区生态系统的*FCI*和*MPL*指数分别为2.4和2.314，低于南海北部生态系统（4.38和2.476）（陈作志等，2010），更远远低于

Chesapeake Bay（30和3.6）（Wulff，Ulanowica，1989）等其他沿岸生态系统。

（4）生态网络的聚合度A，反映各个功能组间相互作用的程度，由于在其计算过程中考虑到了系统规模和能流的组织化程度，因此它是衡量生态系统发展程度和成熟程度的重要指标。该值越接近于1, 说明系统各功能组间连接越紧密, 系统越稳定。目前海州湾保护区A为0.41，说明各功能组相互作用相对较松散。

（5）系统连接指数（Connectance Index，CI）和系统杂食指数（System Omnivory Index，SOI）都是反映系统内部联系复杂程度指标。越成熟的系统，各功能组间的联系（食物网络）越复杂，*CI*和*SOI*指数值接近于1（Christensen，Pauly，2004）。目前海州湾保护区生态系统的*CI*和*SOI*分别为0.289和0.406，表明海州湾保护区生态系统食物网的复杂性较低，系统的营养关系较为简单。其中连接指数CI低于东海南部海区生态系统（0.330）（李云凯等，2010），而系统杂食指数则高于东海南部海区生态系统（0.213）。

总体来看，海州湾生态系统的各项生态数据，包括*TPP*/*TR*、系统净生产力*NPP*、*SOI*和*CI*等，都表明海州湾保护区生态系统对外界的干扰抵抗能力比较弱，还是一个相对松散的、不成熟不稳定的近海生态系统。当然，鉴于模型所需数据较难全部精确获取,功能组划分相对简单,可能会对模型结果有一定影响，但总体上还是反映了海州湾生态系统存在的问题。因此，需要加强保护区管理，针对干扰生态系统稳定的影响因素，开展相应的调控，逐步使其趋向稳定和成熟。

12.1.6.6 原因分析

干扰海州湾生态系统稳定的原因主要有酷渔滥捕、陆源排污、海水养殖和围填海等人为影响。

（1）海州湾有200多种鱼类，渔业资源丰富，海州湾渔场是我国十分重要的渔场。渔场是一个由许多生物种类组成的生态系，从原始的单细胞藻类到高营养级的鱼类，构成了互相依存的完整食物链。渔业资源的质量和数量是渔业资源可持续利用的基础，随着经济的发展，对渔业资源的开发强度不断加大，再加上不合理的利用方式如过度捕捞、粗放型养殖等因素，导致海州湾渔业资源不断减少，甚至出现渔业资源的衰竭。

（2）海水养殖业是发展海洋经济的重要手段，但过度的海洋养殖也造成了海水的污染。海州湾近岸海域分布着大量养殖活动，海洋养殖污染的主要因素为饵料污染、药物污染和养殖污水。海水养殖区的养殖污水有机物沉降量比比养殖区大很多，而且养殖污水带来的沉积物在海底底泥中不断堆积，将导致底泥理化性质的改变，使得底泥中溶解氧不足，海水中大量生成含硫化合物和含氮化合物，对生态环境造成严重损害。海水养殖过程中产生的大量有机物和养殖废水对海州湾的海洋环境造成了破坏，造成了海州湾海域的富营养化。

（3）围海造地导致了生物多样性的降低。海州湾湾顶正在实施滨海新区的围填工程，小规模的围填海活动也不断涌现。人为的围填海造地和围海养殖活动破坏了生态系统的完整性和连续性。大量的围海造陆，导致了海州湾生态景观的破坏，严重损害了海洋生物的栖息环境，造成原有生物群落结构的和破坏和物种的减少，破坏了海洋生物链。

（4）根据江苏省海洋与渔业局多年的监测数据资料显示，超过85%以上海洋污染物来源于陆源污染，而从陆地入海的污染物，除了排污单位在沿岸设置的排污口直接排入海洋外，大多数的污染物是先排入河道然后通过河口流入海洋，在保护区沿岸，分布着兴庄河、青口河和临洪河3个入海河口，大量的污水从河口排入海州湾，对生态系统造成较大影响。

12.1.6.7 海州湾保护区资源环境调控

1）渔业资源的优化和提升

海洋渔业资源是人类社会经济发展的重要食物来源，要实现海洋渔业资源的可持续利用，必须有效控制过度捕捞，加强保护区渔业资源养护，保护和恢复海洋渔业资源。

因此应实施渔业资源重点保护、渔业资源增殖和捕捞管理等措施，加强渔业水域环境的保护和生态修复，控制渔业水域各类污染物的排放量，大力发展高效渔业，开展渔业资源增殖放流、人工鱼礁等生态修复工程，加强渔业重点生态功能区的保护工作。

2）控制养殖污染

积极研究推广生态养殖、科学养殖，减少养殖污染的入海量。大力推行无公害养殖技术，规范养殖操作，减小养殖对环境的污染，大力推进无公害海水养殖基地建设。加强对养殖废水的处理力度，实行养殖废水达标排放制度；改进海水网箱养鱼投喂技术，提高饵料利用效率，减少投饵所形成的污染负荷；科学发展深水抗风浪网箱养殖，扩展海水养殖海域空间，减缓对近海生态系统的环境胁迫。

3）控制海洋环境污染源

根据2010年江苏省海洋环境质量公报，海州湾海域处于轻度污染状态。根据海州湾的海洋环境现状，逐步建立入海污染物在线监视监测系统和保护区海域的污染控制体系。严格控制污废水排放、有效控制人工围填海的规模、禁止开采海岸沙砾和不合理的海岸建设是解决海岸生态系统环境问题的有效手段。加强倾废区管理与监测，加强对已使用的倾废区监督管理和跟踪监测，完成倾废区环境状况评价报告。采用适当的生物、生态及工程技术等人工措施对已受破坏和退化的海岸带进行恢复，最终达到保护区生态系统的自我持续状态发挥其应有的功效，并健康发展。

12.2 基于PSR模型的海洋特别保护区调控技术研究

12.2.1 海洋特别保护区调控管理目标

坚持以科学发展观为指导，以经济、社会、环境协调发展为目标，以“科学规划、统一管理、保护优先、适度利用”为根本出发点，在有效保护海洋生态环境的同时，进行科学的开发利用活动，探索海洋特别保护区的有效发展模式，使不同保护区既充分发挥自身作用，又科学、合理利用海洋资源，促进海洋经济与社会的可持续发展。

12.2.2 调控响应方案设计

采用系统论的方法，将海洋特别保护区作为一个生态系统，各个子系统具有相互作用、相互影响的关系。海洋特别保护区的调控响应框架为：海洋特别保护区环境压力→状态分析→主要存在问题→环境保护对策→调控保障措施。

12.2.3 海洋特别保护区PSR模型研究

12.2.3.1 建立海洋特别保护区PSR的目的

海洋特别保护区是一个自然、人文和社会因素共同作用的有机综合体，它具有因果性、联动性和系统性的特点，因此采用联合国可持续发展委员会（UNCSD）1996年提出的世界各国广泛认可的“压力—状态—响应”指标体系概念模型（简称P-S-R指标体系模型）进行相关研究（李杨帆，2006）。

PSR模型使用“原因-效应-响应”的逻辑关系体现人类与环境之间的相互作用关系。人类从环境中获取必需的资源，通过生产、消费等环节向环境排放废弃物，因此改变资源存量与环境质量，而资源和环境的变化反之影响人类的各种活动，并通过各种政策、意识和行为而对这些变化作出反应。如此循环往复，构成了人类与环境之间的压力-状态-响应关系（肖佳媚，2007）。

12.2.3.2　评估指标体系构建原则

海洋特别保护区保护与利用调控评价指标体系的设置力求全面、真实地衡量海洋特别保护区生态系统的状态水平以及可持续发展的能力。针对海洋特别保护区生态系统的特点，评价指标体系的构建应当依据如下原则。

1）可操作性原则

海洋特别保护区评估指标的设计要求概念明确、定义清楚，并能方便地进行数据与资料的收集，要考虑现有科技水平能力，指标的内容不应太繁或太细，以使选取的指标具有可操作性。

2）时效性原则

海洋特别保护区评估指标体系不仅要反映一定时期特别保护区的实际情况，并要跟踪其变化情况，以便及时发现问题，使保护区的区域环境得到保护。

3）定性与定量相结合原则

建立一套完整的P-S-R指标模型是一个复杂的工程，可选取的指标众多，既有定量指标，又有定性指标。海洋特别保护区评估指标体系的设计应当满足定性与定量相结合的原则，亦即在定性分析的基础上，还要进行定量处理。对于定性指标可通过专家咨询、社会调查、文献分析和公共参与的方式获得，筛选指标时要考虑各指标间的相互独立性和内在联系性，并根据这些指标的相对重要程度，确定其权重。只有通过量化，才能较为准确地揭示事物的本来面目。

12.2.3.3　评估指标的筛选

P-S-R概念模型是用“原因—效应—响应”这一模式解释环境的开发利用与可持续发展，即环境状态发生了一定变化，而人类社会应当对环境的变化作出响应，以恢复环境质量或防止环境退化。这里将海洋特别保护区海陆作为一个整体，将指标划分为压力子系统、状态子系统和响应子系统这3个子系统，以便对保护区生态系统作出整体、客观的评价。

1）压力子系统指标选取

海洋特别保护区系统中压力子系统来自于人类的干扰活动及由此产生的资源环境问题。压力指标主要反映人为因素给特别保护区所带来的消极影响。主要包括：人口密度、人口增长率、海洋产业占GDP比值、年接待旅游人次、捕捞量、海水养殖和污染物排放等。

2）状态子系统指标选取

状态子系统表征海洋特别保护区环境当前的状态或趋势，例如海水环境质量、生物环境和物种多样性。主要包括：海水环境质量；沉积物环境质量；近海、潮间带生物和珍稀物种。

3）响应子系统指标选取

响应子系统表征海洋特别保护区的有关部门或个人为维护海洋特别保护区的资源、环境、人口、社会经济等协调发展的响应措施。主要包括：废水限制；生态保护；生态修复；生态补偿和管理水平等（表12-3）。

表12-3 指标体系分类

目标层		准则层		因素层		指标层	
压力	A1	人口资源压力	B1	人口密度	C1	人口密度	D1
				人口增长率	C2	人口增长率	D2
			B2	捕捞量	C3	每年捕捞量	D3
				海水养殖	C4	养殖面积	D4
		经济环境压力	B3	人均GDP	C5	人均GDP	D5
				海洋产业	C6	海洋产业占GDP比值	D6
				旅游人次	C7	年接待旅游人次	D7
			B4	污染物排放	C8	污水排放量	D8
				赤潮	C9	赤潮面积	D9
状态	A2	非生物环境	B5	海水环境质量	C10	海域综合水质指数	D10
				沉积物环境质量	C11	沉积物污染指数	D11
		生物环境	B6	近海、潮间带生物	C12	浮游植物多样性指数	D12
						浮游动物生物量	D13
						底栖生物量	D14
			B7	珍稀物种	C13	珍稀物种种类	D15
						珍稀物种数量	D16
响应调控措施	A3	压力调整	B8	废水限制	C14	废水达标排放量	D17
				资源利用控制	C15	每年捕捞减少量	D18
		状态修复	B9	生态保护	C16	环保投资	D19
				生态补偿	C17	生态补偿落实	D20
		经济政策	B10	政策水平	C18	政策完善度	D21
				管理水平	C19	特别保护区管理机构、人员素质及配置	D22

4）权重确定

常用的权重确定方法包括专家估测法、频数统计分析、主成分分析法和层次分析方法（邱东，1991）。本文根据德菲尔法和层次分析法等赋予各指标响应的权重，就可以进行评价。

5）数据标准化与归一化

评价体系中涉及了大量相互关联、相互影响、相互制约的因素，这些指标在数量级、单位量纲上存在明显的差异，不便于直接比较计算。因此，在进行综合承载力的计算前需要消除原始数据的量纲影响，即进行数据标准化（刘峰等，2008）。通常的数据标准化的方法有极差标准化，z标准化等基于数据最大值、最小值、平均数等统计量的方法。在项目研究中，因为存在着理想值这一标准，因此可以通过实际指标值和理想值的比对来对各指标值进行标准化与归一化。

12.2.4 基于PSR模型的海洋特别保护区生态系统评价分析

12.2.4.1 压力子系统分析

压力指标是海洋特别保护区生态环境变化的驱动力，是生态环境质量变异的重要贡献因素。人类社会与经济活动愈强烈，对生态系统的干扰就愈大（鹿守本，艾万铸，2001）。生态系统作为一个动态的系统，当其受到干扰时，会在能量流动、物质循环、群落结构等方面产生变化。

海洋特别保护区生态系统的主要人为活动有：渔业捕捞、围海造地、排污、旅游等。人类活动增加是改变生态系统安全状态的直接原因。本研究将压力指标归纳为资源环境因素和社会经济因素。

1）资源因素

海洋特别保护区资源开发主要是考虑对自然资源的过度使用造成的压力，本研究主要选取海洋捕捞、旅游资源利用指标，来反映资源使用压力对生态系统的影响。海洋捕捞是人类一项重要的生产活动，海洋动物是人类食物的重要来源之一，但过度捕捞是导致海洋生物资源迅速减少的主要原因之一。旅游资源，滨海旅游业的快速发展已经带来了一系列的生态压力问题。

2）环境因素

环境方面主要选取污染物排放、赤潮和生物入侵来反映资源使用压力对生态系统的影响。污染物排放，海洋特别保护区的污染源主要来自于陆源污染排放。赤潮作为具有代表性的生态环境灾害现象，可以在一定程度上反映生态环境的压力影响。

3）人口因素

人类是海洋特别保护区的主要压力因素。本研究选取人口密度和人口增长率两项指标作为压力因素考虑。

4）经济因素

经济发展与环境在相互作用的过程中，总是伴随着种种矛盾。本研究中选取人均GDP、海洋产业占GDP比值两项指标，以反映影响经济压力对海洋特别保护区生态系统的影响。

12.2.4.2 状态子系统分析

1）非生物环境

非生物环境指海洋特别保护区生态环境的总体自然环境质量。包括海水环境、沉积物环境、生物质量和环境纳污能力。海水环境质量现状，选取海域综合水质指数来表征近岸海域水环境质量的指标。

2）生物环境

海洋特别保护区的生物环境评价是进行保护区生态系统状态评价的重要环节。本研究采用生物量（生物密度）、多样性指数作为指标。多样性指数，可以反映群落结构的内涵，许多研究利用多样性来反映环境变化对生物的影响和水环境质量的高低。

3）珍稀物种

海洋特别保护区内如果有珍稀物种，则根据珍稀物种的种类和数量确定海洋特别保护区的保护目标与开发利用程度。

12.2.4.3 响应子系统分析

响应是人类应对保护区生态系统受到人类胁迫而引起生态环境效应恶化的一种反应。这里主要从海洋特别保护区生态系统压力和状态作出反应的相关环境措施中可量化的部分，即对主要压力来源和可能恶化的状态作出的限制或补救措施。响应指标的选取主要考虑压力调整、状态修复、管理政策调整等。

12.2.5 数据处理

指标体系构建后，只是按“压力-状态-响应”关系把应考虑到的可操作的指标都容纳进来，经过筛选与标准化处理，最终确定特别保护区评价的各个指标。

12.2.5.1 评价指标的标准化处理

评价海洋特别保护区调控模型可以划分为 $j = 1 ,2 , ..., n$ 个时段的人类活动对海洋特别保护区环境的影响状况，评价指标体系包括 $i = 1 ,2 , ..., m$ 个指标。对于整个指标体系内的指标采用极差正规化变换方法进行无量纲化处理和数据标准化。原始指标数据矩阵为：

$$X = \{ X_{ij} \}_{m \times n} \tag{12-5}$$

12.2.5.2 指标相关性分析

将原始数据用标准差标准化处理后，列出矩阵，然后用SPSS和Statisticas统计软件进行分析，评价流程如图12-3所示。

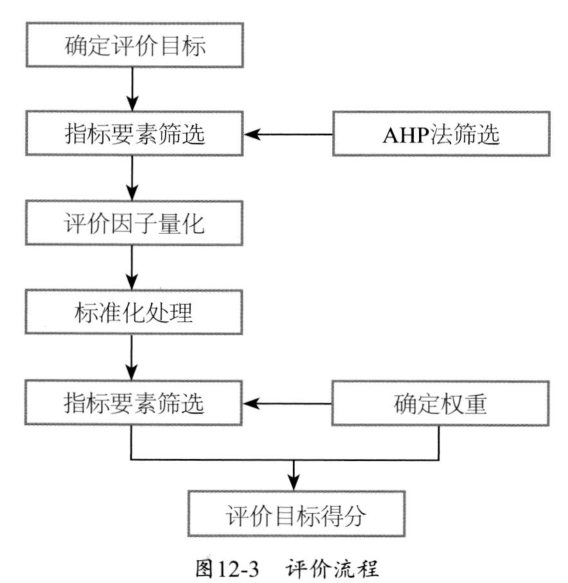

图12-3 评价流程

12.2.6 PSR模型在示范区中的应用

12.2.6.1 浙江乐清市西门岛国家级海洋特别保护区

1）保护区生态环境安全综合指数

通过构建层次分析模型和综合指数对海洋特别保护区生态系统安全现状进行客观的评价和分析。根据计算出的指标强度指数，对应的评价因子权重值，得出指标值。为了达到综合评价的目的，首先构建生态环境安全综合指数——*SI*。

$$SI = \sum_{i=1}^{m} W_i C_i \tag{12-6}$$

式中：C_i为评价指标各级标准值；W_i为相应的权重。

将评价指标各级标准值代入上式，便可以得到保护区生态系统安全评估各个级别的*SI*值，从而确定评判标准及分级。最后将被评价生态系统的*SI*值与评判标准进行比较，确定保护区生态安全现状（张靖，2009）。

2）评判标准分级及意义

在计算和评价保护区生态安全现状之前，首先确定具体评价标准值的*SI*得分，以明确评价等级。在考虑评价实际操作性原则下，确定*SI*指数的评价分值分为4级（表12-4）。

表12-4　海洋特别保护区*SI*值的评判等级及意义

等级	SI得分	安全状态	意义
I	≤0.25	危险	保护区生态环境遭到严重破坏，生态环境问题经常演变成生态灾害
II	0.25～0.5	较危险	保护区生态环境系统服务功能退化，生态环境收到较大破坏，生态环境问题突出，生态灾害较多
III	0.5～0.75	较安全	保护区生态环境尚可维持基本功能，生态环境问题显著
IV	≥0.75	安全	保护区生态环境系统服务功能较为完善，生态环境受到干扰后一般可以恢复，生态环境问题不显著

3）权重的计算

采用专家打分的方式，首先得到各个专家的个体判断矩阵。然后计算所有专家的个体判断矩阵中每一信息元素的算术平均数和标准差，剔除超过算术平均数两个标准差以外的个体判断信息，然后再计算算术平均数，从而得到综合判断矩阵。最终的综合判断矩阵、层次单排序计算结果和一致性检验计算结果见表12-5，权重计算结果见表12-6。

表12-5　综合判断矩阵一致性检验计算结果

A	A1	A2	A3		权重系数	
A1	1.000 0	2.000 0	0.500 0		0.276 4	λ_{max}=3 *CI*=0.005 3
A2	0.500 0	1.000 0	0.200 0		0.128 3	
A3	2.000 0	5.000 0	1.000 0		0.595 4	
A1B	B1	B2	B3	B4	权重系数	
B1	1.000 0	0.500 0	0.500 0	0.500 0	0.133 4	λ_{max}=4.214 8 *CI*=0.080 5
B2	2.000 0	1.000 0	0.500 0	3.000 0	0.295 2	
B3	2.000 0	2.000 0	1.000 0	3.000 0	0.417 5	
B4	2.000 0	0.333 3	0.333 3	1.000 0	0.154 0	

续表12-5

A2B	B5	B6	B7	权重系数	
B5	1.000 0	0.500 0	0.500 0	0.195 8	λ_{max}=3.053 6 CI=0.051 6
B6	2.000 0	1.000 0	0.500 0	0.310 8	
B7	2.000 0	2.000 0	1.000 0	0.493 4	
A3B	B8	B9	B10	权重系数	
B8	1.000 0	4.00 0	4.000 0	0.660 8	λ_{max}=3.053 6 CI=0.051 6
B9	0.250 0	1.000 0	0.500 0	0.131 1	
B10	0.250 0	2.000 0	1.000 0	0.208 1	
B1C	C1		C2	权重系数	
C1	1.000 0		0.500 0	0.333 3	λ_{max}=2 CI=0.000 0
C2	2.000 0		1.000 0	0.666 7	
B2C	C3		C4	权重系数	
C3	1.000 0		0.500 0	0.333 3	λ_{max}=2 CI=0.000 0
C4	2.000 0		1.000 0	0.666 7	
B3C	C5	C6	C7	权重系数	
C5	1.000 0	3.000 0	3.000 0	0.593 6	λ_{max}=3.053 6 CI=0.051 6
C6	0.333 3	1.000 0	0.500 0	0.157 1	
C7	0.333 3	2.000 0	1.000 0	0.249 3	
B4C	C8		C9	权重系数	
C8	1.000 0		3.000 0	0.750 0	λ_{max}=2 CI=0.000 0
C9	0.333 3		1.000 0	0.250 0	
B5C	C10		C11	权重系数	
C10	1.000 0		2.000 0	0.666 7	λ_{max}=2 CI=0.000 0
C11	0.500 0		1.000 0	0.333 3	
B8C	C14		C15	权重系数	
C14	1.000 0		3.000 0	0.750 0	λ_{max}=2 CI=0.000 0
C15	0.333 3		1.000 0	0.250 0	
B9C	C16		C17	权重系数	
C16	1.000 0		0.500 0	0.333 3	λ_{max}=2 CI=0.000 0
C17	2.000 0		1.000 0	0.666 7	
B10C	C18		C19	权重系数	
C18	1.000 0		0.500 0	0.333 3	λ_{max}=2 CI=0.000 0
C19	2.000 0		1.000 0	0.666 7	

续表12-5

C13D	D15	D16		权重系数	
D15	1.000 0	2.000 0		0.666 7	λ_{max}=2.000 0 CI=0.000 0
D16	0.500 0	1.000 0		0.333 3	
C12D	D12	D13	D14	权重系数	
D12	1.000 0	0.500 0	2.000 0	0.310 8	λ_{max}=3.053 6 CI=0.051 6
D13	2.000 0	1.000 0	2.000 0	0.493 4	
D14	0.500 0	0.500 0	1.000 0	0.195 8	

注：CI 表示一致性指标，λ max计算判断矩阵的最大特征根。

表12-6 综合标定法确定指标权重

指标层	A层	B层	C层	D层	指标权重
	0.276 4	0.133 4	0.333 3		0.012 289 358
			0.666 7		0.024 582 402
		0.295 2	0.333 3		0.02 719 504
			0.666 7		0.05 439 824
		0.417 5	0.593 6		0.068 499 659
			0.157 1		0.018128869
			0.249 3		0.028 768 472
		0.154 0	0.750 0		0.0319 242
			0.250 0		0.0 106 414
	0.128 3	0.195 8	0.666 7		0.016 748 264
			0.333 3		0.008 372 876
		0.310 8		0.3108	0.012 393 349
				0.4934	0.019 674 641
				0.1958	0.00 780 765
		0.493 4		0.6667	0.042 204 257
				0.3333	0.021 098 963
	0.595 4	0.660 8	0.750 0		0.29 508 024
			0.250 0		0.09 836 008
		0.131 1	0.333 3		0.026 016 378
			0.666 7		0.052 040 562
		0.208 1	0.333 3		0.041 296 783
			0.666 7		0.082 605 957

4）指标标准值的确定

海洋特别保护区生态安全评价体系是一个复杂的、包含多学科指标的体系。各指标所属学科、单位、表征意义、计算方法各有不同。因此，在评价前需要根据评价标准对指标进行归一化处理。生态安全评价指标体系中指标计算方法及其标准值确定方法见表12-7。

表12-7　指标计算方法及标准值确定方法

代码	指标名称	指标计算方法	标准
D1	人口密度	统计数据	历史数据
D2	人口增长率	统计数据	国家标准
D3	捕捞量	遥感数据，计算	比例值(以1为标准)
D4	养殖面积	统计数据、计算	学科方法
D5	人均GDP	统计数据	国家标准
D6	海洋产业占GDP比值	统计数据、计算	比例值(以1为标准)
D7	年接待旅游人次	统计数据	比例值(以1为标准)
D8	废水排放量	统计数据	比例值(以1为标准)
D9	赤潮面积	遥感数据，计算	学科方法
D10	海域综合水质指数	监测数据、计算	国家标准
D11	沉积物污染指数	监测数据、计算	国家标准
D12	浮游植物多样性指数	监测数据、计算	学科方法
D13	浮游动物生物量	监测数据	历史数据
D14	底栖生物量	监测数据	历史数据
D15	珍稀物种种类	监测数据	历史数据
D16	珍稀物种数量	监测数据	历史数据
D17	废水达标排放量	统计数据	比例值(以1为标准)
D18	每年捕捞减少量	统计数据	历史数据
D19	环保投资	统计数据	比例值(以1为标准)
D20	生态补偿落实	统计数据	比例值(以1为标准)

5）指标标准化

鉴于评价指标数据量较大，选取了保护区4年的有效数据，采用差值法对生态系统压力指标进行标准化处理（表12-8）。

表12-8 保护区生态系统安全评价指标值及标准化指标值

指标名称	指标代码	单位	标准化指标值			
			2006年	2007年	2008年	2009年
人口密度	D1	人/km^2	0.903 82	0.513 68	0.032 51	1.384 99
人口增长率	D2	‰	0.837 06	0.636 17	0.100 45	1.372 78
每年捕捞量	D3	$\times 10^4$ t	1.382 22	0.064 91	0.328 8	0.988 51
养殖面积	D4	hm^2	1.408 14	0.391 61	0.091 65	0.924 87
人均GDP	D5	元	1.284 21	0.258 48	0.554 5	0.988 19
海洋产业占GDP比值	D6	%	1.039 47	0.526 85	0.327 5	1.238 82
旅游业	D7	亿元	1.239 65	−0.307 61	0.480 69	1.066 58
污水排放量	D8	10^4 t	1.465 58	0.270 87	0.417	0.777 71
赤潮面积	D9	hm^2	1.483 47	−0.591 45	0.285 3	0.606 72
海域综合水质指数	D10	/	1.395 65	0.367 28	0.073 46	0.954 92
沉积物污染指数	D11	/	1.483 61	0.455 13	0.336 91	0.691 56
浮游植物多样性指数	D12	/	0.904 29	−0.626 05	0.208 68	1.321 66
浮游动物生物量	D13	t/km^2	1.141 19	0.095 83	0.060 98	1.297 99
底栖生物量	D14	t/km^2	1.002 81	0.460 75	0.135 52	1.328 05
珍稀物种种类	D15	/	1.358 73	0.339 68	1.019 05	0
珍稀物种数量	D16	/	1.046 23	0.464 99	0.232 5	1.278 72
废水达标排放量	D17	%	1.245 44	0.337 83	0.589 95	0.993 33
每年捕捞减少量	D18	%	1.371 14	0.047 28	0.47 281	0.945 62
环保投资	D19	%	0.528 66	1.139 08	0.706 7	0.961 04
生态补偿落实	D20	%	1.201 14	0.365 56	0.470 01	1.096 69
政策完善度	D21	/	1.161 9	0.387 3	0.387 3	1.161 9
特别保护区管理机构、人员素质及配置	D22	/	1.330 27	0.070 01	0.350 07	1.050 21

6）综合指数评价结果

根据上述方法将乐清湾的生态系统安全评价最终计算结果如表12-9所示。其生态安全变化趋势如图12-4所示。

表12-9 乐清湾生态系统安全评价结果

指标名称	指标代码	指标评价值			
		2006年	2007年	2008年	2009年
人口密度	D1	0.011 1	0.006 31	0.0004	0.017 021
人口增长率	D2	0.020 55	0.010 64	0.002 469	0.033 746
每年捕捞量	D3	0.003 9	0.001 76	0.008 942	0.026 883
养殖面积	D4	0.001 12	0.011 3	0.004 986	0.050 311
人均GDP	D5	0.007 1	0.011 71	0.037 983	0.0676 91
海洋产业占GDP比值	D6	0.006 5	0.009 55	0.005 937	0.022 458
旅游业	D7	0.003 5	0.008 85	0.013 829	0.030 684
污水排放量	D8	0.004 6	0.008 64	0.013 312	0.024 828
赤潮面积	D9	0.015 78	0.006 29	0.003 04	0.006 46
海域综合水质指数	D10	0.023 37	0.006 15	0.001 23	0.015 993
沉积物污染指数	D11	0.012 42	0.0038 1	0.002 821	0.005 79
浮游植物多样性指数	D12	0.001 12	0.007 76	0.002 586	0.016 38
浮游动物生物量	D13	0.002 13	0.001 59	0.001 2	0.025 537
底栖生物量	D14	0.005 83	0.003 1	0.001 058	0.010 369
珍稀物种种类	D15	0.003 34	0.011 34	0.043 01	0
珍稀物种数量	D16	0.022 05	0.009 81	0.004 906	0.026 98
废水达标排放量	D17	0.036 75	0.065 69	0.174 083	0.293 112
每年捕捞减少量	D18	0.013 46	0.004 65	0.046 506	0.093 011
环保投资	D19	0.013 75	0.009 63	0.018 386	0.025 003
生态补偿落实	D20	0.060 51	0.019 32	0.024 46	0.057 072
政策完善度	D21	0.027 9	0.012 52	0.015 994	0.047 983
特别保护区管理机构、人员素质及配置	D22	0.001 09	0.004 42	0.0289 18	0.086 754
SI值		0.297 87	0.234 84	0.456 056	0.984 066
级别		较危险	危险	较危险	安全

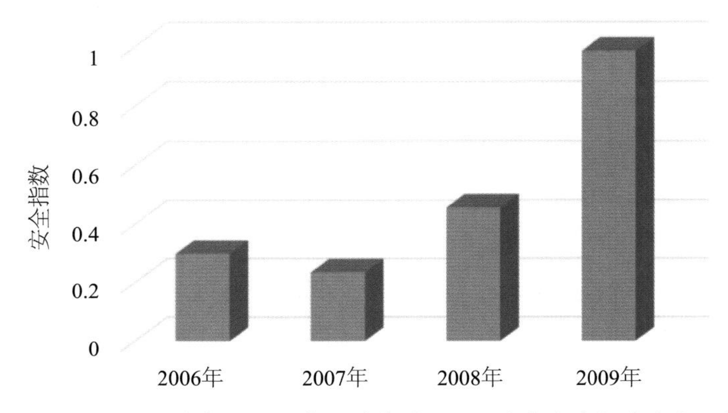

图12-4 2006—2009年浙江西门岛海洋特别保护区生态安全评价安全指数变化

7）浙江西门岛海洋特别保护区生态安全变化趋势

根据压力、状态、响应3个子系统的安全指数见表12-10和图12-5。

表12-10 年度3个子系统变化计算结果

	2006年	2007年	2008年	2009年	变化趋势
压力子系统	0.074	0.075	0.091	0.280	增大
状态子系统	0.070	0.043	0.057	0.101	好转
响应子系统	0.153	0.116	0.308	0.603	好转
综合	0.297	0.234	0.456	0.984	好转

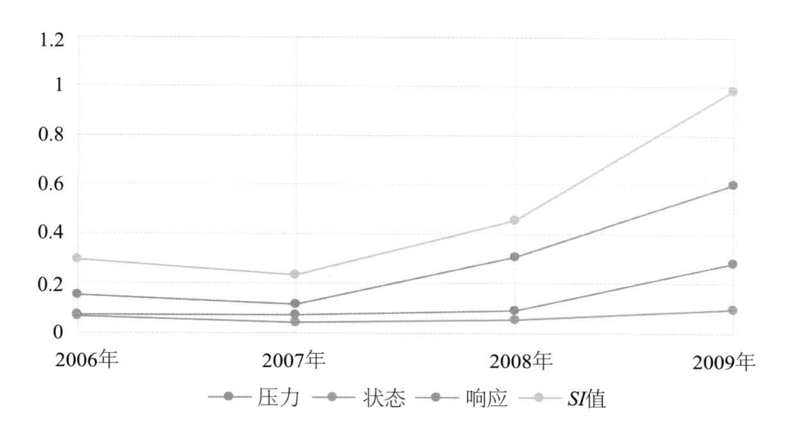

图12-5 2006—2009年浙江西门岛海洋特别保护区生态安全变化趋势

由图12-5我们可以看出，自2006年以来，压力子系统的变化呈上升趋势，这说明，随着社会经济的飞速发展，人类活动对保护区生态系统的胁迫作用越来越强烈，保护区生态系统正承载着来自各个方面的压力呈逐年递增的趋势。响应子系统，一直呈稳步好转的趋势，这说明，自2006年以来，随着人们对维持良好生态环境重要性的不断认知，也随着人们对环保工作的逐年重视，政府各级部门出台了一系列的控制污染、保护生态的环保措施，这使得我们对生态系统的保护、保障体制逐年完善。状态子系统，呈现缓慢变化的好转态势。说明在生态系统中，状态的变化与压力和响应相比具有一定的时间滞后性。

8）浙江乐清市西门岛海洋特别保护区生态系统调控

根据综合指数法计算公式，得出保护区2006年、2007年、2008年和2009年的生态系统安全评价结果。总体上来看，保护区生态系统安全状况呈好转趋势。这种生态安全是基于3个子系统的安全状况，与指标体系中敏感度较高的因子的优劣程度密不可分。因此，以子系统分级管理、分级调控和以敏感因子为关键因子的调控思路为基础，可以得出改善、调控保护区生态系统安全状态的措施。

（1）加强红树林营建配套技术研究与示范

目前保护区的红树植物仅有秋茄 1 种，树种单一。为了缓解这种状况，应当加强保护区与国内、本地区、周边地区的大学和科研院所的合作，积极开展科学研究，加速红树林保护相关科研成果的应用与转化。开展红树植物引种试种与种源选择的研究，丰富和扩大红树林资源。建立红树林的育苗、引种和驯化基地，探索浙南红树植物育苗技术。

（2）构建红树林种植—养殖复合系统

滩涂养殖侵占了红树林自然延展的区域，束缚了红树林恢复和发展的空间。如何在滩涂海水养殖系统中人工种植红树林，构建红树林种植—养殖复合系统，探索其对养殖水体的净化效果及其对养殖动物生长的影响，以促进可持续发展。

（3）研究互花米草等入侵物种的控制技术

保护区受外来物种互花米草入侵危害较为严重，互花米草在保护区岸滩“疯长”，侵占滩面，形成单优群落，致使红树林幼苗无法生长或因营养、水分和光照不足而导致大面积消亡，对红树林生长构成了重大威胁，同时也严重影响了沿海航行、滩涂养殖、水鸟生存以及海滩旅游，造成湿地功能退化，危害极大，因此须研究开发对互花米草等物种的控制技术，维护保护区的生态系统平衡。

（4）加快红树林生态系统管理的专门立法，加强保护区宣传，提高民众意识

针对人类活动给红树林带来的威胁，关于红树林生态系统管理专门法规的立法工作迫在眉睫，应当充分利用网络、电视、报纸等各种宣传媒体，对红树林的保护进行广泛宣传，举办以保护红树林为主题的展览等活动，通过多种途径、多种形式让民众了解红树林的生态服务功能，提高全民保护红树林的意识。

（5）开展生态旅游，增加保护区收益，服务当地经济发展

开发利用红树林区域的旅游观光资源、发展对红树林生态系统干扰小的生态旅游，是红树林的保护和利用的最佳途径。生态旅游市场的培育不仅可将红树林的资源优势转变成商品优势，提高红树林的知名度，也可使其生态和经济效益得到充分发挥。

12.2.6.2 山东昌邑国家级海洋生态特别保护区示范区

山东昌邑国家级海洋生态特别保护区区位条件特别，保护区大部分处于潮上带地区，仅在天文大潮时海水才能部分覆盖柽柳林，平时无海水覆盖。保护区北部边缘处于潮间带地区，以滩涂为主（李欣，2011）。保护区西侧紧邻潍坊市一条排污河流堤河，北侧与增养殖区相邻。

1）昌邑保护区PSR评价分析

采用与浙江乐清市西门岛国家级海洋特别保护区相同的方法，构建层次分析—综合指数—模糊综合复合评价模型对昌邑保护区生态系统安全进行评价和分析。构建生态环境安全综合指数*SI*，计算出柽柳林的评估指标各级标准标志值，获得保护区生态系统安全评估各个级别的*SI*值，从而确定评判标准及分级，最后将被评估生态系统的*SI*值与评判标准进行比较，确定保护区生态安全现状的评估结果，划分保护区生态系统安全等级（图12-6，表12-11）。

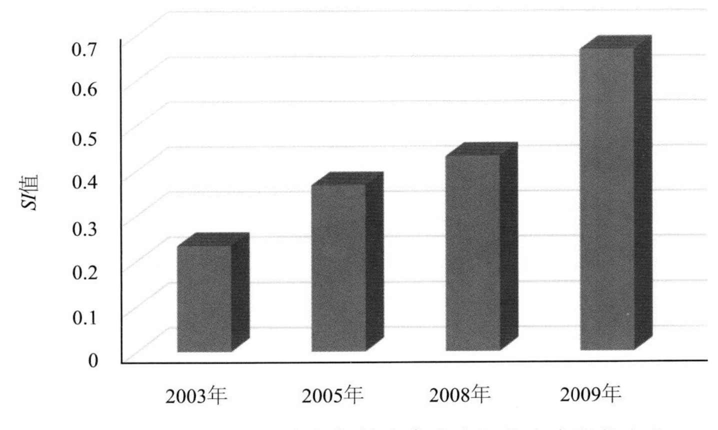

图12-6　2003—2009年柽柳林生态安全评价安全指数变化

表12-11 昌邑保护区生态系统安全评价结果

指标名称	指标代码	指标评价值			
		2003年	2005年	2008年	2009年
人口密度	D1	0.009 1	0.014 2	0.001 6	0.010 629
人口增长率	D2	0.008 4	0.005 31	0.000 451	0.006 096
每年捕捞量	D3	0.008 2	0.022 72	0.006 642	0.007 67
养殖面积	D4	0.016 1	0.0423	0.002 943	0.022 661
人均GDP	D5	0.007 7	0.003 26	0.035 983	0.040 041
海洋产业占GDP比值	D6	0.008 6	0.011 5	0.003 931	0.005 192
旅游业	D7	0.011 2	0.012 11	0.011 821	0.003 034
污水排放量	D8	0.007	0.029 64	0.011 312	0.002 822
赤潮面积	D9	0.015 2	0.014 71	0.005 04	0.034 11
海域综合水质指数	D10	0.008 1	0.027 12	0.000 77	0.011 657
沉积物污染指数	D11	0.011 2	0.024 8	0.000 821	0.021 86
浮游植物多样性指数	D12	0.011	0.013 24	0.000 586	0.011 27
浮游动物生物量	D13	0.022 1	0.016 11	0.003 2	0.002 113
底栖生物量	D14	0.014 1	0.017 4	0.000 942	0.017 281
珍稀物种种类	D15	0.017 3	0.005 63	0.045 01	0.027 65
珍稀物种数量	D16	0.004 3	0.011 19	0.002 906	0.000 67
废水达标排放量	D17	0.014 5	0.048 23	0.172 083	0.265 462
每年捕捞减少量	D18	0.016 3	0.016 35	0.044 506	0.065 361
环保投资	D19	0.006 2	0.008 63	0.016 386	0.002 647
生态补偿落实	D20	0.006 4	0.001 91	0.022 46	0.029 422
政策完善度	D21	0.003 1	0.005 01	0.013 994	0.020 333
特别保护区管理机构、人员素质及配置	D22	0.006 4	0.015 13	0.026 918	0.059 104
*SI*值		0.232 5	0.366 5	0.430 305	0.667 085
级别		危险	较危险	较危险	较安全

2）昌邑保护区生态安全变化趋势

根据压力、状态、响应3个子系统的安全指数见表12-12和图12-7。

表12-12　昌邑保护区柽柳林生态安全系统年度3个子系统变化计算结果

年份	2003年	2005年	2008年	2009年	变化趋势
压力子系统	0.091 5	0.155 75	0.079 723	0.132 255	增大—减小
状态子系统	0.088 1	0.115 49	0.054 235	0.092 501	好转
响应子系统	0.052 9	0.095 26	0.296 347	0.442 329	好转
综合	0.232 5	0.366 5	0.430 305	0.667 085	好转

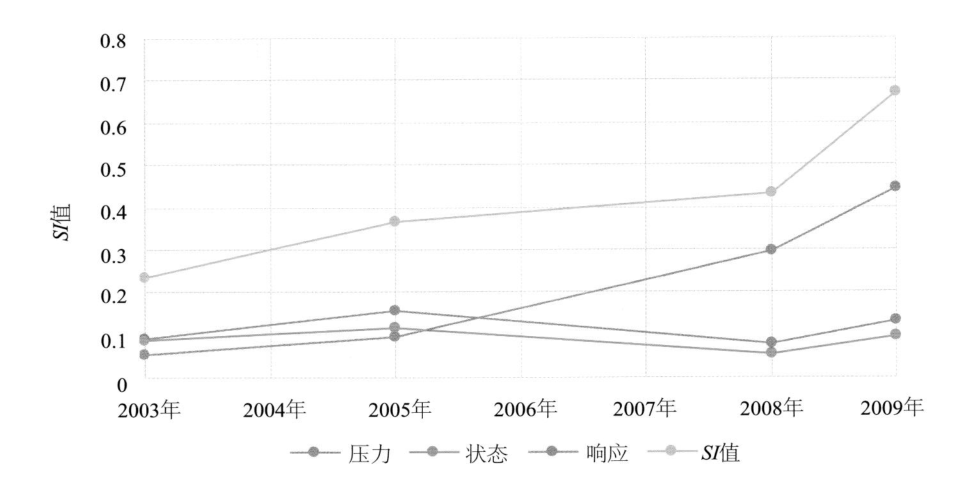

图12-7　昌邑保护区柽柳林生态安全变化趋势

由图12-7我们可以看出，自2003年以来，压力与响应子系统的变化趋势类似，这说明，随着对柽柳林特别保护区生态系统的压力作用，响应子系统在同步调整。表明了人们对柽柳林特别保护区重要性的认知不断加深，保护区管理部门相应的政策调控和控制污染、保护生态的环保措施，使得我们对生态系统的保护及保障体制逐年完善。状态子系统，呈现缓慢变化的好转态势，反映了生态环境中状态的变化与压力和响应相比具有一定的滞后性。

3）昌邑保护区生态系统调控

（1）加强生态保护

采取有效手段，严格控制点源污染，控制污（废）水排放，禁止开采海岸沙砾和不合理的海岸建设行为，开展堤河重点流域、区域污染整治工作。

（2）可持续性资金保障

充分发挥市场机制，广泛吸纳社会资金投入生态环境保护与建设。加快生态补偿机制建立步伐，通过区域、流域间的生态补偿机制的建立,解决生态保护资金投入不足的问题。充分利用国际基金、非政府组织的力量开展生态保护,鼓励和吸引国内外民间资本投资生态保护。尤其是要探索在政府投入引导下的社会多元化投入机制，让社会力量广泛参与到海洋保护工作中来。

（3）加强科技保障

加强海洋保护相关领域的基础调查、监测、评价能力建设,从生态安全、生态系统健康及生态环境承载力等方面对海域、流域和海岸带等区域进行系统评价，为海洋的保护决策提供支持。

参考文献

《海洋大辞典》编辑委员会. 1998. 海洋大辞典. 国家海洋局科技司、辽宁省海洋局, 辽宁人民出版社.

《中国海岸带地貌》编写组. 1995. 中国海岸带地貌. 北京: 海洋出版社.

《中国海洋志》编纂委员会. 2003. 中国海洋志. 郑州: 大象出版社.

MacKinnon J. 2000. 中国鸟类野外手册. 长沙: 湖南教育出版社.

安晓华. 2003. 珊瑚礁及其生态系统的特征. 海洋信息, (3)19−21.

蔡邦成, 温林泉, 陆根法. 2005. 生态补偿机制建立的理论思考, 生态经济, 47−50.

蔡海生, 肖复明, 张学玲. 2010. 基于生态足迹变化的鄱阳湖自然保护区生态补偿定量分析. 长江流域资源与环境, 19, 623−627.

蔡尚湛等. 2011. 2006年夏季粤东至闽南近岸海域上升流的特征. 台湾海峡, 30(4):489−497.

陈彬, 俞炜炜. 2012. 海洋生态恢复理论与实践. 北京: 海洋出版社.

陈金泉. 1982. 关于闽南—台湾浅滩渔场上升流的研究. 台湾海峡, 1(2):5−13.

陈伟琪, 王萱. 2009. 围填海造成的海岸带生态系统服务损耗的货币化评估技术探讨.

陈征海, 唐正良. 1999. 浙江海岛砂生植被研究(Ⅰ)植被的基本特征, 浙江林学院学报,12(4): 388−398.

陈征海等. 1995. 浙江海岛沙生植被研究: (I)植被的基本特征[J]. 浙江林学院学报, 12(4): 388−398.

陈作志, 邱永松, 贾晓平. 2007. 基于生态通道模型的北部湾渔业管理策略的评价.生态学报, 27(6): 2334−2341.

陈作志, 邱永松, 贾晓平等. 2008. 基于Ecopath模型的北部湾生态系统结构和功能[J]. 中国水产科学, 15(3):460−469.

陈作志. 2008. 捕捞对北部湾海洋生态系统的影响. 19 (7):1604−1610.

仇建标等. 2010. 强潮差海域秋茄生长的宜林临界线. 应用生态学报, 21(5): 1252−1257.

崔保山, 杨志峰. 2002, 湿地生态系统健康评价指标体系Ⅰ.理论. 生态学报, 22(7):1005−1011.

崔保山, 杨志峰. 2003. 湿地生态系统健康的时空尺度特征. 应用生态学报, 14(l):121−125.

戴明新等. 2008. AHP-Fuzzy在港口环境承载力综合评价中的应用. 安全与环境学报, 8(5): 109−112.

段靖, 严岩, 王丹寅等. 2010. 流域生态补偿标准中成本核算的原理分析与方法改进.

傅秀梅等. 2009. 中国珊瑚礁资源状况及其药用研究调查Ⅰ, 珊瑚礁资源与生态功能, 中国海洋大学学报, 39(4).

高爱根等. 2005. 西门岛红树林区大型底栖动物的群落结构. 海洋学研究, 23(2): 33−40.

高增祥等. 2003. 外来种入侵的过程、机理和预测. 生态学报, 23(3): 559−570.

郭冬生. 2007. 常见鸟类野外识别手册, 重庆: 重庆大学出版社.

国家海洋局. 2010. 中国海洋灾害公报2010年.

国家林业局. 2000. 国家保护的有益的或者有重要经济、科学价值的陆生野生动物名录. 国家林业局令第7号.

韩秋影, 黄小平, 施平. 2007. 生态补偿在海洋生态资源管理中的应用. 生态学杂志, 26, 126−130.

韩秋影, 施平. 2008. 海草生态学研究进展, 生态学报, 28(11).

韩维栋, 高秀梅, 卢昌义. 2000. 中国红树林生态系统生态价值评估[J]. 生态科学, 40−46.

贺心然, 陈斌林, 王淑军. 2009. 连云港港口海域秋季底栖动物群落组成及多样性研究. 淮海工学院学报(自然科学版), 18(3): 78−81.

胡敦欣等. 1980. 关于浙江沿岸上升流的研究. 科学通报, (3):131−133.

胡鹏等. 2002. 地理信息系统教程, 武汉: 武汉大学出版社.

环境科学大辞典编委会. 1991. 环境科学大辞典. 北京: 中国环境科学出版社.

黄晖, 尤丰, 练健生等. 2012. 珠江口万山群岛海域造礁石珊瑚群落分布与保护, 海洋通报, 31(2):189−197.

黄培祐. 1983. 海南岛滨海砂岸植被[J]. 生态科学, (2): 1-6.
黄荣祥. 1989. 台湾海峡中、北部海域的上升流现象. 海洋湖沼通报, (4):8-12.
黄少敏, 罗章仁. 2003. 海南岛沙质海岸侵蚀的初步研究. 广州大学学报（自然科学版）, 第2卷第5期, 449-452.
黄兴文, 陈百明等. 1999. 中国生态资产区划的理论和应用[M]. 北京: 海洋出版社.
黄秀清. 2011. 乐清湾海洋环境容量及污染物总量控制研究. 北京: 海洋出版社.
贾欣. 2010. 海洋生态补偿机制研究. 中国海洋大学, 青岛.
江苏省海洋与渔业局. 2011. 2010年江苏省海洋环境质量公报.
金彬明等. 2005. 浙江温州红树林湿地资源及其保护开发. 水利渔业, 25(2): 61-63.
金贻丰等. 2009. 乐清市沿海鸟类资源初步调查. 农业科技与信息, (20): 63-64.
孔红梅等. 2002. 生态系统健康评价方法初探. 应用生态学报, 13(4):486-490.
赖力, 黄贤金, 刘伟良. 2008. 生态补偿理论、方法研究进展. 生态学报, 28: 2870-2877.
雷鸣等. 2001. 自然保护区生态旅游与生态环境保护[J]. 湖南农业大学学报(社会科学版), 2(3):70-72.
冷悦山, 孙书贤, 王宗灵等. 2008. 海岛生态环境的脆弱性分析与调控对策. 海岸工程, 27(2):58-64.
李恒鹏, 杨桂山. 2001. 长江三角洲与苏北海岸动态类型划分及侵蚀危险度研究. 自然灾害学报, 10(4): 20-25.
李京梅, 王晓玲. 2012. 基于资源等价分析法的海洋溢油生态损害评估模型及应用. 海洋科学, 36.
李明月. 2006. 一般的和严格的国内生态旅游选择倾向的调查分析——以黄河三角洲湿地生态旅游调查为例[J]. 呼伦贝尔学院学报, 14(1):31-35.
李娜, 程和琴, 江红. 2008. Ecospace模型及其在海洋保护区评估中的应用[J]. 世界科技研究与发展, 12: 723-727.
李娜, 赵伊川. 2003. 葫芦岛市港口资源评价与潜力分析. 辽宁师范大学学报(自然科学版), 26(1):87-90.
李培英等. 2007. 中国海岸带灾害地质特征及评价. 北京: 海洋出版社.
李睿, 韩震, 程和琴等. 2010. 基于ECOPATH模型的东海区生物资源能量流动规律的初步研究[J]. 资源科学, (04).
李文华, 欧阳志云, 赵景柱. 2005. 生态系统服务研究[M]. 北京: 气象出版社.
李晓光, 苗鸿, 郑华等. 2009. 机会成本法在确定生态补偿标准中的应用——以海南中部山区为例. 生态学报, 29: 4875-4883.
李晓光, 苗鸿, 郑华等. 2009. 生态补偿标准确定的主要方法及其应用.
李欣. 2011. 山东昌邑海洋特别保护区人工岸段生态建设技术研究. 山东大学硕士论文.
李信贤等. 2005. 广西海岸沙生植被的类型及其分布和演潜[J], 广西科学院学报, 21(1): 27-36.
李秀保, 练健生, 黄晖等. 2010. 福建东山海域石珊瑚种类多样性及其空间分布, 台湾海峡, 29(1):5-11.
李杨帆, 朱晓东. 2006. 海岸湿地资源环境压力特征与区域响应研究. 资源科学, 28(3):108-112.
李玉宝等. 2009. 温州沿海互花米草变迁及其与滩涂开发响应. 海洋环境科学, 28(3): 324-328.
李云凯, 宋兵, 陈勇等. 2009. 太湖生态系统发育的Ecopath with Ecosim 动态模拟[J]. 中国水产科学, 16(2):257-265.
李云凯, 禹娜, 陈立侨等. 2010. 东海南部海区生态系统结构与功能的模型分析. 渔业科学进展, 31(2): 30-39.
辽宁省海岸带办公室. 1989. 辽宁海岸带和海涂资源综合调查及开发利用报告[M], 大连, 大连理工大学出版社.
林群, 金显仕, 郭学武等. 2009. 基于Ecopath 模型的长江口及毗邻水域生态系统结构和能量流动研究[J]. 水生态学杂志, 2(2):28-36.
林祥明, 陈伟琪, 饶欢欢. 2010. 围填海导致的生态系统服务损失的回顾性评价——以厦门湾为例.
林益明, 林鹏, 1999. 福建红树林资源的现状与保护, [J]生态经济, (3).
刘昉勋等. 1983. 江苏海岸带植被的特征、分布及利用[J]. 植物生态学报, 7(2): 100-112.
刘昉勋等. 1986. 江苏海岸沙生植被的研究[J]. 植物生态学报, 10(2): 115-123.
刘锋, 贾多杰, 李晓礼等. 2008. 无量纲化的方法[J]. 安顺学院学报, 10(3):78-80.
刘年丰, 谢鸿宇, 肖波. 2005. 生态容量及环境价值损失评价[M]. 北京: 化学工业出版社.

刘青松, 李扬帆. 2003. 湿地与湿地保护[M], 北京: 中国环境科学出版社.

刘霜, 张继民, 刘娜娜等. 2009. 填海造陆用海项目的海洋生态补偿模式初探. 海洋开发与管理, 26: 27−29.

刘玉, 姜涛, 王晓红等. 2007. 南海北部大陆架海洋生态系统Ecopath模型的应用与分析[J]. 中山大学学报: 自然科学版, 46(1):123−127.

刘玉龙, 马俊杰, 金学林等. 2005. 生态系统服务功能价值评估方法综述[M]. 北京: 中国人口资源与环境.

刘镇盛等. 2005. 乐清湾浮游动物的季节变动及摄食率. 生态学报, 25(8): 1853−1862.

陆健. 1996. 我国滨海湿地的分类[J]. 环境导报, (1): 1−2.

陆健健. 2003. 河口生态学, 北京:海洋出版社.

鹿守本, 艾万铸. 2001. 海岸带综合管理——体制和运行机制研究. 北京: 海洋出版社.

吕炳全等. 1984. 海南岛珊瑚岸礁的特征, 地理研究, 8(8).

栾晓峰等. 2002. 上海崇明东滩鸟类自然保护区生态环境及有效管理评价[J]. 上海师范大学学报(自然科学版), 31(3):73−79.

马婧. 2008. 海洋保护区的管理及我国海洋保护区可持续发展对策分析. 上海海洋大学硕士学位论文.

马中. 1999. 环境与资源经济学概论[M]. 北京: 高等教育出版社.

毛玉泽. 2004. 桑沟湾滤食性贝类养殖对环境的影响及其生态调控. 中国海洋大学, 博士论文.

牟晓杰等. 2015. 中国滨海湿地分类系统. 湿地科学, 19−25.

宁修仁, 孙松. 2005. 海湾生态系统观测方法. 北京:中国环境科学出版社.

宁修仁等. 2005. 乐清湾、三门湾养殖生态和养殖容量研究与评价. 北京: 海洋出版社.

欧阳志云, 肖寒. 1999. 海南岛生态系统服务功能及空间特征研究[M]. 北京: 中国环境科学出版社.

彭本荣, 洪华生, 陈伟琪等. 2005. 填海造地生态损害评估: 理论, 方法及应用研究.

钦佩, 仲崇信. 1992. 米草的应用研究. 北京: 海洋出版社.

秦艳红, 康慕谊. 2007. 国内外生态补偿现状及其完善措施. 自然资源学报, 22: 557−567.

丘君, 刘容子, 赵景柱等. 2008. 渤海区域生态补偿机制的研究. 中国人口资源与环境, 18: 60−64.

邱东. 1991. 多指标综合评价方法的系统分析[M]. 北京:科学统计出版社, 21−44.

邱虎, 吕惠进. 2010. 江苏盐城滨海湿地现状与保护对策研究, [J], 湖南农业科学, (21): 58−61.

全国海岸带办公室,《海岸带气候调查报告》编写组. 1992. 中国海岸带气候. 北京: 气象出版社.

任海, 彭少麟. 2001. 恢复生态学导论, 北京: 科学出版社.

任志福, 王幼松. 2007. 基于多层次模糊综合评价的河口港建港条件研究. 水道港口, 28(3): 216−220.

邵超峰等. 2009. 基于DPSIR模型的生态港口指标体系研究. 海洋环境科学, 28(3): 333−337.

石洪华, 郑伟, 丁德文等. 2008. 典型海洋生态系统服务功能及价值评估——以桑沟湾为例[J]. 海洋环境科学, 101−104.

史赟荣等. 2009. 东沙群岛珊瑚礁海域鱼类物种分类多样性研究. 南方水产, 5(2).

宋兵, 陈立侨, Chen Yong, Ecopath with Ecosim. 2007. 在水生生态系统研究中的应用[J]. 海洋科学, 31(1):83−86.

宋琍琍等. 2010. 2009年夏季乐清湾网采浮游植物群落结构特征. 海洋学研究, 28(3): 34−42.

苏纪兰, 袁业立. 2005. 中国近海水文. 北京: 海洋出版社.

苏颖. 2011. 海岸带工程规划生态风险评价研究. 厦门: 厦门大学.

谭丽荣. 2012. 中国沿海地区风暴潮灾害综合脆弱性评估, 上海: 华东师范大学.

谭秋成. 2009. 关于生态补偿标准和机制. 中国人口资源与环境.

汤天滋, 王文翰. 2001. 开展海洋资源核算促进海洋生态经济持续发展.生态经济, 8: 8−11.

唐廷贵, 张万钧. 2003. 论中国海岸带大米草生态工程效益与“生态入侵”. 中国工程科学, 5(3):15−20.

仝龄, 唐启升, Pauly D. 2000. 渤海生态通道模型的初探[J]. 应用生态学报, 11(3):435−440.

仝龄. 1999. Ecopath—— 一种生态系统能量平衡评估模式[J]. 海洋水产研究, 20(2):102-107.
王敬华, 何大巍等. 2011. 江苏盐城滨海湿地研究进展, [J], 湿地科学与管理, (3):60-63.
王蕾, 苏杨, 崔国发. 2011. 自然保护区生态补偿定量方案研究——基于"虚拟地" 计算方法. 自然资源学报, 26: 34-47.
王丽荣等. 2014. 南海珊瑚礁经济价值评估. 热带地理, 34(1):44-49.
王淼, 段志霞. 2007. 关于建立海洋生态补偿机制的探讨. 海洋信息, 7-9.
王其翔, 唐学玺. 2010. 海洋生态系统服务的内涵和分类[J]. 海洋环境科学, 132-138.
王鑫. 1997. 台湾恒春半岛的隆起珊瑚礁台地. 第四纪研究, (4):327-332.
王萱, 陈伟琪, 江毓武等. 2010. 基于数值模拟的海湾环境容量价值损失的预测评估—以厦门同安湾围填海为例. 中国环境科学, 30(3): 420-425.
王萱, 陈伟琪, 张珞平等. 2010. 同安湾围 (填) 海生态系统服务损害的货币化预测评估. 生态学报, 30: 5914-5924.
王萱, 陈伟琪. 2009. 围填海对海岸带生态系统服务的负面影响及其货币化评估技术的选择. 生态经济, 48-51.
王雪辉, 杜飞雁, 邱永松等. 2005. 大亚湾海域生态系统模型研究: 能量流动模型初探[J]. 南方水产, 1(3):1-8.
王雪辉等. 2011. 西沙群岛主要岛礁鱼类物种多样性及其群落格局. 生物多样性, 19 (4): 463-469.
韦钦胜等. 2011. 夏季长江口东北部上升流海域的生态环境特征. 海洋与湖沼, 42(6):899-905.
潍坊市海洋与渔业局. 2012. 2011年潍坊市海洋环境公报[R].
魏德重等. 2012. 红树林种植对大型底栖动物群落结构及功能群的影响. 浙江师范大学学报(自然科学版), 35(2): 195-202.
吴涛, 赵新生, 刘媛等. 2010. 海州湾海湾生态与自然遗迹海洋特别保护区建设与管理的现状分析. 海洋开发与管理, 27: 52-54.
吴征镒. 1980. 中国植被[M], 北京: 科学出版社.
吴征镒. 1991. 中国种子植物属的分布区类型[J]. 云南植物研究, (增刊Ⅳ): 1-139.
吴正, 吴克刚. 1987. 海南岛东北部海岸沙丘的沉积构造特征及其发育模式. 地理学报, 42(2)129-141.
伍善庆. 2001. 浅议漩门港围海工程对乐清湾海洋资源及环境的影响. 经济师, (1): 69-70.
夏江宝, 陆兆华, 孔雪华等. 2012. 黄河三角洲湿地柽柳林生长动态对密度结构的响应特征. 湿地科学, 10.
肖佳媚. 2007. 基于PSR模型的南麂岛生态系统评价研究. 厦门大学硕士学位论文.
谢宗墉. 1991. 海洋水产品营养与保健[M]. 青岛: 青岛海洋大学出版社.
辛文杰. 2010. 伶仃洋西岸浅滩建港条件分析. 水利水运工程学报, (1): 13-15.
徐德成. 1992. 山东海岸沙生植被的特点和生态评价, 资源开发与保护, 8(1), 25-28.
徐晓群等. 2012. 乐清湾海域浮游动物群落分布的季节变化特征及其环境影响因子. 海洋学研究, 30(1): 34-40.
许长新等. 2006. 基于系统动力学的港口吞吐量预测模型. 水运工程, (5): 26-29.
许思思, 宋金明, 李学刚等. 2011. 渔业捕捞对渤海渔业资源及生态系统影响的模型研究. 资源科学, 33(6):1153-116.
杨京平. 2004. 生态系统管理与技术[M]. 北京: 化学工业出版社.
杨俊毅等. 2007. 乐清湾大型底栖生物群落特征及其对水产养殖的响应. 生态学报, 27(1): 34-41.
杨文鹤. 2000. 中国海岛. 北京: 海洋出版社, 11-12.
杨寅. 2011. 生境等价分析在溢油生态损害评估中的应用. Chinese Journal of Applied Ecology 22, 2113-2118.
杨月伟等. 2005. 浙江乐清湾湿地水鸟资源及其多样性特征. 生物多样性, 13(6): 507-503.
叶文虎, 魏斌, 仝川. 1998. 城市生态补偿能力衡量和应用. 中国环境科学, 18:298-301.
叶属峰, 温泉, 周秋麟. 2006. 海洋生态系统管理——以生态系统为基础的海洋管理新模式探讨. 海洋开发与管理, 1:77-80.
尹晖等. 2007. 乳山湾滩涂贝类养殖容量的估算. 海洋水产研究, 水产学报, 31(5): 669-674.

尤仲杰等. 2011. 象山港大型底栖动物功能群研究. 海洋与湖沼, 42(3): 431−435.
于桂峰. 2007. 船舶溢油对海洋生态损害评估研究. 大连: 大连海事大学出版社.
于红霞. 2004. 情景分析在港口发展战略中的应用研究. 天津大学硕士学位论文.
于玲, 王祖良, 李俊清. 2007. 自然保护区生态旅游可持续性评价: 以浙江天日山自然保护区为例[J]. 林业资源管理, (1): 55−59.
于玲. 2006. 自然保护区生态旅游可持续性评价指标体系研究[D]. 北京林业大学.
于硕. 中国沿海川蔓藻（Ruppia）的分布及其影响因素. 华东师范大学硕士学位论文. 2010.
袁秀堂, 张升利, 刘述锡等. 2011. 庄河海域菲律宾蛤仔底播增殖区自身污染. 应用生态学报, 22(3): 785−792.
曾江宁, 陈全震, 高爱根. 2005. 海洋生态系统服务功能与价值评估研究进展[J]. 海洋开发与管理, (4):12−16.
曾江宁. 2013. 中国海洋保护区, 北京:海洋出版社.
曾江宁等. 2011. 浙江省重点港湾生态环境综合调查报告. 北京: 海洋出版社.
张波, 金显仕, 唐启升. 2009. 长江口及邻近海域高营养层次生物群落功能群及其变化[J]. 应用生态学报, 20(2):344−351.
张波, 唐启升, 金显仕. 2007. 东海高营养层次鱼类功能群及其主要种类[J]. 中国水产科学, 14 (6):939−949.
张朝晖, 吕吉斌. 2007. 海洋生态系统服务的分类与计量[J]. 海岸工程, 26.
张朝晖, 叶属峰, 朱明远等. 2008. 典型海洋生态系统服务及价值评估[M]. 北京: 海洋出版社.
张继伟, 杨志峰, 黄歆宇. 2009. 基于环境风险分析的海洋自然保护区生态补偿研究. 生态经济, 177−181.
张靖. 2009. 胶州湾海岸带生态安全研究. 中国海洋大学,博士学位论文.
张楷颜. 2009. 灰色模糊综合评价法在港口建设项目后评价中的应用. 水运工程, (4): 69−72.
张完英. 2007. 武夷山自然保护区生态旅游环境承载力研究. 湖南文理学院学报（社会科学版）(07).
张先起, 梁川, 刘慧卿. 2007. 基于熵权的改进TOPSIS法在水质评价中的应用. 哈尔滨工业大学学报, 39(10): 1670−1672.
张晓华等. 1997. 浙江海岛砂生植被研究: (Ⅱ)天然植被类型及开发利用[J], 浙江林学院学报, 14(1): 50−57.
张绪良, 叶思源, 印萍等. 2008. 莱州湾南岸滨海湿地的生态系统服务价值及变化, 生态学杂志, 27: 2195−2202.
张逸. 2002. 森林生态旅游开发与可持续发展策略的研究[J]. 林业经济, 22(1):57−59.
张应明, 宋相金, 饶纪腾等. 2007. 自然保护区生态旅游存在的问题及其管理对策[J]. 生态科学, 26(1):93−96.
赵保仁等. 2001. 长江口上升流海区的生态环境特征. 海洋与湖沼, 32(3):327−333.
赵翠薇, 王世杰. 2010. 生态补偿效益、标准——国际经验及对我国的启示[J]. 地理研究, 29: 597−606.
赵焕庭, 王丽荣. 2000.中国海岸湿地的类型. 海洋通报, 19(6): 72−78.
赵焕庭. 1998. 中国现代珊瑚礁研究, 世界科技研究与发展, (4).
赵美霞等. 2006. 珊瑚礁区的生物多样性及其生态功能[J]. 生态学报, 26(1):186−194.
赵杨东, 董长坤, 张媛. 2008. 区域可持续发展能力的AHP综合评价. 环境科学与管理, 33(1): 172−175.
郑冬梅. 2009. 海洋保护区生态损害的评估方法. 中共福建省委党校学报, 12.
郑凤英等. 2013. 中国海草的多样性、分布及保护生物多样性. 21 (5):517−526.
郑光美. 1995. 鸟类学. 北京: 北京师范大学出版社.
郑海霞, 张陆彪, 涂勤. 2010. 金华江流域生态服务补偿支付意愿及其影响因素分析. 资源科学, 761−767.
郑海霞, 张陆彪. 2006. 流域生态服务补偿定量标准研究. 环境保护, 42−46.
郑荣泉等. 2006. 乐清湾红树林和光滩大型底栖动物群落比较研究. 生态科学, 25(4): 299−302.
郑伟, 石洪华, 陈尚等. 2006. 从福利经济学的角度看生态系统服务功能[J]. 生态经济, (5): 78−81.
郑伟, 徐元, 石洪华等. 2012. 海洋生态补偿理论及技术体系初步构建. 海洋环境科学, 30, 877−880.
郑云峰. 2005. 自然保护区生态旅游区环境容量计算初探[J]. 林业调查规划, 3:72−75.

中国地理学会海洋地理专业委员会. 1996. 中国海洋地理. 北京: 科学出版社.

中国海岸带和海涂资源综合调查成果编纂委员会. 1991. 中国海岸带和海涂资源综合调查报告. 北京: 海洋出版社.

中国海岸带水文编写组. 1995. 中国海岸带水文. 北京: 海洋出版社.

中国海湾志编纂委员会. 1991—1995. 中国海湾志. 北京: 海洋出版社.

钟兆站. 1997. 中国海岸带自然灾害与环境评估. 地理科学进展, 16(1): 44−50.

仲崇信等. 1985. 米草研究的进展——22年来的研究成果论文集. 南京大学学报.

周文华, 王如松. 2005. 基于熵权的北京城市生态系统健康模糊合评价[J]. 生态学报, 25(12):324−3251.

周毅, 毛玉泽, 杨红生等. 2002. 烟台四十里湾栉孔扇贝清滤率、摄食率和吸收效率的现场研究. 生态学报, 22(9): 1455−1462.

周毅, 杨红生, 张福绥. 2002. 四十里湾栉孔扇贝的生长余力和C、N、P元素收支. 中国水产科学, 9(2): 161−166.

周祖光. 2004. 海南珊瑚礁的现状与保护对策[J]. 海洋开发与管理, 21(6):48−51.

朱瑾. 2008. 海洋中的热带雨林——珊瑚礁. 海洋世界, (11):31−37.

朱晓佳, 钦佩. 2003. 外来种互花米草及米草生态工程. 海洋科学, 27(12): 14−19.

Abesamis R A, Russ G R, Alcala A C. 2006. Gradients of abundance of fish across no—take marine reserve boundaries: evidence from Philip—pine coral reefs[J]. Aquatic Conservation—Marine and Freshwater Ecosystems, 16: 349−371

Alexander, K., 2010. The 2010 Oil Spill: Natural Resource Damage Assessment Under the Oil Pollution Act. Congressional Research Service.

Aure, J., Strohmeier, T., Strand, O., 2007. Modelling current speed and carring capacity in long−linr blue mussel (Mytilus edulis) farms. Aquaculture Research, 38: 304−312.

Bacher, C., Grant, J., Hawkins, A., et al., 2003. Modeling the effect of food depletion on scallop growth in Sungo Bay (China). Aquat. Living Resour. 16: 10−24.

Boaden P J S, Seed R, 1985. An Introduction to Coastal Ecology. London: Blackie Academic and Professional.

Borja, Á., Bricker, S. B., Dauer, D. M., et al., 2008. Overview of integrative tools and methods in assessing ecological integrity in estuarine and coastal systems worldwide.Marine Pollution Bulletin, 56(9): 1519−1537.

Bundy A, Fanning P, Zwanenburg KCT. 2005. Balancing exploitation and conservation of the eastern Scotian Shelf ecosystem: Application of a 4D ecosystem exploitation index [J]. Journal of Marine Science, 62(3): 503−510.

Bundy A. 1997. Assessment and management of multispecies, multigear fisheries from San Miguel Bay, Philippines[D]. Vancouver: University of British Columbia.

Butman, C.A., Fréchette, M., Geyer, W.R., et al., 1994. Flume experiments on food supply to the blue mussel Mytilus edulis L. as a function of boundary layer flow. Limnol. Oceanogr. 39: 1755−1768.

Campbell, D.E., Newell, C.R., 1998. MUSMOD a production model for bottom culture of the blue mussel, Mytilus edulis L. J. Exp. Mar. Biol. Ecol. 219: 171−203.

Christensen V, Pauly D. 2004. Placing fisheries in their ecosystem context, an introduction[J]. Ecological Modelling. 3(1) : 2−4.

Christensen V, Walters C J, Pauly D. 2004. Ecopath with Ecosim: A User' s Guide[M]. Vancouver, Canada: Fisheries Centre University of British Columbia, 36−42.

CHRISTENSEN. V, PAULY D. 1992. A guide to the ECOPATH II [A]. Program. ICLARM Software [C]. Malaysia: ICLARM , 6:72.

Claassen, R., Cattaneo, A., Johansson, R., 2008. Cost−effective design of agri−environmental payment programs: US experience in theory and practice. Ecological Economics 65, 737−752.

COSTANZA R, AGRE R, GROOT R, et al., 1997. The value of the world' s ecosystem and natural capital [J]. Nature,

387.253–260.

Costanza, R., Norton, B. G., Haskell, B. D. 1992. Ecosystem health: new goals for environmental management. Washington DC: Island Press.

Daehler C C, Strong D R, 1996. Status, prediction and prevention of introduced cordgrass Spartina spp. invasions in Pacific estuaries, USA. Biological Conservation, 78: 51–58.

DAILY G C. 1997. Nature' s Services Societal Dependence on Natural Systems [M]. Washington DC Island Press.

Dobbs, T.L., Pretty, J., 2008. Case study of agri–environmental payments: The United Kingdom. Ecological Economics 65, 765–775.

Duarte, P., Labarta, U., Fernández–Reiriz, M.J., 2008. Modelling local food depletion effects in mussel rafts of Galician Rias. Aquaculture, 274: 300–312.

EG&G, French, D.P., Rines, H., et al., 1996. Primary Restoration, Guidance Document for Natural Resource Damage Assessment under the Oil Pollution Act of 1990. NOAA.

Elliott, M., Cutts, N.D., 2004. Marine habitats: loss and gain, mitigation and compensation. Marine Pollution Bulletin 49, 671–674.

Elton C S, 1958. The Ecology of Invasion by Animals and Plants. Chicago: University of Chicago Press: 181.

Farrow S. 1996. Marine protected areas: emerging economics[J]. Marine Policy. 20(6): 439–446

Ferreira, J.G., Hawkins, A.J.S., Bricker, S.B., 2007. Management of productivity, environmental effects and profitability of shellfish aquaculture— the Farm Aquaculture Resource Management (FARM)model. Aquaculture, 264: 160–174.

Finn J T. 1976. Measures of ecosystem structure and functioning derived from analysis of flows[J]. Journal of Theoretical Biology, 56(2): 363–380.

French McCay, D., Rowe, J.J., Whittier, N., et al., 2004. Estimation of potential impacts and natural resource damages of oil. Journal of hazardous materials 107, 11–25.

Heasman, K.G., Pitcher, G.C., McQuaid, C.D., et al., 1998. Shellfish mariculture in the Benguela system: raft culture of Mytilus galloprovincialis and the effect of rope spacing on food extraction, growth rate, production, and condition of mussels. J. Shellfish Res. 17: 33–39.

Helm, R.C., Ford, R.G., Carter, H.R., 2006. The Oil Pollution Act of 1990 and natural resource damage assessment. Marine Ornithology 34, 99–108.

Huguenin, M.T., Haury, D.H., Weiss, J.C., et al., 1996. Injury Assessment, Guidance Document for Natural Resource Damage Assessment Under the Oil Pollution Act of 1990. NOAA.

Karr, J. R. 1993. Defining and assessing ecological integrity: beyond water quality. Environmental Toxicology and Chemistry, 12(9): 1521–1531.

Landell–Mills, N., Porras, I.T., 2002. Silver bullet or fools' gold?: a global review of markets for forest environmental services and their impact on the poor. IIED London.

Le Quesne, W. J., Jennings, S. 2012. Predicting species vulnerability with minimal data to support rapid risk assessment of fishing impacts on biodiversity. Journal of Applied Ecology, 49(1): 20–28.

Micheli F. 1999. Eutrophication, Fisheries, and consumer–resource dynamics in marine pelagic ecosystems. Science, 27:1396–1398

Moberg F, Folke C. 1999. Ecological goods and services of coral reef e–cosystems[J].Ecological Economics, 29:215–233.

Newell, C.R., Shumway, S.E., 1993. Grazing of natural particulates by bivalves molluscs: a spatial and temporal perspective. In: Dame, R.F. (Ed.), Bivalve Filter Feeders in Estuarine and Coastal Ecosystem Processes. Springer–Verlag, Berlin.

Odum E P. 1969. The strategy of ecosystem development[J]. Science, 164(3877): 262−270.

Pagiola, S., 2008. Payments for environmental services in Costa Rica. Ecological Economics 65, 712−724.

Pilditch, C.A., Grant, J., Bryan, K.R., 2001. Seston supply to sea scallops (Placopecten magellanicus) in suspended culture. Can. J. Fish. Aquat. Sci., 58: 241−53.

Pouvreau, S., Bacher, C., Heral, M., 2000. Ecophysiological model of growth and reproduction of the black pearl oyster, Pinctada margaritifera: potential applications for pearl farming in French Polynesia. Aquaculture, 186: 117−144.

Qin P, Xie M, Jiang Y S, Chung C H, 1997. Estimation of the ecological−economic benefits of two Spartina alterniflora plantations in North Jiangsu, China. Ecological Engineering, 8(1): 5−17.

Rapport D J, Bohm G, Buckingham D, et al., 1999. Ecosystem health: the concept, the ISEH, and the important tasks ahead. Ecosystem Health, 5: 82−90.

Rapport, D. J. 1989. What constitutes ecosystem health. Perspectives in biology and medicine, 33(1): 120−132.

Rapport, D. J., Costanza, R., McMichael, A. J. 1998. Assessing ecosystem health. Trends in Ecology & Evolution, 13(10): 397−402.

Reinharz, E., B.Burlington, L., 1996. Restoration Planning, Guidance Document for Natural Resource Damage Assessment Under the Oil Pollution Act of 1990. NOAA.

Reinharz, E., B.Burlington, L., 1996. Restoration Planning, Guidance Document for Natural Resource Damage Assessment Under the Oil Pollution Act of 1990. NOAA.

Reinharz, E., Michel, J., 1996. Preassessment Phase, Guidance Document for Natural Resource Damage Assessment Under the Oil Pollution Act of 1990. NOAA.

Rombouts, I., Beaugrand, G., Artigas, L. F., et al., 2013. Evaluating marine ecosystem health: Case studies of indicators using direct observations and modelling methods.Ecological Indicators, 24, 353−365.

Sanchez−Azofeifa, G.A., Pfaff, A., et al., 2007. Costa Rica' s payment for environmental services program: intention, implementation, and impact. Conservation Biology 21, 1165−1173.

Schaeffer, D. J., Cox, D. K. 1992. Establishing ecosystem threshold criteria. Ecosystem Health−New Goals for Environmental Management. Washington D C :Island Press.

Sporre P. 1991. Introduction to multispecies virtual population analysis[c]. ICES Marine Science Symposium, 193: 12−21

Walters C, Martell S. 2004. Fisheries Ecology and Management [M]. New Jersey: Princeton University Press.

Walters C, Pauly D, Christensen V. 2000. Representing density dependent consequences of life history strategies in aquatic ecosystems[J]. Ecosim II Ecosystems, 3: 70−83.

Wildish, D., Kristmanson, D., 1997. Benthic Suspension Feeders and Flow. Cambridge University Press, New York.

Will JFL, Francisco A, Sheila J JH. 2007. INCOFISH Ecosystem Models: Transiting from Ecopath to Ecospace[R]. Fisheries Centre Research Reports. 15(6): 93−105

Wu, H. Y., Chen, K. L., Chen, Z. H., et al., 2012. Evaluation for the ecological quality status of coastal waters in East China Sea using fuzzy integrated assessment method.Marine Pollution Bulletin, 64(3): 546−555.

Wulff F, Ulanowica R E. 1989.A comparative anatomy of the Baltic Sea and Chesapeake Bay ecosystem//Wulff F, Field J G, Mann K H eds. Analysis in Marine Ecology: Methods and Applications. New York: Springer−Verlag.Chap. 11: 232−256.